建筑设计资料集

（第三版）

第3分册　办公·金融·司法·广电·邮政

中国建筑工业出版社

图书在版编目（CIP）数据

建筑设计资料集 第3分册 办公·金融·司法·广电·邮政 / 中国建筑工业出版社，中国建筑学会总主编. -3版. -北京：中国建筑工业出版社，2017.6

ISBN 978-7-112-20941-5

Ⅰ.①建… Ⅱ.①中… ②中… Ⅲ.①建筑设计-资料 Ⅳ.①TU206

中国版本图书馆CIP数据核字（2017）第133550号

责任编辑：陆新之　刘　静　徐　冉　刘　丹
封面设计：康　羽
版面制作：陈志波　周文辉　刘　岩
责任校对：关　健　姜小莲

建筑设计资料集（第三版）

第3分册　办公·金融·司法·广电·邮政

*

中国建筑工业出版社出版、发行（北京海淀三里河路9号）
各地新华书店、建筑书店经销
北京顺诚彩色印刷有限公司印刷

*

开本：880×1230毫米　1/16　印张：20½　字数：815千字
2017年6月第三版　2017年6月第一次印刷
定价：**148.00**元
ISBN 978-7-112-20941-5
　　　（25966）

版权所有　翻印必究
如有印装质量问题，可寄本社退换
（邮政编码　100037）

《建筑设计资料集》（第三版）总编写分工

总 主 编 单 位：中国建筑工业出版社　中国建筑学会

第1分册　建筑总论
分 册 主 编 单 位：清华大学建筑学院　同济大学建筑与城市规划学院
　　　　　　　　　重庆大学建筑城规学院　西安建筑科技大学建筑学院

第2分册　居住
分 册 主 编 单 位：清华大学建筑设计研究院有限公司
分册联合主编单位：重庆大学建筑城规学院

第3分册　办公·金融·司法·广电·邮政
分 册 主 编 单 位：华东建筑集团股份有限公司
分册联合主编单位：同济大学建筑与城市规划学院

第4分册　教科·文化·宗教·博览·观演
分 册 主 编 单 位：中国建筑设计院有限公司
分册联合主编单位：华南理工大学建筑学院

第5分册　休闲娱乐·餐饮·旅馆·商业
分 册 主 编 单 位：中国中建设计集团有限公司
分册联合主编单位：天津大学建筑学院

第6分册　体育·医疗·福利
分 册 主 编 单 位：中国中元国际工程有限公司
分册联合主编单位：哈尔滨工业大学建筑学院

第7分册　交通·物流·工业·市政
分 册 主 编 单 位：北京市建筑设计研究院有限公司
分册联合主编单位：西安建筑科技大学建筑学院

第8分册　建筑专题
分 册 主 编 单 位：东南大学建筑学院　天津大学建筑学院
　　　　　　　　　哈尔滨工业大学建筑学院　华南理工大学建筑学院

《建筑设计资料集》(第三版) 总编委会

顾问委员会（以姓氏笔画为序）

马国馨　王小东　王伯扬　王建国　刘加平　齐　康　关肇邺
李根华　李道增　吴良镛　吴硕贤　何镜堂　张钦楠　张锦秋
尚春明　郑时龄　孟建民　钟训正　常　青　崔　愷　彭一刚
程泰宁　傅熹年　戴复东　魏敦山

总编委会
主　任
　　宋春华

副主任（以姓氏笔画为序）
　　王珮云　沈元勤　周　畅

大纲编制委员会委员（以姓氏笔画为序）

丁　建　王建国　朱小地　朱文一　庄惟敏　刘克成　孙一民
吴长福　宋春华　沈元勤　张　桦　张　颀　周　畅　官　庆
赵万民　修　龙　梅洪元

总编委会委员（以姓氏笔画为序）

丁　建　王　漪　王珮云　牛盾生　卢　峰　朱小地　朱文一
庄惟敏　刘克成　孙一民　李岳岩　吴长福　邱文航　冷嘉伟
汪　恒　汪孝安　沈　迪　沈元勤　宋　昆　宋春华　张　颀
张洛先　陆新之　邵韦平　金　虹　周　畅　周文连　周燕珉
单　军　官　庆　赵万民　顾　均　倪　阳　梅洪元　章　明
韩冬青

总编委会办公室
　　主任：陆新之
　　成员：刘　静　徐　冉　刘　丹　曹　扬

第3分册编委会

分册主编单位
    华东建筑集团股份有限公司

分册联合主编单位
    同济大学建筑与城市规划学院

分册参编单位（以首字笔画为序）

上海邮电设计咨询研究院有限公司	华东建筑集团股份有限公司上海建筑设计研究院有限公司
上海邮政工程设计研究院	
广东省建筑设计研究院	华东建筑集团股份有限公司华东建筑设计研究总院
中广电广播电影电视设计研究院	
中国建筑西北设计研究院有限公司	华东建筑集团股份有限公司华东都市建筑设计研究总院
中国建筑西南设计研究院有限公司	
东南大学建筑设计研究院有限公司	华南理工大学建筑学院
北京市建筑设计研究院有限公司	苏州科技大学建筑与城市规划学院
同济大学建筑设计研究院（集团）有限公司	戴文工程设计（上海）有限公司
华东电力设计院	

分册编委会
    主　任：沈　迪　吴长福
    副主任：汪孝安　张洛先　杨联萍　章　明
    委　员：（以姓氏笔画为序）
        马人乐　马家骏　石　磊　石亮光　戎武杰　朱成龙　孙　晔　孙　浩
        张洛先　杨联萍　李　军　李　定　吴长福　邱德华　沈　迪　汪孝安
        赵　颖　赵元超　胡　越　洪　卫　秦胜民　袁建平　倪　阳　徐维平
        高　崧　高文艳　章　明　巢　琼　蒋培铭　曾　群　谢振宇

分册办公室
    主　任：高文艳
    副主任：俞蕴洁
    成　员：戴　单　王　华　金　晔　尤　嘉

前　言

一代人有一代人的责任和使命。编好第三版《建筑设计资料集》，传承前两版的优良传统，记录改革开放以来建筑行业的设计成果和技术进步，为时代为后人留下一部经典的工具书，是这一代人面对历史、面向未来的责任和使命。

《建筑设计资料集》是一部由中国人创造的行业工具书，其编写方式和体例由中国建筑师独创，并倾注了两代参与者的心血和智慧。《建筑设计资料集》（第一版）于1960年开始编写，1964年出版第1册，1966年出版第2册，1978年出版第3册。第二版于1987年启动编写，1998年10册全部出齐。前两版资料集为指导当时的建筑设计实践发挥了重要作用，因其高水准高质量被业界誉为"天书"。

随着我国城镇化的快速发展和建筑行业市场化变革的推进，建筑设计的技术水平有了长足的进步，工作领域和工作内容也大大拓展和延伸。建筑科技的迅速发展，建筑类型的不断增加，建筑材料的日益丰富，规范标准的制订修订，都使得老版资料集内容无法适应行业发展需要，亟需重新组织编写第三版。

《建筑设计资料集》是一项巨大的系统工程，也是国家层面的经典品牌。如何传承前两版的优良传统，并在前两版成功的基础上有更大的发展和创新，无疑是一项巨大的挑战。总主编单位中国建筑工业出版社和中国建筑学会联合国内建筑行业的两百余家单位，三千余名专家，自2010年开始编写，前后历时近8年，经过无数次的审核和修改，最终完成了这部备受瞩目的大型工具书的编写工作。

《建筑设计资料集》（第三版）具有以下三方面特点：

一、内容更广，规模更大，信息更全，是一部当代中国建筑设计领域的"百科全书"

新版资料集更加系统全面，从最初策划到最终成书，都是为了既做成建筑行业大型工具书，又做成一部我国当代建筑设计领域的"百科全书"。

新版资料集共分8册，分别是：《第1分册　建筑总论》；《第2分册　居住》；《第3分册　办公·金融·司法·广电·邮政》；《第4分册　教科·文化·宗教·博览·观演》；《第5分册　休闲娱乐·餐饮·旅馆·商业》；《第6分册　体育·医疗·福利》；《第7分册　交通·物流·工业·市政》；《第8分册　建筑专题》。全书共66个专题，内容涵盖各个建筑领域和建筑类型。全书正文3500多页，比第一版1613页、第二版2289页，篇幅上有着大幅度的提升。

新版资料集一半以上的章节是新增章节，包括：场地设计；建筑材料；老年人住宅；超高层城市办公综合体；特殊教育学校；宗教建筑；杂技、马戏剧场；休闲娱乐建筑；商业综合体；老年医院；福利建筑；殡葬建筑；综合客运交通枢纽；物流建筑；市政建筑；历史建筑保护设计；地域性建筑；绿色建筑；建筑改造设计；地下建筑；建筑智能化设计；城市设计；等等。

非新增章节也都重拟大纲和重新编写，内容更系统全面，更契合时代需求。

绝大多数章节由来自不同单位的多位专家共同研究编写，并邀请多名业界知名专家审稿，以此确保编写内容的深度和广度。

二、编写阵容权威，技术先进科学，实例典型新颖，以增值服务方式实现内容扩充和动态更新

总编委会和各主编单位为编好这部备受瞩目的大型工具书，进行了充分的行业组织及发动工作，调动了几乎一切可以调动的资源，组织了多家知名单位和多位知名专家进行编写和审稿，从组织上保障了内容的权威性和先进性。

新版资料集从大纲设定到内容编写，都力求反映新时代的新技术、新成果、新实例、新理念、新趋势。通过记录总结新时代建筑设计的技术进步和设计成果，更好地指引建筑设计实践，提升行业的设计水平。

新版资料集收集了一两千个优秀实例，无法在纸书上充分呈现，为使读者更好地了解相关实例信息，适应数字化阅读需求，新版资料集专门开发了增值服务功能。增值服务内容以实例和相关规范标准为主，可采用一书一码方式在电脑上查阅。读者如购买一册图书，可获得这一册图书相关增值服务内容的授权码，如整套购买，则可获得所有增值服务内容的授权。增值服务内容将进行动态扩充和更新，以弥补纸质出版物组织修订和制版印刷周期较长的缺陷。

三、文字精练，制图精美，检索方便，达到了大型工具书"资料全、方便查、查得到"的要求

第三版的编写和绘图工作告别了前两版用鸭嘴笔、尺规作图和铅字印刷的时代，进入到计算机绘图排版和数字印刷时代。为保证几千名编写专家的编写、绘图和版面质量，总编委会制定了统一的编写和绘图标准，由多名审稿专家和编辑多次审核稿件，再组织参编专家进行多次反复修改，确保了全套图书编写体例的统一和编写内容的水准。

新版资料集沿用前两版定版设计形式，以图表为主，辅以少量文字。全书所有图片都按照绘图标准进行了重新绘制，所有的文字内容和版面设计都经过反复修改和完善。文字表述多用短句，以条目化和要点式为主，版面设计和标题设置都要求检索方便，使读者翻开就能找到所需答案。

一代人书写一代人的资料集。《建筑设计资料集》（第三版）是我们这一代人交出的答卷，同时承载着我们这一代人多年来孜孜以求的探索和希望。希望我们这一代人创造的资料集，能够成为建筑行业的又一部经典著作，为我国城乡建设事业和建筑设计行业的发展，作出新的历史性贡献。

《建筑设计资料集》（第三版）总编委会

2017年5月23日

目 录

1 办公建筑

办公建筑
概述 …………………………………… 1
商务办公 ……………………………… 13
总部办公 ……………………………… 21
政务办公 ……………………………… 30
公寓式办公 …………………………… 42

2 金融建筑

金融建筑
概述 …………………………………… 50
银行 …………………………………… 51
非银行类金融建筑 …………………… 70
金融业务支持类建筑 ………………… 76

3 司法建筑

司法建筑概述
基本概念·设计要点 ………………… 94

法院
概述 …………………………………… 95
总体设计 ……………………………… 96
功能流线组织 ………………………… 97
法庭用房 ……………………………… 99
法庭布局 ……………………………… 101

法庭配套用房 ………………………… 104
羁押所 ………………………………… 106
专用设备系统 ………………………… 107
实例 …………………………………… 108

检察院
概述 …………………………………… 115
总体设计 ……………………………… 116
功能流线组织 ………………………… 117
建设规模 ……………………………… 119
对外服务区域·信访接待用房 ……… 120
询问室·讯问室·保管室 …………… 121
查办与预防职务犯罪用房·新闻发布厅·模拟法庭 …………………… 122
专业技术用房 ………………………… 123
实例 …………………………………… 124

公安机关
概述 …………………………………… 131
总体布局 ……………………………… 132
交通流线 ……………………………… 133
指挥中心用房 ………………………… 134
窗口用房·信访用房 ………………… 135
出入境服务用房 ……………………… 136
车管用房 ……………………………… 137
办案用房 ……………………………… 138
信息通信用房 ………………………… 139
技侦、网侦、机要、保管用房 ……… 140
刑事技术用房 ………………………… 141
法医实验室·法医 DNA 实验室 …… 142
法医 DNA 实验室 …………………… 143
痕迹、指纹、文检实验室 …………… 144

毒化、毒理、理化实验室 …………… 145
影像、测谎实验室及物证保管用房 … 146
警务技能训练用房 …………………… 147
公安派出所 …………………………… 148
实例 …………………………………… 150

监狱建筑
基本概念·总体布局 ………………… 153
总体布局 ……………………………… 154
罪犯用房 ……………………………… 155
武警用房·附属用房·安全警戒设施·场地及配套设施 ……………… 157
警察用房·实例 ……………………… 158
实例 …………………………………… 159

看守所
概述·选址与总体布局 ……………… 161
功能构成·监区设计 ………………… 162
监区围墙设计 ………………………… 163
其他用房设计·设备配置 …………… 164

4 广播电视建筑

广播电视建筑总论
基本概念·建筑分类·技术特点 …… 165

广播电台、电视台
选址原则·总体布局·交通组织·流线组织 ………………………………… 166
设计要求·建筑规模·功能构成 …… 167
工艺技术用房 ………………………… 168
隔声、吸声构造 ……………………… 177

实例……185

中短波发射台
概述……203
功能用房……204
发射机房……205

电视调频广播发射台
设计要点……206

广播电视塔
分类·塔址选择……207
总体布局·天线桅杆·塔楼……208
塔身、塔座及其他……209
实例……210

广播电视卫星地球站
基本内容……216
实例……217

5 电力调度建筑

电力调度建筑
概述……218
电力调度及通信中心……219
调度区……220
实例……221

6 通信建筑

通信建筑
概念·分类……224
选址·总平面布局·道路交通……225
有线通信建筑……226
无线通信建筑……233
其他通信建筑……238

7 邮政建筑

邮政建筑
概述……244
邮件处理中心和转运站……245
邮政服务网点……247
实例……248

8 超高层城市办公综合体

超高层城市办公综合体
概述……254
总体布局……255
功能构成与组合方式……260
建筑设计……265
技术要点……271
建筑材料与构造……291
实例……298

附录一 第3分册编写分工……308

附录二 第3分册审稿专家及实例初审专家……314

附录三 《建筑设计资料集》（第三版）实例提供核心单位……315

后记……316

基本概念

办公业务是指党政机关、人民团体办理行政事务或企事业单位从事生产经营与管理的活动,以信息处理、研究决策和组织管理为主要工作方式。为上述业务活动提供所需场所的建筑物统称为办公建筑。

建筑类型

办公建筑的类型主要由使用对象和业务特点决定。不同的使用对象分别具有各自不同的业务组织形式、功能布置规律和运行管理方式,在建筑形式上呈现出不同的空间及形态特征,形成不同类型的办公建筑。

常见办公建筑类型　　　　　　　　　　　　　　　　　表1

类型	使用对象和建筑特征
商务办公	通过分层或分区划分的方式,出租或出售给多个企业使用的办公建筑
总部办公	作为企业的中枢设施,供企业独自使用的办公建筑
政务办公	党政机关、人民团体开展行政业务、公众服务或党务、事务活动的办公建筑
公寓式办公	以小型单元的方式开展办公业务,兼有居住功能的办公建筑

办公业务是办公建筑的重要功能属性。办公功能可以以单一功能属性的方式出现在办公建筑中,也可与其他属性的功能相融合。当办公功能作为其他功能属性建筑(如金融、司法、广播电视建筑等)的配属功能时,其用房配置和组织管理方式的确定应结合主导业务的需求综合判定。

功能构成

办公建筑一般由办公业务用房、公共用房、服务用房和附属设施四个部分组成。其中,办公业务用房是办公人员开展日常工作所需要的房间,包括办公室、会议室、资料室等,是办公建筑的基本功能用房。

办公建筑功能用房的种类和数量应根据项目的类型、使用需求和建设标准合理确定。

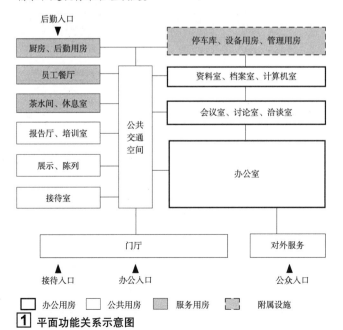

1 平面功能关系示意图

设计要点

提高办公效率、营造符合生理与心理需求的工作场所、建造和运行成本的控制、适宜建筑形象的展示以及社会公共利益的维护是办公建筑设计的基本要求,也是确定设计目标、制定设计要点的基础。

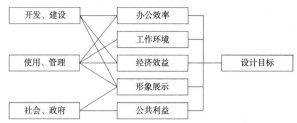

2 办公建筑的设计目标

办公建筑的设计要点　　　　　　　　　　　　　　　　表2

分类	设计要点
功能布局	根据业务需求确定建筑规模、用房分类和房间数量
	根据业务特点和运行方式进行功能布局和流线组织
	提高有效办公面积的比率,合理控制辅助面积的比例
	运用单元化、模数化的设计方法实现办公空间的灵活分隔
设施保障	合理配置电梯等垂直交通设施,保证高峰时工作人员及时抵达工位
	根据工作需求和运行管理方式选择适用的空调和通风系统
	提供适宜的室内照明和安静的工作环境,控制好空气的温度和湿度
	采用办公智能化设施提高运行和管理的效率
环境营造	结合业务特点合理安排社交往所和休憩空间
	通过外部景观引入和室内绿化种植提升环境品质、缓解工作压力
	利用庭院、露天平台和屋面,创造更多的与自然环境亲近的场所
建筑形象	从城市设计角度考虑建筑形象在城市环境中的视觉效果
	外部空间与城市环境相融合
	建筑形象语义的恰当把握
生态节能	选择合理的建筑朝向,充分利用自然采光和通风
	确定合理的体形系数和窗墙比,利用好建筑遮阳与构件遮阳
	确定合理的外墙和屋面的保温构造
	选择环保的、可循环使用的建造材料,减少建筑垃圾
	降低对既有生态环境的破坏

趋向关注

随着网络信息技术的功能增强和城市生活水平的大幅度提高,办公工作的理念和业务组织方式出现了新的变化,关注并把握其发展趋向也成为办公建筑设计的一个组成部分。

1. 灵活可变的工位:随着团队协作要求的提高,对工位设置的灵活性也提出了新的要求,如根据项目调整团队成员工位、外来团队同场工作的容纳以及远程互动技术长时间、多频次的使用等,传统固定工位的业务组织方式已难以适应。

2. 个性化的办公环境:在创意型与研发型企业中,多样化、个性化的办公环境设计已成为企业促进员工及团队之间的交流、激发员工的积极性和创造性的普遍要求。这些举措对其他办公建筑设计同样具有积极的借鉴作用。

3. 生活服务功能的增强:从满足员工切身需求出发,在业务空间附近加设咖啡、哺乳、健身等生活设施,员工在工作间隙得以兼顾个人的生理和心理需求,起到缓解工作压力、提高工作效率的作用。

办公建筑 [2] 概述 / 总体设计

基地选址

办公建筑基地应选择在公共交通便利、市政设施比较完善的地段，避开有害物质污染和危险品存储的场所，符合安全、卫生和环境保护等法规的相关规定。

总平面布置

总平面设计应符合项目所在地的总体规划，满足容积率、覆盖率、绿化率等规划指标以及基地出入口位置、建筑退界等规划条件。

同时应根据办公建筑的类型、业务需求特点、场地条件和管理安保要求合理设置各类流线。

容积率和覆盖率是控制建造规模的主要指标，低层及多层办公建筑的容积率一般为1~2，高层和超高层办公建筑一般为3~5。覆盖率一般为25%~40%。

城市规划管理技术规定和条例、城市总体规划是开展详细规划设计的指导性依据，详细规划应在此基础上提出合适的规划指标。当上位规划对所处地块已制定有详细的指标和规划条件时，则以上位规划的要求为准。

交通流线分类　　　　　　　　表1

类型	使用对象和要求
主要办公流线	供内部工作人员使用的路线，可独立或与对外服务流线合并设置
对外服务流线	供外来人员办理业务使用的路线，可独立或与主要办公流线合并设置
贵宾接待流线	用于贵宾接待的专用路线，根据迎宾、展示和安保的实际需求设置
专用业务流线	供特殊业务使用的路线，根据业务需求设置
后勤服务流线	供服务人员、快递、货物运输和垃圾清运使用的路线，宜独立设置

停车设置

停车设计是办公建筑总体设计的一项重要内容，需根据项目类型、建设规模、业务需求和所处城市地段的交通情况综合考虑。

办公建筑的停车配建指标除满足自身使用需求之外，同时应满足项目所在地区规定的低限或上限要求。

当项目建于城市中心区或其他交通繁忙地段时，应充分利用城市公共轨道交通，缓解城市交通压力。有条件时，停车设施在节休日向社会开放，提高设施的使用率。

总体布局基本类型　　　　　　　　表2

分类			描述	示意图	示例	
单纯办公功能的建筑	集中的办公组团	单栋式办公楼	主要办公单元在一个建筑体量内集中布置		中海油办公楼，北京	城市规划大厦，深圳
		多栋式办公楼	办公单元分布在多个建筑体量中形成连续的整体，在各建筑单元间形成中庭和内院		绍兴县行政中心，浙江	银河SOHO办公，北京
	分散的办公组团	园区内的办公楼群	由若干分散的单栋办公楼组成的建筑群，布置在专属的办公园区中		南部科技创业中心，成都	银联客户服务中心，上海
		开放的办公楼群	办公建筑群跨越城市公共街区，形成统一而开放的城市格局		中广国际广告创意产业基地，上海	东京都厅舍，日本
办公与其他功能综合的建筑	分区设置		办公与其他功能形成的综合体中，按功能类型分别布置在不同的平面区域		宝矿国际广场，上海	雨润国际广场，南京
	混合设置		办公与其他的功能混合布置，或者布置多用途的空间用房，形成多样化的外部公共空间		三里屯SOHO，北京	八号桥创意园，上海

部分地方办公楼停车配建指标（单位：个/100m²建筑面积）　　　　　　　　表3

地区	分类	机动车		非机动车		配建指标依据规范
		行政办公	其他办公	内部	外部	
北京		0.65		2.0		北京地区建设工程规划设计通则（2003）
上海	内环以内	0.6		1.0	0.75	上海市《建筑工程交通设计及停车库（场）设置标准》（2014）
	内环以外	1.0		1.0	0.75	
武汉	二环内	1.0	0.8	1.5	1.0	武汉市建筑物停车配建指标（2010）
	二环外	1.2	1.0			
成都	二环内	0.5		0.4		成都市规划管理技术规定（2008）
	二环外	0.8				
南京	一类区	1.5~1.8	0.6~1.0	3.0		南京市建筑物配建停车设施标准和细则（2010）
	二类区	1.8	1.0	2.5		
	三类区	1.8	1.1	2.0		

注：南京地区一类区指旧区，二类区指主城范围内除一类区以外地区，三类区为市区范围内除一、二类区以外地区。

空间类型

办公室是办公建筑中主要活动空间。由于使用对象、使用性质、管理方式和家具规格不同,决定了办公室空间的类型和组合方式也不同。

通常办公空间分为单间式、单元式、开放式和混合式四种基本类型;布局组织方式按外部走道布置的不同分为单外廊、内侧单走道、双走道、回廊、成片式和混合式等几种布置形式。室内家具主要包括办公桌、椅、文件柜等,家具的配置、规格和组合方式由使用对象、工作性质、设计标准、空间条件等因素决定。

办公室设计要综合考虑内部环境的舒适性、安全性、高效率、低能耗等因素,在满足设计规范的基础上,充分体现建筑的功能价值、经济价值、美学价值、人文价值和生态价值。

办公室的类型与特征　　表1

分类	概念	特征
单间式	一般指在走道的一侧或两侧并列布置,内部空间单一、服务设施共用的单间办公形式。适用于工作性质独立性强、人员较少的办公用途	独立空间,相互干扰少;灯光、空调等可独立控制;根据管理方式和私密性要求,可分为封闭、透明或半透明等隔断方式;房间大小由规格和标准确定,面积定额较其他办公类型大
单元式	由接待、办公、卫生间或生活起居(卧室、厨房)等空间组成的独立式办公空间形式。适用于人员较少、组织机构完整、独立的SOHO型或公寓型办公用途	机构相对独立,内部空间紧凑,功能较为多样;设备系统、能源消耗可独立控制和计量;有统一的物业管理,便于租售;代表一种自由、弹性的工作方式
开放式	较大的部门或若干部门置于一个大空间中,周边配置公共服务设施、隔断灵活的办公空间形式,适用于人员较多、工作性质互相关联的机构型办公用途	空间宽大,视线通畅,人员间易于沟通,便于交流;按各自的业务内容可成组布置桌椅,布局紧凑、分隔灵活多样;结合室内外的环境组织,可进一步创建景观式办公空间
混合式	由开放式、单间式组合而成的办公空间形式。适用于组织机构完整,管理层次清晰的办公用途	兼具开放式、单间式的特征;分区明确、组合灵活、形式多样、管理高效,是现代办公空间的主流形式

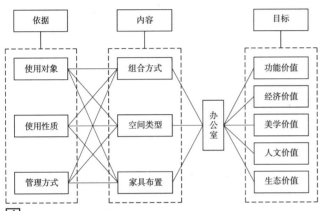

1 办公室设计的依据、内容和目标

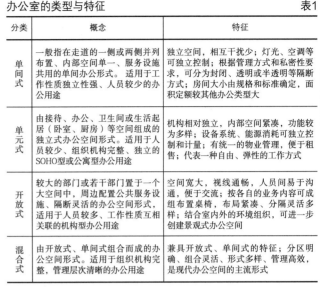

2 办公室布局组织形式示例

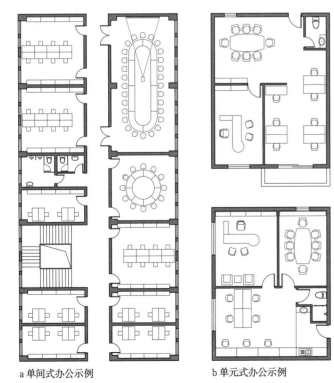

a 单间式办公示例　　b 单元式办公示例

3 平面布置示例

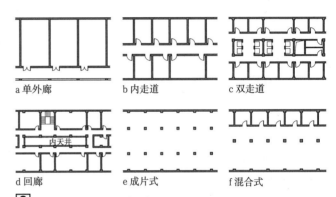

c 开放式办公示例

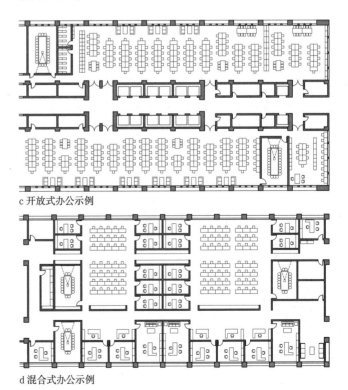

d 混合式办公示例

办公建筑 [4] 概述 / 办公室

布置方式

办公室的家具主要包括办公桌、椅、文件柜等，同时还配有书架、会议桌、演示用的投影设施、复印机和各种茶水、休息等外围设备。家具的配置、规格和组合方式由使用对象、工作性质、设计标准、空间条件等因素决定。其中，办公桌椅的布置是办公室空间布局的主要内容。

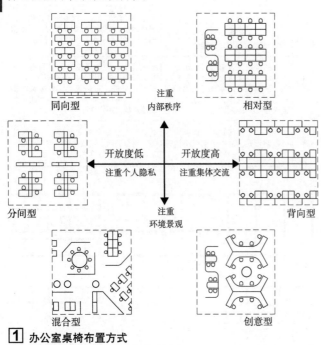

1 办公室桌椅布置方式

桌椅布置的种类和特点 表1

种类	特点
同向型	视线不会相对，可保持相对安静；行走路线明确，不利于交谈
相对型	有效利用面积，交流效果好；设备布线、管理容易；视线相对是其不足，通常需设桌面隔断
分间型	房间使用率降低，个人私密性较高
背向型	相对型与同向型的结合，信息处理与办公活动效率较高
混合型	根据使用空间情况灵活布置，适用于多样空间
创意型	桌椅布置为创意主题服务，以营造特殊的室内环境，达到展示企业文化、激发员工潜力、提高办公效率的目标。较多用于文化创意产业办公

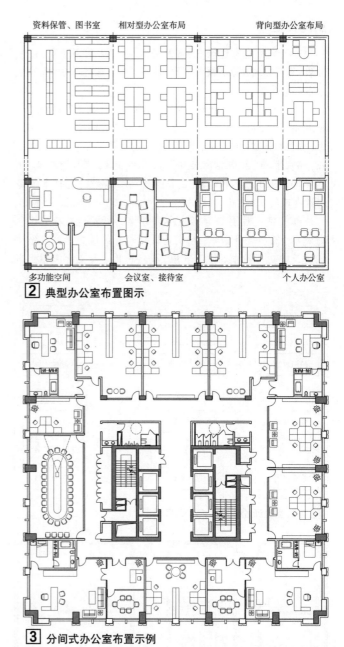

2 典型办公室布置图示

3 分间式办公室布置示例

注：除有特殊要求的空间外，一般家具的布置采用与各自工作性质相适应的布置类型；根据需要可利用低隔断或文件柜限定出一个适度安静的空间，以确保整个办公室有较高的面积利用率，保证信息传递畅通，并且使其布局容易改变，以适应未来业务与机构的变化。

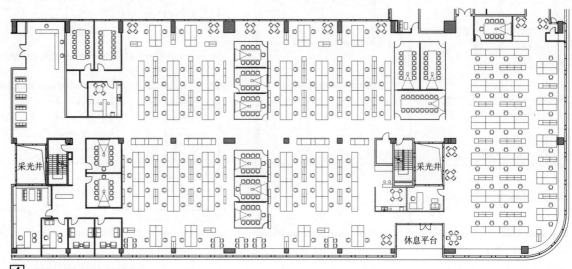

4 开放式办公室布置示例

单元类型

办公室建筑中的会议用房种类较多,小到三、五人的讨论室,大至几百座的企业或行政会议厅。会议室的设置要充分考虑使用对象、使用频率、面积规模和规格等因素。小型会议室可分散布置在办公区域,或集中形成公共的会议区域;大型会议室需独立设置,并综合考虑结构、层高、安全疏散、设备、视线及视听设施。

会议室的内部布局由会议的组织形式、座席数和座席大小、相邻座位间隔、会议桌大小、通道的大小、屏幕和讲台的关系来决定。

会议室的布置形式　　　　　　　　　　　　　　　　表1

图示	说明
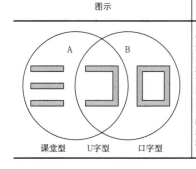 课堂型　U字型　口字型	会议室的基本布置形式一般为课堂型、U字型、口字型。在人数较多,以传达信息为主要目的、主讲地位明确的场合,其布置形式倾向于课堂型或U字型(A类);会议的组织形式以研究、讨论、商谈为主要目的的场合,其布置一般采用口字型(B类)。使用屏幕、黑板时也可采用U字型。基本布置形式根据具体的要求与条件可以形成多种衍生形式,如圆桌型等

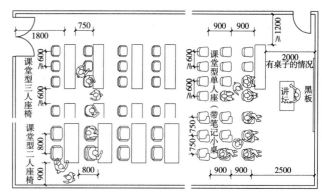
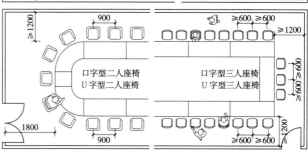

1 会议室的布置图示

会议室规模与布局　　　　　　　表2

布局形式＼人数	8人左右	16人左右	32人左右
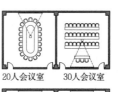	4800×4200　20m²	8400×4800　40m²	10200×7200　73m²
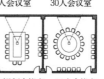	4800×4200　20m²	8400×5400　45m²	12000×5400　65m²
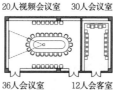	4500×5100　23m²	5900×6500　38m²	8400×9000　76m²
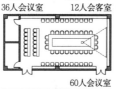	6200×5400　34m²	8000×5400　43m²	12000×7200　86m²
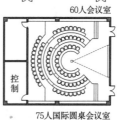	6000×5500　33m²	6900×6600　46m²	6900×9100　63m²

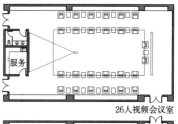

20人会议室　30人会议室　　　　　26人视频会议室

20人视频会议室　30人会议室　　　　160人报告厅

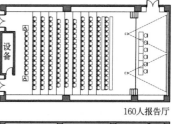

36人会议室　12人会客室

60人会议室　　　　　　　　　　　220人学术报告厅

75人国际圆桌会议室

80人保密会议室　　　　　　　　　　300人学术报告厅

2 会议室平面示例

办公建筑 [6] 概述 / 办公家具

基本尺度

办公家具的尺度主要参照人体工程学的相关研究内容，座位上站立时手能达到的范围如①所示，②表示以坐姿坐在相同座位上，面向高度为70cm的桌子时手能达到的范围。这里使用的椅子高度（座面高度）为40cm，靠背角度为100°的办公椅。图中所示为身高165cm的成人，图中符号表示如下意义：

A：将肘靠在体侧，以肘为圆心，前腕活动的轨迹。

B：将肘伸出，以肩为中心，手移动时的轨迹。

B'：靠在椅背上时B的轨迹。

B"：上身前倾时B的轨迹。

C：上身移动的同时，以腰为中心，移动手时的轨迹。此外"+"表示肩峰点。

常用办公家具尺寸　　　　　　　表1

种类	长（mm）	宽/深（mm）	高（mm）
办公桌	1200~1800	500~650	700~760（以20为模数）
L型办公桌	（1200~1800）×（1200~1800）	500~650	700~760（以20为模数）
办公椅	400~500	400~500	400~450
大班台	（1800~2400）×（1200~2000）	800~1100	700~760（以20为模数）
大班椅	600~900	600~1000	400~450
8人会议桌	2400	1100	750~800
会议椅	400~500	400~500	400~450
单人沙发	800~950	850~900	360~420（以20为模数）
三人沙发	1800~2100	800~900	360~420（以20为模数）
茶几（前置型）	900	400	400
茶几（中心型）	700~900	700~900	400
茶几（左右型）	600	400	400
二门茶水柜	800	400	800
二门书柜	800	450~500	1800~2100
三门书柜	1200	450~500	1800~2100
书架	800~1200	350~450	1800~2100
文件柜	800~1200	350~450	1800~2100

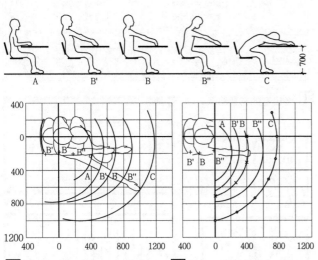

① 座位上站式手能达到的范围　② 座位上坐式手能达到的范围

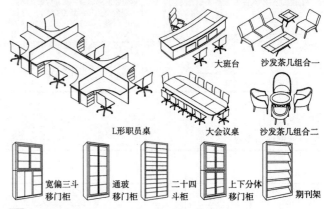

④ 办公家具示例

桌椅隔断与视觉　　　　　　　表2

高度（mm）	视觉
1100	坐着时无视觉障碍
1200	与坐着时的视点大致相同，若站立则无视觉障碍
1500	与站立时的视点大致相同，环顾四周时压迫感小
1600	可视为与座位相适应的展示面和储物架
1800~2100	在视觉上遮蔽人的动作的同时，有意识地隔断来自外部的视线以保护个人隐私

⑤ 桌面的大小

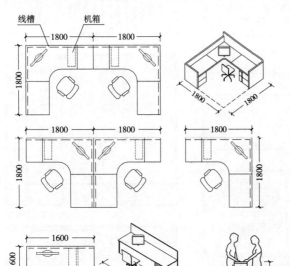

③ 常用办公工位及基本组合尺寸

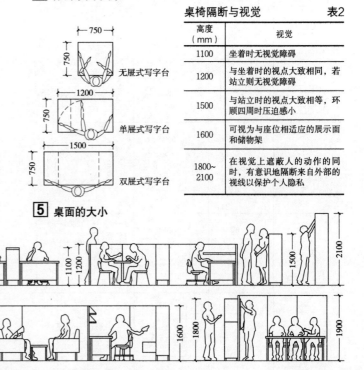

⑥ 桌椅隔断与视觉图示

垂直交通 / 概述 [7] 办公建筑

基本要求

办公建筑中包含楼梯与电梯的垂直交通设计，对解决办公楼所涉及的大量人群出入问题具有重要的功能意义。垂直交通设计应满足办公楼使用功能和设备布置的要求，方便人员使用，设计相对紧凑高效，达到消防疏散标准，符合结构受力原理。

电梯分区分段

1. 10层以下的办公建筑，宜采用全程服务（即一组电梯在建筑物的每层均停靠开门），10层以上或更高的可采用分区服务，或在建筑物上部设置转换层以接力方式为上区服务。

2. 分区时考虑乘客等候时间和在轿厢内停留时间的标准。一般采用1分钟等候时间较为理想。

3. 分区标准应通过计算并结合设备避难层布置来确定，一般上区层数可少些，下区层数可多些。

4. 电梯分区可以以建筑高度50m或在超高层中两个避难层之间为一个区。

5. 在最高层设有观光层的，需设专用直达电梯。

6. 自动扶梯适用于如人流量较大的场所，如一般布置于入口大厅的交通流线上。

电梯布置的原则和方式   表1

电梯设置条件要求	多层设置要求	根据舒适度要求按需设置电梯，一般5层及5层以上应设置电梯，可组合楼梯设计，方便楼电梯混合使用
	高层设置要求	高层办公建筑中电梯的定员、台数以及到达楼层的设计，是决定高层办公楼服务质量与使用效率的重要因素，因而在建筑设计初期应充分考虑
	使用效率评估	通常以上班高峰时间的交通量为基础，用"5分钟运输能力"和"平均等候时间"来评估电梯使用效率。根据不同级别的办公楼对电梯设置要求和平均1分钟以内的等候时间进行计算确定电梯布置方案
电梯布置原则方式	使用便利	通常结合建筑物门厅、大堂布置，应设在进出建筑物时最容易看到的地方，符合流线引导性和使用习惯
	集中布置	电梯应尽可能集中设置，以提高运行效率，缩短候梯时间。采用群控集中布置的电梯不宜超过4台
	分层分区	在高层办公楼中，可采用分层分区、换乘及奇、偶层分开停靠等布置方式。在超高层中，通常将电梯服务层分为高、中、低区并多区布置。在建筑物上部设置一个或若干个转换厅以接力方式为上部办公区域服务也是超高层办公楼的电梯设计方式
	水平交通分隔	与建筑物内主要通道应分隔开，避免人流相互影响

电梯数量估算表   表2

	单位	常用级	舒适级	豪华级
办公建筑面积	m²/台	5000	4000	<2000
人数	人/台	300	250	<250

注：引自《全国民用建筑工程设计技术措施—建筑·规划·景观》（2009）。

电梯候梯厅最小深度   表3

单台	$L \geq 1.5B$
多台单侧排列	$L \geq 1.5B^*$（当电梯个数为四台时同时应满足 $L \geq 2.4m$）
多台双侧排列	$L \geq$ 相对电梯 B^* 之和同时 $L < 4.5m$

注：B 为轿厢深度，B^* 为电梯群中最大轿厢深度。

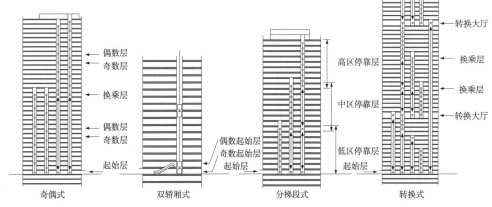

[1] 电梯平面布置示意图

[2] 高层与超高层办公建筑电梯分区服务的剖面示例

常用垂直交通布置的类型   表4

分类	垂直交通示例	特征	结构设计要点
中央型		集中在建筑物平面的几何中心，常见于标准层面积较大的点式高层，使用效率高。核心筒电梯厅自身缺乏自然采光通风	一般为框架+混凝土筒体结构，核心筒为高层或超高层建筑抗侧力体系的重要组成部分，多层时可不设置混凝土核
单侧型		一般布置在建筑物朝向、采光等较弱的一侧，常用在对办公朝向要求较高或标准层建筑面积较小的建筑中	高层或超高层建筑如需设置混凝土筒核以抵抗水平力，应充分考虑其刚度偏置对结构的影响
外核型		作为一个独立的公共区域布在办公建筑外侧，本身更具开放特性，常用于有特殊景观需要或办公区域要求相对独立的建筑	不宜利用为结构的抗侧力构件，且由于置于主体的外部，设计时应加强其和主体结构的联系
两侧型		多层及高层板式办公建筑常用，结合消防疏散要求，在建筑两侧分设两处。所占面积相对较大	如有必要，可在垂直交通内设置剪力墙或混凝土筒核，应注意尽量对称布置
分散型		核心筒所包含的公共区域特征不明显，根据建筑平面需要分散布置，主要解决平面覆盖的垂直交通服务半径	可选择部分或全部设置为抗侧力结构体系，均衡布置有利结构抗震，不适用于超高层办公建筑

办公建筑 [8] 概述 / 技术要点

净高要求

1. 办公室的净高应满足表1规定。
2. 办公建筑的走道净高不应低于2.2m。
3. 办公室净高与办公空间的关系，一般来说，大开间办公净高应高一些，自建的办公楼比出租的办公楼净高要高一些，智能化办公楼比普通办公楼净高要高一些。

办公建筑净高要求　　　　　　　　　　　　　　　　　　表1

类别	净高要求	备注
一类办公建筑	≥2.7m	一类办公建筑指特别重要的办公建筑
二类办公建筑	≥2.6m	二类办公建筑指重要办公建筑
三类办公建筑	≥2.5m	三类办公建筑指普通办公建筑

注：1. 标准引自《办公建筑设计规范》JGJ 67-2006。
2. 国家发改委2014年颁布的《党政机关办公用房建设标准》规定，有集中空调设施并有吊顶的标准单间办公室净高宜为2.5~2.7m；无集中空调设施的标准单间办公室宜为2.6~2.8m；有集中空调设施并有吊顶的大空间办公室宜为2.6~2.8m；无集中空调设施的大空间办公室宜为2.8~3.0m。

层高确定

1. 办公室的层高可由办公室所需净高和结构至顶棚净距尺寸（结构至顶棚的净距尺寸=结构梁高+设备尺寸+装修构造尺寸）来共同确定，常用的带中央空调的办公楼层高在3.6m到4.5m之间。
2. 在智能化办公楼中，还应考虑架空地板综合布线的空间要求，采用地板送风空调系统时，也会增加架空地板的高度。
3. 从经济方面考虑，在满足净高要求的前提下，不希望采用较高的层高，以节约造价和降低日常经济运行成本。

柱网选择

1. 办公建筑的柱网选择与结构形式密切相关，一般尺寸在8~10m之间，结合办公空间和核心筒空间（如交通、后勤、服务等公用部分）灵活确定，并应充分考虑建筑模数和经济性。
2. 柱网尺寸和建筑模数，应选用与最小办公单元、空调负荷条件、照明、楼面管道、喷淋设备的间距等各种条件相协调的尺寸。对于设有地下停车库的办公建筑，柱网尺寸的确定还要与停车布置统一考虑。
3. 常用结合停车库设计的柱网尺寸为8.0m或8.4m。

室内环境与建筑设备

1. 办公建筑室内环境设计应以节约能源为原则，综合考虑室内光环境、声环境和室内空气质量的各项指标。
2. 办公室宜有天然采光，采光系数标准值不应低于3.0%，室内天然光照度标准值不应低于450lx。
3. 天然采光标准可以用窗地面积比进行估算，一般办公室在侧面采光的条件下，窗地面积比可为1/5，采光有效进深2.5m。❶
4. 办公室、会议室宜保持安静环境，满足室内允许噪声等级低限标准≤45dB。❷
5. 办公室应有与室外空气直接对流的窗洞，当有困难时，应设置机械通风设施。
6. 办公建筑设备用房及系统设计应从安全可靠、舒适灵活等方面综合考虑，最大限度扩大可供使用的有效办公面积，并使系统达到最佳运行条件。
7. 办公建筑设备用房的面积可根据其规模和使用方式计算得出。设计中要特别关注办公室吊顶、架空地板与设备系统关系，设备搬运安装通道，管道进出风空间等问题。

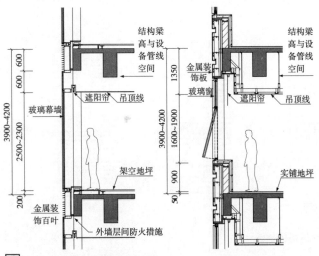

①办公室净高与剖面设计示例

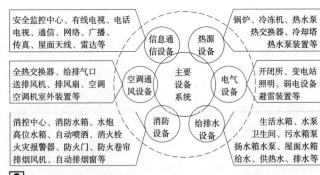

②办公建筑主要设备系统

③地板供风系统典型办公楼层剖面示例

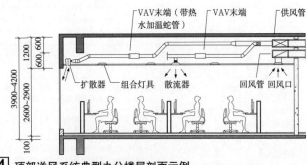

④顶部送风系统典型办公楼层剖面示例

❶ 采光标准引自《建筑采光设计标准》GB 50033-2013。
❷ 噪声标准引自《民用建筑隔声设计规范》GB 50118-2010。

设计要求

1. 高层办公建筑标准层设计应充分考虑总体使用面积和楼层数的平衡性,并确保标准层的使用效率,一般100m以下塔式高层办公建筑的标准层面积在1200~2000m²之间,使用系数在70%~80%之间,不应低于57%。❶

2. 高层办公建筑标准层的核心筒是设计重点,核心筒一般包括公共区域、楼电梯、设备用房及管井。

3. 标准层的柱网跨度设计要与平面形状、结构体系和建筑成本协调关系上综合考虑,办公室内部尽量不设柱子,保证办公平面布局的灵活性。

公共区域　　　　　　　　　　　　　　　表1

主要内容	设计要点
走道	公共走道的设计应符合消防疏散要求
	走道宽度需满足办公建筑设计规范最小净宽要求,并考虑吊顶内管线排布空间需求
	公共区域的用房、设备用房及垂直交通设施都应通过走道方便到达
卫生间	卫生间的洁具数量应该根据办公使用面积及男女使用人数来确定,卫生间的位置及入口设计应注意视线隐蔽
	尽量在每一层楼的相同位置设卫生间,若有单独的设备层,可在设备层上下不同位置设卫生间,卫生间应充分考虑排风、防水等设计
茶水间	办公室应在公共区域设茶水间,面积较大的茶水间可兼作休息室
	需设上下水道、开水供应系统、垃圾箱等,有条件可设冰箱、微波炉等设施
清洁间	在公共区域较隐蔽处设清洁间。清洁间纳入楼层物业统一管理,可作为垃圾临时堆放及清洁用具存放处

楼电梯布置　　　　　　　　　　　　　　表2

主要内容	设计要点
楼梯	应满足办公建筑楼梯宽度和踏步设计要求
	每个防火分区至少设2个疏散楼梯
	不靠外墙的楼梯间应根据消防排烟要求设消防前室
客用电梯	按照乘客人数、电梯速度合理确定电梯台数和分区划分
	客用电梯厅应独立设置,电梯厅深度应满足"办公建筑[7]概述/垂直交通"中表3要求,综合利用不同分区电梯厅,可将低区不用的电梯厅设为卫生间或其他辅助用房
	单侧并列成排的电梯不宜超过4台,双侧排列的电梯不宜超过8台(4台×2)
消防电梯	应设置在不同防火分区内,每个防火分区不应少于1台消防电梯,可与疏散楼梯合用前室,面积不少于10m²
	应停靠地上、地下各个楼层,可兼作货梯使用
货运电梯	一般与消防电梯兼用。电梯载重、开门宽度和轿厢尺寸要考虑货运与家具搬运需要

设备用房及管井　　　　　　　　　　　　表3

主要内容	设计要点
空调(新风)机房	结合防火分区布置,无外墙新风采集口时需设新风管道井
	需要考虑结构预留洞,方便大型风管接到空调区,机房与风口应设置隔声降噪措施
电气设备用房	结合防火分区布置,强电与弱电井分开布置,方便进出线。管井或设备用房地坪宜高出本层地面0.15~0.3m,或采用门槛方式
排烟管井	结合防火分区布置,排烟管井设计应控制走道或室内任意点到排烟口距离不大于30m
给排水及消防管井	核心筒内集中布置,应考虑管井出线方便,酒店、公寓等管井可结合卫生间分开均匀布置

注:各层管井应在设备管线安装完成后用相应不燃材料封堵严实。

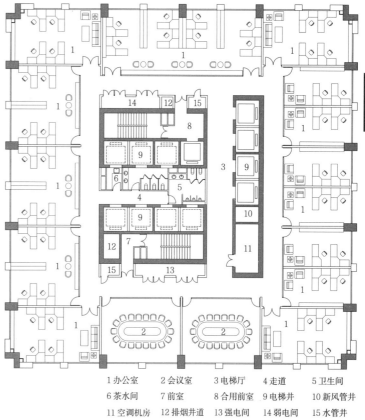

1 办公室　2 会议室　3 电梯厅　4 走道　5 卫生间
6 茶水间　7 前室　8 合用前室　9 电梯井　10 新风管井
11 空调机房　12 排烟井道　13 强电间　14 弱电间　15 水管井

1 标准层核心筒及单元分隔布置示例图

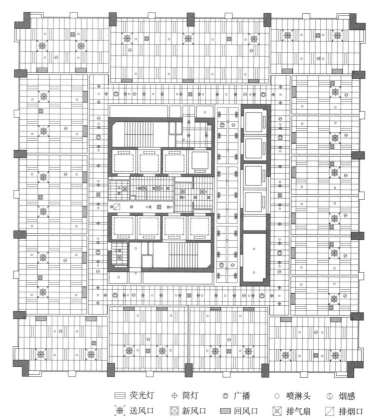

☰ 荧光灯　⊕ 筒灯　◎ 广播　※ 喷淋头　⊙ 烟感
▼ 送风口　⊠ 新风口　☒ 回风口　▣ 排气扇　▨ 排烟口

2 标准层吊顶布置示例图

---

❶ 国家发改委2014年颁布的《党政机关办公用房建设标准》规定,基本办公用房建筑总使用面积系数,多层不低于65%,高层不低于60%。

办公建筑 [10] 概述 / 标准层实例

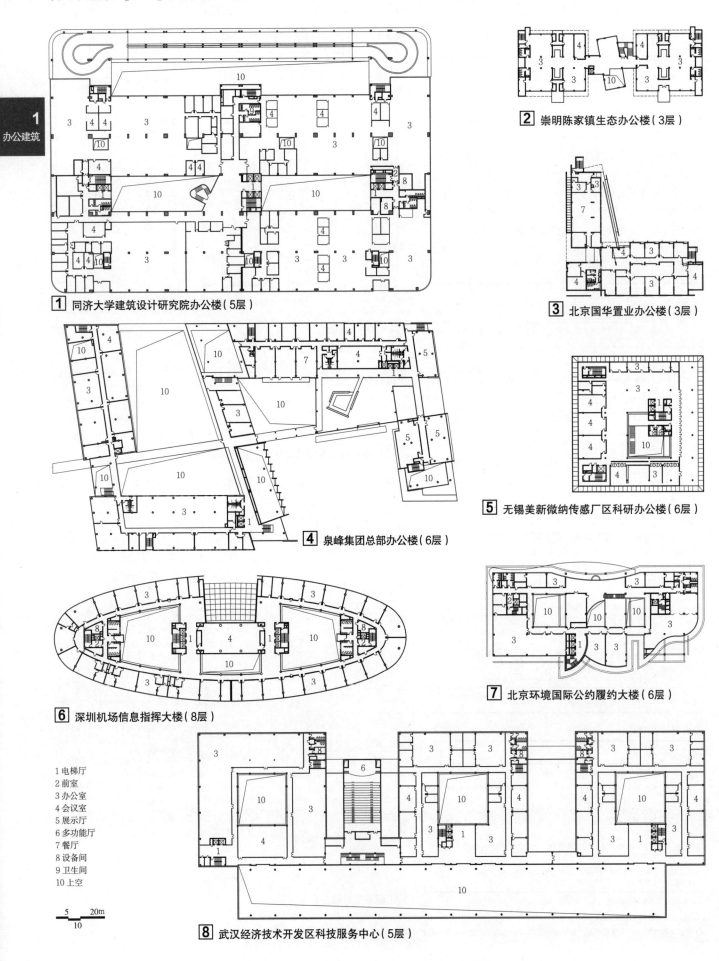

1 同济大学建筑设计研究院办公楼（5层）
2 崇明陈家镇生态办公楼（3层）
3 北京国华置业办公楼（3层）
4 泉峰集团总部办公楼（6层）
5 无锡美新微纳传感厂区科研办公楼（6层）
6 深圳机场信息指挥大楼（8层）
7 北京环境国际公约履约大楼（6层）
8 武汉经济技术开发区科技服务中心（5层）

1 电梯厅
2 前室
3 办公室
4 会议室
5 展示厅
6 多功能厅
7 餐厅
8 设备间
9 卫生间
10 上空

标准层实例 / 概述 [11] 办公建筑

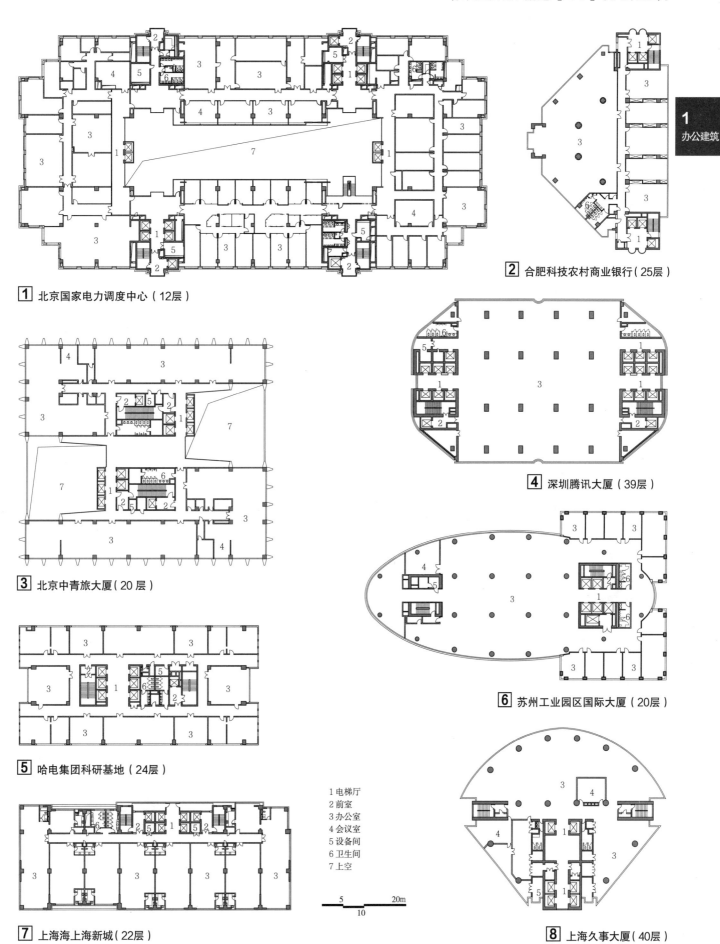

1 北京国家电力调度中心（12层）
2 合肥科技农村商业银行（25层）
3 北京中青旅大厦（20层）
4 深圳腾讯大厦（39层）
5 哈电集团科研基地（24层）
6 苏州工业园区国际大厦（20层）
7 上海海上海新城（22层）
8 上海久事大厦（40层）

1 电梯厅
2 前室
3 办公室
4 会议室
5 设备间
6 卫生间
7 上空

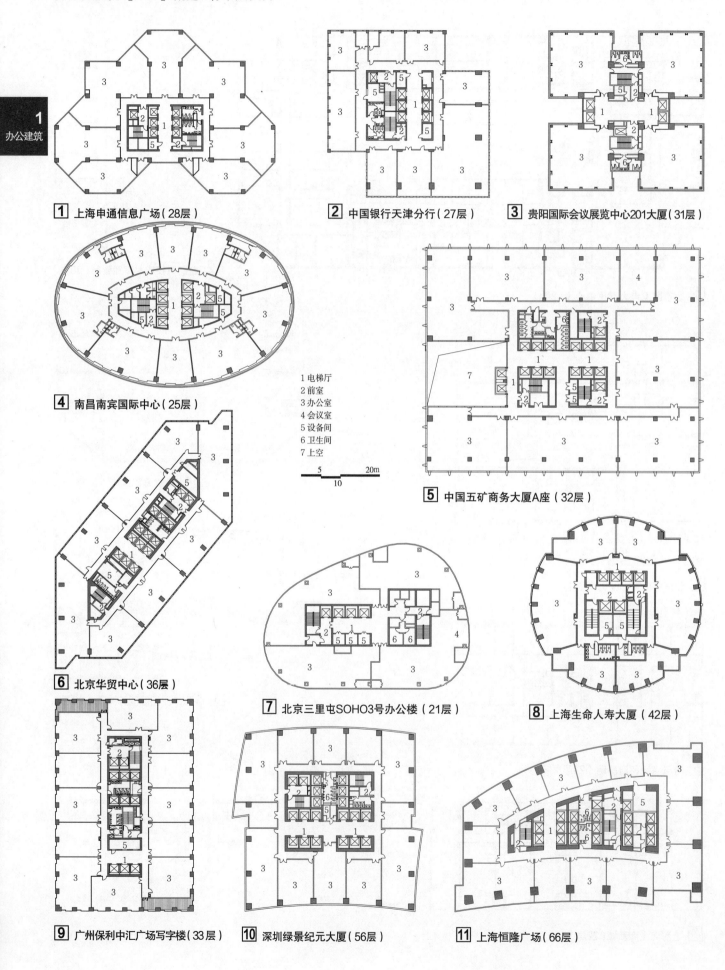

建筑特征

1. 商务办公建筑是以出租或出售为经营方式,以获取商业和经济利益为目标的办公建筑类型。建筑形态与规模类型多样,办公单元组合灵活,辅助设施相对集约,可为用户提供多样化、可选择、设施完备、管理便捷的工作环境。

2. 商务办公建筑多建于交通便捷、配套完善的城市中心区域,可实现较高的租售效益。

功能构成

商业办公建筑根据产权性质、租赁方式、管理模式通常可分为办公用房、公共服务用房、设备及物业管理用房。

1. 办公用房主要是指在办公用户的产权范围或租赁范围内的用房。这类用房既包括功能单一的办公室,也包括服务于自身的会议室、接待室及其他服务用房。

2. 公共服务用房是指服务于办公用户群体,提供商务接待、会议、公共交通、停车设施、生活服务以及可向社会开放的商业设施。

3. 设备及物业管理用房是指确保建筑物日常运行的各类设备用房和管理用房。

功能用房配置　　　　　　　　　　　　　　　　　　　　表1

分类	主要用途	用房配置
办公用房	办公	单间办公室、单元办公室、开放式办公室、混合式办公室等
公共服务用房	公共交通	门厅、大堂、垂直交通(电梯、楼梯)、走廊等
	接待会议	会议室、接待室、多功能厅、展厅等
	卫生设施	盥洗间、卫生间、茶水间、杂物间等
	停车	停车场、停车库等
	生活福利	员工餐厅、茶室、咖啡厅、更衣、休息室、便利店、健身中心、俱乐部等
	社会性商业	商业、餐饮、娱乐室
设备及管理用房	设备用房	中央控制室;机械室(锅炉、空调、水箱、水泵、送风、排风);变电室、配电室、发电机房;电梯机房;消防设备间;设备竖井(管理、电气、风道、烟道)
	管理用房	物业管理;保卫室、值班室;消防中心;垃圾处理室;工作人员休息室;维修管理用仓库等

主要流线组织

1 主要功能用房流线组织示意

公共功能用房

1. 接待会议用房

为提高利用率,大中型会议接待用房多布置在公共空间,服务于所有业主,提供产品展示、会议接待、教育培训等商务功能。小型会议室多与租赁单元结合,提供日常商务办公需求。

公共型会议及接待用房的布置要考虑使用和管理的方便性,其日常维护和管理多由物业公司承担。

接待会议用房的分类及设计　　　　　　　　　　　　　表2

分类	功能	服务对象	设计关注点
会议	展厅	办公人员及访客	建筑层高及柱网尺寸必须满足展品展示要求;相关设备系统需配套设计
	会议	办公人员及访客	满足空间使用要求及消防疏散安全
接待	问询	办公人员及访客	易于寻找、辨识
	接待	办公人员及访客	易于寻找、辨识

2. 生活福利、社会性商业用房

此类用房主要向商务办公人员提供餐饮、休闲、健身、金融等办公活动之外的服务,目的是提高办公建筑的综合性和服务效率,满足办公人员的日常生活需求。

由于此类用房功能的特殊性(餐饮、健身等专业性较强),通常由外来专业人士承包开设,在设计上应针对某些特殊的功能要求进行相应考虑。

生活福利、社会性商业用房的分类及设计　　　　　　　表3

分类	功能	服务对象	设计关注点
生活福利用房	休息室	办公人员	注意设置开水供应系统及垃圾处理系统,可与休息室一同布置
	茶水间		
	健身中心		不能对办公区域产生噪声影响,注意器材摆放所需空间,注意特殊铺地及音响系统设计
	医务室		保证医疗垃圾处理安全,所处位置应不易遭受外界感染
	俱乐部		注意私密性及隔声设计
社会性商业用房	餐厅	办公人员及访客	注意厨房的排烟及垃圾处理系统设计,餐厅部分应具有较好的景观朝向
	咖啡/酒吧		
	便利店		方便可达,标志醒目;ATM机要注意安全性、私密性,并保留排队空间
	ATM/代售点		

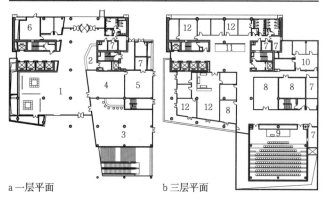

a 一层平面　　　　　　　b 三层平面

1 休息等候区　2 问询服务　3 咖啡厅　4 书店　5 便利店　6 安保服务　7 设备间
8 小会议室　9 大会议厅　10 会议服务　11 展示　12 办公

2 某商务办公建筑

物业管理用房

与其他类型办公建筑相比,商务办公建筑的运行及管理模式与平面功能布局及划分具有较强的关联性。不同的管理方式对其功能分区、交通组织、设备系统和物业计费等方面的设计有不同的制约。因此,设计中应针对不同的运行与管理要求加以考虑。

管理方式可分为集中物业管理、分区或分散管理和混合管理等几种方式。

办公建筑 [14] 商务办公 / 设计要点

办公用房

商务办公建筑的商业化运作特征决定了办公用房空间组合的不确定性和可变性。设计中应强调办公用房的空间布局应具备较强的适应性。

基本策略包括柱网选择、主要及辅助用房的组合、空间分隔的方式、设备系统的布局、管线系统的组织等。

空间适应性策略   表1

分类	设计要素	设计关注点
结构系统	柱网	标准办公单元尺寸，结构尺寸，地下车库布置
	层高	设备系统，结构类型，办公室类型
空间分隔	内隔断	单元化，组合多样，拆装便捷
	办公家具	模数化，可灵活组合
设备系统	空调系统	控制方式与计量单位，小型化，可独立计量
	照明系统	布灯方式单元化、均质化，控制单元小型化
	管线系统	水平方向集中布置，垂直方向分散布置

1 开放式办公
2 分间式办公
3 会议室
4 接待室
5 前台服务
6 资料室
7 茶水间
8 设备间
9 电梯间

1 办公建筑平面划分示例一

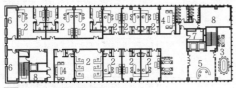

2 办公建筑平面划分示例二

功能空间组合

实践中，办公用房、公共服务用房以及设备和管理用房的空间组合形式多样、变化丰富，设计上的应对策略也呈现多样性的特点。

功能空间组合示例（垂直交通+公共服务设施）   表2

组合	类型	分类	图示
水平向组合	集中式	中心集中	
		边侧集中	
		外侧集中	
	分离式	两侧分离	
		中心分散	
		外侧分散	
竖直向组合		底层集中	
		局部集中	
		各层分散	

参考指标   表3

项目名称	建造地点	竣工年代	基地面积（m²）	建筑面积（m²）	建筑高度（m）	容积率	地上层数（地下）	标准层层高（m）	标准层面积（m²）	典型柱网尺寸（m）	机动车位（个）	结构形式
德胜科技大厦	北京市	2005	22047	72055	18.3	2.1	6(2)	3.6	—	8.4×8.4	468	混凝土框架
宝矿国际广场	上海市	2006	24830	203368	204.2	5.8	48(3)	4.0	1772	8.4×9.0	500	框架—剪力墙
招商海运中心	深圳市	2007	51008	119312	114.6	2.0	26(1)	4.2	1996	8.7×10.2	818	框架—剪力墙
清华科技园科技大厦	北京市	2003	20100	188027	110	7.5	25(3)	3.8	1504	9.0×9.0	800	框架—剪力墙
华旭国际大厦	上海市	2007	3335	29145	94	7.8	20(2)	4.0	1250	8.0×8.0	81	框架—剪力墙
深圳市地铁大厦	深圳市	2007	5510	84312	151	3.5	37(2)	3.9	1487	8.4×8.4	306	框架—剪力墙
金融街B7大厦	北京市	2006	24002	219173	99.3	5.1	24(4)	3.9	—	—	927	框架—剪力墙
深圳泰然大厦	深圳市	2012	24521	168943	99	6.9	25(2)	3.5	—	8.4×8.4	1000	框架—剪力墙
浙江宁波中源大厦	宁波市	2006	13350	49937	103	3.7	28(1)	3.4	1102	8.2×8.2	307	框架—剪力墙
中国五矿商务大厦	天津市	2009	20800	183267	99.9	7.0	28(2)	3.5	2850	8.4×8.7	819	框架—剪力墙

实例 / 商务办公 [15] 办公建筑

1 办公建筑

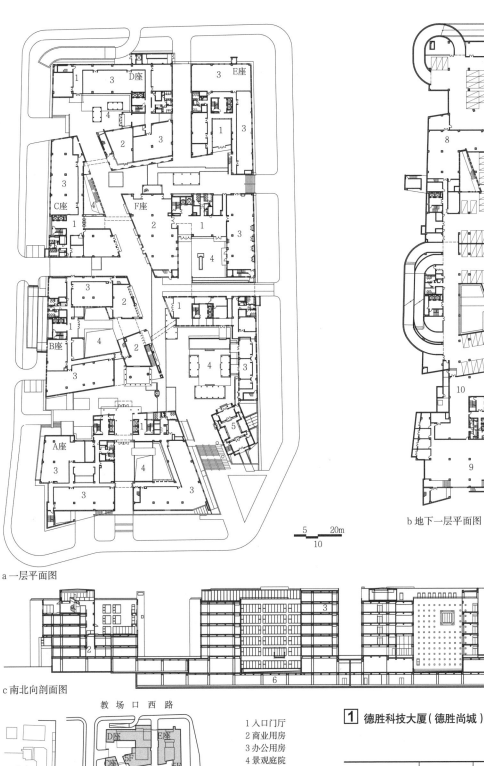

a 一层平面图

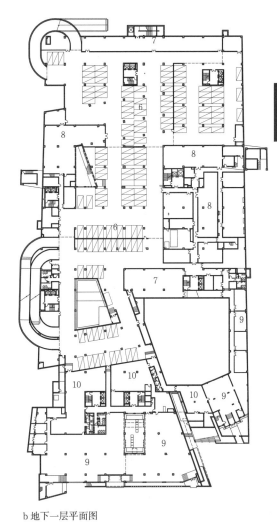

b 地下一层平面图

c 南北向剖面图

d 总平面图

1 入口门厅
2 商业用房
3 办公用房
4 景观庭院
5 保留四合院
6 地下车库
7 自行车库
8 设备间
9 餐饮服务
10 厨房

1 德胜科技大厦（德胜尚城）

名称	建筑面积	建筑层数	建成时间	设计单位
德胜科技大厦（德胜尚城）	72055m²	地上6层	2005	中国建筑设计院有限公司

本项目为典型的多层建筑组群式类型，位于北京德胜新城，基地东邻德外大街，南靠安德路，西接安康东路，北边为教场口路。德胜门位于用地东南方向，用地沿德外大街面南北有近4m的高差。
项目作为一个整体，从城市设计的角度对单体进行整合，每个单体相互联系又各具特色。整体上以街坊的形式形成完整的城市街区，与德胜门箭楼比邻，建筑高度、色彩与之协调统一。主轴斜街正对城楼，形成视觉走廊，入口的传统四合院及古树庭院与箭楼相映成趣。项目在主体材料、色彩上统一，个体围绕院落成为独立街坊，不同的空间院落、门厅及庭院门窗各具特色，具有很强的识别性。
地上部分通过街道划分出7个街坊，自然形成7座办公楼，每座建筑院落自成一体，地下通过车库相互连通

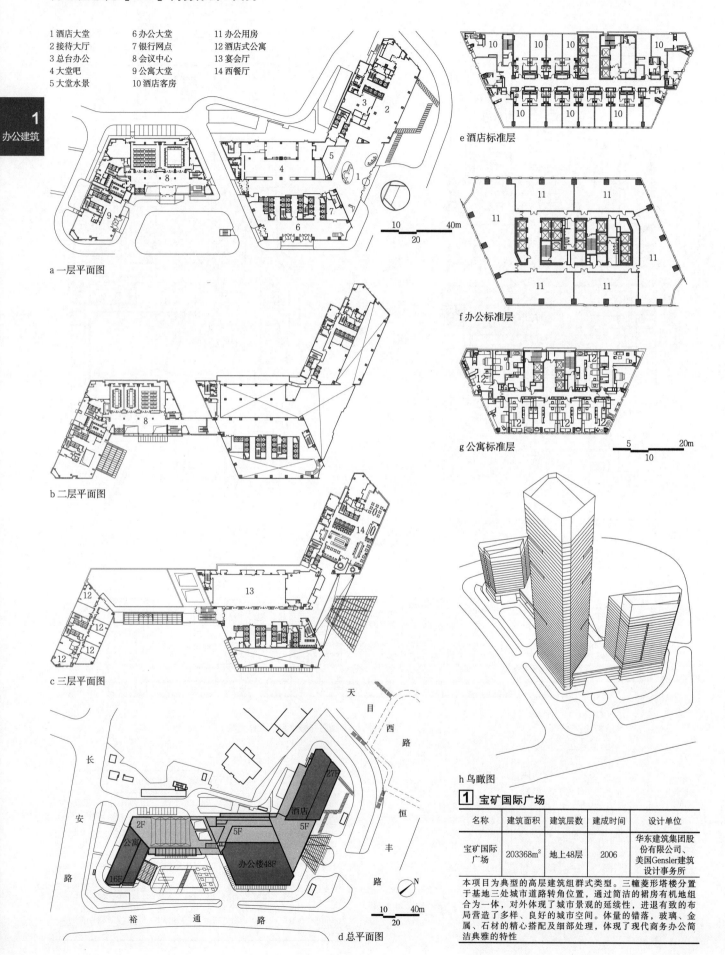

实例 / 商务办公 [17] 办公建筑

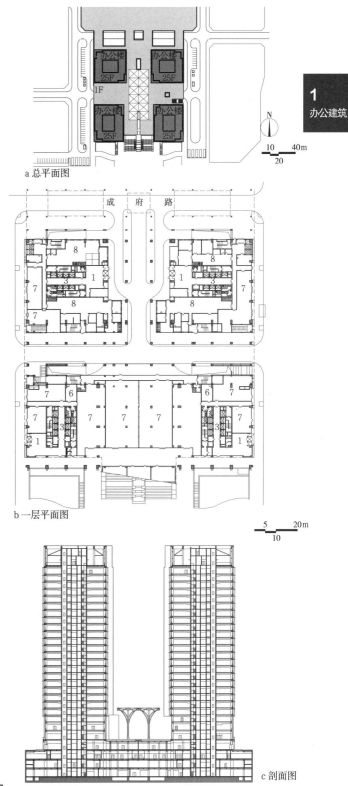

a 总平面图

b 一层平面图

c 剖面图

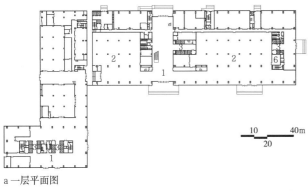

a 一层平面图

b 二层平面图

1 入口门厅　　6 设备用房
2 服务大厅　　7 商业服务
3 电梯厅　　　8 餐饮服务
4 办公用房　　9 屋顶花园
5 会议室

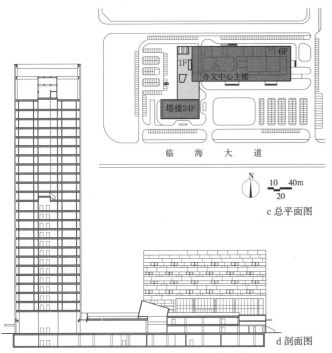

c 总平面图

d 剖面图

1 招商海运中心

名称	建筑面积	建筑层数	建成时间	设计单位
招商海运中心	119312m²	地上26层	2007	广东省建筑设计研究院

深圳招商海运大厦由办文中心主楼和对外出租塔楼两部分组成。该项目最大特点是创建了人性化的生态办公空间，是集办文、休闲、景观为一体的办公建筑。设计中充分利用办文中心主楼4层高的公共大厅、连接办文中心主楼和出租塔楼之间的休闲区、各种功能区域的中庭空间、延伸的公共长廊及不同高度的立体庭园来共同营造舒适宜人的休憩、交流场所，同时较好地组织了不同功能区域之间的交通

2 清华科技园科技大厦

名称	建筑面积	建筑层数	建成时间	设计单位
清华科技园科技大厦	188027m²	地上25层	2003	清华大学建筑设计研究院有限公司

清华科技园科技大厦位于清华大学正门外清华科技园区，由4幢高层办公建筑及裙房组合而成，主要服务于研发机构、高科技企业、教育培训机构及中介服务机构等。4幢建筑规则布置，通过两层裙房组合为一体，并通过分散体量的处理方法缓解了庞大体量对周边地带的压迫感，使每幢建筑均有良好的自然采光和通风。建筑立面简洁明快，符合科技企业办公的形象特征

办公建筑 [18] 商务办公 / 实例

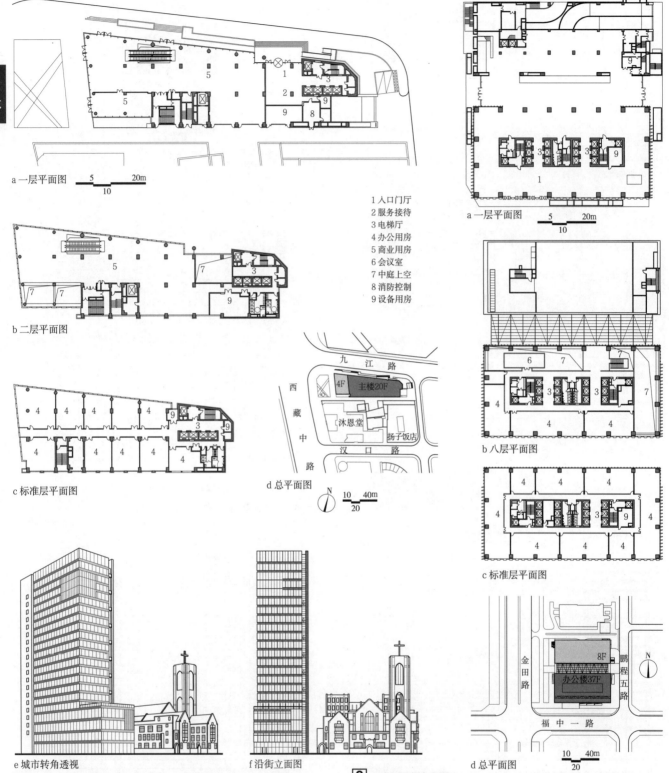

1 入口门厅
2 服务接待
3 电梯厅
4 办公用房
5 商业用房
6 会议室
7 中庭上空
8 消防控制
9 设备用房

1 华旭国际大厦

名称	建筑面积	建筑层数	建成时间	设计单位
华旭国际大厦	29145m²	地上20层	2007	同济大学建筑设计研究院（集团）有限公司

本项目为独栋式高层类型，基地狭长，位于上海市人民广场区域核心地段，三面均为城市道路，南面是历史保护建筑沐恩堂。建筑造型设计使沐恩堂具有优先的话语地位，同时与周围的新建筑也具有较好的关联性。建筑立面由虚实两个块面环绕构成，陶板实墙以沐恩堂背景墙的姿态出现，玻璃面与周边的商务办公、商业建筑相辉映。裙房与主楼一体化的处理、平直的界面，使建筑简练而不显张扬

2 深圳市地铁大厦

名称	建筑面积	建筑层数	建成时间	设计单位
深圳市地铁大厦	84312m²	地上37层	2007	悉地国际设计顾问有限公司

地铁大厦位于深圳新中心区、福中一路与金田路路口，为独栋式超高层办公楼。主楼标准层60m×30m，高150m，立面处理简洁大方，以不同肌理组成的竖向线条反映建筑的各个立面。
地段按功能切成水平方向的三个体量，南北向布置塔楼有利于最大面争取南北朝向，第一块布置一幢151m高的办公楼，第二块布置7层高的中庭，形成阳光中庭，第三块是地铁大厦附属功能

实例 / 商务办公 ［19］办公建筑

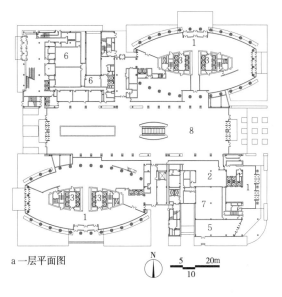
a 一层平面图

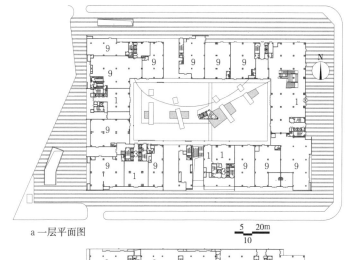
a 一层平面图

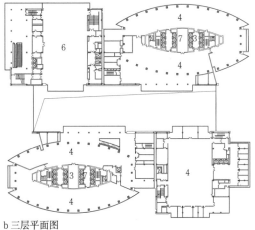
b 三层平面图

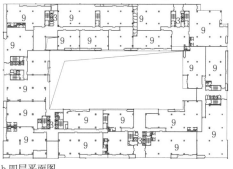
b 四层平面图

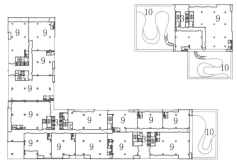
c 八层平面图

1 入口门厅
2 咖啡厅
3 电梯厅
4 办公用房
5 商业用房
6 会议室
7 设备用房
8 景观中庭
9 产业用房
10 屋顶花园

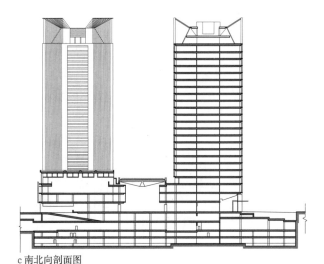
c 南北向剖面图

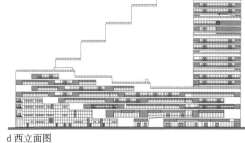
d 西立面图

1 金融街B7大厦

名称	建筑面积	建筑层数	建成时间	设计单位
金融街B7大厦	219173m²	地上24层	2006	中国建筑设计院有限公司

金融街B7大厦是北京金融街最高的标志性建筑，为椭圆形双塔组合造型。建筑群向用地南侧集中，与城市肌理融合，北面形成宽阔的绿带走廊，东连金融街中央公园，西接二环路林荫大道，营造出优雅的商务文化氛围。区域内地下二层的交通服务空间，将各个地块的汽车库与货运联通，大大提升了品质和效率。塔楼的流线体型修长挺拔，形象晶莹剔透，与周边庞大敦实的体量形成显著对比

2 深圳泰然大厦

名称	建筑面积	建筑层数	建成时间	设计单位
深圳泰然大厦	168943m²	地上25层	2012	筑博设计（集团）股份有限公司

深圳泰然大厦位于深圳市福田区车公庙金谷小区。建筑用地基本为长方形，建筑体量采用"回"字形，尽量跟随用地形态，提高地块的利用率并对地块形成良好的控制。基地中部的开放性庭院为公共休闲活动的中心。
跌落式设计使大厦对周边建筑的视线干扰降到最低，巧妙地处理建筑与周边环境的关系。在建筑的东北角局部架空，减小建筑巨大体量对街道拐角的影响，并将人流引入内庭院。

办公建筑 [20] 商务办公 / 实例

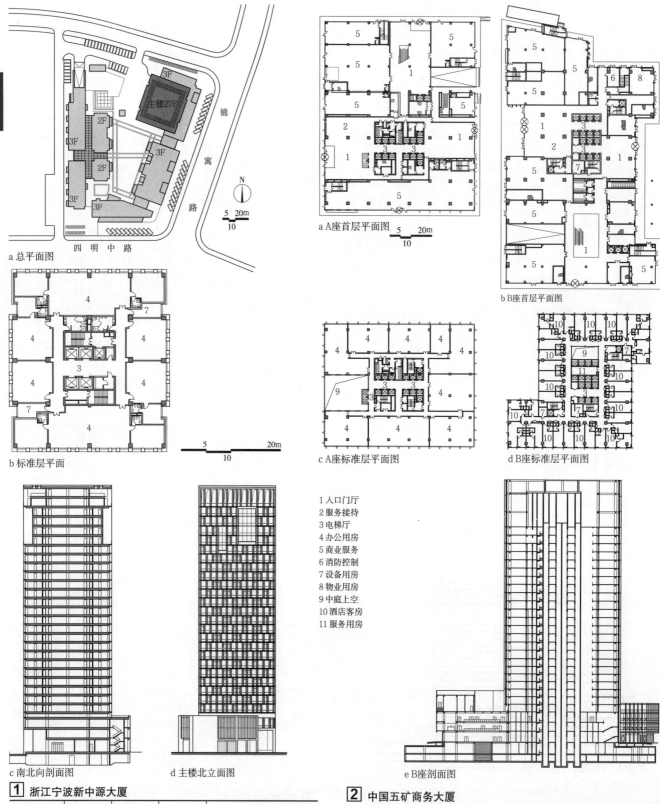

a 总平面图
b 标准层平面
c 南北向剖面图
d 主楼北立面图
a A座首层平面图
b B座首层平面图
c A座标准层平面图
d B座标准层平面图
e B座剖面图

1 入口门厅
2 服务接待
3 电梯厅
4 办公用房
5 商业服务
6 消防控制
7 设备用房
8 物业用房
9 中庭上空
10 酒店客房
11 服务用房

1 浙江宁波新中源大厦

名称	建筑面积	建筑层数	建成时间	设计单位
浙江宁波新中源大厦	49937m²	地上28层	2006	浙江绿城建筑设计有限公司

本项目为高层办公与裙房组合的建筑类型，东北侧的高层商务写字楼与东南侧、西侧的商业用房组成有机整体。商业用房与写字楼一起围合成一个半开放的商业休闲庭园，呈现区域内独特的公共休闲场所。
写字楼立面以内部柱网为基本模数，利用窗间墙的变化，营造出统一且丰富的立面效果。商业用房立面处理简洁大方，简洁明晰的体量关系强调了玻璃、钢及石材之间的构成关系，着力表现了材料自身的质感及构造工艺。

2 中国五矿商务大厦

名称	建筑面积	建筑层数	建成时间	设计单位
中国五矿商务大厦	183267m²	地上28层	2009	天津大学建筑设计研究院、天津普瑞斯建筑规划设计咨询有限公司

五矿商务大厦是高层办公与裙房组合的建筑类型，主要功能为办公、酒店式公寓、会议、宴会、休闲娱乐、商业等功能。两座高层塔楼通过连廊连接，在两座大厦主体连接处形成一个具有特色的室外半围合广场。建筑立面的细部处理精致细腻，外表面采用米色砂岩、高透双膜LOW-E玻璃幕墙和金属百叶的组合方式，通过疏密有致的分格形成丰富统一的外表图案，虚实对比合理，两栋高层相互辉映。

基本特征

总部是指企业的生产经营管理中心和经济核算中心。它一般由企业管理的核心层和若干职能部门组成，对企业的所有事务进行决策、管理和监督。

总部办公通常是企业为满足其总部办公功能而进行建造或设置的办公场所，通常体现为独栋或一组建筑，有其相对独立的办公环境。与其他办公建筑相比，鲜明的企业形象、宜人的办公环境、独立的交通流线系统、多样的功能配套是总部办公建筑的重要关注点。

总部办公建筑根据其企业性质、规模、选址策略的差异呈现出很强的独特性。总的来说，总部办公区别于一般办公建筑，具有功能需求复杂，有针对性、特殊办公空间较多，注重公司内部交流活动与工作效率，注重体现企业文化和企业形象等特点。

企业类型（按所有权属性分） 表1

总部类型		产权类型	使用者	功能特征
自建型		自有	前期确定	复杂 特殊
入驻型	购入	自有、共用	购入后确定	通用
	租赁	借用	临时	通用

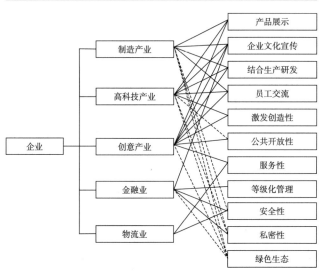

[1] 企业类型及主要关注点（按企业性质分类）

组织架构

企业的组织架构直接影响总部办公建筑的功能用房需求，某些制造产业或高科技产业企业总部含生产、研发部门，因而要求其企业总部与生产、研发中心复合建设。而企业部门间的空间组织关系也与企业组织架构存在一定的联系。

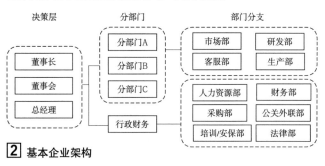

[2] 基本企业架构

选址特点

企业的性质与功能需求决定了企业总部的选址倾向。企业总部的选址条件反过来限制了总部办公建筑的功能空间组合。总的来说，总部办公的选址分为两种倾向：

企业总部选址策略 表2

总部选址类型	选址倾向	决定总部选址倾向的有利因素
城市集聚型企业总部	城市CBD 有专业集聚性的总部园区	资源集中 交通可达性高 及时的信息获取与发布 生活配套设施与服务业配套齐全 劳动力市场 利于企业形象宣传
郊区独立型企业总部	城市郊区结合部	土地资源易于获得 便于与生产、研发、物流结合 具有运营成本优势 与自然环境结合 依托现代化信息技术 利于企业文化建设

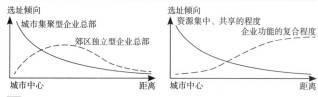

[3] 定性分析：企业总部选址倾向及特点

空间组合

功能空间组合 表3

分类	平面示例	特点
竖向叠加		体现为主要功能空间通过竖向标准层叠加形成塔楼的形式；而特殊空间往往设置于配套的裙楼之中
中央围合		体现为以中庭、中心花园或者环通交通空间为中心组织各功能空间的形式
水平延展		采用以内街或大尺度走廊串联各种功能空间的形式，或由一条主要线性公共空间串联若干条分枝功能区的空间组合模式
分散集群		指各个功能区分散布置，形成一组集群式的建筑，单体之间通过连廊相连，或完全分开

■ 决策型办公区　▨ 公共及辅助功能区　□ 部门办公区

办公建筑 [22] 总部办公 / 功能构成

功能构成

总部办公建筑的功能构成因企业本身性质、选址、规模的区别呈现很强的差异性。总体上可以分为公共功能用房、核心功能用房和辅助功能用房等不同属性。

核心功能用房具有必要性，且相对具有私密性；公共功能用房具有很强的公共性并具有一定的必要性；辅助功能用房根据企业的规模、选址及周边配套情况可配置也可借用。

1 总部基本用房功能组织关系图

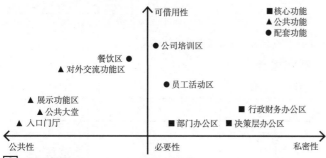

2 总部基本用房私密性与必要性关系图

公共功能用房

公共功能用房是企业向外展示自身形象的媒介，通常是总部建筑的主要空间。除门厅、大堂等常见的功能之外，主要包括展示功能区和对外交流功能区。

公共功能用房　　　　　　　　　　　　　　　　　　　　表1

分类	特点	具体构成
展示功能区	展示企业形象的主功能区。通过对公司产品、公司参与的社会公益活动、公司发展的历史回顾等方面，展示公司的理念、社会责任及发展方向，体现公司的形象	公共大堂、产品陈列室、图片展区、企业纪念品商店
对外交流功能区	公司总部实现对外交流，建立或培养客户关系的场所。一般靠近主要出入口布置，或有单独出入口。通过公司与社会的交流互动，接受社会信息的反馈。同时，又有展示公司形象的作用	咖啡厅、接待室、会议室、餐厅、服务于客户的临时办公室

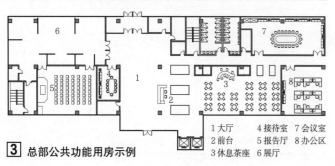

3 总部公共功能用房示例

1 大厅　2 前台　3 休息茶座　4 接待室　5 报告厅　6 餐厅　7 会议室　8 办公区

核心功能用房

核心功能用房是总部办公建筑的主要功能组成，也是企业人员的主要办公活动场所。根据不同职能的使用者，核心功能用房分为决策层办公区、部门办公区、行政财务办公区等。

根据企业性质与企业架构的差异，企业总部的部门办公按独立性到复合性的程度不同可分为独立型办公模式、程序型办公模式、小组型办公模式、复合协作型办公模式。

决策层办公区空间组织具有一定的礼仪性，可利用过渡性的空间或秘书办公室串联公共空间与决策层办公室。通常配置贵宾接待室、董事会议室，以及专用的餐厅、洗漱间及休息室等功能。

核心功能用房　　　　　　　　　　　　　　　　　　　　表2

分类	特点	具体构成
决策层办公区	总部办公建筑中最重要的办公场所，配套设施多，对景观、朝向要求较高。同时，应能从底层直接到达决策层办公区。由于其在公司中的核心地位，一般位于总部办公建筑中最重要的位置	公司董事会议室、董事办公区、CEO办公区、秘书办公区、专用餐厅、专用洗漱室等
部门办公区	作为总部各部门日常工作的办公区域，主要满足公司各部门的办公和部门内部相互交流的需要	各部门办公区、部门讨论区、各部门会议室及服务用房等
行政财务办公区	作为总部的行政管理、财务管理核心，行政财务办公区一般位于总部办公建筑中比较重要的楼层，既要考虑其私密性，又具有一定的接待功能	人力资源部、财务部、采购部、法律部、公关部等

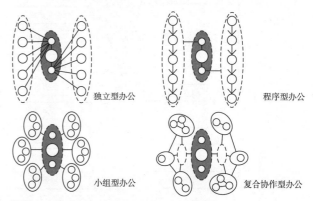

4 决策层办公与部门办公的团队组织模式

独立型办公　程序型办公　小组型办公　复合协作型办公

5 决策层办公区功能关系图

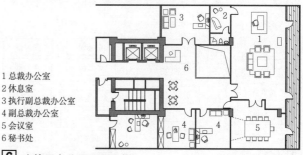

6 决策层办公区平面示例

1 总裁办公室
2 休息室
3 执行副总裁办公室
4 副总裁办公室
5 会议室
6 秘书处

辅助功能区

辅助功能用房是供员工能力培训及生活服务的配套用房。包括企业培训功能、餐饮功能、员工活动功能以及其他辅助功能。

辅助功能用房　　　　　　　　　　　　　　　　　表1

分类	特点	具体构成
企业培训区	主要用作公司新员工或实习生的培训，及对员工的再教育，属于公司内部的教育功能，并体现企业的文化。布置于相对于各部门员工较为临近但对外相对私密的区域	大型会议室、培训中心、员工休息室
餐饮功能区	用于总部员工的工作就餐，并为进行非正式的交流提供有效的空间。同时，由于空间大，也可成为公司举行宴会、舞会的场所	咖啡厅、自助餐厅、员工自用小厨房
员工活动区	服务于员工的休闲、娱乐、健身需求，同时，也可用于内部员工的交流等各种活动	健身房、乒乓球房、球类场馆、泳池、配套更衣、淋浴等

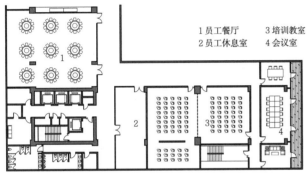

1 员工餐厅　2 员工休息室　3 培训教室　4 会议室

[1] 某企业总部培训区与餐厅示例

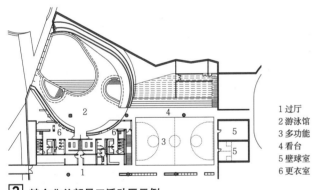

1 过厅　2 游泳馆　3 多功能　4 看台　5 壁球室　6 更衣室

[2] 某企业总部员工活动区示例

空间分配变化

个体的办公空间，在现代企业办公空间中占的比例将逐渐缩减，而促进交流的团队空间，如会议室、咖啡厅、员工活动区，对外展示及交流的公共空间，如大堂、报告厅、企业展示区的面积在逐渐增大。

空间分配的变化　　　　　　　　　　　　　　　　表2

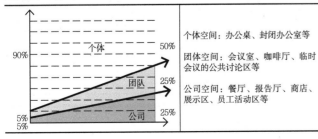

个体空间：办公桌、封闭办公室等
团体空间：会议室、咖啡厅、临时会议的公共讨论区等
公司空间：餐厅、报告厅、商店、展示区、员工活动区等

企业文化表述

公司总部办公建筑作为公司最高级别办公场所，其建筑设计需体现其企业文化。企业文化体现在企业的精神层面、制度层面、行为层面和物质层面等。

建筑设计需表述的企业文化可体现在建筑的形式、表皮、色彩等直观特征或建筑的空间组合模式，以及随之产生的办公、交往、生活方式等。

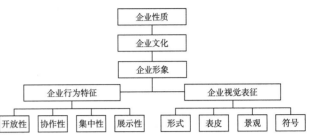

[3] 企业文化的行为特征与视觉表征

企业行为特征：激发员工的工作效率与集体认同　　　表3

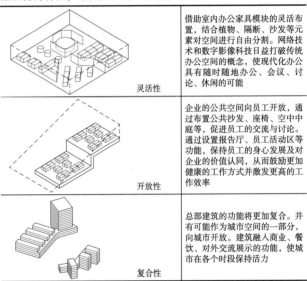

灵活性	借助室内办公家具模块的灵活布置，结合植物、隔断、沙发等元素对空间进行自由分割。网络技术和数字影像科技日益打破传统办公空间的概念，使现代化办公具有随时随地办公、会议、讨论、休闲的可能
开放性	企业的公共空间向员工开放，通过布置公共沙发、座椅、空中中庭等，促进员工的交流与讨论。通过设置报告厅、员工活动区等功能，保持员工的身心发展及对企业的价值认同，从而鼓励更加健康的工作方式并激发更高的工作效率
复合性	总部建筑的功能将更加复合。并有可能作为城市空间的一部分，向城市开放。建筑融入商业、餐饮、对外交流展示的功能，使城市在各个时段保持活力

企业视觉表征：传播企业形象与企业品牌　　　表4

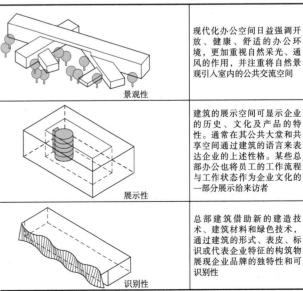

景观性	现代化办公空间日益强调开放、健康、舒适的办公环境，更加重视自然采光、通风的作用，并注重将自然景观引入室内的公共交流空间
展示性	建筑的展示空间可显示企业的历史、文化及产品的特性。通常在其公共大堂和共享空间通过建筑的语言来表达企业的上述性格。某些总部办公也将员工的工作流程与工作状态作为企业文化的一部分展示给来访者
识别性	总部建筑借助新的建造技术、建筑材料和绿色技术，通过建筑的形式、表皮、标识或代表企业特征的构筑物展现企业品牌的独特性和可识别性

办公建筑 [24] 总部办公 / 实例

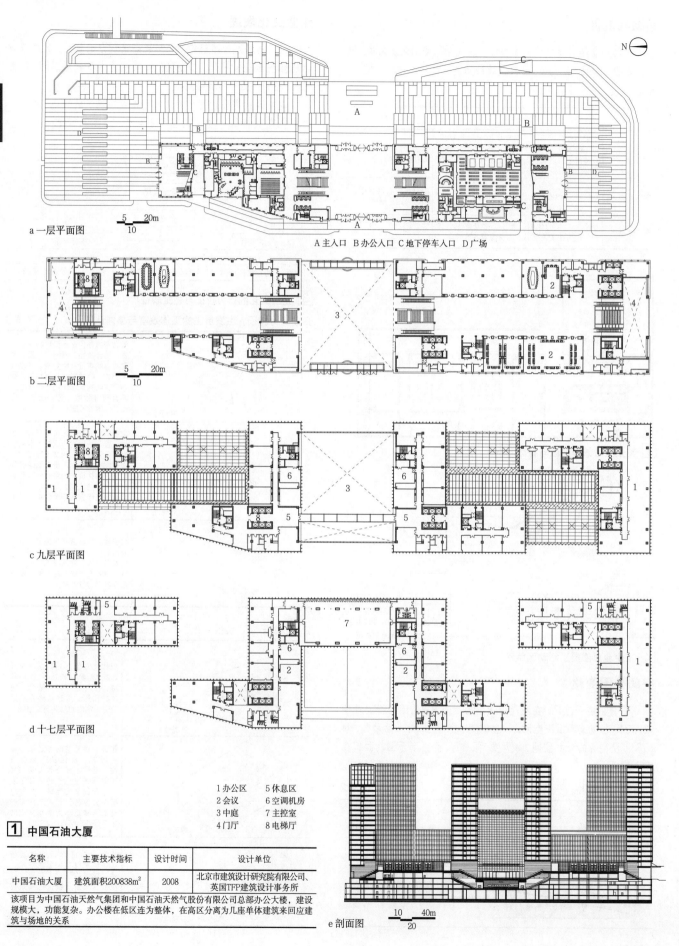

a 一层平面图
A 主入口 B 办公入口 C 地下停车入口 D 广场

b 二层平面图

c 九层平面图

d 十七层平面图

1 办公区　　5 休息区
2 会议　　　6 空调机房
3 中庭　　　7 主控室
4 门厅　　　8 电梯厅

1 中国石油大厦

名称	主要技术指标	设计时间	设计单位
中国石油大厦	建筑面积200838m²	2008	北京市建筑设计研究院有限公司、英国TFP建筑设计事务所

该项目为中国石油天然气集团和中国石油天然气股份有限公司总部办公大楼，建设规模大，功能复杂。办公楼在低区连为整体，在高区分离为几座单体建筑来回应建筑与场地的关系

e 剖面图

实例 / 总部办公 [25] 办公建筑

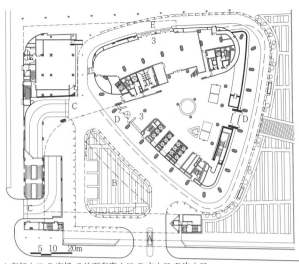

A 车行入口 B 广场 C 地下车库入口 D 主入口 E 次入口

a 一层平面图

1 办公区
2 会议室
3 门厅
4 中庭
5 空中花园
6 职工餐厅
7 机房

c 标准层平面图

1 中国海洋石油公司总部

名称	主要技术指标	设计时间	设计单位
中国海洋石油公司总部	建筑面积96340m²	2006	中国建筑设计院有限公司、美国KPF建筑师事务所

本工程办公楼由一栋18层的塔楼和3层的裙房组成，另设有3层地下室。形体上，塔楼的三角形曲面和裙房"L"形曲面相互穿插，简洁而富有动感。塔楼的五至十八层办公区及公共空间环绕着通高的挑空采光中庭，为各部门间提供交流和活动场所

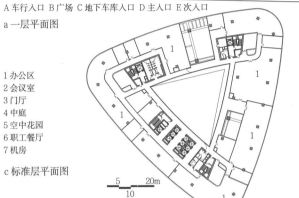

a 一层平面图

1 门厅　5 展厅
2 会议　6 休息室
3 中庭　7 机房
4 办公区

2 华能大厦

名称	主要技术指标	设计时间	设计单位
华能大厦	建筑面积128580m²	2005	华东建筑集团股份有限公司华东建筑设计研究总院、美国KPF建筑师事务所

总体布局通过院落空间来组合各单元建筑，形成"多部同堂"的空间布局。中庭空间由面向长安街的折形体量和南侧的"U"形体量围合而成，上部设置轻巧透亮的玻璃屋顶，以产生最佳的自然光线效果

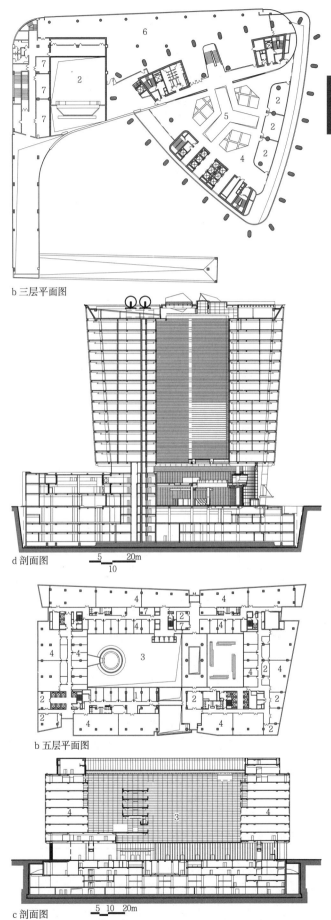

b 三层平面图

d 剖面图

b 五层平面图

c 剖面图

办公建筑 [26] 总部办公 / 实例

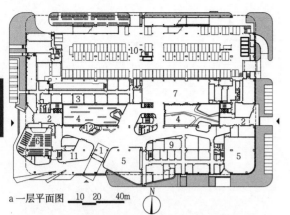
a 一层平面图

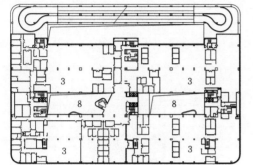
b 二层平面图

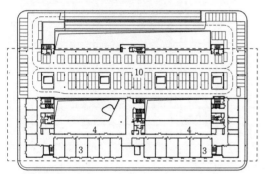
c 四层平面图

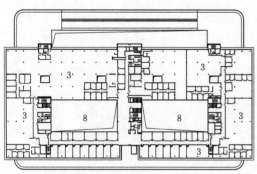
d 五层平面图

1 门厅　　4 内院　　7 餐厅　　10 车库
2 次门厅　5 展示厅　8 内院上空　11 咖啡厅
3 办公　　6 多功能厅　9 会议　　12 接待

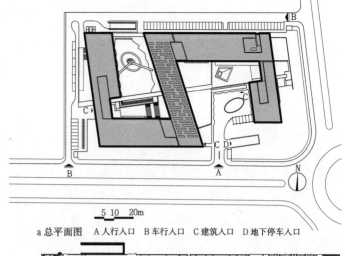
a 总平面图　A 人行入口　B 车行入口　C 建筑入口　D 地下停车入口

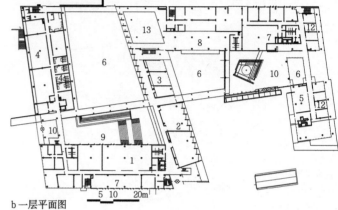
b 一层平面图

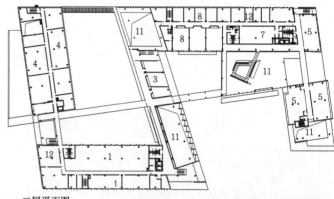
c 二层平面图

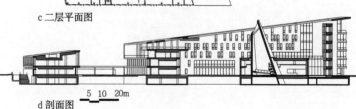
d 剖面图

1 研发办公　4 测试室　7 模型中心　10 大厅　13 咖啡厅
2 多功能厅　5 展示厅　8 员工餐厅　11 上空
3 培训室　　6 花园　　9 下沉花园　12 会议室

1 同济大学建筑设计研究院新办公楼

名称	主要技术指标	设计时间	设计单位
同济大学建筑设计研究院新办公楼	建筑面积64522m²	2009	同济大学建筑设计研究院（集团）有限公司

本项目由原有建筑巴士—汽停车库改造而成。设计策略是创造一个开放的创意办公空间。通过局部拆除楼板形成景观内院和采光天井，与四层屋面绿化形成多层次的景观空间。设计运用多项生态节能措施，包括屋面锯齿状的太阳能光伏板

2 南京泉峰国际集团总部

名称	主要技术指标	设计时间	设计单位
南京泉峰国际集团总部	建筑面积38000m²	2007	东南大学建筑设计研究院有限公司、美国Perkins & Will建筑事务所

该项目地上6层，地下1层，含总部办公、产品研发以及培训接待等功能，各部分的功能彼此关联又相对独立，项目以S形的线性布局，串联五个部门，由长廊和天桥实现相互的联系。户外空间划分成若干大小和主题不一的庭园空间

实例 / 总部办公 [27] 办公建筑

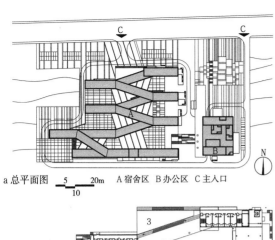

a 总平面图　A 宿舍区　B 办公区　C 主入口

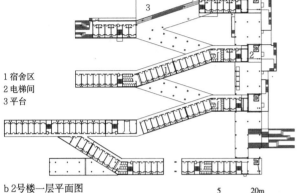

1 宿舍区
2 电梯间
3 平台

b 2号楼一层平面图

1 中粮集团亚龙湾总部

项目名称	主要技术指标	设计时间	设计单位
中粮集团亚龙湾总部	建筑面积33400m²	2009	筑博设计（集团）股份有限公司

本项目结合当地的气候条件，通过提供方便抵达、尺度宜人、形态丰富的空间场所，便于员工的活动和相互之间的交流。

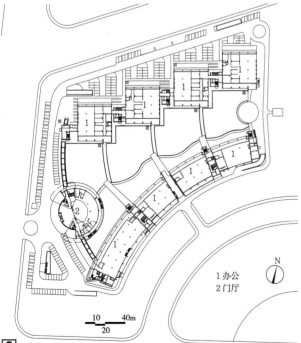

1 办公
2 门厅

2 联想研发基地一层平面图

名称	主要技术指标	设计时间	设计单位
联想研发基地	建筑面积96150m²	2003	北京市建筑设计研究院有限公司

项目采用半开放、半围合式布局，单元式的建筑体量通过围合，形成若干有节奏的庭院空间。设计尽可能降低建筑高度，并通过顶层和底层的退台与局部架空，延展了庭院空间，丰富了建筑的空间体验。

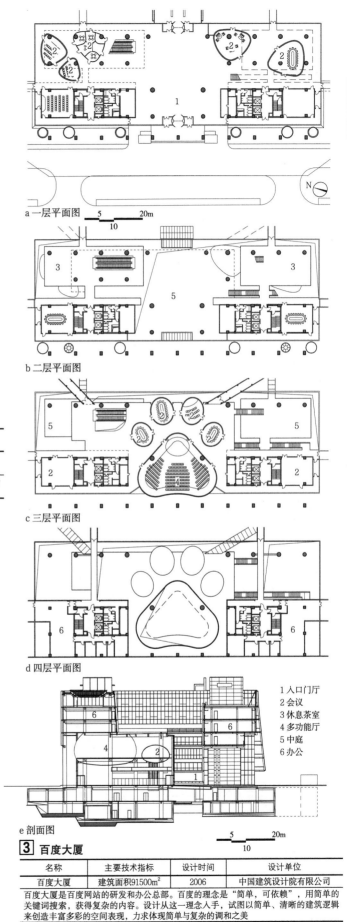

a 一层平面图

b 二层平面图

c 三层平面图

d 四层平面图

1 入口门厅
2 会议
3 休息茶室
4 多功能厅
5 中庭
6 办公

e 剖面图

3 百度大厦

名称	主要技术指标	设计时间	设计单位
百度大厦	建筑面积91500m²	2006	中国建筑设计研究院有限公司

百度大厦是百度网站的研发和办公总部。百度的理念是"简单，可依赖"，用简单的关键词搜索，获得复杂的内容。设计从这一理念入手，试图以简单、清晰的建筑逻辑来创造丰富多彩的空间表现，力求体现简单与复杂的调和之美。

办公建筑 [28] 总部办公 / 实例

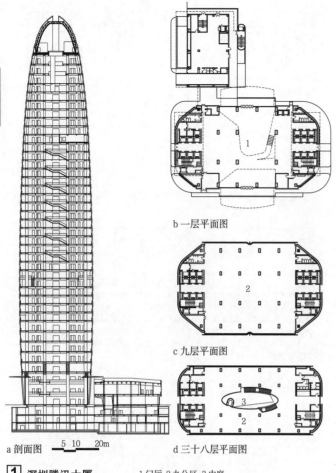

a 剖面图　　b 一层平面图　　c 九层平面图　　d 三十八层平面图

1 深圳腾讯大厦　　1 门厅　2 办公区　3 中庭

名称	主要技术指标	设计时间	设计单位
深圳腾讯大厦	建筑面积 88180m²	2009	悉地国际建筑设计顾问有限公司

项目采用高层建筑垂直布置的方式，将其交通核分布在建筑的两侧，便于功能空间的灵活组织，并创造了连续开放的大开间办公空间

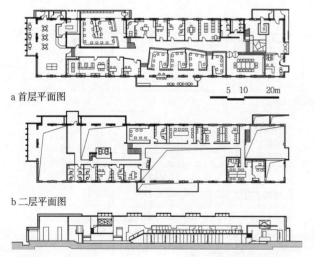

a 首层平面图　　b 二层平面图　　c 剖面图

2 艾迪尔商务中心

名称	主要技术指标	设计时间	设计单位
艾迪尔商务中心	建筑面积 1700m²	2011	北京艾迪尔建筑装饰工程有限公司

项目由原新华印刷厂的一栋库房改建而来。利用地面下挖的方式进行了加建，下挖确保了增夹层的可行性以及室内空间的灵活性。项目在节水节能、保温隔热、再生材料利用、自然采光等诸多方面打造了一个较为全面的绿色环保办公环境

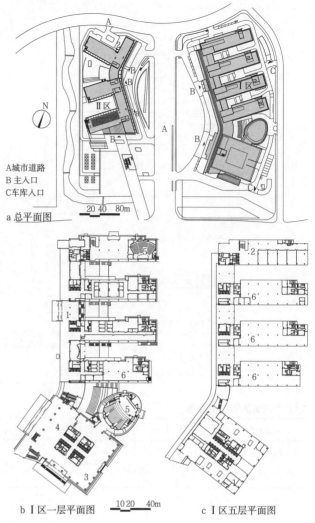

A 城市道路　B 主入口　C 车库入口

a 总平面图　　b Ⅰ区一层平面图　　c Ⅰ区五层平面图

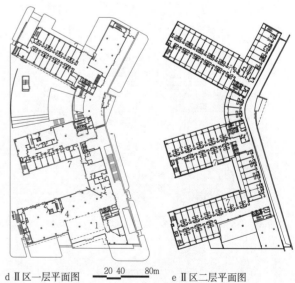

d Ⅱ区一层平面图　　e Ⅱ区二层平面图

3 苏宁电器总部

1 入口门厅　2 图书馆　3 视听室　4 展示厅　5 多功能厅　6 办公区　7 套房

名称	主要技术指标	设计时间	设计单位
苏宁电器总部	建筑面积 292700m²	2009	中国建筑设计院有限公司

本项目为苏宁电器集团总部办公基地，包括集团总部及房地产、酒店、百货各产业总部办公，建筑分Ⅰ、Ⅱ两区，不同功能水平延展为若干分支，由共享边廊的开放空间及首层大堂联系在一起，提供了一个开阔明亮的公共空间。内部空间连续发展又充满变化

实例/总部办公 [29] 办公建筑

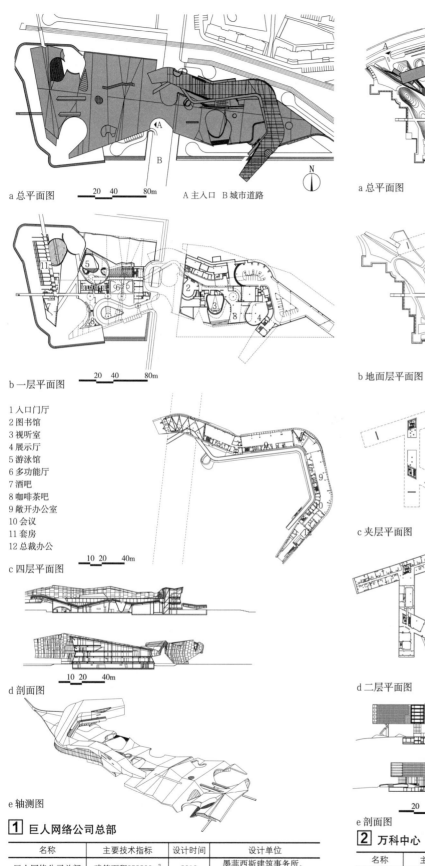

a 总平面图　　A 主入口　B 城市道路

b 一层平面图

1 入口门厅
2 图书馆
3 视听室
4 展示厅
5 游泳馆
6 多功能厅
7 酒吧
8 咖啡茶吧
9 敞开办公室
10 会议
11 套房
12 总裁办公

c 四层平面图

d 剖面图

e 轴测图

1 巨人网络公司总部

名称	主要技术指标	设计时间	设计单位
巨人网络公司总部	建筑面积253300m²	2010	墨菲西斯建筑事务所、上海亚新工程顾问有限公司

项目位于一个运河和人工湖上，分东西两部分。设计将建筑形态和结构完美地融合于基地之中，并根据景观平面的起伏进行形态折叠。建筑包含三个功能区域：开放办公空间、私人办公和主管套间。在抬高的区域内设有图书馆、礼堂、展厅和咖啡吧。西侧的体量中包含多功能运动球场、游泳馆和健身中心

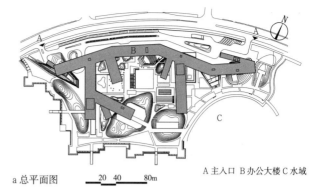

a 总平面图　　A 主入口　B 办公大楼　C 水域

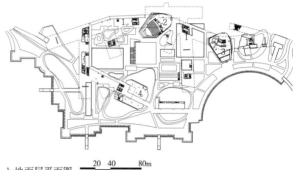

b 地面层平面图

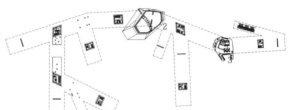

c 夹层平面图

1 入口门厅
2 多功能厅
3 餐厅
4 办公区
5 酒店区

d 二层平面图

e 剖面图

2 万科中心

名称	主要技术指标	设计时间	设计单位
万科中心	建筑面积120445m²	2009	STEVEN HOLL建筑师事务所、悉地国际建筑设计顾问有限公司

项目功能包括万科集团总部办公以及公寓与酒店。会议中心和停车场都位于绿地下方，包括土丘下的餐厅和五百人座的报告厅。建筑的主体体量通过八个核心筒漂浮在景观之上，创造了6万m²的地面城市花园，开放给市民使用

办公建筑 [30] 政务办公 / 设计要点

组织机构

政务机关主要包括中央和地方各级党、人大、政协和政府的机关，其中政府是行政职能的主要执行机关。

我国政府机构一般分为国务院各部、委、局、办和直属事业单位、地方各级人民政府、驻外使领馆四个大类。

政府各级机构 表1

分类	职能机构
国务院组成部门	外交部、国防部、发展改革委、教育部、科技部、国家民委、公安部、国安部、监察部、民政部、司法部、财政部、人社部、国土资源部、住建部、工信部、环保部、水利部、农业部、商务部、文化部、卫计委、人民银行、审计署
特设机构	国有资产监督管理委员会
直属机构	海关总署、工商行政管理总局、新闻出版广电总局、安全生产监督管理总局、统计局、知识产权局、宗教事务局、机关事务管理局、税务局、质量监督检验检疫总局、体育总局、食品药品监督管理总局、林业局、旅游局、参事室
办事机构	侨办、港澳办、法制办、国研室、台办、新闻办
国家局	信访局、粮食局、烟草局、外专局、海洋局、测绘局、邮政局、国防科技局、铁路局、民航局、海洋局、能源局、文物局、中医药局、外汇局、煤矿安监局、档案局、保密局
直属事业单位	新华通讯社、社会科学院、国务院发展研究中心、地震局、银行业监管委员会、保险监管委员会、自然科学基金委员会、科学院、工程院、行政学院、气象局、证券监督委员会、社保基金理事会
地方各级人民政府	省级人民政府、市级人民政府（直辖市、副省级和地级市，县级市）、县级人民政府、乡级人民政府
使领馆	大使馆、领事馆

注：表格内容根据2016年国务院网站发布的资料整理。

功能构成

政务办公建筑的功能应根据使用机构的工作性质和内容具体确定，总体可分为内部机关办公和公众服务两类。内部机关办公一般按行政部门划分工作单元。公众服务以所受理的事务为目标，以多个部门联合办公的方式开展工作。

除特定用房需按照使用要求进行设计外，其他用房的组成具有办公建筑的基本特性。

市领导机构功能关系 表2

类型	行政职能	功能关系示意图
机关办公	政策制定机关业务机要办公	内部入口 → 内部办公 ─ 特定用房 ↓ 入口空间 ↓ 主入口
公众服务	政策咨询行政审批信访接待	内部入口 → 内部办公区 ─ 窗口作业区 ─ 办事大厅 ← 公众入口

注：1.市级领导机构由市委、市政府、市纪委、市人大和市政协组成。
2.特定功能用房如：应急指挥中心、人大常委会议厅等。

大使馆功能关系 表3

类型	行政职能	功能关系示意图
大使馆	促进两国政治关系 促进经贸往来 促进文化、教育、科技交流 保护本国公民 向本国公民颁发或延期护照 向外国公民颁发签证	馆员宿舍 ↓ 大使官邸 ─ 使馆内部办公 ─ 签证处 ↓ 官邸入口　办公入口　公众入口

建设标准

1. 政务机关办公用房应按照统筹兼顾、量力而行、逐步改善的原则进行建设。建设标准应与当地的经济发展水平相适应，做到因地制宜、功能适用、简朴庄重。

2. 办公用房的建设规模，应根据使用单位的行政级别和编制人数，按规定的建筑面积指标进行确定。

3. 应坚持后勤服务社会化的改革方向，充分利用社会服务设施。集中建设或联合建设办公用房时，公共服务和附属设施应统一规划、集中管理、共同使用。

4. 员工食堂、公勤人员宿舍、警卫宿舍等规定指标之外的辅助用房，按实际需求进行配置。

5. 无保密要求的一般工作人员办公，提倡采用大开间办公的方式，以提高建筑的使用效率。

6. 特殊业务用房需单独审批和核定标准。

面积指标

县级及以上党的机关、人大机关、政协机关、行政机关，以及工会、共青团、妇联等人民团体机关办公用房应符合《党政机关办公用房建设标准》的指标要求，根据不同的行政等级控制人均面积和每人使用面积，控制总使用面积系数（多层建筑按65%，高层建筑按60%）。

建设等级 表4

等级	行政级别
一级办公用房	中央部（委）级机关、省（自治区、直辖市）级机关，以及相当于该级别的其他机关
二级办公用房	市（地、州、盟）级机关，以及相当于该级别的其他机关
三级办公用房	县（市、旗）级机关，以及相当于该级别的其他机关

人均面积 表5

等级	人均建筑面积	人均使用面积
一级办公用房	26～30m²	16～19m²
二级办公用房	20～24m²	12～15m²
三级办公用房	16～18m²	10～12m²

注：1.独立变配电室、锅炉房、食堂、汽车库、人防设施和警卫用房面积另计算。
2.高层建筑的办公用房人均面积指标可采用使用面积指标控制。

关注要点

1. 选址应方便为公众服务，有利于工作的展开，一般应选择在交通便捷的中心地区。

2. 因政府职能转变，应强化社会服务功能的配置，保证充分的便民设施，使行政服务更人性化。

3. 政务办公建筑的建设应尊重地方建筑文脉起到保护与传承传统文化的示范作用。

4. 充分关注环保节能技术的运用，成为绿色低碳、可持续发展理念先行者。

5. 政务办公建筑应采用简洁、恰当的设计语言塑造建筑形象，体现政务建筑庄重朴素、亲民开放的作风。

布局和流线

政务办公建筑应根据工作特点和建设规模选择合适的布局形式,可集中在一个单体中,也可以组团的方式进行布置。布局应符合使用部门的组织结构和工作流程,有利于提高工作效率,做到分区明确、联系方便,避免不同流线之间的相互干扰,保证内部工作和对外服务工作的正常开展。

交通流线设计要点　　　　　　　　　　　　　表1

类别	描述	设计要点
内部办公流线	主要用于内部行政办公业务的工作流线	1.内部交通流线清晰,各部门之间联系方便 2.对于不同的工作区域,可设置多个停车点 3.设定非工作时间段的出入口
公众流线	对外办事服务或接待功能的流线	1.路径简捷、导向明确,停车便利,就近到达办事大厅 2.基地入口应安排为登记、咨询、而停留的车辆和人员的等候空间,避免车辆和人员的堵塞
礼仪性的流线	行政首脑、贵宾和重要的来访者到达的流线	1.确定礼仪性的入口和通道 2.避免与其他流线冲突 3.注重通过区域的环境景观质量 4.考虑专用的停车位置
后勤流线	后勤工作人员的作业流线	1.考虑货运车的驻留和卸货需求 2.避免影响主要办公工作

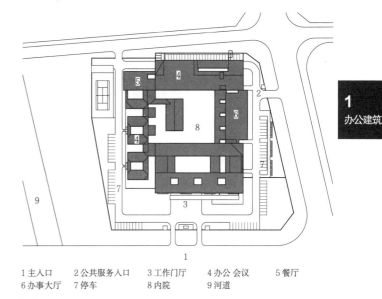

1 主入口　　2 公共服务入口　　3 工作门厅　　4 办公 会议　　5 餐厅
6 办事大厅　7 停车　　　　　　8 内院　　　　9 河道

1 上海青浦练塘镇政府办公楼

行政中心

行政中心是一种规模较大的政务办公建筑综合体或建筑群,通常包含了所在地区行政中枢机构和其他重要的行政部门。作为城市的中心,行政中心既是城市形象的标志,又是市民文化生活和休闲、集会的场所。

行政中心按照其在城市中的区位,可分为历史延续型和新城发展型。历史延续型行政中心的建设,应充分利用历史建筑布局基础,注重城市文脉的维持和历史文物建筑的保护,改善旧区环境和公共设施。新城发展型行政中心由于地处城市新区,通常是作为新城率先建设的大型公共建筑,对于新区建设具有极强的引导作用。

行政中心建筑群通常包含多种功能类型的公共建筑,包括行政办公、行政会议、行政服务和文化活动等主要类别,共同形成城市政治、文化和市民活动的中心。

行政中心建筑群的组成　　　　　表2

功能分类	重要公共建筑
行政办公	行政办公建筑
行政会议	会议中心
行政服务	行政审批中心、市民办事中心、信访接待中心
市民文化活动	博览、观演、文化活动等建筑

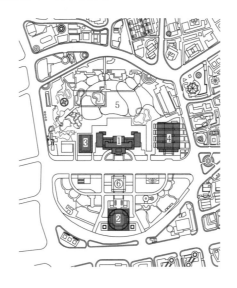

1 上海市政府　　2 博物馆　　　3 歌剧院
4 城市规划展示厅　5 人民公园　　6 人民广场

2 上海人民广场

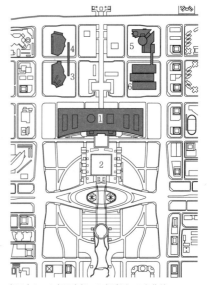

1 市民中心　2 市民广场　3 音乐厅　4 文化馆
5 青少年宫　6 博物馆

3 深圳福田中心区行政文化中心

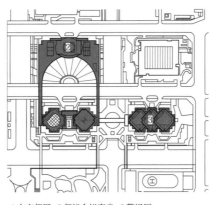

1 东京都厅　2 都议会议事堂　3 警视厅

4 日本东京都厅舍

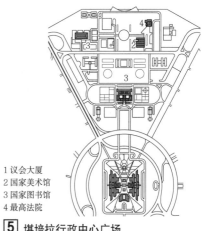

1 议会大厦
2 国家美术馆
3 国家图书馆
4 最高法院

5 堪培拉行政中心广场

办公建筑 [32] 政务办公 / 功能用房

入口空间

入口空间的设计能直接反映政务办公建筑的规模和性质，需要合理控制尺度，重视交通流线规划，区分内部人员和外部访客路径，结合门厅值班、警卫的功能设置，保证办公区域的安全和效率。

礼仪接待

可分为中式接待、西式接待、团体接待等，通常由若干不同类型、风格的接待厅及其辅房组成，根据接待规模，主厅周边宜附设休息、服务及卫生间等辅助用房。流线上应将贵宾通道与内部通道分开设置。

办公单元

按办公性质与使用要求确定办公空间形式，通常采用走道单元式布局，按走道与房间的组合方式不同可分为中走道式、单走道式及中庭或庭院式三种基本类型。应根据办公单元面积大小合理控制开间进深，创造自然通风、采光良好的办公环境。

会议用房

分为通用会议室与特殊功能会议室。通用会议室宜集中布置，统一会务管理。特殊功能会议室如电视电话会议、人大常委会议、应急指挥中心等应针对不同的使用功能进行专项深化设计，以满足其特殊功能需要。

服务用房

除资料阅览室、文秘室、汽车库、卫生管理设施等一般性服务用房外，应重点关注员工餐厅、文印中心、电话及计算机机房、档案室、安保警卫等有特定需求的服务用房的设计。

主要功能用房　　　　　　　　　　　　　　　　　　　　　　　　表1

用房名称		设计关注点
入口空间	门厅	功能要求：至少应包括值班、问询、登记、警卫等功能 具有鲜明的建筑空间感受的门厅设计可以帮助塑造丰富的建筑形象，令人印象深刻
	展示陈列	展示与陈列空间一般与门厅相结合，布置在外来参观访问人员方便到达的区域 有条件的政务办公建筑可以单独设陈列厅，进行专业布展
	礼仪接待	礼仪接待功能空间是政府办公建筑的重要组成部分，通常与门厅空间相连，方便使用者到达，可以设专用出入口。功能包括贵宾休息室，接见厅等。一般需要设专用卫生间、服务间等
会议用房	通用会议室	根据行政办公建筑使用要求，设计不同大小规模的会议室。一般有10~30人小型会议室，50~100人中型会议室，100人以上大型会议室。若需要可考虑设计能灵活分割的多功能会议厅
	人大常委会议厅	需按照省、市、县等各级人大常委会委员及列席人员数要求设计会议厅的规模，会议桌一般按排列方法相对固定，包括主席台、委员席、列席席、酌情布置市民旁听席、记者席等
	电视电话会议室	使用通信线路把两地或多个地点的会议室连接，是现代行政办公高效的体现，设计时需要配置高速数据传递设备与相邻机房，会议厅可根据需要布置多个电子显示大屏
	应急指挥中心	为提高政府保障公共安全和处置突发公共事件的能力而配置的专用会议室。设计要求到达便利，使用可靠安全，信息畅通，并具备可扩展性。需要时可与专业系统供应商配合设计

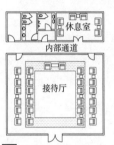

 接待厅示例一　　 接待厅示例二

人大常委会议厅设计关注点　　　　　　　　　　表2

用房名称	设计关注点
会议大厅	通常由主席台、委员席、列席席、记者席组成，记者席宜适当隔离。座椅排距应考虑茶水服务的要求
辅助用房	会议厅附近设休息室，可设小卫生间；准备室用于材料复印、分发等；服务间提供茶水会场服务
设备配置	需设声、光控制室。主席台两侧应设电子屏幕，有投票要求的席位应设置电子表决器

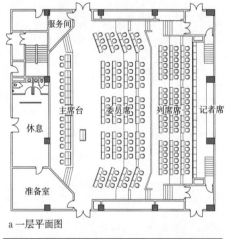
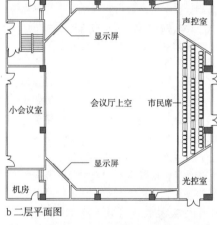
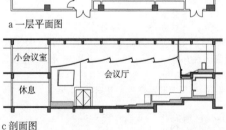

[3] 人大常委会议厅示例

辅助用房　　　　　　　　　　　　　　　　　　　　　　　　　　表3

用房名称	设计关注点
员工餐厅	合理规划餐厅位置，尽量减少对日常工作的干扰。按照办公人员数量和分时就餐原则，合理确定餐厅规模。根据工作特点、就餐人数、时间及行政级别，可灵活布置多个就餐区域，适当分隔
文印中心	文印中心的位置应方便办公人员到达，可以采用集中设置与分层、分区设计相结合的原则。采用计算机联网的智能化办公系统，提高文印中心工作效率
计算机房	需单独设置24小时空调系统。地面需设防静电活动地板，方便铺设信息缆线；重视机房消防设计，视面积大小按规范设置气体灭火系统
档案室	主要储藏政府各部门相关人事、政策文件等档案。需特别考虑楼板荷载，室内温、湿度控制以及消防要求
安保警卫	宜设于底层不显眼处，设单独对外的出口，方便内外联系；要考虑24小时工作的需要

公众服务

在政务办公建筑的设计中，根据不同地区和部门配置需要，应安排设计一些服务于社会公众的功能用房。由于用途和建造年代的不同，这些特殊功能用房对设计的要求也一直在变化，但如何"为公众更好地服务"是设计的重要衡量标准。

行政审批中心

又称便民服务中心，是将政府各部门、单位的行政审批、服务和收费事项集中办理，统一外设服务窗口，提供一站式便民服务，是现代政务办公建筑的一个重要类型。一般由办事服务大厅、审批窗口及其相应的内部办公区组成。有时把政府公共资源交易中心的功能也包括进来。

信访接待中心

政府接受市民来信、来访，处理市民上访建议、意见投诉请求的特殊功能用房。

信访接待中心位置宜靠近行政中心建筑，既方便公众到达使用，又与行政办公区适当分隔，有独立的对外出入口。公众接待区围绕候访大厅布置，内部办公区与公众接待区适当分隔。

社区服务中心

市民政局直属事业单位，推动公益性服务项目和经营性项目共同发展，提供社区服务运作管理及社区服务业务培训等。分市、区、街道三级联动设置，网络化管理。具有"热线连通、功能互补、信息共享、社区托底"的格局特点。一般包括综合服务、社会保障、医疗保健、劳动就业、社会福利等功能。

行政审批中心

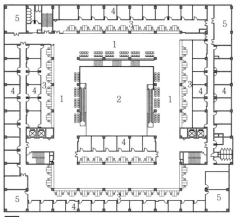

1 行政审批中心示例一

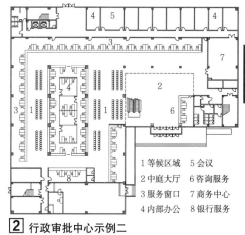

1 等候区域 5 会议
2 中庭大厅 6 咨询服务
3 服务窗口 7 商务中心
4 内部办公 8 银行服务

2 行政审批中心示例二

行政审批中心设计关注点　　　　　表1

分类	设计关注点
总体要求	审批中心属大流量公共建筑，宜采用低层大空间的形式独立布置。当与其他建筑组合布置时，宜将审批中心功能布置在建筑裙房的一至四层
功能组成	办事服务大厅为公众活动区域，可设咨询服务台、办事等候区、商务中心、银行收费窗口、证件拍照以及吸烟处
	内部办公区是审批中心行政办公和窗口职能部门的内部办公场所，包括办公、会议、资料档案、网络机房和职员餐厅等，为窗口服务提供后台支持
平面设计	办事服务大厅应采用大柱网，平面宜规则开敞，方便各种窗口的组合布置
	流线组织清晰，信息指示明确，使办事人员迅速到达办事窗口；办事窗口宜采用开放柜台形式，方便来访者就座办理手续
	内部办公区与公众活动区适当分隔，做到内外有别，保证内部办公安全，不受干扰
机电要求	办事大厅应有良好的采光通风措施，有条件的情况下优先采用天然采光和自然通风的形式。大厅天棚和墙壁需考虑吸声设计，避免产生大空间的声音混响效应。空调机房应有吸声措施，防止风口的噪声干扰

3 行政审批中心功能组成

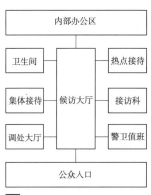

4 信访接待中心功能组成

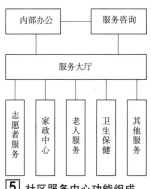

5 社区服务中心功能组成

行政审批中心窗口形态　　　　　表2

分类	图示	基本特征
单列式		办事窗口与休息等候区并行排列，一字展开，空间关系清晰，联系便捷，适用于规模较小、进深受限的情况
双列式		两列窗口及其后台办公，中间为休息等候区，有较好的自然通风采光条件，为常见的窗口布置形式
U式		窗口及其后台办公呈三面围合式，中央是公共空间、休息等候区。空间紧凑、适应性好，为常见的窗口布置形式
中庭式		围绕中庭或庭院空间布置，有较好的通风采光条件与室内空间效果，适合规模较大的行政审批中心
岛式		办事窗口及其后台办公居中，休息等候区四周围绕布置，窗口办公区呈岛状形态，常结合其他类型复合布置
复合式		窗口形态表现为多种布置类型相结合的方式，具有灵活性。适用于有一定建筑规模、窗口数量众多的情况

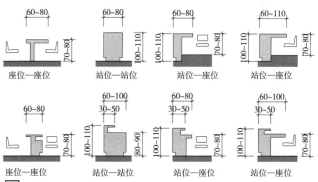

6 柜台类型剖面示意（单位：cm）

办公建筑 [34] 政务办公 / 实例

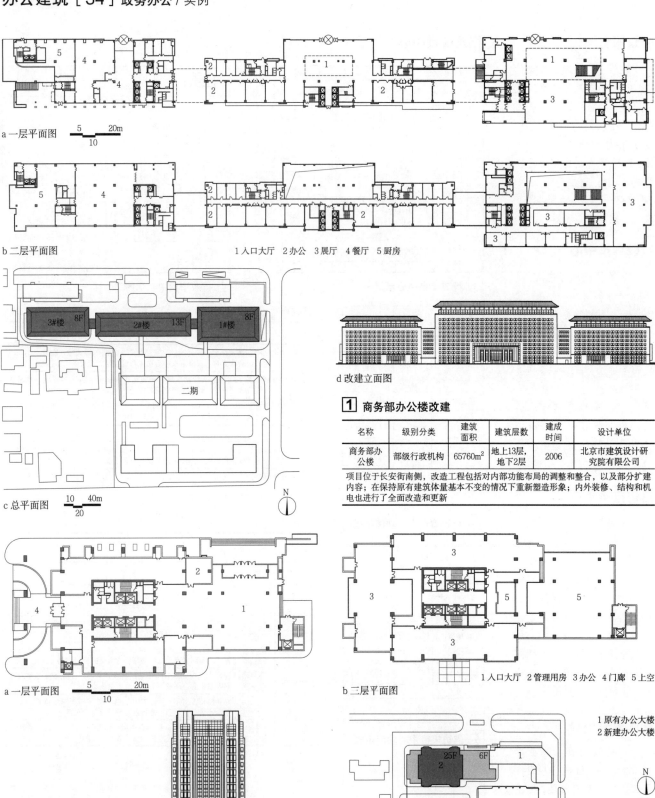

a 一层平面图
b 二层平面图

1 入口大厅　2 办公　3 展厅　4 餐厅　5 厨房

c 总平面图

d 改建立面图

1 商务部办公楼改建

名称	级别分类	建筑面积	建筑层数	建成时间	设计单位
商务部办公楼	部级行政机构	65760m²	地上13层，地下2层	2006	北京市建筑设计研究院有限公司

项目位于长安街南侧，改造工程包括对内部功能布局的调整和整合，以及部分扩建内容；在保持原有建筑体量基本不变的情况下重新塑造形象；内外装修、结构和机电也进行了全面改造和更新

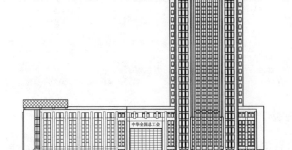

a 一层平面图

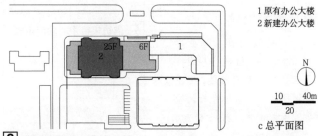

b 二层平面图

1 入口大厅　2 管理用房　3 办公　4 门廊　5 上空

1 原有办公大楼
2 新建办公大楼

c 总平面图

d 立面图

2 中华全国总工会办公楼

名称	级别分类	建筑面积	建筑层数	建成时间	设计单位
中华全国总工会办公楼	部级行政机构	37200m²	地上25层，地下2层	2005	北京市建筑设计研究院有限公司

项目位于北京西城区复兴门外大街工会大楼原址。建筑由主体塔楼及连接辅楼组成，主要功能是全国总工会机关办公、会议及后勤保障用房。立面延续老"工会大楼"的特点，与现状全总综合楼等高，确保了城市空间环境的协调性和合理性

实例 / 政务办公 [35] 办公建筑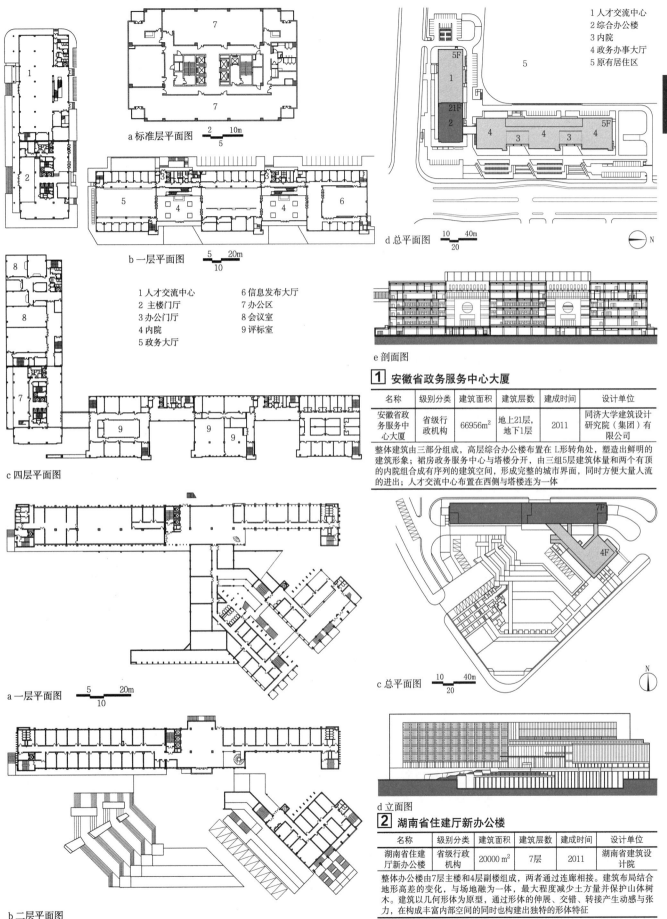

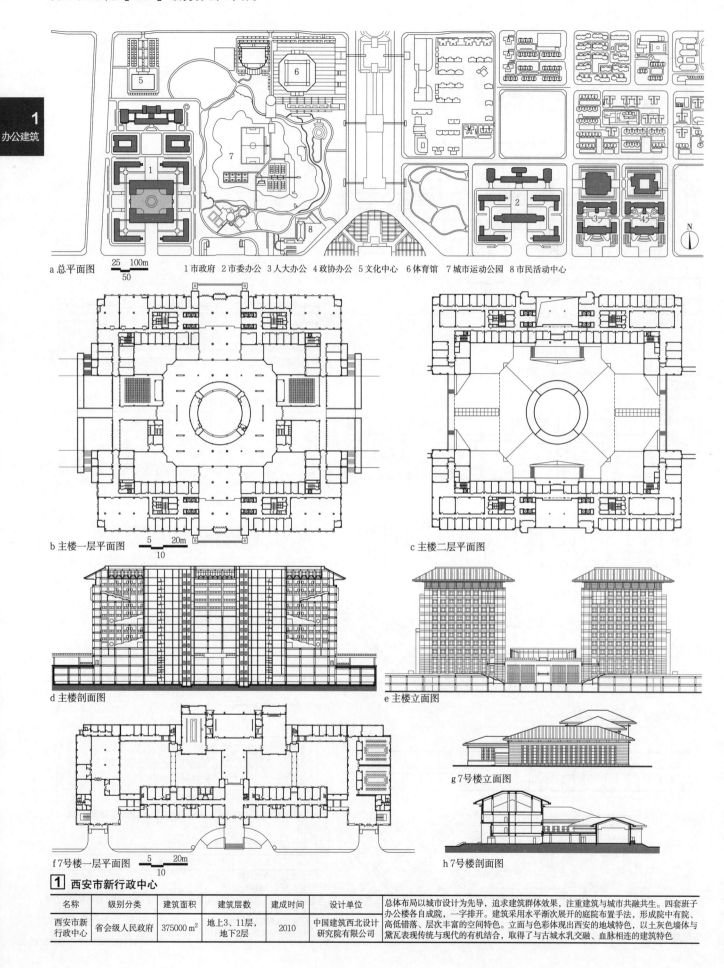

实例 / 政务办公 [37] 办公建筑

1 办公建筑

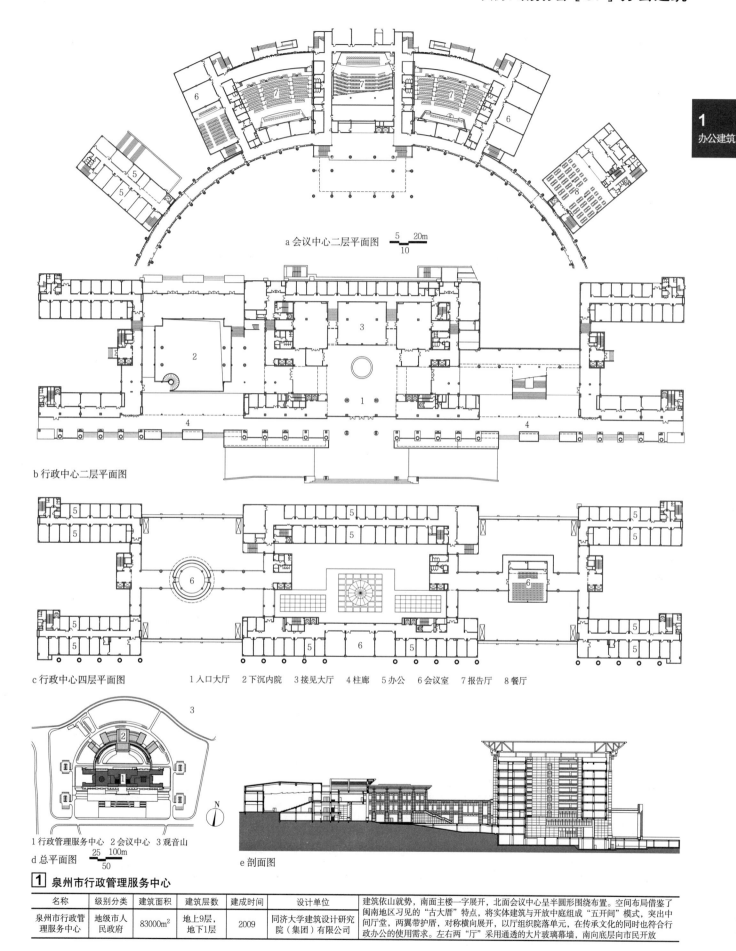

a 会议中心二层平面图
b 行政中心二层平面图
c 行政中心四层平面图

1 入口大厅 2 下沉内院 3 接见大厅 4 柱廊 5 办公 6 会议室 7 报告厅 8 餐厅

1 行政管理服务中心 2 会议中心 3 观音山
d 总平面图
e 剖面图

1 泉州市行政管理服务中心

名称	级别分类	建筑面积	建筑层数	建成时间	设计单位	
泉州市行政管理服务中心	地级市人民政府	83000m²	地上9层，地下1层	2009	同济大学建筑设计研究院（集团）有限公司	建筑依山就势，南面主楼一字展开，北面会议中心呈半圆形围绕布置。空间布局借鉴了闽南地区习见的"古大厝"特点，将实体建筑与开放中庭组成"五开间"模式，突出中间厅堂，两翼带护厝，对称横向展开，以厅组织院落单元，在传承文化的同时也符合行政办公的使用需求。左右两"厅"采用通透的大片玻璃幕墙，南向底层向市民开放

37

办公建筑 [38] 政务办公 / 实例

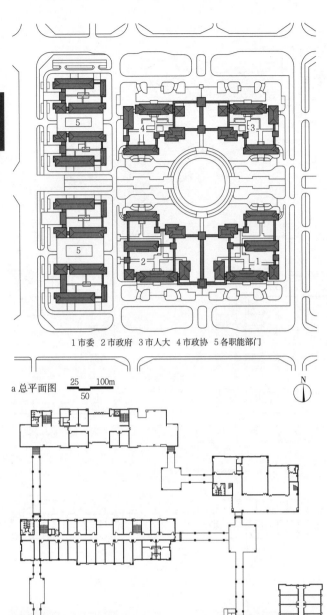

1 市委　2 市政府　3 市人大　4 市政协　5 各职能部门

a 总平面图

b 市政府一层平面图

c 市政府立面图

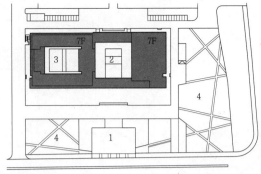

1 前广场
2 挑高通廊
3 庭院
4 绿地

a 总平面图

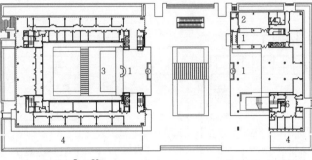

b 一层平面图

1 入口大堂　2 大堂吧　3 下沉庭院　4 水面　5 办公区域　6 信访接待

c 二层平面图

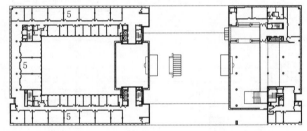

d 立面图

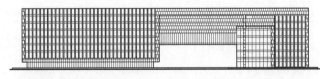

e 剖面图

1 海口市行政中心

名称	级别分类	建筑面积	建筑层数	建成时间	设计单位
海口市行政中心	省会级市人民政府	250000m²	4层	2011	香港华艺设计顾问（深圳）有限公司

设计核心思想是创造园林式布局的生态绿色行政办公群体。利用四套班子的公共会议部分创造共享的"绿苑环庭"，四院落的南北主立面各设立礼仪性的"中堂门廊"，使市委与市府、人大与政协两两相连，合四为一，强而有力

2 杭州市下沙行政中心

名称	级别分类	建筑面积	建筑层数	建成时间	设计单位
杭州市下沙行政中心	区级人民政府	53888m²	7层	2010	浙江绿城建筑设计有限公司

项目定位于开发区政府为市民提供公共服务的场所，包括内部行政办公和市民服务两大功能。东区（市民服务）与西区（行政办公）两大功能体块相对独立，通过连廊、挑高通廊组合成统一的建筑体。现代简洁的设计树立新进、高效、亲民的形象

实例 / 政务办公 [39] 办公建筑

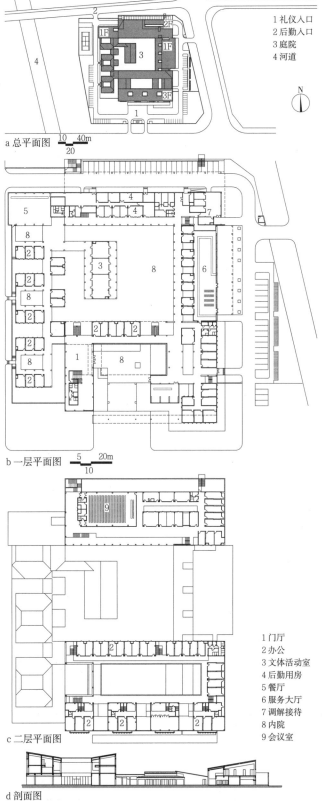

1 礼仪入口
2 后勤入口
3 庭院
4 河道

a 总平面图

b 一层平面图

c 二层平面图

1 门厅
2 办公
3 文体活动室
4 后勤用房
5 餐厅
6 服务大厅
7 调解接待
8 内院
9 会议室

d 剖面图

1 青浦练塘镇政府

名称	级别分类	建筑面积	建筑层数	建成时间	设计单位
青浦练塘镇政府	乡镇人民政府	8350m²	3层	2010	同济大学建筑设计研究院（集团）有限公司

练塘是上海青浦西南角的水乡小镇。整个建筑是一个四面围合的多重院落结构，围绕着内向的大尺度主庭院铺展，在其周围是一系列大小不一、分属不同功能的独立小院。外观呈现为单坡为主的连绵的白墙黛瓦院落，形成水乡特色的宜人办公环境

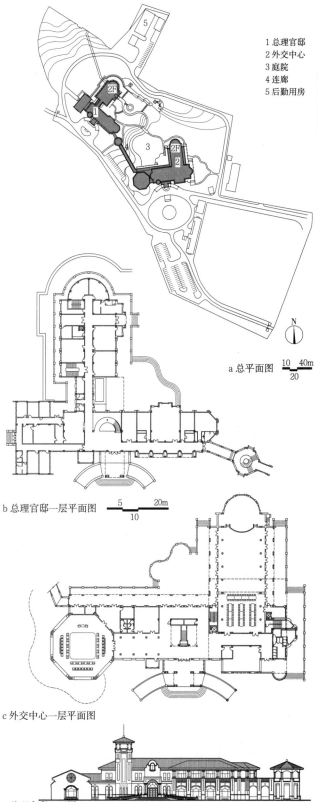

1 总理官邸
2 外交中心
3 庭院
4 连廊
5 后勤用房

a 总平面图

b 总理官邸一层平面图

c 外交中心一层平面图

d 总理官邸立面图

2 特立尼达和多巴哥共和国总理官邸及外交中心

名称	级别分类	建筑面积	建筑层数	建成时间	设计单位
特立尼达和多巴哥共和国总理官邸及外交中心	总理官邸	8349m²	2层	2008	同济大学建筑设计研究院（集团）有限公司

总体规划将基地分为南部的外事接待区、中部的居住区和北部的后勤服务区。官邸主要由外交中心、总理官邸和室外庭院三部分组成，结合外廊设置露天宴会空间。高低错落的屋顶和高耸挺拔的塔楼，表现出明快、开朗的加勒比海建筑风格

办公建筑 [40] 政务办公 / 实例

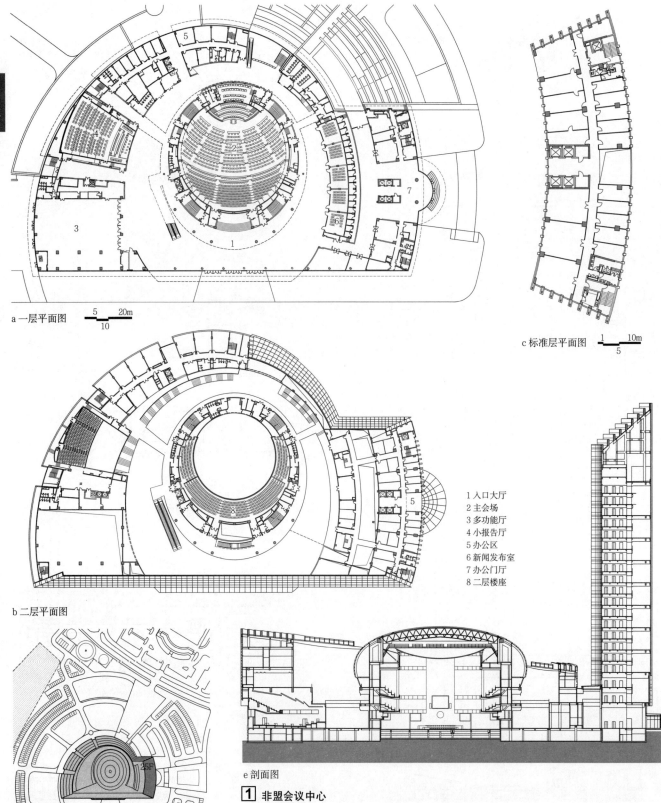

a 一层平面图
b 二层平面图
c 标准层平面图
d 总平面图
e 剖面图

1 入口大厅
2 主会场
3 多功能厅
4 小报告厅
5 办公区
6 新闻发布室
7 办公门厅
8 二层楼座

1 非盟会议中心

名称	级别分类	建筑面积	建筑层数	建成时间	设计单位
非盟会议中心	国际组织总部	50537m²	地上25层，地下1层	2008	同济大学建筑设计研究院（集团）有限公司

非盟组织由来自非洲大陆的五十多个成员国组成，项目建于非洲海拔最高的城市埃塞俄比亚首都亚的斯亚贝巴。总部大楼以2500人大会议厅为中心，呈放射状地布置办公、会议及其他功能，以象征非盟组织的凝聚力与影响力。建筑造型以富有动感和雕塑感的几何形态表达犷豪放、古朴简洁的非洲艺术特点。立面以强烈的竖向线条呈现高耸挺拔的建筑形象，建成后成为亚的斯亚贝巴的最高建筑

实例/政务办公 [41] 办公建筑

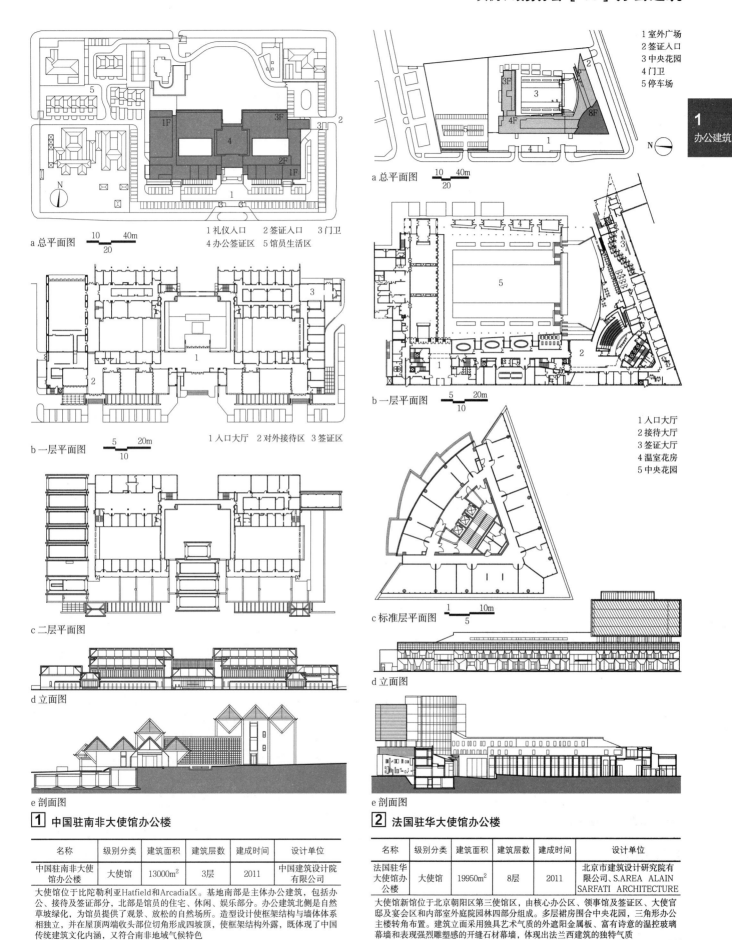

1 中国驻南非大使馆办公楼

名称	级别分类	建筑面积	建筑层数	建成时间	设计单位
中国驻南非大使馆办公楼	大使馆	13000m²	3层	2011	中国建筑设计院有限公司

大使馆位于比陀勒利亚Hatfield和Arcadia区。基地南部是主体办公建筑，包括办公、接待及签证部分，北部是馆员的住宅、休闲、娱乐部分。办公建筑北侧是自然草坡绿化，为馆员提供了观景、放松的自然场所。造型设计使框架结构与墙体体系相独立，并在屋顶两端收头部位切角形成四坡顶，使框架结构外露，既体现了中国传统建筑文化内涵，又符合南非地域气候特色

2 法国驻华大使馆办公楼

名称	级别分类	建筑面积	建筑层数	建成时间	设计单位
法国驻华大使馆办公楼	大使馆	19950m²	8层	2011	北京市建筑设计研究院有限公司、S.AREA ALAIN SARFATI ARCHITECTURE

大使馆新馆位于北京朝阳区第三使馆区，由核心办公区、领事馆及签证区、大使官邸及宴会区和内部室外庭院园林四部分组成。多层裙房围合中央花园，三角形办公主楼转角布置。建筑立面采用独具艺术气质的外遮阳金属板、富有诗意的温控玻璃幕墙和表现强烈雕塑感的开缝石材幕墙，体现出法兰西建筑的独特气质

办公建筑 [42] 公寓式办公 / 基本概念

基本概念

不同于一般办公建筑类型，公寓式办公是办公与居住一体化的设计，在平面单元内复合了办公功能与居住功能，主要满足小型公司与家庭办公的特点与需求。在《城市规划相关知识》一书中，其概念是"公寓式办公是兼具了办公功能和居住功能的特殊物业形态，其通常为单元式小空间划分"。《办公建筑设计规范》在"术语"一则中明确，公寓式办公楼是指"由统一物业管理，根据使用要求，可由一种或数种平面单元组成，单元内设有办公、会客空间和卧室、厨房和厕所等房间的办公楼"。根据这个定义，公寓式办公楼其实与一般的公寓并无太大差异，只是增加了满足办公需求的功能。

功能特征

公寓式办公的特点是在满足办公需求的同时，保证生活的基本舒适度。在设计时，既需要考虑两种需求的差异性，又要考虑两者转换的可能性，使办公空间具有灵活性、多样性和个性化的特征，以满足使用者自由划分空间的要求。

功能用房要求

功能用房配置 表1

类型	主要用途	用房配置
公寓式办公用房	办公/居住	公寓式办公单元
公共用房	社区化服务设施	商业、餐饮、文体活动、行政管理服务、安全保障服务等
	公共交通	门厅、垂直交通等
	卫生设施	卫生间、杂物间等
	停车	停车场、车库等
辅助、设备及管理用房	设备用房	配电室、变电室、设备间、空调机房等
	管理用房	物业、值班室等

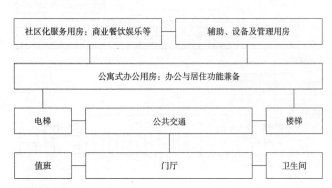

[1] 公寓式办公功能关系

形态类型

1. 单元式：此类公寓式办公建筑通常服务多户业主，多以数个包含完整居住和办公功能的子空间进行组合，并共用公共配套服务设施，如停车场、餐厅、会议室等，这种单元模式适用于用地紧张的城市区域。

[2] 北京建外SOHO标准层平面

[3] 东云SOHO街区西楼标准层平面

2. 独立式：此类公寓式办公建筑通常只服务单户业主，并包含办公、居住和配套设施，自成一体。该形态适用于用地相对宽松的郊区、城市新区或科技园区等。

空间形态有平层式和跃层式两种。平层式即将主要办公、居住空间布置在同一楼层，而跃层式的空间组合更为灵活。

在既有建筑（多为产业类建筑）改造中跃层式的应用较多。此类建筑空间高大，有条件形成多种类型的空间，并通过共享空间、专用空间组织办公、居住及其他功能。此形式多面向创新、创意产业或自由工作者等。

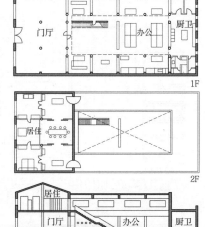

[4] 某厂房改造的建筑师工作室

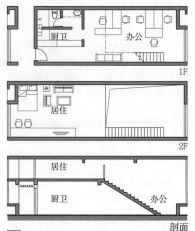

[5] 济南祥泰广场公寓式办公

设计要点

1. 从城市设计角度出发，将建筑及其外部空间、基地内部道路作为城市整体形态的组成部分，保持与上位规划和城市设计成果的有序衔接。

2. 充分利用城市现有公共设施资源，基地出入口设置和交通组织应注意与城市公交、地铁（轻轨）的关联和整合，基地内部需重点组织人（居住办公、服务和访客等）、车（业主、访客、后勤管理和商业配套等）流线，并各自形成相对独立的系统。合理区分内、外部流线，内部停车设计必须考虑固定、临时车位的配比和区域划分。

3. 公寓式办公是城市、社区"混合功能"的体现，即不同职能的建筑混合布置，利于城市活力的创造。建筑布局注意各功能"公共性"与"私密性"、"动"与"静"之间的分区与组合，做到既相对独立，又便于联系。

4. 相对于一般公寓和办公建筑，公寓式办公兼具办公和居住功能，使用者（业主、访客和服务管理）、使用时段（日间、夜晚）都不同。因此空间功能设置、机电设备选型应考虑其差异。除办公居住单元外，宜加设访客接待空间、对外出租会议室以及生活配套等公共服务空间。

5. 在总图和建筑单体设计中，建筑外部空间提倡街区停驻交流空间的设置，建筑内部空间需加强对共享空间、公共服务空间和交流空间的利用。将交流空间贯穿于设计的全过程，为正式与非正式交流创造条件。

其他关注点　　　　　　　　　　　　　　　　　　　表1

节能与环保	总体规划	选址除考虑一般办公建筑的规划因素外，还应当兼顾居住功能所需的日照、通风要求
	建筑设计	在单体设计中应控制体形系数和窗墙比，以创造舒适的办公、居住环境
	能源	充分利用太阳能、地热能、潮汐能及光伏能等可再生能源
室内环境	采光	除可侧窗采光可辅以导光管、导光棱镜等作为人工光源的补充外，应将阳光引入室内深处以减少采光能耗
	通风	设计注重合理的朝向和平面形状，平面的进深度不超过楼层净高的5倍，一般小于14m为佳，以便形成穿堂风
	引入庭院、露台	引入庭院、露台，将室外环境引入室内，提高环境质量

公共服务设施引入

不同于其他类型的办公建筑，公寓式办公在生活居住方面的需求与办公有着同样重要的地位。由于公寓式办公有着办公与居住融为一体的特点，因此在设计中应当注重生活服务设施的引入。

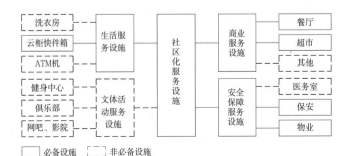

① 公共服务设施功能组成

公共服务设施的分类及设计要点　　　　　　　　　　表2

类型	功能	服务对象	设计要点
生活服务设施	洗衣房	办公/居住	方便到达；利于管理
	云柜快件箱		
	ATM机		
安全保障服务设施	医务室		环境不受外界感染，保证医疗垃圾处理安全
	保安		
	物业		
商业服务设施	餐厅	办公/居住/访客	方便到达；注意厨房的排烟和垃圾处理系统设计
	超市		
	其他		
文体活动设施	健身中心		注意私密性和隔声设计
	俱乐部		
	网吧、影院		

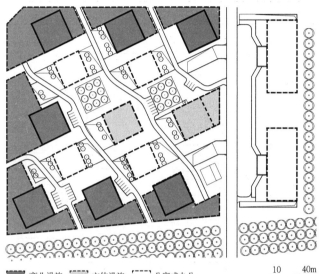

② 建外SOHO一层服务设施分布

建筑智能化标准

智能化的建设应以公寓式办公建筑为平台，从小型办公和居住空间特色考虑，集多个系统为一体，创造安全、高效、便捷、节能、环保和健康的建筑环境。

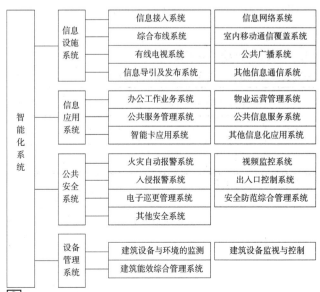

③ 智能化系统配置

办公建筑 [44] 公寓式办公 / 单元设计

空间模式

1. 行列式：以线性廊道串联公寓式办公空间，流线简明易识别，且采光面较大，但布局不够紧凑。
2. 组团式：以交通核或内院组织公寓式办公空间，流线明晰，布局紧凑，但部分空间朝向不佳。
3. 平层式：水平划分办公与居住功能，流线便捷，但私密性较差。
4. 跃层式：跃层空间是垂直划分办公与居住功能的重要因素，通常一层为办公空间等公共区，跃层为居住空间等私密区。

公寓式办公平面和剖面常规类型　　　　　　　表1

分类		单元组合类型
平面	行列式	
	组团式	
剖面	平层式	
	跃层式	
	混合式	

功能组成

[1] 公寓式办公单元的功能组成

公寓式办公与其他办公单元功能组成比较　　　表2

类型	办公室	会议室	文印室	资料室	会客接待	卧室	餐厨	储藏室	卫生间
一般办公	○	○	○	○	○			○	○
公寓式办公	○		—	—	○	○	○	○	○

注：○ 为必要，— 为不必要。

```
              ┌─ 会客室
      ┌─动区·公共区 ─┼─ 办公室
门厅 ─┤            ├─ 厨卫
      │            └─ 储藏
      └─静区·私密区 ─── 卧室、起居室
```

[2] 公寓式办公单元的功能分区

功能分区

公寓式办公室具备办公和居住功能，因此在设计时应特别注意功能分区的动与静、公共性与私密性等要求。

1. 动静分区：
 （1）动区：活动多，可以有较多干扰源，如办公、会客、厨卫等。
 （2）静区：要求安静，如卧室。
2. 公共与私密分区：
 （1）公共区：办公、会客、储藏。
 （2）私密区：卧室、起居室。
3. 各功能分区之间可灵活转换。公寓式办公具备流动性、模糊性、通用性和开放性特征，除厨卫空间应予以明确划分以外，办公及居住空间可根据使用者的需求，运用可动隔断进行灵活划分。

办公空间与居住空间划分类型　　　　　　　表3

分类	空间划分类型		基本特征
平层式	水平空间前后划分	办公空间位于入口一侧	流线便捷，居住空间私密性较好，但办公空间采光条件较差
		居住空间位于入口一侧	居住空间私密性较差，办公空间采光条件较好
	水平空间左右划分	办公居住空间分列两侧	满足采光、私密性要求，但流线易混乱
跃层式	垂直空间划分		分层布置办公空间和居住空间可以同时满足采光、私密性要求，流线清晰，动静分区明确，能较好地满足办公和居住的不同要求

厨卫布置方式/与主体空间关系　　　　　　　表4

分类	厨卫布置类型	基本特征
位于主体空间一侧	厨卫布置在入口一侧／厨卫布置在开窗一侧	厨卫集中布置，流线便捷，但会破坏主体空间完整性，降低空间利用率。布置在开窗一侧时减少了采光面，影响房间采光。结合阳台布置时可同时保证采光和空间完整性的要求
分列主体空间两侧	厨卫布置在入口两侧	使入口周围比较封闭，不影响主体空间的完整性，能有效利用房间采光面
位于主体空间中央	厨卫布置在中央部分	容易将房间分割成明显区域，便于功能分区布置。此外通风效果较好

▨ 厨卫空间　☐ 主体空间　▲ 入口

注：1. 在公寓式办公建筑中，应注意防火门和火灾报警设施的设置。在厨房布置中，燃气和天然气的引入必须符合当地消防和燃气主管部门的意见。
2. 公寓式办公建筑的公共楼梯（疏散）的净宽不应小于等于1200mm。

功能空间基本尺寸

功能空间的基本尺寸应根据使用要求、家居规格、布置方式、采光要求，以及结构、施工条件、面积定额、模数等条件决定。具体见表1~4。

公寓式办公室常用开间、进深以及层高尺寸　　　　　　表1

尺寸名称	尺寸
开间	4000、4500、5400、6000、8000
进深	6600、7200、8000、8400、8700、9000
层高	3000、3300、3600、5400、6000

卫生间基本面积标准参考　　　　　　　　　　　　　　表2

卫生洁具设置						净面积
坐便器	洗脸盆	净身盆	淋浴	浴缸	洗衣间	
—	○	—	—	—	—	1.7m²
○	○	—	—	—	—	1.8m²
○	○	—	○	—	—	2.25~2.80m²
○	○	—	—	○	—	2.6m²
○	○	○	—	—	—	2.8m²
○	○	○	○	—	—	3.5m²
○	○	○	○	○	○	9.3~11.2m²

注：○ 为设置，— 为不设置。

厨房平面类型及基本尺寸示例　　　　　　　　　　　　表3

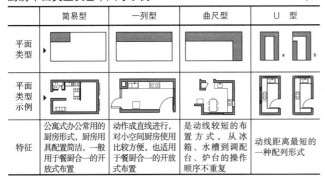

	简易型	一列型	曲尺型	U型
平面类型				
平面类型示例				
特征	公寓式办公常用的厨房形式，厨房用具配置简洁，一般用于餐厨合一的开放式布置	动作成直线进行，对小空间厨房使用比较方便，也适用于餐厨合一的开放式布置	是动线较短的布置方式，从冰箱、水槽到调配台、炉台的操作顺序不重复	动线距离最短的一种配列形式

卧室平面类型及基本尺寸示例　　　　　　　　　　　　表4

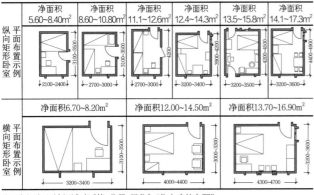

注：卧室平面示例可参考《第2分册 居住》"住宅建筑专题"。

1 公寓式办公单元平面示例（左）

2 公寓式办公单元剖面示例（上）

公寓式办公空间分隔要素

公寓式办公单元最重要的空间特性就是模糊性，这个特性需通过特殊的空间限定来表现。同时，空间限定的模糊性与空间分隔要素有直接的关系。

空间分隔要素的类型　　　　　　　　　　　　　　　　表5

类型		特征
矮墙		矮墙是常用的分隔空间的方法，既可以划分出不同的功能空间，又可以保持空间的流动和开敞。但是，墙体的位置是固定的，空间划分的灵活性较差
隔断	可变性	可变化的隔断，即在位置、形状、外观等方面具有可变特征的室内分隔体，它增强了空间的灵活性和可变性，在有限的公寓式办公空间内拓展空间多样化的可能性，形成富有弹性的空间组合模式。此外，可变化的隔断本身也是个性化的体现，除了分隔空间的功能外，也可成为办公空间中的设计亮点
	材质多样	通过透明程度不同的隔断所产生的不同的透光效果来区分空间限定的程度。透明程度越高则空间模糊性越强，私密性越差；反之，透明程度越低则分隔程度越高，私密性越强
办公家具	高度一体化	公寓式办公具有高效的特点，在受到空间限制的情况下，要求提高办公家具的整合度，尽量使物品伸手可及，减少主体的移动
	功能多样化	不同于其他办公类型，公寓式办公空间的多样性决定了其家具的多样性。我们可将多种家具功能排列组合，同时满足办公与居住的要求
	行动灵活化	可折叠、移动的便携式家具使公寓式办公空间更加灵活多变

可变化隔断的类型　　　　　　　　　　　　　　　　　表6

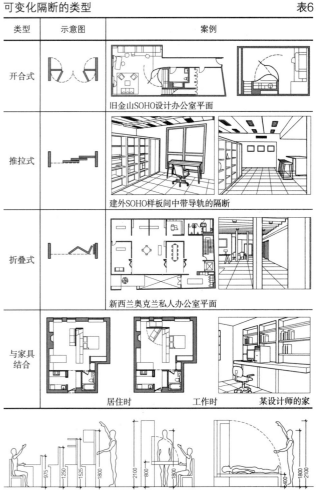

3 公寓式办公家具尺度示例

办公建筑 [46] 公寓式办公/实例

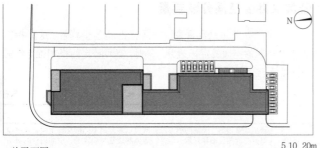

a 总平面图

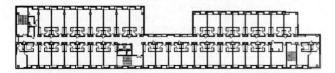

b 标准层平面图

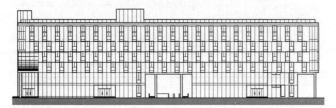

c 立面图

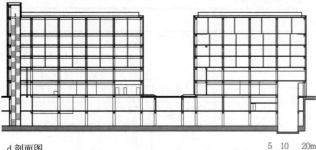

d 剖面图

e 跃层单元平面图　　f 跃层单元夹层平面图

g 单元剖面图　　h 平层单元平面图

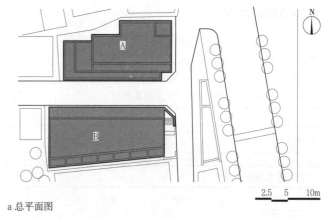

a 总平面图

b A栋平面图　　1F　　3F、4F　　9F、10F

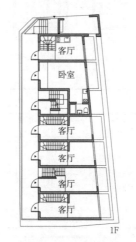

c B栋平面图　　1F　　3F、4F　　9F、10F

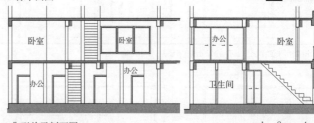

d 典型单元剖面图

1 同创软件大厦

名称	建筑面积	建成时间	设计单位
同创软件大厦	150151m²	2007	东南大学建筑设计研究院有限公司

同创软件大厦位于南京玄武区四牌楼61号。项目占地面积4148m²，总建筑面积15051m²，主体为6层，负二层为车库，负一至二层为5000m²的主题商业配套，三至六层为小户型公寓，六层为挑高5.3m跃层公寓式办公。

2 东京南品川SOHO

名称	建筑面积	建成时间	设计单位
东京南品川SOHO	867.94m²	2010	川辺直哉建筑设计事务所

项目位于东京都品川区南品川4丁目，地上共10层，17户。建筑坐落在一片狭长的基地上，占地面积仅为207.1m²。二至八层为面积从26.6到55.5m²不等的单元住宅。九层和十层为复式公寓办公。

实例 / 公寓式办公 [47] 办公建筑

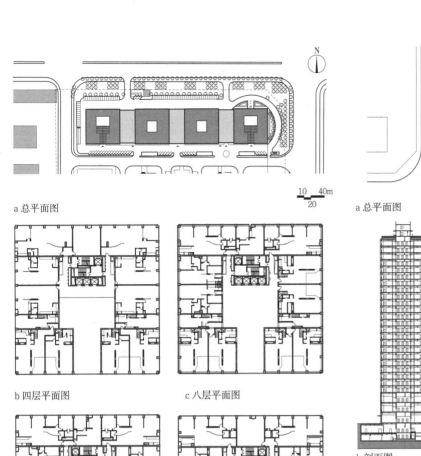

a 总平面图

b 四层平面图　　c 八层平面图

d 九层平面图　　e 十一、十九、二十三层平面图

f 典型单元平面图一　　g 典型单元平面图二

1 SOHO现代城

名称	建筑面积	建成时间	设计单位
SOHO现代城	约480000m²	2001	北京市建筑设计研究院有限公司

SOHO现代城坐落在北京市朝阳区建国路88号。它位于北京中央商务区，中国国际贸易中心的东面。其占地面积7.3万m²，由6栋28层塔楼及4栋联体楼组成。设计采用了"四合院"的处理方法，将住宅沿外周边布置，而在中央部位设置竖向交通，并自然地形成了一个内庭院式的空间

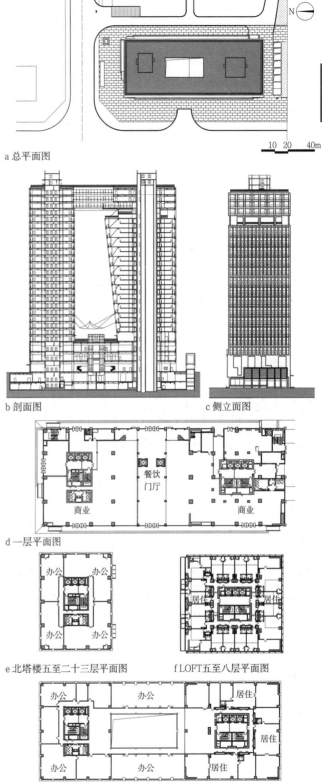

a 总平面图

b 剖面图　　c 侧立面图

d 一层平面图

e 北塔楼五至二十三层平面图　　f LOFT五至八层平面图

g 二十六层平面图

2 利君"V时代"

名称	建筑面积	建成时间	设计单位
利君"V时代"	57000m²	2011	陕西省建筑设计研究院有限责任公司

利君"V时代"位于西安市经开区未央路与凤城一路交会处东南角，共26层，总高99.3m。地下一层、二层为车库、设备用房等，一至三层裙房为商业餐饮、娱乐功能，四至二十三层北塔楼为办公，南塔楼四层为办公，五至十七层为LOFT公寓，二十四层至二十六层为办公和高级公寓

办公建筑 [48] 公寓式办公 / 实例

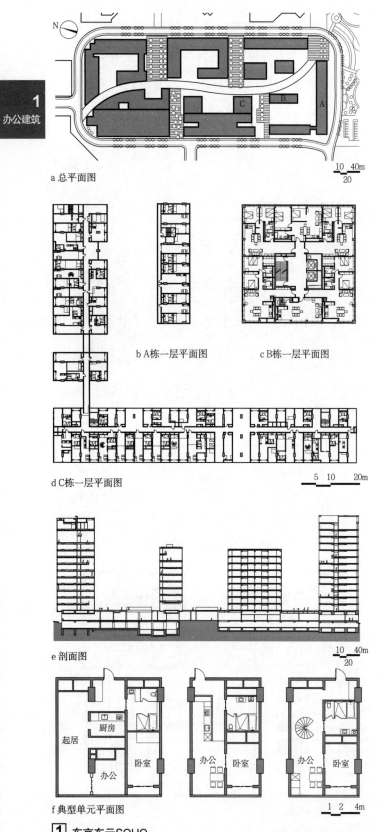

a 总平面图

b A栋一层平面图　　c B栋一层平面图

d C栋一层平面图

e 剖面图

f 典型单元平面图

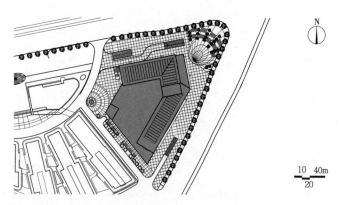

a 总平面图

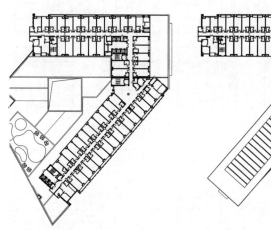

b 标准层平面图一　　c 标准层平面图二

d 剖面图一　　e 剖面图二

f 典型单元平面图

1 东京东云SOHO

名称	建筑面积	建成时间	设计单位
东京东云SOHO	49687 m²	2003	山本理显设计工场

东京东云SOHO位于日本东京，它具有四个设计特点：掏空建筑体量形成"共享平台"、办公居住一体空间、明亮的"中廊"和"带水服务单元"。厕所和厨房被安排在每个单元靠外墙的位置，而办公和居住功能靠近走廊，为住户对走廊开放创造了条件。这体现出办公居住相互融合的观念。

2 城市之光大厦

名称	建筑面积	建成时间	设计单位
城市之光大厦	122435m²	2010	东南大学建筑设计研究院有限公司

城市之光大厦北临城市干道天元中路，东南临次要道路城东路，西面为义乌小商品城区内道路。地面以上建筑由4层裙房和折板式高层组成。整个公寓共计包含1242套独立户型。建筑利用裙房的大面积屋顶设置种植屋面和小型游泳池，形成屋顶花园，从而提升室内居住和办公空间的品质。

实例 / 公寓式办公 [49] 办公建筑

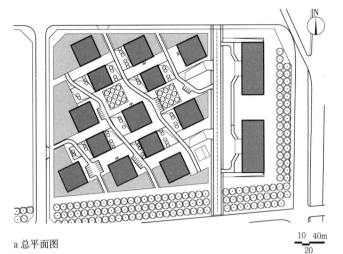

a 总平面图

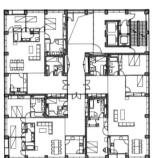

b 标准层平面图一

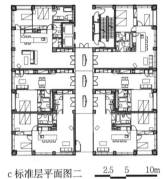

c 标准层平面图二

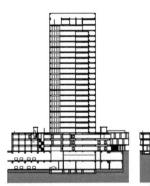

d 剖面图一　e 剖面图二　f 立面图

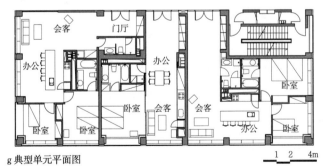

g 典型单元平面图

1 北京建外SOHO

名称	建筑面积	建成时间	设计单位
北京建外SOHO	约700000m²	2004	山本理显设计工场、北京东方华泰建筑设计工程有限责任公司

建外SOHO位于北京市朝阳区东三环中路39号，国贸桥金十字的西南角，为北京CBD的核心区。北临长安街，东临东三环，南临通惠河北路，总建筑面积约70万m²。由20栋塔楼、4栋别墅、16条街组成。办公空间布局开阔，便于进行灵活的空间分割组合，为办公格局带来更多的选择

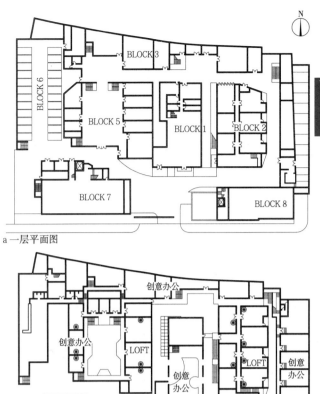

a 一层平面图

b 二层平面图

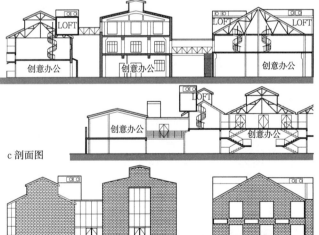

c 剖面图

d 立面图

2 上海八号桥时尚创作中心

名称	建筑面积	建成时间	设计单位
上海八号桥时尚创作中心	12000m²	2007	HMA建筑设计事务所

八号桥时尚创作中心位于上海市中心城区卢湾区建国中路8~10号，总建筑面积约12000m²。园区由20世纪70年代所建造的上海汽车制动器厂的老厂房改造而成。八号桥的所有改造工程包括在旧建筑中注入新的元素，新旧结合的创造，增加室外、半室外空间，提供更多自由及交流空间等

金融建筑 [1] 概述

金融与金融机构、体系

金融是指货币资金的融通,金融机构是指专门从事货币信用活动的中介组织,包括银行、金融数据处理中心、证券期货投资机构、保险公司和其他非银行金融机构等。

我国现行的金融体系是以中国人民银行为领导,国有独资商业银行为主体,国家政策性银行和其他商业银行以及多种金融机构同时并存、分工协作的金融体系。

我国金融机构体系   表1

机构类别	包含机构
银行类金融机构	中央银行、政策性银行、国有商业银行、股份制商业银行、地方性商业银行、其他银行类金融机构
非银行类金融机构	保险公司、证券公司、信托投资公司、财务公司、融资租赁公司等

金融建筑分类   表2

分类		定义
银行		是经营存款、贷款、汇兑、储蓄等业务的金融机构的办公场所。银行通过所经营的各项业务,在全社会范围内起融通资金的作用。银行分为中央银行(中国人民银行)、商业银行(含农村信用合作社和新型农村金融机构)和政策性银行(中国农业发展银行、国家开发银行、中国进出口银行)、投资银行和世界银行
非银行类金融建筑		是以发行股票和债券、接受信用委托、提供保险等形式筹集资金,并将所筹资金运用于长期性投资的金融机构的办公场所。非银行类金融机构包括经银监会批准设立的信托公司、金融资产管理公司、企业集团财务公司、金融租赁公司、汽车金融公司、货币经纪公司、境外非银行金融机构驻华代表处等机构
金融业务支持类建筑	业务处理中心	是银行业信贷审批、信用卡征信、银行业务研发以及信用卡业务开发等业务处理的办公场所
	客户服务中心	是融自助语音和人工服务为一体的多渠道、全天候(7×24小时)、一站式综合性客户服务机构的办公场所
	数据处理中心	是金融机构处理金融数据的场所

选址原则

金融建筑选址的原则应符合城市规划要求,既要考虑到金融建筑服务于商业区、工业区中心,又要兼顾城市规划和景观的要求,并应注意环境、交通、朝向、安全等问题。

金融建筑的选址一般位于城市的重要地段。由于金融活动的特性,金融建筑往往会集中在一个区域形成金融区,成为一些大型银行、保险公司和其他大型公司办公聚集的区域。金融区内高层、超高层建筑较多,它们作为重要的公共建筑,是城市的标志之一。

设计趋势

金融建筑的智能化要求较高,加上现在网络化、自动化的发展趋势,金融建筑营业空间的面积在逐渐减小。

金融机构的技术中心作为数据处理与维护的场所,成为金融建筑的重要组成部分,它的安全性是设计中需要重点考虑的一个因素。

金融建筑近年来趋于高层化、标志性,越来越需要面对生态节能这一重要课题。金融建筑作为企业形象的代表,运用生态节能技术推进其发展,有助于提升金融企业的社会形象。

交通流线

金融建筑的外部交通流线应做到人车分流,将顾客、办公人流与机动车合理分流,其中机动车流包括运钞车与小客车。

由于办公用房的性质不同,一般根据其对交通便利性的要求由低到高安排。营业厅等直接对外营业的场所宜放在低层;信贷等间接业务部门对交通的要求次之,可放在中间;而行长室、行政办公与设备机房等则可以设置在上部。

交通流线   表3

流线类型	设计要求	流线示例
办公人流	办公人流分为金融机构工作人员人流及其他功能部分人流。内部办公与出租办公的人流可结合成一股人流出入办公门厅	内部人流→办公门厅→电梯厅→办公楼层
顾客人流	顾客人流可分为进出营业厅的人流(如存贷、证券交易的顾客),以及进入内部办公进行业务洽谈的人流。内部洽谈业务的人可由营业厅的接待用房引入电梯厅,再进入办公部分	顾客人流→营业门厅→营业厅→楼层营业厅
资金流线	运钞车应设计专门的运钞路线进入金融建筑的运钞车位,运钞车流线上设有安全门,由安保监控	专用车库→装卸清点→金库→营业厅
货物流线	货物流线指的是食品、设备、办公用品及其他物品出入建筑物的流线,最好有专门的出入口。小规模的金融类办公建筑因空间局限或管理上的不便,可以与办公流线共用一个门厅,错时使用	后勤货物→后勤门厅→电梯厅→办公楼层

空间组合   表4

分类	描述	示意图	示例
组团形式	组团形式一般常见于建筑基地较宽裕的情况。优点是建筑形体灵活,内部功能分区明确,入口独立。营业厅常形成一个独立的单体		吉奥塔多银行
围绕形式	围绕形式通常以中庭、庭院或交通空间为中心组织功能区域。优点是对各种形式的基地有较强的适应性。营业厅常围绕中心组织在建筑低层进行布置		中国银行总行大厦
叠加形式	叠加形式将金融建筑各功能区域在空间上竖向叠合并连接,通过楼层来区分功能区域。通常设置低区为公共部分,对外性较强,高区为对内性质,私密性较强		交通银行西安分行
综合形式	综合形式中金融办公与其他功能组合成一个综合体。金融办公和其他功能的出入口分别管理,可共用一些辅助设施,如停车场、设备用房等,提高了设备的利用率		花旗集团大厦

注:表中灰色填充部分为营业厅范围示意。

概述

银行是经营货币及其替代物,并提供其他金融服务的机构。银行是金融机构之一,而且是最主要的金融机构,它主要的业务范围有吸收公众存款、发放贷款以及办理票据贴现等。

银行建筑分类　　　　　　　　　　　　　　　表1

分类方法	具体分类
按机构大小、管辖范围分	总行、一级分行(省分行)、二级分行(市分行)、一级支行(区、县级分行)、二级支行、分理处(储蓄所)
按是否设库房分	设金库的机构和不设金库的机构

设计要求

1. 银行选址应位于城市中心或交通方便的位置,根据不同银行的职能和专业要求,确定总平面、建筑布局和形式。

2. 要从规划选址、空间设计、建筑构造和设备技术等方面确保银行的安全使用。

3. 建筑布局应区分内部、外部两大使用功能区,合理组织交通,以提高营业效率、便于管理。

4. 结构选型、房间尺度以及设备管道应适应办公信息化、网络化发展的需要。

5. 室内设计应综合处理通风、采光、照明的需要,创造有序、高效的办公空间环境。

功能构成

银行业务办公楼主要包括营业厅、办公室、内部技术用房、库房及内部餐饮、专业培训、职工康乐等。

银行办公楼面积指标　　　　　　　　　　　表2

功能名称	建筑面积(m²)					
	分理处	二级支行	一级支行	二级分行	一级分行	总行
营业厅	200	400	600	800	1000	2000
办公室	30	400	720	3820	6800	14200
卫生间	20	60	120	240	300	500
休息室	20	30	100	160	400	480
更衣室	20	30	60	80	100	120
后勤服务用房	—	40	60	80	100	200
网络设备用房	10	20	60	100	300	1000
配餐	—	—	80	120	200	300
库房	—	20	200	600	800	2000
总面积	300	1000	2000	6000	10000	20000

注:本表根据2012年某银行内部建设资料编制。

设计趋势

1. 银行办公空间多以模数为基础进行办公空间的设置,从而适应多变的功能要求。

2. 为了缓解办公人员在城市空间中的压抑感,宜在设计中提供大量交流场所,提高办公人性化。

3. 安全、轻便的信用卡等卡片的启用逐步取代现金交易,营业厅设计对自动柜员机(ATM)、自动存款机(CDM)、自动存取款机(CRS)、安全柜员系统(STS)等自动化机器的安置要求更加专业。

电子交易的发展使得柜台交易量相应减少,传统交易逐步被自助交易所替代。

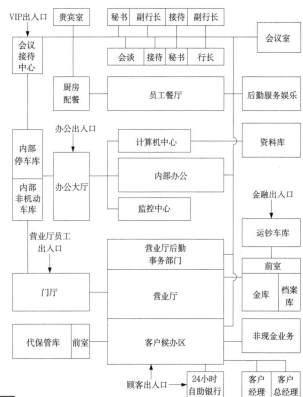

[1] 总行功能流线示意图

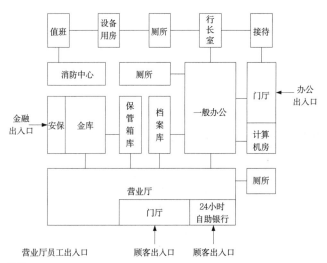

[2] 支行功能流线示意图

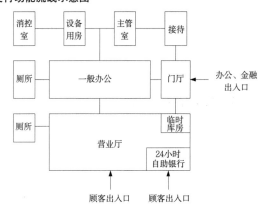

[3] 分理处功能流线示意图

金融建筑 [3] 银行/营业厅

设计要求

1. 银行营业厅包括门厅、客户候办区、业务洽谈室、代保管库、营业与账表库、营业办公和监控用房、电子计算机房、储蓄金银收兑等。

2. 出入口位置应明显并保证安全。

3. 柜组布置应符合业务流程，出纳、储蓄、金银收兑可相对独立。柜外面积一般不大于柜内面积的2倍。

4. 库房应远离出入口，既隐蔽、安全又便于使用。代保管库应设前室。

5. 应有良好的通风采光，通道流线明确。

6. 应预留各种电缆管道和设施。其中地面管线采用固定管沟和活动地板，便于维修和适应发展更新需要。各类管线应整体设计以节约空间，避免干扰。

7. 候办区包括柜前、走道和休息区三部分，一般应占营业厅面积的1/3以上。候办区应设置点钞台、书写台、休息座椅、广告牌、咨询台和卫生间等。

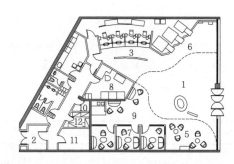

a 梯形营业厅

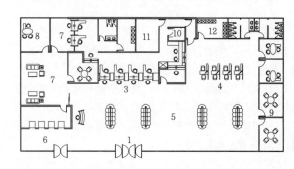

b 矩形营业厅

1 入口门厅	2 办公门厅	3 现金区	4 非现金区
5 候办区	6 24小时自助银行	7 VIP业务区	8 办公区
9 洽谈室	10 暂存库	11 机房	12 资料室

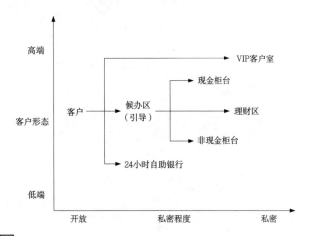

[1] 营业厅及相关业务区域划分原则

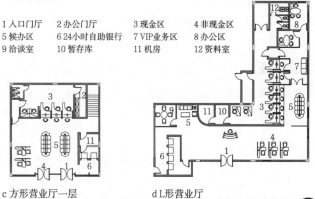

c 方形营业厅一层　　　d L形营业厅

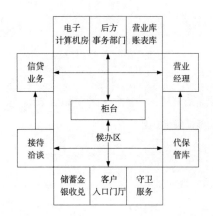

[2] 营业厅业务功能关系示意图

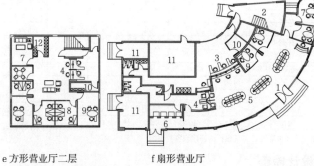

e 方形营业厅二层　　　f 扇形营业厅

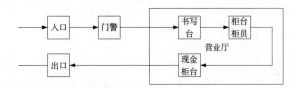

[3] 客户营业厅流线示意图

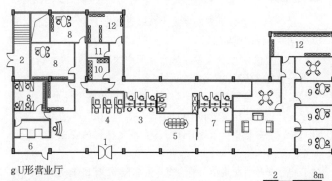

g U形营业厅

[4] 营业厅平面示例

设计要求

1. 位置应易于识别。终端设备应标识明晰,易于辨认。
2. 橱窗立面应采用全透明式设计。
3. 灯光设计应满足24小时营业的要求。
4. 应设置无障碍通道,考虑残障人员出入。
5. 大门应安装防弹玻璃,保障安全,同时方便顾客了解内部动态。

自助设备

按自助设备与银行营业场所的位置关系可分为在行式和离行式。在行式指自助设备在银行营业场所设置,而离行式则指在非银行场所设置。

按自助设备与建筑实体的构成关系可分为大堂式和穿墙式。大堂式指自助设备设置在室内,而穿墙式指自助设备设置在建筑实体内,设备操作面穿出墙体,客户在建筑实体外操作使用。

银行自助设备主要包括自动柜员机(ATM)、自动存款机(CDM)、自动存取款机(CRS)、安全柜员系统(STS)等。

安全防护

1. 安装防弹玻璃橱窗,自助银行入口采用门禁系统,用户刷卡入内。
2. 安装闭路电视监控系统,监视自助银行内部情况及客户交易行为。
3. 安装防火感应器,自助银行内出现意外时自动采取补救措施,并报警或通报银行控制中心。
4. 应安装防盗、防暴感应器,一旦发生偷盗和破坏行为马上报警。

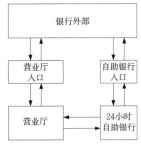

① 24小时自助银行流线图

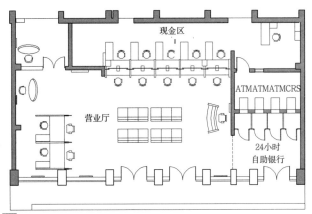

② 24小时自助银行平面示意图(在行穿墙式)

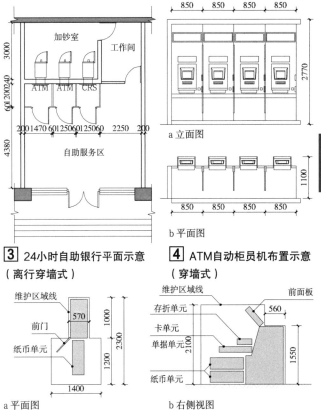

③ 24小时自助银行平面示意(离行穿墙式)

④ ATM自动柜员机布置示意(穿墙式)

⑤ 大堂式ATM(前开门维护)机型示例

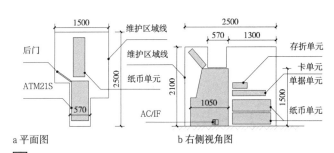

⑥ 大堂式ATM(后开门维护)机型示例

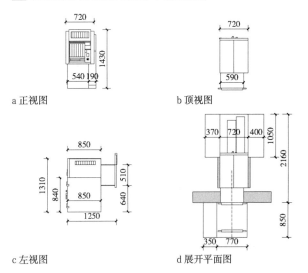

⑦ 穿墙式ATM机型示例

金融建筑 [5] 银行 / 现金区·非现金区

现金区

1. 现金区通过物理隔离（完全隔离）的方式与营业厅分开，也叫封闭式柜台，主要办理现金业务。
2. 应与银行其他工作区域隔开，其出入口应安装防尾随用缓冲式电控联动门。
3. 因消防要求需要另设安全出口的，应采用防盗安全门或防盗防火门，平时不得作为出入门，只在紧急情况下启用。
4. 现金柜台柜内面积一般不小于柜外面积的1/2。
5. 现金柜台柜面中间应设置底部为弧形的收银槽，上方安装可移动的盖板。

非现金区

1. 非现金区为开放式柜台，主要办理公司业务、信贷、中间业务等不涉及现金交易的业务，分为非现金柜台、大厅洽谈室、内部结算区、个人理财区等。
2. 非现金柜台由隔板、柜员桌、副台组成，柜台之间相对独立，一般应与现金柜台区紧密连接，方便业务操作。
3. 大厅洽谈室通过玻璃隔断与开放的非现金柜台形成独立区域，为客户提供初步洽谈，一般还提供网上银行服务。
4. 内部结算区主要是为客户办理本票、支票、汇票、汇兑等结算业务的区域，包括对公结算业务和对私结算业务。一般而言，内部结算区不办理现金业务。
5. 个人理财区是客户办理理财业务的区域，其中会设置VIP客户经理室。随着银行中间业务的发展，理财业务成为银行中间业务收入的一项主要来源。

个人理财区多配有现金柜台与现金区相通，方便客户处理业务，其安防标准同现金区现金柜台。

VIP客户经理室，主要是客户经理为VIP客户提供结算、理财等金融服务的办公室。

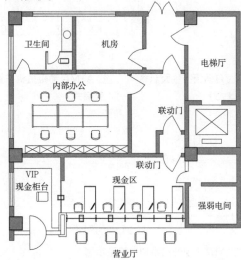

1 现金区平面布置示意图

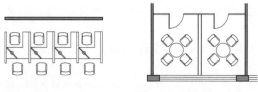

3 非现金柜台　　**4** 大厅洽谈室

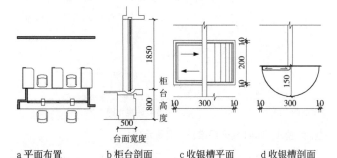

a 平面布置　　b 柜台剖面　　c 收银槽平面　　d 收银槽剖面

2 现金柜台

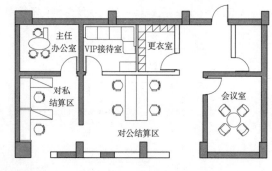

5 内部结算区

现金柜台设计参数　　表1

类别		设计参数
现金区	门、窗	墙体上不应设置窗户，出入口应安装防盗安全门，门体强度应不低于GB17565-2007规定的乙级
	通风装置	通道直径≤200mm，并应在通风口内外加装金属防护栏
现金柜台	柜台基座	基座采用钢筋混凝土结构，柜台高度≥800mm、柜体厚度≥240mm；基座钢板结构的，柜台高度≥800mm，厚度应≥240mm，长度≥1500mm
	柜台基座面	基座台面、立柱和横梁应为砖石或金属结构，其中立柱、横梁应采用规格≥63mm（长）×63mm（宽）×5mm（高）的角钢
	收银槽	收银槽应不大于300mm（长）×200mm（宽）×150mm（高）；收银槽朝向柜员侧应加装≥6mm钢板加强防护
柜台上方	透明防护板	透明防护板高度≥1.2m，宽度≤1.8m，单块玻璃面积≤4m²。透明防护板应封至顶部或加装金属防护栏封至顶部

注：本表根据《银行营业场所风险等级和防护级别的规定》GA 38-2015编制。

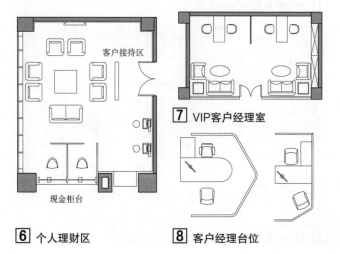

6 个人理财区　　**7** VIP客户经理室

8 客户经理台位

办公室

1. 银行现金业务和非现金结算业务主要设置在营业厅办理，便于顾客集中办理业务。而其他业务一般放在办公区域办理，这些业务包括理财业务、信贷业务、国际业务等。

银行办公区域既包括放在营业大厅外从事业务经营的办公室，如理财办公室、信贷办公室等，又包括其他从事行政管理业务的办公室，如行长办公区、职能部门办公室等。

2. 行长办公区一般由接待区、会议区、正副行长办公室、休息室等组成。

正、副行长办公室宜集中布置，并与各部门的办公室保持便捷的交通联系。

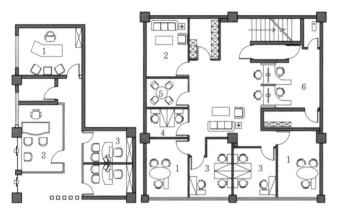
a L形平面　　　b 方形平面

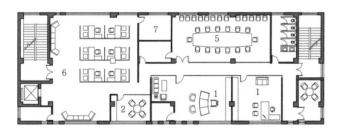
c 矩形平面

1 行长办公室　2 大客户室
3 经理办公室　4 职员办公室
5 会议室　　　6 非现金区
7 休息室

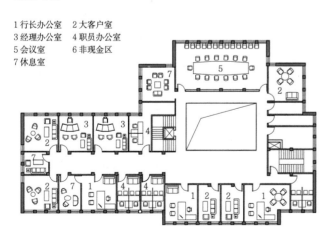
d 围绕式平面

1 办公室平面布置示例

银行安防系统

银行安防系统平台是包含视频监控、技防报警、身份识别、门禁控制、语音监听对讲等多技术集成的综合平台，安全防范的重点包括营业网点、金库、ATM自动柜员机、24小时自助银行等场所和现金押运、交接款过程。

安防系统要求　　　　　　　　　　　　　　　　表1

安防子系统	运钞车停靠区	与外界出入口	客户活动区	非现金区	现金区	自助银行	加钞区	保管箱库	设备间
摄像机	★	★	★	★	★	★	★	★	★
入侵报警探测装置		★			★	★			
防盗安全门		★			★			★	
声音复核			★	★	★	★			
保安			★						
紧急报警装置					★				
防尾随联动门					★				
出入口控制装置									★
紧急求助装置								★	
红外等报警装置								★	

注：1. ★表示应设置。
2. 本表根据《银行营业场所风险等级和防护级别的规定》GA 38-2015编制。

监控中心

监控中心是银行安防系统中的核心，起着串联起银行安防系统各部分的重要作用。从定义上说，监控中心是银行存放监控设备，管理、调阅监控录像的区域。

监控中心一般要求24小时值班，并设有卫生间、休息间等配套房间。

监控中心设计要求　　　　　　　　　　　　　　表2

相关要求	设计要求
楼层要求	监控中心不宜设在建筑底层，因建筑结构等原因只能设在建筑底层的，不应设置与外界相通的窗户和后（边）门、玻璃幕墙
门窗要求	监控中心出入口应安装防盗安全门，窗户应安装金属栅栏。有与本单位内部区域相邻玻璃幕墙的，应安装防弹玻璃或采用金属栅栏等方式进行实体防护
安全出口	监控中心因消防要求确需增设安全出口的，该出口的门应采用防盗安全门或防盗防火门，平时不得作为出入门，只有在紧急情况下启用

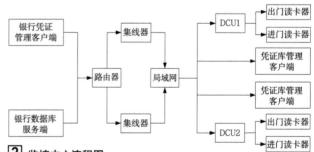

2 监控中心流程图

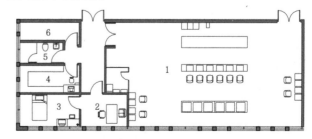

1 监控中心　2 值班室　3 休息间　4 调阅室　5 卫生间　6 设备间

3 监控中心平面布置示例

金融建筑 [7] 银行/库房

银行库房

1. 银行库房分为金库（货币发行库、现金业务库）、档案库、账表库、保管箱库等。
2. 银行库房建筑应坚固、适用，并配有通风、防虫、防潮、防火和报警等设施以确保库房内货币、档案和贵重物品的完好。
3. 银行地下库房建筑应为双墙回廊式，回廊净宽一般为600~800mm，四面贯通，转角处设折射装置。回廊外墙应为钢筋混凝土或砖混结构，厚度应大于240mm。
4. 银行库房消防设施应与防盗报警系统有机结合，金库、档案库应采用干式灭火装置。除安装火警报警设备外，库房内不设其他消防设施。

货物存放顺序分类		表1
货物特征	在内	在外
按贵重程度	贵重货物	一般货物
按安全程度	高度安全	一般要求
按内外性质	对内性强	对外性强
按移动频率	频繁移动	不频繁
按存放形式	暴露零散	封闭集装

1 库房组合及货物存放顺序

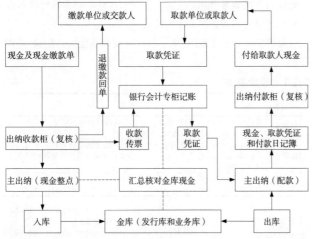

2 银行现金收付及核算程序

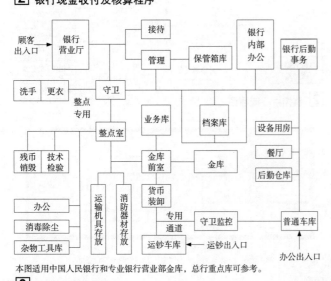

本图适用中国人民银行和专业银行营业部金库，总行重点库可参考。

3 库区组成及流线

档案库

1. 档案库主要用来存放银行的信贷档案、会计档案、人事档案、综合档案等。
2. 档案库可以分为行政、财务档案库、营业部档案库和资料图书馆等，一般应靠近各使用部门布置。
3. 档案库的面积应根据实际使用需求决定，档案架（柜）的形式和规格也应根据需要和投资确定。
4. 普通档案架（柜）有单式和复式，可由标准架（柜）进行多种组合，以满足实际使用需求。现常用密集架来提高单位面积的档案存储量，密集架按操作不同可分为手动式密集架、电动式密集架、电子智能密集架等。密集架对库房地面的承载力要求也较高，一般为600kg/m^{2}以上。
5. 档案库要求防水、防潮、防尘、防鼠、防盗，防止日光直接射入，避免紫外线对档案、资料的危害。

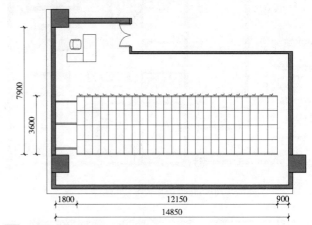

4 档案库平面示意图（密集架）

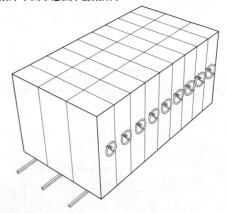

5 档案库密集架轴测图

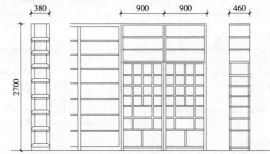

6 档案库普通架立、剖面图

金库

1. 金库不得临街或直接对外，不得在库房周边搭建任何建筑物，与围墙和其他建筑间距不得小于6m。
2. 金库应为墙、顶板、底板六面整体钢筋混凝土现浇。
3. 常温条件下，库内相对湿度应保持在70%左右，库内不设水暖设施。排风装置在墙内作外低内高的S形转弯，不宜直接通透。通过墙体出口处离地面距离≥2500mm，直径≤200mm，风口向下并应设钢筋网保护。
4. 库顶防水应选用高分子防水材料，地下防水为多道防水，防止漏水潮湿，综合运用防水措施，确保防水耐久年限。
5. 载货电梯与楼梯应建于库门之外。
6. 安全防护应符合国家有关银行的安全防护标准。防护的部位为守库室、金库门、出入库交接场地、主要通道、票币清分场地、金库库体及金库周围环境等。

金库分类表　　　　　　　　　　　　　　表1

类别		对应银行	性能及设置范围
金库	货币发行库	中央银行	货币发行库是中国人民银行代表国家保管人民币发行准备金的特定机构，分别在中国人民银行总行及各级分支行设置总库、分库、中心支库及支库
	现金业务库	商业银行	现金业务库是存放本外币现金、贵金属、有价单证以及其他有价值品等实物的库房，其设置仅限于对外营业的行、所，其规模与该行、所的库存限额对应

金库设计因素及要求　　　　　　　　　　表2

设计因素	具体要求
平面位置	营业厅或非营业厅内，主体内或裙房内
金库性质	货币发行库、现金业务库、混合库
剖面位置	地下或地上，一层或二层及以上楼层
库房形式	独立或穿套式，单层、多层或跃层
技术要求	地质水文、结构形式、人防和消防要求
组合形式	群集或分散式，混合库或库中库
环境条件	城市交通、周围建筑、区域性质等
出入口	区分发行出纳、顾客、守卫货运等流线
扩建预留	根据实际情况和必要的安全防护及功能要求确定

金库辅助用房建筑要求　　　　　　　　　表3

辅助用房	功能	具体要求
金、银收兑室	作为金银检验计量的房间	按金银检验计量的要求设计
票币处理场地	各级发行库随库房配套设置的票币清分、销毁场地	根据发行库级别面积不同
办公用房	发行、出纳用的办公用房	发行、出纳办公用房应保障开展业务的需要
出、入库交接场地	作为交接、清点、验收发行基金及车辆、机具进出场所	要选择邻近库门，警卫执勤人员有效警戒范围内，有相应封闭外界视线的措施
备品库	用于存放票币包装用品、机具等的库房	所处位置应方便业务操作，面积应保障业务需要
监控值班室	指值班守库人员的工作环境	含门禁、安检、监控、报警、通信等设施装备与操作场地
卫生区	包括淋浴室、洗手间、更衣室等	设置在库区内封闭建筑

金库附属用房建筑要求　　　　　　　　　表4

附属用房	功能	具体要求
车库	专用运钞车、护卫车及其他工作用车的车库	按车辆存放、检修要求设置
变配电室	金库专用变配电室	按供电部门有关要求建设。库区供电可采用单路或双回路供电，单路供电应自备应急电源
警卫营房	警卫人员的生活用房	参照部队入驻防标准建设
健身活动场所	为金库工作人员提供健身活动的场所	大型单独建筑的发行库应包括健身活动场所

货币发行库各级别建筑标准　　　　　　　表5

库房类别	支库	中心支库	分库	总行重点库
净使用面积	≥200m²	≥800m²	≥2000m²	≥10000m²
梁下净高	≥4m		≥5m	
柱距	二层及以上多层库体，横向、纵向中心轴线间距为8m左右			
负荷能力	落地层为6000kg/m²，非落地层为3000kg/m²			
墙体结构	墙体厚度≥250mm，配直径14mm以上螺纹钢筋			
票币处理场地	≥30m²	≥200m²	≥2000m²	
出入库交接场地	≥20m²	≥100m²	≥200m²	
发行库门	2级		1级以上	
发行库门锁	1类或1R类		1R类或2类	

注：1. 本表根据《银行金库》JR-T0003-2000编制。
　　2. 净使用面积按建筑面积的70%计算。
　　3. 库门标准参照《金库门》JR/T 0001-2000规范。
　　4. 库门锁标准参照《组合锁》JR/T 0002-2000规范。

现金业务库各级别建筑标准　　　　　　　表6

库房类别	一类库	二类库	三类库	四类库
核定库存	≥5000万	1000~5000万	80~1000万	≤80万
混凝土强度等级	C50以上商品混凝土	C40以上商品混凝土	C30以上商品混凝土	
墙体结构	墙体厚度≥240mm，配直径14mm以上热轧带肋钢筋		墙体厚度≥240mm，配直径12mm以上热轧带肋钢筋	
库区供电	可采用单路或双回路供电，单路供电时应自备应急电源			

注：1. 本表根据《银行业务库安全防范的要求》GA 858-2010编制。
　　2. 业务库的新建、改建应比照发行库建设标准执行。以符合安全、适用为原则。

金库门净通道优先选用尺寸　　　　　　　表7

参数	优先选用尺寸
高度（mm）	1900, 2000, 2120, 2240, 2360, 2500
宽度（mm）	900, 960, 1000, 1120, 1250, 1400, 1600, 1800, 2000

注：本表根据《金库门》JR/T 0001-2000编制。

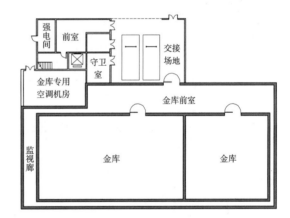

1 金库区域平面示意图

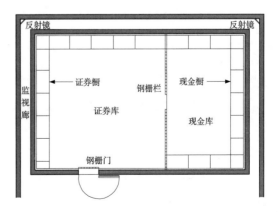

2 金库平面布置详图

金融建筑 [9] 银行/库房

保管箱库

1. 保管箱业务是指银行接受客户（租用人）的委托，按照《银行租用保管箱合同》中事先约定的条款，以银行向客户（租用人）有偿出租保管箱的形式，为客户（租用人）提供存放贵重物品、有价证券、文件资料等物品的一项中间业务。

2. 分为机械保管箱、电控保管箱和全自动保管箱，通过指纹、身份证、密码等来验证。

全自动保管箱库全天24小时允许使用，可用于24小时自助银行或贵宾室。客户进入整理间后门禁自动锁闭，客户使用IC卡+密码或指纹确认身份，保管箱自动由库内传送至整理间。

3. 保管箱库用房宜集中设置，自成一区，区内不设其他用房，严禁与金库用房交叉使用。

4. 宜设在一层或一层以下，应设在客户能直接进入门厅或营业厅的客户停留区附近，设于地下的宜设专用楼梯。

5. 管理人员办公可在保管箱库前室，亦可在保管箱库内，一般应以接近库门和客户整理间为宜，便于接待和安全使用。

6. 客户整理间的数量应根据保管箱的数量确定，一般不少于3间，可设在保管箱库内或其前室。顾客在整理间将保管箱中的内箱打开，对照存取文件，存入、取出或查验贵重物品。

7. 应做到防潮、防水、防火、防盗、防虫、防鼠等，库内要求恒温、恒湿。

8. 地面承载力一般不小于500kg/m²。

保管箱库安全防护要求　　　　　　　　　　　　　表1

防护要求		具体要求
恒温		温度宜控制在20℃
恒湿		相对湿度不宜大于70%
防火	隔墙	保管箱库应作为独立防火分区，与其他部分隔墙均应为防火墙，采用耐火极限不少于4小时的非燃烧体，其内部隔墙采用耐火极限不少于1小时的非燃烧体
	库门	保管箱库大门（标准同金库门）应向外开启，并为防火门，其耐火极限不少于1小时
防虫、防鼠		保管箱库用房内所有管道通过墙壁或楼地面处应密封

注：本表根据某银行保管箱库建筑设计规定编制。

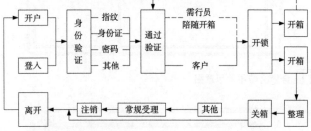

a 机械保管箱操作流程示意图

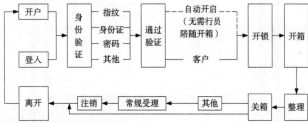

b 电控保管箱操作流程示意图

1 保管箱操作流程示意图

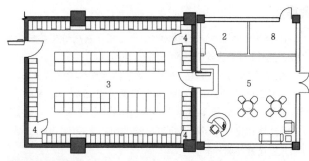

a 不含全自动保管箱

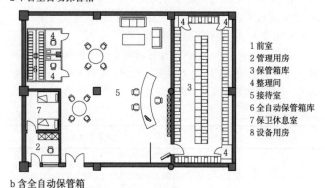

b 含全自动保管箱

1 前室
2 管理用房
3 保管箱库
4 整理间
5 接待室
6 全自动保管箱库
7 保卫休息室
8 设备用房

2 中小型保管箱库平面布置示意图

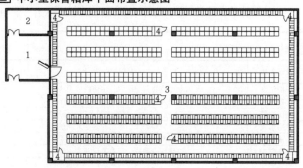

a 不含全自动保管箱

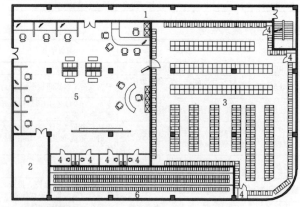

b 含全自动保管箱

3 大型保管箱库平面布置示意图

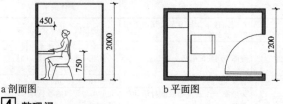

a 剖面图　　　　b 平面图

4 整理间

保管箱

保管箱标准规格尺寸与结构类型 表1

结构类型	型号	门板规格 宽×高×厚（mm）	内盒尺寸 宽×高×深（mm）	平均重量（kg）	备注
箱式结构	AB-30	76×151×10.5	68×90×530	5.34	标准规格
	AB-18	133×151×10.5	125×90×530	7.92	
	AB-15	76×302×10.5	68×250×530	10.22	
	AB-09	133×302×10.5	125×250×530	14.06	
	AB-06	198×302×10.5	180×250×530	19.10	
柱式结构	ZB-06	58×298×10.5	50×250×470	6.85	
	ZB-08	76×298×10.5	68×250×470	10.22	
	ZB-13	133×298×10.5	125×250×470	14.06	
	ZB-20	198×298×10.5	180×250×470	19.10	
	ZB-30	298×298×10.5	280×250×470	28.35	

注：本表根据某箱体规格资料编制。

a 传统箱式结构（单组）图　　b 柱式结构（3组）图

1 保管箱结构类型

临时库房

1. 临时库房是指银行网点临时存放由运钞车运送或从金库取出的货币、金银等贵重物品的库房，其建设标准同银行金库。
2. 应位于营业厅连接处，靠近出纳专柜便于出入库。
3. 面积应满足货币、金银等贵重物品存放的要求。
4. 临时库房内要求防潮、防湿，保持干燥、通风。
5. 现在运钞车根据银行网点需求，早上从区域金库运送货币、金银等贵重物品到银行网点，晚上取回，这类银行网点往往不设临时库房而使用专用保险柜代替。

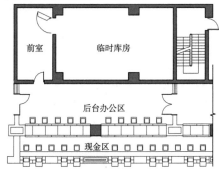

2 总行临时库房平面示例

运钞车库

1. 国内主要运钞车的外形尺寸（长×宽×高）为：5120mm×2000mm×2520mm。
2. 运钞车上采用的设备主要有：进口防弹玻璃、车身防弹钢板、运钞仓中隔板、顶棚防爆板、电动式逃生天窗、驾驶室两侧电动升降射击孔、彩色液晶监视器、后厢门运钞仓监视探头、前后防撞杠。
3. 运钞车应设计专门的运钞路线进入银行停泊装卸车位。一般情况下，运钞车流线上设有安全门，由保安监控，在银行大楼的后部形成一个独立的后院，以保证安全。
4. 运钞车库是设金库的营业网点用来停放运钞车的区域。在大中城市中，随着专业化押运公司的成立，专业化押运公司负责押运车辆的停放和日常管理工作，涵盖了银行运钞车库的功能。

3 运钞车示意图

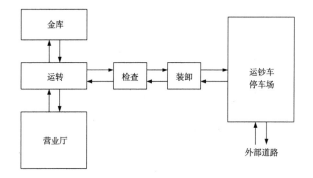

4 运钞车库流线图

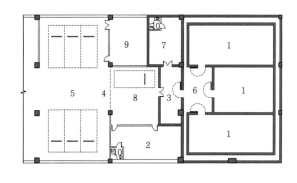

1 金库　2 调度室　3 交接场地　4 防盗卷帘　5 运钞车库　6 金库前室　7 整点室　8 卸货区　9 空调机房　10 卫生间

5 运钞车库平面图示意

金融建筑 [11] 银行/实例

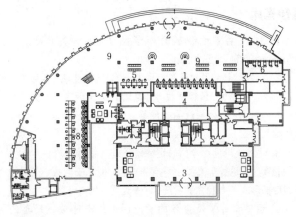

a 一层平面图

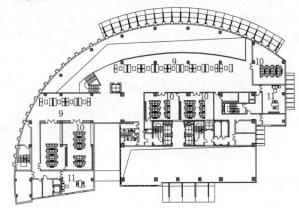

b 二层平面图

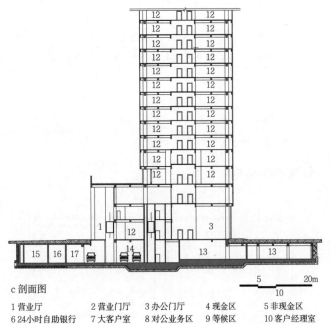

c 剖面图

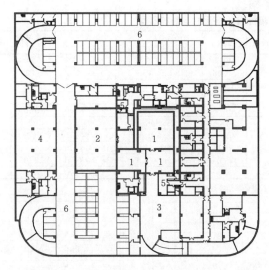

a 地下三层平面图

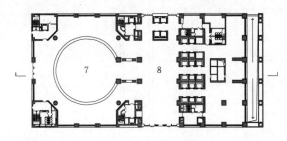

b 一层平面图

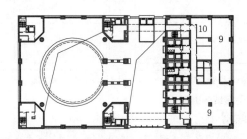

c 二层平面图

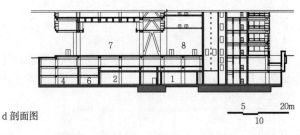

d 剖面图

1 营业厅	2 营业门厅	3 办公门厅	4 现金区	5 非现金区
6 24小时自助银行	7 大客户室	8 对公业务区	9 等候区	10 客户经理室
11 客户总经理室	12 办公	13 机动车库	14 运钞车库	15 金库
16 金库前室	17 交接场地			

| 1 金库 | 2 保管箱库 | 3 运钞车库 | 4 凭证库 | 5 值班室 | 6 机动车库 |
| 7 营业厅 | 8 营业门厅 | 9 计算机房 | 10 值班室 | | |

1 浙江某银行营业办公大楼

名称	主要技术指标	设计时间	设计单位
浙江某银行营业办公大楼	建筑面积31810m²	2008	华东建筑集团股份有限公司 上海建筑设计研究院有限公司

浙江某银行营业办公大楼采用弧形裙房围合矩形塔楼的形态，内外分离。一层为营业大厅，附有24小时自助银行，二层布置外币及VIP业务。地下一层设置金库、运钞车库、微型汽车库、人防用房。

2 招商银行大厦（原深圳世贸中心大厦）

名称	主要技术指标	设计时间	设计单位
招商银行大厦	建筑面积116056m²	1997	深圳建筑设计研究总院有限公司

招商银行大厦是一栋集金融、贸易、办公、俱乐部为一体的现代化超高层综合楼，高度237m，强烈的几何雕塑感，创造了良好的城市景观效果，是当地的地标建筑。三层地下室主要功能为设备用房、金库、保管箱库、停车库等

实例 / 银行 [12] **金融建筑**

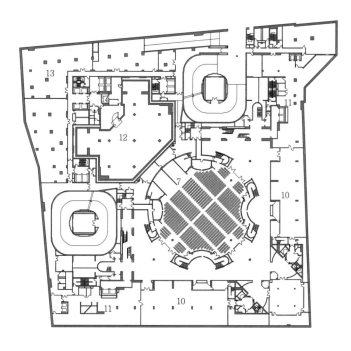

a 地下一层平面图

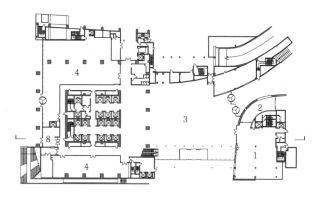

a 一层平面图

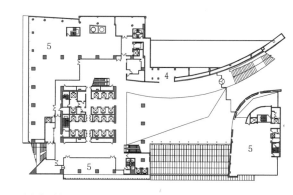

b 二层平面图

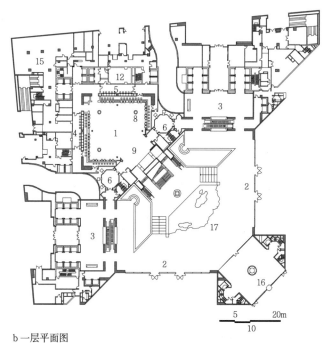

b 一层平面图

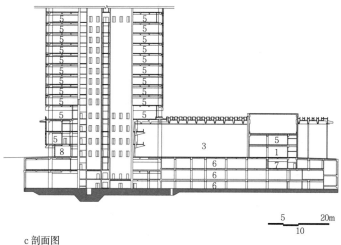

c 剖面图

1 营业厅　2 营业门厅　3 办公门厅　4 现金区　5 非现金区　6 24小时自助银行
7 多功能厅　8 对公业务区　9 等候区　10 餐厅　11 厨房　12 金库（临时库房）
13 档案库　14 值班室　15 办公室　16 VIP门厅　17 四季大厅

1 营业厅　2 营业门厅　3 办公门厅　4 商业　5 办公室　6 机动车库　7 金库　8 商业门厅

1 中国银行总行大厦

名称	主要技术指标	设计时间	设计单位
中国银行总行大厦	建筑面积13158m²	1989	贝聿铭建筑设计事务所

中国银行总行大厦主体高度为45m，南面和东面两个入口各宽54m，高9m，进深14m，在仅有45m的高度衬托下，建筑的体量显得很大。贝聿铭善用的几何形体设计使得本大厦也具有强烈的几何雕塑感。

2 花旗集团大厦

名称	主要技术指标	设计时间	设计单位
花旗集团大厦	建筑面积119149m²	2000	华东建筑集团股份有限公司 上海建筑设计研究院有限公司

花旗集团大厦裙房主要布置大堂、银行大厅、商务会议中心及餐厅、商店等设施。办公楼层采用正方形的平面布置，上部为大空间办公用房，顶部为金融家会所。地下部分主要设置机房、车库及银行金库和保险箱库。

金融建筑 [13] 银行 / 实例

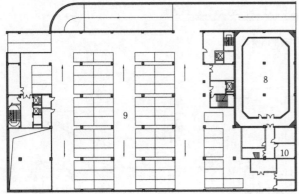

a 一层平面图

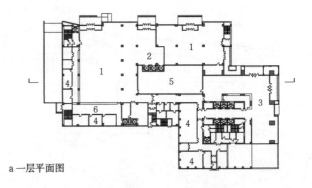

a 一层平面图

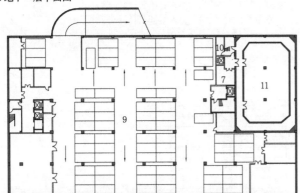

b 地下一层平面图

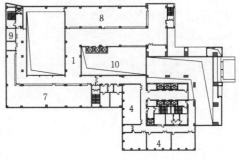

b 二层平面图

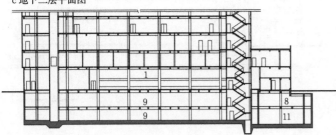

c 地下二层平面图

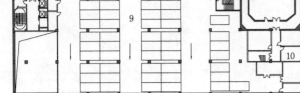

d 剖面图

1 营业厅　2 等候区　3 办公门厅　4 办公室　5 24小时自助银行　6 监控中心
7 交接区　8 保管箱库　9 机动车库　10 值班室　11 金库

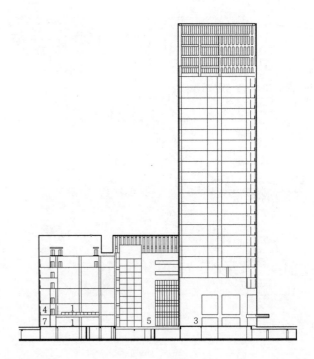

c 剖面图

1 营业厅　2 营业门厅　3 办公门厅　4 办公室　5 庭院　6 现金区　7 非现金区
8 对公业务区　9 大客户室　10 庭院（上空）

1 上海浦东发展银行安徽某分行

名称	主要技术指标	设计时间	设计单位
上海浦东发展银行安徽某分行	建筑面积12803m²	2010	华东建筑集团股份有限公司上海建筑设计研究院有限公司

该建筑地下一层和二层为车库、机电用房和银行金库、票据库等。一层为分行营业大厅，一层北侧设银行办公人员出入口，北侧东面设金库专用出入口。

2 中国银行天津分行

名称	主要技术指标	设计时间	设计单位
中国银行天津分行	建筑面积51035m²	2011	天津华汇工程建筑设计有限公司

中国银行天津分行塔楼与裙房均设计为矩形，在两条城市主干道夹角处留出南向广场，作为大厦主体办公的入口，减缓了地处道路交叉口的建筑与城市交通、景观的矛盾，也提供了一个独具特色的城市开放空间，使建筑与城市对话。

实例 / 银行 [14] 金融建筑

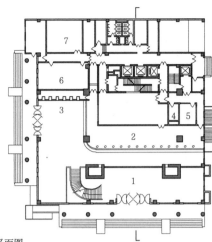

a 一层平面图

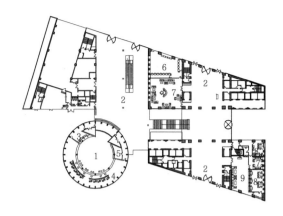

a 一层平面图

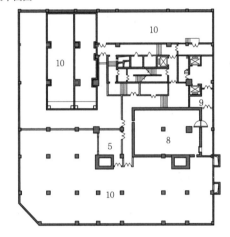

b 地下二层平面图

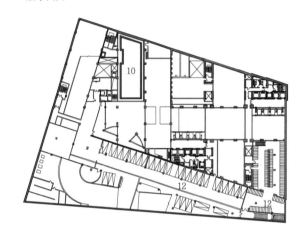

b 地下一层平面图

1 营业厅
2 现金区
3 24小时自助银行
4 临时库房
5 值班室
6 办公室
7 监控中心
8 金库
9 交接区
10 设备机房

c 剖面图

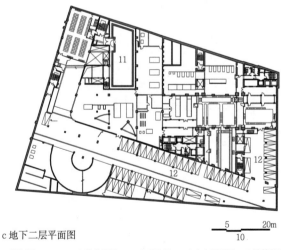

c 地下二层平面图

1 营业厅　　2 营业门厅　　3 现金区　　4 个人理财区　　5 计算机房
6 24小时自助银行　　7 VIP接待室　　8 办公室　　9 保险业务区　　10 金库
11 保管箱库　　12 （非）机动车库

1 交通银行西安分行营业培训大楼

名称	主要技术指标	设计时间	设计单位
交通银行西安分行营业培训大楼	建筑面积16565m²	2002	华东建筑集团股份有限公司上海建筑设计研究院有限公司

交通银行西安分行营业培训大楼以"庄重、明确、逻辑"为主题，有层次地展示着古城市中心现代建筑的风格。一层为银行营业大厅，二层为VIP营业厅及保管箱库，三层为计算机机房。地下二层为金库和各类其他库房

2 上海交通银行金融大厦

名称	主要技术指标	设计时间	设计单位
上海交通银行金融大厦	建筑面积16565m²	1996	华东建筑集团股份有限公司上海建筑设计研究院有限公司

上海交通银行金融大厦分为北塔楼、南塔楼和裙房三部分，功能上对应交通银行办公、太平洋保险公司办公、对外营业空间和办公辅助用房等。其中倒锥形的裙房根据其景观特色，分层安排为开放式营业厅、职工餐厅、大会议厅等大空间功能布局

金融建筑 [15] 银行 / 实例

1 营业厅
2 现金区
3 对公业务区
4 办公室
5 24小时自助银行
6 顾客休息区
7 暂存室
8 洽谈区
9 (副)行长室

a 一层平面图　　b 三层平面图

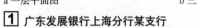

1 广东发展银行上海分行某支行

名称	建筑面积	建筑层数	设计时间
广东发展银行上海分行某支行	640m²	3层	2002

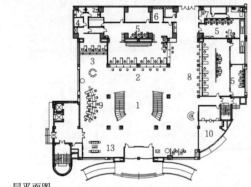

a 一层平面图

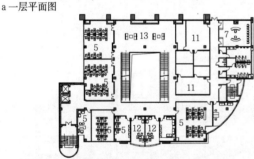

b 二层平面图

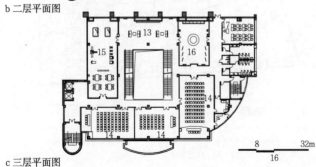

c 三层平面图

1 营业厅　　2 对公业务区　　3 现金区　　4 临时库房　　5 办公室
6 更衣室　　7 值班室　　8 非现金区　　9 个人理财区　　10 24小时自助银行
11 计算机房　12 (副)行长室　13 休息厅　14 会议室　15 健身房
16 展示中心　17 培训教室

2 华夏银行某分行

名称	建筑面积	建筑层数	设计时间
华夏银行某分行	4775m²	3层	2003

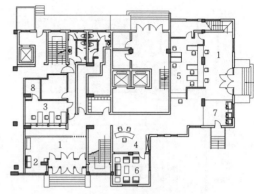

a 一层平面图

1 营业厅
2 等候区
3 现金区
4 个人理财区
5 对公业务区
6 VIP接待室
7 24小时自助银行
8 临时库房
9 监控中心
10 办公室
11 经理办公室
12 行长办公室

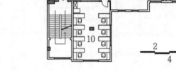

b 二层平面图

3 中国民生银行上海分行某支行

名称	建筑面积	建筑层数	设计时间
中国民生银行上海分行某支行	845m²	2层	2002

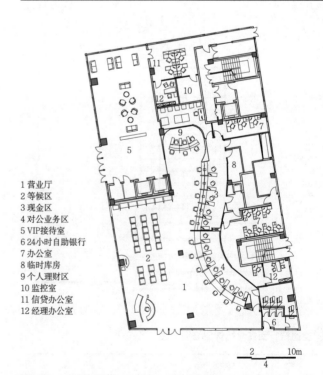

1 营业厅
2 等候区
3 现金区
4 对公业务区
5 VIP接待室
6 24小时自助银行
7 办公室
8 临时库房
9 个人理财区
10 监控室
11 信贷办公室
12 经理办公室

4 北京银行上海分行某支行一层平面图

名称	建筑面积	建筑层数	设计时间
北京银行上海分行某支行	933m²	1层	2013

实例 / 银行 [16] 金融建筑

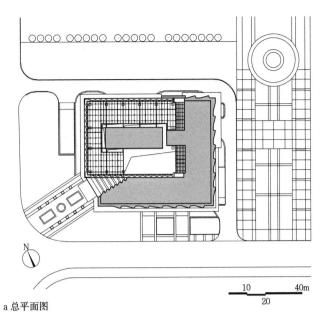

a 总平面图

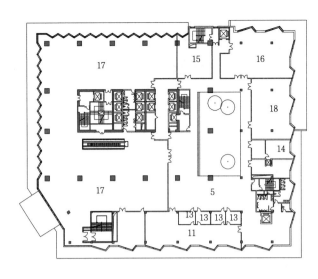

d 二层平面图

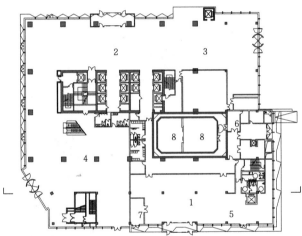

b 一层平面图

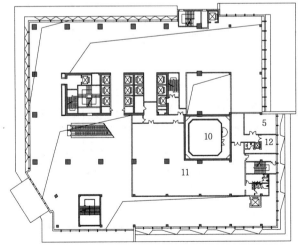

c 一层夹层平面图

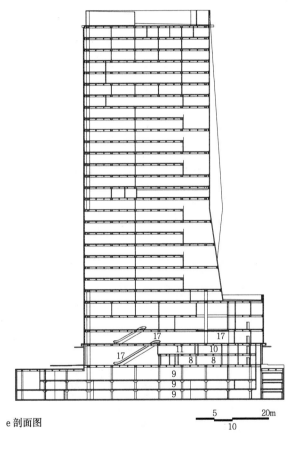

e 剖面图

1 营业厅　2 出租办公门厅　3 内部办公门厅　4 商业门厅　5 等候区
6 交接区　7 24小时自助银行　8 金库　9 机动车库　10 保管箱库
11 办公室　12 值班室　13 个人理财区　14 临时库房　15 VIP客户经理室
16 客户经理室　17 集中商业　18 外汇交易

1 福建某农村商业银行办公大楼

名称	主要技术指标	设计时间	设计单位	福建某农村商业银行办公大楼裙房1~3层包含了银行对外业务和集中商业用房；银行对外营业区设置在裙房南侧三层和局部三层；金库设置在一层；保险箱库房则设置在一层夹层
福建某农村商业银行办公大楼	建筑面积85648m²	2012	华东建筑集团股份有限公司 上海建筑设计研究院有限公司	

金融建筑 [17] 银行/实例

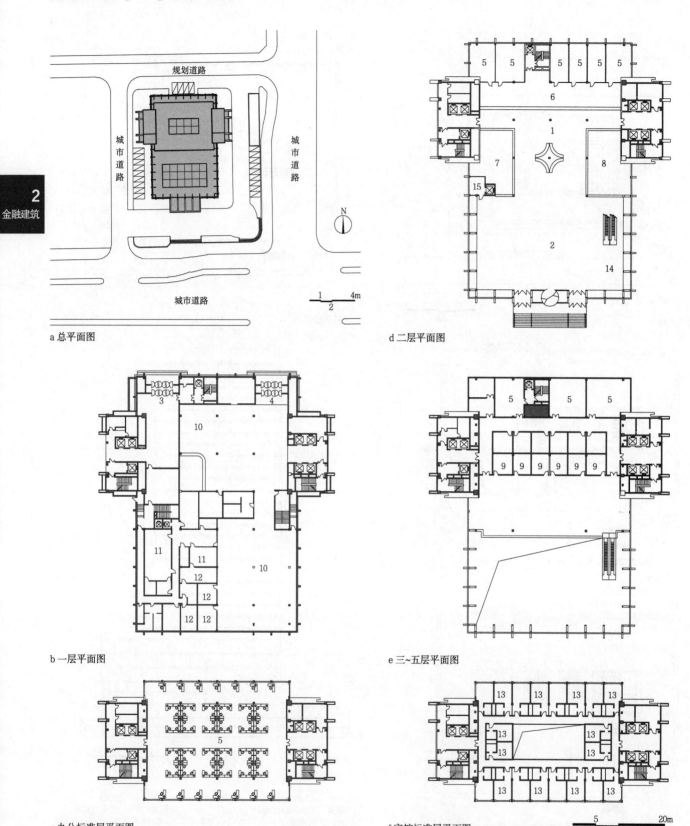

a 总平面图
b 一层平面图
c 办公标准层平面图
d 二层平面图
e 三~五层平面图
f 宾馆标准层平面图

1 营业厅　2 营业门厅　3 办公门厅　4 宾馆门厅　5 办公室　6 现金区
7 非现金区　8 对公业务区　9 VIP客户室　10 餐厅　11 厨房　12 包间
13 客房　14 自助银行　15 保管箱库

[1] 中国光大银行某分行营业大厦

名称	主要技术指标	设计时间	设计单位	中国光大银行某分行营业大厦主楼架空，一层为营业厅、办公入口门厅和宾馆大堂，二层为营业厅，三~五层为VIP客户室等个人理财区功能，主楼为自用办公和宾馆
中国光大银行某分行营业大厦	建筑面积32745m²	2009	中国建筑东北设计研究院有限公司	

实例/银行 [18] 金融建筑

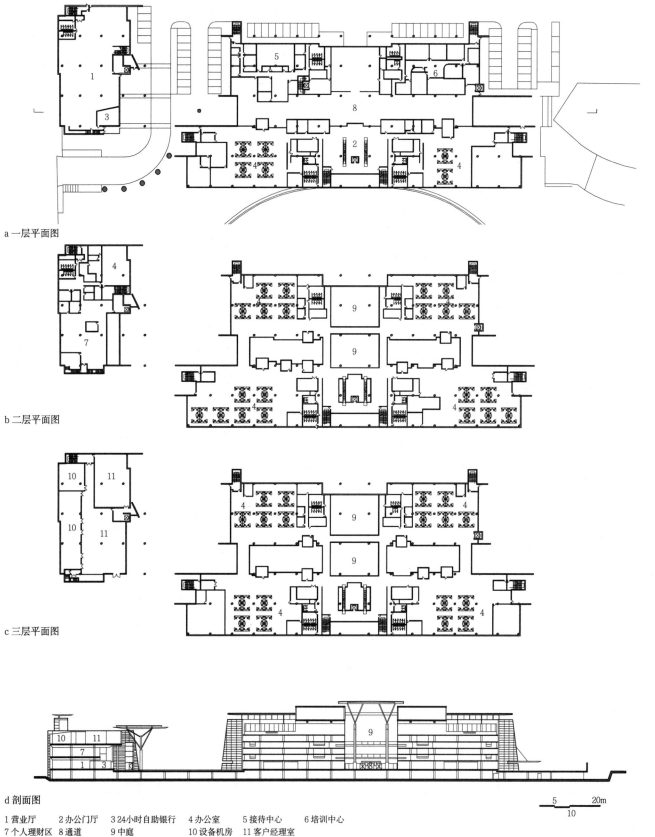

a 一层平面图

b 二层平面图

c 三层平面图

d 剖面图

1 营业厅　　2 办公门厅　　3 24小时自助银行　　4 办公室　　5 接待中心　　6 培训中心
7 个人理财区　8 通道　　　9 中庭　　　　　　　10 设备机房　11 客户经理室

1 南非标准银行总部大楼

名称	主要技术指标	设计时间	设计单位	南非标准银行总部大楼坐落于德班市区的一个办公区内，由总部大楼和一家零售银行分行组成。整座办公大楼被设计成3层，处于中心位置的中庭连接了四大区域并通向街道，使整个街区看起来更充满活力
南非标准银行总部大楼	建筑面积46154m²	1989	Elphick Proome建筑师事务所	

金融建筑 [19] 银行 / 实例

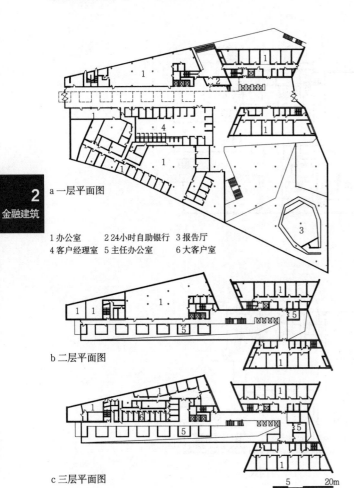

a 一层平面图

1 办公室　2 24小时自助银行　3 报告厅
4 客户经理室　5 主任办公室　6 大客户室

b 二层平面图

c 三层平面图

1 瑞典银行总部大楼

名称	主要技术指标	设计时间	设计单位
瑞典银行总部大楼	建筑面积43100m²	2006	3XN建筑师事务所

维尔纽斯的瑞典银行新办公总部大楼位于涅利斯河右岸，开放性和利民性是它的显著特点之一，内部步行街和一层流动空间也是城市公共空间的一部分

a 一层平面图　　b 二层平面图

c 地下一层平面图

1 现金区　2 非现金区　3 等候区
4 24小时自助银行　5 儿童区
6 客户经理室　7 VIP客户经理室
8 办公室　9 金库　10 值班室
11 卫生间

2 联合信贷银行某分行

名称	主要技术指标	设计时间	设计单位
联合信贷银行某分行	建筑面积776m²	2006	Kuadra建筑工作室

Kuadra建筑工作室的建筑师运用玻璃、金属、不锈钢等材料，创造出充满活力的空间，而在入口处摆放沙发和提供儿童区给孩子玩耍，则营造出家庭般的氛围

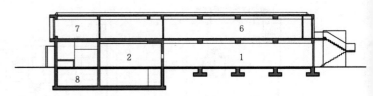

a 剖面图

1 营业厅　2 等候区　3 客户经理室
4 VIP客户经理室　5 餐厅
6 报告厅　7 会议室　8 金库

b 地下一层平面图

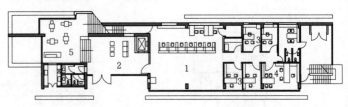

c 一层平面图

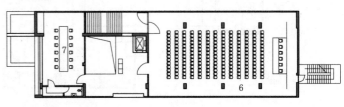

d 二层平面图

3 Synergasias合作银行

名称	主要技术指标	设计时间	设计单位
Synergasias合作银行	建筑面积1070m²	2010	Asma建筑师事务所

Asma为Synergasias合作银行建造的办公大楼，包含写字楼和会议设施。该建筑各功能围绕中庭成组排列，从其他活动中突出了银行功能

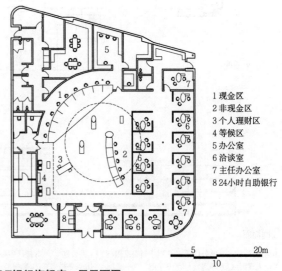

1 现金区
2 非现金区
3 个人理财区
4 等候区
5 办公室
6 洽谈室
7 主任办公室
8 24小时自助银行

4 M&T银行旗舰店一层平面图

项目名称	主要技术指标	设计时间	设计单位
M&T银行旗舰店	建筑面积996m²	2010	Asma建筑师事务所

M&T银行旗舰店位于纽约布法罗，它的两个面向街道的门面都是透明的，视觉上的开放性传达出银行的品牌和价值

实例 / 银行 [20] 金融建筑

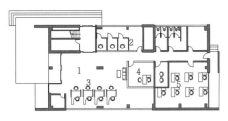
a 一层平面图

b 二层平面图

c 三层平面图

1 营业厅
2 现金区
3 非现金区
4 客户经理室
5 办公室
6 VIP客户经理室
7 会议室
8 员工宿舍

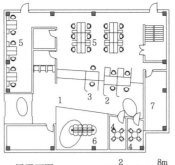
a 一层平面图

b 二层平面图

c 三层平面图

1 营业厅　2 现金区　3 非现金区　4 客户经理室
5 办公室　6 等候区　7 会议室　8 员工宿舍

a 一层平面图

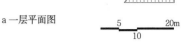
b 二层平面图

c 三层平面图

1 营业厅　2 现金区　3 非现金区　4 24小时自助银行
5 办公室　6 保管箱库　7 档案库　8 更衣室　9 等候区

1 圣保罗银行

名称	建设地点	建筑面积
圣保罗银行	罗马尼亚	785m²

圣保罗银行在两栋主楼之间形成很强的张力，一个建筑在石头上，另一个则被这个建筑支撑

2 巢鸭信用银行志村分行

名称	建设地点	建筑面积
巢鸭信用银行志村分行	日本东京	700m²

巢鸭信用银行志村分行一层设自动提款机、出纳窗口，二层包括办公室、会议室等，三层为更衣室

3 巢鸭信用银行池袋分行

名称	建设地点	建筑面积
巢鸭信用银行池袋分行	日本东京	734m²

巢鸭信用银行池袋分行的自动取款机和出纳窗口位于一楼，3个庭院联系上下3层，提供开放空间

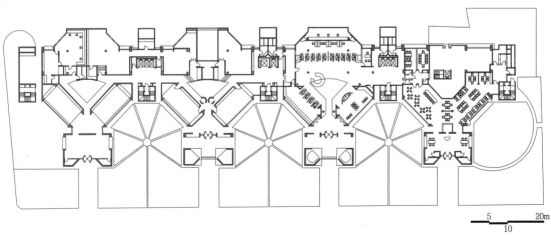

4 瑞士私营银行大楼一层平面图

名称	主要技术指标	设计时间	设计单位
瑞士私营银行大楼	建筑面积46154m²	1988	马里奥·博塔建筑设计事务所

瑞士私营银行大楼是马里奥·博塔的代表作之一，本项目被分成4个相对独立的部分，中间通过庭院相连，减少对周边现有建筑的压迫

金融建筑 [21] 非银行类金融建筑 / 概述

概述

非银行类金融机构是以发行股票和债券、接受信用委托、提供保险等形式筹集资金,并将所筹资金运用于长期性投资的金融机构,是指除商业银行和专业银行以外的所有金融机构。非银行类金融机构是随着金融资产多元化、金融业务专业化而产生的。

非银行类金融机构包括存款性金融机构和非存款性金融机构。存款性金融机构主要包含储蓄信贷协会、储蓄互助银行、信用合作社。非存款性金融机构包括金融控股公司、公募基金、养老基金、保险公司、证券公司、小额信贷公司等。

机构类型 表1

类型		定义
证券	证券公司	是专门从事有价证券买卖的法人企业,分为证券经营公司和证券登记公司。狭义的证券公司指证券经营公司,是经主管机关批准并到有关工商行政管理局领取营业执照后专门经营证券业务的机构。它具有证券交易资格,可以承销发行、自营买卖或自营兼代理买卖证券。普通投资人的证券投资都要通过证券公司进行
	证券交易所	是依据国家有关法律,经政府证券主管机关批准设立的集中进行证券交易的有形场所
期货	期货公司	是依法设立的、接受客户委托、以自己的名义为客户进行期货交易并收取交易手续费的中介组织,其交易结果由客户承担
	期货交易所	是买卖期货合约的场所,是期货市场的核心。我国大陆有4家期货交易所,分别为上海期货交易所、大连商品交易所、郑州商品交易所以及中国金融期货交易所
保险	保险公司	是销售保险合约、提供风险保障的公司,经中国保险监督管理机构批准设立,并依法登记注册的商业保险公司,包括直接保险公司和再保险公司
	保险公司营业部	是保险公司的对外窗口,是保险公司根据业务发展需要申请设立的分支机构
其他	基金公司	狭义上是指经证监会批准的、可以从事证券投资基金管理业务的基金管理公司。从广义来说,基金公司分公募基金公司和私募基金公司
	信托公司	是依法设立的主要经营信托业务的金融机构,是以信任委托为基础、以货币资金和实物财产的经营管理为形式,融资和融物相结合的多边信用行业。信托公司的主要种类有信托投资公司、信托银行、信托商、银行信托部等
	产权交易所	是固定地、有组织地进行产权转让的场所,是依法设立的、不以赢利为目的的法人组织。其业务包括股权交易,国有产权交易、知识产权交易等,不同产权交易所多有自己的特有业务
	合作金融	是社会经济中的某些个人或企业,为了改善自身的经济条件和获取便利的融资服务,按照合作经营原则设立的合作金融组织,为社员或入股者提供资金融通等服务。主要形式有农村信用合作社、城市信用合作社、劳动金库、邮政储蓄机构、储蓄信贷协会等
	财务公司	又称金融公司,是为企业技术改造、新产品开发及产品销售提供金融服务,以中长期金融业务为主的非银行类金融机构。中国的财务公司不是商业银行的附属机构,是隶属于大型集团的非银行类金融机构

选址原则

1. 总平面选址应符合城市整体规划要求,考虑到使用人群的易达性应临街设置。
2. 非银行类金融机构总部、交易所应选址于所在城市的金融中心区或中央商务区。
3. 营业部一般位于城市商业街道,可独立设置,也可和其他建筑组合在一起。
4. 非银行类金融机构总部、区域公司可以根据各自需求设置办公和营业地点。一般靠近主要街道,方便用户使用。

总平面设计

总平面设计原则 表2

建筑类型	设计原则
交易所	1.办公人员、其他工作人员和其他人员应有不同出入口和流线 2.出入口前应设置广场,满足大量人流集散的需求
营业部	1.一般以租赁店铺的形式与其他功能组合在一起,拥有独立出入口,多位于高层建筑的裙房 2.办公人员和交易客户应有不同出入口和流线 3.应设置足够的机动车与非机动车停车位
总部、区域公司	1.应有不少于2个通往城市道路的出入口,在主要出入口应设置尺度适当的广场,满足大量人流集散的需求 2.应设置足够的机动车与非机动车停车位,人车分流

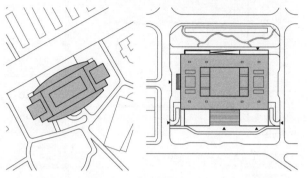

a 上海证券大厦总平面图　　　b 深圳证券交易所总部总平面图

1 非银行类金融机构总平面示例

布局形式

1. 交易所

交易所包括证券交易所、期货交易所,是一个国家或地区证券、期货等交易的核心场所。交易所一般位于高层建筑的裙房,与高层商务办公楼组合在一起。

2. 营业部

营业部包括证券营业部、期货营业部、邮政储蓄机构等。营业部多位于商业、办公等建筑的底层,独立成区,以营业厅为核心组织空间。这类建筑有柜面的现金出入,设计上可参考银行。保险公司营业部除此之外还需增加核赔和理赔柜台。

3. 总部、区域公司

总部、区域公司布局形式以单体或组团为主,设计上可参考办公建筑。

交易所布局形式 表3

类型	混合式A	混合式B
布局形式	塔楼/裙房	塔楼/裙房

营业部布局形式 表4

类型	营业部设置在裙房内	营业部设置在塔楼内
布局形式	塔楼/裙房/营业部	塔楼/营业部/裙房

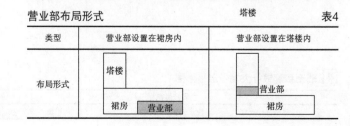

交易所

交易所的功能构成主要有入口接待、交易大厅、媒体中心、会议中心、服务办公、数据中心及后勤配套等。

交易所功能构成　　　　　　　　　　　　　　　表1

功能区	空间需求
入口接待	安保、疏导管理、对外租售（银行、商业等）
交易大厅	交易座席区、辅助办公、上市仪式区
媒体中心	新闻发布、新闻制播、传媒采访
会议中心	多功能会议厅、会议室、展览展示
服务办公	内部办公用房
数据中心	数据机房、技术中心
后勤配套	UPS机房、食堂、车库

交易所功能流线

1. 一般分为客户流线、VIP流线、后勤流线。
2. 公共入口与员工入口应分别设置，入口处设置安检，也可设置银行、纪念品商店等设施。
3. VIP入口应独立设置，且配有相应接待用房。
4. 后勤入口独立设置，靠近设备用房、后勤配套用房。

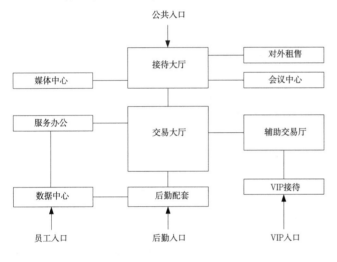

[1] 交易所功能流线示意图

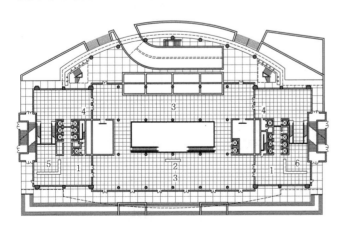

1 办公大堂　2 接待处　3 交易所大堂及参观廊　4 证券交易所入口　5 银行　6 邮局

[2] 上海证券交易大厦一层平面图

营业部

营业部的功能构成主要有入口接待、营业厅及后勤配套服务等。

营业部功能组成　　　　　　　　　　　　　　　表2

功能区	空间需求
入口接待	安保、疏导管理、对外服务区（银行、储蓄所、售卖区等）
营业厅	咨询开户委托交易区、委托交易区或自助交易区、散户大厅、中户室、大户室、贵宾室
后勤配套服务	会议接待、内部办公、机房

营业部功能流线

1. 一般分为客户流线、后勤流线。
2. 营业厅与后勤配套服务应在管理上相对独立，使用上联系便捷。

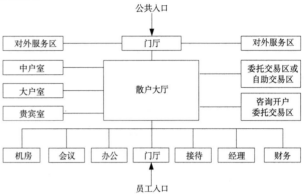

[3] 营业部功能流线示意图

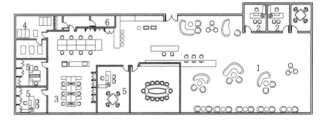

1 对外服务区　2 咨询开户委托交易区　3 自助交易区　4 资料室　5 内部办公　6 机房

[4] 某证券营业部平面图

总部、区域公司

总部、区域公司功能上除特有的交易和营业功能外，多以办公为主。流线上应将办公区域与营业区域分开设置。

其中保险公司总部、区域公司的首层通常设置营业部。保险类办公区域应合理设置管理区、洽谈区、客服区。

现有非银行类金融建筑总部、区域公司规模　　　表3

名称	占地面积（万m²）	建筑面积（万m²）	层高（m）	层数	大堂层高（m）	建筑高度（m）
上海证券交易所	—	10.4	3.5	27	8.5	109
上海期货大厦	0.91	8	3.4	37	5	140
深圳证券交易所总部	3.91	26	4.25	44	7.35	200
大连期货交易大厦	7.00	35	4.1	52	9.5	240
郑州商品交易所	—	6	4.2	28	8.4	120
中国钻石交易中心	0.64	4.98	4	14	—	68

交易所交易大厅

交易所交易大厅是以全球、全国或者各行政省份区划客户为目标的专业交易场所,外人不得进入,保证交易的顺畅进行。大厅布置形式通常采用岛式布置、中央大厅布置、长方形单边布置等。

随着近年来交易方式由传统交易模式向无纸化数字交易模式转变,新建交易所的交易大厅逐渐转变为上市大厅。

设计要点

1. 交易大厅为高大、开敞、无柱空间,空间布局中应充分考虑竖向交通流线与交易大厅视线的关系。

2. 交易大厅作为人员聚集场所,人员疏散宽度和距离均应严格按照国家相关消防规范设计。

3. 交易大厅可设置交易参观区域,使人们了解各类交易知识和信息。

交易大厅分类　　　　　　　　　　　　　　　　　　表1

分类	区域性交易大厅	中型交易大厅	小型交易大厅
定义	以全球、全国或大区性客户为目标的专业交易场所	以行政省份区划或大城市客户为目标的专业交易场所	为中小城市、大城市的局部区域或特定定制服务的客户群体服务的专业交易场所
面积	面积>1200m²	300m²<面积<1200m²	面积<300m²
人数	人数>600人	150人<人数<600人	人数<150人
布置形式	岛式服务、中央大厅布置	岛式服务、中央大厅布置、长方形单边布置	长方形单边布置

交易大厅空间组合特点　　　　　　　　　　　　　　表2

分类	剖面图示	案例	特点
交易大厅位于裙房中		郑州商品交易所	常见布局,功能排布及流线组织较为便捷
交易大厅位于抬高裙房中		深圳证券交易所总部	架空裙房,保障了大厅开敞空间的同时减小了占地面积
交易大厅位于塔楼中间		上海证券交易所	竖向交通核放在大厅两端,避免阻断大厅视线

注:图中灰色填充部分为交易大厅。

现有交易大厅规模　　　　　　　　　　　　　　　　表3

名称	面积(m²)	高度(m)	跨度(m)	人数
上海证券交易所交易大厅	3600	13	63	1810
上海期货大厦交易大厅	1600	14	34	680
深圳证券交易所总部交易大厅	1755	13	59	229
大连期货大厦交易大厅	886	5	36	336
郑州商品交易所交易大厅	900	8	60	200
纽约证券交易所交易大厅	1419	24	43	—

营业部营业厅

营业部营业厅呈多样化发展,由于一些小型营业部逐渐被新兴网点代替,因此营业厅面积大大减小,取消散户大厅,出现专门从事营销与服务的"精品营业部"。

设计要点

1. 营业厅根据其交易模式,营业厅的建筑布局以客户交易区和办公区为主,其中客户交易区分为散户大厅、中户室、大户室和贵宾室等。

2. 多以大型综合楼改建,进行内部划分和装修处理。底层多将门面转让只留出入门厅,以大型广告牌强调网点设置。

营业厅配套服务区设计要点　　　　　　　　　　　表4

分类	设计要点
服务区	1.设询问台、卫生间 2.可出售购买证券相关书籍、报刊、食品、饮料等
咨询开户委托交易区	1.设服务窗口 2.应优化流线组织,注重手续办理的方便、高效、安全性
散户大厅	1.设固定座位区、站立区及流动观看区 2.前方宜设置电子大屏幕 3.大厅平面宜采用大开间、大进深设计
委托交易区或自助交易区	1.服务窗口上部宜设大显示屏 2.宜临近观看区设置,方便交易 3.应注意使交易操作隐蔽,保证交易的时机性、高效性和保密安全性
中户室、大户室、贵宾室	1.平面尺度应根据实际需要满足不同使用需求,空间尺度灵活适宜,满足自然采光和通风 2.设置操作区、休息区(含卫生间) 3.室内灯光和色彩设计应根据不同使用空间进行差别设计,使空间属性更加明确

客户交易区面积要求　　　　　　　　　　　　　　表5

类型	散户大厅	中户室	大户室	贵宾室
人均面积(m²/人)	1.5~2	3.5~7	7~14	>14

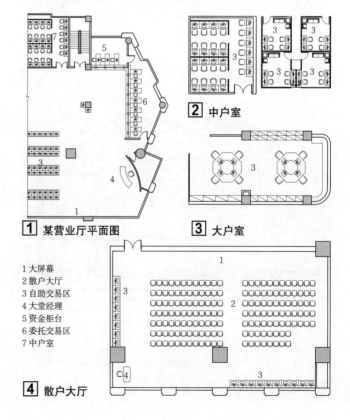

1 某营业厅平面图
2 中户室
3 大户室
4 散户大厅

1 大屏幕
2 散户大厅
3 自助交易区
4 大堂经理
5 资金柜台
6 委托交易区
7 中户室

实例 / 非银行类金融建筑 [24] 金融建筑

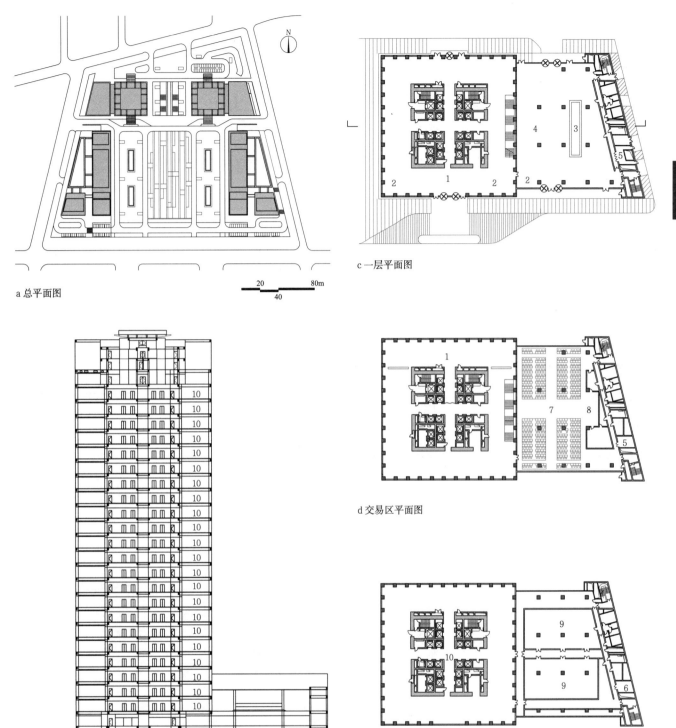

a 总平面图
b 剖面图
c 一层平面图
d 交易区平面图
e 数据处理中心平面

1 接待处　2 休息区　3 咖啡厅　4 展览展示　5 后勤区
6 设备区域　7 交易大厅　8 上市仪式区　9 数据机房　10 办公管理区域

1 大连期货交易大厦

名称	主要技术指标	设计时间	设计单位	
大连期货交易大厦	建筑面积350000m²	2013	华东建筑集团股份有限公司 华东建筑设计研究总院	该项目分为A、B两座，高240.4m，以中轴线对称布置。A、B座裙楼地上4层，其中A座设有交易大厅等设施，B座设有商店、餐厅等设施；A、B座塔楼地上53层，用于商务办公。塔楼顶部设置高级会所及观光等公用场所

金融建筑 [25] 非银行类金融建筑 / 实例

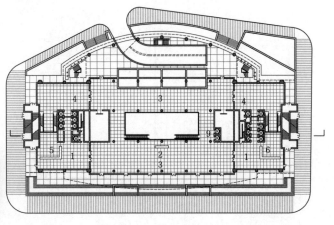

a 一层平面图

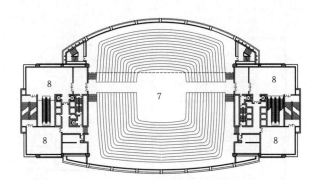

b 五层交易大厅平面图

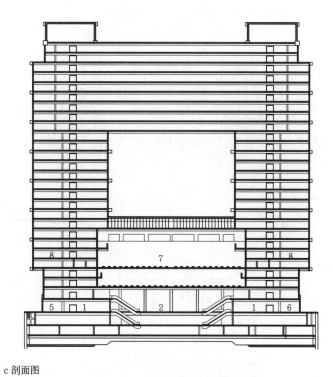

c 剖面图

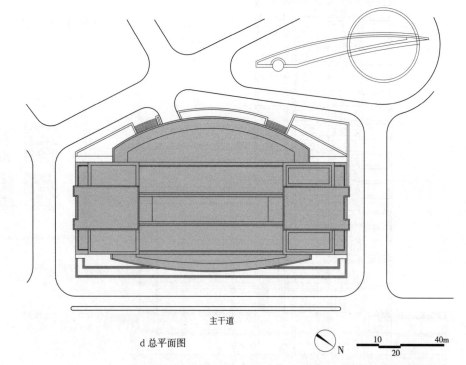

d 总平面图

1 办公大堂
2 接待处
3 交易所大堂及参观廊
4 证券交易所入口
5 银行
6 邮局
7 交易大厅
8 配套服务区

1 上海证券交易大厦

名称	主要技术指标	设计时间	设计单位	本项目主要功能为交易、办公，共27层。其中九层以下为上海证券交易所新址，上海证券交易所3600m² 的无柱交易大厅可提供1810个交易席位，能满足3000多位交易员同时交易
上海证券交易大厦	建筑面积104000m²	1997	加拿大WZMH建筑设计事务所	

实例 / 非银行类金融建筑 [26] 金融建筑

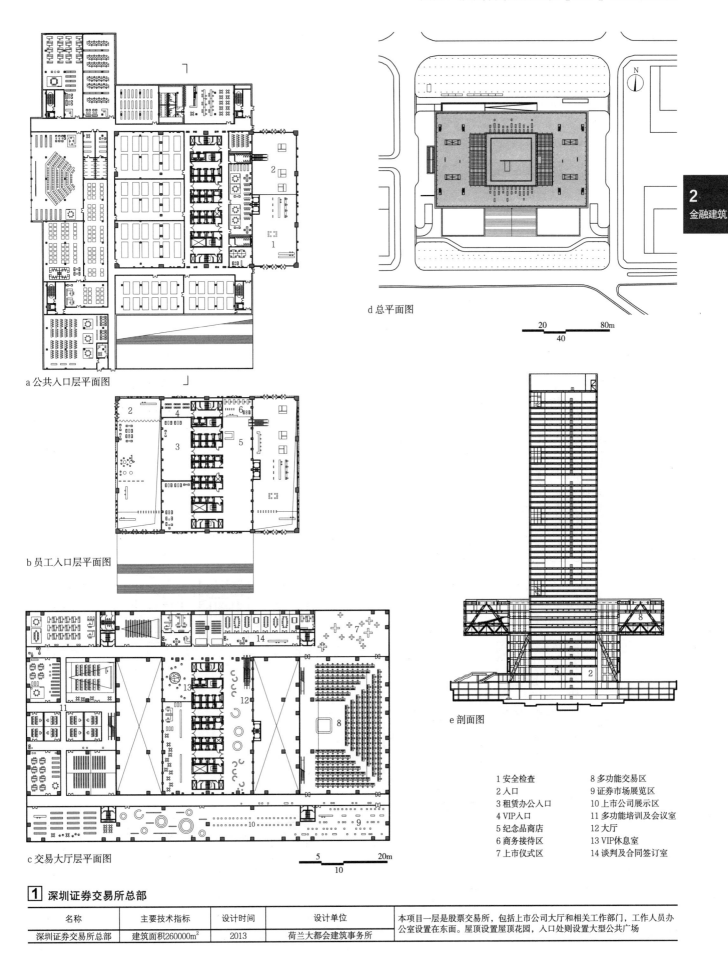

a 公共入口层平面图
b 员工入口层平面图
c 交易大厅层平面图
d 总平面图
e 剖面图

1 安全检查　　8 多功能交易区
2 入口　　　　9 证券市场展览区
3 租赁办公入口　10 上市公司展示区
4 VIP入口　　 11 多功能培训及会议室
5 纪念品商店　 12 大厅
6 商务接待区　 13 VIP休息室
7 上市仪式区　 14 谈判及合同签订室

1 深圳证券交易所总部

名称	主要技术指标	设计时间	设计单位	本项目一层是股非交易所，包括上市公司大厅和相关工作部门，工作人员办公室设置在东面。屋顶设置屋顶花园，入口处则设置大型公共广场
深圳证券交易所总部	建筑面积260000m²	2013	荷兰大都会建筑事务所	

金融建筑 [27] 金融业务支持类建筑 / 概述

概述

金融业务支持类建筑主要是指为金融行业信息化业务提供业务处理的工作场所。它们是随着金融业信息化、科技化、现代化的发展，金融业务的不断扩展而迅速发展的。金融业务支持类建筑的大量增加推动了金融科技产业园区的兴起。

总体设计

1. 建筑基地的选择应符合所在城市总体规划的要求，基地应选择在工程地质和水文地质较好、市政设施相对完善的有利地区。

2. 金融科技产业园区外部交通组织应与城市公共交通设施有机结合，以满足园区工作人员上下班需求。

3. 应遵循近期建设规模与远期发展协调一致的原则，满足信息科技和业务发展的需要。

4. 根据建设规模及基地条件，采用园区内相对独立的规划手法，以满足园区建筑与周边环境的安全性要求。

5. 各业务功能区应合理划分，做到既分区管理又方便联系。

6. 总体设计应充分考虑设备房间及设备管井的综合布局，节省管线长度，有效提高管线综合利用，节约投资。

金融业务支持类建筑的系统构成　　表1

建筑类型		主要使用功能
数据处理中心		银行业务信息化处理的数据机房及与之配套的监控、管理、维护办公用房、设备用房
业务处理中心	银行信贷业务	集中化、流程化银行信贷业务处理的办公用房
	信用卡审批业务	信用卡企业审批业务处理的办公用房
	银行业务研发	银行业务研发的办公用房
	信用卡业务开发	信用卡企业业务开发的办公用房
客户服务中心	银行客户服务	银行与客户间电信服务的办公用房
	信用卡客户服务	信用卡企业与客户间电信服务的办公用房
其他配套设施	培训中心	为业务处理中心、客户服务中心及银行企业提供业务培训及住宿等的场所
	餐厅	为园区人员提供就餐的场所
	档案中心	档案库房、介质库房
	能源中心	园区配套的动力用房

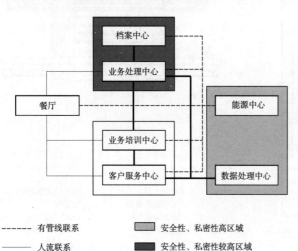

[1] 园区功能流线图

总平面布局示例

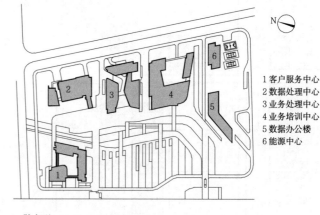

a 散点型

1 客户服务中心
2 数据处理中心
3 业务处理中心
4 业务培训中心
5 数据办公楼
6 能源中心

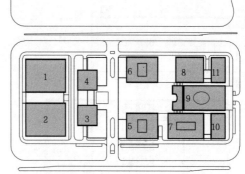

b 安全性分区型

1 能源中心
2 数据处理中心
3 信用卡中心
4 信息中心
5 客户服务中心
6 运营中心
7 餐厅及活动中心
8 档案中心
9 会议中心
10 业务培训住宿
11 业务培训中心

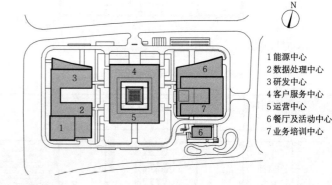

c 组团分区型

1 能源中心
2 数据处理中心
3 研发中心
4 客户服务中心
5 运营中心
6 餐厅及活动中心
7 业务培训中心

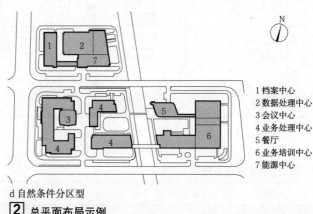

d 自然条件分区型

1 档案中心
2 数据处理中心
3 会议中心
4 业务处理中心
5 餐厅
6 业务培训中心
7 能源中心

[2] 总平面布局示例

业务处理中心 / 金融业务支持类建筑 [28] 金融建筑

概述

业务处理中心包括银行业务信贷审批办公楼、信用卡征信业务审批办公楼、银行业务研发办公楼及信用卡业务开发办公楼，都属于智能化、信息类办公建筑的范畴。

总体设计

1. 一般规模较大，人员密集，多为高层或超高层建筑。考虑到其对城市空间的影响，一般是金融科技产业园区的标志性办公建筑。
2. 从办公人员流线的组织考虑，业务处理中心人流密集，且上下班时间人群集聚度高，因此门前应设有较大的集散空间。
3. 建筑周边应有良好的景观环境，改善办公人员工作心情，提高工作效率。

建筑设计与设备要求

1. 各业务功能应合理区分，做到既分区管理又方便联系。
2. 业务处理中心主要是以大开间办公为主，建筑平面设计采用单元式、模数化的设计手法，通过设置100~150mm高的网络地板，满足综合布线需求，达到智能化办公的目标。
3. 电气设计要求采用两路电源进线，并设有不间断电源系统及自备柴油发电机系统。
4. 通过建筑设计的自然采光、通风及弱电智能化控制系统的设计，达到建筑环保节能目标。
5. 业务处理中心设有测试机房、介质库房等数据处理机房，其电气、空调、消防等设计要求按数据处理机房的B级标准执行。

办公空间

技术指标要求　　　　　　　　　　　　　　　　　　　表1

业务部门	人均建筑面积（m²）	人均使用面积（m²）
审批业务办公	26~30	16~20
研发业务办公	20~25	12~15

注：独立变配电室、能源中心、测试机房、档案库房及介质库房、餐厅、倒班宿舍、会议培训中心、汽车库、人防设施等用房面积另行计算。

办公空间家具布局方式　　　　　　　　　　　　　　表2

空间组合形式		特征
序列型		以排列式为主；适合于班组式办公模式
组团排列型		以小办公组团排列布置；适合于研发类业务办公
相互交流型		以工作办公桌与讨论区相互结合组成排列空间；适合于业务讨论需求较多的研发类办公

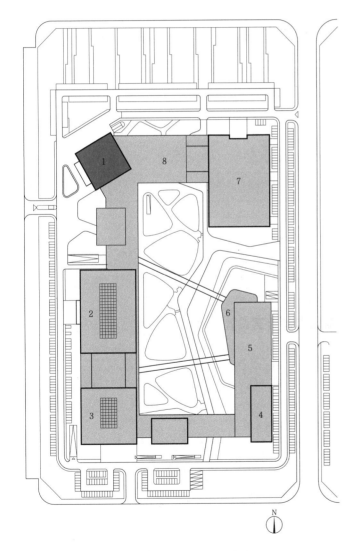

1 业务处理中心　2 电子银行业务办公中心　3 客服中心　4 宿舍
5 综合管理服务中心　6 员工食堂　7 跨区档案库　8 动力中心

1 某银行园区总体布局

金融建筑 [29] 金融业务支持类建筑 / 业务处理中心

功能构成

金融业务支持类建筑业务处理中心根据金融行业自身办公特点,在功能上应以单元式办公空间为核心,来确定具体功能排布方式。

平面上主要由单元式办公空间、一类辅助空间、二类辅助空间及交通空间共同组成。

这种功能布置方式在满足基本办公需求的基础上,研发、业务开发类办公与信贷、业务审批类办公的部分功能用房略有不同。

平面空间组成　　　　　　　　　　　　　　　　　　表1

空间类型	主要房间
单元式办公空间	工作区、讨论区、管理区及配套文印间、档案室等
一类辅助空间	卫生间、茶水间、设备支持间（强、弱电间、网络间、新风间等）
二类辅助空间	查阅室、源码室、开发机房以及机房维护间等
交通空间	一层门厅（兼展示厅）、楼、电梯间及前室等

流线组织

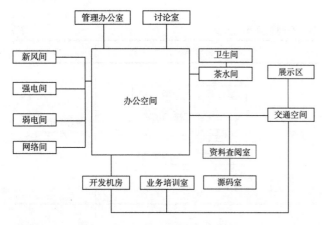

[1] 研发办公楼或业务开发办公楼功能关系图

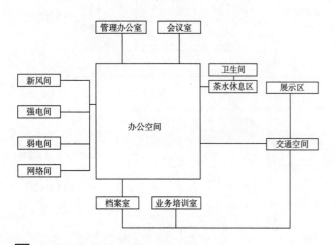

[2] 信贷审批或业务审批办公楼功能关系图

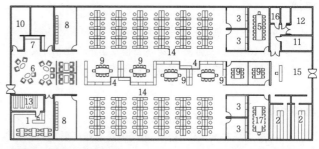

a 研发办公区单元式平面图一

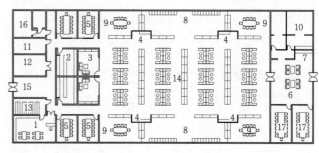

b 研发办公区单元式平面图二

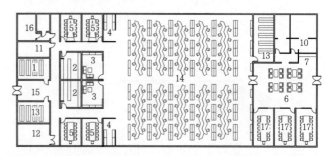

c 审批办公区单元式平面图

1 查阅室　2 更衣室　3 经理室　4 文印室　5 会议室　6 休息区　7 茶水间
8 测试间　9 讨论室　10 卫生间　11 网络间　12 新风间　13 源码室　14 办公区
15 门厅　16 设备间　17 业务培训室

[3] 平面布置示意图

信用卡制卡室设计要点

1. 应区别于业务处理中心办公功能,独立成区。
2. 围护墙为钢筋混凝土墙。
3. 消防采用气体灭火系统。

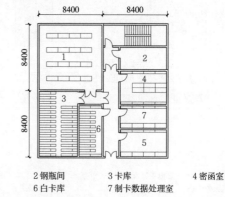

1 制卡操作室　2 钢瓶间　3 卡库　4 密函室
5 退件处理室　6 白卡库　7 制卡数据处理室

[4] 信用卡制卡室平面示意图

业务处理中心 / 金融业务支持类建筑 [30] 金融建筑

2 金融建筑

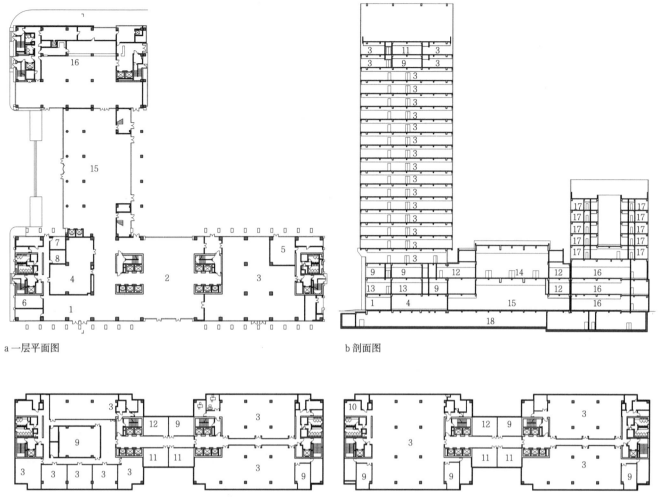

a 一层平面图　　b 剖面图

c 标准层平面图一　　d 标准层平面图一

1 招聘门厅　2 业务楼大堂　3 办公区　4 变配电间　5 安保消控室　6 物业办公　7 收发室　8 招聘室　9 会议室
10 茶歇区　11 接待室　12 休息室　13 培训室　14 多功能厅　15 入口大厅　16 食堂　17 宿舍　18 地下车库

1 扬州某银行金融服务中心

名称	主要技术指标	设计时间	设计单位	该项目为业务办公楼，业务办公区采用细胞单元式业务办公区的布置形式，以更好地使密集的办公人员得到分流，有效解决大开间办公之间的相互影响
扬州某银行金融服务中心	建筑面积67742m²	2012	同济大学建筑设计研究院（集团）有限公司	

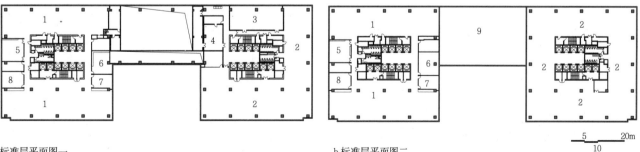

a 标准层平面图一　　b 标准层平面图二

1 呼叫人员办公区　2 技术测试人员办公区　3 自助测试设备终端区　4 监控中心　5 休息间　6 更衣室　7 会议室　8 监控室　9 空中庭院

2 广东某金融中心信用卡中心及信息中心

名称	主要技术指标	设计时间	设计单位	该项目为业务办公楼，采用相对独立的大开间办公的布置形式，以满足不同部门的业务办公需求
广东某金融中心信用卡中心及信息中心	建筑面积81358m²	2010	同济大学建筑设计研究院（集团）有限公司	

金融建筑 [31] 金融业务支持类建筑 / 客户服务中心

总体设计

1. 从工作人员的工作时间、密集度等方面考虑，客户服务中心具有瞬间较大人流量的特点，因此在总体布置上应考虑其相对独立性，且应离园区出入口较近，便于人员及时疏散。

2. 采用标准化、单元化、模块化的建筑设计手法，可有效解决座席区、监听区、管理区、精神调节区、班组培训会议区、公共交通区及支持设备间（强、弱电间，网络设备间，新风间等）空间的组合，达到便于管理、有效分流人流的目的。

3. 客服中心因其具有工作时间连续性、工作人员上下班时间不一致的特点，应专为其配备上岗培训室、工作人员专用更衣间、专用餐厅及倒班宿舍等辅助设施。

设计要求

1. 柱网设计以开间8.4m×8.4m为主，按座席人员数及其工作组团情况等分析，一般设计进深在3m×8.4m较为适宜。

2. 座席区主要是以大开间办公为主，由于其采用电子化办公模式，所以在办公区内需要综合布线，一般采用设置150~200mm高的网络地板，通过网络地板下部走线的形式，满足办公空间布置的可变性、灵活性。因此座席区的层高不宜小于4.2m。

3. 家具尺寸一般为1.5m×1.3m，最小不宜小于1.2m×1.1m，且应有效分隔。

4. 应使用吸声材料，以降低相邻座席间声音干扰，提高工作质量。

5. 应采用单元化平面形式，合理地使用流线，避免相互干扰，以利于人流分离及管理，提高工作效率。

6. 有条件情况下宜采用室内侧向中庭，并充分利用自然通风，组织空气自然对流，有利于人员密集的座席区空气流通，改善室内微循环气候，保证工作人员的身心健康。

7. 若采用室内侧向中庭，可使座席区与外界保持一定距离，有效隔离外界噪声对座席区的影响。同时又避免室外眩光对计算机屏幕的影响。

8. 建筑周边应具有良好的景观环境，减轻客服工作人员因单调、枯燥的工作造成的工作压力。

流线组织

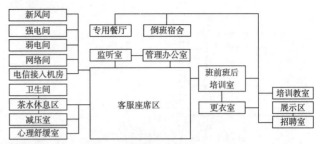

2 银行业务客服中心功能流线关系图

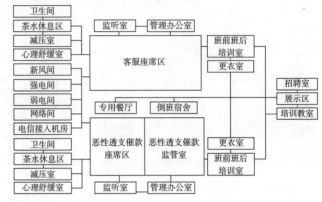

3 信用卡业务客户服务中心功能流线关系图

功能构成

平面空间组成　　　　　　　　　　　　　　　　　表1

空间类型	主要房间
办公空间	工作区、讨论区、管理区及配套文印间、档案室等
一类辅助空间	卫生间、茶水区、设备支持间（强、弱电间，网络接入间，新风间等）
二类辅助空间	包括查阅资料室、源码室、开发机房以及机房维护间等
交通空间	一层门厅（兼展示厅）、楼电梯间及前室等

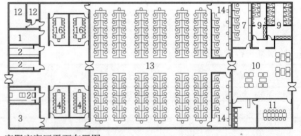

a 客服座席区平面布置图

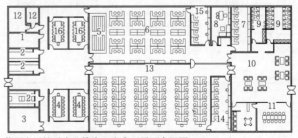

b 信用卡恶性透支监管中心座席区平面布置图

1 网络间　2 更衣室　3 新风间　4 班前班后培训室　5 档案室　6 处理室　7 管理室
8 经理室　9 卫生间　10 休息室　11 心理舒缓室　12 强、弱电间　13 客服座席区
14 监听室　15 监控室　16 会议室

4 客户服务中心座席区平面布置图

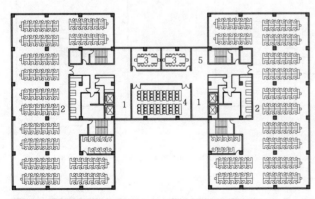

1 电梯厅　2 开敞办公　3 会议室　4 培训教室　5 茶水休息区

1 客户服务中心平面示意图

客户服务中心 / 金融业务支持类建筑 [32] 金融建筑

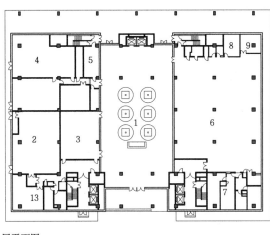
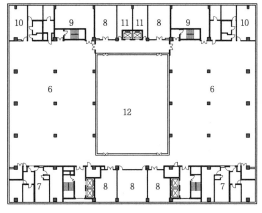

a 一层平面图　　　　b 标准层平面图

1 中庭
2 档案库
3 培训室
4 变电所
5 消控室
6 办公区
7 更衣室
8 会议室
9 茶水间
10 主管办公
11 档案室
12 内院
13 空调机房

1 广东某金融中心营运中心

名称	主要技术指标	设计时间	设计单位	该项目采用单元化大开间的布置形式，以解决客服坐席人员密集性的问题，倒班会议室、卫生间及茶水间、更衣间等分设在座席区两侧，便于管理与使用
广东某金融中心营运中心	建筑面积25473m²	2010	同济大学建筑设计研究院（集团）有限公司	

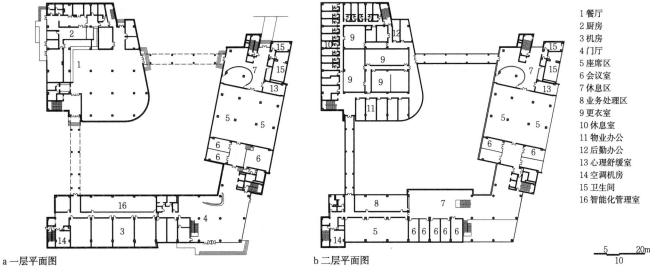

a 一层平面图　　　　b 二层平面图

1 客服办公区
2 情绪调节室
3 培训室
4 室内阳台
5 入口门厅
6 强电间
7 弱电间
8 会议室
9 更衣室
10 空调机房

2 安徽某银行客服中心

名称	主要技术指标	设计时间	设计单位	该项目对各作业功能区进行模数化、单元化组合设计，使用空间和辅助空间相对分离。各功能区空间形态规则，主要使用空间南向面阔较大，充分利用自然通风、采光以减少能耗
安徽某银行客服中心	建筑面积141679m²	2004	华东建筑集团股份有限公司 上海建筑设计研究院有限公司	

a 一层平面图　　　　b 二层平面图

1 餐厅
2 厨房
3 机房
4 门厅
5 座席区
6 会议室
7 休息区
8 业务处理区
9 更衣室
10 休息室
11 物业办公
12 后勤办公
13 心理舒缓室
14 空调机房
15 卫生间
16 智能化管理室

3 上海某银行客服中心

名称	主要技术指标	设计时间	设计单位	该项目将客服处理中心、行政中心、员工后勤餐饮中心三个独立部分合理地联系在一起，形成环境优美、空间舒适、流线顺畅的办公建筑组团
上海某银行客服中心	建筑面积17244m²	2004	同济大学建筑设计研究院（集团）有限公司	

金融建筑 [33] 金融业务支持类建筑／数据处理中心

概述

为满足计算机系统安全、稳定、可靠的运行,保障机房内工作人员身心健康,数据处理中心机房设计应具备技术先进、经济合理、安全适用、节能环保的特点。

数据处理中心分类　　　　　　　　　　　　　　　　表1

分类		定位
按建设规模	独立式数据处理中心	机房规模较大,安全等级高,基础配套设施全
	附建式数据处理中心	机房规模较小,安全等级较高,基础配套设施较全
按运营管理模式	自用型数据处理中心	以独立使用及管理为主
	商租型数据处理中心	以租赁机房及自主专业管理为主
按机房IT数据设备功率密度要求	普通密度数据处理中心	平均1kVA/m²
	中高密度数据处理中心	平均1kVA/m²~4kVA/m²
	超高密度数据处理中心	大于4kVA/m²

安全等级

基于安全和成本考虑,按照中心机房功能要求和重要程度对其进行分级管理,分为4级。

安全等级分类　　　　　　　　　　　　　　　　　　表2

安全等级	场地设施要求	适用范围
AA级	配置具有较强的容错能力,在系统运行期间,场地设施不应因操作失误、设备故障、外电源中断、维护检修而导致信息系统运行中断	数据处理主中心 数据备份中心
A级	具有较高的冗余能力,在系统运行期间,场地设施在冗余能力范围内,不应因为设备故障、外电源中断而导致信息系统运行中断	银行研发楼 银行业务处理楼
B级	具有一定的冗余能力,在系统运行期间,场地设施在冗余能力范围内,不应因设备故障、外电源中断而导致信息系统运行中断	银行办公网络设备机房
C级	按基本需求配置,在场地设施正常工作情况下能保证信息系统运行不中断	普通办公网络设备机房

注:1. 数据中心分级是根据国标《电子信息系统机房设计规范》GB 50174与国际主流标准UI(Uptime Institute)和TIA(美国通信工业协会)(4版)之间差异做出对比,整理而成,是现行银行业普遍采用的参考标准。
2. 数据机房部分中的表格是在此分级基础上,参照这两份标准进行比对后做出的。

选址要求　　　　　　　　　　　　　　　　　　　　表3

选址要求	AA级	A级	B级	C级
电力供给稳定可靠,交通、通信便捷,自然环境清洁	应具备	应具备	应具备	应具备
远离产生粉尘、有害气体以及生产或具有腐蚀性物品的场所——垃圾堆场或化工厂中的危险区域	不应≤400m	不应≤400m	—	—
远离易燃、易爆物品的场所——军火库	不应≤1600m	不应≤1600m	不宜≤1600m	—
距离停车场	不宜≤20m	不宜≤10m	—	—
远离强振源距离——铁路或高速公路	不应≤800m	不应≤100m	—	—
远离强噪声源距离——飞机场	不应≤8000m	不应≤1600m	—	—
避开强电磁场的干扰距离——核电站的危险区	不应≤1600m	不应≤1600m	不宜≤1600m	—
有可能发生洪水的地区	不应	不应	不宜	不宜
地震断层附近或有滑坡危险区	不应	不应	不宜	不宜
高犯罪率的地区	不宜	不宜	—	—

功能关系

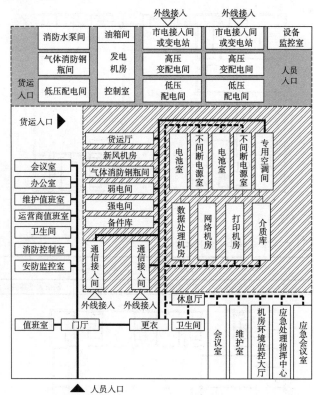

a 普通密度、安全等级高的数据处理中心功能关系图

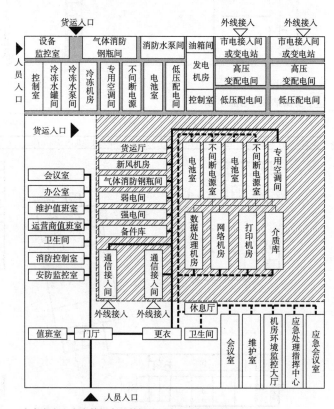

b 中高密度、安全等级高的数据处理中心功能关系图

▨ 机房（无人）区　　■ 动力支持区　　□ 维护管理区
--- 数据设备维护人员流线　　— 设备维护人员流线

1 中高密度、安全等级高的数据处理中心功能关系图

平面布局

1. 平面布置应按功能分区、使用流程与环境要求等综合考虑，做到交通流线清晰、便捷、顺畅，并避免无关人员直接进入机房区。
2. 按计算机电子信息系统与工作流程，将一类辅助设备用房（专用精密空调间，UPS及电池间）紧邻电子信息机房布置，并注意相互有所隔离。将二类辅助设备用房（强、弱配电间，空调新风间，消防气体钢瓶间，备件库等）按使用流程相对集中，可靠近或围绕电子信息机房布置。
3. 基本动力设备用房应尽量靠近电子信息机房，以缩短管线、减少能耗。但必须注意相互有所隔离，减少振动、噪声干扰。
4. 有架空地板的房间宜相对集中、邻接布置，便于楼地面处理。
5. 软、硬件维护人员办公室与数据机房间都有紧密联系，相互间既可直接联系，又需相对独立，宜分开布置。
6. 大、中型数据处理机房宜设单独人员及货运出入口。应避免人流、物流交叉，并分别设置客梯及货梯。
7. 数据处理中心宜设门厅、休息室和值班室。人员入口处宜设安检区。
8. AA及A级机房内机房管理人员的流线与设备检修人员的流线不宜交叉。

空间布局类型　　　表1

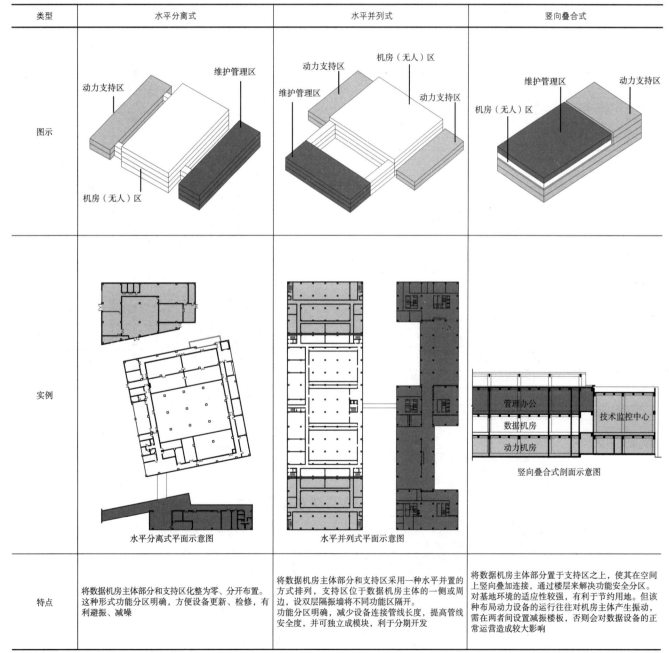

金融建筑 [35] 金融业务支持类建筑 / 数据处理中心

设计细则

防火要求 表1

项目 \ 级别	AA级	A级	B级	C级
耐火等级	不应低于一级		不应低于二级	
主机房与其他部位之间隔墙的耐火极限	不低于2小时			
主机房与其他部位之间隔墙上门的耐火极限	甲级防火门			
面积大于100m²的机房	安全出口不应少于2个且应分散布置,间距不小于5m。门应向疏散方向开启,且能自动关闭,并应保证在任何情况下都能从机房内开启			
机房内各区域安全出口	安全出口应和逃生通道连通且保持畅通,并有明显的疏散指示标志			
防火墙和变形缝	风管不宜穿过防火墙和变形缝;必须穿过时,应在穿过防火墙和变形缝处设置防火阀;防火阀应具有手动和自动开启关闭功能			
洁净气体灭火系统	应配备,并应配置专用空气呼吸器或氧气呼吸器			
高压细水雾灭火系统	发电机机房、机房走道等应设置			
自动喷淋灭火系统	新风机房、冷冻机房、维护办公等应设置			
火灾报警系统	应设置			

保温要求 表2

项目 \ 级别	AA级	A级	B级	C级
主机房	不宜设置外窗		可设置双层固定窗,并应有良好气密性	
不间断电源系统电池室	不宜设置外窗		设有外窗时应避免阳光直射	
机房隔墙	采取必要的保温措施			
机房楼板或地面	采取保温措施			
围护结构	宜采取防结露措施			

防水要求 表3

项目 \ 级别	AA级	A级	B级	C级
主机房内水管	与主机房无关的给排水管、雨水管不得穿越		与主机房无关的给排水管、雨水管不宜穿越	
主机房与精密空调间之间的地面	应根据不同的空调系统设不低于100~300mm的混凝土挡水槛,且应采取防止水漫溢和渗漏措施			
机房地面防潮	地面面层宜配筋,潮湿地区面层下应做防潮构造层			
建筑屋面	防水等级应为Ⅰ级			
卫生间	机房区域内不应设卫生间			
专用空调间空调系统的冷凝水排放	应当采取防漏措施。空调地板下方应设置防水围堰,并做好防水,围堰周围应设置漏水检测线(围堰高度不低于5cm),防水围堰地面应设置地漏以利于冷凝水的排放			
主机房区地面	应设置排水(地漏)系统		可根据实际情况设置	
强制排水设备	因为实际环境情况限制,在存在有严重漏水和积水隐患的区域,应该安装强制排水设备		—	
设置漏水报警系统	主机房区及精密空调间地面应设漏水报警系统			

室内装修要求 表4

主机房、第一类辅助设备用房	1.机房墙壁和顶棚表面应平整、光滑、不起尘,避免眩光,并减少凹凸积尘面,便于除尘。 2.机房活动地板下的地面和四壁装饰面层均应选择不起尘、不易积灰、易清洁的饰面材料,并根据需要采用防静电措施。 3.装饰材料应选用气密性好、不起尘、易清洁、符合环保要求,在温度和湿度变化作用下变形小、具有表面静电耗散性能的难燃材料。 4.当采用轻质构造顶棚时,宜设置检修通道或检修口
第二类辅助设备用房	1.室内装修应选用不起尘、易清洁的难燃材料。墙壁和顶棚表面应平整,减少积尘面。地面材料应耐磨、易除尘、防静电。 2.室内顶棚上安装的灯具、风口、火灾探测报警器及气体灭火喷头以及墙上的各种箱盒等设施应协调布置,做到整齐美观。 3.机房内各种管线宜暗敷,当管线穿楼板时宜设技术竖井。 4.机房室内色彩宜淡雅柔和,有清新宁静的效果,不宜用大面积强烈色彩

门、窗要求 表5

房间类别		占地面积 宽×高(mm)	门禁系统	机械锁	备注
主机房	数据设备机房	1800×2400	★/▲		不允许设对外窗户
	网络机房	1800×2400	▲		
	磁带机房	1800×2400	▲		
	打印机房	1800×2400	▲		
第一类辅助设备用房	专用空调间	1800×2400	●		可设对外窗户,但应采取防渗、遮阳、排风措施
	不间断电源室(UPS)	1800×2400	●		
	蓄电池间	1800×2400	●		
第二类辅助设备用房	新风机房	1800×2400	●		
	强电配电间	1200×2400	●		
	弱电配电间	1200×2400	●		
	气体钢瓶间	1200×2400	●		
	电信运营商接入间	1500×2400	●		
	维护走廊	1800×2400	●		
支持类用房	变压器室	3000×3600			
		1200×2400	●(内门)		
	高压配电室	2400×3000	●		
	低压配电室	2400×3000	●		
	发电机室	3000×3600		■(外门)	
		1800×3000	●(内门)		
	消防设备室	1500×3600		■(外门)	
		1500×3000	●(内门)		
	冷冻机房	3000×3600		■(外门)	可设对外窗户,但应采取防渗、遮阳、排风措施
		1500×3000	●(内门)		
	储冷罐间	3000×3600		■(外门)	
		1500×3000	●(内门)		
	水泵间	1500×2400	●		
	冷冻机控制室	1500×2400	●		
	不间断电源室(UPS)	1800×2400	●		
	蓄电池间	1800×2400	●		
	安全监控室	1500×2400	●		
	消防控制室	1500×2400	●		
	卫生间	1000×2400	●		
	维护走廊	2100×3000	●		
管理类用房	环境监控室	1800×2400	●		不允许设置对外窗户。当必须设置对外窗户时,应采取防渗、遮阳、排风措施
	紧急处理室	1500×2400	●		
	会议室	1500×2400	●		
	硬件维护室	1000×2400	●		
	更衣换鞋室	1000×2400	●		
	休息室(厅)	1800×2400	●		
	卫生间	1000×2400	●		

注:1. 门禁系统形式:★—掌纹型;▲—指纹型;●—刷卡型;■—加机械锁。
2. 上表的门洞尺寸为最小尺寸。

人员净化要求

数据机房部分房间对于进出人员有净化要求,要求人员进出应换一次性鞋套的房间有:

1. 主机房;
2. 精密空调间;
3. 环境监控室;
4. 不间断电源室(UPS);
5. 蓄电池间。

数据机房

数据机房应根据系统运行特点及设备具体要求确定其组成，一般由主机房、辅助设备用房、支持类用房和管理类用房等功能区组成。

数据机房组成　　　　　　　　　　　　　　　　　　表1

房间类别	功能及房间
主机房	数据设备机房、网络机房、磁带机房、打印机房等
第一类辅助设备用房	专用空调间、不间断电源室（UPS）、蓄电池间等安装场地
第二类辅助设备用房	新风机房，强、弱电配电间，气体钢瓶间及电信运营商接入间等
支持类用房	变压器室、高低压配电室、发电机室、消防设备室、空调设备室（冷冻机房、储冷罐间、水泵间、控制室、不间断电源（UPS）、蓄电池间）、安全监控室、消防控制室、卫生间等
管理类用房	环境监控室、紧急处理室、会议室、硬件维护室、更衣换鞋室、休息室、缓冲间及卫生间等

数据机房设计要求

1. 建筑平面和空间布局应具有灵活性，并应满足数据机房的工艺要求。

2. 主机房净高应根据机柜高度及通风要求确定，且不宜小于2.6m。

3. 变形缝不应穿过数据机房。

4. 主机房和辅助用房不应布置在用水区域的房间下，不应与振动和电磁干扰源为邻。

5. 围护结构的材料选型应满足保温、隔热、防火、防潮、少产尘等要求。

6. 设有技术夹层和技术夹道的机房，建筑设计应满足各种设备和管线的安装和维护要求。当管线需穿越楼板层时，宜设置技术竖井。

数据机房面积确定方法

主机房的使用面积应根据电子信息设备的数量、外形尺寸和布置方式等确定，并应根据情况预留今后业务发展需要的使用面积。

数据机房面积确定方法　　　　　　　　　　　　　　表3

确定条件	确定方法	
	在电子信息设备已确定规格的情况下	在电子信息设备未确定规格的情况下
在电子信息设备外形不完全掌握的情况下	$A=K\sum S$ 式中： A—电子信息系统主机房使用面积（m^2） K—系数，取值为5~7 S—电子设备的投影面积（m^2）	$A=KN$ 式中： A—电子信息系统主机房使用面积（m^2） K—单台设备占地面积，取值为3.5~5.5（m^2/台） N—计算机主机房内所有设备的总台数（台）
在电子信息设备外形完全掌握的情况下	1.主机房内机柜数； 2.单机平均功率密度不低于2.4kVA； 3.机柜投影面积不低于主机房总面积的15%； 4.辅助区的面积宜为主机房面积的0.2~1倍	

数据机房使用面积要求　　　　　　　　　　　　　　表4

等级	AA级	A级	B级	C级	备注
主机房面积	≤400m^2	≤300m^2	≈100m^2	≈30m^2	数据机房单间面积大小应根据专用空调送风距离，以及气体消防管线限长和气体灭火单元立方体积的限制等因素综合决定
支持区面积	根据计算机设备用电量、精密空调的用电量及精密空调系统等情况而定，一般为主机房面积的0.3~0.5倍			≈30m^2	如配置发电机，则发电机机房面积根据实际情况确定
辅助区面积	根据计算机设备的用电量、计算机设备的发热量及精密空调系统的不同等情况而定，一般为主机房面积的0.2~1倍				—

注：数据机房面积根据表3计算确定。

主机房区与辅助设备用房的布局类型　　　　　　　　　　　　　　　　　　　　　　　　　　　　　　　　　　　　表2

类型	环廊内胆式	双侧廊道式	中间廊道式	单侧廊道式
示意图				
图例	□ 机房无人区　▨ 第一类辅助设备用房　■ 第二类辅助设备用房　▧ 维护走廊区及垂直交通 1 疏散交通区　2 通信接入间　3 弱电间　4 强电间　5 气体钢瓶间　6 新风机房　7 专用空调机房　8 不间断电源间　9 电池间　10 主机房　11 备件间			
特点	将主机房与外部环境通过维护环廊完全隔离，四角设垂直交通空间。有利于消防疏散，避免外部环境对机房内环境的温湿度影响，又避免走暗廊，提高安全保障性能，有利于节能	由环廊内胆式布局变化而来，双侧为维护走廊，垂直交通空间设于维护环廊的两端，另两侧为精密空调间。不利于维护廊间相互联系，且紧密空调间有一面对外，对立面设计有一定限制	为双侧廊道式平面的改进形式，将机房空间置于中廊两侧，中廊两端设垂直交通，减小交通空间占用面积	机房一侧设维护廊，另一侧为精密空调间。设备维修需经过机房到达
适用	一般用于规模较大、安全性较高的AA、A级机房	一般用于规模较小、场地较紧的机房布局	一般用于模块化、精密空调为风冷式的普通密度机房	一般用于机房场地受限、安全等级不高的B、C级机房

注：主机房区与辅助设备用房的布局是指主机房区与第一类辅助设备用房及第二类辅助设备用房的关系。

监控区设计要求

1. 监控区是由监控大厅、会议室、维护间、应急处理指挥室（平时可兼外来参观区）、工间休息区等组成。

2. 监控大厅需要较高大空间，一般面宽不小于18m，室内净高不小于7m。室内地坪采用防静电架空地板，有利于综合布线，并呈台阶式布置。

3. 应急指挥中心一般设在监控大厅座席区后的二层，便于直接观察监控大厅内大屏幕，有利于组织指挥处理突发事故。

监控区流线组织

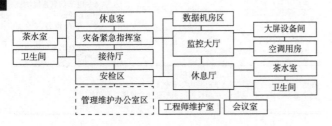

1 监控区流线组织示意图

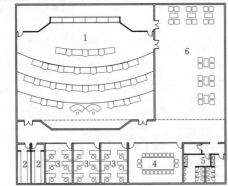

a 机房环境监控区平面图

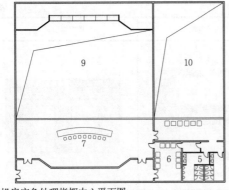

b 机房应急处理指挥中心平面图

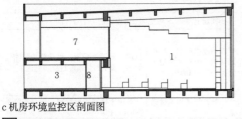

c 机房环境监控区剖面图

1 监控大厅　2 更衣室　3 维护室　4 会议室　5 卫生间　6 休息区　7 应急指挥中心　8 走廊　9 监控大厅上空　10 休息区上空

2 监控区布置图

数据机房围护结构安全要求

1. AA级、A级和B级机房UPS区与机房主体区域之间应用实墙隔离。

2. 机房外墙应具备防外力破坏的强度，以防止外部撞击等破坏造成机房及计算机设备损坏。

3. 机房应有防鼠害、防虫害措施。门窗、墙壁、顶棚、楼地面的构造和施工缝隙，均应采取密闭措施，并且禁止在已经完成装饰的机房墙上开洞或钻孔。

结构抗震要求　　　　　表1

项目	AA级	A级	B级	C级
抗震设计等级	≥乙级	≥丙级	≥丙级	≥丙级
	应按当地抗震烈度设防，并按提高抗震设防烈度1度采取抗震措施		—	—

结构荷载取值　　　　　表2

项目（kN/m²）	AA级	A级	B级	C级	备注
主机房区活荷载标准值	8~10 组合值系数=0.9 频率值系数=0.9 估永久值系数=0.8				根据机柜的摆放密度确定荷载值
主机房区吊挂荷载	1.2				
不间断电源系统室活荷载机标值	8~10				
电源室活荷载标准值	16~20				蓄电池组双列4层摆放
监控中心活荷载标准值	6				
钢瓶间活荷载标准值	8				
电磁屏蔽室活荷载标准值	8~10				

数据机房柱网设计

1. 数据机房平面柱网尺寸应根据其机房的安全等级及选择制冷设备和消防系统的类型，结合数据机柜的尺寸间距要求，经比选后确定。

2. 结合常规数据机柜尺寸及间距，主机房可采用开间8.4~9m、进深8.4~9.6m的柱网。

3. 支持区设备机房可采用开间10.8~12m、进深9.6~12m的柱网。

4. 机房环境监控大厅可采用大开间、大跨度柱网，一般采用开间16.8~18m、进深19.2~25.2m的柱网，且净高应不小于7m。

主机房高度要求　　　　　表3

名称	用途	净高度（mm）	备注
顶棚夹层高	送（或回）风静压箱	600~700	—
主机房有效高度	气流组织要求的最小高度500~800mm	2600~3000	
	机柜上布线时	3200	
架空地板高度	兼作静压箱	500~900	风冷式空调取下限500mm；水冷式空调取上限900mm
	不作静压箱	200	

数据机房设计要求

1. 设备布置应满足机房管理，人员操作和安全，设备和物料运输，设备散热、安装和维护的要求。

2. 产生尘埃及废物的设备应远离对尘埃敏感的设备，并宜设独立隔间。

3. 当机柜内或机架上为前进风、后出风方式冷却时，机柜或机架的布置应采用面对面和背对背的方式。机柜或机架面对面布置形成冷风通道，背对背布置形成热风通道。

4. 中高密度机房平面布局通常采用双侧设置精密空调间及冷通道封闭。

数据机房内通道及设备间距离要求　　表1

类型	通道宽度或设备间距（m）
运输设备通道	≥1.5
面对面布置机柜或机架	≥1.5
背对背布置机柜或机架	≥1.0
机柜侧面距墙	≥0.5
需维修测试的设备机柜距墙	≥1.2
成行排列的机柜长度	≤6.0

数据机房出入口要求　　表2

项目	要求
机房出入口间距离（L）	5m≤L≤15m
出入口宽度	≥1.0m
大于100㎡的房间出入口数	≥2个

数据机房内设备布置

1. 专用空调送风形式为地板送风，空调系统为风冷式，且综合布线为下布线时，地板最小架空高度取下限500mm；空调间与机房间的挡水槛高度取下限100mm。

2. 专用空调送风形式为地板送风，空调系统为水冷式，且综合布线为下布线时，地板最小架空高度取上限900mm；空调间与机房间的挡水槛高度取上限300mm。

3. 当受原有老结构限制时，机房区净高可取下限2600mm；当机柜上综合布线时，机房区净高可取上限3200m。

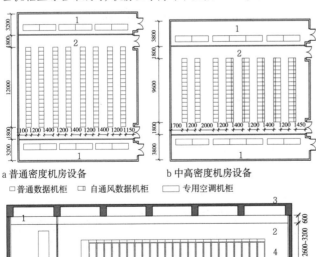

a 普通密度机房设备　　b 中高密度机房设备
□ 普通数据机柜　□ 自通风数据机柜　■ 专用空调机柜

c 机房机柜剖面
1 专用空调机区　2 主机房区　3 回风道　4 底板送风道

1 数据机房内设备布置图

数据机房环境要求

1. 数据机房设备密度大、发热量大，需达到一定环境温湿度范围和空气清洁度，其系统才能可靠、安全运行。

2. 机房环境温度超过允许范围时，数据设备工作不稳定，易出故障；温度过低则造成能量浪费，引起设备表面结露。

3. 机房相对湿度过高，则易产生金属材料氧化腐蚀、接触不良、易结露；过于干燥，易产生静电干扰，影响数据处理及设备的正常工作。

4. 数据处理设备易积灰且不易清除，灰尘积聚将使电子线路受损，产生数据错误和引起数据设备不稳定。

机房温度、相对湿度要求　　表3

项目		级别	AA级	A级	B级	C级
			全年			
数据机房	温度	开机	23±1℃		18~28℃	
		停机	5~35℃		5~35℃	
	相对湿度	开机	40%~55%		35%~75%	
		停机	40%~70%		20%~80%	
一类辅助区	温度	开机	18%~28℃		18~28℃	
		停机	5~35℃		5~35℃	
	相对湿度	开机	35%~75%		35%~75%	
		停机	20%~80%		20%~80%	
电池室	温度		15~25℃		15~25℃	
	相对湿度		35%~75%		35%~75%	
温度变化率			<5℃/h 不得结露		10℃/h 不得结露	

机房环境空气清洁度　　表4

项目	级别	AA级	A级	B级
粒径（μm）		≥0.5	≥0.5	≥0.5
空气含尘浓度（粒/L）		≤3500	≤10000	≤18000

注：主机房空气清洁度不应低于B级。

数据处理设备工作环境参数　　表5

项目	1级、2级		NEBS	
	允许值	推荐值	允许值	推荐值
温度控制范围	15~32℃（1级）	20~25℃	5~40℃	18~27℃
	10~35℃（2级）			
最大温度变化速率	5K/h	—	30K/h	—
相对湿度控制范围	20%~80%	40%~55%	5%~85%	≤55%
	最高露点17℃（1级）	—	最高露点28℃	—
	最高露点21℃（2级）			
空气过滤效率	65%（≥30%）	—	≥85%	—
	—	MERV11（≥MERV8）	—	MERV13

注：1. 1级为能严格控制环境参数（露点温度、干球温度和相对湿度）及执行重要任务的数据通信环境。此工作环境所对应的数据处理设备主要是企业服务器和企业存储设备等。

2. 2级为环境参数（露点温度、干球温度和相对湿度）能进行某种程度控制的数据通信环境。此工作环境所对应的数据处理设备主要是小型服务器、存储设备、个人计算机及工作站。

3. NEBS为环境参数（露点温度、干球温度和相对湿度）进行某种程度控制的数据通信环境。按此环境要求设计的产品类型包括开关、传输设备、路由器等。

4. 标准摘自美国供热制冷空调工程师学会（ASHRAE）出版的系列丛书《数据处理环境热工指南》中数据中心分级（1~4级）所对应的环境要求；《ASHRAE手册2007年版应用篇》中提到"网络设备—建筑系统（NEBS）级"。

金融建筑 [39] 金融业务支持类建筑 / 数据处理中心

精密空调设计要点

1. 应符合运行可靠、经济适用、节能和环保的原则。
2. 空调系统的选择应根据机房的等级、机房的建筑条件、设备的发热量等综合考虑。
3. 必须满足24小时连续工作，并满足气温降至-15℃时，仍能运行及停电后能自动启动要求。
4. 空调备份方式AA级机房采用N+X模式（X≥1），A、B级机房宜采用N+1模式（N为基本需求）。

数据机房精密空调系统形式选择　　　　　　　　　　表1

空调类型		数据设备功率密度		
	功率密度	普通密度	中高密度	高密度
精密空调系统形式	南方	风冷式	水冷式	水冷式
	北方	水冷式	水冷式	水冷式

精密空调环境要求

1. 主机房区应维持正压。主机房区与其他区域、走廊的压差不宜小于5Pa，与室外静压差不宜小于10Pa。
2. 空调系统的新风量应取下列两项中的较大值：
   （1）按工作人员人数计算，每人40m³/h；
   （2）维持室内正压所需新风量。
3. 主机房内空调系统用循环机组时宜设置初效过滤器或中效过滤器。新风系统或全空气系统应设置初效过滤器或中效过滤器，也可设置亚高效空气过滤器。末级过滤装置宜设置在正压端。
4. 设有新风系统的机房，在保证室内外一定压差的情况下，送风应保持平衡。
5. 打印机房等易对空气造成二次污染的房间，对空调系统应采取防止污染物随气流进入其他房间的措施。
6. 电子信息设备和其他设备的散热量应按产品的技术数据进行计算。
7. 机房空调系统夏季的冷负荷应包含：
   （1）机房内设备的散热；
   （2）建筑围护结构的传热；
   （3）通过外窗进入的太阳辐射热；
   （4）人体散热；
   （5）照明装置散热；
   （6）新风负荷；
   （7）伴随各种散湿过程产生的潜热。
8. 空调系统湿负荷应包括下列内容：
   （1）人体散湿；
   （2）新风负荷。

气流组织

主机房区精密空调系统的气流组织，应根据设备本身的冷却方式、位置、密度、散热量、室内风速、防尘、噪声等要求，并结合建筑条件综合考虑。冷气流（送风）和热气流（回风）需有独立风道。

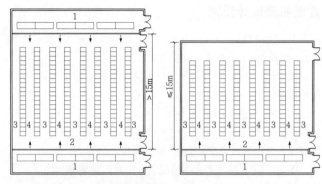

1 专用空调机房区　2 主机房　3 热通道　4 冷通道

1 数据机房机柜空调气流组织平面示意图

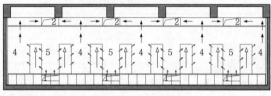

a 普通密度机房下送上回式气流分析示意图

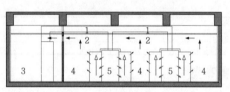

b 普通密度机房侧送上回式气流分析示意图

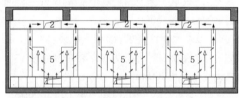

c 中高密度机房下送上回式（带回风管机柜）气流分析示意图

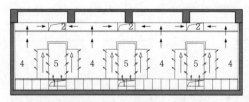

d 中高密度机房下送上回式（隔离冷、热通道）气流分析示意图

1 送风道　2 回风口　3 专用空调机房　4 热通道　5 冷通道

2 机房气流分析示意图

机房气流组织、送回风口形式及送回风温差　　　　　表2

气流组织	送风口	回风口	送回风温差
下送上回	1.带可调多叶阀的格栅风口 2.条形风口（带有条形风口的活动地板） 3.孔板	1.格栅风口 2.百叶风口 3.网板风口 4.其他风口	4～6℃ （送风温度高于室内空气露点温度）
上送（或侧送）上回	1.散流器 2.带扩散板风口 3.孔板 4.百叶风口 5.格栅风口	1.格栅风口 2.百叶风口 3.网板风口 4.其他风口	4～6℃
侧送侧回	1.百叶风口 2.格栅风口		6～8℃

电气设计要求

供配电设计要求 表1

等级	AA级	A级	B级	C级
供电电源	两个电源供电 两个电源不应同时受到损坏		两线路供电	两线路供电
变压器	M(1+1)冗余 (M=1、2、3……)		N	N
	用电容量较大时设置专用电力变压器供电			

发电机设计要求 表2

项目\等级	AA级	A级	B级	C级
后备柴油发电机系统	N或N+X冗余 (X=1~N)	N (供电电源不能满足时)	不间断电源系统的供电时间满足信息存储要求时可不设置柴油发电机	—
后备柴油发电机基本容量	应包括不间断电源系统的基本容量、空调和制冷设备的基本容量,应急照明和消防等涉及生命安全的负荷容量		—	—
柴油发电机燃料存储量	72小时	24小时	—	—

不间断电源UPS系统设计要求 表3

项目\等级	AA级	A级	B级	C级
不间断电源系统配置	N或M(N+1)冗余 (M=2、3、4……)	N+X (X=1~N)	N+1	N
不间断电源系统电池备用时间	4小时柴油发电机作为后备电源时	2小时柴油发电机作为后备电源时	2小时柴油发电机作为后备电源时	根据实际需要确定
空调系统配电	双路电源末端切换(至少一路为应急电源)。采用放射式配电系统	双路电源末端切换。采用放射式配电系统	采用放射式配电系统	—

照明设计要求

1. 主机房和辅助区内的主要照明光源应采用高效、节能的荧光灯,灯具应采用分区、分组的控制措施。
2. 数据机房内不应采用0类灯具;当采用I类灯具时,灯具的供电线路应有保护线,保护线应与金属灯具外壳做电气连接。
3. 数据机房内照明线路宜穿钢管暗敷或吊顶内穿钢管明敷。
4. 机房内的照明应分为工作照明和应急照明两类。工作照明断电后应急照明应能自动启动。

数据机房一般照明的照度标准 表4

房间名称		照度标准值(lx)	备注
主机房	服务器设备区	500	1.工作区域内一般照明的照明均匀度不应小于0.7,非工作区域内的一般照明照度值不宜低于工作区域内一般照明照度值的1/3。 2.数据机房和辅助区应设置备用照明,备用照明的照度值不应低于一般照明照度值的10%;有人值守的房间,备用照明的照度值不应低于一般照明照度值的50%。 3.设置通道疏散照明及疏散指示标志灯,数据机房内通道疏散照明的照度值不应低于5lx,其他区域通道疏散照明的照度值不应低于0.5lx
	网络设备区	500	
	存储设备区	500	
辅助区	进线间	300	
	监控中心	500	
	测试区	500	
	打印室	500	
	备件库	300	

数据机房室内一般照明对直接眩光限值标准 表5

房间名称		统一炫光值 UGR	一般显色指数 Ra	备注
主机房	服务器设备区	22	80	视觉作业保护措施: 1.视觉作业不宜处在照明光源与眼睛形成的镜面反射角上; 2.宜采用发光表面积大、亮度低、光扩散性能好的灯具; 3.视觉作业环境内宜采用低光泽的表面材料
	网络设备区	22		
	存储设备区	22		
辅助区	进线间	25		
	监控中心	19		
	测试区	19		
	打印室	19		
	备件库	22		

静电防护设计要求

1. 数据机房和辅助设备用房的地板或地面应有静电泄放措施和接地构造,且应具有防火、环保、耐污耐磨性能。
2. 数据机房和辅助设备用房不使用防静电活动地板的房间可铺设防静电地面,其静电耗能性能应长期稳定且不起尘。
3. 数据机房内所有设备的金属外壳、各类金属管道、金属线槽、建筑物金属结构等必须进行等电位联结并接地。
4. 静电接地的连接线应有足够的机械强度和化学稳定性,宜采用焊接或压接。当采用导电胶与接地导体粘接时,其接触面积不宜小于29cm^2。
5. 主机房和辅助设备用房的地板或地面应具有防火、环保、耐污、耐磨性能,具有静电泄放措施和接地构造,防静电地板或地面的表面电阻或体积电阻应为$2.5×10^4$~$1.0×10^9Ω$。

噪声、电磁干扰、振动及静电电位要求 表6

项目	环境要求	备注
噪声	≤65dB(A)	有人值守的主机房和辅助区
无线电干扰场强	≤126dB	干扰频率为0.15~1000MHz时
电磁干扰	≤800A/m	主机房和辅助区内
振动加速度	设备停机时≤500mm/s^2	主机房地板表面垂直和水平向
绝缘体的静电电位	≤1kV	主机房和辅助区内

安全防范系统设计要求

1. 安全防范系统宜由视频安防监控系统、入侵报警系统和出入口控制系统组成,各系统之间应具备联动控制功能。
2. 紧急情况时,出入口控制系统应能接受相关系统的联动控制而自动释放电子锁。

安全防范系统基本技术要求 表7

项目\等级	AA级	A级	B级	C级
发电机室 变配电室 不间断电源系统室 动力站房	出入控制(识读设备采用读卡器)、视频监控	入侵探测器	机械锁	—
紧急出口	推杆锁、视频视监控中心连锁报警		推杆锁	
监控中心	出入控制(识读设备采用读卡器)、视频监控			
安防设备间	出入控制(识读设备采用读卡器)	入侵探测器	机械锁	机械锁
主机房区出入口	出入控制(识读设备采用读卡器)或人体生物特征识别、视频监控	出入控制(识读设备采用读卡器)视频监控		
主机房区内	视频监控			
建筑物周围和停车场	视频监控			

数据机房综合布线设计要求

1. 机房布线系统与公用电信业务网络互联时,接口配线设备的端口数量和缆线的敷设路由应根据机房的安全等级,并在保证网络出口安全的前提下确定。

2. 缆线采用线槽或桥架敷设时,线槽或桥架的高度不宜大于150mm,线槽或桥架的安装位置应与建筑装饰、电气、空调、消防等协调一致。

综合布线技术要求   表1

等级 项目	AA级	A级	B级	C级	备注
承担信息业务传输介质	光缆或六类以上对绞电缆采用1+1冗余	光缆或六类以上对绞电缆采用3+1冗余	≥6个信息点	根据实际情况而定	表中所列为1个工作区的信息点
主机房区信息点配置	≥12个信息点(冗余信息点应为总信息点的1/2)	≥8个信息点(冗余信息点应为总信息点的1/4)	≥6个信息点	根据实际情况而定	
支持区信息点配置	≥4个信息点	≥4个信息点	≥2个信息点	—	
采用实时智能管理系统	宜	可	可	可	
线缆标识系统	应在线缆两端(及特别长的电缆中间)打上标签				配电电缆也应采用线缆标识系统
通信缆线防火等级	应采用CMP级电缆、OFNP或OFCP级光缆	宜采用CMP级电缆、OFNP或OFCP级光缆	宜采用CMP级电缆、OFNP或OFCP级光缆	宜采用CMP级电缆、OFNP或OFCP级光缆	可采用同级的其他电缆、光缆
公共电信配线网络接口	≥2个	2个	1个	—	

防雷与接地设计要求

1. 数据机房的防雷和接地设计,应满足人身安全及数据处理系统正常运行的要求,并应符合现行国家标准《建筑物防雷设计规范》GB 50057和《建筑物电子信息系统防雷技术规范》GB 50534的有关规定。

2. 保护性接地和功能性接地宜共用1组接地装置,其接地电阻应按其中最小值确定。

3. 对功能性接地有特殊要求需单独设置接地线的数据处理设备,接地线应与其他接地线绝缘;供电线路与接地线宜同路径敷设。

4. 数据机房内的数据处理设备应进行等电位联结,等电位联结方式应根据数据处理设备易受干扰的频率及机房安全等级和规模确定。可采用S、M型或SM混合型。

5. 采用M型或SM混合型等电位联结方式时,数据机房应设等电位联结网格,网格四周应设置等电位联结带,并应通过等电位联结导体将等电位联结带就近与接地汇流排、各类金属管道、金属线槽、建筑物金属结构等进行连接。每台数据处理设备应采用2根不同长度的等电位联结导体就近与等电位联结网连接。

6. 等电位联结网格应采用截面积不小于25mm²的铜带或裸铜线,并应在防静电活动地板下构成边长为0.6~3m的矩形网格。

防雷与接地技术要求   表2

部位	防雷与接地形式	材料	最小截面积(mm²)
数据机房建筑	利用建筑内钢筋做接地线	钢	50
数据处理设备	等电位联结带	铜	50
	等电位联结导体(从等电位联结带至接地汇流排或其他等电位联结带;各接地汇流排之间)	铜	16
	等电位联结导体(从机房内各金属装置至等电位联结带或接地汇流排;从机柜至等电位联结网格)	铜	6
	单独设置的接地线	铜	25

电磁屏蔽室设计要求

1. 数据机房应设置电磁屏蔽室或采取其他电磁泄漏防护措施,电磁屏蔽室的性能指标应按国家现行有关标准执行。

2. 对于环境要求达不到机房电磁干扰规定的频率及场强的机房,应采取电磁屏蔽措施。

3. 结构形式和相关的屏蔽件应根据电磁屏蔽室的性能指标和规模选择。

4. 设有电磁屏蔽室的数据机房,建筑结构应满足屏蔽结构对荷载的要求。

5. 与建筑(结构)墙之间宜预留维修通道或维修口。

6. 接地宜采用共用接地装置和单独接地线的形式。

结构形式   表3

| 结构形式
类型 | 可拆卸 | 焊接式 | | 屏蔽材料 | 备注 |
		自撑式	直贴式		
建筑面积小于50m²或日后需搬迁	宜	—	—		
建筑面积大于50m²且电场屏蔽衰减指标大于120dB	—	宜	—		
电场屏蔽衰减指标大于60dB	—	—	宜	镀锌钢板	钢板的厚度应根据屏蔽性能指标确定
电场屏蔽衰减指标大于25dB	—	—	宜	金属丝网	金属丝网的目数应根据被屏蔽信号的波长确定

屏蔽件要求   表4

类型	形式	选用要求
屏蔽门	旋转式	一般情况下,宜采用旋转式屏蔽门
	移动式	当场地条件受限时,可采用移动式屏蔽门
滤波器	电源滤波器	规格、供电方式和数量应根据电磁屏蔽室内设备的用电情况确定
	信号滤波器	规格、数量应根据电磁屏蔽室内设备的用电情况确定
网络线	光缆	光缆不应带有金属加强芯
	屏蔽缆线	—
波导管	等边六边形波导管	用于截止波导通风窗时,通风窗的截面积应根据室内换气次数进行计算
	波导管	用于非金属材料穿过屏蔽层时,截面积尺寸和长度应满足电磁屏蔽的性能要求

数据机房监控系统设计要求

1. 数据机房应设置环境和设备监控系统及安全防范系统，各系统的设计应根据机房的安全等级，按现行国家标准《安全防范工程技术规范》GB 50348和《智能建筑设计标准》GB/T 50314以及下表的要求执行。

2. 环境和设备监控系统宜采用集散或分布式网络结构。系统应易于扩展和维护，并应具备显示、记录、控制、报警、分析和提示功能。

3. 环境和设备监控系统、安全防范系统可设置在同一个监控中心内，各系统供电电源应可靠，宜采用独立不间断电源系统供电，当采用集中不间断电源供电时，应单独回路配电。

4. 检测和控制主机房及辅助区的空气质量，应确保环境满足电子信息设备的运行要求。主机房和辅助区内有可能发生水患的部位应设置漏水检测和报警装置；强制排水设备的运行状态应纳入监控系统；进入主机房的水管应分别加装电动和手动阀门。

5. 机房专用空调、柴油发电机、不间断电源系统等设备自身应配监控系统，监控的主要参数宜纳入设备监控系统，通信协议应满足设备监控系统的要求。

监控系统基本技术要求　　　　　　　　　　　　　　　　表1

项目＼等级	AA级	A级	B级	C级	备注
空气质量	含尘浓度	含尘浓度	—	—	在线定期检测
机房温、湿度	检测温度、相对湿度、压差	检测温度、相对湿度	检测温度、相对湿度	检测温度、相对湿度	在线检测或通过数据接口介入参数
漏水检测报警	装设漏水感应器			根据需要选择	
强制排水设备	设备的运行状态			根据需要选择	
集中空调系统、新风系统、动力系统	设备有限状态、滤网压差			根据需要选择	
供配电系统、电能质量	开关状态、电源、电压、有功功率、功率因数、谐波含量			根据需要选择	
机房专用空调系统	状态参数：开关、制冷、加热、加湿除湿。报警参数：温度、相对湿度、传感器故障、压缩机压力、加湿器水位、风量			根据需要选择	
不间断电源系统	输入和输出功率：电压、频率、电流、功率因数、负荷率、电池输入电压、电流容量、同步/不同步状态、不间断电源系统/旁路供电系统、市电故障、不间断电源系统故障			—	
柴油发电机系统	油箱（罐）油位、柴油机转速、输出功率、频率、电压、功率因数			—	
系统集中监控	应留有接收下级分行监控数据的接口	应留有向总行传送监控数据和接收下级分行监控数据的接口	应留有向上级传递监控数据的接口		
主机集中控制系统	采用KVM切换系统			根据需要选择	
门禁系统	采用视频监控系统			根据需要选择	—

机房消防设计要求

1. 根据机房的安全等级设置相应的灭火系统，并应按现行国家标准《建筑设计防火规范》GB 50016和《气体灭火系统设计规范》GB 50370要求执行。

2. 机房的主机房、设备间应设置洁净气体灭火系统。

3. 辅助区的维护走廊、监控室或监控中心应设高压细水雾灭火系统或自动喷水灭火系统，且自动喷水灭火系统宜采用预作用系统。

4. 气体灭火系统的灭火剂及设施应采用经消防检测部门检测合格的产品。

5. 自动喷水系统的喷水强度、作用面积等设计参数，应按现行国家标准《自动喷水灭火系统设计规范》GB 50084的有关规定执行。

6. 机房内设置手提灭火器应符合现行国家标准《建筑灭火器配置设计规范》GB 50140的有关规定。且灭火剂不应对数据处理设备造成污渍损坏。

消防设计基本技术要求　　　　　　　　　　　　　　　　表2

区域及类型		等级 AA级	A级	B级	C级	备注
机房	气体灭火系统	应	应	应	应	数据机房、网络机房、磁带机房、打印机房
一类辅助区	气体灭火系统	应	应	应	应	不间断电源及电池间（UPS）专用空调间
二类辅助区	高压细水雾系统	可	可	可	可	电信运营商接入间、强弱电间、新风机房、气体消防钢瓶间
支持类用房	气体灭火系统	可	可	可	可	变压器室、高低压配电室、不间断电源及电池间（UPS）
	高压细水雾系统	应	应	应	可	发电机室、监控室、消防控制室、空调设备控制室
	自动喷水灭火系统	应	应	应	应	消防设备室、冷冻机房、储冷罐间、水泵间、卫生间
管理类用房	高压细水雾系统	应	应	应	应	环境监控室、紧急处理室、休息室、硬件维护室、会议室
	自动喷水灭火系统	应	应	应	应	更衣间、换鞋间、缓冲间、卫生间

机房火灾报警系统的设计要求

1. 样孔布置在通风系统的回风格栅处，或从探测区域回来的气流集中处。

2. 采样管安装在风机过滤网的前端。

3. 每个采样孔的最大保护回风口不应大于0.36m³。

4. 单台探测报警器最大保护回风口不应大于45m²。

烟雾探测报警系统主要技术指标　　　　　　　　　　　　表3

系统灵敏度指标（K=探测报警器灵敏度×实际孔数）	适用场所	必备条件
K<0.5%obs/m	1.换气次数≥20次/h的场所 2.采用回风探测系统的场所 3.AA级、A级、B级、C级保护对象	1.探测报警器采用激光技术 2.采用绝对烟雾浓度探测技术 3.每台探测报警器允许采样孔数量不宜超过100个
0.5%obs/m≤K<2%obs/m	A级、B级、C级保护对象	每台探测报警器允许采样孔数量不宜超过40个

金融建筑 [43] 金融业务支持类建筑 / 数据处理中心

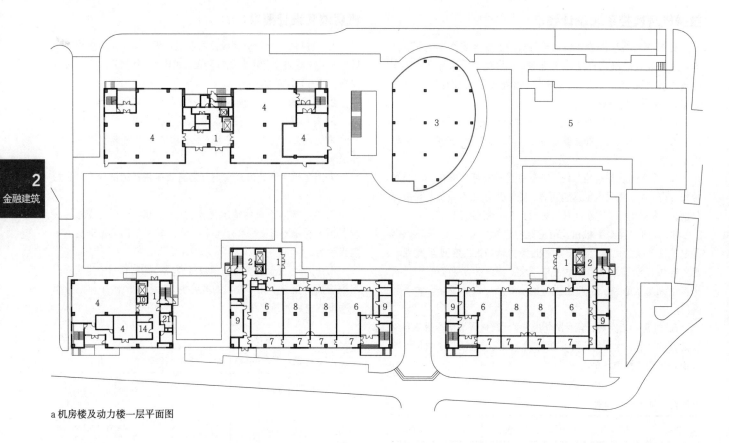

a 机房楼及动力楼一层平面图

b 机房楼二层平面图

1 门厅　　2 电梯厅　　3 园区餐厅　　4 设备用房　　5 园区发电机组及变配电用房　　6 UPS配电室　　7 精密空调间　　8 电池室　　9 UPS间　　10 弱电间　　11 强电间
12 工作通道　　13 网络间　　14 更衣室　　15 数据机房　　16 连廊　　17 操作间　　18 冷冻水管井　　19 气体钢瓶间　　20 总控中心　　21 卫生间　　22 技术支持区

1 上海某数据处理机房及动力楼

名称	主要技术指标	设计时间	设计单位	
上海某数据处理机房及动力楼	建筑面积51054m²	2010	同济大学建筑设计研究院（集团）有限公司	该项目属AA级机房，采用独立式、高密度、模块化的设计方式，实现安全分区明确，设备布线通道专业化，机房运行可靠稳定。精密空调采用水冷型精密空调系统，并采用单廊式机房布局

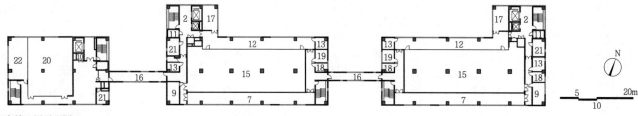

1 数据机房
2 电梯厅
3 UPS间
4 备件间
5 气体钢瓶间
6 会议室
7 办公室
8 监控室
9 电视会议室
10 储藏

a 三层平面图　　b 四层平面图

2 某银行合肥中心支行数据处理中心

名称	主要技术指标	设计时间	
某银行合肥中心支行数据处理中心	建筑面积约80000m²	2010	该项目属B级机房，采用附建式、中密度、独立成区的设计方式，在附属于其他功能的主体建筑条件下，实现机房独立稳定运行

数据处理中心 / 金融业务支持类建筑 [44] 金融建筑

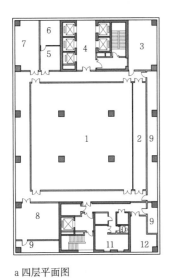
a 四层平面图

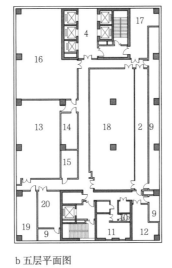
b 五层平面图

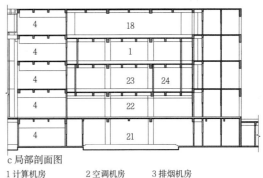
c 局部剖面图

1 计算机房　　2 空调机房　　3 排烟机房
4 电梯厅　　　5 监控室　　　6 值班室
7 介质室　　　8 备件室　　　9 VRV平台
10 卫生间　　　11 气消室　　　12 新风机房
13 监控中心　　14 设备间　　　15 设备调试室
16 UPS及电池室　17 硬件室　　　18 分行计算机机房
19 值班休息室　　20 UPS室　　　21 变电站
22 办公室　　　23 机房　　　　24 网络间

1 扬州某银行金融服务中心

名称	主要技术指标	设计时间	设计单位	
扬州某银行金融服务中心	建筑面积67742m²	2012	同济大学建筑设计研究院（集团）有限公司	该项目属A级机房,采用附建式、中密度、独立成区的设计方式,实现安全分区明确,设备布线通道专业化。机房运行可靠稳定

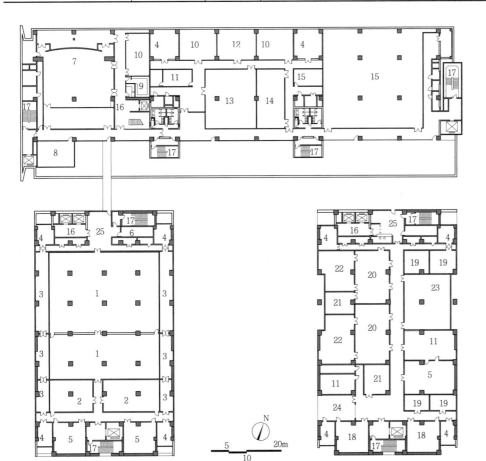

1 数据机房
2 UPS电源间
3 精密空调间
4 空调机房
5 高压配电间
6 连廊
7 总控中心
8 等候区
9 更衣室
10 会议室
11 值班室
12 办公室
13 变更操作间
14 网络间
15 储存室
16 电梯间
17 楼梯间
18 UPS配电间
19 通信机房
20 变电所
21 电容器室
22 变压器室
23 钢瓶间
24 卸货平台
25 前厅

a 二层平面图　　b 数据机房部分一层平面图　　c 主要功能分区示意图

2 上海某商业银行业务处理中心

名称	主要技术指标	设计时间	设计单位	
上海某商业银行业务处理中心	建筑面积152474m²	2012	华东建筑集团股份有限公司 上海建筑设计研究院有限公司	建筑由数据处理中心和业务处理中心及相关附属设施组成。各个功能区在业务处理、数据处理效率化和功能集约化的同时,保持相互独立性,强调业务之间的相互关系,并体现整体建筑群的整体感和整合感

司法建筑概述 [1] 基本概念·设计要点

基本概念

1. 司法制度

司法制度是指国家体系中司法机关及其他司法性组织的性质、任务、组织体系、组织与活动原则，以及工作制度等方面规范的总称。包括以审判制度为核心的检察制度、侦查制度、监狱制度，以及司法行政管理制度、人民调解制度、律师制度、公证制度、国家赔偿制度、法律援助制度、仲裁制度等。

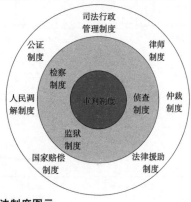

[1] 我国司法制度图示

2. 司法机关

司法机关分为"广义"和"狭义"两类。

"狭义"的司法机关，是指"行使国家司法权的专门机关"。在我国，是指人民法院（行使审判权）和人民检察院（行使检察权）。"广义"的司法机关，除人民法院（行使审判权）和人民检察院（行使检察权）外，还包括了公安机关，因为公安机关在刑事诉讼中有侦查、拘留、预审等职能。此外，各级国家安全机关，以及负责执行刑事判决、裁定的劳动改造机关和对其实行管理的司法行政机关，也属于广义司法机关的范畴。

[2] 司法机关分类

3. 司法建筑

司法建筑是指为国家司法机关履行司法职能而提供的业务技术用房、办公用房及相应的服务配套用房等。本章节重点涉及司法建筑中法院建筑，检察院建筑，公安机关建筑中的业务技术用房和公安派出所，公安监管场所以及监狱建筑、看守所的设计标准及要点。

[3] 司法建筑分类　　注：虚线所示为本章节重点涉及的司法建筑种类

设计要点

1. 司法建筑建设必须遵守国家的司法制度以及司法工作的有关法律、法规，满足司法工作的职能需要，适应社会发展对司法工作提出的新要求，功能合理，设施齐备，高效适用，并适度提供司法活动的公共场所，以诠释司法公开和司法透明。

2. 司法建筑建设应统一规划，合理布局，并纳入当地城乡总体规划，结合当地实际情况，可以一次建设，也可分期建设，并留有改造和发展余地。容积率、建筑密度、建筑高度及绿地率应符合当地规划主管部门的相关规定。

3. 司法建筑建设应综合考虑其特殊性质和用途，按照安全保密、因地制宜、卫生环保、有利工作、方便群众的原则，与相关办公用房统一规划、统筹进行。并应符合国家有关消防安全、节能、环保、抗震、无障碍设计以及安全防护等规定。

4. 司法建筑应与其相关办公用房统筹建设。司法建筑相关办公用房建设按《党政机关办公用房建设标准》执行。

5. 司法建筑设备系统设计应满足：①供电系统应符合设备和照明用电负荷要求，并应配备应急照明系统；②应配备完善的给排水设施，并应符合国家卫生标准；③应根据相关规定设置采暖系统或空调系统，部分有特殊要求的用房设置专用采暖系统或空调系统；④弱电系统应满足管理、通信、网络、安防、科技等需求。

6. 司法建筑建设用地范围内应设置机动车及非机动车停车用地；专用车辆应单独设置停车用地，与公共停车用地分置，方便管理与出警。停车数量除满足专门功能需求外，还应符合当地交通管理部门要求及城市规划管理技术规定。

7. 司法建筑建设用地内集散场地、建筑用地以及停车用地应严格区分公共区域、限制区域以及安全区域，三者在空间上相对独立，互不干扰。

	集散场地	建筑用地	停车用地
公共区域	公共集散场地	主体功能用地	公共停车用地
限制区域	内部集散场地	限制功能用地	限制停车用地
安全区域	内部集散场地	安全功能用地	安全停车用地

[4] 用地分区示意

8. 司法建筑中信访用房应与主要功能用房分区设置，并设有独立出入口，有条件的地区可以独立建设。其平面布局应符合：①对外服务区与内部工作区分离，以门禁系统管理；②出入口应方便人员与车辆进出，入口前设置一定的缓冲区域；③按照接访方便、互不干扰和安全保密的原则，合理布置接待窗口及各种功能用房。

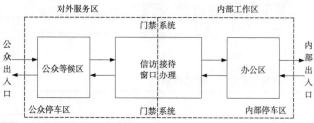

[5] 信访用房功能流线示意

基本概念

1. 我国人民法院是直属于国家权力机关——人民代表大会下的国家审判机关,向人民代表大会及其常务委员会负责并做工作报告。作为国家法制的象征,法院是对公众进行法制教育的场所,具有庄严肃穆又不失平易近人的独特性格。

2. 《中华人民共和国人民法院组织法》规定:国家设立最高人民法院;各省、自治区、直辖市设立高级人民法院;各省、自治区的各地区,中央直辖市,省、自治区辖市和自治州设立中级人民法院;各县、自治县、不设区的市和市辖区设立基层人民法院;同时,还按照特定部门和特定案件,设立专门人民法院。这就形成了我国人民法院科学而严格的四审级组织体系。

3. 我国还设有具有中国特色的人民法庭,这一审判机构是基层人民法院的派出机构,大多布置在农村和居民生活区中,功能设施都比较简单,本章节仅对其建设内容分类予以说明。

4. 专门人民法院是指在某些特定部门和系统内设立的审理特定案件的法院。其受理案件的范围与按行政区划设立的地方人民法院不同,不受理刑事案件,故不需要设置安全区域及安全流线。其建设内容可参照地方人民法院建设标准执行,本章节不作详细说明。

5. 人民法院刑场因其功能特殊性,本章节不予详细说明,按相关建设标准设计。

选址原则

1. 充分考虑城市规模和行政级别要求。宜设在行政办公机构相对集中的地方,并按照其建设用地要求纳入城市建设总体规划。按照不同的城市性质和行政级别要求进行分类选址。

2. 充分考虑城市发展条件,预留法院建设用地。对于老城区或城市风貌保护区的法院可予以保留及适度改扩建,考虑垂直方向发展的可能性。

3. 协调交通便利与安全性。

4. 协调生态自然条件。

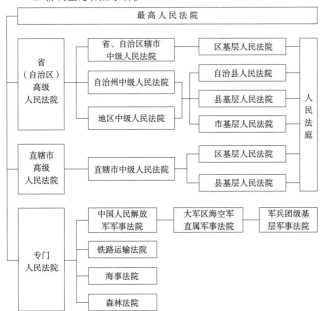

[1] 法院四审级组织体系

建设内容

人民法院审判法庭房屋建筑建设内容分类　　　　　表1

名称	内容
立案用房	立案登记室、当事人等候大厅、立案听证室、证据交换室、立案调解室、诉讼收费室、当事人诉讼服务室、法警值班室等
审判用房	大法庭、中法庭、小法庭、独任法庭、庭审合议室、法官更衣室、审委会议案室、诉讼调解室、听证室、远程庭审观摩/案件讨论室、远程提讯/质证室等
执行用房	执行材料转接室、执行听证/和解室、对外委托工作室、执行指挥中心、执行物保管室等;海事法院设执行拍卖室
信访接待用房	来访登记大厅(室)、候谈问(室)、来访听证室、来访调解室、来信阅处室、院(庭)长接待室、法警值班室、公安民警值班室、特殊情况处置室、安全监控室等
审判配套用房	当事人候审室、旁听群众休息大厅、陪审员室、公诉人室、律师室、证人室、鉴定人室、翻译室、刑事被告人候审室、法警值班室、羁押室、法庭设备控制室等
审判信息管理用房	审判信息中心机房、涉密信息机房、密码设备及机要信息室、审判信息综合管理控制室、通信信息设备及管理室、灾备室、UPS电源室、线路接入及管理室、数字电视信息设备及管理室、中控信息管理控制室、设备维护及备件室等
诉讼档案用房	纸质档案库、数字档案库、实物档案库、特殊档案珍藏库、查阅登记室、目录室、纸质档案阅览室、电子档案阅览室、涉密档案阅览室、档案复印室、接受档案用房、整理编目用房、保护技术用房、档案数字化处理用房等
司法警察警务用房	司法警察备勤值班室、枪械库、警用装具室、司法警察备勤宿舍等
辅助用房	新闻发布室、新闻记者工作室、外宾会见室、法律文书文印室、审判业务资料室、证物存放室、赃物库房、法庭抢救室、业务用车车库、公共服务及设备用房等

人民法庭房屋建筑建设内容分类　　　　　表2

名称	内容
审判用房	当事人接待室、立案室、中法庭、小法庭、合议室、调解室、陪审员室、律师室、法警值班室、法律文书文印室、审判业务资料室、案卷存放室、审判信息管理室、执行物保管室等
审判人员工作用房	法官/书记员工作室、会议室等
附属用房	车库/库房等
生活用房	驻庭宿舍、食堂、活动室等

专用车辆配备标准

人民法院专用车辆指直接为审判工作服务的特殊专用警务车辆,包括业务用车、囚车、刑场指挥车、法医勘察车、死刑执行车以及普通执行车。其配备标准依据《最高人民法院关于人民法院专用车辆编制的意见》执行。

各级人民法院专用车辆配备标准　　　　　表3

	年审理案件数(件)	配备车辆(辆)	备注
高级人民法院/计划单列市中级人民法院	>2000	80~100	
	1000~2000	60~80	
	<1000	50~70	
中级人民法院	>8000	80~100	审理案件数量多、增长快、辖区面积大的人民法院,其车辆编制确有必要超过本标准规定的,可另行报批,但不能超过最高限的30%
	4000~8000	50~70	
	2000~4000	30~50	
	<2000	20~40	
基层人民法院	>8000	45~55	
	5000~8000	35~45	
	2000~5000	25~35	
	<2000	15~25	
	人数(人)	配备车辆(辆)	备注
人民法庭	≥12	3~5	—
	8~11	2~3	
	≤7	1~2	

注:1. 本表数据引自《最高人民法院关于人民法院专用车辆编制的意见》。
2. 各级人民法院的行政和生活用车,按照国家的有关规定配置。

法院 [2] 总体设计

基本概念

总体布局要素可分为集散场地、停车用地、绿化用地以及建筑用地；按区域性质划分，可分为公共区域、限制区域、安全区域。

1. 公众区域面向公众开放，出入口宜靠近城市主干道，设置公共集散场地，临近公共停车用地，导向建筑公共区域。

2. 限制区域为工作人员活动区域，出入口宜靠近城市次干道或辅道，临近内部停车用地，导向建筑限制区域。

3. 安全区域为涉案人员（及警察）活动区域，应单独设置，出入口宜靠近城市次干道或辅道，必须直达安全停车用地，可直接进入建筑安全区域。

设计要点

1. 充分协调建筑用地与集散场地、停车用地、绿化用地的关系，形成高效合理、安全舒适的总体布局模式。

2. 总体流线设计需清晰分明，按照公众、工作人员、涉案人员（及警察）三种流线做好人车分流，安危分离，必须保证涉案人员流线的安全性与私密性，避免与公众及工作人员流线的交叉，杜绝安全隐患。

3. 应根据诉讼参与人、旁听人员和上访人员的数量，参照相关公共场所标准确定集散场地面积，保证安全疏散畅通。

4. 应设置公共车辆和辅助（业务）用车停放场地，并结合主要出入口布置。业务用车停车场地参照《最高人民法院关于人民法院业务用车编制意见》规定，公共车辆停车场地应根据城市规划管理条例的规定确定场地面积。

布局模式与流线组织

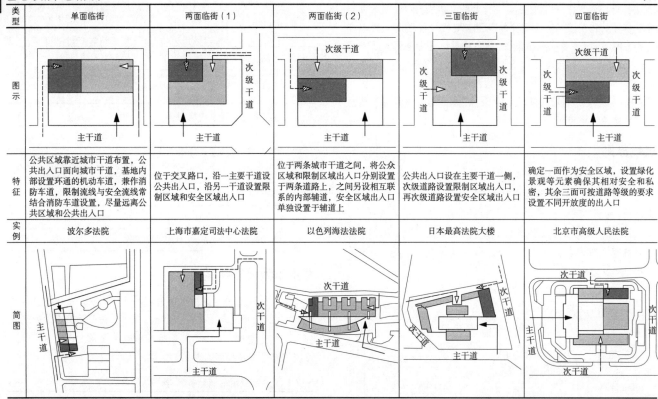

功能流线组织 [3] 法院

基本概念

法院建筑是高度组织化、系统化的建筑，要求空间布局高度统一，流线组织高效清晰，以适用于特殊的功能需求。

法院主体功能分为审判法庭区、配套办公区、公共服务区、后勤辅助区四大部分。审判法庭区是法院最核心的部分，占据法院建筑的主体功能空间，直接影响法院建筑的体量、结构和空间形态；配套办公区包括法官办公、行政办公两个主要部分，以及部分会议交流功能。设计中宜将法官办公部分与行政办公适当分置，法官办公部分紧靠审判法庭区，与之有直接的连接通道。

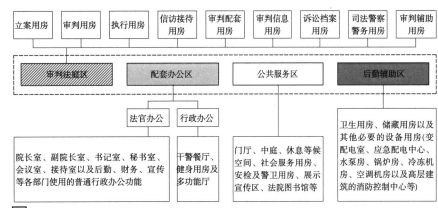

平面布局要求　表1

功能分区	开放度	布局要求
公共服务区	最高	公众使用频率最高 宜靠近广场与出入口
审判法庭区	中	相对公开化 具有部分的外向特征 以及局部的内向功能
配套办公区	低	宜另辟出入口 远离公共区域
后勤辅助区	最低	可单独设置 亦可与办公区配合设置

布局模式

法院主体功能布局模式大致可分为聚合式和分散式两大类。多数法院布局以聚合式为主，此模式相对集约，紧凑高效，适应性较强；而分散式多用于用地较为充裕和规模要求较高的最高人民法院或高级人民法院。也有部分法院在此两种模式下发展成其他相关联的模式，但本质类同。

1 功能分区

功能布局模式　表2

	（1）聚合式	（2）分散式
特点	将各功能分区聚合在一个建筑体量之内，力求达到高效集约的布局要求和明确清晰的功能分区；聚合式布局又分为水平聚合和垂直聚合	将各功能分区散点布置在基地内部，依靠通廊或院落等空间连接各个功能区块；适合基地条件宽裕，景观要求较高的区域
简要图示	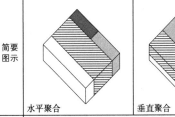 水平聚合　垂直聚合	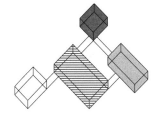
优点	土地利用率较高，适宜紧张的城市中心区建设用地，布局紧凑高效	各区域独立性相对较强，干扰较少；通廊院落带来良好的空间感受；有改扩建的可能性
缺点	交通流线相对复杂，纵横向易产生交叉	各区域联系不够紧密，流线较长影响使用效率，开敞空间对安全性的要求较高，安保难度增加
案例	弗吉尼亚州诺福克市政中心法院 设计将审判法庭区、配套办公区、公共服务区及后期辅助区水平并置，各分区内部通过各自独立的纵向交通紧密联系 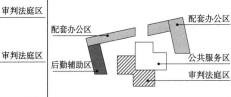	东京都千代田区最高法院大楼 典型的分散式布局，在用地充裕的条件下，营造出两个内向的宜人院落，对外亦有大量的广场和绿化

▨ 审判法庭区　▦ 配套办公区　☐ 公共服务区　■ 后勤辅助区

人民法院建设规模与面积指标　表3

分类	建设规模	年审理案件数	立案用房	审判用房	执行用房	信访接待用房	审判配套用房	审判信息管理用房	诉讼档案用房	司法警察警务用房	辅助用房	合计
高级人民法院	一类	>5500	880	7730~10370	310	1170	1060	1110	2400	310	2430~2600	17400~20210
	二类	2400~5500	710	6130~8500	280	1030	970	920	1940	310	2160~2310	14450~16970
	三类	<2400	570	4480~6550	220	860	800	830	1400	220	1710~1860	11090~13310
中级人民法院	一类	>3600	940	9550~11830	310	1090	1800	920	2290	310	2110~2270	19320~21760
	二类	1400~3600	780	7180~9180	280	880	1430	830	1840	250	1530~1660	15000~17130
	三类	<1400	510	4650~6330	170	680	910	690	1270	220	1000~1110	10100~11890
基层人民法院	一类	>3000	710	5920~6800	250	430	1280	620	1440	220	1170~1230	12040~12980
	二类	1100~3000	550	4530~5220	220	400	1080	480	1170	180	930~970	9540~10270
	三类	<1100	370	3350~3870	170	310	750	340	960	180	710~740	7140~7690

人民法庭建设规模与面积指标　表4

分类	建设规模	人员定员数	各类用房建筑面积控制指标（m²）				
			审判用房	审判人员工作用房	附属用房	生活用房	合计
人民法庭	一类	>11人	980	250~400	160	280~390	1670~1930
	二类	5~10人	530	110~200	90	160~210	890~1030
	三类	4人	480	100	50	90	720

注：1. 在同类标准中，案件数量或辖区人口多的法院按标准上限执行；案件数量或辖区人口少的法院按标准下限执行。
2. 建筑面积指标为控制指标，年审理案件数量特别少的法院，在保证业务工作正常开展的前提下，可视业务工作量及地方财力的可能适当降低。
3. 本表数据引自《人民法院法庭建设标准》建标138-2010。

法院 [4] 功能流线组织

基本概念

法院流线系统分为公共流线、限制流线及安全流线。

1. 公共流线

大中法庭旁听人数众多，公共出入口及流线需清晰便捷，最好与外部交通设施如门厅、中庭、广场等直接相连。

小法庭旁听者相对较少，但有使用频率高和使用集中的特点，公共流线应相对集中，加强出入口标志性。

刑事案件的公诉人和辩护人、民事案件的各方律师均享有平等权利，庭外无需回避，可共用公共流线；有条件时，宜与休息室、候审室有机联系，尽量使流线互不干扰。

重要案件领导亲临但又不宜到庭旁听时，要求有接待室、音像室等专用房间，出入口及流线也宜单独设置，避开公共流线。

2. 限制流线

限制流线包括法官流线及其他办公人员流线；法官应能便捷高效地从法官办公室到达各类法庭、调解室，不能与其他诉讼参与人有程序外的接触，应设有单独出入口和专门通道；其他办公人员流线宜与法官流线分置，避免干扰。

3. 安全流线

安全流线应快速便捷；由临时羁押室通过水平或垂直专用通道直接进入法庭审判区，不得有流线交叉，进入法庭时不得穿越旁听区；应防止被羁押人逃脱，危害他人安全，同时应保证被羁押人的安全。

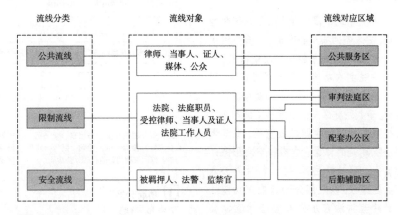

1 流线系统

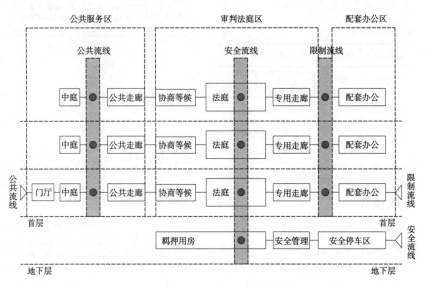

2 流线组织模式

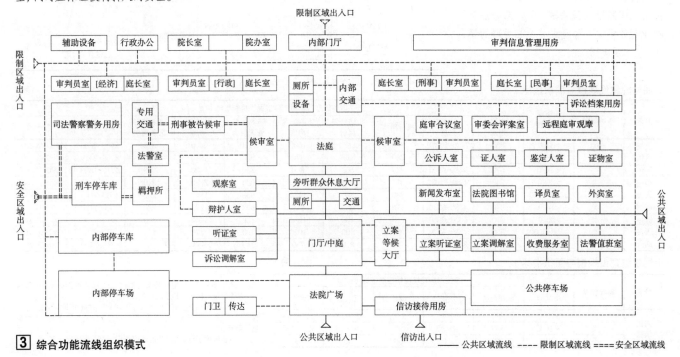

3 综合功能流线组织模式

基本概念

1. 法庭用房是审判用房的核心部分。包括法庭区域、安全区域（通往羁押所）、限制区域（通往法官及陪审人员办公区域）以及等候区域（通往公共区域，供律师及证人使用）。
2. 法庭区域根据合议庭人数、诉讼参与人及旁听人员的多少，分为大法庭、中法庭、小法庭和独任法庭。
3. 法庭用房按审判案件类型分为民事法庭和刑事法庭。
   （1）民事法庭功能分区比较简易，不涉及通往羁押所的安全区域的设置，仅需保证对限制区域和等候区域的限制流线和公共流线组织。
   （2）刑事法庭功能分区较为完整。除需保证对限制区域和等候区域的限制流线和公共流线组织，还必须保障开庭时，将嫌疑人从羁押所押送至位于法庭侧的安全区域（候审室）的安全流线，该部分安全级别同羁押所。

布局模式

法庭用房的布局模式分为并列型、对列型、L型、U型以及将几种类型混合布局的综合模式。设计中，常将两组或多组法庭空间组合，与公共区域及限制区域联系，并共享一组嫌疑人押送系统，该系统包括联系羁押所的垂直交通和位于安全区域的候审室，从而形成完整的法庭运作系统。

法庭分类　　　　　　　　　　　　　　　　　　　表1

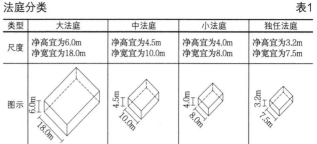

[1] 民事法庭用房

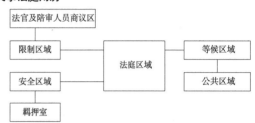

[2] 刑事法庭用房

法庭用房布局模式分类　　　　　　　　　　　　　表2

类型	并列型	对列型	L型	U型
布局特点	1.法庭区域、公共区域、限制区域并列布局 2.安全区域单独布置在地下室或靠近限制区域一侧	1.法庭区域围绕公共区域对列布局 2.限制区域分置法庭区域两侧 3.安全区域单独布置在地下室或靠近限制区域一侧	1.法庭区域围绕公共区域呈L形串联布局 2.限制区域在法庭侧呈L形布局 3.安全区域单独布置在地下室或靠近限制区域一侧	1.法庭区域围绕公共区域呈U形串联布局 2.限制区域在法庭侧呈U形布局 3.安全区域单独布置在地下室或靠近限制区域一侧
空间图示				
平面图示				
案例	广东省高级人民法院	美国某法院	加拿大温哥华中心法院	北京市房山区人民法院

1 法庭单元　2 公共区域　3 法官办公及辅助　4 安全区　5 限制区　6 合议室（休息室）　7 律师室　8 证人室　9 通往限制区域门禁

法庭用房　公共区域　限制区域　安全区域　---水平流线　○垂直交通

法院 [6] 法庭用房

流线组织

1. 法庭用房的流线组织必须保证公共流线、限制流线及安全流线各自独立，互不干扰。

2. 公共流线与限制流线可通过门禁系统管理，安全流线必须封闭管理，保证被羁押人可直接从安全区域到达法庭用房。

法庭用房流线组织特点　　　　　　　　　　　　　　　表1

布局模式	流线组织特点	流线组织图示
并列型	对应并列型布局模式，公共流线、限制流线并行，联系至法庭区域，安全流线单独设置，通过单独垂直交通联系至法庭区域	
对列型	对应对列型布局模式，公共流线居中，限制流线位于两侧并行，联系至法庭区域，安全流线单独设置，通过单独垂直交通联系至法庭区域	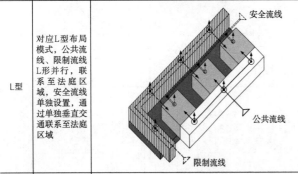
L型	对应L型布局模式，公共流线、限制流线L形并行，联系至法庭区域，安全流线单独设置，通过单独垂直交通联系至法庭区域	
U型	对应U型布局模式，公共流线居中环通，限制流线围绕公共区域呈U形，联系至法庭区域，安全流线单独设置，通过单独垂直交通联系至法庭区域	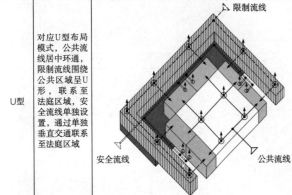

图例：法庭用房　公共区域　限制区域　安全区域　◆水平交通节点　——公共流线　----限制流线　═══安全流线　⊙垂直交通节点

平面设计

1. 大法庭、中法庭、小法庭、独任法庭的空间设计，应充分考虑合议庭人数、诉讼参与人数及旁听人员人数，满足法庭布局（审判区及旁听区布置）的需要。其面积指标详见表2。

2. 设计中，常采用双层或多层通道系统进行流线组织。法官专用通道净宽为1.5~1.8m；被羁押人专用通道净宽宜为1.8m；公共通道的宽度按实际需要确定；立案、候审、来访登记、候谈、集散和其他人流多的地方，通道净宽宜为4m。

法庭面积指标　　　　　　　　　　　　　　　　　　表2

法院类别	功能用房	大法庭		中法庭		小法庭		独任法庭	
		个数 单个面积(m²)	总面积(m²)	个数 单个面积(m²)	总面积(m²)	个数 单个面积(m²)	总面积(m²)	个数 单个面积(m²)	总面积(m²)
高级人民法院	一类	1　700~800	700~800	4　200~250	800~1000	20　100~120	2000~3000	—	—
	二类	1　600~700	600~700	3　200~250	600~750	15　100~120	1500~2400	—	—
	三类	1　500~600	500~600	2　200~250	400~500	10　100~120	1000~1800	—	—
中级人民法院	一类	1　600~700	600~700	8　150~200	1200~1600	24　100	2400~3000	—	—
	二类	1　500~600	500~600	5　150~200	750~1000	18　100	1800~2400	—	—
	三类	1　400~500	400~500	2　150~200	300~400	12　100	1200~1800	—	—
基层人民法院	一类	1　450~500	450~500	6　120~150	720~900	15　80~100	1200~1500	4　60	240
	二类	1　400~450	400~450	4　120~150	480~600	12　80~100	960~1200	3　60	180
	三类	1　350~400	350~400	2　120~150	240~300	10　80~100	800~1000	1　60	60
人民法庭	一类	—	—	1　120	120	3　60	180	—	—
	二类	—	—	—	—	2　60	120	—	—
	三类	—	—	—	—	2　60	120	—	—

注：本表数据引自《人民法院法庭建设标准》建标138-2010。

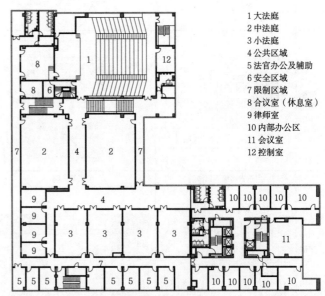

图例：
1 大法庭
2 中法庭
3 小法庭
4 公共区域
5 法官办公及辅助
6 安全区域
7 限制区域
8 合议室（休息室）
9 律师室
10 内部办公区
11 会议室
12 控制室

本案例法庭用房的平面布局模式采用L型、U型与对列型相结合的综合布局模式。流线组织采用双层通道系统区分公共流线及限制流线，分别联系公共区域及限制区域，安全流线通过封闭的垂直交通单独组织，可便捷高效地抵达安全区域。

1 某法院法庭用房平面示意图

平面分区

1. 法庭作为相对独立的空间体系，服务于审判的整个过程，满足与保护一切当庭法律程序的运作与执行。

2. 我国现行的《刑事诉讼法》、《民事诉讼法》、《行政诉讼法》，依据案件性质不同，其审判程序也略有不同。刑事诉讼审判程序大致可分为开庭、法庭调查、法庭辩论、被告人最后陈述、评议和审判，而民事及行政诉讼审判程序分为开庭、法庭审查、双方最后陈述、评议和审判。

3. 审判区是法庭审判程序的触发区，参与者包括法官、陪审员、原告、被告、律师以及法警，其活动状态严格受制于法庭审判程序，并通过专用的法官、陪审员通道、刑事案件被告的安全通道进入该区域。旁听区的参与者为公众、见习法官以及记者，受到法庭纪律的严格限制，仅通过公共出入口进入该区域。

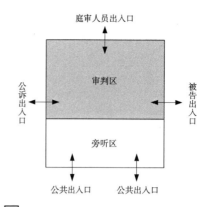

[1] 平面分区图示

[2] 国内法院建筑中的法庭平面分区

[3] 国外法院建筑中的法庭平面分区

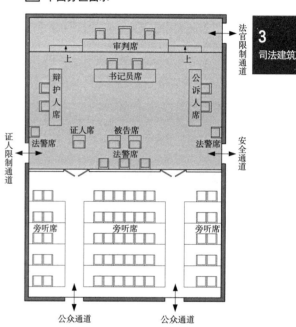

[4] 刑事审判法庭基本布局

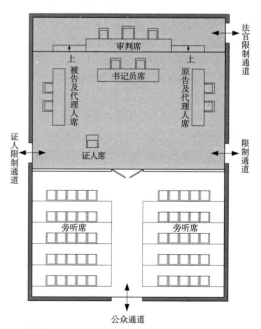

[5] 民事审判法庭基本布局

规模指标(审判区与旁听区的配比关系)　　　　　　　　　表1

法院类别		功能用房	大法庭			中法庭			小法庭		
			单个面积(m²)	审判区(m²)	旁听区(m²)	单个面积(m²)	审判区(m²)	旁听区(m²)	单个面积(m²)	审判区(m²)	旁听区(m²)
高级人民法院	一类		700~800	200~260	350~650座 每座0.8 宜阶梯式	200~250	100~120	120~150座 每座0.8	100~120	70~80	30~50座 每座0.8
	二类		600~700								
	三类		500~600								
中级人民法院	一类		600~700	140~220	300~350座 每座0.8 宜阶梯式	150~200	80~100	80~120座 每座0.8	100	60	40~50座 每座0.8
	二类		500~600								
	三类		400~500								
基层人民法院	一类		450~500	120~160	280~400座 每座0.8 宜阶梯式	120~150	60~80	70~85座 每座0.8	80~100	60	25~50座 每座0.8
	二类		400~450								
	三类		350~400								
人民法庭	一类		—	—	—	120	60	70座 每座0.8	60	40	20~25座 每座0.8
	二类										
	三类										

注：本表数据引自《人民法院法庭建设标准》建标138-2010。

法院 [8] 法庭布局

审判区布局要点

审判区分为审判席、书记员席、公诉席、辩护席、原告席、被告席、法警席、证人席、鉴定席。其布局模式按审理案件类型有所不同①②③。

1. 审判席

（1）审判席人数按合议庭最大人数7人为上限，大法庭设置7人席，中法庭5人席，小法庭3人席，正中间设置法官席，两侧为审判员席及人民陪审员席。我国陪审员席位多与审判员成一线布置。我国法院大法庭审判员及陪审员数量最多为6人，平均分布于法官席（审判长）两侧，一般一侧为人民陪审员，一侧为审判员，中、小法庭的陪审员人数依次减少，最少为2人，同样分布于法官席两侧④。

（2）审判席区域设置于审判区远离旁听区的尽端侧，贴近法官及陪审员入口，面朝整个法庭。

（3）审判席区域一般略高于法庭其他区域至少一级台阶高度，以保证大空间范围内法官视线的畅通无阻，以保持法官的中心地位⑤。

（4）审判席背景墙必须悬挂中华人民共和国国徽。

（5）审判席桌子与座椅满足法庭专用桌椅的设计要求。

（6）审判席桌面必须配备法官专用法槌。

2. 原告席、公诉人席/被告席、辩护人席

（1）民事法庭中，原告席、被告席分置于审判区两侧，其各自与双方的辩护代理人席并排布置，显示相互的合作关系。

（2）刑事法庭中，被告席置于法庭中心位置，与法官正面相对，因其性质特殊，必须通过席位栅栏和法警的控制，避免各方干扰。其辩护人拥有独立的席位，与公诉人处于相对平等的位置，在空间上隔空相对，正面交锋。

3. 法警席

法警的职责是于庭审过程中维护法庭秩序。

（1）民事法庭中，法警位置一般在法官席一侧，以便于听清法官指令，并兼有传递法律文书、证物等任务。

（2）刑事法庭中，法警紧随被告身旁，法警席设置于被告席后侧或安全流线出口侧，以保障庭审安全。

4. 证人席

民事案件与刑事案件所涉及的一般证人与受控证人的出庭方式有所差别，其席位布置也不同。一般证人席常贴近限制流线通道口布置。受控证人由法警引导进入审判区，其流线较短，与被告席常并排布置，与法官席正面相对；也可将其放置于法官席一侧，与任何席位者均不正面相对，远离被告席而进入法官席的私密领域，有利于证人获得安全感，如实作证，但其引导流线过长以及区域的穿梭路径受干扰。

5. 鉴定席

鉴定席一般贴近书记员席布置，便于书记员对证物的鉴定操作，保证向法官传递证物不受干扰。

6. 书记员席

书记员工作包括办理庭前准备的事务性工作；检查开庭时诉讼参与人的出庭情况，宣布法庭纪律；记录案件审理过程；整理、装订、归档案卷材料；完成法官交办的其他事务性工作。其席位贴近审判席前方或两侧布置，以便其在法官指导下工作。

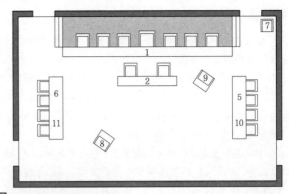

① 民事审判庭审判区布局

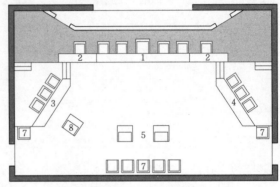

② 刑事审判庭审判区布局一

③ 刑事审判庭审判区布局二

1 审判席　2 书记员　3 公诉席　4 辩护席　5 被告席　6 原告席　7 法警席　8 证人席　9 鉴定席　10 被告代理人　11 原告代理人

中级人民法院和基层人民法院可以建立未成年人刑事审判庭。若条件尚不具备，应当在刑事审判庭内设立未成年人刑事案件合议庭或者由专人负责办理未成年人刑事案件。高级人民法院可以在刑事审判庭内设立未成年人刑事案件合议庭。

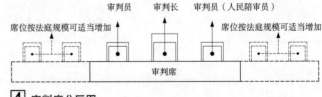

④ 审判席分区图

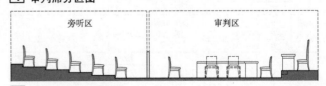

⑤ 法庭单元高度示意图

旁听区布局要点

我国法律明确规定，除涉及国家机密及特殊情况外，案件审理一律公开进行，并允许旁听与采访。旁听席位数量的设置应根据法庭的种类与法院的级别来综合考虑。

法庭旁听区的布局要点为：

1. 旁听区席位面积参照影剧院等相关标准，每座不小于$0.8m^2$。

2. 旁听区的布局模式一般分为单走道和双走道两种。

3. 大、中法庭的旁听区考虑适当的升起，以满足大空间的视觉要求。

4. 旁听区与审判区一般由栏杆隔断，仅在走道尽端设置开口，由法警引导相关人员进入审判区。

5. 旁听区一般与公共区域有直接联系，国外一些法院的旁听区与公共区之间设置缓冲等候空间，有助于安全管理和隔声等，值得借鉴。

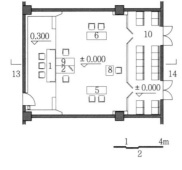
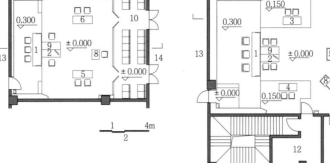

[1] 某法院民事小法庭平面图　　[3] 某法院刑事中法庭平面图

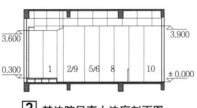
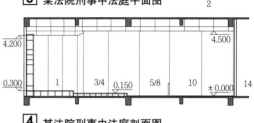

[2] 某法院民事小法庭剖面图　　[4] 某法院刑事中法庭剖面图

法庭布局实例

实例1：某法院民事小法庭平面及剖面示意图 [1] [2]

　　平面净尺寸：8m×10m
　　空间净高度：3.9m
　　审判区面积：$60m^2$
　　旁听区面积：$20m^2$
　　旁听区席位：18座

实例2：某法院刑事中法庭平面及剖面示意图 [3] [4]

　　平面净尺寸：9.2m×16m
　　空间净高度：4.5m
　　审判区面积：$102m^2$
　　旁听区面积：$45m^2$
　　旁听区席位：34座

实例3：某法院大法庭平面及剖面示意图 [5] [6]

　　平面净尺寸：18m×24m
　　空间净高度：7.4m
　　审判区面积：$182m^2$
　　旁听区面积：$250m^2$
　　旁听区席位：257座

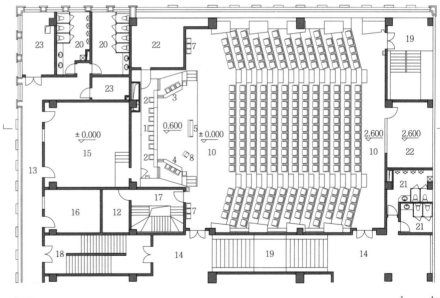

[5] 某法院大法庭平面图

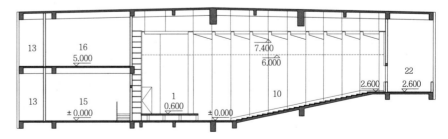

[6] 某法院大法庭剖面图

---

1 审判席　2 书记员席　3 公诉席　4 辩护席　5 被告席　6 原告席　7 法警席　8 证人席　9 鉴定席　10 旁听席　11 证人室　12 候审室　13 内部限制通道　14 公共区域
15 庭审合议室　16 法官休息室　17 安全区域垂直交通　18 限制区域垂直交通　19 公共区域垂直交通　20 限制区域卫生间　21 公共区域卫生间　22 控制室　23 设备用房

法院 [10] 法庭配套用房

庭审合议室

庭审合议室是案件审理过程中合议庭成员合议案件用房，应与法庭配套设置，与法官通道相通，内或旁设法官休息室。

庭审合议室面积指标　　　　　　　　　　　　表1

功能用房 法院类别		大法庭合议室		中法庭合议室		小法庭合议室		
		个数	单个面积(m²)	总面积(m²)	个数	单个面积(m²)	总面积(m²)	个数	单个面积(m²)	总面积(m²)

功能用房 法院类别		个数	单个面积(m²)	总面积(m²)	个数	单个面积(m²)	总面积(m²)	个数	单个面积(m²)	总面积(m²)
高级人民法院	一类	1	30	30	4	20	80	20~25	20	400~500
	二类				3		60	15~20		300~400
	三类				2		40	10~15		200~300
中级人民法院	一类	1	30	30	8	20	160	24~30	20	480~600
	二类				5		100	18~24		360~480
	三类				2		40	12~18		240~360
基层人民法院	一类	1	30	30	6	20	120	15	20	300
	二类				4		80	12		240
	三类				2		40	10		200
人民法庭	一类				案件合议室			4	15	60
	二类	—						2		30
	三类							2		30

注：本页各表数据均引自《人民法院法庭建设标准》建标138-2010。

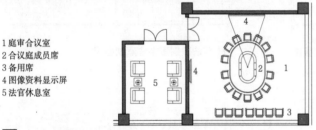

1 庭审合议室　2 合议庭成员席　3 备用席　4 图像资料显示屏　5 法官休息室

[1] 某法院庭审合议室平面图

审委会评案室

1. 审委会评案室是审判委员会对重大、疑难案件进行讨论并作出决定的用房。

2. 审委会评案室内设置审判委员会委员评案席、案件审理人员汇报席、检察长列席等，另有资料柜、图像显示等设备。一般每个法院设置1间，面积为80~100m²。

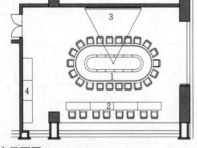

1 评案席/汇报席　2 检察长列席　3 图像显示屏　4 资料柜

[2] 某法院审委会评案室平面图

听证室

1. 听证是行政机关在作出影响行政相对人合法权益的决定前，由行政机关告知决定理由和听证权利，行政相对人有表达意见、提供证据以及行政机关听取意见、接纳证据的程序所构成的一种法律制度。

2. 听证室分为立案用房区域的立案听证室、审判用房区域的审判听证室、执行用房区域的执行听证室和信访接待用房区域的来访听证室。

3. 审判用房的审判听证室的设置方式为：高级人民法院、中级人民法院一、二类法院建筑按立案庭、刑事审判庭、行政审判庭、执行庭、审判监督庭每个部门设置1间，民事审判庭设置2间配置；三类法院可适当调配综合使用。基层人民法院按具体要求配置。

听证室面积指标　　　　　　　　　　　　　表2

用房名称		一类			二类			三类		
		个数	单个面积(m²)	总面积(m²)	个数	单个面积(m²)	总面积(m²)	个数	单个面积(m²)	总面积(m²)
立案听证室	高级	3	20	60	2	20	40	1	20	20
	中级	3	20	60	2	20	40	1	20	20
	基层	1	20	20	1	20	20	1	20	20
审判听证室	高级	7	30~50	210~350	7	30~50	210~350	6	30~50	180~300
	中级	7	40~50	280~350	7	40~50	280~350	5	40~50	200~250
	基层	6	30	180	4	30	120	2	30	60
执行听证室	高级	2	20	40	2	20	40	1	20	20
	中级	2	20	40	2	20	40	1	15	15
	基层	2	20	40	1	20	20	1	20	20
来访听证室	高级	1	20	20						
	中级	1	20	20				1	20	20

审委会评案室面积指标　　　表3

功能用房 法院类别		审委会评案室	
		个数	单个面积(m²)
高级人民法院	一类	1	100
	二类		100
	三类		100
中级人民法院	一类	1	100
	二类		90
	三类		60
基层人民法院	一类	1	80
	二类		80
	三类		80

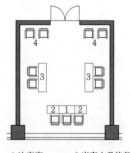

1 法官席　2 书记员　3 当事人及律师　4 临时座位

[3] 某法院听证室平面图

其他法庭配套用房规模指标　　　　　　　　　　　　　　　　　　　　　　表4

功能用房 法院类别		当事人候审室		旁听群众休息厅		公诉人室		律师室		证人室		鉴定人室		翻译室		刑事被告人候审室		法警值庭室	
		个数	单个面积(m²)	个数	单个面积(m²)	个数	单个面积(m²)	个数	单个面积(m²)	个数	单个面积(m²)	个数	单个面积(m²)	个数	单个面积(m²)	个数	单个面积(m²)	个数	单个面积(m²)
高级人民法院	一类	4				2		5		3									
	二类	4	30	1	150	2	20	4	20	2	20	1	20	1	20	1	20	1	20
	三类	3				1		4		1									
中级人民法院	一类	6				5		9		5				3					
	二类	5	30	1	300	3	20	6	20	3	20	1	20	2	20	1	30	1	20
	三类	3				2		3		1				1					
基层人民法院	一类	4			200			2						2					
	二类	3	30	1		1	20	2	20	1	20	1	20	1	20	1	30	1	20
	三类	2			160			1						1					

调解室

1. 调解是指双方或多方当事人就争议的实体权利、义务，在人民法院、人民调解委员会及有关组织主持下，自愿进行协商，通过教育疏导促成各方达成协议、解决纠纷的办法。

2. 调解室分为立案调解室、诉讼调解室、来访调解室，分别分布在立案用房、审判用房和信访接待用房区域。

3. 立案调解室是正式启动诉讼程序之前，法官主持对当事人诉讼纠纷进行调解的用房。

4. 诉讼调解室是进入诉讼程序后，人民法院依法使用调解程序组织双方当事人进行诉讼调解的用房，与大、中、小法庭相比，其特点是不设旁听座席。按照法律规定，人民法院审理案件一般可以通过调解程序，特殊案件必须经过调解程序，如婚姻案件等。

5. 来访调解室是人民法院组织对来访人员所反映的涉诉事项进行调解的用房。

调解室布局模式　　　　　　　　　　　　　　表1

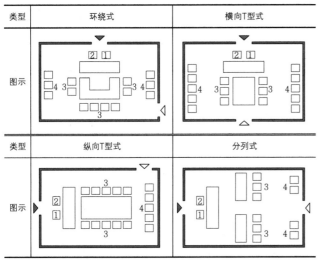

1 法官席　2 书记员　3 当事人及律师　4 临时座位
▷ 公众、律师及当事人入口　▶ 法官及工作人员入口

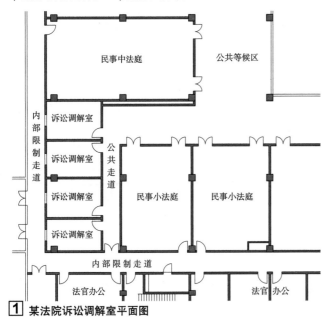

[1] 某法院诉讼调解室平面图

立案大厅

法院接受当事人诉讼并对决定受理案件办理立案登记的用房，包括入口安检区，当事人等候立案受理时的休息等候区，立案服务柜台，立案听证室、立案调解室、证据交换室、诉讼收费室、诉讼服务室、法警值班室等。

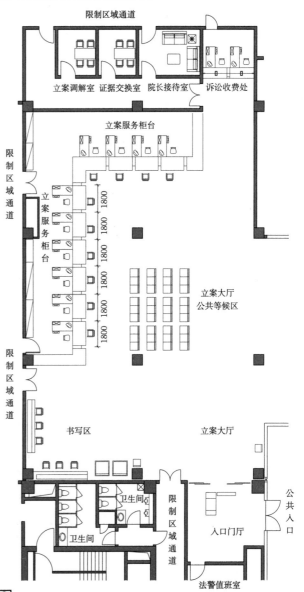

[2] 某法院立案大厅平面图

调解室面积指标　　　　　　　　　　　　　　表2

功能用房		立案调解室		诉讼调解室		来访调解室	
法院类别		个数	单个面积（m²）	个数	单个面积（m²）	个数	单个面积（m²）
高级人民法院	一类	3	20	4	40~50	1	20
	二类	2		3			
	三类						
中级人民法院	一类	4	20	8	40~50	1	20
	二类	3		6			
	三类	2		4			
基层人民法院	一类	3	20	4	30	—	
	二类	2		2			
	三类	1		2			

注：本表数据引自《人民法院法庭建设标准》建标138-2010。

法院 [12] 羁押所

基本概念

在我国，羁押是决定逮捕、拘留以后，依附于逮捕、拘留的，剥夺公民人身自由的当然状态，不是一种独立的强制措施。法院建筑中设立的羁押所，不同于一般公安机关、看守所等固定羁押场所，而是一种审判刑事案件时被告等候提审的临时场所，宣告判决后随即离去。

基本布局

羁押所由候审室、看守室、法警值班室、监视廊和厕所等组成。其布局模式一般分为单列式、对列式、背靠式、套间式、鱼骨式、向心式。

设计要点

1. 羁押所出入口应单独设置，门口设置单独的安保管理系统，门前足够停靠警车。

2. 羁押所与法庭审判区之间宜由单独的隔离通道相连。如有困难，可与法官通道时间错峰共用，但必须保证互不干扰和安全性。

3. 羁押所位置宜靠近法庭区域，以减少羁押流线的长度，保证安全性。

4. 看守室位于交通咽喉之地，便于法警对于各个候审室动态的全面监控。

5. 候审室按各级法院的年审理案件数量设置，其单间面积不宜太大，同案件的被告不能在法庭判决前处于同一候审室内，以防串供。

6. 候审室的构造设计应考虑嫌疑人的安全性，杜绝逃跑、行凶和自杀的可能性。其室内装修宜采用软包材料贴面，墙角宜倒成圆弧状，墙面不可有任何凸出物，所有的设备管道必须暗装，开关和灯具都要位于嫌疑人无法触及的部位，家具要简单固定，不得有棱角和可套挂绳索的空隙。

7. 候审室门的位置不应存在监视死角，宜采用栅栏门，以保证视线清晰。如用实板门，应留出不小于400mm×300mm的监视孔，并加铁丝网分隔。

8. 如需开窗，应设置高窗，并装有牢固的窗栅。

9. 监控室/看守室内监视台不应存在监视死角，宜采用玻璃界面。

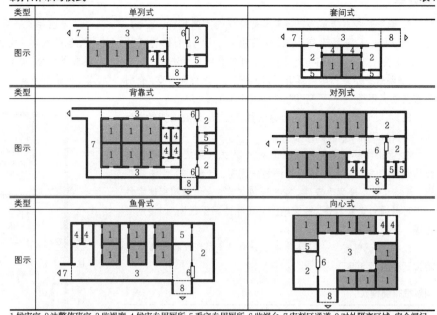

羁押所布局模式　　　　　　　　　　表1

类型：单列式、套间式、背靠式、对列式、鱼骨式、向心式

1 候审室　2 法警值班室　3 监视廊　4 候审专用厕所　5 看守专用厕所　6 监视台　7 审判区通道　8 对外隔离区域-安全闸门

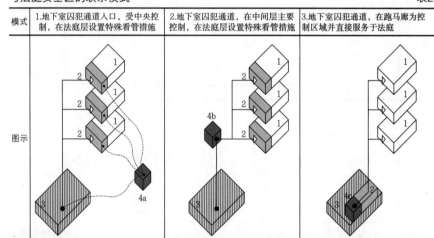

与法庭安全区的联系模式　　　　　　表2

模式：
1. 地下室囚犯通道入口，受中央控制，在法庭层设置特殊看管措施
2. 地下室囚犯通道，在中间层主要控制，在法庭层设置特殊看管措施
3. 地下室囚犯通道，在跑马廊为控制区域并直接服务于法庭

1 法庭　2 特殊看管　3 地下羁押空间　4a 中央控制系统　4b 中间层主控系统　4c 地下层主控系统

面积配比　表3

法院类别	功能用房	羁押所个数	单个面积(m²)	总面积(m²)	备注
高级人民法院	一类	1	90	90	按羁押15~25人设置单独候审室、公用候审室、卫生间、法警值班室等
	二类	1	80	80	
	三类	1	70	70	
中级人民法院	一类	1	100	100	按羁押20~30人设置单独候审室、公用候审室、卫生间、法警值班室等
	二类	1	80	80	
	三类	1	60	60	
基层人民法院	一类	1	100	100	按羁押15~25人设置单独候审室、公用候审室、卫生间、法警值班室等
	二类	1	80	80	
	三类	1	60	60	

注：本表数据引自《人民法院法庭建设标准》建标138-2010。

1 候审室　2 法警值班室　3 监视廊　4 看守专用厕所　5 候审专用厕所（门上设置监视窗口）　6 监视台　7 看守室　8 审判区通道　9 装备储藏室　10 对外隔离区域　11 安全闸门　12 地下安全车道　13 门卫值班室

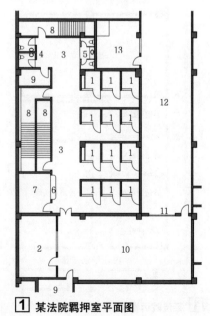

1 某法院羁押室平面图

专用设备系统 [13] 法院

基本概念

依据《最高人民法院关于人民法院法庭专用设备配置的意见》，人民法院法庭专用设备由法庭专用桌椅、庭审记录设备、音响设备、证据展示设备、监控设备、安检设备、网络设备、同声翻译设备、公共信息显示查询设备、国徽、法槌等组成。

提审可视对讲系统	主要分布在刑事法庭，针对刑事案件需要提审嫌疑人时提供法庭与候审室、羁押室之间的语音对讲；以及法庭与证人休息室、鉴定人休息室之间的对讲
庭审指挥系统	主要用于庭审过程中审判长与指挥领导间的视频交流互动
庭审直播及图像采编系统	在大法庭和中法庭应配置摄像机和专用云台，将高清图像信号送到图像编辑室，同时将音频信号传到音像编辑室，以便编辑实况转播电视节目向公众播放
法庭信息发布系统	由三部分组成，一是设立在审判大厅内的大型LED显示屏，进行开庭信息发布和法院公告发布；二是在大厅内的触摸屏，方便当事人查询各种公共信息；三是在各审判法庭门口的显示器，发布各种通知、审判公告等信息
法庭示证及音响系统	由正投影和实物展台（含投影机、实物展台、电动幕、吊架及安装工程）以及背投影（含投影机、幕、机架及安装工程）组成。为保证审判长能清晰看到投影系统所显示的图像，应在审判长席另配置一台桌面显示设备，与投影机同步显示内容。所有法庭的实物展台均摆放在书记员处，由书记员操作；审委会评案室的实物展台放在书记员席，由书记员操作。法庭的音响系统应与内装饰设计配合
同声传译系统	设置于涉外法庭。要求配置红外语种分配系统，分配给旁听席的听众。在同声传译系统工作时，应有播音设备向旁听席播放实时的发言
庭审及羁押监控系统	庭审监控系统主要负责全部法庭的庭审情况监控，系统控制中心设在法警监控中心。羁押监控系统主要负责羁押室、候审室及相关走道的监控，系统控制中心设在法警室内

1 法庭智能化设备系统示意

2 法庭专用设备分类

法庭专用设备配置标准

表1

配置设备		庭审记录设备	音响设备	证据展示设备	监控设备	网络设备	同声翻译设备	备注
法院类别	法庭大小			●应配备	○可配备	◎有条件，可配备		
高级人民法院 一类	大	●	●	●	●	●	◎	1.人民法院法庭专用设备配备标准按照《人民法院法庭建设标准》的分类办法分为三级，每级各分三类。 2.鉴于不同地区的实际状况，大中城市的中级人民法院和基层人民法院执行一类标准，较为贫困地区的基层人民法院执行三类标准。而审判法庭一般应配备安检设备、公共信息显示查询设备。 3.贫困地区的中级人民法院、基层人民法院可根据实际情况缓配。 4.案件数量特别少且经济特别困难的基层人民法院，其审判法庭的装备配置可根据实际情况，参照上款执行
	中	●	●	●	●	●	◎	
	小	●	●	●	●	●	◎	
高级人民法院 二类	大	●	●	●	●	●	◎	
	中	●	●	●	●	●	◎	
	小	●	●	●	●	●	◎	
高级人民法院 三类	大	●	●	●	●	●	◎	
	中	●	●	●	●	●	◎	
	小	●	●	●	●	●	◎	
中级人民法院 一类	大	●	●	●	●	●	◎	
	中	●	●	●	●	●	◎	
	小	●	●	●	●	●	◎	
中级人民法院 二类	大	●	●	●	●	●	◎	
	中	●	●	●	●	●	◎	
	小	●	●	●	●	●	◎	
中级人民法院 三类	大	●	●	●	○	○	—	
	中	●	●	●	○	○	—	
	小	●	○	●	○	○	—	
基层人民法院 一类	大	●	●	●	●	●	—	
	中	●	●	●	●	●	—	
	小	●	●	●	●	●	—	
基层人民法院 二类	大	●	●	●	○	○	—	
	中	●	●	●	○	○	—	
	小	●	○	●（可移动）	○	○	—	
	独任	●	○	●（可移动）	○	○	—	
基层人民法院 三类	大	●	●	●	○	○	—	
	中	●	●	●	○	○	—	
	小	●（可移动）	○	●（可移动）	○	○	—	
	独任	●（可移动）	○	●（可移动）	○	○	—	

法院 [14] 实例

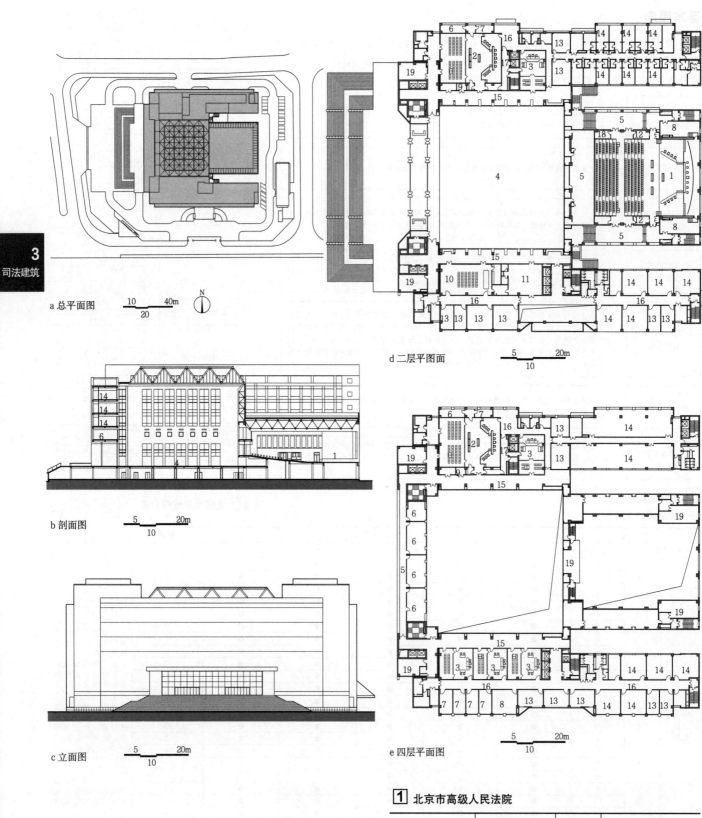

a 总平面图
b 剖面图
c 立面图
d 二层平面图
e 四层平面图

1 大法庭
2 中法庭
3 小法庭
4 公共大厅
5 休息厅
6 律师休息室
7 法官休息室
8 合议室
9 证人室
10 新闻发布厅
11 闭路旁听室
12 同声传译室
13 庭长办公室
14 办公室
15 公共走廊
16 限制走廊
17 安全走廊
18 家具库
19 控制室

1 北京市高级人民法院

名称	主要技术指标	建成时间	设计单位
北京市高级人民法院	建筑面积46114m²	2006	北京市建筑设计研究院有限公司

本项目位于北京市朝阳区建国门南大街10号，地下1层，地上8层，总高40.4m。建筑由东、西、南、北、中五段组成，结构集框架剪力墙结构、钢—混凝土结构、钢网架结构于一体。设有立案庭、刑事审判庭、未成年审判庭、民事审判庭、行政庭、审判监督庭、申诉审查庭、执行局、赔偿办公室、研究室、督查办公室、审判管理办公室、诉讼服务办公室等

实例［15］法院

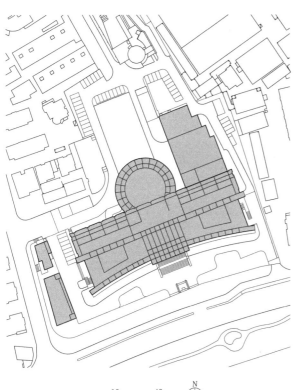

a 总平面图

b 一层平面图

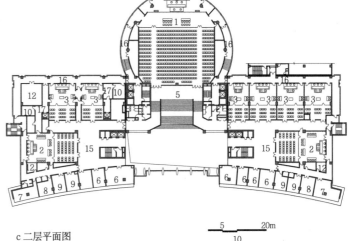

c 二层平面图

1 大法庭　　8 合议室　　　14 办公室
2 中法庭　　9 证人室　　　15 公共走廊
3 小法庭　　10 候审室　　　16 限制走廊
4 立案大厅　11 调解室　　　17 安全走廊
5 公共大厅　12 设备室　　　18 安保控制室
6 律师休息室 13 庭长办公室　19 会议室
7 法官休息室

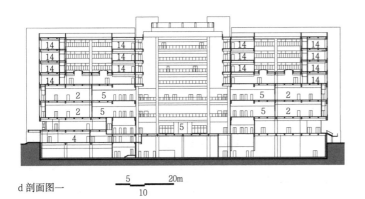

d 剖面图一

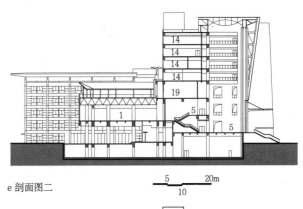

e 剖面图二

1 上海市高级人民法院

名称	主要技术指标	建成时间	设计单位
上海市高级人民法院	建筑面积37345m²	2004	华东建筑集团股份有限公司 华东建筑设计研究总院

本项目是集立案、信访、审判、办公、辅助设施为一体的高级人民法院审判用房大楼，地上7层，地下1层。设计通过7层通高的中庭组织公共人流，法庭区围绕中庭及两边侧厅布置。正立面采用钢结构外檐仰挂抓点式玻璃幕墙和预应力拉索结构，幕墙玻璃在立面处理上采用了向下内凹的斜面形式。入口广场以草地及高大乔木为主，常绿灌木为辅，通过高差、植被的自然分隔，形成内外区的分界，保证了法院的独立、庄严。

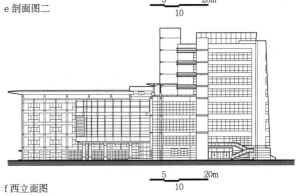

f 西立面图

法院 [16] 实例

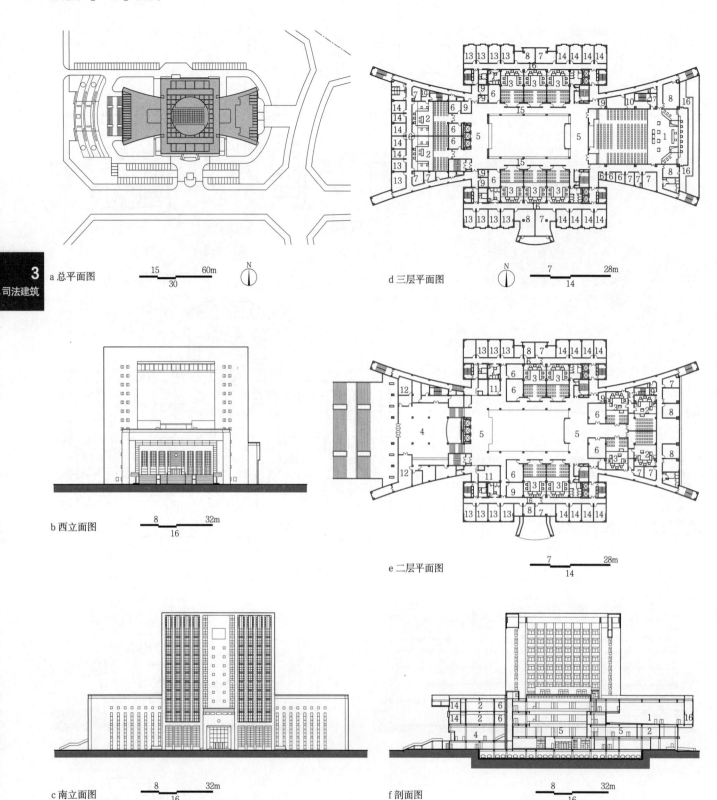

a 总平面图
b 西立面图
c 南立面图
d 三层平面图
e 二层平面图
f 剖面图

1 合肥市中级人民法院综合审判技术楼

名称	主要技术指标	建成时间	设计单位
合肥市中级人民法院综合审判技术楼	建筑面积 18846m²	2007	福建省建筑设计研究院、福建利安建筑设计顾问有限公司

本项目建筑形体简洁明确。平面功能围绕中庭布置，不同使用性质的大小空间合理布局，确立了公众、法院工作人员以及安全区域既分又合的功能关系，分区明确，流线清晰合理

1 大法庭　　7 法官休息室　　13 庭长办公室
2 中法庭　　8 合议室　　　　14 办公室
3 小法庭　　9 证人室　　　　15 公共走廊
4 大厅　　　10 候审室　　　　16 限制走廊
5 休息区　　11 调解室　　　　17 安全走廊
6 律师休息室　12 安保控制室

实例［17］法院

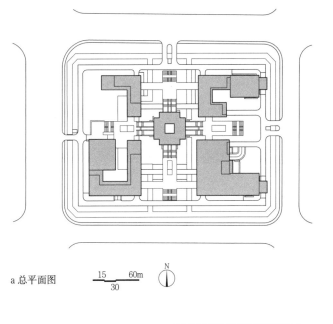

a 总平面图

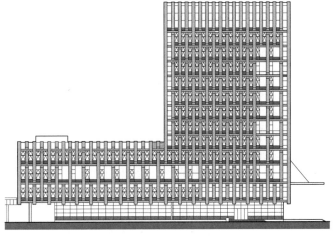

b 立面图

1 大法庭	8 合议室	14 行政办公室
2 中法庭	9 证人室	15 公共走廊
3 小法庭	10 候审室	16 限制走廊
4 立案登记大厅	11 调解室	17 安全走廊
5 休息厅	12 羁押室	18 会议室
6 律师休息室	13 庭长办公室	19 安保控制室
7 法官休息室		

1 上海市嘉定司法中心法院

名称	主要技术指标	建成时间	设计单位
上海市嘉定司法中心法院	建筑面积6663.2m²	2011	同济大学建筑设计研究院（集团）有限公司

本项目位于上海市嘉定新城。建筑群体由法院大楼、检察院大楼、公安机关大楼组成。设计从水面、院落、平台、中庭等各层次打造共享的生态型、景观型办公环境，四周不设围墙而代之以环形水系及与控制中心相连的红外报警系统，实现与城市景观体系的全方位融合与共享。

法院主楼地上12层，总高度约51m，平面为矩形，采用现浇钢筋混凝土框架—核心筒结构体系；裙房地上4层，总高度为22m，采用现浇钢筋混凝土框架结构体系；地下室1层。行政办公区分布在主楼（2~12层）；公共接待区分布在裙房（1~2层）；会议功能区分布在各层；后勤辅助功能区分布在各层；地下车库及设备功能区分布在地下室及半架空层

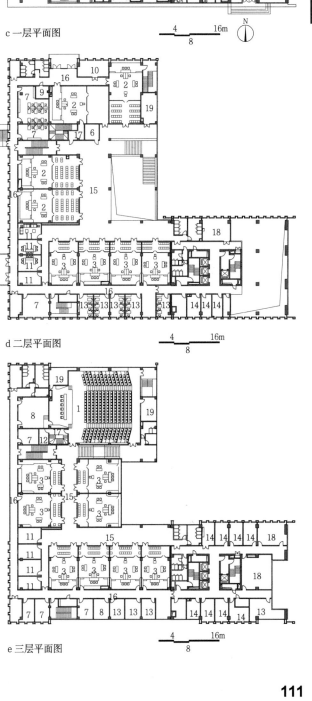

c 一层平面图

d 二层平面图

e 三层平面图

3 司法建筑

111

法院 [18] 实例

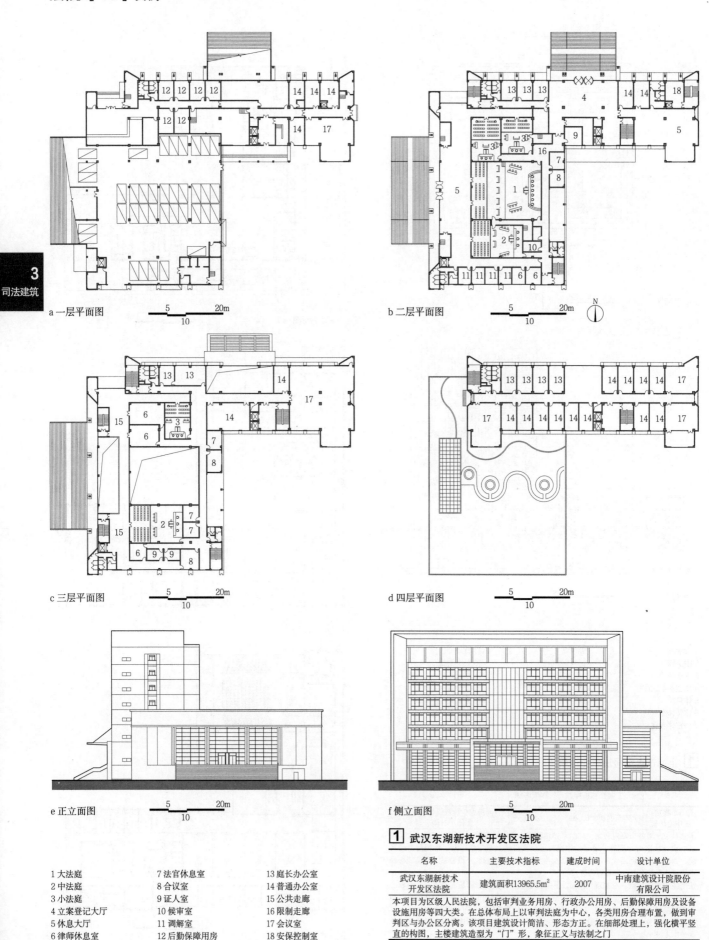

a 一层平面图
b 二层平面图
c 三层平面图
d 四层平面图
e 正立面图
f 侧立面图

1 大法庭	7 法官休息室	13 庭长办公室
2 中法庭	8 合议室	14 普通办公室
3 小法庭	9 证人室	15 公共走廊
4 立案登记大厅	10 候审室	16 限制走廊
5 休息大厅	11 调解室	17 会议室
6 律师休息室	12 后勤保障用房	18 安保控制室

1 武汉东湖新技术开发区法院

名称	主要技术指标	建成时间	设计单位
武汉东湖新技术开发区法院	建筑面积13965.5m²	2007	中南建筑设计院股份有限公司

本项目为区级人民法院，包括审判业务用房、行政办公用房、后勤保障用房及设备设施用房等四大类。在总体布局上以审判法庭为中心，各类用房合理布置，做到审判区与办公区分离。该项目建筑设计简洁、形态方正。在细部处理上，强化横平竖直的构图，主楼建筑造型为"门"形，象征正义与法制之门

实例 [19] 法院

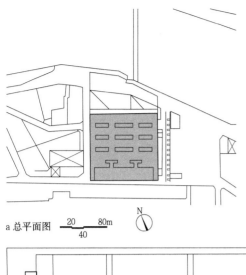

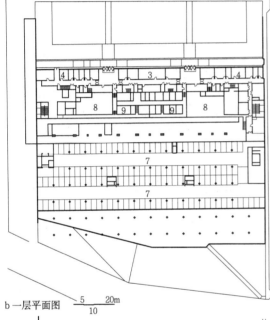

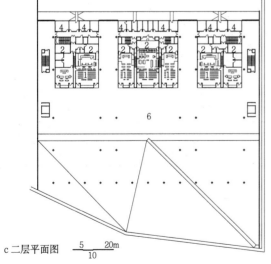

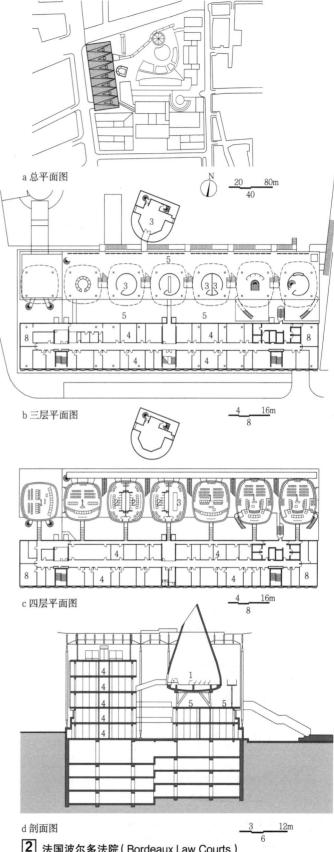

1 法庭
2 合议庭
3 会议室
4 办公区
5 公共平台
6 公共大厅
7 车库区
8 设备区
9 羁押区

1 法国南特市法院（Synopsis of the Court Complex in Nantes）

名称	主要技术指标	建成时间	设计师
法国南特市法院	建筑面积20000m²	2000	Jean Nouvel

本项目体量方正，公共区、法庭区、办公区分区明确。通过入口大坡道的设计，营造从河对岸的城市到建筑内部公共空间的流通性，表达公共性和开放性

2 法国波尔多法院（Bordeaux Law Courts）

名称	主要技术指标	建成时间	设计师
法国波尔多法院	建筑面积25000m²	1998	Richard George Rogers

本项目为扩建项目，新建部分通过透明玻璃通廊将7组锥形法庭功能主体空间连接在一起，通过3层的开放平台组织公共交通，象征建立公正、公开的法律审判秩序

法院 [20] 实例

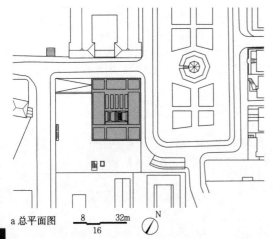

a 总平面图　8　32m / 16　N

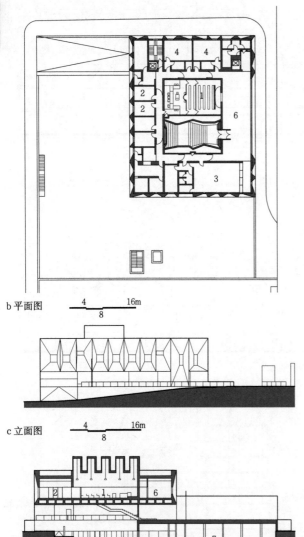

b 平面图　4　16m / 8

c 立面图　4　16m / 8

d 剖面图　4　16m / 8

[1] 葡萄牙戈韦亚法院（Gouveia Law Courts）

名称	主要技术指标	建成时间	设计师
葡萄牙戈韦亚法院	建筑面积5500m²	2010	Barbosa & Guimaraes Architects

本项目位于城市公共花园之间，为拆除重建工程。其最大限度地利用原有建筑结构，将法院主体置于四组支柱之上，底层呈现出开阔的公共空间。平台上的宽大楼梯通向法院的各个楼层，中庭纵向跨越整个建筑，与花园直接连接。广场下方为地下停车场，可经由附近的街道进入

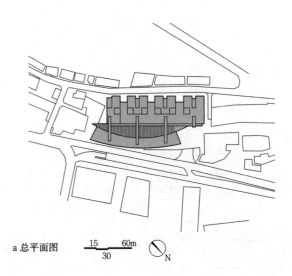

a 总平面图　15　60m / 30　N

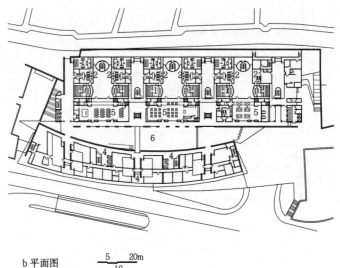

b 平面图　5　20m / 10

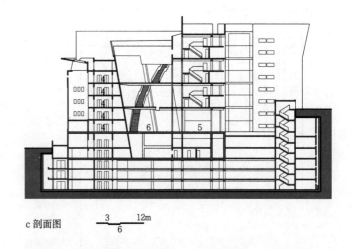

c 剖面图　3　12m / 6

1 法庭　2 合议庭　3 会议室　4 办公区　5 等候区　6 公共区　7 车库区

[2] 以色列海法法院（Haifa Court House）

名称	主要技术指标	建成时间	设计师
以色列海法法院	建筑面积100000m²	2004	Chyutin Architects

本项目一面临海，一面临山，地理位置优越。建筑分为两组主要体量，一组长方体量，容纳主要的法院用房，一组弧形体量，容纳办公等辅助功能用房，中间为通高的弧形公共大厅，有效地组织公共交通

基本概念

1. 人民检察院是行使国家检察权,保障在全社会实现公平正义重要使命的国家法律监督机关。

2. 《宪法》和《人民检察院组织法》规定,设立最高人民检察院、地方各级人民检察院和军事检察院等专门人民检察院。

3. 最高人民检察院是国家最高检察机关,领导地方各级人民检察院和专门检察院的工作。地方各级人民检察院包括省、自治区、直辖市人民检察院;省、自治区、直辖市人民检察院分院,自治州和省辖市人民检察院;县、市、自治县和市辖区人民检察院。

4. 各级人民检察院均与各级人民法院相对应设置,以便依照刑事诉讼法规定的程序办案。

5. 专门人民检察院是指在特定组织系统设置的检察机关,包括军事检察院和铁路运输检察院。专门人民检察院受上级专门人民检察院和最高人民检察院领导。

6. 行使职权

各级人民检察院于一般情况下行使下列职权:

(1)处理公民个人或单位的报案、控告、申诉、举报以及犯罪嫌疑人的自首。

(2)对于直接受理的刑事案件,进行侦查。

(3)对于公安机关侦查的案件、侦查活动进行审查,并实行监督。

(4)对于刑事案件提起公诉,支持公诉。

(5)对人民法院的审判活动,实行监督。

(6)对于刑事案件判决、裁定的执行实行监督,对于监狱、看守所、劳动改造机关的活动实行监督。

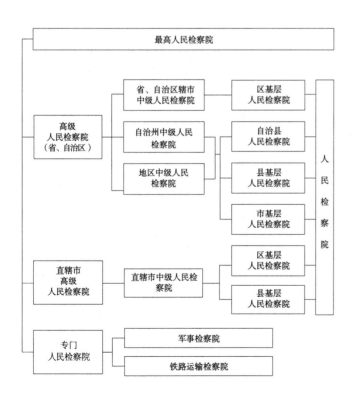

[1] 检察院组织构架表

建设内容

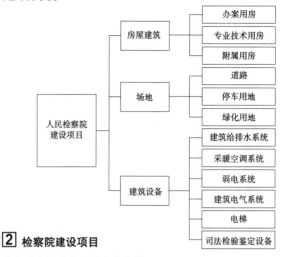

[2] 检察院建设项目

检察院房屋建筑建设内容分类　　　表1

基本功能	包含用房
办案用房	信访用房、控告申诉接待用房、查办和预防职务犯罪用房、侦查监督用房、公诉和审判监督用房、刑罚执行监督用房、其他业务用房、信息通信中心用房、诉讼案件档案用房以及保管用房等几大类
专业技术用房	检验鉴定案件管理用房、检验鉴定用房
附属用房	设备机房、变配电室、锅炉房、汽车库、自行车库、值班室用房、人防设施等

建筑规模计算方法

1. 根据检察院的等级确定其规模,一般分为三级:

一级人民检察院,适用于省(自治区、直辖市)级人民检察院;

二级人民检察院,适用于市(地、州、盟)级和相当于该级别的人民检察院;

三级人民检察院,适用于县(市、旗)级和相当于该级别的人民检察院。

2. 国家对各级人民检察院用房具体内容和使用面积指标均有详细严格的规定(表2)。

3. 人均使用面积应严格按照标准执行(表3)。

各级人民检察院建筑面积指标表　　　表2

等级	编制人数	人均使用面积	综合建筑面积
一级	<300	<42m²/人	$S_{综合}=N \times S_{人均}$
	300~550	$S_{人均}=30+(550-N)\times 0.048$	
	>550	<30m²/人	
二级	<150	<42m²/人	
	150~250	$S_{人均}=32+(250-N)\times 0.1$	
	>250	<32m²/人	
三级	<80	<44m²/人	
	80~130	$S_{人均}=32+(130-N)\times 0.24$	
	>130	<32m²/人	

注:1. 本表摘自《人民检察院办案用房和专业技术用房建设标准》建标137-2010人均建筑面积指标表。
2. 式中:N-编制定员人数;$S_{人均}$-人均建筑面积;$S_{综合}$-总建筑面积。
3. 上述规定的人均建筑面积指标为控制指标。

各级人民检察院人均面积指标　　　表3

级别	一级	二级	三级	备注
综合人均面积	29.85~41.79	32.14~42.28	32.20~44.34	单位:m²/人
两房人均面积	30~42	32~42	32~44	

注:本表摘自《人民检察院办案用房和专业技术用房建设标准》建标137-2010人均建筑面积指标表。

检察院 [2] 总体设计

基本概念

总体布局要素按场地可划分为建筑用地、绿化用地、集散用地和停车用地。

按使用对象性质划分可分为内部办公区域和对外服务区域。

1. 内部办公区域是工作人员最主要的活动区域，其出入口为建筑主出入口，宜设置于与场地毗邻的城市主要道路一侧。如有条件，可独立建设。其中办案工作区应当有明显的标识标明"办案工作区"。

2. 对外服务区域向公众开放，一般用于信访和申诉接待，其出入口与主出入口必须分开设置，并宜毗邻城市次干道。如有条件，对外服务区域可独立建设，宜采用低层或多层建筑。

选址原则

1. 应充分考虑城市规模和行政级别要求，确定检察院建筑的分类和等级。

2. 应符合当地城市建设总体规划要求，奉行土地集约利用原则。

3. 宜设置于场地及周边配套设施完善的城市行政办公机构聚集区域。

4. 应充分考虑城市发展条件和检察院的自身需求，预留检察院建设用地。对位于老城区或城市风貌保护区的检察院可予以保留及适度改扩建，考虑垂直方向发展的可能性。

5. 应充分考虑场地周边的交通便利性和公共安全性。

6. 宜尽量利用场地及周边的自然环境条件。

总体布局

1. 应依据检察院不同等级要求，充分考虑所在场地的城市规划条件，高效协调建筑用地、绿化用地、集散用地和停车用地之间的关系。

2. 应考虑绿色建筑标准要求，主体用房宜争取良好的自然采光和自然通风朝向。

3. 应充分考虑场地外围的交通条件，合理安排出入口的位置和数量，安全有效地衔接周边城市道路。

4. 供内部工作人员使用的场地出入口和对外服务的场地出入口应分开设置，互不干扰。

5. 场地内工作人员流线、后勤流线、涉案人员流线和公众流线的设置必须分明、清晰，做到分区且互不交叉、关联且安全可控。

6. 结合场地条件和使用需求，尽量为工作人员提供更多的地面停车位或建筑内停车位。公共车辆停车场地的设置应符合城市规划管理条例的规定。

场地与城市道路关系　　　　　　　　　　　　　　　　　　　　　　　　　　　表1

类型	单面临街	双面临街	三、四面临街
图示	（图）	（图）	（图）
交通组织原则	内部办公区域宜毗邻城市主干道设置；对外服务区域宜毗邻城市次干道。两者出入口应保持最大间距。基地内部宜设置环通的机动车道，兼做消防车道	内部办公区域出入口宜毗邻城市主干道设置，对外服务区域则沿城市次干道设置	内部办公区域出入口宜毗邻城市主干道设置；对外服务区域出入口宜毗邻城市次干道设置；若条件允许可在另一条城市次干道设置内部办公区的次要出入口
适用类型	适用于用地条件较为紧张的地区，如中心城区等	适用于场地条件较为宽松的地区	适用用地条件宽松的地区
简图	（图）	（图）	（图）
实例	上海市检察院第一分院	上海市嘉定区检察院	北京市检察院
简述	上海检察院第一分院位于淮海西路，为典型的单面临街式布局。它的主入口毗邻城市主干道设置。对外服务入口设置于检察院二期用地并同内部办公保持最大间距	上海市嘉定区检察院位于嘉定新城的嘉定司法中心的东北角，为公检法三机构的集约布置模式。该检察院案例为典型的两面临街式布局。主入口位于城市次干道上，对外服务入口毗邻主干道设置	北京市检察院是省级高级察院，为典型的四面临街式布局。主入口毗邻城市的主干道，对外服务区域人口与后勤入口皆位于南侧次干道上，且两出入口应保持独立

□ 内部办公区域　■ 对外服务区域　--▶ 对外服务流线　─▷ 内部办公流线

场地内部布局与流线组织　　　　　　　　　　　　　　　　　　　　　　　　　表2

类型	聚合分置	聚合集中	独立分置
特征	在场地条件较为宽松的情况下，宜将建筑水平划分为内部办公区域和对外服务区域。两者应相对独立，但关联可控	在场地条件较为紧张的情况下，将内部办公区域和对外服务区域垂直叠加设置于同一栋建筑之中，出入口分开设置，并应尽量加大其间距	在场地条件较为宽松的情况下，将内部办公区与对外服务区置于不同的建筑之中，独立设置
图示	（图）	（图）	（图）

□ 内部办公区域　■ 对外服务区域　--▶ 对外服务流线　─▷ 内部办公流线

功能流线组织 [3] 检察院

基本概念

1. 根据我国相关部门确定的建设标准，人民检察院的建设项目主要由专业技术用房及办案用房组成（简称"两房"）。

2. 专业技术用房是指人民检察院运用各种专业技术和专门设施进行检验、鉴定等而需相对独立设置的特殊用房；办案用房是指专门用于查办和预防职务犯罪、侦查、公诉、监督、执行和控告申诉等因安全、保密而相对独立设置的特殊用房。

3. 人民检察院应根据不同等级确定办案及专业技术用房的具体标准要求。

专业技术用房功能组成表　　　　　　　　　　　　　　　　表1

功能名称	功能组成	主要房间	建筑面积分配比例
专业技术用房	检验鉴定案件管理用房	案件受理室、资料室、物证保管室、专家评审室等	10%
	检验鉴定用房	法医检验鉴定用房、文件检验鉴定用房、司法会计检验鉴定用房、电子证据检验鉴定用房、声像资料检验鉴定用房、理化检验鉴定用房、DNA检验鉴定用房和心理测试实验室用房等	90%

办案用房功能组成表　　　　　　　　　　　　　　　　　　表2

功能名称	功能组成	主要房间	建筑面积分配比例
办案用房	控告申诉接待用房（来信来访接待室）	来访候谈大厅、接待室、检察长接待室、网络接访室、电话接访室、调解室、刑事申诉案件审查、申诉复查询问室、听证室、案件研讨室、信访资料室、警务工作室等	13%
	查办和预防职务犯罪用房	大要案侦查指挥中心用房、办案工作区和预防职务犯罪用房等	30%
	侦查监督用房	案件受理审查室、案件保管分流室、主办检察官研讨室、青少年维权工作室、远程证据传输室、远程视频审讯室等	4%
	公诉和审判监督用房	案卷保管分流室、案件审查室、证据交换室、主办检察官研讨室、专案工作室、当事人接待室、庭审远程指挥室、多媒体示证室、模拟法庭等	11%
	刑罚执行监督用房	案件审查室、主办检察官研讨室、信息联网查询室等	2%
	其他业务用房	案件管理中心用房、检察委员会议室、新闻发布室、人民监督员办公室、律师用房等	10%
	信息通信中心用房	检察专网视频会议室、信息网络机房、机要保密机房、通讯机房、机房辅助用房等	14%
	诉讼案件档案用房	档案目录库、纸质档案库、实物档案库、电子档案库、阅档室、文件复制室	11%
	保管用房	保管用房包括赃证物保管室、枪弹保管室、服装保管室等	5%

平面布局要求　　　　　　　　　　　表3

功能分区		开放度	布局要求
对外服务区域	来信来访接待中心	最高	公共使用频率最高，宜靠近广场与出入口
	半开放区域	中	相对公开化，具有部分的外向特征和局部的内向功能
内部办公区域		低	宜另辟出入口，但与对外服务区域应有直接或者间接的联系
辅助后勤区域		最低	可单独设置，亦可与办公区配合设置

布局模式

检察院内部功能布局模式以聚合式和独立分置式为主。聚合式分为聚合分置式及聚合集中式两种。

现有检察院布局模式多以聚合式为主，此模式相对集约利用土地资源，紧凑高效，适应性较强，办事效率较高，此种布局模式多用于用地较为紧张的城区。

独立分置式布局模式主要通过连廊以及庭院等建筑元素将各功能体块连接。各区域应遵循独立性强、干扰少，但互相关联可控的原则进行布局。连廊与庭院组合的空间模式为办公带来了更为良好的空间感受，及适宜的采光和通风环境。在一定程度上带来了改扩建的可能性。此种布局模式多出现于用地较为宽松或者等级规模较高的高级人民检察院或最高人民检察院。

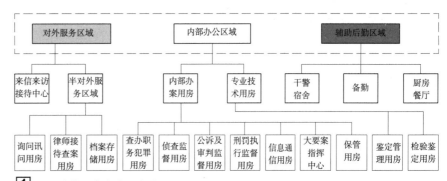

1 平面功能组合方式示意图

功能布局模式关系　　　　　　　　　　　　　　　　　　表4

类型	聚合式		独立分置式
特征	聚合分置式	聚合集中式	各主要功能独立分开，通过连廊及内院组织内部流线
	各功能集中在一栋建筑体量之中，办公效率较高		
图示			
优点	高效集约利用土地，适用于用地条件较为紧张的城市中心区建设用地；办公效率相对较高；有利于安保		各区域相对独立，但关联可控；独立的院落通廊空间带来更好的办公条件；有利于改扩建
缺点	功能结合相对复杂，流线易交叉重叠		各功能区域相对独立，但流线较长，办公效率相对较低；安保难度相对较大
案例	赤峰市人民检察院	北京市人民检察院	上海市检察院一分院
	通过院落及连廊连接内部功能	集中布局方式，高效集约裙房设置对外服务及后勤，塔楼部分为办公	二期用地将原有对外服务及内部办公完全独立，并用后勤场地连接

对外服务区域　　内部办公区域　　后勤辅助区域

检察院 [4] 功能流线组织

流线组织

检察院的流线主要分为信访流线、涉案流线、办公流线及后勤流线四大流线。

1. 信访流线包含两种流线，即信访人员流线和法警、武警、律师流线。两种流线应避免交叉而造成安全上的隐患。两种不同流线的出入口可位于同一区域但应分开设置，也可位于不同区域分开设置。

2. 涉案流线涉及嫌疑人、律师接待以及公众监督等功能。嫌疑人出入口不应与其他流线发生交叉，但应方便内部办公人员到达。

3. 办公流线包括办案专用流线及专业技术用房流线。

4. 后勤流线主要涉及与办公人员、辅助办公人员、法警、武警等相关的就餐、厨房、住宿、货物进出、仓储等功能。

5. 后勤流线应保持独立，且与其他流线应互不干扰且互相关联。

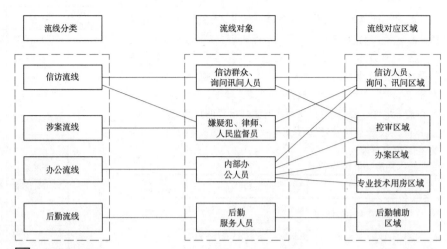

1 检察院流线分类

流线设计要点 表1

流线名称		设计要点	流线开放度
信访流线		应单独设置出入口；不与其他功能交叉；设置法警、武警及律师的专用通道	最高
涉案流线		应有利于律师到达内部办公；有到达信访区域的专用通道；人民监督员易到达	中
办公流线	办案流线	两种流线应互不干扰且相互合理连接	低
	专业技术用房流线		
后勤流线		功能应保持独立，并考虑后勤卸货场地	低

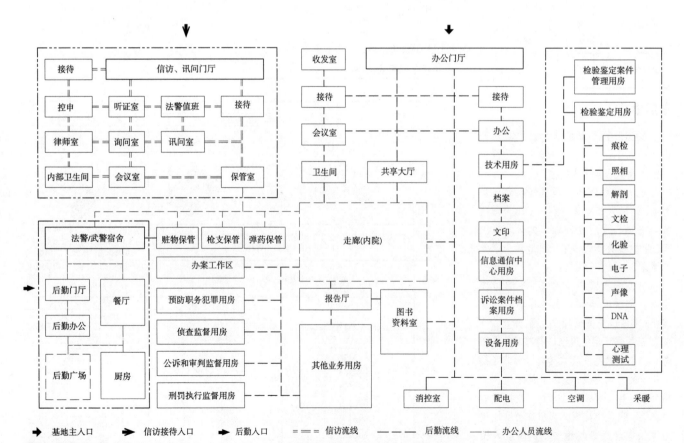

2 综合交通流线组织

建设规模

人民检察院的"两房"建设内容包括办案用房及专业技术用房。

根据《人民检察院办案用房和专业技术用房建设标准》（建标137-2010），各级人民检察院的办案用房及专业技术用房的比例为7:3。

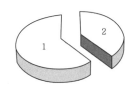

1 办案用房　70%
2 专业技术用房　30%

1 各级检察院办案用房及专业技术用房面积比例图

专业技术用房主要分为检验鉴定案件管理用房以及检验鉴定用房，在各等级检察院建设标准中约占两房建设面积的30%。其中，检验鉴定用房面积随检察院等级的逐级降低而相应减少。

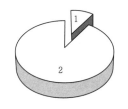

1 检验鉴定案件管理用房　10%
2 检验鉴定用房　90%

2 各级检验鉴定用房及其管理用房的面积比例图

申诉接待用房主要负责承办受理、接待报案、控告和举报，接受犯罪人的自首，及受理不服人民法院已经发生法律效力的刑事判决、裁定的申诉以及负有赔偿义务的刑事赔偿案件等工作。

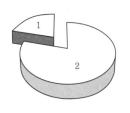

1 控告申诉接待用房　21%
2 其他办案用房　79%

3 各级控告申诉接待用房所占办案用房的面积比例图

各级预防职务犯罪用房主要分为大要案侦查指挥用房、办案工作区以及预防职务犯罪用房，在各等级检察院建设标准中约占总办公用房面积的49%。

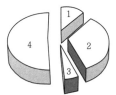

1 大要案侦查指挥用房　11%
2 办案工作区　33%
3 预防职务犯罪用房　5%
4 其他办案用房　51%

4 各级预防职务犯罪用房所占办案用房的面积比例图

办案用房建设规模与面积指标表（单位：m²）　　表1

分类	等级	规模（人数）	办案用房							
			控告申诉接待用房	查办和预防职务犯罪用房			侦查监督用房	公诉和审判监督用房	刑罚执行监督用房	小计
				大要案侦查指挥用房	办案工作区	预防职务犯罪用房				
高级检察院	一级	11000及以上	750~990	350~550	1180~1500	150~240	200~310	610~980	100~200	3340~4770
中级检察院	二级	8000~11000	320~430	70~80	520~690	50~60	110~160	190~240	60~90	1320~1750
基层检察院	三级	8000及以下	180~250	—	280~380	30~40	40~60	130~180	40~60	700~920

办案用房建设规模与面积指标表（单位：m²）　　表1续

分类	等级	规模（人数）	办案用房								
			其他业务用房					信息通信中心用房	诉讼案件档案用房	保管用房	合计
			案件管理中心	检查委员会	新闻发布室	人民监督员用房	律师用房				
高级检察院	一级	11000及以上	130~180	150~200	100~180	100~190	100~180	760~900	610~770	300~450	5590~7820
中级检察院	二级	8000~11000	40~60	80~100	—	40~60	60~90	290~340	240~300	140~200	2210~2900
基层检察院	三级	8000及以下	20~30	40~50	—	40~60	—	150~190	100~130	60~100	1130~1550

注：摘自《人民检察院办案用房和专业技术用房建设标准》建标137-2010。

专业技术用房建设规模与面积指标表（单位：m²）　　表2

分类	等级	规模（人数）	专业技术用房										
			检验鉴定案件管理用房	检验鉴定用房									合计
				法医检验鉴定用房	文件检验鉴定用房	痕迹检验鉴定用房	司法会计检验鉴定用房	电子证据检验鉴定用房	声像资料鉴定用房	理化检验鉴定用房	DNA检验鉴定用房	心理测试实验用房	
高级检察院	一级	11000及以上	220~300	450~610	160~200	220~290	160~260	280~360	420~570	240~340	160~300	100~150	2410~3380
中级检察院	二级	8000~11000	100~140	270~360	60~90	90~130	90~110	120~160	140~180	70~90	—	80~110	1020~1370
基层检察院	三级	8000及以下	60~90	320~440	40~60	40~60	60~80	60~80	60~80	40~50	40~50	—	380~530

注：摘自《人民检察院办案用房和专业技术用房建设标准》建标137-2010。

检察院 [6] 对外服务区域·信访接待用房

对外服务区域

检察院对外服务区域主要包含控告申诉接待用房及半对外服务用房。

控告申诉接待用房又称信访接待中心，其主要功能为受理公民投诉、受理涉嫌职务犯罪案件等。信访接待中心通常需设置独立的信访门厅，与其他功能相独立。

半对外服务区包含部分办案工作区用房，如询问室、讯问室、当事人接待室、律师接待室及办案人员休息室等。

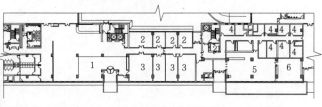

1 信访门厅　2 讯问用房　3 询问用房　4 接待室　5 控审举报大厅　6 听证室

1 某省级检察院对外服务区域功能关系

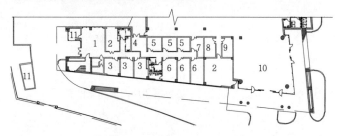

1 信访门厅　2 机房　3 接待室　4 询问讯问门厅　5 询问讯问专用卫生间　6 讯问用房
7 枪支弹药用房　8 法警值班室　9 总值班室　10 办公门厅　11 门卫

2 某市级检察院对外服务区域功能关系

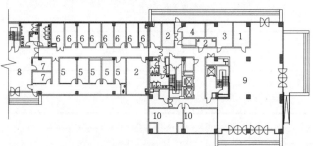

1 信访门厅　2 机房　3 接待室　4 法警值班　5 讯问用房　6 询问用房　7 法医室
8 辅助门厅　9 主人办公门厅　10 消防安保中心

3 某基层检察院对外服务区域功能关系

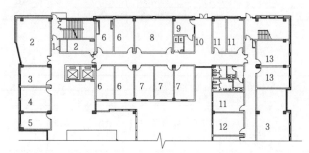

1 信访门厅　　　2 法警大队办公室　3 法警办公室　4 司法干警办公室
5 法警执勤办公室　6 询问室　　　　7 讯问室　　　8 监控指挥室　9 值班室
10 主入口办公门厅　11 律师接待室　12 检察长接待室　13 法警大队办公室

4 某基层检察院对外服务区域功能关系

信访接待用房

信访接待用房是对外服务区域的主要用房。该用房包括来访大厅、接待室、网络/电话接访室、申诉案件室、案件研讨室、警务工作室、信访资料室等。

其平面布局应符合以下要求：

1. 出入口方便相关人员与车辆进出，门前留有一定的缓冲区域，且应与办公等其他功能出入口保持距离。

2. 该区域流线应与其他流线独立设置，且应方便内部办公人员到达。

3. 按照接访方便、互不干扰和安全保密的原则，合理布置各类用房。

1 侦查指挥中心
2 监控室
3 询问室
4 暂押室
5 测谎室
6 会议室
7 信访举报
8 信访门厅
9 食堂

此实例信访门厅较为隐蔽，整个功能区域与食堂后勤部分相邻，有独立出入口。

5 某基层检察院信访接待用房功能布局

1 信访门厅　2 办公室　3 干警室　4 接待室　5 案件讨论室　6 会议室　7 信访举报
8 保安室

此实例中信访接待用房结合信访举报、保安室、接待室、干警室和办公室等功能统一设置，并简化了各类接访室。其功能区域也相对独立。

6 某基层检察院信访接待用房功能布局

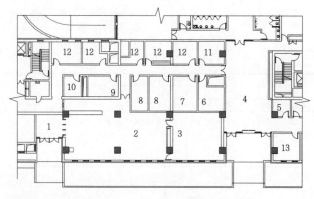

1 控审门厅　2 控告申诉举报大厅　3 听证室　4 信访门厅　5 管理间
6 接待室　7 检察长接待室　8 人大代表接谈室　9 自动举报室
10 安检门监控室　11 内部接待室　12 控审室　13 处长值班

此实例为某高级检察院信访接待区，该区结合了控告申诉举报大厅、举报室等，相对其他级别检察院，细化了信访门厅功能。

7 某高级人民检察院信访接待用房功能布局

询问室、讯问室

询问室和讯问室通常放置在同一个功能区域内，出入口考虑结合布置。

一般在布置平面时，相邻区域内考虑配有保管室（赃物、枪支、弹药等保管室）以及法警休息室。

1. 询问室

询问室是接待一般民众来访的用房，其设计要求如下：

询问室必须有独立的出入口，并且应与办公主入口分开设置，以符合方便接访、互不干扰、安全保密及内外区别的原则。

询问室内应设有录音、摄像和室内温湿度控制设备等设施。

询问室相对于一般的用房，其最大特点在于需保持符合标准的室内湿度、温度以及不可间断供电等要求。除此之外，必须设有联线话机及摄像监控系统。[1]为适宜的房间参考尺寸。

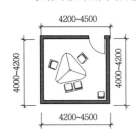

[1] 常用询问室尺度关系

2. 讯问室

讯问室的室内饰面必须选用软质材料敷设，其构造应具有吸声、隔声、消声等性能。

讯问室内应有良好的通风换气及温度控制系统，保证正常的工作需求。

讯问室室内照度应满足摄录工作的需求。

讯问室的室内色彩环境应根据询问工作要求作不同的处理，以利于提高工作效率。

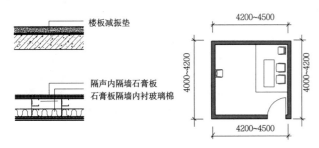

[2] 常用讯问室室内面饰要求　　[3] 常用讯问室尺度关系

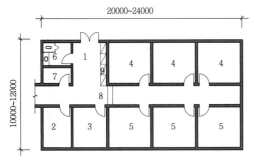

1 询问门厅　2 法警值班　3 数据中心　4 讯问室　5 询问室
6 专用卫生间　7 储藏　8 安检　9 储物柜

[4] 询问室与讯问室尺度关系

保管室

保管室一般可分为三类：赃物保管室、枪支弹药保管室和警械保管室。

赃物保管室：可用来保管证明犯罪嫌疑人、被告人有罪或者无罪的各种物品、文件和根据侦查犯罪需要冻结的犯罪嫌疑人、被告人的存款、汇款等各种相关证据。该用房可以与询问室布置在同一区域。

枪支弹药及警械保管室：专门存放储备和正在使用的警械、武器的功能用房。该用房可以结合武警宿舍布置在同一区域。

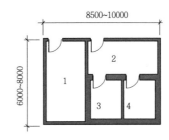

1 法警值班室
2 枪支弹药前室
3 枪支保管室
4 弹药保管室

此实例中，枪支保管室以及弹药保管室隔墙均采用钢筋混凝土做防护。

[5] 某基层人民检察院保管室

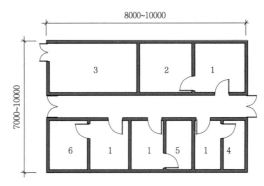

1 前室　2 武警枪械室　3 活体验伤室　4 法警子弹库　5 武警子弹库　6 法警枪械

[6] 某中级人民检察院保管室

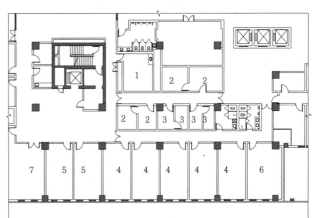

1 活体验伤室　2 枪支保管室　3 子弹保管室　4 武警宿舍　5 武警子弹库　6 干警值班
7 活动室

此实例中，保管用房结合武警宿舍设置，有利于紧急出警时枪支弹药的携带。

[7] 某高级人民检察院保管室

检察院 [8] 查办与预防职务犯罪用房·新闻发布厅·模拟法庭

查办与预防职务犯罪用房（反贪、纪检部门）

查办和预防职务犯罪用房包括大要案侦查指挥中心用房、办案工作用房和预防职务犯罪用房等。

查办与预防职务犯罪用房面积占检察院用房面积比例的28%。

1. 大要案侦查指挥中心用房

大要案侦查指挥中心用房包括案件线索管理室、指挥决策室、通信联络中心、大要案讨论区、专案工作室、控制室及备案资料保管室等。各级检察院按照实际需求进行布置。

2. 办案工作区用房及预防职务犯罪用房

办案工作区主要包括指挥室、案件研讨室、询问室、讯问室、心理测试室、当事人接待室、律师接待室、法警值班、法警备勤室、保管室等。

预防职务犯罪用房，包括预防职务犯罪警示厅、行贿案件查询室等。

新闻发布厅

设置新闻发布厅的检察院多为省级（直辖市级）或以上等级的检察院。

发布厅宜靠近建筑主入口，或者设置于离多功能厅较近的区域。有利于最新信息和政策发布的同时，提供媒体人员最大的便利，避免对检察院其他流线的干扰。

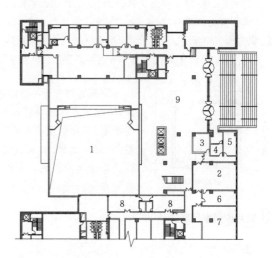

1 多功能报告厅上空　2 新闻发布厅　3 接待室　4 传达室　5 收发室
6 发言人准备室　7 图书资料室　8 院部接待室　9 大厅

此实例中新闻发布厅设置在建筑主入口处，并设有接待与传达用房，满足媒体人员的工作需要。此外还设有发言人准备室，为发言人提供准备和休息空间。

4 某高级检察院新闻发布厅

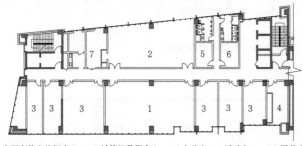

1 大要案侦查指挥中心　2 计算机数据中心　3 办公室　4 活动室　5 屏蔽室
6 更衣室　7 新风机房

此实例中设置功能为大要案指挥中心。计算机数据中心设置有屏蔽室，保证数据存储安全。

1 某中级检察院侦查指挥中心

模拟法庭

人民检察院模拟法庭的平面布局应符合以下要求：

1. 根据检察院等级及规模确定模拟法庭的大小。
2. 合理布置审判长、审判员及书记员旁听等人员席位。
3. 模拟法庭多出现在二级及以上等级的检察院，并配有审判长、书记、陪审员等座席。模拟法庭布置在办案工作区，具有半对外服务功能。

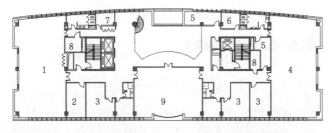

1 大办公室　2 检委会室　3 副检察长办公室　4 法纪检察处　5 储藏室/库房　6 男着装室
7 女着装室　8 机房　9 党组会议室

2 某中级检察院十层办公用房布局示例

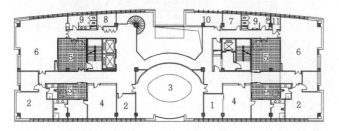

1 检察长办公室　2 副检察长办公室　3 预防职务犯罪警示厅　4 办公室　5 庭院
6 大办公室　7 男着装室　8 女着装室　9 卫生间　10 行贿案件查询室　11 机房

3 某中级检察院十一层办公用房布局示例

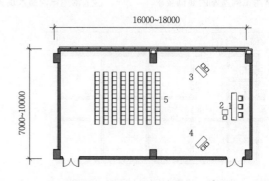

1 审判席　2 书记席　3 原告席　4 被告席　5 旁听席

5 模拟法庭平面布置图

专业技术用房 [9] 检察院

专业技术用房

1. 检测技术在办案中起到非常重要的作用，其技术分工也越来越精细化。检测工作由检察院的相应部门完成，也可由其他专业技术检验机构完成。

2. 专业技术用房约占建筑总面积30%左右，专业技术用房是综合了化学、生物、声像、心理等各类科学实验的综合性实验室，主要为检察院的日常工作提供专业性的技术支撑。专业技术用房分为检验鉴定案件管理用房和检验鉴定用房。检验鉴定用房可以细分为九大类实验用房。

3. 九大类试验鉴定用房分为法医检验鉴定用房、DNA检验鉴定用房、文件检验鉴定用房、痕迹检验鉴定用房、司法会计检验鉴定用房、电子证据检验鉴定用房、声像资料检验鉴定用房、理化检验鉴定用房以及心理测试实验用房。

4. 专业技术用房因为其设备及技术要求的特殊性，需要综合考虑各设备专业的设计要求，满足检察院的使用功能。

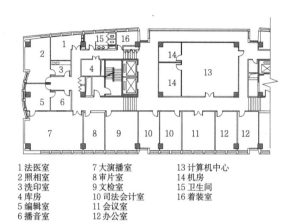

1 法医室　7 大演播室　13 计算机中心
2 照相室　8 审片室　14 机房
3 洗印室　9 文检室　15 卫生间
4 库房　10 司法会计室　16 着装室
5 编辑室　11 会议室
6 播音室　12 办公室

[2] 某省级检察院专业技术用房

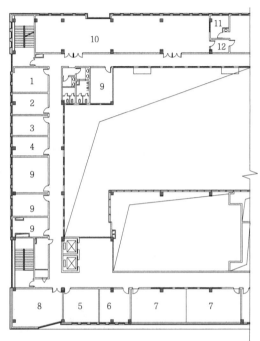

1 声像资料检验鉴定用房　2 痕迹检验鉴定用房　3 理化检验鉴定用房
4 文件检验鉴定用房　5 电子证据检验鉴定用房　6 检验鉴定案件管理用房
7 司法会计检验鉴定用房　8 计算机房　9 科长室　10 餐厅　11 配餐间　12 清洗间

[1] 某基层检察院专业技术用房

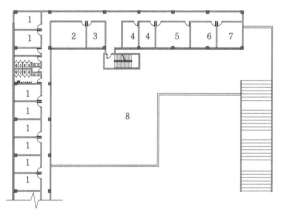

1 办公室　2 痕迹检验室　3 痕迹资料室　4 文检/鉴定室　5 活体检验室　6 物证检验室
7 红外检验室　8 屋顶花园

[3] 某地级市检察院专业技术用房

专业技术用房功能及要求表　　　　　　　　　　　　　　　　　　　　　　　　　　　　　　　　　　　　　　　表1

类型	法医检验鉴定用房	DNA检验鉴定用房	文件检验鉴定用房	痕迹检验鉴定用房	司法会计检验鉴定用房	电子证据检验鉴定用房	声像资料检验鉴定用房	理化检验鉴定用房	心理测试实验用房
实验室性质	生物	生物	物理	物理、化学	财务	数据机房	消声	化学、物理	心理
功能概述	包括法医现场实验室和法医物证等功能	语音、声纹、笔记、印刷品等的分析检验	犯罪现场痕迹的发现识别、显现检验和鉴定	对会计凭证、账簿、报表资料等财务状况进行检验	对利用电子违法犯罪活动中的证据进行收集、审查和确认	使用数字化实现视听资料的识别和检测	采用物理和化学手段进行分析和试验	研究、测试、鉴定被测人谈话真实性
设计要点	1.考虑安全疏散流线 2.为部分功能室增加参观通道，提高实验室的交流功能	1.将各功能划分为普通、特殊试验区以及污染控制区	设置大型冲印设备，需考虑重载与排水环保处理	进行功能分区，如一般痕迹实验室、大型物品显现、枪弹实验室	1.窗户设计合理使光线适当 2.使用中等色调的墙面颜色	电源安全等级满足电子信息机房标准	1.无采光居多 2.隔声吸声构造	1.精密设备需配备良好的隔振设施 2.房间需防尘、易清洁，考虑防火防爆燃设施	窗户设计合理使光线适当，使用中等色调的墙面颜色
机电要求	空调、强力排风、地漏、污水排放、紫外消毒、实验用气、水斗	空调、通风、实验台上排风、网口	一般空调、网口	架空地板、空调、高压细水雾	隔声、防静电、防尘	空调、水、煤气、通风、实验用气、网口	防尘、防静电、架空地板
其他要求	恒温、净化空调、洁净度7/8级别	隔声、吸声	可配置内循环通风柜	隔声、恒温	空气净化、净高大于3m	工作台排风、通风柜	隔声、吸噪、降噪

检察院 [10] 实例

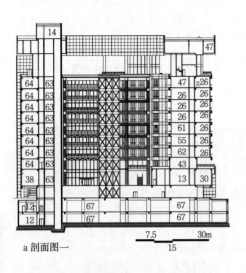

a 剖面图一

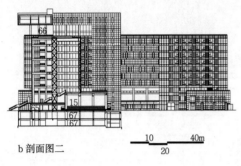

b 剖面图二

1 门厅	24 音像资料库房	46 物业
2 控申室	25 库房	47 会议室
3 训练室	26 办公室	48 电话会议室
4 举报大厅	27 档案阅览室	49 服务间
5 听证室	28 档案校对室	50 试听中心
6 接待室	29 图书室	51 图像中心
7 政协访谈室	30 整理归档室	52 文检用房
8 监控室	31 收发借阅室	53 内勤用房
9 宿舍	32 周转室	54 软件研讨室
10 活动室	33 图书资料阅览室	55 审片室
11 处长带班室	34 新闻发布厅	56 计算机中心
12 值班室	35 发言人准备室	57 技术实验室
13 预留用房	36 收发室	58 摄影室
14 机房	37 传达室	59 衣帽间
15 多功能厅	38 餐厅	60 演播间
16 来宾接待室	39 厨房	61 大要案指挥中心
17 化妆室	40 主食间	62 个案指导组用房
18 传达室	41 副食间	63 消防前室
19 休息室	42 冲洗	64 卫生间
20 车队办公室	43 培训教室	65 反贪局谈话室
21 子弹库	44 电教室	66 大空间办公室
22 枪械库	45 屋顶花园	67 车库
23 屋面		

1 北京市人民检察院

名称	主要技术指标	建成时间	设计单位
北京市人民检察院	建筑面积 57700m²	2005	中国建筑设计院有限公司

该检察院用地相对较为宽松，地下2层，地上12层，总面积约57700m²。总体通过非对称的"L"形布局，将对外服务的控申、信访接待、举报大厅以及多功能厅分别设置在"L"形的两个长短边。对外服务办公主要集中在一层和二层，三层及以上为内办公

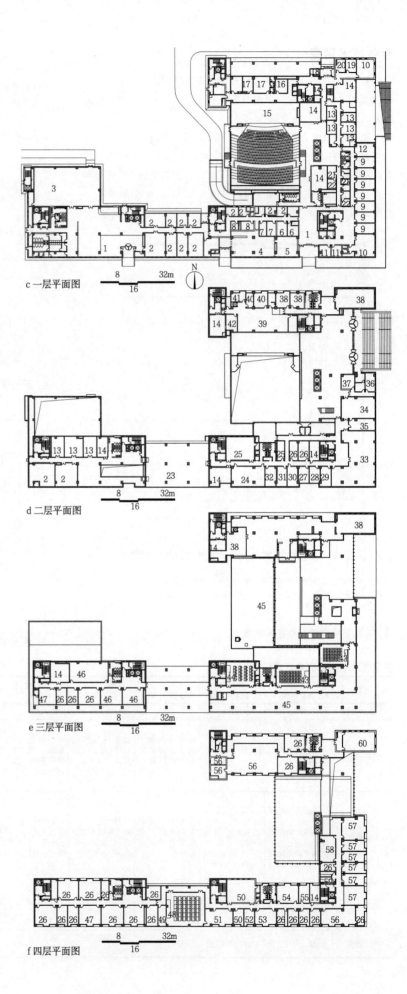

c 一层平面图

d 二层平面图

e 三层平面图

f 四层平面图

实例 [11] 检察院

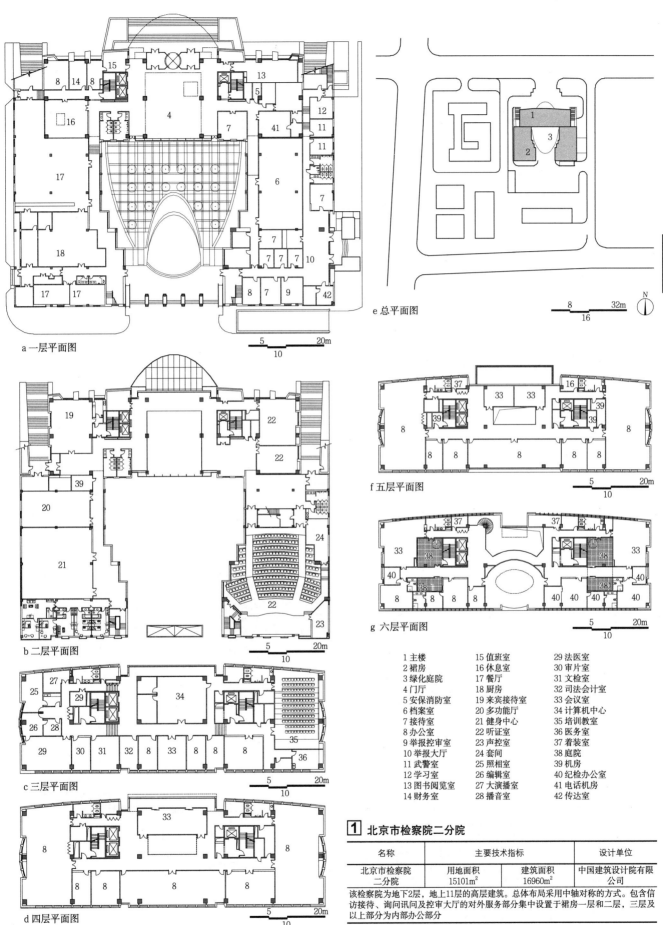

a 一层平面图
b 二层平面图
c 三层平面图
d 四层平面图
e 总平面图
f 五层平面图
g 六层平面图

1 主楼	15 值班室	29 法医室
2 裙房	16 休息室	30 审片室
3 绿化庭院	17 餐厅	31 文检室
4 门厅	18 厨房	32 司法会计室
5 安保消防室	19 来宾接待室	33 会议室
6 档案室	20 多功能厅	34 计算机中心
7 接待室	21 健身中心	35 培训教室
8 办公室	22 听证室	36 医务室
9 举报控审室	23 声控室	37 着装室
10 举报大厅	24 套间	38 庭院
11 武警室	25 照相室	39 机房
12 学习室	26 编辑室	40 纪检办公室
13 图书阅览室	27 大演播室	41 电话机房
14 财务室	28 播音室	42 传达室

1 北京市检察院二分院

名称	主要技术指标		设计单位
北京市检察院二分院	用地面积 15101m²	建筑面积 16960m²	中国建筑设计院有限公司

该检察院为地下2层,地上11层的高层建筑。总体布局采用中轴对称的方式。包含信访接待、询问讯问及控审大厅的对外服务部分集中设置于裙房一层和二层,三层及以上部分为内部办公部分

检察院 [12] 实例

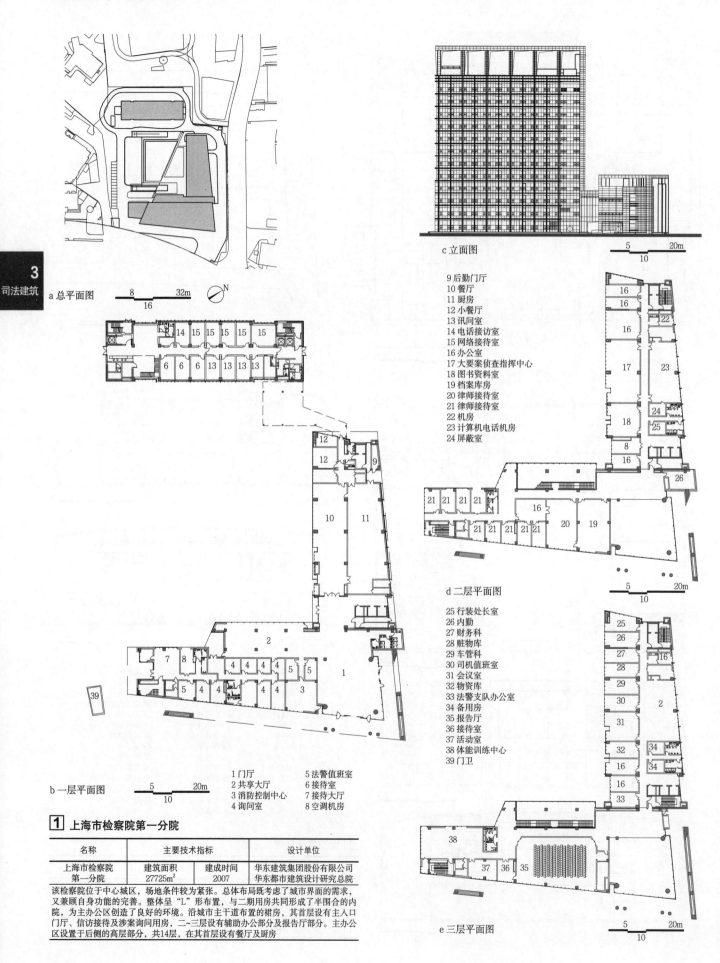

a 总平面图

c 立面图

b 一层平面图

d 二层平面图

e 三层平面图

1 门厅
2 共享大厅
3 消防控制中心
4 询问室
5 法警值班室
6 接待室
7 接待大厅
8 空调机房
9 后勤门厅
10 餐厅
11 厨房
12 小餐厅
13 讯问室
14 电话接访室
15 网络接待室
16 办公室
17 大要案侦查指挥中心
18 图书资料室
19 档案库房
20 律师接待室
21 律师接待室
22 机房
23 计算机电话机房
24 屏蔽室
25 行装处长室
26 内勤
27 财务科
28 赃物库
29 车管科
30 司机值班室
31 会议室
32 物资库
33 法警支队办公室
34 备用房
35 报告厅
36 接待室
37 活动室
38 体能训练中心
39 门卫

1 上海市检察院第一分院

名称	主要技术指标		设计单位
上海市检察院第一分院	建筑面积 27725m²	建成时间 2007	华东建筑集团股份有限公司 华东都市建筑设计研究总院

该检察院位于中心城区，场地条件较为紧张。总体布局既考虑了城市界面的需求，又兼顾自身功能的完善。整体呈"L"形布置，与二期用房共同形成了半围合的内院，为主办公区创造了良好的环境。沿城市主干道布置的裙房，其首层设有主入口门厅、信访接待及涉案询问用房，二~三层设有辅助办公部分及报告厅部分。主办公区设置于后侧的高层部分，共14层，在其首层设有餐厅及厨房。

实例 [13] 检察院

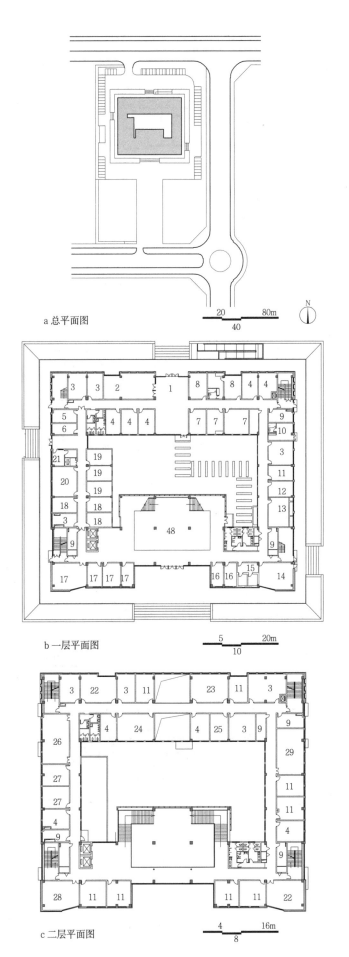

a 总平面图
b 一层平面图
c 二层平面图

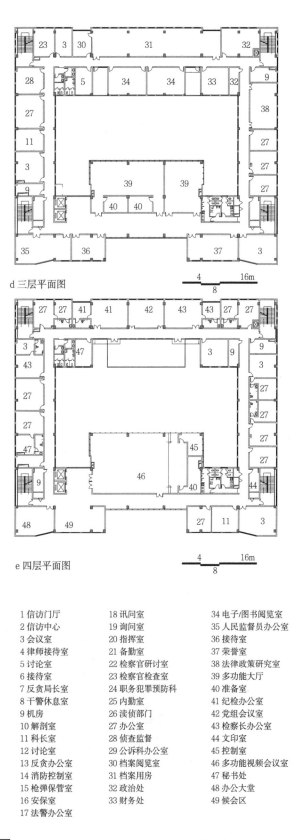

d 三层平面图
e 四层平面图

1 信访门厅
2 信访中心
3 会议室
4 律师接待室
5 讨论室
6 接待室
7 反贪局长室
8 干警休息室
9 机房
10 解剖室
11 科长室
12 讨论室
13 反贪办公室
14 消防控制室
15 枪弹保管室
16 安保室
17 法警办公室
18 讯问室
19 询问室
20 指挥室
21 备勤室
22 检察官研讨室
23 检察官检查室
24 职务犯罪预防科
25 内勤室
26 渎侦部门
27 办公室
28 侦查监督
29 公诉科办公室
30 档案阅览室
31 档案用房
32 政治处
33 财务处
34 电子/图书阅览室
35 人民监督员办公室
36 接待室
37 荣誉室
38 法律政策研究室
39 多功能大厅
40 准备室
41 纪检办公室
42 党组会议室
43 检察长办公室
44 文印室
45 控制室
46 多功能视频会议室
47 秘书处
48 办公大堂
49 候会区

1 四川双流检察院

名称	主要技术指标	设计时间	设计单位
四川双流检察院	总建筑面积12374.70m²	2008	中国建筑西南设计研究院有限公司

该检察院用地宽松，整体布局呈回字形。对外的信访接待部分、涉案询问部分，主入口门厅均分开设置于首层的不同侧，二~五层为主办公区域

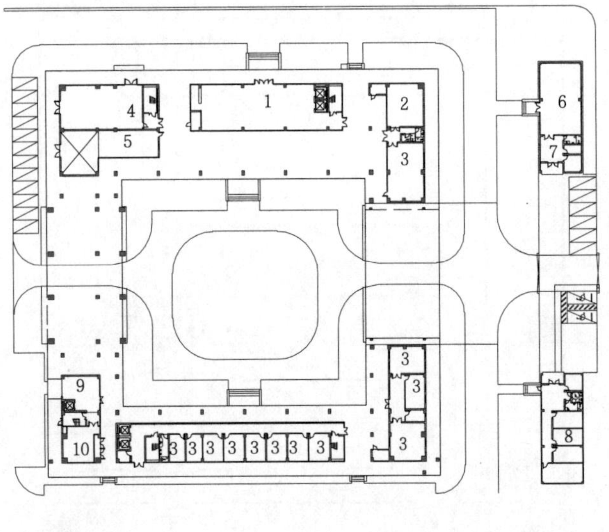

检察院 [14] 实例

a 一层平面图

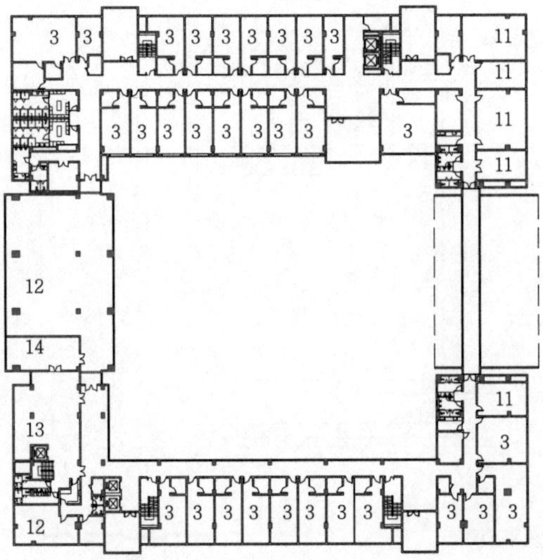

b 二层平面图

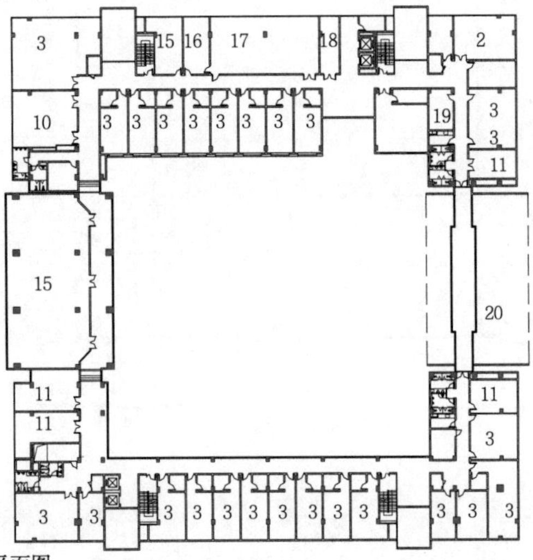

c 三层平面图

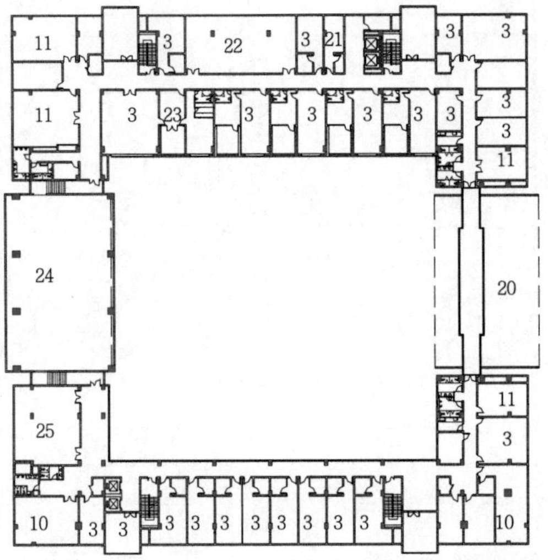

d 四层平面图

e 立面图

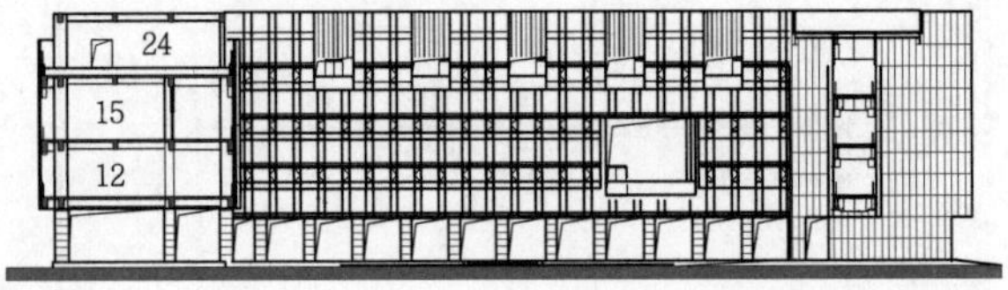

f 剖面图

1 上海市金山区检察院

名称	主要技术指标	设计时间	设计单位
上海市金山区检察院	总建筑面积 14515m²	2008	华东建筑集团股份有限公司 华东都市建筑设计研究总院

该检察院用房为地上4层的多层建筑。总体布局呈回字形，首层设有主门厅、辅助办公及信访接待部分。建筑局部做架空处理，有利于形成良好的自然通风效果。二层以上设主办公区；餐厅及会议厅等高大空间功能集中设置于二、三、四层

1 办公门厅　8 接待室　　14 备餐间　　20 休闲交流区
2 机房　　　9 卸货区　　15 会议室　　21 秘书室
3 办公室　　10 储藏室　　16 借阅室　　22 接待室
4 变配电室　11 会议室　　17 档案室　　23 休息室
5 水泵房　　12 餐厅　　　18 钢瓶室　　24 屋顶花园
6 消防控制室 13 厨房　　　19 复印室　　25 资料室
7 门卫

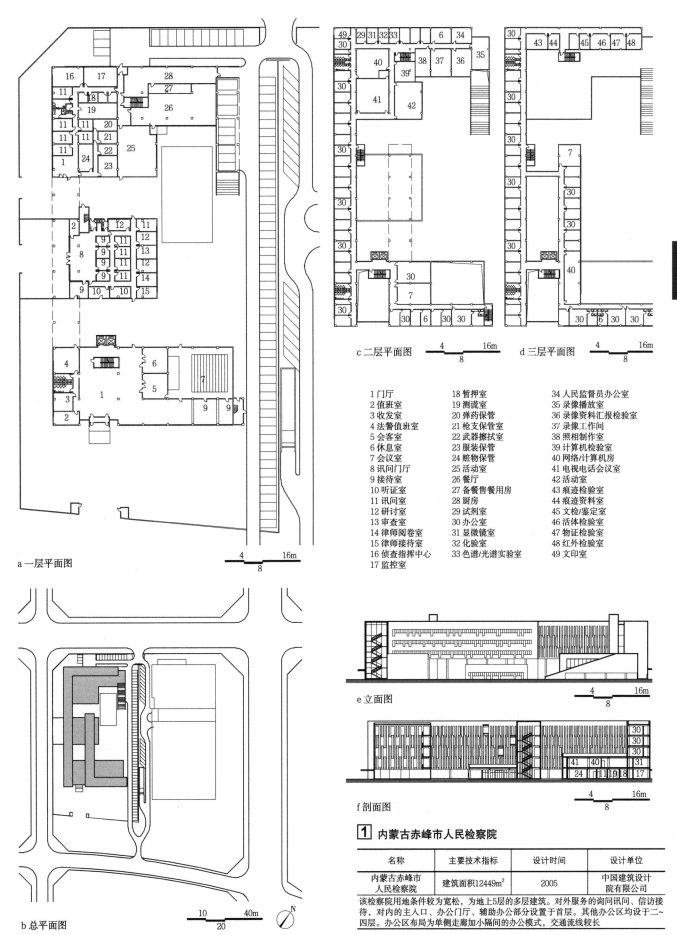

检察院 [16] 实例

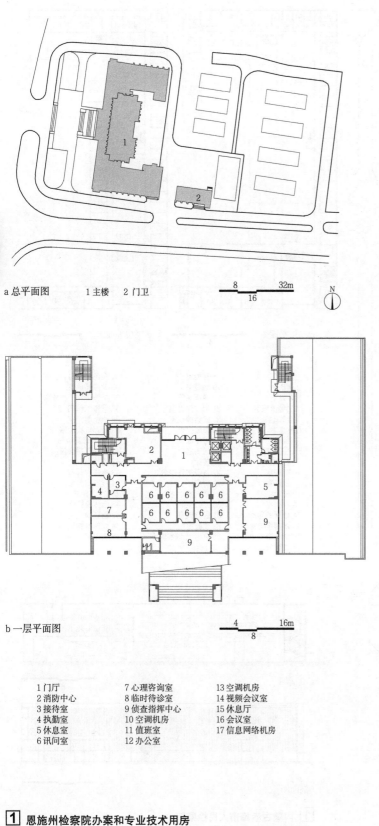
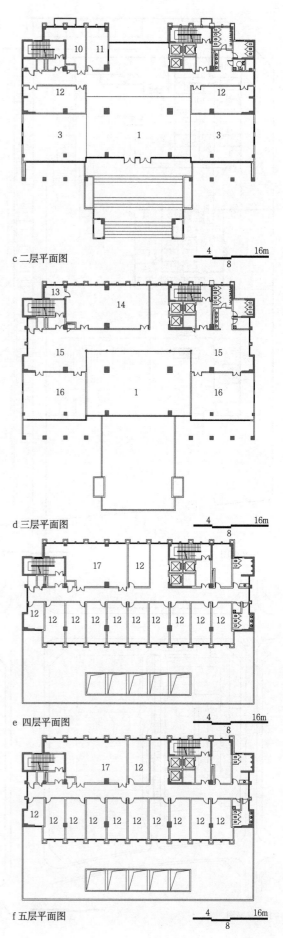

a 总平面图　　1 主楼　2 门卫

b 一层平面图

c 二层平面图

d 三层平面图

e 四层平面图

f 五层平面图

1 门厅
2 消防中心
3 接待室
4 执勤室
5 休息室
6 讯问室
7 心理咨询室
8 临时待诊室
9 侦查指挥中心
10 空调机房
11 值班室
12 办公室
13 空调机房
14 视频会议室
15 休息厅
16 会议室
17 信息网络机房

1 恩施州检察院办案和专业技术用房

名称	主要技术指标	设计时间	设计单位
恩施州检察院办案和专业技术用房	建筑面积19398m²	2012	中南建筑设计院股份有限公司

该检察院为自治州中级人民检察院，项目用地条件较宽松。总体呈"C"字形布局，主办公楼居中，两侧建筑向后延伸，形成半开放式内院。主立面设有大台阶直达二层。二层及以上为内部办公区域。大台阶下的首层设有对外服务功能用房

基本概念

公安机关是人民政府的重要组成部分,是国家的行政机关,同时它又担负着刑事案件的侦查任务,因而它又是国家的司法机关之一。

公安机关的职责是:预防、制止和侦查违法犯罪活动;防范、打击恐怖活动;维护社会治安秩序,制止危害社会治安秩序的行为;管理交通、消防、危险物品;管理户口、居民身份证、国籍、入境事务和外国人在中国境内居留、旅行的有关事务;维护国(边)境地区的治安秩序;警卫国家规定的特定人员、守卫重要场所和设施;管理集会、游行和示威活动;监督管理公共信息网络的安全监察工作;指导和监督国家机关、社会团体、企业事业组织和重点建设工程的治安保卫工作,指导治安保卫委员会等群众性治安保卫组织的治安防范工作。

公安机关办公用房和业务技术用房宜共同建设,共用附属用房。

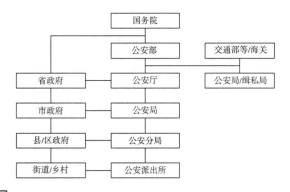

[1] 行政管理构成图

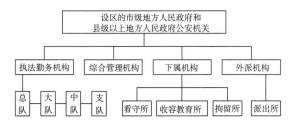

[2] 内设机构构成图

选址要点

1. 公安机关业务用房宜临近城市主要道路。基地出入口设置和停车数量应符合业务专用功能需求。

2. 公安局选址应考虑其服务半径以及周边交通便利性,确保出警迅速、宜避开商业闹市,以免影响出警速度;适当远离居民生活区,避免出警扰民。

3. 选址应选择工程水文地质较好、周边市政设施完备、远离污染源及存有易燃易爆危险品的区域。

4. 警务技能训练基地宜依托公安警校进行建设。

5. 警犬基地应根据繁育与训练特点,独立选址建设,并避开人员密集的生活、学习和工作场所。

6. 公安机关监管用房应避开高层建筑、人口密集区及对公共安全有特殊要求的地区,并设置外围隔离带。

建设标准

公安用房建设标准   表1

名称	使用对象	建设规范标准
机关办公用房	综合管理机构办公 执法勤务机构办公	党政机关办公用房建设标准(2014)
业务技术用房	警务专业技术用房	公安机关业务技术用房建设标准 (建标130-2010)
公安派出所	公安派出机构	公安派出所建设标准(建标100-2007号)
公安监管用房	看守所	看守所建设标准(建标126-2013)
	拘留所	拘留所建设标准(建标102-2008)
	收容教育所	收容教育所建设标准(建标147-2010)
	强制隔离戒毒所	强制戒毒所建设标准(建标188-2005)
	安康医院	公安监管场所特殊监区建设标准 (建标113-2009)

注:本章节依次介绍公安机关业务技术用房和派出所。

公安机关技术用房建设内容

公安机关业务技术用房建设标准   表2

分类	行政级别	在编民警人数	建设标准
一类	省、地(市)级公安机关业务用房	>2000人	不超过28m²/人
		<200人	不超过40m²/人
二类	县(区)级公安机关业务用房	>500人	不超过28m²/人
		<100人	不超过38m²/人

注:1. 在编警人数采用插入法计算,详见《公安机关业务技术用房建设标准》。
2. 公安机关办公用房和业务技术用房共建及业务用房单独建设时,建设规模和水平均参照《党政机关办公用房建设标准》。

公安机关业务技术用房功能构成   表3

功能名称	功能组成	建筑面积分配比例	
		一类	二类
指挥中心用房	接处警指挥大厅(含三台一用房)、指挥室、要素室、情报收集研判室、专用机房、值班室等	4%	8%
办案用房	来访等候接待室、讯问室、询问室、辨认室、监听监视室、情报采集室、案情分析室、专家审卷会审室等	3%	7%
窗口用房	信访用房、机动车和驾驶人业务办理用房、驾驶人教育考试、交通违法和事故处理用房、出入境服务大厅、办证用房、人像采集室、制证室、管理用房等	9%	14%
信息通信用房	计算机网络机房、信息机房、视频指挥调度室、电视电话会议室、应急通信系统机房、公安信息库用房等	12%	9%
网络安全保卫用房	监控侦控工作机房、电子数据鉴定与攻防实验室、网络舆情处置指挥室等	5%	5%
技术侦查用房	办案用技术用房、侦控机房、侦控实验室、侦控装备用房等	7.5%	—
机要工作用房	密码通信值班室、密码通信室、密码电报办、阅报室、密码通信网络机房、密码库等	2%	2.5%
刑事技术用房	刑事技术管理用房、现场勘查技术用房、实验室用房	33%	28%
物证收缴物品保管用房	贵重物品保管室、一般物品、收缴物品保管室、收缴毒品及易制毒化学品、强制爆炸物品保管室等	4%	8%
警用装备物资保管用房	枪支保管、弹药保管、警用装备、警用服装、特种车辆、应急储备物资保管室等	13%	7%
档案保管用房	档案库房、接收整理、编目阅览、保护技术等	3%	6%
备勤用房	学习、值班、活动等	4%	5%
警务技能训练用房	日常训练所需的擒拿格斗用房等	0.5%	0.5%

注:摘自《公安机关业务技术用房建设标准》建标130-2010。

公安机关 [2] 总体布局

总体布局

总体布局要素可分为建筑用地、绿化用地、集散场地和停车用地。根据相关功能性质可分为业务办公区、对外服务区、后勤生活区。

1. 设计应统筹布置，充分协调建筑用地与绿化用地、集散场地和停车用地的关系，形成高效合理、安全有序的布局模式。

2. 根据公安机关功能多样性和复杂性的特点，如用地条件允许，宜优先采用水平分区，其次考虑"水平+垂直"分区，用地紧张则宜采用垂直分区。

3. 对外服务区与其他区域应设围墙或门禁等隔离措施，避免干扰。

4. 人员活动较频繁、噪声较大的区域（如警务训练用房区）和要求安静的区域（如刑侦实验室）应尽量分隔。

功能构成　　　　　　　　　　　　　　　　　　表1

分类	基本内容	组成部分	设计要点
业务办公区	工作人员活动区域，人流可达建筑内部办公区域	内部停车场、行政办公用房、指挥中心用房、刑事技术用房等	出入口宜面对城市主干道；行政办公用房前宜设广场；临近内部停车场，考虑警察专用停车场；刑事技术办公宜单独设区；出警口应确保出警快速安全，不干扰基地周边居民；毒化、理化等实验室不宜设置在上风向
对外服务区	面向公众开放的区域，人流可达建筑公共区域	公共停车场、人流集散广场、信访接待用房、入境大厅、车管用房、办案用房、法医伤残鉴定等	出入口宜面对城市次干道，宜临街设人流集散广场和公众停车场；对外服务区与其他区域设置隔离措施如门禁或围栏时，区域间应留有便利安全的工作通道；信访宜单独设出入口，并与其他出入口保持一定距离
后勤生活区	保障机关日常运作的区域，人流可达后勤区域	食堂、生活、训练用房等	出入口宜面对城市次干道或辅道，根据具体用地状况可与其他区域合设，厨房不宜设置在上风向区域

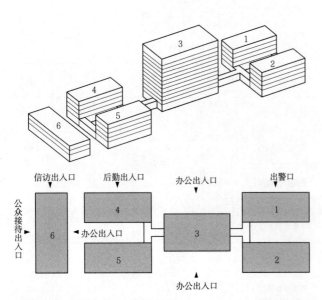

1 刑侦用房　2 技侦用房　3 行政用房　4 后勤用房　5 指挥中心　6 对外服务用房

1 功能构成

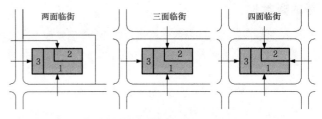

1 业务办公区域　2 后勤生活区域　3 对外服务区域

2 基地出入口与城市道路关系示意图

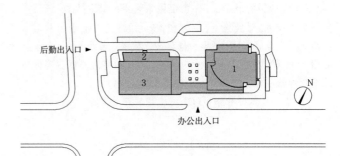

1 业务办公区域　2 后勤生活区域　3 对外服务区域

3 二面临街总平面示例

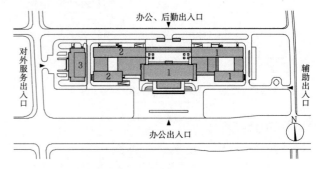

1 业务办公区域　2 后勤生活区域　3 对外服务区域

4 四面临街总平面示例

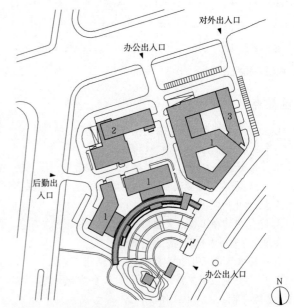

1 业务办公区域　2 后勤生活区域　3 对外服务区域

5 三面临街总平面示例

交通流线

公安机关用房功能多样、流线复杂，交通流线设置宜遵循以下主要原则。

1. 安全原则：犯罪嫌疑人流线、危险品运输流线不宜迂回过长，应回避公众流线，尽量避免与其他流线交叉。

2. 简捷原则：交通流线的组织宜简单清晰，便捷高效。性质不同的流线应分区明确，如对内、对外流线避免交叉；性质类似的流线可统一组织，如各警种办公流线可并线设置；出警流线应便捷顺畅。

3. 环保原则：业务技术工作所产生的废物、废水、废气应集中收集并消毒处理，宜辟专门路线清运以避免污染。

交通流线设计要点　　　　　　　　　　　　　表1

流线名称	设计要点
日常办公流线	可以分别到达各个办公区域；不同安全等级区域间应设有门禁；根据具体的用房需求设置停车位
公众流线	具有单独出入口，考虑登记等缓冲空间；与其他流线分区明确；设有公众广场，路径宜便捷，导向明确；停车场便于就近到达办事用房
出警流线	设有专用停车位，包括警用大巴；道路保持畅通，可就近利用非公众出入口
犯罪嫌疑人流线	为保证犯罪嫌疑人及他人人身安全，应避免和其他流线尤其是公众流线的交叉
后勤流线	考虑后勤工作需要，应设货车卸货场地，后勤人员进入流线应便捷，避免影响主要办公流线

注：1. 公安系统内部的外来办事人员可借用日常办公流线，不与公众流线混用。
　　2. 建筑内部流线详见各功能用房章节。

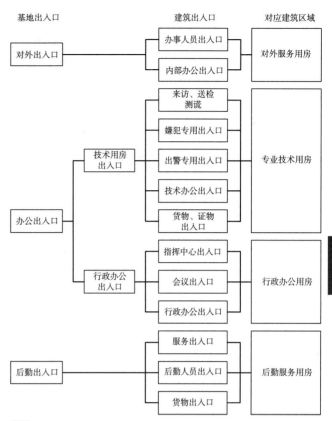

1 基地出入口与流线关系示意图

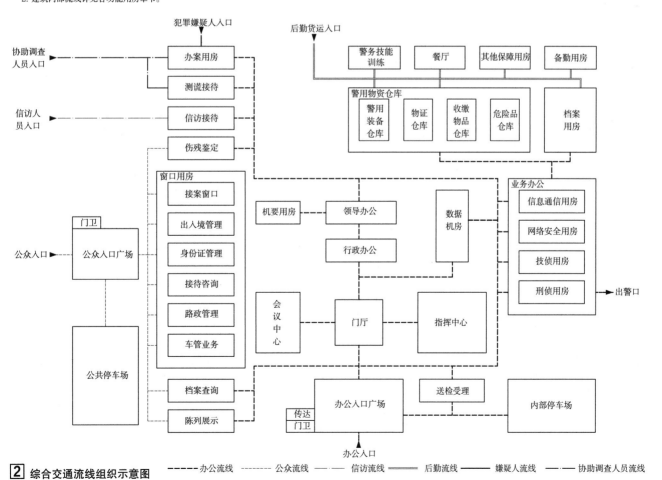

2 综合交通流线组织示意图

公安机关 [4] 指挥中心用房

指挥中心用房

公安机关收集、研判处理各类情报信息，进行参谋决策指挥调度，处置各类突发事件和指挥中心设备运行等所需要的用房。指挥中心的作用是串联上级部门和下属系统，汇总公安内部信息和社会信息，集报警、服务、指挥、调度等作用于一体的平台。

1. 指挥大厅为高大空间，通常位于顶层或裙房，靠近交通核，宜临近领导办公的区域，便于对突发事件做出迅速反应。

2. 动线分为日常办公流线、应急指挥流线和外来人员参观流线，参观流线应避免进入内部功能区域。

3. 指挥中心的专用机房应配置备用电源，确保指挥中心始终运转正常。

指挥中心用房设计要点　　　　　　表1

功能	设计要点
指挥大厅	包括大屏幕、桌面显示屏、接警、金融网点报警、GPS车辆卫星定位、指挥席、公安网等席位，净高根据大屏幕尺寸确定，布置防静电架空地板便于布线
指挥室	与指挥大厅紧邻，并可视化无遮挡观看大屏幕，配备可视电话、TV墙、情报板等设施，方便各方进行参谋决策
情报收集研判会商室	直接连通指挥室
要素室	存放资料档案
专用机房	应为指挥中心独立使用，配备用电源，可与大屏机房合并布置
接警厅	110、119、122三台合一设置，接处警席
值班室	人员24小时值班，宜配置专用卫生间

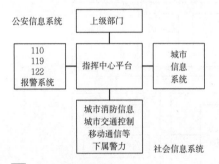

1 报警和指挥平台

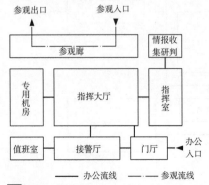

2 指挥中心功能流线

指挥大厅设计参数　　　　　　表2

设计内容		设计参数
大屏幕	屏幕单元	屏幕单元尺寸如80英寸（约1600mm×1200mm）和60英寸（约1200mm×900mm）等
	屏幕支架	当垂直方向超过4个单元应考虑背后设置支架增加竖向稳定性；横向超过6个单元时考虑弯折屏幕，屏与屏之间弯折角度应小于3°，一般为1°~1.5°；大屏幕距后墙距离=大屏幕自身厚度+固定维修支架尺寸+维修通道深度和足够的散热空间
防静电架空地板		由于线缆较多，架空高度一般为400mm，不小于250mm
坐席		座席视角：面对大屏幕的水平视角不宜超过120°，垂直视角不宜超过25°；座席间距：第一排的最近视距应大于3m，座席排距2.7~3m；座席种类：以某指挥中心为例，座席分为接警席、金融网点报警座席、GPS车辆卫星定位座席、指挥座席、公安网座席、预留座席各若干

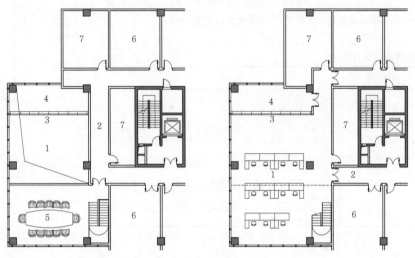

1 指挥调度大厅　2 走廊　3 电子大屏　4 大屏设备　5 领导决策室　6 办公　7 设备机房

3 指挥中心（小型）平面示例

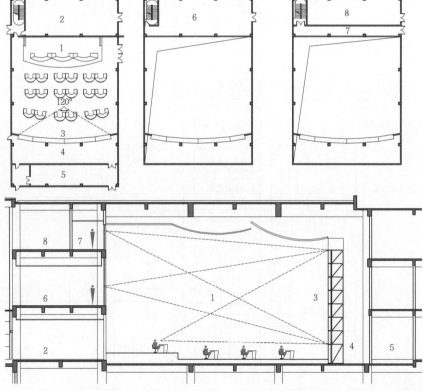

1 指挥调度大厅　2 接警厅　3 电子大屏　4 大屏设备　5 专用机房　6 领导决策室　7 参观廊　8 设备机房

4 指挥中心（大型）平面剖面示例

窗口用房·信访用房 [5] 公安机关

窗口用房

公安机关对外服务用房的统称，是公众到公安机关办理办证、信访、考试、事故处理、伤残鉴定等业务的用房。

1. 窗口用房具有对外服务的性质，必须与公安机关其他用房隔离，独立成区。多根据所在公安机关用房的规模等级和用地条件而采用灵活的分区方式。

2. 窗口用房主要分为对外服务区、内部工作区和社会服务区。对外服务区为允许社会人员出入、办事的场所；内部工作区为公安机关人员内部工作的场所；社会服务区为将快递、照相、银行等具备社会化性质的服务功能集中设置的场所。

3. 服务窗口一般采用集中低柜台开放式布置，工作电脑屏幕应避免公众视线可见；如当事人有保密安全需求，也可在服务区设置封闭接待室满足其特殊需求。

4. 窗口用房设计应本着以人为本的原则，尽量简化外来人员的办事流程，营造出高效的动线、流程和人性化的办事环境。

窗口用房与其他用房关系　　　　　　　　　　　　表1

平面示意	剖面示意	选址分区方式	用地限制	适用等级
		统一选址与主楼结合	用地紧张	小型/中型
		统一选址独立分区	用地宽裕	中型/大型
		单独选址	独立用地	大型

窗口用房　　　　　　　　　　　　　　　　　　表2

名称	主要功能	运作方式
信访用房	处理群众的来信来访事项，保证信访渠道畅通，协调处理信访问题	接待大厅/接待室
出入境服务大厅（用房）	中国公民出国护照申请、审批与发证；大陆居民往来港澳台的申请、审批与发证；港澳居民来往内地通行证件的签发；台湾居民来往大陆的通行证件的签发；受理、审批、签发外国人签证等	窗口大厅
办证用房（综合办证中心）	申请办理身份证、居住证、暂住证、临时身份证、户口登记等公民身份证明；同时也可办理户籍迁入迁出证明、无犯罪记录证明等	派出所/窗口大厅
车管用房	机动车登记和办理行驶证、驾驶人申请、办理驾驶证、更换驾照、车牌、新车检测等	窗口大厅
	驾驶人申请办理驾照考试及事故处理	考试教室
制证室	制作证件、证牌	
人像采集室	拍摄证件照	附设大厅也可单设

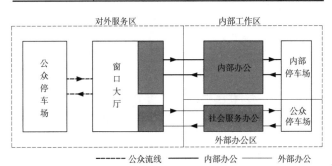

[1] 窗口用房功能流线示意图

信访用房

公安机关根据《信访条例》接待公民、法人或者其他组织来访办事，反映情况，提出建议、意见或者投诉请求的用房。

1. 信访用房一般独立成区，设有专用出入口。考虑到安全要求，入口处宜设人、物安检通道及防爆处理的缓冲空间。

2. 接待方式一般有窗口接待和封闭接待等方式，多设窗口大厅和接待室。窗口大厅分为等候区与接待区，接访工作台深度不小于1m，台下设置安全报警装置；等候区应设残疾人公共卫生间，便于信访人员使用。接待室宜分设内外入口。

3. 流线分为外部公众流线和内部工作流线，两条流线应避免交叉。内部流线方便连接内部办公区。

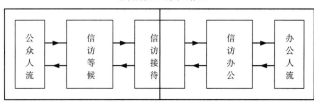

[2] 信访用房功能流线示意图

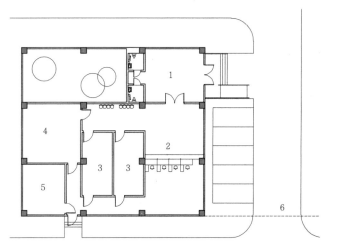

1 等候厅　2 接待处　3 接待室　4 领导接待室　5 资料室　6 内部办公区围墙

[3] 信访用房平面示意图

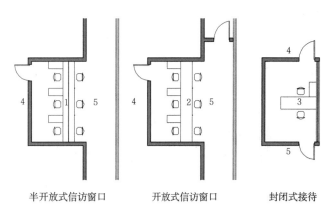

半开放式信访窗口　　开放式信访窗口　　封闭式接待

1 有玻璃隔断的信访窗口低台接待　2 开放式信访窗口低台接待　3 封闭接待室接待
4 办公通道　5 公众通道

[4] 信访用房窗口形式示意图

3 司法建筑

公安机关 [6] 出入境服务用房

出入境服务用房

即出入境服务大厅,是办理中国人入境出境事务和外国人在中国境内居留、旅行相关事务等的用房。

1. 业务相对独立,人流量较大的窗口用房在条件允许的情况下宜单独选址设置;如与其他业务用房合并建设时,宜设置在出入便利的建筑底层等低位楼层区域。

2. 主要包括办事大厅与档案管理、内部工作等区域。

3. 主要流线包括公众办事人流、社会服务人流和内部办公人流,其中公众办事流线可根据不同人群办理不同证件类型进行分类,如本地人、外地人、港澳台、外国人办理流线等。

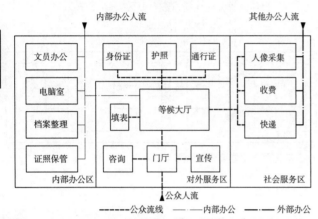

1 出入境服务用房功能流线示意图

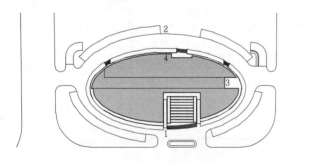

1 公众入口　2 办公入口　3 后勤出入口　4 出入境服务用房

2 出入境服务用房总平面示例

办事大厅

办事大厅设计要点　　　　　　　　　　表1

名称	设计要点
流线组织	内外有别,便捷高效;办事流线宜简短集中,避免社会人员误入工作区;内部工作人员流线设计应以高效、具有条理为原则
功能结构	功能分类集中布置,便于群众办事; 一般分为前区办事大厅与后区内部办公; 前区办事大厅一般由业务办理窗口、填表区、等候区及配套的服务用房如人像采集室、收费窗口等组成; 后区内部办公主要为内部办公、制证室、电脑室、办公用房、档案、文件管理与存放等功能用房组成

办事大厅窗口形式　　　　　　　　　　表2

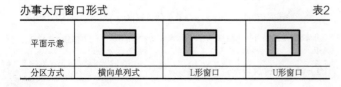

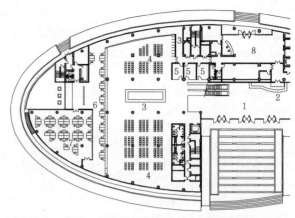

1 公众门厅　2 问询处　3 填表区　4 等候区　5 人像采集室　6 接待窗口
7 内部办公室　8 办公门厅

3 综合服务大厅平面示例一

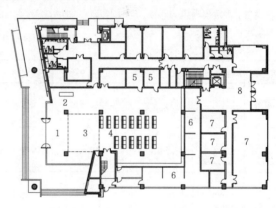

1 公众门厅　2 问询处　3 填表区　4 等候区　5 人像采集室　6 接待窗口
7 内部办公室　8 办公门厅

4 综合服务大厅平面示例二

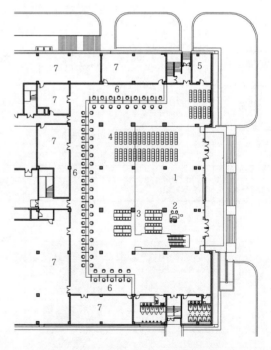

1 公众门厅　2 问询处　3 填表区　4 等候区　5 人像采集室　6 接待窗口　7 内部办公室

5 综合服务大厅平面示意图

车管用房

用于办理机动车和驾驶人业务，主要负责承办机动车注册、变更、转移、抵押、注销登记，机动车驾驶证申请、补领、换领、审验及受理机动车和驾驶员相关的其他业务的用房。

1. 根据车管业务特征，大流量社会车辆对城市交通的影响较大，同时车辆检验区占地面积大，车管用房宜单独选址建设，减少对城市交通的干扰，提高服务效率。
2. 一般分为综合办证服务用房、机动车检验用房以及内部办公和档案用房。
3. 基地内部应设置供社会车辆使用的公众停车场。车辆检验流线应靠近基地出入口及公众停车场，简化办理环节，避免和其他办事流线交叉。道路宽度和转弯半径应考虑大型车辆的通过。

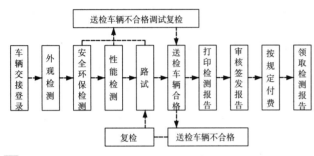

[1] 车辆检测流程示意图

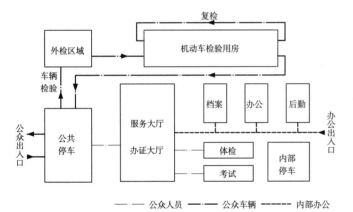

[2] 车辆和驾驶员管理用房交通流线示意图

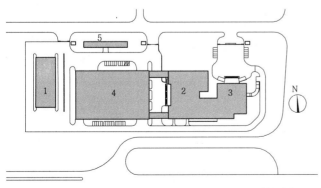

1 机动车检验用房　2 综合办证服务用房　3 办公和档案用房　4 立体停车库
5 辅助用房

[3] 车辆和驾驶员管理用房总平面示例

综合办证服务用房

综合办证服务用房　　　　　　　　　　　　　　　　　　表1

名称	功能区域	用途	名称	功能区域	用途
办证大厅	办证功能区	办证、打印	服务大厅	税务部门	征税
	等候休息区	办证等候		保险公司	保险业务
	填写区	填表		邮政服务	邮寄业务
	交通安全宣传区	宣传教育		交通违法处理	违法处理
	驾驶员考试约考接待窗口	办证、打印		银行、快递报废、登报窗口	收费
	驾驶员初学制证	制证、打印		驾驶员照相、体检服务	照相、体检
电子警察违法处理	处罚、举报、查询工作区	违法处理、举报	考试	等候休息区	
	银行收费区	收费		罚分考试区	考试
	等候休息区			科目一考试区	驾校抽考
	档案、整理	档案、整理	路政	事故复核异议	事故复议
信访	信访、业务接待、听证接待	各类信访、处室接待		路政设施审批	路政审批

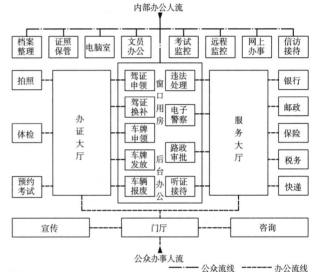

[4] 综合办证服务用房功能流线示意图

机动车检验用房

机动车检验用房设计要点　　　　　　　　　　　　　　表2

名称	设计要点
线路	检测环线应独立设置，避免与其他流线交叉，道路设置需满足大型车辆的转弯半径
高度	查验大棚室内净高至少6m
车道	设若干条检验车道，分为大型车、中型车、小型车和公共通道
地沟	棚内设检修地沟，地面口长8m、宽0.9m，地下空间长8m、宽2.4m、深1.5~1.9m，设出入台阶

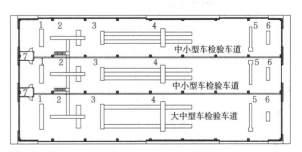

1 速度检测　2 底盘检测（地沟）　3 轴重检测　4 制动检测　5 大灯检测　6 侧滑检测
7 调度室

[5] 机动车检验用房平面示例

公安机关 [8] 办案用房

办案用房

公安机关在办理各种案件的过程中，专门用于处理群众来访，对犯罪嫌疑人讯问、辨认、监听和进行情报采集、案情分析、专家卷审、整档立卷等工作的用房。

1. 办案用房与其他技术用房统一规划时，宜相对独立设置，具备条件的地方可以分开建设。
2. 根据办案过程中安全、保密的需求，一般将办案用房分为接待区和办案区。

接待区是接待群众报案、进行询问的区域，包括接案室、来访等候室、询问室等，可作为一种特殊的窗口用房设置独立出入口与其他窗口用房实施物理隔离。需连通时应设置门禁系统。

办案区是进行侦查、审讯的用房，包括讯问室、辨认室、监听监视室、情报采集室、案情分析室、专家审卷会审室等。办案区应设置双道门和门禁等方式与其他区域隔离；办案区内部与嫌犯密切相关的区域如讯问室、候问室等需设置多道安防控制设施。押解犯罪嫌疑人的专用通道净宽不小于1.8m。

3. 交通流线设置应简洁、安全、互不干扰。公众流线仅通过接待区，不得通过其他区；嫌犯流线应避免与其他流线尤其是证人流线的交叠。
4. 室内警车停放区域入口处净高应考虑车顶警灯高度，警灯净高可按增加0.35m考虑。

讯问室

对犯罪嫌疑人进行讯问和违法犯罪事实查证的用房。

1. 讯问室的最小设置数量应是2个以上的单间，单间面积需15m²左右。
2. 公安民警和嫌疑犯通过不同的通道进入讯问室。
3. 房间应有良好隔声和吸声性，室内安装伪装式的隐蔽性监控设施，对讯问情况进行安防和声音、图像存档监控。
4. 讯问室公安民警进行讯问时需做笔录，为保证安全，要求保持3m以上的距离，一般单间面积15m²左右；固定座椅距周边墙体等保持一定的安全距离。讯问室应有2个以上单间，便于男女分开。

候问室

用于羁押经讯问后不能排除其犯罪嫌疑还需继续盘问的犯罪嫌疑人的房间。

1. 候问室最小设置数量应是男女各1间。
2. 房屋牢固、安全、通风、透光，单间使用面积不得少于6m²，净高不低于2.55m。室内应保持清洁、卫生；对犯罪嫌疑人员继续盘问12小时以上的，应为其提供必要的卧具。
3. 看管被盘问人的值班室与候问室相通，并采用栏杆分隔，以便于观察室内情况。
4. 室内墙面需采用软包材料。门窗设置栏杆，空距不大于10cm，栏杆内套Φ20钢筋；栏杆无横向构件，防嫌疑人自残。

辨认室

用于证人辨认嫌犯的房间。

1. 嫌犯和证人通过不同通道进入辨认室，避免接触。
2. 辨认室内通过单向镜将房间完全分隔，设置单向话筒和扬声器，具有良好的隔声性，确保证人安全、保密。
3. 嫌犯区房间应可满足单向镜前并排站立7人，背景墙上设有标示。

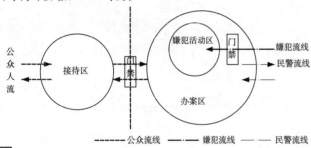

[1] 办案用房功能流线

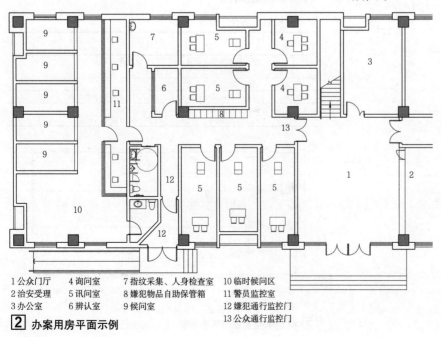

1 公众门厅　4 询问室　7 指纹采集、人身检查室　10 临时候问区
2 治安受理　5 讯问室　8 嫌犯物品自助保管箱　11 警员监控室
3 办公室　　6 辨认室　9 候问室　　　　　　　　12 嫌犯通行监控门
　　　　　　　　　　　　　　　　　　　　　　　13 公众通行监控门

[2] 办案用房平面示例

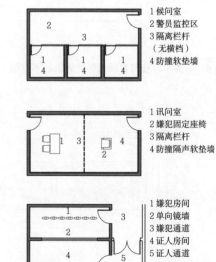

[3] 候问室、讯问室、辨认室平面示例

信息通信用房 [9] 公安机关

概述

公安机关用于通信、视频传输、信息库建设和信息通信系统设备运行所需的用房。

以计算机数据机房为主体的信息通信用房建设应确保系统运行安全、稳定、技术先进和经济适用。

信通主机房建设可根据《电子信息系统机房设计规范》GB 50174和业务数据分析处理交互量确定适用的安全等级以及抗震等级和荷载取值等技术要求，一般多为B级数据机房。

总体布局

应充分考虑其安全性、可靠性。

总体布局一般要求　　　表1

宜四条	不宜四条
独立成区封闭管理，人员货运宜设单独出入口，合用时应设置独立管理	应远离产生粉尘、油烟、有害气体以及生产或储存具有腐蚀性、易燃、易爆物品的场所
邻近服务对象如网侦、刑侦、技侦等	应远离水灾和火灾隐患区域
与动力中心不宜太远	应远离强振动和强噪声源
电力供给应稳定可靠，交通、通信应便捷，自然环境应清洁	应避开强电磁场干扰

建设内容

包括计算机网络机房，通信机房（含有天线、无线、卫星、图像、视频）、指挥调度室、电视电话会议室、应急通信系统机房、公安信息库机房等。

信通机房一般功能设置表　　　表2

名称	主要功能内容
主机房	用于电子信息处理、存储、交换和传输设备安装和运行的建筑空间，包括服务器机房、网络机房、存储机房等功能空间
辅助区	用于电子信息设备和软件的安装、调试、维护、运营监控和管理的场所，包括进线间、测试机房、监控中心、备件库、打印室、维修室等区域
支持区	支持并保障完成信息处理过程和必要的技术作业的场所，包括变配电室、柴油发电机房、UPS室、电池室、空调机房、动力站房、消防设施用房、消防和安防控制室等
工作、管理区	用于日常办公、管理场所，包括工作人员办公室、门厅、值班室、盥洗室、更衣室和用户工作室等

一般功能面积估算表　　　表3

功能	参考面积
主机房	3.5~5.5m²/台
辅助区	0.2~1 倍的主机房面积
维护人员工作区	用户工作室 3~4m²/人，软件人员办公室 5~7m²/人

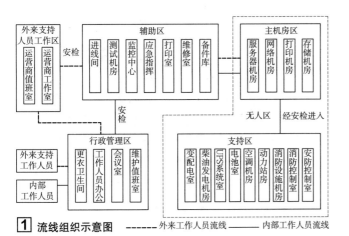

[1] 流线组织示意图　　------ 外来工作人员流线　　—— 内部工作人员流线

其他设计要点表　　　表4

项目	内容	一般要求	备注
消防	耐火等级	A类机房不应低于一级，B类机房不宜低于一级，C类机房不应低于二级	
	防火分区	按民用建筑防火设计	
	疏散距离	按民用建筑防火设计	
	安全出口	应不少于2个	双向疏散
	墙体分隔	采用防火隔墙与甲级防火门与其他区域隔离	形成独立防火隔间
	气体灭火系统	适用于机房无人区	
	自动喷淋灭火	适用于人员活动区	
	高压细水雾灭火	适用于柴油发电机房	
防水防潮	屋面防水等级	不低于一级	重要机房不设在顶层
	水管不得进入主机房区	卫生间等用水设施、与机房无关的水管一律不能进入、穿越机房区	
	钢筋混凝土挡水槛	地面应高于周边区域或设置挡水槛，精密空调室内机区设置挡水槛隔离	确保水不进入机房，高度不低于150mm
	防洪、防内涝	底层地面标高应适当抬高	考虑防洪防涝标准
	防潮	底层宜采用钢筋混凝土配筋地面	防潮、防水
保温与防结露	地面	内胆式保温以隔离外界环境影响	加强精密空调区内外围护结构保温，避免相邻部位表面结露
	楼面		
	墙面		
	门窗	A、B类不宜设置外门窗	密闭防尘防空气渗漏
洁净	空调	独立空调系统	除尘、一般净化
	地漏	采用洁净地漏	
	人员	进入数据机房区域需换鞋	防尘、洁净
运输	水平运输	门洞宽不宜小于2000mm，门洞高小于2500mm	
	垂直运输	宜采用3t以上电梯运输	与设备尺寸匹配
机电	风冷系统精密空调室外机	就近布置且考虑室外机散热	室外机位置宜避开西晒环境

[2] 小型信通机房示例

1 主机房　2 设备仓库　3 电话间　4 运维办公室　5 计算机办公　6 设备机房　7 内院

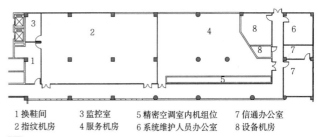

1 换鞋间　3 监控室　5 精密空调室内机组位　7 信通办公室
2 指纹机房　4 服务机房　6 系统维护人员办公室　8 设备机房

[3] 中型信通机房示例

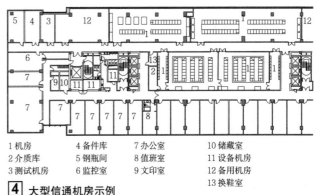

1 机房　　4 备件库　　7 办公室　　10 储藏室
2 介质库　5 钢瓶间　　8 值班室　　11 设备机房
3 测试机房 6 监控室　　9 文印室　　12 备用机房
　　　　　　　　　　　　　　　　　　13 换鞋间

[4] 大型信通机房示例

公安机关 [10] 技侦、网侦、机要、保管用房

技侦用房

技术侦查是公安机关运用现代科技手段收集证据、查明犯罪的侦查措施总称。技术侦查用房是用于开展行动技术侦查工作的用房和设备用房。包括办案技术用房、侦控技房、技侦实验室、技术装备库房等。模拟现场实验室宜为高大空间,便于搭建各类场景,进行实战模拟训练操作。

由于涉及通信线缆较多,一般设置150mm高防静电架空地板,宜靠近信息通信机房布置。

网侦用房

公安机关用于开展公共信息网络安全监察工作用房和设备用房。一般设置监控、侦控工作机房、电子数据鉴定及攻防实验室、网络舆情处置指挥室、系统设备机房等。

由于需要对网络数据进行大量甄别工作,数据处理量大,需要与信通主机房靠近,减少线缆敷设距离。

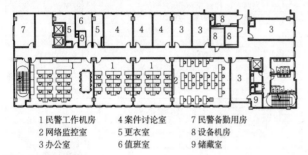

1 民警工作机房　　4 案件讨论室　　7 民警备勤用房
2 网络监控室　　　5 更衣室　　　　8 设备机房
3 办公室　　　　　6 值班室　　　　9 储藏室

[1] 网侦用房示例

机要工作用房

公安机关用于密码通信、密码电报办阅、密码设备运行、管理用房。机要工作用房一般临近主要领导办公室或作战指挥中心,便于快速传达信息。同时宜靠近无线通信机房,保障无线通信畅通。密码室需采用混凝土防爆墙并设前室。

密码屏蔽室、数据操作机房荷载取值宜为8kN/m²。

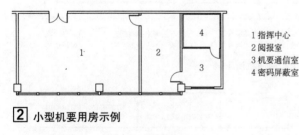

1 指挥中心　　2 阅报室　　3 机要通信室　　4 密码屏蔽室

[2] 小型机要用房示例

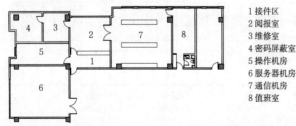

1 接件区　　　2 阅报室　　　3 维修室　　　4 密码屏蔽室
5 操作机房　　6 服务器机房　7 通信机房　　8 值班室

[3] 大型机要用房示例

物证与收缴品保管用房

公安机关用于集中存放、统一管理在办案过程中所获取的各种物证以及收缴的各类涉案物品用房。

物证与收缴品保管用房设计要点　　　　　　　　　　表1

房间名称	设计要点
一般物品	钢制防火、防盗门
贵重物品、枪支、刀械、毒品、易制毒化学品	混凝土防护墙和双道安全防护门隔离
人体或其他生物组织等物证	采用冷库低温保存
爆炸物、化学易燃易爆品	防火抗爆隔墙,统一单独存放和处置,并与周边保持足够安全距离

警用物资保管用房

公安机关用于存储、保管武器弹药、装备器材、公安被装、警用车辆和应急物资的库房。枪支(弹药)库设计需满足《枪支(弹药)库室风险等级划分与安全防范要求》GA 1016规范要求。警用车辆停放场地宜靠近建筑出警通道,且方便到达基地各出警口。

警用物资保管用房设计要点　　　　　　　　　　　　表2

房间名称	设计要点
枪支保管库、弹药保管库	混凝土防护墙和双道安全防护门隔离、专人保卫、值班、登记
警用装备、警用服装保管库	防潮、通风、设置钢制防火、防盗门
人体或其他生物组织等物证	采用冷库低温保存
特种车辆(含通信指挥、勘查、毒品查缉等)	室内保暖停放,室内净高不低于3m

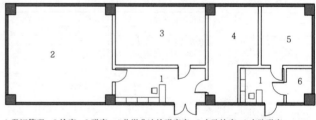

1 登记管理　2 枪库　3 弹库　4 收缴非法枪弹库房　5 支队枪库　6 支队弹库

[4] 枪支保管库示例

档案保管用房

公安机关用于档案收集、整理、保管、鉴定、检索、保护和利用等工作的用房。设置接件整理、消毒装订、阅档室、保护技术室与档案库。档案库尽量采用密集架形式,库房区需防尘防水、恒温恒湿,装修用料及安全防护栏设置执行公安部相关规定。

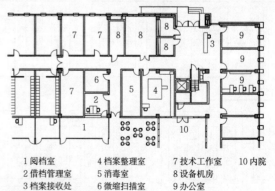

1 阅档室　　　4 档案整理室　　7 技术工作室　　10 内院
2 借档管理室　5 消毒室　　　　8 设备机房
3 档案接收处　6 微缩扫描室　　9 办公室

[5] 档案接收区用房示例

刑事技术用房概述

刑事科学技术是侦查机关在刑事侦查活动中,按照刑事诉讼法的规定,运用现代科学技术的理论和方法,发现、记录、提取、识别和鉴定与刑事案件有关的各种物证、书证等,为侦查、起诉、审判工作提供线索和证据的各种专门技术的总称。刑事技术用房是公安机关用于开展刑事技术侦查的工作用房和设备用房。

1. 一般占公安机关技术用房总建筑面积的30%左右,其主体功能是综合了物理、化学、生物、测试等各类科学实验的综合性实验室。主要为现代侦破工作提供专业性的技术支撑,同时也承担为社会人员提供损伤鉴定的窗口服务工作。包括刑事技术管理用房、现场勘查技术用房和实验用房等。

2. 交通流线包括内部办公、外部接案和货运、污物清运以及快速出警流线。内部办公流线和外部接案流线宜分别单独设立;货物流线应考虑卸货场地;污物流线宜设专门路线清运,避免交叉污染;快速出警流线宜靠近基地出入口。

3. 当设置面向公众的伤残鉴定功能时,应与其他内部流线避免交叠,做到内外分离。

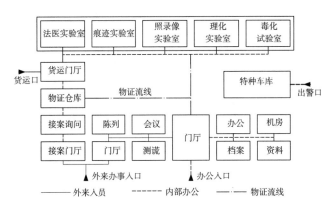

1 刑事技术用房功能流线示意图

2 刑事技术用房平面示例

1 门厅　2 陈列室　3 案件受理门厅　4 接案询问　5 办公　6 货运门厅　7 物证仓库　8 档案室　9 仪器室　10 分析室　11 更衣室　12 伤残鉴定门厅　13 X光室　14 文印室　15 伤残鉴定室　16 急救室　17 法医门厅　18 受理室　19 测试室　20 实验室　21 监控室　22 阅览室　23 特种车库　24 模拟现场　25 痕迹实验室

刑事技术用房实验室

实验室设计在满足《科学实验建筑设计规范》JGJ 91等公安部和国家实验室验收标准前提下,同时考虑其灵活性、经济性、扩展性和安全性。

刑事技术用房实验室基本分类表 表1

实验室名称	实验室性质	实验室功能描述
痕迹检验实验室	理化	犯罪现场痕迹的发现识别、显ө检验和鉴定
法医学实验室	理化、生物	包括法医现场实验室和法医物证室功能
声像技术实验室	物理	使用数字化实现视听资料的识别和检测
信息技术实验室	物理	利用信息技术支持刑侦工作
理化检验实验室	理化	采用物理和化学手段进行分析和检验
毒品检测实验室	化学、生物	采用化学、生物、医学、医药等医学检验手段检验各种新药物,农药,工业毒物等
文件检验实验室	物理	语音、声纹、笔迹、印刷品等的分析检验
DNA实验室	生物	采用生物技术进行DNA的检验和分析
电子物证检验实验室	物理	对在利用电子载体进行违法犯罪活动中的各种证据进行收集、固定、审查和确认
心理测试实验室	心理	研究、测试、鉴定被测人谈话真实性

实验室平面设计原则 表2

标准化	标准单元组合设计
类型化	实验室工程管线较多,应按同类别如洁净要求、毒性要求、防辐射要求等组合分类设置
承重	有重载要求的应置于底层
隔振	有隔振要求的宜置于底层,实验室布置应避免噪声和振动

实验台布置 表3

名称	分类	尺寸
岛式或半岛式实验台	不设工程管网	1.2~1.8m宽
	设工程管网	不小于1.4m宽
靠墙实验台	不设工程管网	0.6~0.9m宽
	设工程管网	不小于0.75m宽

实验室建筑空间基本尺寸 表4

名称	使用要求
柱网	应适合实验流程及实验室家具布置,柱网开间一般为8000~9000mm,不小于6600mm,进深一般为6000~9000mm
层高	层高一般为3900~4500mm,净高一般不宜低于2600mm,一般为2800~3000mm,可根据平面空间大小等因素合理确定
走廊宽度	一般交通量较小,不宜过窄,一般为1800~2400mm

刑事技术用房实验室一般要求表 表5

名称	分类	一般要求
消防安全	防火防爆墙	实验用气、化学品、危险化制剂等房间隔墙采用防火防爆墙
	防火门	宜发生火灾、爆炸等的实验室门
防水	整体式防水	清洁、消毒较高的实验室地面墙面应整体
室内装饰	楼地面	坚硬、耐磨、防水防滑、易清洁、耐酸碱
	墙面	光洁、无眩光、防腐、不起尘
	顶棚	光洁、无眩光、防腐、不起尘,常用金属材料
	门窗	防虫、防鼠、防盗,实验室门应带窗
设备器材运输	水平运输	门洞宽不低于2000mm,高不低于2500mm
	垂直运输	大型设备设置1.6~2t以上电梯运输
机电设计	通风系统	按单元组合设计的实验室,其送排风系统也应按单元组合设计
	气体管道	应符合相应规范要求
	钢瓶间	实验用气钢瓶间应设防爆墙体与泄爆口
	水管	不得设置在遇水会迅速分解、燃烧、爆炸或损害的物品旁,或贵重实验设备上方
	排水	有毒有害污水均应进行中和、消毒等处理

公安机关 [12] 法医实验室·法医DNA实验室

法医实验室

包括法医现场实验室和法医物证（DNA实验等生物实验）用房。实验室应满足二级生物实验室标准，配置10万级、1万级甚至更高洁净度要求的实验室。设计中除了考虑一般的人与物、净与污、安全疏散流线外，有些实验室增加了参观通道，提高实验室的对外交流能力。

法医现场实验室　　　　　　　　　　　　　　　　　表1

类别	功能	性质	结构机电要求	备注
实验用房	标本处理室	生化实验	需设置空调，强力排风、地漏、污水排放通道、紫外消毒、实验用气、水斗	不锈钢或其他耐腐蚀易清洁操作台
	病理检材固定室			
	硅藻实验室			
	模拟实验室			
实验后处置用房	卫生洗消室			
	器械消毒室			
	废弃组织存放室			

法医DNA实验室　　　　　　　　　　　　　　　　　表2

类别	功能	实验室性质	结构机电要求	备注
实验用房	净化更衣室	生物	空调、水	
	准备室		空调、水、网口	
	预处理室			
	提取室		空调、水、网口	恒温，净化空调洁净度7、8级别
	扩增室			
	分析室			
实验储存用房	物证冰库		水、网口、低温	
	耗材储藏室			
实验后处置用房	污水废物室		空调、水	
	洗刷室			

法医DNA实验室

进行DNA检测的实验室，对室内空气污染控制和操作流程过程中的交叉污染控制有着极其严格和特殊的要求。

1. 据DNA检测流程和生物安全性需要，将功能划分为普通实验区和特殊实验区/污染控制区。各功能间将根据其不可逆工艺流程、实际用途、设备摆放及人性化等因素通盘划分布局。

2. 考虑到荷载、防震等要求，实验区平面结构应规整。实验室的使用面积（包括内部通到和功能区域）与建筑面积（包括使用面积、墙体以及公共区域的面积）基本换算系数宜在1.7至2.2之间。

3. 实验室各流线之间应互不交叉。送检人流仅通过窗口区。内部工作人员进出特殊实验区需经过换鞋、更衣，经过中间缓冲间风淋后进入实验区，避免污染。特殊实验区内应避免交叉污染，房间形式严禁采用套间方式，每个房间宜设置独立缓冲间，亦可设置共用缓冲间/缓冲走廊。

人、物分流，各实验室间配备双扇传递窗作为物流专用单向通道，具备双门机械联动互锁，双控紫外灭菌灯开关，传送便捷，从最大程度上降低交叉污染。污染物处必须备有消毒缸，以处理沾有活菌的玻片等污染物品。检验剩余的标本及使用过的带菌平板、试管均需集中地点安全放置，经消毒灭菌处理后再由专门途径丢弃。

4. 洁净实验室需满足《生物安全实验室建筑技术规范》GB 50346。根据实验内容确定生物安全等级，一般的机构可按生物安全二级考虑。实验必须涉及高危时，需通过论证确定生物安全等级建设标准。

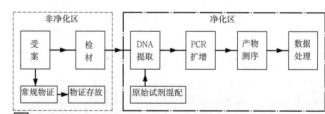

3 DNA检测操作流程

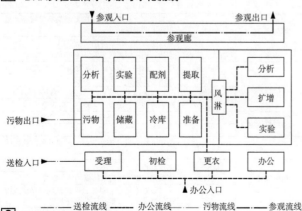

1 DNA实验室洁净等级与净化流线

2 DNA实验室功能流线

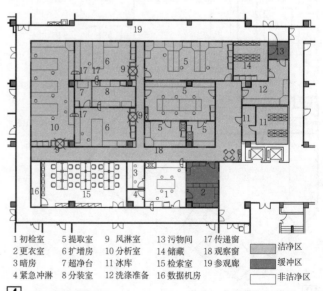

1 初检室　6 提取室　9 风淋室　13 污物间　17 传递窗
2 更衣室　6 扩增室　10 分析室　14 储藏　18 观察室
3 暗房　　7 超净台　11 冰库　　15 检索室　19 参观廊
4 紧急冲淋 8 分装室　12 洗涤准备 16 数据机房

洁净区／缓冲区／非洁净区

4 DNA实验室平面

DNA实验室设计参数

1. 为保护样品，特殊实验区对洁净度、温湿度等空气参数有严格要求。

2. 为保证生物医学研究的安全运行，对实验室基本工作区域尺度也有一定的要求。实验室室内净高宜为2.7~2.8m，有洁净度、压力梯度、恒温恒湿等特殊要求的实验室净高宜为2.5~2.7m（不包括吊顶），技术夹层净高1.2~1.5m。实验室走廊净宽宜为2.5~3.0m。常用实验空间宽度3.2~4.0m，进深6.0~7.2m。

二级生物安全主实验室二级屏障主要技术指标　　　　表1

实验室类别	相对于大气的最小负压(Pa)	与室外方向上相邻相通房间的最小负压差(Pa)	洁净度级别	最小换气次数(次/h)	温度(℃)	相对湿度(%)	平均照度(lx)
操作非经空气传播生物因子的实验室	—	—	—	可开窗	18~27	30~70	300
可利用安全隔离装置进行操作的实验室	—	—	—	可开窗	18~27	30~70	300
不能利用安全隔离装置进行操作的实验室	-30	-10	-8	12	18~27	30~70	300

注：1.本表摘自《生物安全实验室建筑技术规范》GB 50346-2011。
2.二级屏障是指生物安全实验室和外部环境的隔离，也称二级隔离。

DNA实验室气流组织

为了保护实验人员和外部环境，特殊实验区的空气压力和气流组织有严格要求，通过合理的气流组织避免各功能间的交叉污染。

1. 原始试剂混配室应为正压间，在微环境百级超净台内操作，需防止其他程序功能间对该操作间的污染；DNA提取室、PCR扩增室、检测室应为微负压间，必须设置排风系统，以防止对其他程序功能间的扩散污染。

2. 如为减少区域空气指标损失设置缓冲间，则功能间内可为正压，而在缓冲间内设置负压。通常缓冲间越小效果越好，满足人流、物流的情况下，应尽量缩小建筑尺度，取1300mm×(1300~1500)mm左右。

3. 高效送风口形式多为顶送风，侧下回/排风（竖井、夹道）的方式。

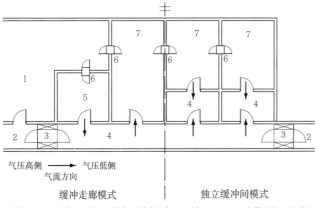

1 接案室　2 内走廊　3 风淋　4 缓冲间/缓冲走廊　5 试剂配置室　6 双扉传递窗　7 实验室
[1] 气流组织示意图

DNA实验室装修材料

应选择耐用和易清洗的材料类型，并能有助于创造一个舒适安全的工作环境。特殊实验区所有墙与顶、地、窗对接角均采用内圆弧（阴角）或外圆弧（阳角）工艺，室内无死角、不集尘、易清洁；室内围护屏障所设固定采光窗/观察窗均采用净化专用型材制作，不可开启。

DNA实验室配套设备

实验台与实验台通道划分标准（通道间隔L）：
$L>500mm$时，一边可站人操作；
$L>800mm$时，一边可坐人操作；
$L>1200mm$时，一边可坐人，一边可站人，中间不可过人；
$L>1500mm$时，两边可坐人，中间可过人；
$L>1800mm$时，两边可坐人，中间可过人亦可过仪器。
天平台、仪器台不宜离墙太近，离墙400mm为宜。

DNA实验室仪器设备基本配置　　　　表2

功能	基本设备	功能	基本设备
物证接案室	1.收案实验台 2.万向排气罩 3.立式更衣柜 4.卧式更鞋柜 5.液晶屏台式电脑 6.打印机 7.脚踏式不锈钢垃圾桶	检材准备室	1.钢结构实芯理化板台面实验台 2.柜式PP水槽洗涤台 3.双门试剂柜 4.常温冰箱 5.-40℃超低温冰箱 6.电热恒温冰箱 7.压力蒸汽灭菌锅 8.照相仪 9.通风柜（腐败物等） 10.液晶屏台式电脑 11.脚踏式不锈钢垃圾桶
核酸提取室/现场物证	1.钢结构实芯理化板台面实验台 2.柜式PP水槽洗涤台 3.紧急洗眼器 4.手消毒/烘干器 5.ⅡA型生物安全柜/补风型通风柜/内排式净化捕尘柜（骨骼粉碎提取等） 6.电冰箱 7.电热恒温水浴锅 8.纯水器 9.加样枪 10.定时恒温磁力搅拌器 11.电子分析天平仪 12.除湿器 13.液晶屏台式电脑 14.DNA扩增仪 15.冷冻离心机 16.高速离心机 17.振荡器 18.脚踏式不锈钢垃圾桶	核酸提取室/嫌犯血样	1.钢结构实芯理化板台面实验台 2.柜式PP水槽洗涤台 3.电冰箱 4.加样枪 5.液晶屏台式电脑 6.ⅡA型生物安全柜/补风型通风柜/无管道净化通风柜 7.冷冻离心机 8.高速离心机 9.定时恒温磁力搅拌器 10.电子分析天平仪 11.电热恒温水浴锅 12.振荡器 13.脚踏式不锈钢垃圾桶
试剂混配室	1.钢结构实芯理化板台面实验台 2.柜式PP水槽洗涤台 3.电冰箱 4.加样枪 5.液晶屏台式电脑 6.生物型单面垂直送风百级洁净工作台 7.小离心机 8.不锈钢试剂配送车 9.脚踏式不锈钢垃圾桶	产物测序室	1.钢结构实芯理化板台面实验台 2.柜式PP水槽洗涤台 3.电冰箱 4.加样枪 5.3130分析仪及其专用UPS不间断电源（距检测较近处可设散热UPS机房） 6.液晶屏台式电脑 7.小离心机 8.96孔平板离心机 9.脚踏式不锈钢垃圾桶
PCR扩增室	1.钢结构实芯理化板台面实验台 2.柜式PP水槽洗涤台 3.电冰箱 4.加样枪 5.9700扩增仪 6.液晶屏台式电脑 7.脚踏式不锈钢垃圾桶	数据分析室	1.钢结构实芯理化板台面实验台 2.液晶屏台式电脑 3.打印机 4.脚踏式不锈钢垃圾桶

注：现场物证DNA提取间为30~50m²，嫌犯血样DNA提取间为15~30m²，试剂混配间为15~30m²，PCR扩增间为15~30m²，扩增产物测序间为20~30m²。

公安机关 [14] 痕迹、指纹、文检实验室

痕迹实验室

痕迹实验室功能分区表　　　　　　　　　　　　　　　　表1

名称	功能要求
一般痕迹实验室	齿印、手印、足迹、交通事故、工具痕迹分离显现检验鉴定
大型物品显现	显现留存在大型物品上的各类痕迹
枪弹实验室	通过枪弹弹道实验鉴定枪弹型号
文检实验室	笔迹、印刷品、污损文件检验、鉴定等
指纹实验室	指纹提取、显现、比对、检验

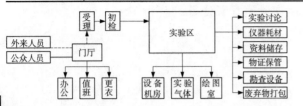

1 痕迹实验室功能分区示意图

痕迹实验室常用功能分类表　　　　　　　　　　　　　　表2

功能	实验室性质	结构机电要求	其他要求
化学显现室	化学	空调、通风、实验台上排风、通风柜排风、上下水、网口	同一般化学实验室
物理显现室	物理	空调、通风、实验台上排风、通风柜排风、上下水、网口	同一般物理实验室
光学检验室	物理	空调、网口	同一般光学实验室
工具痕迹检验	物理	空调、网口	可配置内循环通风柜
大型物品显现	物理	废气高空排放、上下水、承重	空间大，净高>3.5m，满足小型车辆进入
手印工作室	物理	空调、网口	可配置内循环通风柜
足迹工作室鞋印样本室	物理	空调、网口	可配置内循环通风柜
立体显微镜比较显微镜	物理	空调、网口、温度15~25℃	电子显微镜、X光衍射仪均需考虑隔振
真空镀膜室	物理	空调、网口	同一般物理实验室

2 痕迹实验室示例

1 足迹显现检验室　4 新风机房　　7 现场绘图室　　10 特种检验室
2 手印显现室　　　5 痕迹受理室　　8 手印检验及图像处理室　11 扫描电镜检验室
3 枪弹检验室　　　6 痕迹办公室　　9 工具痕迹检验室　12 DNA材料室

指纹实验室

包含指纹现场提取、显现与比对检验。显现工作常利用物理、化学等手段实现，比对工作多通过立体显微镜等工具实现。实验涉及信息数据量巨大，不宜与数据机房距离过远。

指纹实验室常用功能分类表　　　　　　　　　　　　　　表3

功能	实验室性质	结构机电要求	其他要求
指纹系统机房掌纹系统机房	电脑操作区	架空地板、高压细水雾	人员办公区
服务器数据机房	数据机房	地送风精密空调、承重气体灭火系统	电源安全等级和空调等满足电子信息机房标准
UPS电池室	数据机房配套		
系统维护用房	数据机房配套	架空地板、普通空调高压细水雾	人员办公区

文检实验室

包含笔迹、印章印文、伪造或变造文件、印刷品、打印或复印文件、污损文件的检验与鉴定；被掩盖字迹的显出、文检材料、书写色料书写时间、变造及文件制成时间检验等检验和实验。

文检实验室功能分区表区　　　　　　　　　　　　　　表4

功能	实验室性质	结构机电要求	其他要求
言语分析室	声音处理	一般空调、网口	隔声、吸声
声纹鉴定室	声音处理		隔声、吸声
万能文检室	—		—
文件检验室	—		—

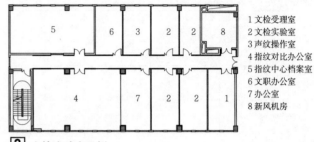

3 文检实验室示例

1 文检受理室　2 文检实验室　3 声纹操作室　4 指纹对比办公室　5 指纹中心档案室　6 文职办公室　7 办公室　8 新风机房

枪弹实验室常用功能分类表　　　　　　　　　　　　　　表5

功能	实验室性质	结构机电要求	主要实验设备及其他要求
枪弹痕迹实验室	物理面积>30m²	普通实验密封、防尘	枪支标本存放柜，对比显微镜，体视显微镜，弹头膛线痕迹展平器，装卸枪支工作台
枪弹性能实验室（水箱抓弹）	物理面积>30m²面宽>4m进深不宜<8m	隔声防弹防火硝烟、废气高空排放承重应考虑6~10t抓弹水箱等荷载照度>500lx	净高大于3m，隔声、防弹，宜采用成品验枪设备，取弹排烟电动一体机，传统放水采用抓弹水箱，需二次排水以收集物证
枪弹陈列存放	物理	承重8kN	防盗、防弹

4 车辆显现和枪弹痕迹实验室示例

1 大型物品显现室　2 枪弹性能实验室　3 枪弹痕迹检验室　4 打靶室

1 不锈钢水箱　5 排风管
2 排风箱　　　6 钢筋混凝土基础
3 消声罩　　　7 吸声顶棚
4 不锈钢水槽　8 橡胶阻弹器
　　　　　　　9 防弹吸声隔墙

1 水箱抓弹器　　5 枪弹激光测速仪
2 高度可调击位　6 桶式纤维抓弹器
3 二次排水水池　7 危险枪支发射架
4 工作台　　　　8 橡胶阻弹器

5 枪弹性能实验室示例

1 换鞋间　2 指纹机房　3 监控室　4 服务机房　5 运维办公

6 指纹实验室示例

毒化实验室

设有化学、生物、医学、医药等实验检测功能。实验对象主要为各种新药物、农药、工业毒物、动物、植物、金属、水溶性无机毒素等各类有毒固体、液体、气体毒物。

1. 实验毒素、毒气和实验异味如硅藻实验蒸煮异味等，通过专用通风实验柜和工作台排风加以排除，一般设在建筑顶层和下风向处。
2. 根据实验工艺，配置相应的全身、头面部冲洗设施。
3. 考虑实验室消毒安全，实验排水需进行中和、消毒等处理。
4. 实验废弃物需专业处理、清运。
5. 实验用气集中设置实验气体钢瓶室，墙体采用抗爆墙。
6. 实验用危险品量较大时，常独立设置危险品存放处。
7. 一般不宜设置在其下层需限制排水的用房上方，如信息机房、洁净实验室等，无法避免时需有隔离措施和便于检修。

毒化实验室常用功能分类表　　表1

类别		功能	性质	机电要求	其他技术要求
实验用房	毒品	毒品检验室	化学	工作台排风，通风柜，空调，通风，地漏，上、下水，网口	实验用气
	毒物	化学检验室			
		药物检验室			
		农药检验室			
		挥发性毒物检验室			实验用气
实验配套用房		天平及试剂配置室		空调，通风，水，网口	避振
		冰箱室		通风，地漏	根据需要设置网口
		离心机室		空调，通风，地漏	
		烘箱室		通风	
实验用品储存用房		标准品储存室	物理化学	空调，通风，网口	剧毒物品、农药等独立通风
		气体钢瓶室		通风	防爆
		毒物物证室		空调，通风，水，网口	防盗，紫外消毒
		毒品物证室		空调，通风，网口	防盗，监控
		化学试剂周转室		空调，通风，网口	
		耗材储藏室		空调，通风	根据需要设置网口
		陈列室		空调，网口	防盗，监控
实验后处置用房		实验器具清洗间		通风，水，紫外消毒，清洗用品，器材消毒	空调
		污物处理间			耐腐蚀、防滑
		卫生消毒间			耐腐蚀、防滑

毒化实验室常用设备表　　表2

类别	设备名称	类别	设备名称
基础实验设备	分析天平（0.1mg、0.01mg）	特殊实验设备	紫外/可见光分度仪
	离心机、漩涡混合器		气相色谱/质谱联用仪
	烘箱、冰箱、低温冰箱		液相色谱/质谱联用仪
	恒温水浴锅、制纯水设备		离子色谱仪

1 烘箱及清洗室　6 毒品检材存放室　11 档案室
2 冰箱及配剂室　7 毒物检验室　　　12 物证室
3 毒品检验室　　8 仪器分析室　　　13 卫生消毒室
4 钢瓶室　　　　9 天平室　　　　　14 设备间
5 生物检材处理室 10 保管室

1 毒化实验室示例

毒理实验室

毒理和分子免疫检验实验室为生物洁净实验室，有条件可以配备动物实验室。正压实验室门内开，负压门外开。

毒理实验室常用功能分类表　　表3

类别	功能	性质	机电要求	其他技术要求
毒理	毒理学检验、动物实验	二级生物实验室	工作台排风，通风柜，空调，通风，地漏，上、下水，网口	实验用气，紫外消毒
	分子免疫学检验室			
	生物检材前处理室			

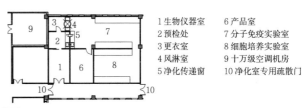

1 生物仪器室　　6 产品室
2 预检处　　　　7 分子免疫实验室
3 更衣室　　　　8 细胞培养实验室
4 风淋室　　　　9 十万级空调机房
5 净化传递窗　　10 净化室专用疏散门

2 毒理实验室示例

理化实验室

物证理化检验除常规显微形态检验法、物理检验法、化学检验法外，主要为仪器分析。它可分为原子发射光谱分析、红外吸收光谱分析、薄层色谱分析、气相色谱分析、扫描电子显微镜分析等，实验室可根据实验工艺需求确定采用大开间、大进深设计，还是传统小面宽、非大进深布局。

1. 设置专用的通风实验柜和工作台排风，配置冲洗设施。
2. 扫描电镜工作台、X光衍射仪需有良好的隔振设施，大型工作仪器宜放置在底层，设置隔振沟等隔振措施。
3. 实验用房需防尘易清洁，根据工艺要求设置防电磁屏蔽。
4. 爆炸、火灾实验为极微量原理性实验，房间门宜外开，并考虑防火、防爆燃等安全措施。

理化实验室常用功能分类表　　表4

类别	功能	实验室性质	机电要求	其他技术要求
实验用房	化学试验室	化学	空调，通风，水，实验用气	工作台排风，通风柜
	物理试验室	物理		网口
	纵火、爆炸实验室			网口
	生物、植物检验实验室	生物		空调
实验用品存储用房	冰箱与烘箱室		空调，水	
	天平室与紫外暗室		空调，网口	
	显微镜室			
	钢瓶室		空调，通风	钢瓶固定栓，气路管
污物处理室	清洗室		空调，水，煤气，通风，有毒溶剂排放/生物性检材	
	污物处理室			

1 理化受理室　　5 天平室　　　　9 液质检测室　　13 试剂室
2 更衣室　　　　6 净水系统室　　10 仪器室　　　　14 剧毒品存放室
3 检材处理室　　7 红外检测室　　11 钢瓶间　　　　15 冰箱存放室
4 微量物证检材处理室　8 核磁检测室　12 缓冲室　　　16 预留实验室

3 理化实验室示例

公安机关 [16] 影像、测谎实验室及物证保管用房

刑事影像技术实验室

分为照相实验室和录像实验室。执行公安部《刑事影像技术专业实验工作用房技术要求》GA/T 772规范要求。照相实验室设有各类特种照相实验室和冲印暗房、片库。

录像实验室设有摄像制作室、编辑、放像室等，可通过数字化实现视听资料自动识别检测。能完成语言音频鉴定、声纹鉴定、人像合成、配音合成等多种实验。

1. 暗房居多，当设置大型物证摄影室时，宜设灯光马道。
2. 摄影暗房墙面涂料应选用深色无反光涂料。
3. 与声音处理相关的房间注意隔声吸声构造。
4. 制作室等线缆多的房间应设置防静电架空地板，防尘。
5. 设置大型冲印设备需考虑重载与排水环保处理。

1 实验室功能流线示意图

照相实验室常用功能分类表　　　　　　　　　表1

类别	功能	实验室性质	机电要求	其他技术要求
实验前	材料预检室	化学	空调、排风	防腐、上下水
照相实验室	紫外照相实验室	暗室	空调、排风、防腐蚀、防静电、减振	上下水
	红外照相实验室			
	发光照相实验室			
	紫外激光实验室			
	分光谱照相实验室			
	物证摄影室		隔声、吸声处理	大型实验室宽度大于8m，高度大于7m
	痕迹摄影室		隔声、吸声处理	
	人像组合		空调、网口、防腐蚀、防静电、减振	
	图像检验实验室			
	数字图像处理实验室			
	数码图像制作室			
后期制作	印相放大室	暗室	空调、排风、上下水	有毒有害废水处理后排放
	漂水上光室			

录像实验室常用功能分类表　　　　　　　　　表2

功能	实验室性质	机电要求	其他技术要求
图像制作室	消声	隔声、吸声处理	净高不小于3m，空气净化
编辑室		隔声、防静电、防尘	
图像制作处理室			
放像视听室	消声		架空地板高度不小于150mm
放像控制室	消声		
音频实验室	消声	隔声	
配音室	消声		

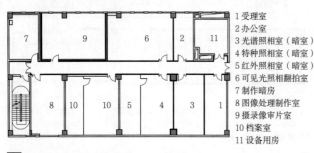

1 受理室
2 办公室
3 光谱照相（暗室）
4 特种照相（暗室）
5 红外照相（暗室）
6 可见光照相翻拍室
7 制作暗房
8 图像处理制作室
9 摄录像审片室
10 档案室
11 设备用房

2 照录像实验室示例

心理测谎技术实验室

1. 一般设有受理区、等候区、测试更衣消毒室、多道心理测试实验室、声音测试室、监控室等技术用房。
2. 实验区各测试室避免受到外界电磁、声音干扰。
3. 房间不宜过大，以 $6\sim8m^2$ 较为合适。
4. 具有人体适宜的环境温度、湿度、隔声防噪和足够的新风氧含量，以免影响正常心理测试。
5. 避免使用有较大走动声音的架空地板。
6. 光线适当，避免眩光。
7. 房间采用安定、平稳的色调，避免不必要的外界刺激。

3 实验室功能流线示意图

心理测谎实验室常用功能分类表　　　　　　　表3

功能	其他技术要求
放像视听室	隔声、吸声处理
放像控制室	隔声、吸声处理
音频实验室	
配音室	架空地板高度不小于150mm

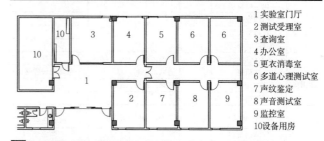

1 实验室门厅
2 测试受理室
3 查询室
4 办公室
5 更衣消毒室
6 多道心理测试室
7 声纹鉴定
8 声音测试室
9 监控室
10 设备用房

4 心理测谎实验室示例

实验物证保管用房

1. 物证保管用房宜集中设置、分区合理、专人管理。一般设置有物证整理室、物证保管库、物证保管冰库、受检鉴定资料档案库、耗品保管库、照录像片库以及管理人员办公室等。
2. 宜邻近大件物品货运通道，一般底层设置。
3. 保管库根据存放物品不同，可为货架式或密集架式。建议库房区承重不低于12kN。
4. 控制温湿度，尤其相对湿度不大于30%。
5. 库房需防滑、易清洁。
6. 装备式物证保管冰库室外机宜就近放置，室内机需考虑通风散热措施。

1 货运门厅
2 货运坡道
3 物证保管仓库
4 物证保管冰库
5 检验鉴定档案
6 耗材仓库
7 仓库管理
8 案件受理值班
9 案件受理
10 案件受理门厅
11 接案询问室

5 物证保管用房示例

警务技能训练用房

1. 一般设置日常训练所需的擒拿格斗、体能训练用房等，室内净高不宜低于3m，可参考体育建筑设计相关章节。

2. 泅渡馆（游泳馆）多为25m标准短池，水深一般≤1.80m，可参考体育建筑设计相关章节。

3. 射击训练：多为手枪射击训练，分为实弹和虚拟射击。

实弹射击可分为15m、25m和50m等靶距射击场。

虚拟射击一般为双屏对抗反恐影像训练，射击区多需10m长，通过激光影像模拟7~25m距离的射击训练。

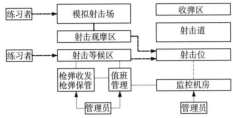

1 射击训练场流线示意图

实弹射击场土建设计

1. 射击区长度一般比靶距长6~8m，房间不宜有突出物，层高不宜低于5m，房间墙面地面作吸声处理。

2. 考虑防护钢板安装及承重，结构梁宜平行靶标单向布置，便于安装横梁防护钢板。防护钢板厚度需与枪支口径相匹配，一般为6mm、8mm、10mm、13mm等高强合金钢板。

3. 墙、柱、灯具、风管等迎弹面需做防弹保护，观察窗为防弹夹胶玻璃，常为三玻双夹胶玻璃。

4. 靶位区隔板顶棚作防弹吸声处理，收弹区可采用成品百叶窗式收弹器或其他挡弹防飞溅措施。靶标分固定或电动式。

实弹射击场空间尺度表（单位：m） 表1

靶位宽度	靶位保护长度	靶位净高	靶标区净高	靶标后区
手枪1.2~1.5 步枪1.5~1.8	>2	不低于2.8	不低于3.5	一般2~2.5 不小于1.5

实弹射击场机电设计

1. 照明要求

（1）明亮不刺眼，无枪支虚光。

（2）射击位工作面照度：300lx（距地1.5m）；靶心照度：500lx，柔光灯设在标靶后约0.5m处；过渡区照度：250lx。

（3）色温2800~4500K，宜采用冷光源；照射灯与顶面夹角小于45°；靶区灯光一般采用横向并联控制方式。

2. 通风要求

（1）换气次数15~20次/h；空气维持不小于每分钟15m流动速度，或实现每5分钟换气一次，以排除场内因枪械发射产生的铅蒸气和未燃尽火药的剩余物等污染空气。

（2）通风采取一进两出，送风口在射手位后1.5~2.0m处。

排气口分别设置在射击棚前方3m与收弹区处，使空气沿射击方向均匀经过射击地面而流通，最终排除已污染空气。

3. 监控要求

靶场重点区域需处于实时安全监控之中，摄像头要求隐藏于挡弹板保护区内。

实弹靶场构造

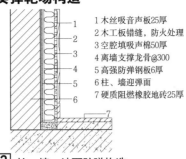

1 木丝吸音声板25厚
2 木工板错缝，防火处理
3 空腔填吸声板50厚
4 离墙支撑龙骨@300
5 高强防弹钢板6厚
6 柱、墙迎弹面
7 硬质阻燃橡胶砖25厚

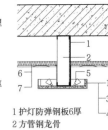

1 护灯防弹钢板6厚
2 方管钢龙骨
3 木工板防火处理
4 纤维水泥板乳胶漆面
5 灯槽或灯具
6 木丝吸声板25厚
7 吸声棉50厚

2 柱、墙、地面防弹构造

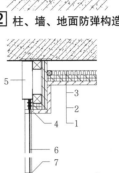

3 灯具防弹构造

1 木丝吸声板25厚
2 双层木工板防火处理、错缝
3 空腔填吸声板50厚
4 阻燃胶皮25厚
5 角钢50×5@1000
6 可更换耐弹橡皮靶标
7 靶标装饰固定框
8 双层25厚硬质阻燃橡胶地砖（距靶标2400范围内）

1 风管
2 高强防弹钢板6厚
3 钢支架
4 吸声棉50厚
5 双层木工板（防火处理）
超出保护高度100

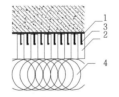

4 耐弹靶标构造

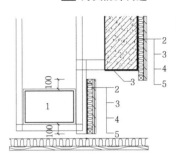

5 结构梁与风管防弹构造

1 墙体钢板10厚保护
2 方木长400防火处理叠放
3 方木内拉筋Φ6@200与钢板焊接
4 汽车废胎叠放

5 耐弹橡皮靶标
6 靶标装饰固定框
7 双层25厚硬质阻燃橡胶地砖（距靶标2400范围内）

6 收弹区构造

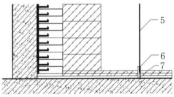

1 缓冲区 2 隔声防弹门 3 靶标25m线 4 靶道 5 射击位 6 等候区
7 控制室 8 枪弹发放室 9 活动靶标15m线 10 射击底线

7 实弹射击平面示例

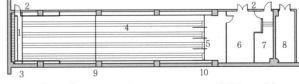

1 靶标加强防护区 2 靶标25m线 3 吸声顶棚 4 吸声墙面 5 发光顶棚
6 射击位 7 射击等候区 8 控制室 9 枪弹发放室 10 射击底线

8 实弹射击场剖面示例

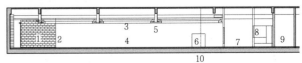

公安机关 [18] 公安派出所

概述

公安派出所是公安机关打击犯罪、维护治安、服务群众、保一方平安的最基层单位，是维护社会稳定的第一道防线，是联系、服务群众的窗口和纽带。

公安派出所的建设既要充分体现公安派出所职能特点，满足实际工作需要，又要考虑社会发展对公安派出所工作提出的新要求，从本地实际情况出发合理确定建设规模、建设内容和建设水平。应当统筹兼顾、分类指导，既要方便群众、利于工作，又要具有现实适应性和科学合理性，做到功能齐全、安全保密、经济实用、简朴庄重，综合考虑建筑性质、建筑造型等与周边环境的关系。

公安派出所由房屋建筑、附属设施和场地三部分构成。公安派出所的建设标准根据编制员人数分为五类。编制人数较少的四、五类公安派出所，可按照功能用途相近的原则将部分建筑项目适当合并，如将接待室与会议室合并，技术监控室与计算机室或值班室合并，武器警械室与值班室合并。水上治安派出所与户籍派出所相比，承担的职责任务有所不同，其房屋项目可以根据实际需要进行调整。

公安派出所立面形象设计需满足《公安派出所外观形象设计规范》（2005版），统一标示要求。

公安派出所分类表　　　　　　　　　　　　　　表1

分类	在编民警人数	房屋基本建筑面积（m²）
一类	>51人	1600
二类	31~50人	1180~1550
三类	21~30人	870~1130
四类	11~20人	555~820
五类	5~10人	260~470

注：摘自《公安派出所建设标准》建标100-2007。

公安派出所建设标准　　　　　　　　　　　　　表2

分类	派出所类型及项目指标（m²）				
	一类	二类	三类	四类	五类
值班室	30	20~30	10~20	10~15	10~15
接待室	25	20~25	15~20	15~20	0~15
户籍（办证）室	80~100	60~80	40~60	30~40	20~30
计算机室	60	40~60	30~40	20~30	15~20
档案室	60	40~60	30~40	20~30	15~20
纠纷调处室	20~30	20~30	20~30	20~30	20~30
讯问室（单间）	15	15	15	15	15
候问室（单间）	15	15	15	15	15
技术监控室	40~50	30~40	20~30	15~25	0~15
物证保管室	20~30	20~30	15~25	15~20	10~20
武器警械室	40~50	30~40	20~30	10~15	0~15
备勤室	200	120~200	80~120	45~80	40~80

注：摘自《公安派出所建设标准》建标100-2007。

公安派出所组成　　　　　　　　　　　　　　　表3

基本建设内容		组成名称
房屋建筑	办公用房	领导办公、民警办公、会议室
	业务用房	值班室、接待室、户籍室、计算机室、档案室、纠纷处理室、讯问室、候问室、技术监控室、物证保管室、武器警械室
	辅助用房	食堂、图书资料室、体能训练房、备勤室、汽车库
附属设施		配电室、锅炉房
场地		警用停车场、社会停车场、警用训练地

总体布局

公安派出所的建设，应当综合考虑辖区面积、管辖人口及分布、社会治安状况、地理环境等因素，既要方便群众，又要便于工作，统筹安排、合理布局。

1. 派出所选址应当在辖区中心区域且交通便捷的地方，至少有一面临靠道路。宜具有较好的工程水文地质、自身安全防卫和市政设施条件。

2. 派出所应尽可能单独建设，宜建低、多层建筑。农村地区的公安派出所应当建在乡镇政府所在地；受条件所限，需与其他建筑合建的，公安派出所部分宜安排在该建筑的三层以下，并单独分区，具有独立的竖向交通、平面交通、场地及出入口。

3. 派出所总平面出入口应方便车辆和人员进出，留有一定的缓冲区。按照联系方便、互不干扰和安全保密的原则，合理布置各种用房。停车场地的设置应当保证车辆进出方便。

4. 派出所分为内部工作区和对外服务区，并按照房屋功能的不同及其相关性，相对集中设置。接待室、户籍室、纠纷调处室等，应规划在对外服务区，其他用房布置在内部工作区。备勤室宜独立分区设置。

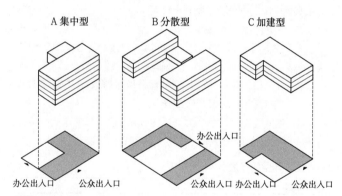

[1] 派出所组合类型

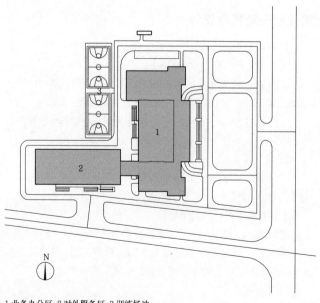

1 业务办公区　2 对外服务区　3 训练场地

[2] 派出所总平面示意图

交通流线

包括公众办事流线、嫌犯流线和民警办公流线。

1. 基地应设2个或2个以上出入口：公众出入口与办公出入口，流线上应做到内外有别。
2. 公众出入口主要考虑公众办事流线，单独设立。出入口等部位应满足无障碍设计要求。
3. 办公出入口通常为民警办公流线、后勤流线及嫌犯流线等多股内部流线共用，宜结合停车场地设置便于出警。
4. 犯罪嫌疑人应回避公众流线，并在办案区设双门禁。

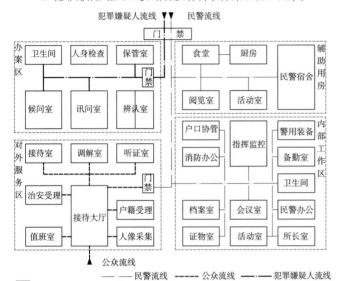

1 派出所功能流线示意图

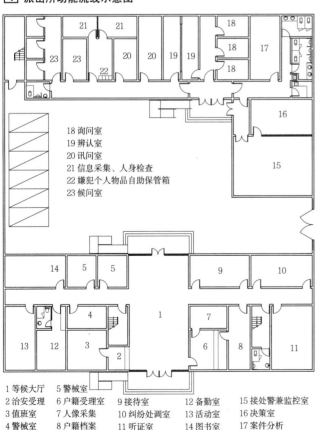

2 派出所平面示例

户籍（办证）室

用于为群众办理户口变动、居民身份证、暂住证、治安管理相关证照等的用房。

1. 户籍（办证）室宜设置分区：民警工作区和群众服务区。
2. 民警工作区的窗口单位宜采用低台敞开式的办公桌椅，放置计算机、打字机、户籍管理资料柜等。城区派出所一般有3~4名民警，农村派出所一般有1~2名民警，可同时在前台为群众办证办照。
3. 服务群众区是办事的群众依次等候和填写有关表格和个人信息的区域。
4. 派出所办公用房、业务用房的建筑层高不宜高于3.60m，室内净高不应低于2.40m。

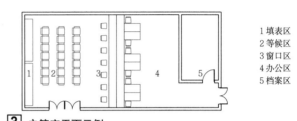

3 户籍室平面示例

其他用房

1. 纠纷调解室

用于派出所民警对治安纠纷进行调解的用房。通常治安纠纷的矛盾双方情绪激动，为保持派出所正常的工作秩序，又为了使纠纷尽快得到解决，因此设置纠纷调处室。室内摆放桌椅，面积指标为20~30m²。

2. 接待室

用于接待其他部门和单位来派出所联系工作和公务活动的人员以及到派出所检举、揭发违法犯罪人员的用房。在接谈过程中，由于涉及保密和公民个人隐私、关系到群众的人身安全，所以需要设置接待室或接谈室。

3. 备勤室

用于待命执行任务和加夜班民警休息的用房。城区派出所按编制二分之一人数设置备勤室。农村派出所按派出所编制人数一人一间设置备勤室。

4. 值班室

公安派出所实行24小时值班，值班室内需要配备内、外线电话和传真机、无线电台等通信联络设备。随时接受上级机关的指令和对重大案事件进行请示报告；对派出所警力进行指挥调度；接受群众的报案、报警、求助；保卫派出所内部安全以及收发公文等。

5. 候问室、讯问室、辨认室

详细见"公安机关[8]办案用房"。将被盘问人送入候问室前，需对其随身携带物品制作《暂存物品清单》并妥为保管。

6. 信息采集和人身安全检查室

对进入办案区的嫌疑人的指、掌纹，血样，人员信息等资料进行全面采集，对必要的人身安全、体表特征、缺残、伤害等生理状况予以检查确定。

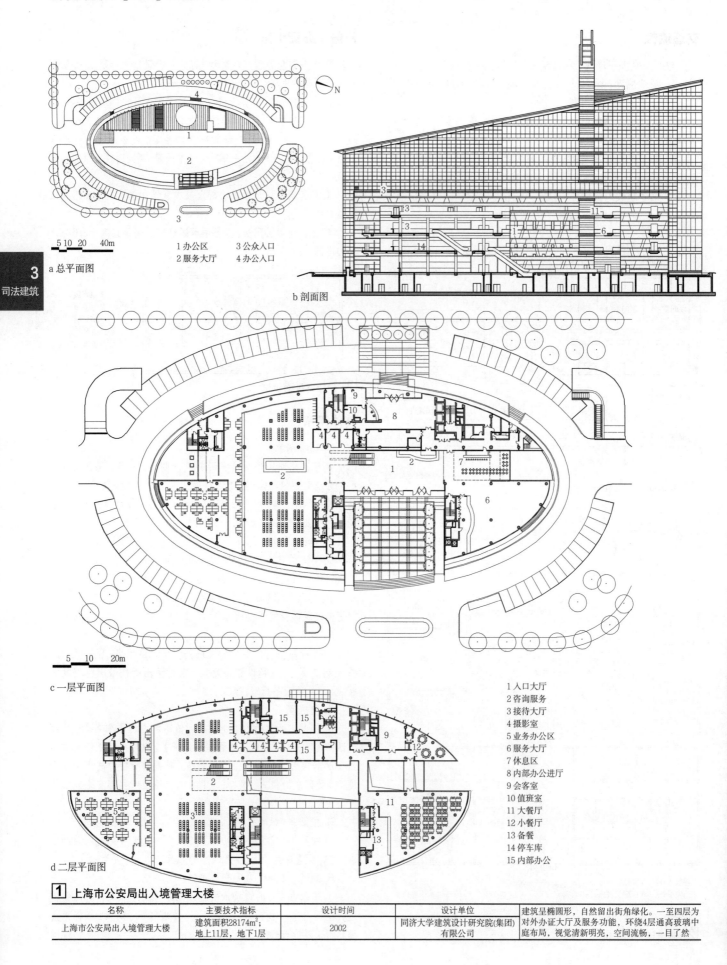

实例 [21] 公安机关

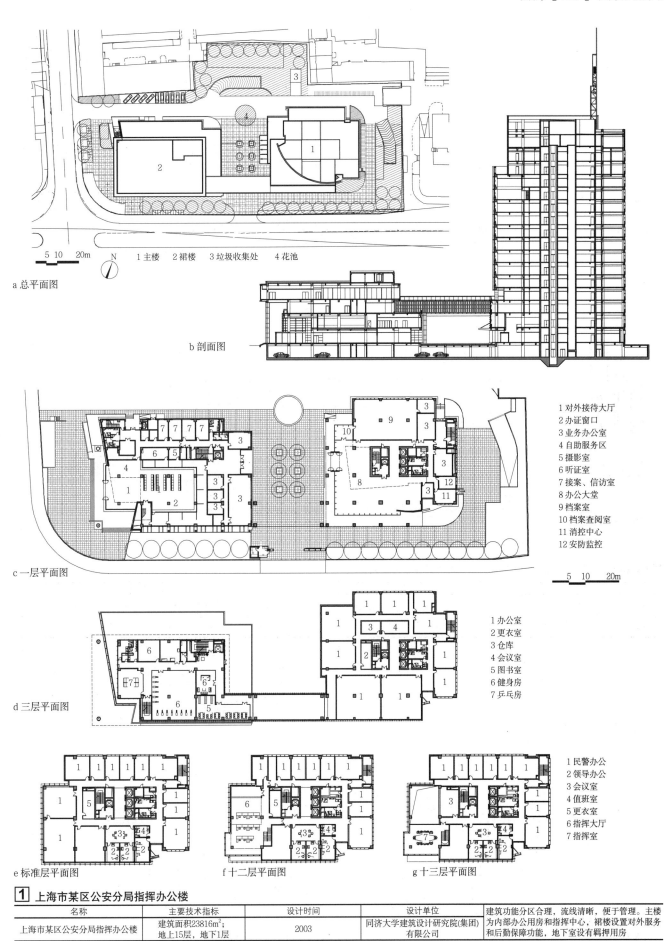

a 总平面图
1 主楼　2 裙楼　3 垃圾收集处　4 花池

b 剖面图

c 一层平面图

1 对外接待大厅
2 办证窗口
3 业务办公室
4 自助服务区
5 摄影室
6 听证室
7 接案、信访室
8 办公大堂
9 档案室
10 档案查阅室
11 消控中心
12 安防监控

d 三层平面图

1 办公室
2 更衣室
3 仓库
4 会议室
5 图书室
6 健身房
7 乒乓房

e 标准层平面图　　f 十二层平面图　　g 十三层平面图

1 民警办公
2 领导办公
3 会议室
4 值班室
5 更衣室
6 指挥大厅
7 指挥室

1 上海市某区公安分局指挥办公楼

名称	主要技术指标	设计时间	设计单位	
上海市某区公安分局指挥办公楼	建筑面积23816m²；地上15层，地下1层	2003	同济大学建筑设计研究院(集团)有限公司	建筑功能分区合理，流线清晰，便于管理。主楼为内部办公用房和指挥中心，裙楼设置对外服务和后勤保障功能，地下室设有羁押用房

公安机关 [22] 实例

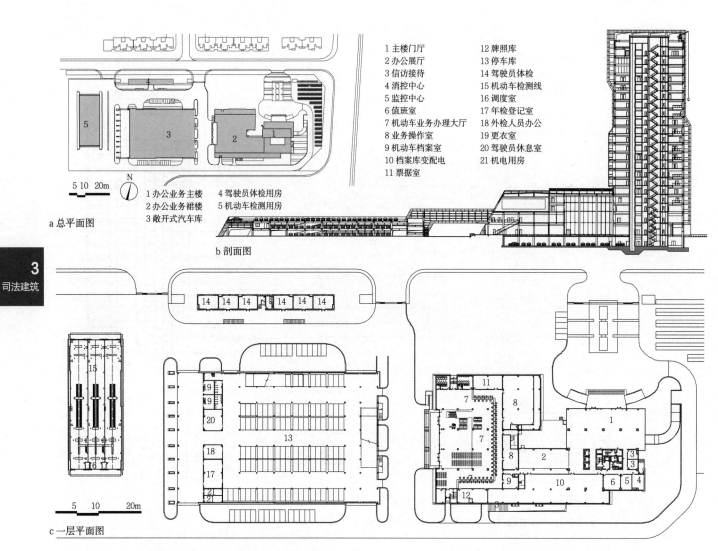

a 总平面图
b 剖面图
c 一层平面图

1 主楼门厅
2 办公展厅
3 信访接待
4 消控中心
5 监控中心
6 值班室
7 机动车业务办理大厅
8 业务操作室
9 机动车档案室
10 档案库变配电
11 票据室
12 牌照库
13 停车库
14 驾驶员体检
15 机动车检测线
16 调度室
17 年检登记室
18 外检人员办公
19 更衣室
20 驾驶员休息室
21 机电用房

1 办公业务主楼
2 办公业务裙楼
3 敞开式汽车库
4 驾驶员体检用房
5 机动车检测用房

1 无锡市公安局交巡警支队、车管所及交通指挥中心业务用房

名称	主要技术指标	设计时间	设计单位	
无锡市公安局交巡警支队、车管所及交通指挥中心业务用房	建筑面积43850m², 地上21层,地下1层	2007	同济大学建筑设计研究院(集团)有限公司	基地狭长,单体建筑沿基地东西向伸展,形成东、中、西三大部分,依次为办公业务楼、敞开式汽车库和车辆检测用房。敞开式汽车库一、二层作为社会车辆停放,屋顶主要作为内部车辆停放兼顾队列操练等体育活动要求。办公楼一、二层为对外服务用房,三、四层为交巡警指挥中心和车管办公、档案库。五层以上为交巡警支队业务和办公用房

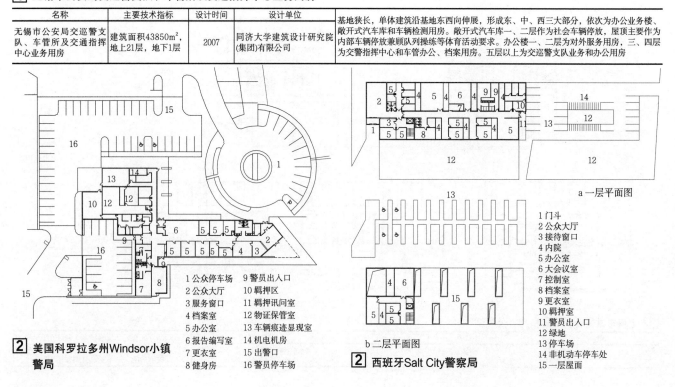

1 公众停车场
2 公众大厅
3 服务窗口
4 档案室
5 办公室
6 报告编写室
7 更衣室
8 健身房
9 警员出入口
10 羁押区
11 羁押讯问室
12 物证保管室
13 车辆痕迹显现室
14 机电机房
15 出警口
16 警员停车场

2 美国科罗拉多州Windsor小镇警局

1 门斗
2 公众大厅
3 接待窗口
4 内院
5 办公室
6 大会议室
7 控制室
8 档案室
9 更衣室
10 羁押室
11 警员出入口
12 停车场
13 停车场
14 非机动车停车处
15 一层屋面

a 一层平面图
b 二层平面图

2 西班牙Salt City警察局

基本概念

1. 监狱是国家的刑罚执行机关，用以惩罚和改造罪犯，预防和减少犯罪。

监狱建筑是监狱的基础设施，是监狱刑罚执行和改造罪犯的载体和物质表现形式。

2. 监狱按关押罪犯人数，分为大型、中型、小型监狱；按关押罪犯危险程度，分为高度戒备、中度戒备、低度戒备监狱；按关押罪犯的性别以及年龄，分为男子监狱、女子监狱以及未成年犯管教所。另外还有医疗监狱（如艾滋病监狱）、老弱病残监狱、新收监狱、出监监狱等特殊类型监狱。

3. 监狱建设必须遵守国家有关的法律、法规、规章，必须符合监管安全、改造罪犯和应对突发事件的需要，应适应当地经济、社会发展情况，满足"安全、坚固、适用、经济、庄重"的原则。同时，应该从人道主义出发，体现人性化的设计特点。

4. 监狱建设项目由房屋建筑、安全警戒设施、场地及其配套设施构成。

监狱房屋建筑包括：罪犯用房、警察用房、武警用房及其他附属用房。

监狱安全警戒设施包括：围墙、岗楼、电网、照明、大门及值班室、大门武警哨位、隔离和防护设施以及通信、监控、门禁、报警、无线信号屏蔽、目标跟踪、周界防范、应急指挥等技术防范设施。

监狱场地主要包括警察及武警训练场、罪犯体训场及停车场。

监狱配套设施主要包括消防、给排水、暖通、供配电、燃气、通信与计算机网络、有线电视、环保、节能、道路、绿化以及警察行政办公、罪犯生活、教育、医疗、劳动改造设施设备等。

5. 监狱建筑物的耐火等级不应低于二级。监狱监管设施耐久年限不应少于50年。

6. 监狱建筑应按国家现行的有关抗震设计规范、规程进行设计；围墙、岗楼、大门其抗震设防的基本烈度，应按本地区基本设防烈度提高一度，并不应小于七度（含七度）。抗震设防烈度为九度（不含九度）以上地区，严禁建监狱。

7. 监狱的供电电力负荷等级宜为一级，并应附设备用电源和应急照明等设施。

8. 新监狱建设项目应一次规划，并适当预留发展用地；扩建和改建的监狱建设项目应充分利用原有可用设施，做到合理规划、设计和建造。有特殊要求的监狱建设项目，必须单独报政府投资主管部门审批。

监狱规模 表1

关押罪犯人数	小型监狱	中型监狱	大型监狱
	1000~2000	2001~3000	3001~5000

综合建筑面积控制指标（不含武警用房） 表2

用房类别	中度戒备监狱			高度戒备监狱	
	小型	中型	大型	小型	中型
罪犯用房（m²/罪犯）	21.41	21.16	20.96	27.09	26.80
警察用房（m²/罪犯）	36.92	35.71	34.50	42.57	41.39
附属用房（m²/罪犯）	6.33	5.19	4.31	6.33	5.19

注：1. 本表数据引自《监狱建设标准》建标139-2010。
2. 寒冷地区综合建筑面积指标宜在本标准基础上增加4%，严寒地区宜增加6%。

总体布局

1. 选址要求

（1）监狱建设应选择邻近经济相对发达、交通便利的城市或地区。未成年犯管教所和女子监狱应选择在经济相对发达、交通便利的大、中城市。

（2）监狱建设选址应根据工程性质、水文地质和地震活动性质，结合劳动改造需要，选择地质条件较好、地势较高的地段；严禁选在可能发生自然灾害且足以危及监狱安全的地区。

（3）监狱应选择在给排水、供电、通信、电视接收等条件较好的地区。

（4）监狱与各种污染源、易燃易爆危险品、高噪声、高压线走廊、无线电干扰、光缆、石油管线、水利设施等的距离应符合相关规范要求。

2. 规划设计要点

（1）新建监狱建设用地标准宜按每罪犯70m²测算。有特殊生产要求的劳动改造项目的监狱用地标准可根据实际需要报有关部门批准后确定。

（2）监狱的总平面布局应分为罪犯监管区、警察行政办公区、警察生活区、武警营房区；罪犯监管区包括罪犯生活区、罪犯劳动改造区。除警察生活区外的各区域应彼此相邻，有通道相连，并有相应的隔离设施。

（3）各功能区域中，应按功能要求合理确定各种功能用房的位置和间距。监狱内各建筑物之间及狱内建筑与狱外建筑之间的距离应符合国家现行的安全、消防、日照、通风、防噪声和卫生防护等有关标准的规定。

（4）监狱内的道路应纵横开阔，使各功能分区联系畅通、安全；应有利于各功能分区用地的划分和有机联系；应根据地形、气候、用地规模和用地四周的环境条件，结合监狱的特点，选择安全、便捷、经济的道路系统和道路断面形式。

（5）新建监狱的绿地率宜为25%，扩建及改建监狱的绿地率宜为20%。

（6）监狱围墙内建筑物高度应符合当地规划要求且不应超过24m。

（7）中度戒备监狱围墙内建筑物距围墙距离不应小于10m，应明确划分罪犯的学习、劳动、生活等区域，主要建筑物之间应以不低于3m高的防攀爬金属隔离网进行隔离并有通道相连。中度戒备监狱内的高度戒备监区应自成一体，封闭独立，且布置在武警岗哨观察视线范围内，与其他监区、建筑物的距离不宜小于20m，并以不低于4m高的防攀爬金属隔离网进行封闭隔离。

（8）高度戒备监狱围墙内建筑物距围墙距离不应小于15m，应分为若干监区。每个监区封闭独立，应包括罪犯监舍、教育学习、劳动改造、文体活动和警察管理等功能用房，并设警察巡视专用通道；各功能用房之间应设置必要的隔离防护设施。各监区、家属会见室、罪犯伙房、罪犯医院、禁闭室等区域之间，均应以不低于4m高的防攀爬金属隔离网进行隔离，并用封闭通道相连。

监狱建筑 [2] 总体布局

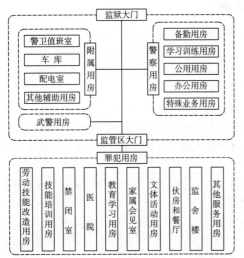

1 总体布局

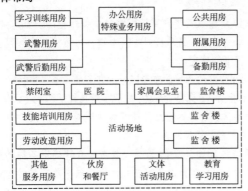

a 前后式布局

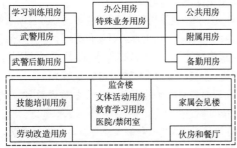

b 围合式布局

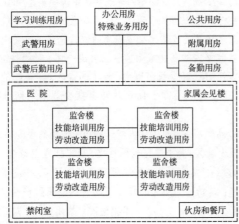

c 组团式布局
----- 警戒设施的范围

2 监狱建筑布局形式

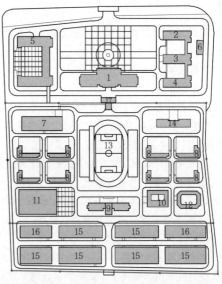

1 行政综合楼　2 备勤用房　3 办公用房　4 特殊业务用房　5 武警　6 附属用房
7 家属会见楼　8 监舍楼　9 教学楼　10 犯人大伙房　11 礼堂　12 禁闭室
13 运动场　14 医院　15 劳动改造用房　16 技能培训楼　17 监区大门

3 中型中度戒备监狱布局示例

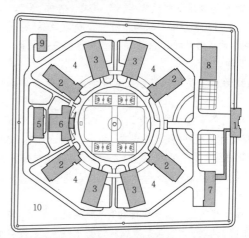

1 监管区大门　2 监舍楼　3 习艺楼　4 活动场地　5 医院　6 教学楼　7 家属会见楼
8 犯人伙房　9 禁闭室　10 预留用地

4 高度戒备监狱监管区布局示例

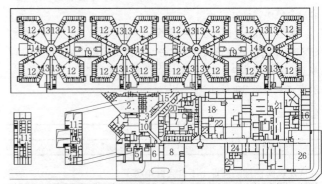

1 门厅　2 家属会见室　3 聆讯提审室　4 行政管理办公室　5 员工服务用房
6 员工餐饮用房　7 罪犯接收/转移/释放区　8 档案室　9 通信设备室　10 中央控制室
11 职工办公室　12 罪犯监舍　13 休闲娱乐室　14 监舍单元管理室　15 社会服务室
16 罪犯教育用房　17 宗教服务室　18 劳动改造用房　19 文体活动场
20 医疗保健服务室　21 罪犯餐饮用房　22 杂货店　23 洗衣房　24 中央仓库
25 建筑及设备维护室　26 能源供应中心

5 国外中型高度戒备监狱布局示例

概述

罪犯用房包括监舍楼、禁闭室、家属会见楼、教育学习用房、伙房和餐厅、医院或医务室、文体活动用房、技能培训用房、劳动改造用房和其他服务用房等。

罪犯用房建筑面积指标（单位：m^2/罪犯）　　表1

用房类别	用房名称	中度戒备监狱			高度戒备监狱	
		小型	中型	大型	小型	中型
罪犯用房	监舍楼	4.66	4.66	4.66	9.47	9.47
	禁闭室	0.12	0.11	0.10	0.12	0.11
	家属会见楼	0.81	0.81	0.81	0.59	0.59
	教育学习用房	1.17	1.07	0.96	1.75	1.59
	伙房和餐厅	1.14	1.08	1.03	1.14	1.08
	医院或医务室	0.65	0.60	0.60	1.00	0.94
	文体活动用房	1.55	1.55	1.55	0.90	0.90
	技能培训用房	2.30	2.30	2.30	2.30	2.30
	劳动改造用房	7.60	7.60	7.60	7.60	7.60
	其他服务用房	1.41	1.38	1.35	2.25	2.22
	男监合计	21.41	21.16	20.96	27.09	26.80

注：1. 本表数据引自《监狱建设标准》建标139—2010。
2. 女子监狱厕所增加$0.04m^2$/罪犯；女子监狱和未成年管教所教育学习用房面积乘以1.5系数；在冬季需要储藏地区，伙房和餐厅增加$0.5m^2$/罪犯储菜用房面积。
3. 关押老病残罪犯的监狱可根据实际需要，合理调剂各功能用房面积。
4. 本表未含罪犯锅炉房的面积，如需设置应根据具体情况另行确定。

禁闭室

1. 禁闭室作为惩罚监内严重违规或犯罪的罪犯的重要场所，也是犯人生活区内必不可少的建筑。通俗地讲，禁闭室就是一栋特殊类型的监舍楼。

2. 禁闭室应集中设置，在监狱内自成一区，不应被其他流线穿越，与其他建筑距离宜大于20m。

3. 禁闭室包括禁闭寝室、值班室、预审室、监控室及警察巡视专用通道等用房。

4. 禁闭寝室内净高不应低于3.0m，单间使用面积不应小于$6.0m^2$，通常为2.5m×3.6m。

5. 每间禁闭寝室内应有蹲便器和小水池各一。

6. 禁闭室内不应设电器开关及插座，应采用低压照明（宜采用24V电压），照明控制应由民警值班室统一管理。

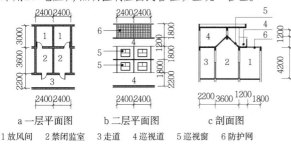

a 一层平面图　　b 二层平面图　　c 剖面图
1 放风间　2 禁闭监室　3 走道　4 巡视道　5 巡视窗　6 防护网

1 禁闭室布置示例

1 门厅　2 谈话室　3 监狱值班室　4 预审室　5 严管室　6 隔离审查室
7 集训教育室　8 禁闭监室　9 放风间　10 室外训练场地　11 卫生间

2 中型中度戒备监狱禁闭室一层平面示例

监舍楼

1. 监舍楼由寝室、盥洗室、厕所、物品储藏室、心理咨询室、亲情电话室等组成。

2. 每寝室关押男性罪犯时不应超过20人，一般宜为12或者14人，关押女性或未成年罪犯时不应超过12人，一般宜为8或10人，关押老病残罪犯时不应超过8人。高度戒备监狱每间寝室不应超过8人。

3. 寝室内床位宽度不应小于800mm。

4. 寝室室内净高，双层床位时不应低于3.4m，单层床位时不应低于2.8m。

5. 寝室窗地比不应小于1/7。

6. 监舍楼内走廊若双面布置房间，其净宽不应小于2.4m；若单面布置房间，其净宽不应小于2.0m。

7. 采暖地区监舍建设，应加设机械通风系统，换气次数为4~7次/小时；风口应采用扁长形风口，以防罪犯爬入。采暖负荷计算时应考虑通风所损失的热量。

8. 监舍内各房间及走廊的照明均应在民警值班室的控制之下，且应在每个监舍内设一组夜间照明灯具；监舍楼内配电箱应设在每层的民警值班室内。

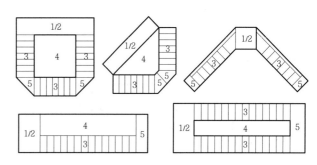

1 管理用房　2 服务用房　3 寝室　4 活动室　5 配套用房（盥洗室、厕所等）

3 监舍楼平面布置示例

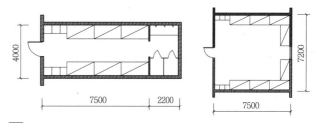

4 多人寝室布置示例

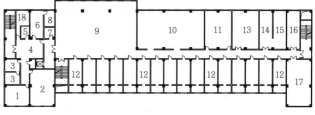

1 监控室　2 办公室　3 休息室　4 值班室　5 储藏室　6 会议室　7 亲情电话室
8 心理咨询室　9 活动室　10 餐厅　11 阅览室　12 寝室　13 物品存放室
14 更衣室　15 淋浴室　16 盥洗室　17 晾衣房　18 卫生间

5 中型中度戒备监狱监舍楼标准层平面示例

监狱建筑 [4] 罪犯用房

家属会见楼

1. 家属会见楼是罪犯会见亲属的场所，是罪犯监管区的主要建筑物之一，也是监狱对外执法、对外宣传的窗口。
2. 家属会见楼应设于监狱围墙内、监管区大门附近，分别设置家属和罪犯专用通道。
3. 家属会见楼一般包括会见登记处、家属等候区、家属会见区、警察值班（监控）室、小卖部、法庭、提审室等区域或功能房间。
4. 会见楼内应分别设置从严、一般和从宽会见的区域及设施。
5. 会见室窗地比不应小于1/7。
6. 会见室室内净高不应低于3.0m。

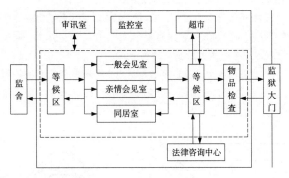

1 功能与流线组织图

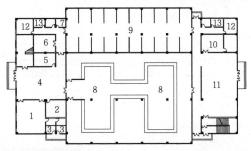

1 会议室　2 监控室　3 提审室　4 罪犯等候厅　5 值班室　6 盥洗室　7 搜查室　8 普通会见厅　9 从宽会见厅　10 值班室　11 家属等候厅　12 男卫　13 女卫

2 大型中度戒备监狱家属会见楼一层平面示例

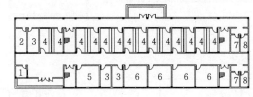
a 一层平面图

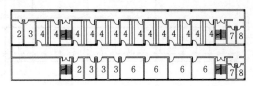
b 二层平面图

1 值班登记室　2 警察值班室　3 办公室　4 接见室　5 小卖部　6 家属等候室　7 男卫　8 女卫

3 小型中度戒备监狱家属会见楼平面示例

其他罪犯用房

其他罪犯用房主要包括教育学习用房、犯人大伙房、监狱医院、文体活动用房、技能培训用房、劳动改造用房以及其他服务用房。

1. 教育学习用房包括图书阅览室、教育用房等。教育学习用房既可集中布置，也可分散在监舍楼中。
2. 伙房宜集中设置，自成一区，根据实际情况可设置少数民族灶台，设粗加工区、操作区、储藏区、警察值班（监控）区。为防止罪犯就餐过于集中，餐厅宜分散设置在监舍楼中，培训车间和生产车间也可设第二餐厅。
3. 监狱医院宜按一级甲等标准设置，宜布置在罪犯生活区内。
4. 文体活动用房包括文体活动室、礼堂等。文体活动室既可分散设置在监舍楼内，也可与教育学习用房合建，也可单独设置。高度戒备监狱不设置礼堂，防止罪犯大规模集中。
5. 技能培训用房和劳动改造用房包括培训车间、生产车间、仓库、技术辅导岗位及生产关键要害岗位人员用房。这两座功能用房宜集中设置，仓库可单独设置。
6. 其他服务用房包括理发室、浴室、晾衣房、被服仓库、日用品供应站、社会帮教室、法律咨询室等。理发室、浴室、晾衣房、法律咨询室可设置在监舍楼中，浴室还可单独设置，法律咨询室也可设置在教学楼中，社会帮教室可设置在家属会见楼或教学楼中，被服仓库、日用品供应站根据实际情况，设置在其他功能用房中。

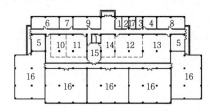

1 警察值班室　2 检测室　3 更衣间　4 冷库　5 警察监控室　6 主食库　7 调料库　8 副食库　9 餐具存放间　10 主食粗加工区　11 主食热加工区　12 副食热加工区　13 副食粗加工区　14 少数民族加工间　15 备餐间　16 餐厅　17 卫生间

4 中型中度戒备监狱犯人大伙房平面示例

a 一层平面图

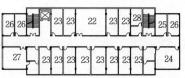
b 二层平面图

1 门厅　2 挂号室　3 注射室　4 输液室　5 警察值班（监控）室　6 处置室　7 治疗室　8 换药室　9 药库　10 药房　11 检查室　12 化验室　13 谈话室　14 警察办公室　15 消毒洗涤间　16 隔离区　17 肺结核隔离　18 乙肝隔离区　19 传染病谈话室　20 精神病区　21 精神科诊室　22 康复活动中心　23 诊室　24 X光室　25 警察办公室　26 医生办公室　27 手术室　28 卫生间

5 中型中度戒备监狱医院平面示例

武警用房

驻监武警营区应毗邻监狱设置,通常应包括宿舍、食堂、训练场、哨兵室等。建设内容和标准,根据实际情况应按有关规定执行。

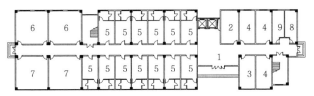

1 门厅　2 接待室　3 值班室　4 办公室　5 宿舍　6 活动室　7 会议室　8 男卫　9 女卫

1 中型中度戒备监狱武警用房一层平面示例

附属用房

附属用房包括门卫室、收发室、接待室、辅助管理岗位人员用房、车库、仓库、开水间、卫生间、配电房、锅炉房、水泵房、应急物资储备库、污水处理站等。

附属用房建筑面积指标（单位：m²/警察） 表1

用房类别	中度戒备监狱			高度戒备监狱	
	小型	中型	大型	小型	中型
附属用房	6.33	5.19	4.31	6.33	5.19

注：本表未含污水处理站的面积,如需设置可根据具体情况另行确定。

安全警戒设施

1. 安全警戒设施包括围墙、岗楼、电网、照明、监管区大门及值班室、武警监门哨、隔离和防护设施以及通信、监控、门禁、报警、无线信号屏蔽、目标跟踪、周界防范、应急指挥等技术防范设施。

2. 监狱围墙上部宜设武装巡逻道,围墙下部必须设深入地面以下不小于2m的挡板。围墙转角应呈圆弧形,表面光滑,不可攀登。高度戒备监狱围墙外侧的两道隔离网之间应设防冲撞装置,罪犯室外活动区域宜设置必要的防航空器劫持设施。

围墙安全警戒要求 表2

监狱类型	高度	安全防护要求	警戒隔离带	防攀爬金属隔离网
中度戒备监狱	≥5.5m	490厚实心砖墙	围墙内侧5m 围墙外侧10m	内侧5m、外侧10m处不低于4m
高度戒备监狱	≥7m	300厚钢筋混凝土	围墙内侧10m 围墙外侧12m	内侧5m及10m、外侧5m及12m处,不低于4m

3. 岗楼宜为封闭建筑物,四周挑平台,平台应高出围墙1.5m以上并设1.2m高栏杆。岗楼一般设于围墙转折点处,视野、射界良好且有重叠,岗楼间距不应大于150m。岗楼应用铁门防护及设置通信报警装置。

4. 监管区大门分设车辆通道、警察通道和家属会见专用通道,均设2道门,电动AB开及带封顶护栏。车辆通道宜宽6m、高5m,进深不宜小于15m,两端设防冲撞装置。

5. 值班室、武警监门哨、照明、电网、监控报警装置、门窗、水暖电、信息化系统等,应按有关规定和标准执行。

6. 安全设施应符合下列要求：

（1）室外疏散楼梯周围应设防护铁栅栏；通向屋顶的消防爬梯离地面高度不应小于3.0m,且3.0m水平距离内不应开设门窗洞口。

（2）监舍对外窗均应设防护铁栅栏。

（3）家属会见室靠监区内一侧的窗及禁闭室外窗均应设坚固的铁栅栏,同样范围的门应为铁门。

（4）监区所有通往监外的暖气检查口、排水暗管的检查窨井等,均应设防护装置。

1 消防控制室　2 民警值班室　3 办公室　4 警察值班室　5 武警值班室　6 检查通道
7 值班检查　8 寄存室　9 接待室　10 警械室　11 档案室
12 管教办公室　13 男卫　14 女卫

2 大型中度戒备监狱监管区大门平面示例

1 门厅　2 警察值班室　3 武警值班室　4 卫生间　5 家属等候区　6 家属候见室
7 出入警　8 警械库　9 男更衣间　10 女更衣间　11 车底监控　12 阻车器

3 中型中度戒备监狱监管区大门平面示例

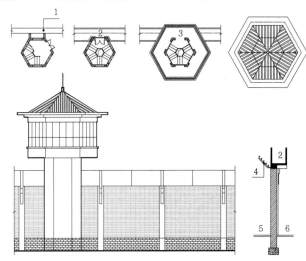

1 围墙　2 巡逻道　3 值班　4 电网　5 监区　6 民警区

4 中型中度戒备监狱监管围墙平立剖示例

场地及配套设施

场地包括警察室外训练场、罪犯室外体训场。监狱非机动车、机动车车位配置标准按行政机关办公配建。监狱建设所需配套设施按有关规定和标准执行。

场地面积指标 表3

场地名称	警察室外训练场	罪犯室外体训场
标准（m²/人）	3.2	2.9

监狱建筑 [6] 警察用房·实例

警察用房

警察用房包括办公用房、公共用房、特殊业务用房、管理用房、备勤用房、学习及训练用房等。

1. 办公用房包括监狱领导办公室、职能部门办公室及监区警察办公室。根据监狱建制和科室编制设置。
2. 公共用房包括会议室、食堂、浴室、医务室、洗衣房、更衣室、文体活动室及老干部活动室等。
3. 特殊业务用房包括监控指挥中心、应急处置中心、计算机房、档案室、暗室、器材存放室、电化教育室、警械装备库、检察院驻狱办公室、警察心理咨询室等。
4. 管理用房包括监舍楼内设置的警察值班（监控）室、谈话室、专用卫生间以及劳动改造用房、技能培训用房内设置的警察值班（监控）室、专用卫生间。值班室内均设通信和报警装置。
5. 备勤用房应满足警察集中就寝的要求。备勤用房、学习及训练用房参照现行有关规范，根据实际需求设置。

警察用房建筑面积指标（单位：m²/警察） 表1

用房类别	用房名称	中度戒备监狱			高度戒备监狱	
		小型	中型	大型	小型	中型
警察用房	警察办公用房	5.83	5.83	5.83	5.83	5.83
	公共用房	8.75	8.65	8.55	8.75	8.65
	特殊业务用房	7.44	6.33	5.22	7.44	6.33
	警察管理用房	3.61	3.61	3.61	7.22	7.22
	警察备勤用房	7.76	7.76	7.76	9.80	9.80
	学习及训练用房	3.53	3.53	3.53	3.53	3.53
	合计	36.92	35.71	34.50	42.57	41.36

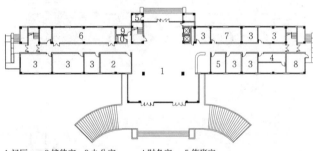

1 门厅　2 接待室　3 办公室　4 财务室　5 值班室
6 陈列室　7 会议室　8 消防控制室　9 男卫室　10 女卫室

1 大型中度戒备监狱办公用房平面示例

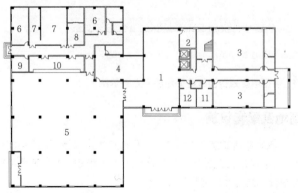

1 门厅　2 办公室　3 报告厅　4 小餐厅　5 食堂　6 食库
7 操作间　8 休息室　9 消毒间　10 备餐　11 男卫　12 女卫

2 中型中度戒备监狱公共用房平面示例

实例

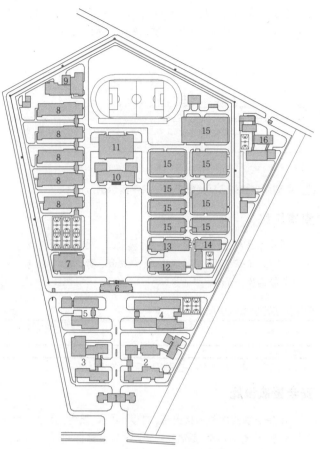

1 监狱大门　2 行政办公楼　3 公共用房　4 警察备勤用房　5 后勤用房　6 监管区大门
7 会见楼　8 监舍楼　9 犯人大伙房　10 教学楼　11 罪犯体能训练中心兼礼堂
12 出监监区　13 医院　14 高危犯监区　15 劳务车间　16 武警用房

3 某大型中度戒备监狱总平面图

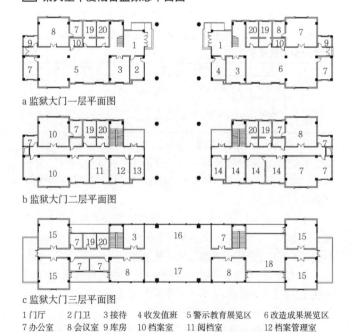

a 监狱大门一层平面图

b 监狱大门二层平面图

c 监狱大门三层平面图

1 门厅　2 门卫　3 接待　4 收发值班　5 警示教育展览区　6 改造成果展览区
7 办公室　8 会议室　9 库房　10 档案室　11 阅档室　12 档案管理室
13 图文室　14 检查办　15 活动室　16 规划展览区　17 狱史展览区
18 监狱产品展区　19 男卫　20 女卫

4 监狱大门平面图

实例 [7] 监狱建筑

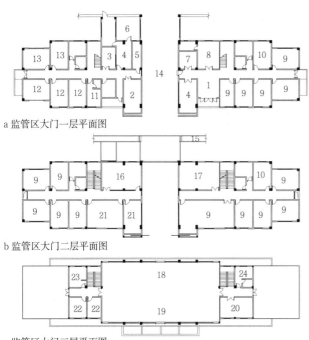

a 监管区大门一层平面图

b 监管区大门二层平面图

c 监管区大门三层平面图

1 门厅 2 消防控制室 3 检查通道 4 值班检查室 5 配电室 6 内院 7 警械室
8 接待室 9 管教办公 10 档案室 11 领导值班室 12 机关民警值班室
13 警察值班室 14 车行通道 15 监区围墙武装巡逻道 16 中心机房
17 心理咨询室 18 监控中心 19 应急指挥中心 20 设备维护间 21 信息管理室
22 办公室 23 男卫 24 女卫

1 监管区大门平面图

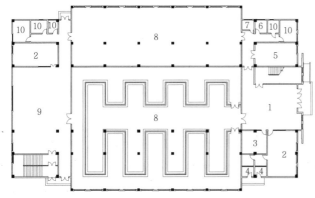

a 家属会见楼一层平面图

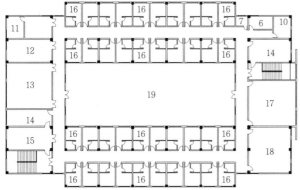

b 家属会见楼二层平面图

1 等候大厅 2 值班室 3 监控室 4 提审室 5 盥洗间 6 开水间 7 电气设备间
8 会见 9 家属等候大厅 10 卫生间 11 储藏间 12 警察值班室 13 接待室
14 检查换衣室 15 家属等候区 16 会见寝室 17 监区领导办公室 18 法庭
19 上人屋面

2 会见楼平面图

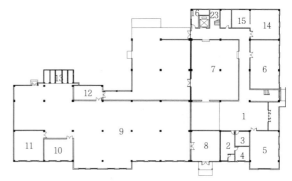

a 犯人大伙房一层平面图

b 犯人大伙房二层平面图

1 门厅 2 值班室 3 记账室 4 工具室 5 员工餐厅 6 生菜间 7 粗加工
8 备餐区 9 加工区 10 面食间 11 熟食间 12 消毒间 13 蒸箱 14 更衣室
15 沐浴间 16 维修间 17 主食库 18 干货库 19 成品冷库 20 库房 21 调味库
22 加工区上空 23 卫生间

3 犯人大伙房平面图

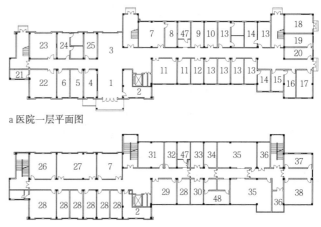

a 医院一层平面图

b 医院二层平面图

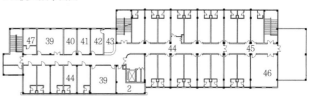

c 医院三层平面图

1 入口门厅 2 警察值班室 3 候诊大厅 4 挂号室 5 门诊办公室 6 B超室 7 门诊药房
8 药库 9 门诊换药 10 门诊观察室 11 门诊输液 12 抢救室 13 诊室 14 电测听
15 器械办公室 16 储物室 17 污水处理 18 热水机房 19 污物消毒室
20 锅炉消毒室 21 灌肠室 22 胃镜室 23 X光机房 24 控制室 25 心电图 26 图书室
27 学术会议厅 28 办公室 29 化验室 30 观察室 31 病历档案室 32 生化室
33 器械间 34 敷料间 35 手术室 36 空调机房 37 更衣间 38 医生休息室
39 活动室 40 药材间 41 医师值班 42 护士治疗室 43 护士值班台 44 病房区
45 传染病房区 46 被服仓库 47 卫生间 48 消毒间

4 监狱医院平面图

监狱建筑 [8] 实例

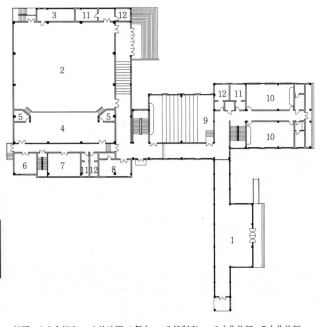

1 门厅　2 大会议室　3 放映厅　4 舞台　5 控制室　6 小化妆间　7 大化妆间
8 贵宾休息室　9 150人大教室　10 中教室　11 男卫　12 女卫

1 公共用房一层平面图

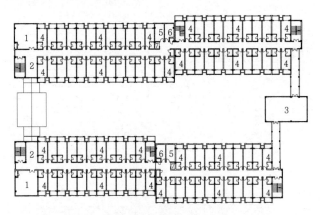

1 办公室　2 休息区　3 活动室　4 备勤室　5 理发室　6 储藏间　7 开水间

2 备勤用房标准层平面图

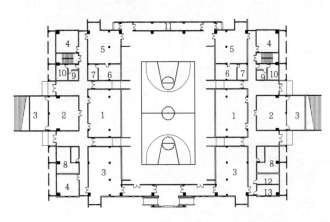

1 训练间　2 乒乓球室（或简易训练间）3 储藏室　4 排练（锻炼）用房
5 后台准备（简易演出）6 更衣间　7 淋浴间　8 男卫（犯）9 女卫（警）
10 男卫（警）11 演出后方通道　12 消防控制室　13 变配电间

3 罪犯体能训练中心兼礼堂一层平面图

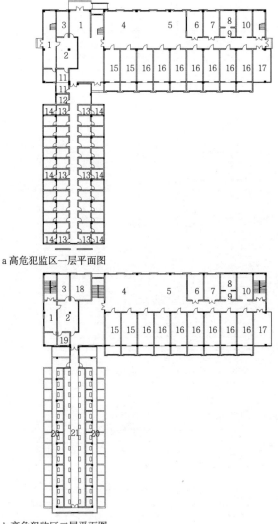

a 高危犯监区一层平面图

b 高危犯监区二层平面图

1 门厅　2 值班室　3 办公室　4 活动室　5 餐厅　6 网络电教室　7 物品存放室
8 淋浴间　9 更衣间　10 盥洗室　11 提审室　12 储藏室　13 禁闭室　14 放风间
15 特岗　16 严管室　17 阳光室　18 会议室　19 资料室　20 巡廊　21 走道

4 高危犯监区（含禁闭室）平面图

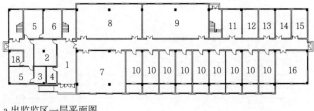

a 出监监区一层平面图

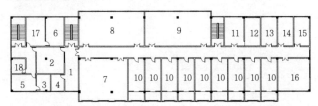

b 出监监区二层平面图

1 门厅　2 值班室　3 谈话室　4 亲情电话室　5 办公室　6 休息室　7 技能学习用房
8 活动室　9 餐厅　10 寝室　11 更衣室、理发室、吸烟室　12 淋浴间　13 盥洗室
14 食品存放室　15 物品存放室　16 阳光室　17 会议室　18 卫生间

5 出监监区平面图

概述

1. 看守所是羁押依法被逮捕、刑事拘留的人犯的机关。被判处有期徒刑一年以下，或者余刑在一年以下，不便送往劳动改造场所执行的罪犯，也可以由看守所监管。看守所的任务是依据国家法律对被羁押的人犯实行武装警戒看守，保障安全；对人犯进行教育；管理人犯的生活和卫生；保障侦查、起诉和审判工作的顺利进行。

2. 设计总则

（1）看守所建筑设计应做到坚固安全、管理方便、功能齐全、设施完善，并符合环保、节能、节地的要求。

（2）看守所建筑应根据建设规模、管理模式的要求和基地环境及气候条件，因地制宜地设计，并与当地社会经济发展水平和城市规划要求相适应，做到全面规划，合理布局，经济适用。

（3）看守所建筑设计应符合国家现行的有关工程建设强制性标准的规定。

（4）看守所建筑物的耐火等级不应低于二级，设计使用年限应为50年，应按国家现行的有关抗震规范、规程进行设计。

（5）看守所建设应充分考虑安全保密和使用功能的特殊要求，宜实行一次规划、一次建设，也可根据发展需要一次规划、分期建设；扩建和改建的看守所应充分利用原有设施。

（6）看守所建设规模按设计押量确定。设计押量应按满足现实需要、适度超前的原则，综合考虑辖区人口数量、地理位置、经济发展水平等因素确定。新建看守所的设计押量应不少于50人。

（7）看守所设计押量及建设方案，应由省级公安机关初步审核同意后，按照政府投资项目审批权限履行审批手续。

选址与总体布局

1. 选址原则

（1）宜选择地势高、地形平坦，水文和工程地质条件良好的地段。

（2）供电、给排水、交通、通信等市政设施条件较好，便于利用医院等公共服务设施和方便刑事诉讼活动。

（3）避开高层建筑、外事活动场所及人口活动密集的区域；与各种污染源、易燃易爆危险品、高噪声源、高压电线、无线电干扰、光缆、石油管线、水利设施等的距离，应符合国家有关防护距离的规定。看守所周围建设的控制范围和建筑高度，应满足看守所的安全和保密要求。

2. 看守所布局按功能宜分为监区、办案区、接待会见区、办公区、生活保障区和武警营区。除监区、武警营区应单独设置外，设计押量在500人以下的看守所其余功能区可合并建设。

3. 总体布局

看守所建设总平面布置，应做到安全保密、方便管理，并符合以下要求。

（1）看守所监区应设置在看守所中央部位或较隐蔽、便于警戒的位置，监区宜设置一个出入口，并不得直接面对看守所大门。监区围墙内外应有安全隔离带，围墙内不少于7m，围墙外不少于5m。监房之间的间距应符合当地住宅建筑日照的规定，且不小于10m。

（2）办案区设置应临近监区出入口。

（3）接待会见区应设置在监区围墙外，满足看守所安全管理的需要和方便来所人员的进出。

（4）办公区应设置在监区围墙外，并考虑停车、道路、绿化等因素合理布置。

（5）生活保障区宜设置在监区围墙外。

（6）武警营区应自成体系，并毗邻看守所监区。

4. 看守所外通路与城市道路相连接，各功能区机动车道应联通；进入监区的机动车道净宽和净高均不小于4m。

5. 看守所建筑密度宜为33%，容积率宜控制在0.3~0.5。

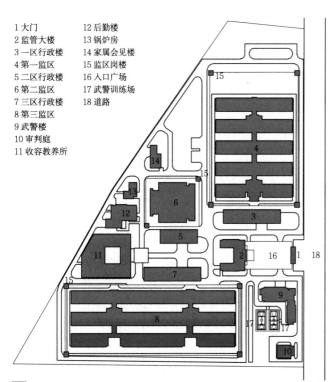

1 大门　2 监管大楼　3 一区行政楼　4 第一监区　5 二区行政楼　6 第二监区　7 三区行政楼　8 第三监区　9 武警楼　10 审判庭　11 收容教养所　12 后勤楼　13 锅炉房　14 家属会见楼　15 监区岗楼　16 入口广场　17 武警训练场　18 道路

[1] 总体布局示例一

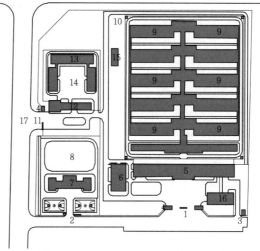

1 主入口　2 武警入口　3 探视入口　4 门卫　5 综合楼　6 食堂　7 武警营房　8 武警训练场　9 监房　10 监区岗楼　11 拘留所入口　12 拘留所综合楼　13 拘留区　14 拘留所活动场地　15 变配电房　16 宣判法庭　17 道路

[2] 总体布局示例二

看守所 [2] 功能构成·监区设计

功能构成

1. 看守所一般由监区、办案区、接待会见区、办公区、生活保障区和武警营区等功能区组成。各功能区房屋设置见表1。

各功能区房屋设置表　　　　　　　　　　　　　　表1

功能区	主要设置房屋	备注
监区	监室、衣物储藏室、医务用房、图书室、活动室、公共浴室、理发室、教育培训室、值班室、管教室、谈话室（含驻所检察院使用的谈话室）、心理咨询室、监控室及其设备室、电教室等	
办案区	羁押受理用房、讯问室（含特殊讯问室及其指挥室）、律师会见室、辨认室、违禁物品保管室、AB门执勤用房等	宜判小法庭应设置在接待会见区或者办公区内，并相对独立
接待会见区	管理室室、会见室（含集中会见室、单独会见室和视频会见室）、候见室、生活用品供应室及物品暂存室等	
办公区	办公室、文印室、资料室、档案室、会议室、阅览室、荣誉室、警用装备室以及驻所检察官使用的办公室、监控室等	
生活保障区	被羁押人伙房、洗衣房和民警备勤宿舍、食堂、健身房、文娱室等其他用房	
武警营区	按武警总部相关规定确定	

2. 看守所建设项目由房屋建筑及其设备、场地、安全警戒和其他配套设施构成。

3. 看守所房屋建筑包括被羁押人用房、办案及管理用房、民警办公及生活用房、检察院和法院用房、附属用房以及武警用房。场地应包括道路、停车场、武警训练场地、民警文体活动场地、被羁押人活动场地和绿地等。安全警戒设施包括围墙、岗楼、电网、照明、大门及值班室、武警哨位、隔离防护、应急警报、周界控制、门禁、监控和通信控制、监管信息、违禁物品检测、无线信号屏蔽、讯问指挥、民警巡视管理、被羁押人报告、会见等技术防范系统。

4. 看守所房屋建筑面积（不含武警营房）应以设计押量乘以看守所用房建筑面积指标数确定，应符合表2的规定。

房屋建筑面积指标（单位：m²/被羁押人）　　　　表2

用房类别	200人	500人	1000人
被羁押人用房	14.72	14.78	14.56
办案及管理用房	7.56	6.38	5.87
民警办公及生活用房	5.89	5.57	5.57
检察院及法院用房	0.88	0.42	0.36
附属用房	2.00	1.52	1.07
合计	31.05	28.67	27.43

注：1. 数据来源于公安部监所管理局《看守所建设标准》（2013年6月）。
2. 设计押量在200~500人之间的，按照公式$31.05-2.38(N_s-200)/300$计算建筑面积指标；设计押量在500~1000人之间的，按照公式$28.67-1.24(N_s-500)/500$计算建筑面积指标；设计押量200人以下的建筑面积指标，按照设计押量200人的建筑面积指标确定；设计押量1000人以上的建筑面积指标，按照设计押量1000人的建筑面积指标确定（N_s为设计押量）。
3. 看守所内设置特殊监区的，其面积指标按《公安监管场所特殊监区建设标准》建标113-2009另行核定。

5. 看守所停车场面积，按25m²/车位计算；车辆数量应综合考虑看守所公务车辆、外来车辆及民警自备车辆实际需求合理确定。

6. 看守所民警文体活动场地应按工作人员数量确定，人均不低于3.2m²，且面积最低不宜小于600m²。

7. 看守所应设置外围墙、监区围墙和岗楼等安全警戒设施。外围墙高度不应低于2.5m，可采用实心墙体或通透栅栏。

监区设计

1. 监区是看守所内关押被羁押人员、依法实施武装警戒的区域。监区内建筑一般包括监室、监室室外活动场地、禁闭监室、留所服刑罪犯监室及其活动室（含文化教育室）、物品储藏室、图书室、公共浴室、医务用房、看守民警值班室、管教室、谈话室、技术控制室等。

（1）监区内建筑布局应与管理模式有机结合，大型和特大型看守所宜按分区管理模式加以布置。

（2）监区必须设置围墙、警戒岗楼。监区出入口不得直接面对看守所出入口。

（3）监区内建筑间距应满足通风、日照和防火要求，不得低于当地住宅间距的规定，且不得小于10m。监区建筑与监区围墙间距不得小于6m。

（4）严寒和寒冷地区看守所的采暖锅炉房不得设在监区内。

（5）设计关押容量500人以上的看守所，在押人员伙房、技术控制室可设在监区外。

（6）监区出入口应设置人行通道和车行通道。人行通道和车行通道均应设两道门，且电动AB开闭，两道门之间应为封闭通道。其中人行通道应设门禁、安检系统；车行通道两端应设防冲撞装置，通道顶部和地面应设置监控、探测等安全装置。

2. 监房是由监室、监室室外活动场地、管理通道和巡视通道等组成的建筑单元。

(1) 监房宜单层设置，特殊情况的地区可设多层监房。

(2) 监房外墙厚度应达到370mm，并满足安全防护要求。

(3) 监房及室外活动场应向阳设置，监室室内窗地比应控制在1/10~1/7。

(4) 监室主通道净宽度，设计押量500人以下看守所不宜小于3m，设计押量500人及以上的不宜小于5m；监室门外侧的管理巡视通道净宽不宜小于2m；室外活动场地毗邻监室一侧上部管理巡视通道净宽宜为1m。

3. 监室是被羁押人员起居用房。

（1）监室分为普通监室和单人监室，并分别设置与之毗邻的室外活动场地。普通监室每间关押人数应为8~16人，人均使用面积8人监室宜为7m²，9~16人监室宜为5m²；单人监室每间使用面积宜为7~8m²，每100人设置1~3间。

（2）监室层高应根据《民用建筑设计通则》GB 50352中气候分区确定，严寒地区监室层高宜为4.2~4.8m；寒冷地区监室层高宜为5.1~5.7m；夏热冬冷地区监室层高宜为5.7~6.3m；夏热冬暖地区监室层高宜为6.3~6.9m。

（3）监室内设置有盥洗、淋浴和水冲式不锈钢便器等设施的卫生间，按照不低于8人一套的标准配置；8人监室卫生间使用面积宜为3.5m²，9~16人监室卫生间使用面积宜为7m²，单人监室卫生间使用面积宜为2m²；卫生间与监室床位之间宜用夹胶落地玻璃隔离。

（4）监室窗户、室外活动场顶部、讯问室和律师会见室等被羁押人使用部位以及其他需要防护处理的窗户，必须安装金属防护栅栏；监区内房屋以及询问室、律师会见室、家属会见室等被羁押人能够接触到的窗户玻璃，应采用安全玻璃。

（5）金属防护栅栏应采用直径不小于18mm的热轧圆钢或16mm×16mm的方钢，水平间距不应大于120mm，竖向间距不应大于200mm；室外活动场地顶部钢筋防护栅栏距地高度不宜低于3.2m。

监区围墙设计

1. 监区围墙高出地面7.2m，其中顶部的1.2m为巡逻道，宽度为1.2m；外墙应达到370mm厚实心砖墙的安全防护要求。

   监区围墙基础采用桩基础或者独立基础时，基础梁以下应设置挡板，深入到地面以下不低于2m。

2. 监区围墙应设置岗楼。岗楼间距不宜大于150m；岗楼视界、射界良好，无观察死角，岗楼之间视界、射界应重叠；岗楼应为封闭建筑，使用面积为6~8m²，并应安装铁门和通信、报警、避雷等设施；岗楼室内地面宜高出巡逻道地面1~1.5m。

3. 监区围墙顶端内外均应安装照明灯具，灯具应配有防护罩，间距宜为10~15m，照度应满足监控需求。监区围墙直线长度超过50m时，应在岗楼安装探照灯。

4. 监区围墙应按有关标准设置周界高压电网、报警装置等安全警戒设施。

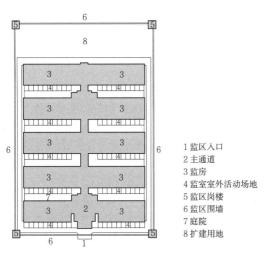

1 监区入口
2 主通道
3 监房
4 监室室外活动场地
5 监区岗楼
6 监区围墙
7 庭院
8 扩建用地

1 监区平面示例

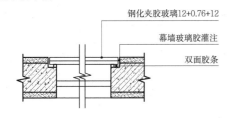

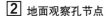
2 地面观察孔节点

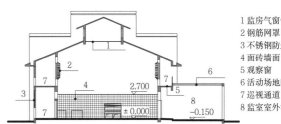

1 监房气窗钢筋网罩
2 钢筋网罩
3 不锈钢防逃格栅
4 面砖墙面
5 观察窗
6 活动场地防护栅栏
7 巡视通道
8 监室室外活动场地

3 监房剖面示例

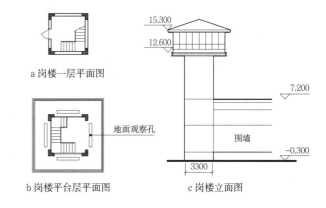

a 岗楼一层平面图
b 岗楼平台层平面图
c 岗楼立面图

4 监区岗楼

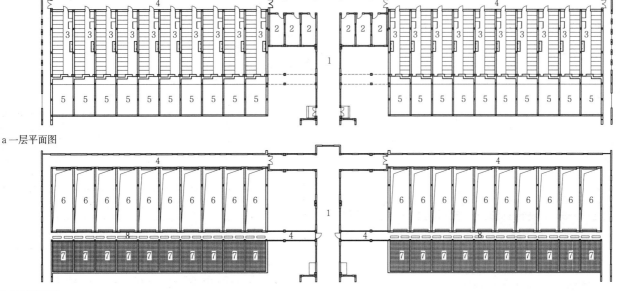

a 一层平面图

b 二层平面图

1 管理通道　2 管教室　3 监房　4 巡视通道　5 监室室外活动场地　6 监房上空　7 活动场地防护栅栏　8 地面观察孔

5 监房平面示例

看守所 [4] 其他用房设计·设备配置

其他用房设计

1. 办案及管理用房一般包括羁押受理用房（含接待厅、收押厅、收押登记室、安全检查室、信息收集室、候押室）、值班室、管教室、谈话室、心理咨询室、讯问室、律师会见室、辨认室、警用装备室、技术用房、AB门执勤用房等。

（1）设计押量500人以下看守所接待厅和收押厅可合并设置。

（2）羁押受理用房一般应置于警戒线处，毗邻监区出入口，并具备收押登记、收押人信息采集、安全检查和健康检查等功能。

（3）讯问室、律师会见室必须设置封闭隔离通道，使外来人员与被羁押人各行其道，确保被羁押人不出警戒线。同时应设置供被羁押人和外来人员出入的门，并应设置被羁押人专用的固定式座椅。

（4）讯问室应用金属防护网分隔，室内墙面应进行吸声处理或室内设置吸声装置。

2. 家属会见用房一般设有管理室、会见室（包括集中会见大厅、单独会见室和视频会见室）、候见室、生活用品供应室及物品暂存室等。

3. 律师会见室和家属会见室应用安全玻璃或普通玻璃加金属防护网分隔，并安装双向免提式对讲器和必要的戒护设施。

4. 生活保障用房一般有被羁押人伙房、洗衣房和民警备勤宿舍、食堂、健身房、文娱室等。

5. 武警营区一般应包括营房、哨兵室、勤务值班室和军事训练等设施。建筑布局应方便值勤和内务管理。

6. 宣判法庭应设置在接待会见区或者办公区内，并相对独立。

7. 民警办公用房布局应根据各类用房的功能要求分类集中设置，并与道路、绿化统筹规划设计。

设备配置

1. 电气设施

（1）看守所动力照明应采用双路三相供电，并安装配电设备，只能一路供电时应自备发电机组，电力负荷应满足看守所照明和设备用电需要。

（2）监室照明应在巡视窗一侧安装射灯。高度不得小于3m，照度不得小于75lx。

（3）监室电气线路应采用暗线敷设，电器设备和灯具应安装安全防护罩。

2. 给排水设施

（1）看守所给排水系统应列入城市总体规划，生活用水和消防用水可采用城市供水系统，但饮用水必须符合现行国家标准《生活饮用水卫生标准》GB 5749。

（2）监室用水应通过暗敷管道供给，管径不得小于25mm，便器阀门安装部位距地面不得大于0.5m，下水设备应在地坪下埋设S弯，用直径150mm铸铁管引入室外窨井，并以直径不小于300mm的水泥管排入化粪池。

（3）监室内排水坡度不得小于1.0%。

3. 采暖设施：安装在监室内的采暖设施应加设安全防护网，管道应暗装。采暖管道和地沟检修井口应设置安全防护设施，并不得设在监室、室外活动场内。

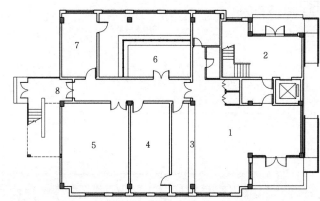

1 家属门厅　2 二楼功能门厅　3 接待台　4 储藏室　5 聆询室　6 会见厅
7 被羁押人等候室　8 被羁押人入口

[2] 接待会见区示例

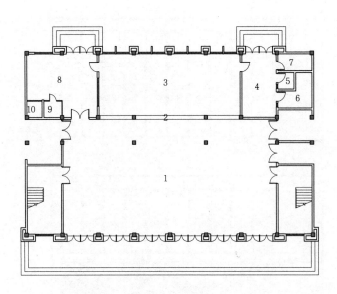

1 收押大厅　2 收押登记柜台　3 收押办公区　4 值班室　5 弹药保管室　6 枪支保管室
7 卫生间　8 收押检查室　9 临时关押室　10 淋浴间

[1] 羁押受理用房示例

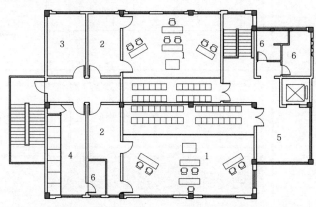

1 审判庭　2 合议室　3 法官检察官休息室　4 人犯羁押室　5 休息等待　6 卫生间

[3] 宣判法庭示例

基本概念

1. 广播：将电台播出节目的声音转换为音频电讯号，通过射频无线电波或导线传送，由接收端将讯号还原为声音的传播媒介。按传输方式可分为无线广播和有线广播两大类。

2. 电视：通过光电变换系统把电视台播出节目的影像转换为视频电讯号，相应的声音也转换为音频电讯号，一同通过射频无线电波或导线、光缆传送，由接收端将讯号还原为图像和声音的传播媒介。

3. 广播电台：节目采集、编辑制作并播出声音广播节目的大众传播机构，由电台、发射台和发射塔等组成。

4. 电视台：节目采集、编辑制作并播出电视广播节目的大众传媒机构，由电视台、发射台、发射塔等组成。

5. 广播电视新媒体：以新一代数字技术、网络技术、信息技术为基础，具有兼容、开放、共享、多样、对等、通用的突出特点，使广播电视的传播技术、传播方式、传播水平产生巨大而深刻的变革。广播电视新媒体具有的数字化、网络化、交互性、多媒体、个性化特点，拓展了广播电视的服务领域和功能，呈现出全新的形态。广播电视新媒体主要有以下几种类型：数字广播电视、宽带网络新媒体、手机电视、楼宇电视、移动电视等。

建筑分类

广播电视建筑主要按功能予以分类（表1）。国内广播电视建筑按级别可划分为四级 [1]。

广播电视建筑按功能类型分类 表1

分类	组成
广播电台	通常由节目采集、编辑和播出、传送等功能设施组成
电视台	通常由节目采集、编辑、制作和电视节目播出、传送等功能设施组成
广播电视中心	具有一定规模的，集广播/电视节目采集、编辑、制作和播出、传送功能于一体的综合性传媒机构
电视（影视）节目制作中心（基地）	为制作电视（影视）节目提供室内外景和特殊建筑、设施的场所，可具备采集、编辑和制作功能
中、短波广播发射台	用射频无线电发送设备将声音节目播送出去的场所，其中装有一部或若干部发射机及附属设备和发射天线。中波广播发射台工作于中波波段，短波广播发射台工作于短波波段
电视、调频广播发射台	用射频无线电发送设备将声音和图像节目播送出去的场所，其中装有一部或若干部发射机及附属设备和发射天线。调频广播发射台工作于米波波段，电视发射台工作于米波和（或）分米波波段
广播电视塔	用于电视和（或）调频广播信号发射的钢筋混凝土结构或钢结构的建（构）筑物。一般由发射天线、桅杆、塔楼、塔体、塔下建筑及上下机房等组成，通常结合城市高空旅游资源之开发，对高塔进行综合规划使用
广播电视卫星地球站	利用卫星转发声音和（或）图像信号的无线电广播、电视的地面设施

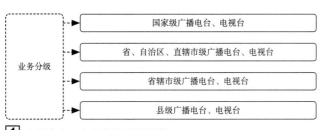

[1] 广播电台、电视台按级别分类

广播电视传统媒体和新媒体的对比 表2

对比内容	传统媒体	新媒体
内容载体	单一：报纸、广播、电视	多媒体：互联网站
传输载体及终端	单一、专用	网络、家庭、手持、无线移动
内容获取	无点播，提供内容受限	有点播，提供内容不受限
交互方式	单向	双向、互动
节目类型	音视频形式，类型有限单一	多媒体形式，类型丰富
应用终端	用途单一，覆盖单片区域	用途多样，跨区域覆盖

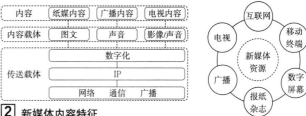

[2] 新媒体内容特征

广播电视建筑按其建筑规模、服务范围、火灾危险性、疏散和扑救难度等因素，分为一、二两类（表3）。

广播电视建筑按防火等级分类 表3

分类	一类	二类
广播电视中心传输网络中心	1.中央级、省级和计划单列市的广播电视中心、传输网络中心； 2.建筑高度>50m的广播电视中心、传输网络中心	除一类以外的广播电视中心、传输网络中心
中、短波广播发射台	1.中央级中、短波广播发射台； 2.总发射功率≥100kW的中、短波广播发射台； 3.建筑高度>50m的中、短波广播发射台	除一类以外的中、短波广播发射台
电视、调频广播发射台	1.总发射功率≥10kW的电视、调频广播发射台； 2.建筑高度>50m的电视、调频广播发射台	除一类以外的电视、调频广播发射台
广播电视塔	主塔楼屋顶离室外地坪高度≥100m的广播电视塔或塔下建筑高度≥50m的广播电视塔	除一类以外的广播电视塔
其他	广播电视卫星地球站	收音台、微波站

注：本表数据摘自《广播电影电视建筑设计防火规范》GY 5067-2003。

技术特点

广播电视建筑作为工艺技术复杂、社会活动频繁、公众参与度高、涉及专业广、施工难度大等诸多特征于一体的文化演艺类建筑，较之其他大型公共建筑类型更具有声、光、电等诸多典型的技术特点，并由于其技术发展快，更需考虑其可持续使用的因素。

广播电视建筑技术特点 表4

设计特点	特点概述
使用空间的灵活性	1.项目定位注重长远规划，为预留发展、分步实施创造条件 2.主要空间划分宜采用大空间，尽可能采用较大跨度的柱网结构，以适应今后使用变化，同时结构荷载应有一定适应性 3.对层高较高的技术区等部位，可采用夹层等有效利用空间的做法
使用功能的开放性	1.便于公众进入并进行参观和观光，设计相应的观众参观流线 2.便于外来公众参与电视节目的制作，设计配套的休息、候播空间
核心设施的安全性	1.注重核心部位的安全防范措施，设计时不宜直接同布置于公共开放区域，如新闻播控中心、信号传输中心、计算机网络中心等 2.人流和通道的安全性设计，重要区域应有工作人员专用通道，同时设置相应"内紧外松"式的门禁安保系统 3.根据广电建筑的重要性，结构的安全性宜适当提高，如提高结构抗震设防类别及相应的抗震措施等
工艺设计的合理性	1.工艺管网和布线系统设计应尽可能完善、灵活，保证各系统四通八达并运行稳定和安全，严防电磁干扰，系统应容量充足并可持续发展 2.工艺区域需做活动地板，原则上管线走地面下部空间，结构板落低 3.节目制作、播出系统等电力保障的高可靠性 4.重要工艺区域的温湿度、消防等的特殊要求 5.演播室空间形体尺寸应满足广播电视声学要求，避免声学缺陷及振噪干扰，演播用房间形成合理业务分区，满足工艺流程的使用要求

广播电台、电视台 [1] 选址原则·总体布局·交通组织·流线组织

选址原则

1. 宜设置在交通比较方便的城市中心附近,邻近城市主干道或次干道,不紧靠立交桥。

2. 应尽可能考虑环境比较安静,场地四周的地上和地下没有强振动源和强噪声源,空中没有飞机航道通过;并尽可能远离高压架空输电线、通信基站和高频强功率发生器;录、播用房外墙至火车站、电气铁道距离宜≥500m,至工业企业、汽车站距离宜≥300m,距地铁宜≥80m,至交通干线距离宜≥25m,并通过环境声学和电磁辐射评价对选址作出评估。

3. 广播电台、电视台选址时需考虑与其发射台(塔)进行节目传送(空中和地下)的技术通路,空中通路应无遮挡电波的物体。

4. 选址时要留有一定的可持续发展用地。

5. 设置有外景场地的电视(影视)节目制作中心(基地)可选址在外部自然环境较理想的城市近郊。

6. 在城市遭遇重大自然灾害时,需确保电台、电视台在抗灾中的基本运行功能。选址时应避开地震断裂带、易积水洼地、泥石流险区、雷击多发区、重污染区下风向等不利因素。

总体布局

广播电台、电视台总体布局要求　　　　　表1

布局要点	具体要求
应满足城市规划要求	1.与各种规划界线和道路保持合理距离及良好关系; 2.与城市周边环境协调
建筑布置应满足工艺要求	1.应按照工艺流程,充分利用地形地势合理布置主体建筑及其技术附属建筑和设施等; 2.对彼此联系密切的辅助建筑物,在满足技术、安全等条件下,宜优先组建成联系便利的综合楼,减少建筑物数量,提高建筑使用效率; 3.主体建筑沿街布置时,外墙距街道的车行道边沿一般不宜小于30m距离,以满足隔声隔振要求,避免城市道路振动和噪声的干扰; 4.如基地内或附近有地铁通过时,间距尽可能大于80m,不宜协商地铁采用轨道隔振措施,以降低建筑物振动控制措施的造价; 5.有声学要求的工艺用房,如直播室、录音室、演播室等应尽可能远离噪声源; 6.冷冻机房、水泵房等有较大的振动和噪声,宜单独布置,与主体建筑尤其是主要技术用房隔开一定距离,若布置在主体建筑区域内,则需有完善的符合声学要求的隔声减振措施; 7.如设置布景道具库或车间,则布景道具库或车间与电视制作区的演播室既要联系方便,又要保持一定的隔声隔距离
场地内道路与对外出入口设计	1.场区通道宽度应根据使用要求与消防、人员疏散等予以确定; 2.建筑各主要出入口附近,应设置广电专用车辆停车场地及转播车库,同时设置一定数量的访客车辆地面停车场地; 3.如设置警卫营房和技术人员值班宿舍,则宜单独的对外出入口; 4.在符合技术、安全规范的条件下,架空管线宜集中共架布置,埋地管线宜共沟布置

广播电台、电视台总体布局典型类型　　　　表2

类型特征	类型细分	设计要点	实例
演播区独立设置于裙房内,其他功能按广电工艺流程集中布置	演播区裙房+单塔楼	演播区独立布置于裙房,其他工艺用房和综合办公等按竖向分区集中于一座主楼	江苏广电城
	演播区裙房+双塔楼	演播区独立布置于裙房,双塔楼可满足广电内部功能(广播电台、电视台等)或其他功能(如商业、酒店等)	苏州电视台
	演播区裙房+多塔楼	广播、电视的播出和传输机房需独立设置时可单独布置于一座主楼,实现播出及传输的资源整合共享	内蒙古广播影视数字传媒中心
演播区与其他功能布置于同一建筑形体中	垂直向分区	演播区设于低区,节目制作、新闻中心、播出传送、办公管理等功能布置于中高区	中央电视台新台址
	水平向分区	演播、制作、播出、传输、办公等功能以水平方式独立布置	西安广电中心

交通组织

1. 大型广播电台、电视台和大、中型广播电视中心的功能较复杂,对外交通频繁,其总平面布置中的基地出入口设置不应少于2个;主体建筑应分设内部工作人员出入口、演员出入口、外来参观人员出入口等,人流、货流需分开,车辆出入口与城市道路的接口应注意车行交通顺畅,场地应妥善安排消防车道及登高场地,地面应设转播车库,并设大客车和访客车辆停车位。

2. 中、小型广播电台、电视台和小型广播电视中心的基地和建筑物出入口可简化合并设置。

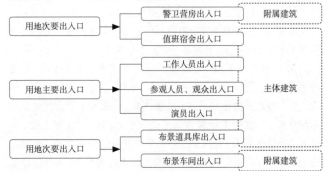

[1] 广播电台、电视台基地和建筑出入口与交通流线设置

流线组织

1. 流线主要有:内部工作人员、演员、道具、观众、对外办公等,需清晰区分内外流线。

2. 在公共区域部分开放的同时,内部用房以及安全级别较高的用房应与公共开放区域有效隔离,如总控机房、新闻播出机房、网络中心等。

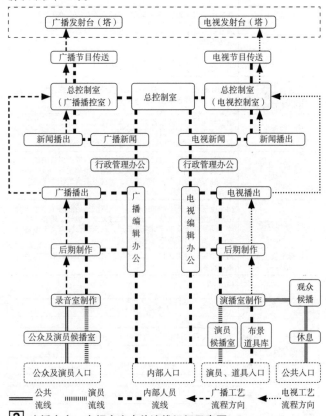

[2] 广播电台、电视台室内外流线组织示意图

设计要求·建筑规模·功能构成 [2] 广播电台、电视台

设计要求

1. 广播电台、电视台、广播电视中心等主体建筑设计的功能分区需明确。避免外来演员和参观人员误入内部工作区。

2. 广播电台的文艺录音区和电视台的文艺演播区，其建筑平、剖面形式较复杂，且有众多外来演员及观众等使用，宜布置在底层。

3. 录音室、播音室和演播室等技术用房有较高的隔声隔振要求和室内音质要求，各技术用房空间形体、与易产生噪声机房的平面避让，以及隔声隔振构造措施等，都应满足建筑声学要求。

4. 广播电台、电视台的消防设计应根据国家建筑设计防火规范以及广播电视建筑设计防火规范，按要求落实相关消防措施和设施。

5. 变配电站等应根据位置确定是否需采用电磁屏蔽措施，工艺管井等需采取电磁屏蔽措施。

6. 水泵房、冷冻机房等有振动的设备机房，应采取符合广播电视建筑声学要求的有效隔振降噪措施。

7. 空调机房不宜紧邻录音室、演播室等声学要求较高的技术用房，且应采取空调设备减振和降低其室内噪声等措施。

8. 媒体资料库荷载较大，室内要求保证恒温、恒湿，并防鼠、防虫；如资料库在地下室，应严格采取防潮、防霉措施。

建筑规模

近些年来，广播电视建筑从较为单一的功能发展为复合的功能组合，建设规模从数万平方米直至数十万平方米。

国内近期建成/在建广电中心规模　　　表1

类型	实例		建筑面积（万m²）	建成时间（年）
国家级	中央电视台原台址（中央彩色电视中心）		10.4	1987
	中央电视台新台址	主楼	47.3	2014
		电视文化中心	10.4	
		服务楼	2.3	
省、自治区、直辖市级	上海广播电视台	上视大厦	5.2	1998
		广电大厦	3	1995
		广播大厦	4.6	1996
		东视大厦	5.0	1998
		原址建筑	2	
	湖南广电中心	广电大楼	18	1996
		节目生产基地	21.8	在建
	江苏广电城	一期	12.6	2008
		二期	6.2	2015
	北京电视中心		19.8	2008
	山东广电中心	广电大楼	10.6	2009
		媒体产业楼	3.8	
	福建广电中心		13.5	2011
	天津数字电视大厦	一期	22.2	2010
		二期	10	2015
	安徽新广电中心		38.5	2013
省辖市级	南昌广电中心		6.3	2001
	西安广电中心		8.1	2009
	广州电视台		31.9	2012
地市级、县级	江阴广电中心		6.0	2014
	太仓传媒中心	广电大楼	3.0	2011
	呼伦贝尔市新闻中心	广电大楼	3.0	2009
	常州现代传媒中心		30.4	2014
	佛山新闻中心		9.4	2006
	镇江广电中心		5.9	2009
	肥城文广大厦		4.0	2013

功能构成

广播电台、电视台、广播电视中心等均由各类技术用房、编辑办公用房、辅助功能用房等几大部分组成。

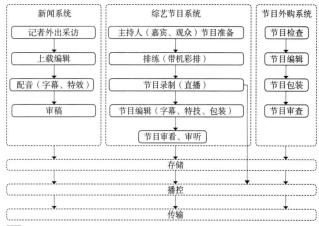

1 电视节目流程示意图

广播电台、电视台、广播电视中心在充分发挥其信息传播、舆论宣传等主功能的同时，也要积极拓展其作为大众传媒对信息社会应有的公共服务、文化娱乐等衍生功能，以满足媒体发展要求。

2 电台、电视台、广电中心传统功能与衍生功能

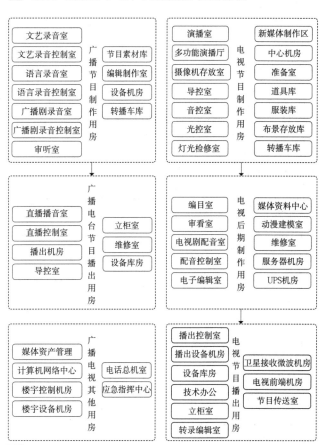

3 广播电台、电视台主要工艺技术用房功能构成

广播电台、电视台 [3] 工艺技术用房 / 电台录音区

电台录音区

1. 录音室按录制内容，分为音乐录音室、对白录音室和效果声录音室。

从工艺角度，音乐录音室和效果声录音室可以归纳为文艺录音室，对白录音室可以归纳为语言录音室。

语言录音室常采用集群化布置，并靠近编辑制作区，在广电建筑中多和播音室结合在一起，简称为录播室。

2. 各类型录音室均应通过声闸方可进入。声闸的作用在于隔断外部环境噪声，以保证录音室声学质量。

声闸的长×宽×高通常为2m×2m×3m，闸内表面做强吸声处理。

3. 语言录音室和文艺录音室与各自控制室间可设隔声观察窗，其位置应适中，以便导演看到录音室内最大工作区域。

4. 文艺录音室与控制室相邻并设各自独立出入口，且出入口应靠近。

5. 播音员备稿室宜尽可能靠近语言录音室。

6. 演员候播室应与其他内部技术区严格分开。

7. 录音调度室位置应适中，以便于节目制作区的各类演、职员及时联系。

8. 录音区宜放在电台内僻静处并宜设置单独出入口，以利安全保卫工作。

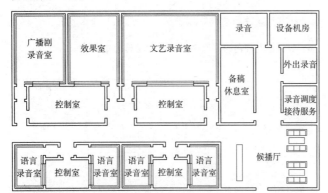

1 典型电台录音区房间平面关系示意图

电台录音区房间明细及参考尺寸表　　　表1

房间名称	使用面积（m²）	常用尺寸（长×宽）（m）	净高（m）
大文艺录音室	400	23.50×17.00	9.00
大文艺录音室	300	20.50×14.50	8.50
中文艺录音室	200	17.50×11.50	7.00
中文艺录音室	150	15.80×9.50	6.30
小文艺录音室	70	10.50×7.08	4.20
语言录音室	48	8.40×6.00	4.20
语言录音室	35	7.40×5.10	3.90
语言录音室	24	5.70×4.20	3.20
语言录音室	16	5.28×3.25	3.00
语言录音室	16	4.50×3.60	3.00
语言录音室	12	3.90×3.10	2.80
广播剧录音室、效果室、语言录音室	共计100	—	—
立体声录音控制室	56	8.45×6.75	3.60
立体声录音控制室	42	7.25×5.75	3.50
录音控制室	15、25	—	—
混响器（选择性设置）	20	—	—
维修室、仪器室	40	—	—
服务器机房	40	—	—
候播室	—	—	—

注：非矩形平面、折状顶棚者，长、宽、高尺寸可参照此表。

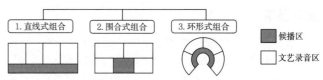

2 文艺与语言录音区与候播区平面组合关系

录音室按空间大小分类　　　表2

类型	常用功能	面积大小	音质要求
小型录音室	播音室、新闻录音室等	通常小于100m²，大多在45～75m²	偏重于清晰、自然、真实
中、大型录音室	电影、电视剧、音乐录音室等	一般在200m²或以上	偏重于清晰度、空间环境感、空间方位感等

录音室室内空间类型比较　　　表3

常见形体	优点	缺点	优化
矩形规则录音室	充分利用空间，易于功能布置	易产生共振频率的"筒井"现象，导致原有音色失真或产生染色现象	适当调整房间的规则形状，如"房中房"双层结构形式的内层结构设计成不规则形状，或由声学装修等完成
不规则录音室	有效防止声染色现象发生	空间利用不充分	

录音室减噪控制常见措施　　　表4

常见措施	要点概述
隔声	1.位置选择：录音室安排在楼内远离城市主干道一侧，降低城市噪声； 2.功能关系：录音室远离配电房、空调机房及楼内主要通道； 3.墙体隔声：考虑围护结构的隔声性能，设隔声墙、双墙构造等； 4.门窗隔声：采用隔声门和全封闭的隔声窗，门应采用隔声门，门缝处进行隔声处理，观察窗采用隔声处理； 5.其他部位：顶棚设隔声吊顶，地面设浮筑构造等，对建于底层的录音室，为防止固体声传入，另需考虑将其内外地基相对独立处理
隔振	1.录音室新建："房中房"设计； 2.录音室改造：室内装修采用双层隔声构造，顶棚加装减振器以降低楼板振动，地面采用隔振垫弹性处理
消声	1.顶棚与墙面消声； 2.空调设备安装时应控制气流噪声、减少风机噪声通过管道的传声及隔离空调、制冷设备的固体传声等，加设减振器及对进出风口进行消声处理；录音室、配音室等声学要求高的房间应尽量避免使用风机盘管类设备进行温度调节
吸声	1.室内吸声装修设计，以控制混响时间指标； 2.录音室出入口处宜设声闸，并采用吸声装修
扩散	室内扩散装修设计，以控制声场扩散

电台录音区主要技术房间疏散门设置　　　表5

房间名称	标称面积（m²）	疏散门净宽（m）	疏散门总数（樘）	备注
语言播音室	12	≥0.9	1	疏散门应分散设置；≥150m²房间的门应朝向疏散方向开启
语言播音室	16	≥0.9	1	
语言播音室	24	≥1.1	1	
语言录音室	35	≥1.4	1	
语言录音室	50	≥1.4	1	
语言录音室	75	≥1.4	1	
文艺录音室	150	≥1.8	2	
文艺录音室	200	≥1.8	2	
文艺录音室	300	≥2.4	2	

电台录音区室内人数换算　　　表6

房间名称	标称面积（m²）	室内人数	备注
语言播音室	12	1/2	室内人数栏中，分子数表示正常室内人数；分母数表示室内允许最多参加人数
语言播音室	16	1/2	
语言播音室	24	1/2	
语言录音室	35	2/3	
语言录音室	50	3/5	
语言录音室	75	4/10	
文艺录音室	150	10/14	
文艺录音室	200	15/30	
文艺录音室	300	30/60	
效果室	50	3/5	
消声室	50	3/5	

注：表5、表6数据摘自《广播电影电视建筑设计防火规范》GY 5067-2003。

语言录音（直播）室

语言录音室是以录制语言（节目）为主的专用录音场所，包括电影中的对白、旁白、独白、解说以及广播电视中的新闻、报告、广播剧等。这种录音室的主要特点是体积小、混响时间较短，一般体型比较简单，除地面外，墙面吸声处理通常采用分散式均匀布置。语言录音室属于电台制作区，直播室属于电台播出区，两者做法类似，但分设于不同区域。

录音室建筑声学设计要点　　　　　　　　　　　　　　　　表1

设计要点	要点概述
合适的房间比例与体型	容积较大的录音室：低频区内被激发的共振频率数目较多，容易获得均匀的频率分布，只要避免特别不利的形式（如正立方体），一般不会出现共振频率的"简并"现象，因此对房间的形式和比例要求不严格
	容积较小的录音、配音室：较易造成"声染色"现象，为避免此现象，应使房间体型或内部使用空间不规则，或保证合适的长、宽、高的比例关系，一般矩形房间以1:1.25:1.6或2:3:5较好
适当的混响时间及频率特性	录音、配音室混响时间与室内体积的关系：体积越大，混响时间会较长些
	大录音室常见面积400m²、250m²左右，容积3000m³、1500m³左右；中录音室常见面积120m²左右，容积600m³左右；小录音室常见面积60m²左右，容积170m³左右；直播电视播出室目形式和参与出人数的不同，面积一般控制在50~100m²左右；录音与直播控制室面积在20~30m²左右；专供1~2人使用的语言录音室面积在16~32m²左右，容积在50~90m³左右
严格的室内背景噪声	录音室的本底噪声要求都比较严格，一般为20dBA，通常采用"浮筑结构"
	录音室围护结构的噪声控制（即墙体的隔声量）的确定，要根据周围环境的噪声状况来定，它包括户外噪声和毗邻房间内的噪声状况两方面
	录音室室内的主要噪声源为空调系统

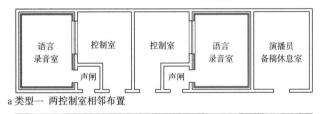
a 类型一　两控制室相邻布置

b 类型二　两语言录音室相邻布置

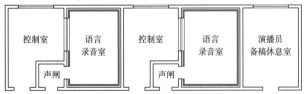
c 类型三　语言录音室与控制室间隔布置

1 语言录音室及其控制室组合形式

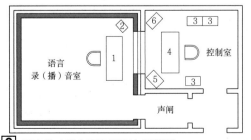

1 播音桌
2 监听扬声器
3 录音机
4 调音台
5 监听机
6 小监听机

2 语言录（播）音室平面布置简图

建筑设计要点

1. 语言录（播）音室由于对音质及隔声隔振要求很高，故其室内需做建筑声学处理，并形成隔声隔振套房。套房与主体结构之六面体间均应为柔性连接，故也称"浮筑结构"、"房中房"。

2. 语言录（播）音室与控制室或其他相邻房间地坪关系有两种：一种为地坪建筑面同高，优点为运载仪器设备的手推车运行便利，而缺点为各房结构楼板构造较为复杂。另一种为地坪建筑面有高差200mm左右，虽结构楼板构造简单，但使用不便，一般推荐"地坪建筑面同高"设计。

"房中房"设计要点　　　　　　　　　　　　　　　　表2

设计要点	要点概述
浮筑楼板	钢筋混凝土承重板，板厚由结构专业计算确定
浮筑墙体	墙体材料及结构形式由建筑、结构和声学三专业共同商定；浮筑墙体与主体结构墙体间应保持适当净距（F），一般为100~150mm，该空隙内不得有任何异物，以免形成声桥而破坏隔声隔振作用。套房顶板与主体结构板（梁）间应留有适当空隙，且二者应为柔性连接
浮筑顶板	常采用现浇钢筋混凝土板或轻钢龙骨轻质吊顶板
隔声门设置	房中房应设声闸并安装隔声门
与控制室相接处理	录（播）音室与控制室相接墙面应设隔声观察窗，观察窗面积不宜过大，玻璃一般2~3层且应不平行，要适当倾斜防不良声反射和眩光
与主体结构连接处理	与主体结构间的门套、窗套应在接缝处采用柔性连接构造，避免硬连接而引起"振噪"声桥
管线设置	进入套房的一切管线均应采用软连接件断开，内外开孔应错开

3 语言录（播）音室房中房顶板类型

钢筋混凝土套墙

砖混套墙

轻质套墙

4 语言录（播）音室房中房墙体类型

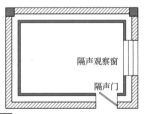
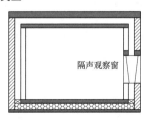

5 房中房平、剖面图

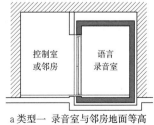
a 类型一　录音室与邻房地面等高

b 类型二　录音室与邻房地面不等高

6 语言录（播）音室与控制室及邻房地面关系图

广播电台、电视台 [5] 工艺技术用房 / 文艺录音室

文艺录音室

1. 文艺录音室及其控制室短边相接较为理想。
2. 文艺录音室及其控制室入口均应设声闸，声闸门为隔声门。
3. 文艺录音室与其控制室间通常设置隔声观察窗。
4. 建筑声学专业根据环境振动噪声等情况确定文艺录音室的隔声处理方案，一般均采用"房中房"系统。
5. 多声道文艺录音室除设主录音区外，尚有若干录音小室，为不同乐器分别单独录音所用。录音小室数目组合应视录音工艺及录音师的工作习惯而定。

控制室

1. 混响时间宜控制在0.3~0.5s。
2. 控制室与录音室之间的隔声窗一般设2或3层玻璃，且之间留有间隔，以获得良好的隔声效果。
3. 多声道立体声录音控制室，其面积建议控制在30~70m²。
控制室房间长(L)、宽(W)、高(H)之间的关系应满足下列要求：
$1.1W/H \leq L/H \leq 4.5W/H-4$，
同时还需满足：
$L/H<3$，
$W/H<3$。
4. 多声道录音控制室在大音量重放时，应有良好的隔声、隔振性能，并且不影响其他录音室、演播室的正常工作。
5. 多声道录音控制室音响布置时，各声道监听扬声器应位于同一圆周上，而监听点位置处于圆周中心区域。只要满足此要求，控制室体型可以根据建筑实际灵活设计。

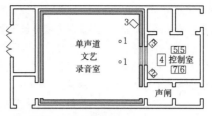

1 传声器　　5 双轨录音
2 监听机　　6 多轨录音机
3 扬声器箱　7 音频设备
4 调音台

1 单声道文艺录音室平面示意图

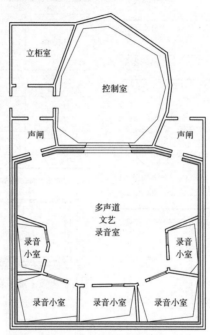

2 多声道文艺录音室平面示意图

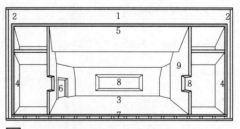

3 多声道文艺录音室剖面示意图

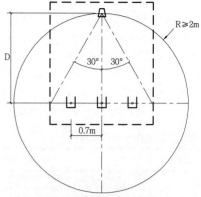

单声道控制室内听音区域应为一个半径$R \geq 2m$的圆周。听音区域位于监听扬声器声轴正负30°区域内，每个听音点彼此之间隔约为0.7m。

4 单声道控制室扬声器和听音区域示意图

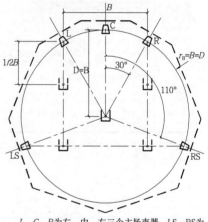

L、C、R为左、中、右三个主扬声器，LS、RS为左、右两个效果声扬声器。
B为两个监听音箱之间的距离，建议取值为2~3m；
$B>5m$时需对房间体型进行严格设计。
双声道控制室内听音区域应为一个半径$D \geq B$的圆周。监听音箱位于半径$D=B$的圆周上。
最佳听音位置如上图实线座位，最差听音位置如上图虚线座位。

5 多声道立体声控制室扬声器和听音区域示意图

1 主体结构楼板　　2 主体结构墙体　　3 套房浮筑地板
4 套房墙体　　　　5 套房顶板　　　　6 隔声门
7 浮筑地板垫块　　8 隔声观察窗　　　9 小录音室隔墙

文艺录音室按使用功能分类　　　　　　　　　　　　　　　　　　　　　　　　　　　　　　　　表1

类型	使用功能	设计要求
自然混响录音室	录制传统节目为主，如交响乐节目等	规模通常为大型或中型，以便获得良好低频声扩散，避免产生声饱和； 强调均匀的声场分布，在墙面和顶棚处做扩散处理； 混响时间最佳值通常控制在1.2~1.4s； 中、小型自然混响录音室，如设置于业务楼或其他主体建筑内时，需设置悬浮地面结构
强吸声多声道录音室	需分声道或角色录音的节目，再通过电声设备进行加工和后期合成	多要求短混响，中频可控制在0.4~0.6s范围内； 各小室之间应有一定隔离度，一般应≥15dB
强吸声和自然混响组合录音室	需要强吸声隔离室，同时具有较长混响时间的大空间	可在同一录音空间的两端划分两区，一端通过强吸声使混响时间很短，另一端不做或少做吸声使混响时间增长； 为保证强吸声区和自然混响区在音质上有明显差别，常用各种活动隔板或声屏障对两区进行分隔
多功能录音室	通过创造可变声学条件的声学环境来满足多种录音要求	录音室混响时间可调，在墙面和顶棚处设置可调吸声结构； 设置活动吸声、隔声屏障，以便需要时围成隔离小室

电台后期制作区

后期制作区功能：将已录制好的节目素材和外来节目素材经过编辑、合成等多种后期制作手段，加工制作并复制成成品节目后，存盘入库待用。

电台后期制作区设计要点　　　　　　　　　　　表1

设计要点	要点概述
编辑制作	常采用大空间格局，宜靠近录音等用房
录音室	均应设置声闸，并且为保证音质与隔声质量，通常设置隔声隔振"房中房"
媒体资料库	空白节目资料库和成品节目资料库应设在货流主入口处，并应与编辑室、复制室和审听室间联系方便
审听室	宜设在该区人流主入口处，以便外来联系业务或审听人员不干扰内部工作

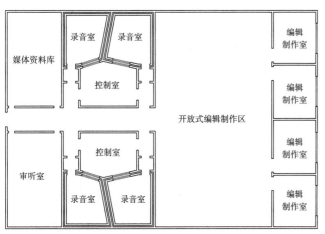

[1] 电台制作区平面组合关系示意图

电台播出区

播出区功能：将成品节目资料（包括新闻节目资料）、现场采访以及文艺体育现场实况的转播，通过必要的技术手段，经播出系统和传输系统，将节目播发出去。

电台播出区设计要点　　　　　　　　　　　表2

设计要点	要点概述
播出区总体	播出区为电台核心区，应独立设置在方便管控的区域，并有防侵入设施。播出区周边不宜有噪声较大的其他用房
播出总控室	广播播出与总控设在一起，设备立柜机房与播出总控相邻，按照I类机房标准设计
播出值班休息室	用于晚间值班人员休息，可安排在较僻静处
直播室与导播室	基本成对配置，也有一间导播控制、两间直播的配置。直播室宜集中安排，并且紧靠或围绕播出总控机房
候播区与技术区	与直播室和播出总控相邻

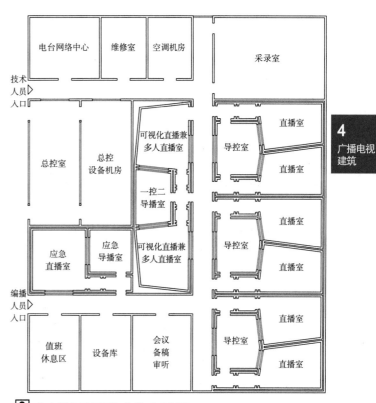

[3] 电台播出区平面组合关系示意图

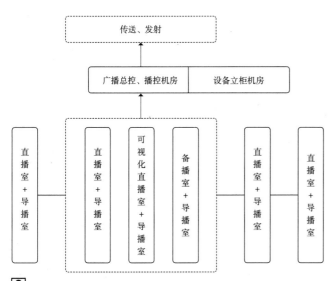

[2] 播出区工艺流程图

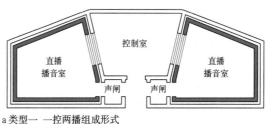

a 类型一　一控两播组成形式

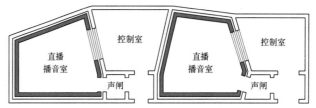

b 类型二　一控一播组成形式

[4] 电台直播播音室、控制室组合形式

广播电台、电视台 [7] 工艺技术用房 / 电视演播区

电视演播区

1. 演播室一般分为大型和中小型演播室：

大型演播厅——多功能综合类演播厅、剧场式演播厅等；

中小型演播室——专题类演播室、新闻类演播室（封闭式/开放式）。

2. 演播室入口应与演员候播室相连或靠近。

3. 演员候播室、化妆室、服装室及浴厕组成演员区，它与电视台内部其他业务区妥善分隔，以免干扰。

4. 演播室应方便通向导演室、调光室和调音室，且演播室与上述三室间宜设置隔声观察窗。

5. 演播室距空调机房和配电室宜近，但要防振噪干扰。

6. 有观众席的大演播厅，观众和演员入口宜分开设置，布景入口设大门，并考虑道具装卸作业空间和平台，出入口同时需满足消防疏散要求。

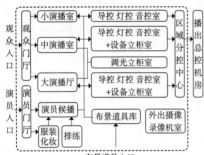

1 电视台演播区工艺流程图

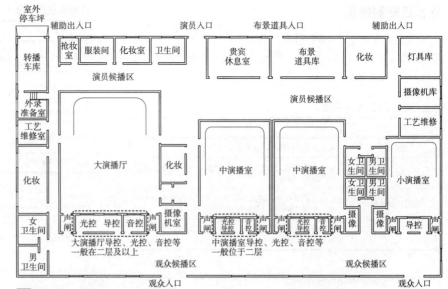

2 电视台演播区房间关系示意图

电视台演播区主要房间明细表　表1

房间名称	使用面积（m²）	参考尺寸（长×宽）（m）	天幕净高（m）
大演播厅	3000	69.0×45.0	18.0
	2000	54.0×36.0	15.0
	1500	48.0×32.0	13.0
	1000	40.0×25.0	10.0
	800	36.0×24.0	9.0
	600	30.0×21.0	8.0
	400	24.0×18.0	7.0
中演播室	250	18.0×15.0	6.0
	160	15.0×10.5	5.5、5.0、4.0
	120	13.5×9.5	5.0、4.5、4.0
小演播室	100	12.0×9.6	4.5、4.0、3.5
	80	11.4×9.0	4.5、4.0、3.5
	50	9.0×6.9	3.5、3.0
导控室	60	—	3.0
灯控室	40	—	3.0
音控室	56	—	3.0
中心机房	40	—	—
录像机房	30	—	—
布景道具库	100	—	≥6.0
候播室	200	—	—
排练室	300	—	≥6.0
化妆室	160	—	—
服装室	100	—	—

演播区主要技术房间疏散门设置　表2

房间名称	标称面积（m²）	疏散门净宽（m）	疏散门总数（樘）
小型演播室	50	≥1.4	1
	75		
	120	≥1.8	2
	160		
	250	≥2.4	2
中、大型演播室或多功能演播厅	400	≥3.6	2
	600	≥5.2	3
	800	≥5.8	3
	1000	≥6.8	≥3
	1500	≥10.0	≥4
	2000	≥14.0	≥6
效果室	50	≥1.5	1
消声室	50	≥1.5	1

疏散门应分散设置；
≥150m²房间的门应朝向疏散方向开启

注：表2、表3数据摘自《广播电影电视建筑设计防火规范》GY 5067-2003。

演播区室内人数换算　表3

房间名称	标称面积（m²）	室内人数（大型节目设计数）
电视演播室	50	4/10
	75	5/15
	120	8/20
	160	10/30
	250	10/50
	400	30/120（170）
电视演播厅	600	40/140（340）
	800	50/160（460）
	1000	50/180（560）
	1500	（860）
	2000	（1200）

注：1. 分子数表示正常室内人数，分母数表示室内允许最多参加人数；带括号者为多功能演播厅按大型节目设计人数。
2. 多功能演播厅室内参加人数包括：演员、观众、乐队、摄像人员、剧务人员等。
3. 多功能厅在进行文艺演出时，室内人员将随节目的不同增减，为保证发生火灾事故时室内人员能及时安全疏散至室外，表中人数按大型节目参与人数考虑，在实际使用时对个别大型节目的人数应有所控制。

新闻中心

新闻中心因其广泛及时采集新闻、跟踪报道、准点连续播出等特点，要求其在电视台内功能基本齐全，供电视新闻、专栏新闻和节目串编播出、录制之用；同时需为新闻制作配备语言配音、电子编辑、新闻收录、审看等功能用房及辅助用房，保证准确、及时完成新闻节目的录制、播出任务。

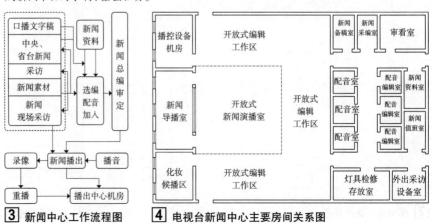

3 新闻中心工作流程图　　4 电视台新闻中心主要房间关系图

电视演播室

1. 电视演播室平面设计要点

（1）演播室长×宽×高尺寸、墙厚、墙体材料、构造以及其基础是否需断开等要求应根据电视节目制作工艺和建筑声学要求而确定。

（2）演播室与演员候播室、布景道具库之间应设隔声门；入口应设声闸。

（3）演播室与导控室、音控室和灯控室间应联系便捷，可直通，可视线相望。

（4）有观众座席的大、中型演播室的导演室、灯控室、音控室可放在二层或以上。

（5）设计演播室平面时，应尽量增大天幕范围，以提高演播室的演区利用率。天幕后面不宜设门。

（6）天幕至内墙面净距"D"和天幕转弯半径"R"的尺寸，与演播室规模成正比，常用数据见表1。

演播室天幕转弯半径参考值　表1

演播室面积（m^2）	D（mm）	R（mm）
800	800	2500
600	800	2500
400	800	2500
250	800	2000
160	300	2000
120	300	2000
80	300	1500
50	300	1500

注：1. 工程实际运作中，天幕根据具体使用情况决定是否设置，亦可以选择不设。
2. 天幕至内墙面净距"D"应大于工作平台宽度（马道一般距建筑墙体1200mm）。

演播室空间分配表　表2

演播室面积（m^2）	天幕高（m）	演播空间高度（m）	灯光设备层高（m）	追光挑台
2500	≥15	≥17.5	≥2.2	应设
2000	≥14	≥16.5	≥2.2	应设
1500	≥12	≥14.5	≥2.2	应设
1200	≥11	≥13.5	≥2.2	应设
1000	≥10	≥12.5	≥2.2	应设
800	≥9	≥11.5	≥2.2	应设
600	≥8	≥10.5	≥2.2	应设
400	≥7	≥9.5	≥2.2	可设
250	5.5~6	8~8.5	≥2.2	无
150	5~5.4	7.5~7.9	≥2.2	无
100	3.5~4.5	5~5.5	无	无
80	3.5~4.5	5~5.5	无	无
50	3.5~4	5~5.5	无	无

注：演播室长宽比K在1.2~1.5之间；
计算公式：$L=1.2$~$1.5W$，$W=S/K$，
式中：L—演播室长，W—演播室宽，S—演播室面积，K—演播室长宽比，
演出场景宽度一般取演播室宽度的2/3~3/4，按16:9画面宽高比，天幕高度H（画面高度）计算如下：$H=(0.67$~$0.75W\times9)/16$。

（7）演播室内表演区、观众区一般均占演播区纵向尺寸的2/5左右。

2. 电视演播室剖面设计要点

（1）演播室的室内高度由以下诸因素控制 1 。

$H1$：天幕高，根据电视节目规模性质决定。

$H2$：演播室灯光工作区，由演播室灯光设计师根据电视工艺要求所选用的灯光特性而决定，以此决定灯光工作平台的高度。

$H3$：演播室灯光检修所需空间的高度，由演播室灯光设计师根据所选用的灯光设备而定。

$H4$：空调、消防控制系统及供电照明管线所需空间，由有关专业设计师视工程情况定。

$H5$：空调等设备总管布线空间，当空间高度受限时，可与$H4$合并，但需做好隔声处理。

$H6$：追光、耳光等挑台，根据工艺及灯光等需求而定。

h：隔声吊顶和吸声吊顶构造高度。

h'：演播室灯栅平台结构高度。

（2）演播室墙面和吊顶的吸声材料由建筑声学设计师根据音质设计要求决定。布置方案由建筑和建筑声学商定。

（3）上检修平台或吊顶人孔，需设钢梯，其位置应适当，以不影响演播室正常交通和不遮挡工作视线为准。较大的灯光平台宜设置直接通向周边楼层的疏散出口。

导控室

应设独立入口，与演播室间应设隔声门；与灯控室可相通，与音控室相邻。

净高根据工艺设备定，通常为3m。

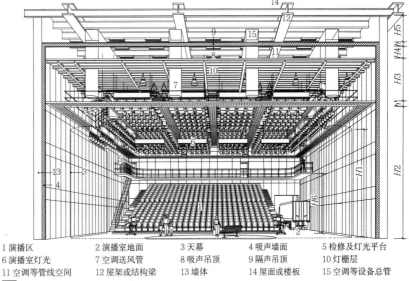

1 演播区　2 演播室地面　3 天幕　4 吸声墙面　5 检修及灯光平台
6 演播室灯光　7 空调送风管　8 吸声吊顶　9 隔声吊顶　10 灯栅层
11 空调等管线空间　12 屋架或结构梁　13 墙体　14 屋面或楼板　15 空调等设备总管

1 演播室剖面示意图

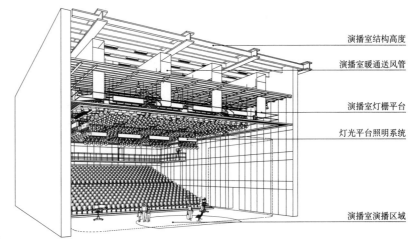

演播室结构高度
演播室暖通送风管
演播室灯栅平台
灯光平台照明系统
演播室演播区域

2 演播室主要高度组成图示

广播电台、电视台 [9] 工艺技术用房 / 虚拟演播室·剧场式演播室

虚拟演播室

1. 工作原理
虚拟演播室将摄像机在蓝箱前拍摄到的前景画面送到色键器，同时将摄像机跟踪系统采集到的真实摄像机的运动参数送给图形计算机，图形计算机根据真实摄像机的运动参数生成合适的虚拟背景画面和遮挡信号，并且按照遮挡信号提供的关系，形成具有同步变化和正确透视关系的"真实场景"。

2. 蓝箱
蓝箱是主持人活动的实际场景及虚拟制作的根本依据。设计时要选用面积适合的小演播室作为虚拟系统专用，同时根据虚拟系统的机位来设计蓝箱形状并计算其大小。室内空间包括至少两个成90°夹角的立面和一个地面。立面与地面夹角应大于90°，以减少反射到主持人身上的蓝光，立面与地面间宜采取弧形过渡。

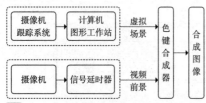

1 虚拟演播室基本工作原理

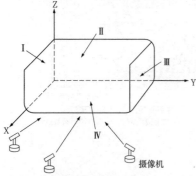

Ⅰ、Ⅱ、Ⅲ: 虚拟场景主背景所在区
Ⅳ: 虚拟场景地面演播区

2 虚拟演播室蓝箱三维示意图

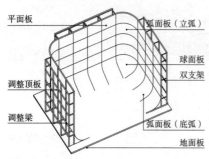

3 虚拟演播室蓝箱组成

剧场式演播室

作为剧场式演播室，其首要功能定位是为电视节目的生产制作服务。同时，电视剧场作为剧场的一种衍生形式，在观演关系上是以剧场的观演模式为基础，并在传统的剧场式观演关系的基础上扩展了电视制作所要求的观演需求。

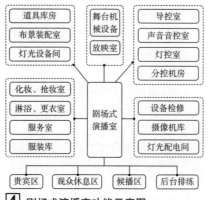

4 剧场式演播室功能示意图

剧场式演播室与普通剧场相比，其主要不同点见表1。

剧场式演播室较普通剧场的不同点　表1

特殊要点	要点概述
舞台区域	舞台区与观众区较贴近，多为开放、灵活布置，岛式、半岛式舞台采用较多
观众区域	观众区场景同样是电视转播的重要场景，强调观众与演员的互动
建筑声学	对混响时间的控制一般比一般剧场严格，一般为1.0~1.3秒
灯光系统	舞台灯光、摄像机位、观众席位等要充分满足电视演播需要

剧场式演播室与大型演播室区别　表2

设计要点	剧场式演播室	大型演播室
功能	演出功能为主，电视节目制作功能为辅	电视节目制作功能为主，演出功能为辅
舞台或演播区	舞台设施较为完善，与剧场类似	电视设备相对简洁，舞台发展愈加倾向于开放式，舞台形式强调可变性
观众区	观众席位多且相对固定	观众席位相对少且布置灵活

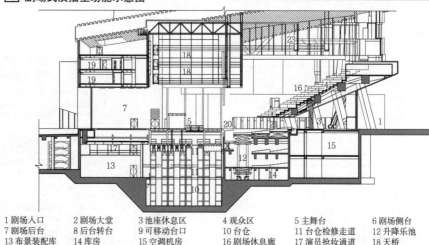

1 剧场入口　2 剧场大堂　3 池座休息区　4 观众区　5 主舞台　6 剧场侧台
7 剧场后台　8 后台转台　9 可移动台口　10 台仓　11 台仓检修走道　12 升降乐池
13 布景装配库　14 库房　15 空调机房　16 剧场休息廊　17 演员抢妆通道　18 天桥
19 化妆间　20 台唇　21 池座观众区　22 演员更衣　23 灯光设备间　24 主舞台上空
25 台唇上空　26 乐池上空　27 声控音控室　28 导控室　29 分控机房
a 剖面示意图

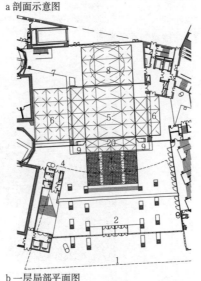

b 一层局部平面图

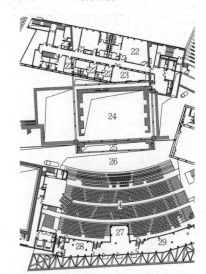

c 楼座区局部平面图

5 中央电视台电视文化中心电视剧场

电视节目后期编辑制作区

后期编辑制作区将演播室中录制的节目素材进行编辑、配音、配乐、配音响效果、插入字幕图片并采用现代编辑合成手段制成电视节目成品，经审定后入成品库待用。

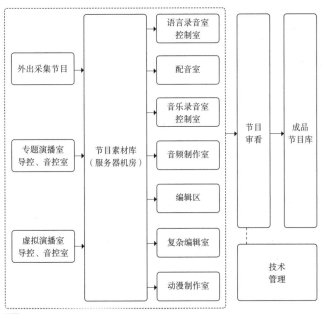

[1] 电视台制作区功能关系图

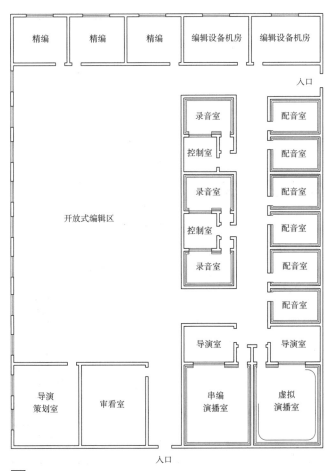

[2] 电视节目后期制作区房间关系示意图

电视台播控区、传输区

播出功能是将电视节目成品、现场新闻采访（含录像）及实况转播（含录像），通过多种技术手段送至电视节目传送系统，将节目播发出去。

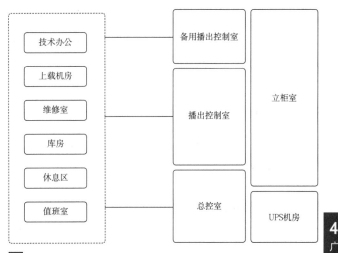

[3] 播出区功能关系图

传输中心接收外来电视节目信号，做编播素材，或直送播出中心、演播室等参与直播。同时，把制作、播出的电视节目发送给各个不同播送通道前端，再通过有线电视网络、卫星发射、无线发射至终端用户，同时参与台外的节目交换、互动直播等，主要由设备主机房、监控监看室和集中收录室等组成。

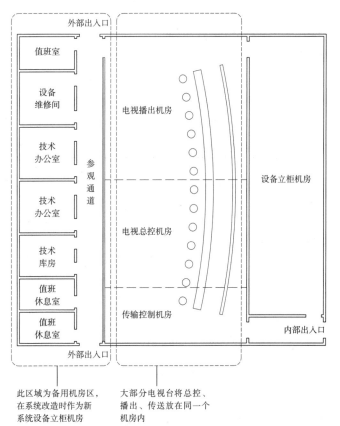

[4] 电视节目播出区房间关系示意图

广播电台、电视台 [11] 工艺技术用房 / 网络广播电视·转播车库·媒体资料中心

网络广播电视

网络广播电视是以互联网、移动通信网等为节目传输载体的新形态广播电视机构，其技术平台的搭建既要遵循新媒体的特点，又要充分发挥广播电视媒体资源的优势，使其成为广播电视在互联网、手机等新媒体领域覆盖的延伸。

互联网广播电视是以视听互动为核心，以宽带互联网、移动通信等新兴信息网络为节目载体，建立各种新媒体的统一内容管理，以及集成制作和播控平台。

网络广播电视以节目集成、对传统媒体信号进行转码、分发为主，对演播室要求不高，通常为100~200m²多景区，并采用虚拟演播室制作形式。

网络广播电视对机房的要求等同于计算机主机房，地面负荷、洁净度、温湿度、供电等要求很高，要按电子信息系统机房设计规范设计。

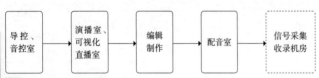

1 新媒体传统视音频节目制作流程

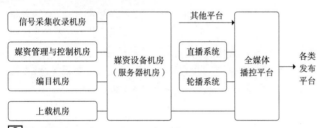

2 新媒体内容采集、管理和播出系统流程

转播车库

车辆包括各种转播车、音频车、卫星车、前导车、通信车、发电车等外出转播专用车辆，还包括新闻采访车。特种车库主要用于此类车辆的安全停放、维护检修以及外出前整理准备。

各类型转播车库工艺要求　　　　　　　　　　　　表1

车库类型	转播车尺寸 (长×宽×高)(m)	停车面积(m²)	检修间 面积(m²)	承重要求 (kg/m²)
大型车车库	14×5×4	160 (8m×20m)	≥25	1000
中型车车库	12×4×4	90 (6m×15m)	≥20	1000
小型车车库	(8~10)×2.5×4	60 (5m×12m)	—	1000

转播车库常用设计要求　　　　　　　　　　　　表2

设计要点	设计要求
满足大转播车出入、停放要求	库外场地宽度应考虑转播车转弯半径要求，出入口附近宜设置小型周转场地，便于车辆临时停靠
车辆转弯半径	小型车（采访车、卫星车）：8m 中型转播车：8~12m 大型转播车：12.5m
出入口通道限高要求	出入口通道限高宜≥4.5m
车库门外应就近设置下水口	便于库外场地的车辆冲洗
车库梁底净高	考虑转播车上部设备的升降空间，车库梁底净高宜≥5.5m
上下水装置	车库内应有上下水装置并设污水池，同时考虑对油污的处理，如隔油池等
消防设计	车库、检修间都应具备烟雾感知器和消防设施
室内外高差	车库地面内高外低，保证内水外流

媒体资料中心

媒体资料中心为广播电视中心的各类数字业务提供全方位的后台服务，这些服务包括网络化节目发布、对外有偿检索服务、网络化节目交易管理、租用管理、版权管理和访问授权管理等。

媒体资料中心资料的存储分为传统介质，如胶片、磁带、光盘等和数据中心存储服务器。

媒体资料中心应考虑空调的恒温、恒湿、防尘，供配电安全，气体消防等特殊技术手段，保证数据资料库的安全。结构荷载需根据库房的功能确定，媒资介质库取800kg/m²，媒资数据库（服务器机房）取500~800kg/m²。数据库一般采用地面架空层、下送风的方式。

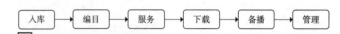

3 媒资系统功能关系示意

电视台媒资管理系统常见应用模式　　　表3

常见模式	模式特征	适用对象
资料馆型媒资管理系统	节目存储量大 存储介质种类多	省级和省级以上电视台
支持总编室管理的媒资管理系统	支持总编室对节目、资料库、播出节目等的统一管理	强化总编室对资料的管理
支持新闻网络的媒资管理系统	存储管理新闻素材和成品节目，存储区分临时素材区、整理加工区、归档存储区	时效性较高新闻中心等
支持总控出业务的媒资管理系统	为播控系统配备媒资系统作扩充存储，充分满足播出节目归档、存储和再利用需要	广电中心播出系统改造
媒资系统支持下的全台数字化网络	充分共享、利用收录网、新闻网、制作网、播出网、办公网等系统的节目、信息资源	数字化、网络化广电中心

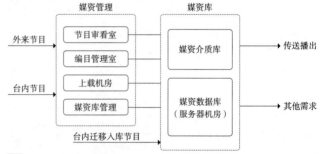

4 媒资库系统流程示意图

5 转播车三维示意图

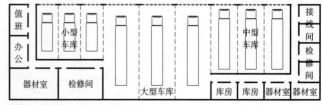

6 转播车库平面示意图

录音室、配音室、演播室

录音室、配音室、演播室声学设计的任务是使录制的声音清晰、保真,不受外界的干扰,声学构造设计需考虑以下要求。

1. 设计录音室、演播室必须做好隔声和音质处理。隔声处理的重点在围护结构,一般有三种做法:其一,墙体、门窗、楼板均采用隔声处理;其二,楼板采用半浮筑构造,其他围护构造做隔声处理;第三种即采用房中房全浮筑构造。

音质处理的重点:合理分布室内顶棚、墙面的吸声、扩散、反射面。吸声面一般用多孔疏松性材料,如纤维板、胶合板、木丝板、玻璃棉毡等。扩散及反射面一般用较硬性材料,如石膏板、纤维水泥压力板、水泥砂浆抹面等。装修层内部可做成空腔或填玻璃棉、矿棉等;其外形有:半圆柱体、三角体、椎体、平墙面等。地面面层一般为水泥自流平地面、贴塑料地面、硬木地板及铺设地毯等,其防火性能应满足消防规范要求。

2. 录音室由于声学隔声的要求,一般均采用砖或砌块墙体作为隔墙,其隔墙砌筑应灰浆饱满、无缝隙,与顶部板、梁等交接应严实并做双面抹灰处理。录音室因是长期封闭空间,其地面和墙面需做防潮处理,潮湿地区顶棚也要做防潮处理。表面声学装修材料及门窗安装应在内粉刷干燥后进行。室内装修层完成后,必须进行声学测试,如有出入应调整各部分声学装修的面积或材料。

声学技术用房噪声容许标准 表1

房间名称	规模	标称面积(m²)	噪声容许标准(dB) 稳态噪声	噪声容许标准(dB) 非稳态噪声
语言录(播)音室	—	12~50	15~20	10~15
广播剧录音室		50~200	10~15	5~10
配音室		30~100	15~20	10~15
效果录音室		50~200	10~15	5~10
音乐录音室		100~200	10~15	5~10
录音控制室	—	20~40	20~25	15~20
新闻演播室 专题演播室	小型	80、120、160、200	20~25	15~20
	中型	250、400	25~30	20~25
	大型	600、800、1000	25~30	20~25
综艺演播室	中型	250、400	25~30	20~25
	大型	600、800、1000	25~30	20~25
	超大型	1200、1500、2000	25~30	20~25

注:本表数据摘自《广播电视录(播)音室、演播室声学设计规范》GY 5086-2012。

语言录(播)音室房间尺寸和混响时间摘要表 表2

面积(m²)	房间尺寸 长×宽×高(cm)	频率(Hz),倍频程混响时间(s)					
		125	250	500	1000	2000	4000
12	390×310×280	0.3	0.3	0.3	0.3	0.3	0.3
16	450×360×300	0.4	0.4	0.4	0.4	0.4	0.4
17	528×325×300	0.35	0.35	0.4	0.4	0.45	0.45
24	570×420×320	0.35	0.35	0.4	0.4	0.45	0.45

录、配音室混响时间及频率特性 表3

类型		混响时间及频率特性
录音室	语言录音室	采用短混响和平直的混响时间特性,以满足清晰度的要求
	音乐录音室	以音乐丰满度为主,兼顾音节和唱词的清晰度,适宜用长混响,并使低频有适当提升
配音室		对白处于不同的环境和场合,要求不同的混响时间,可以设置一定的可调混响装置,以满足电视片录音的需要

录音室、演播室混响时间频率特性曲线(与500Hz混响时间的比值) 表4

类别	中心频率(Hz)							
	63	125	250	500	1000	2000	4000	8000
语言录(播)音室	0.65~1.00	0.75~1.00	0.85~1.00	1.0	1.0	1.0	1.0	—
文艺录音室	0.70~1.00	0.80~1.00	0.90~1.00	1.0	1.0	1.0	1.0	0.80~1.00
演播室		1.00~1.20	1.00~1.10	1.0	1.0	0.90~1.00	0.80~1.00	

注:本表数据摘自《广播电视录(播)音室、演播室声学设计规范》GY 5086-2012。

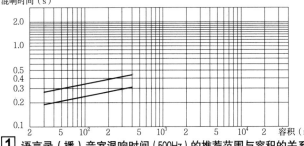

1 语言录(播)音室混响时间(500Hz)的推荐范围与容积的关系

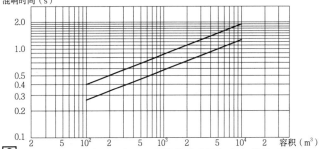

2 文艺录音室混响时间(500Hz)的推荐范围与容积的关系

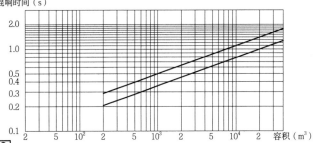

3 演播室混响时间(500Hz)的推荐范围与容积的关系

注:**1**~**3**数据摘自《广播电视录(播)音室、演播室声学设计规范》GY 5086-2012。

文艺录音室房间面积和混响时间摘要表 表5

房间名称	面积(m²)	频率(Hz),倍频程混响时间(s)							
		63	125	250	500	1000	2000	4000	8000
小文艺录音室	70	0.40~0.60	0.50~0.60	0.55~0.60	0.60	0.60	0.60	0.55~0.60	0.45~0.60
中文艺录音室	150	0.65~0.90	0.70~0.90	0.80~0.90	0.90	0.90	0.90	0.80~0.90	0.60~0.90
	200~300	0.85~1.20	0.95~1.20	1.00~1.20	1.20	1.20	1.20	1.10~1.20	0.75~1.00
大文艺录音室	300~400	1.00~1.40	1.15~1.40	1.25~1.40	1.40	1.40	1.35~1.40	1.20~1.40	0.80~1.00
立体声录音控制室、标准审听室	56	0.30~0.50	0.30~0.50	0.30~0.50	0.30	0.30	0.30	0.30	0.20~0.30
	42	0.30~0.50	0.30~0.50	0.30~0.50	0.30	0.30	0.30	0.30	0.20~0.30
普通录音控制室	—	0.30~0.50	0.30~0.50	0.30~0.50	0.30	0.30	0.30	0.30	0.20~0.30
多声道录音控制室	50~70	0.25~0.35	0.25~0.35	0.25~0.30	0.25~0.30	0.25~0.30	0.25~0.30	0.25~0.30	0.20~0.30

注:本表数据摘自项端祈.演艺建筑:音质设计集成[M].北京:中国建筑工业出版社,2003.

广播电台、电视台 [13] 隔声、吸声构造 / 录音室、配音室、演播室

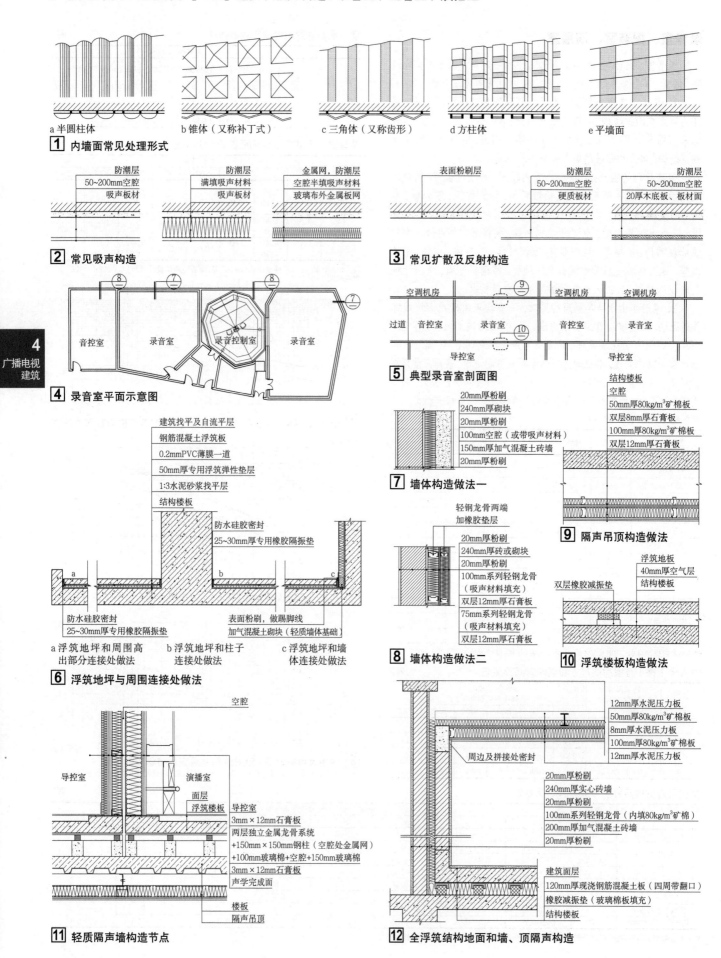

隔声观察窗、隔声门

常用门、窗材料隔声量 表1

项目	隔声构造	各频率（Hz）的隔声量（dB）						
		125	250	500	1000	2000	4000	R_w
门	钢板隔声门，包毛毡	41.5	41.3	34.3	36.9	45.2	58.0	41.1
	木制多层复合隔声门，毛毡压缝	31.0	28.0	38.0	49.0	58.0	50.0	40.0
	普通单扇保温隔声门，全密封	29.0	22.9	31.1	35.7	42.6	45.2	35.0
	单扇钢隔声门	36.0	37.0	37.0	31.0	36.0	—	—
	普通双扇保温隔声门，单道软橡胶条	23.0	24.1	28.3	29.8	30.6	35.5	31.0
	双扇木隔声门，无声闸	45.0	46.0	49.0	56.0	59.0	—	—
	双扇钢隔声门，有声闸	65.0	67.0	70.0	—	—	—	—
	双扇隔声门组合声闸	37.0	44.0	55.0	70.5	70.5	79.0	60.0
窗	单层平开窗，玻璃3	14.6	20.0	22.0	24.7	22.3	26.9	23.0
	普通双层玻璃窗，6+10+6	22.0	21.0	28.0	36.0	30.0	32.0	30.0
	普通单层玻璃窗，6	25.0	27.0	29.0	34.0	29.0	30.0	29.0
	普通单层玻璃窗，3	21.0	22.0	23.0	27.0	30.0	30.0	27.0
	三层玻璃观察窗，玻璃厚度5+5+5，空气腔厚度100~200+200~320	44.0	53.0	55.0	68.0	60.0	71.0	60.0
	四层6厚玻璃隔声窗	49.0	52.0	59.0	62.0			

注：本表部分数据摘自马大猷. 噪声与振动控制工程手册[M]. 北京：机械工业出版社，2002.

常用门、窗材料吸声系数 表2

部位	材料（或结构）简述	各频率（Hz）的吸声系数α					
		125	250	500	1000	2000	4000
窗	玻璃窗	0.35	0.25	0.18	0.12	0.02	0.04
门	木板门（一般隔声门）	0.11	0.07	0.05	0.04	0.05	0.05
	舞台开口	0.30	0.30	0.40	0.40	0.50	0.50

钢窗和铝合金窗隔声量实测值 表3

层数	构造简述	计权隔声量（dB）
单层窗	铝合金推拉窗，4.0mm厚玻璃	27
双层窗	"比式"钢窗，4.0mm厚玻璃	33

不同玻璃厚度的双层窗隔声量 表4

窗面积（m²）窗框处理	玻璃窗组合			计权隔声量（dB）
	一层厚（mm）	间隔（mm）	二层厚（mm）	
1.9	3	8	3	30
1.9	3	32	3	36
1.8，边框有吸声处理	3	100	3	43
3.0，边框有吸声处理	3	200	3	41
1.13	4	8	4	27
1.8，边框有吸声处理	4	100	4	44
3.0，边框有吸声处理	4	254	4	45
3.8	6	10	6	30
1.8，边框有吸声处理	6	100	6	43
1.8，边框有吸声处理	6	100	3	41
1.8，边框有吸声处理	6	100	3	45

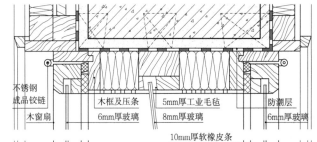

3 隔声观察窗节点构造一

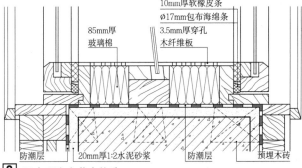

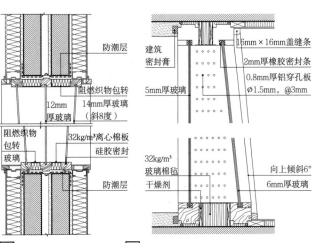

1 录音室观察窗节点　　**2** 演播室双层固定木隔声观察窗节点

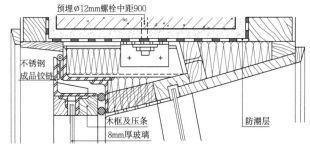

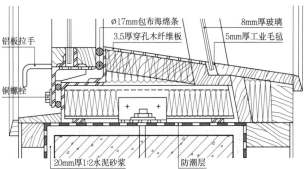

4 隔声观察窗节点构造二

广播电台、电视台 [15] 隔声、吸声构造 / 隔声门

隔声门

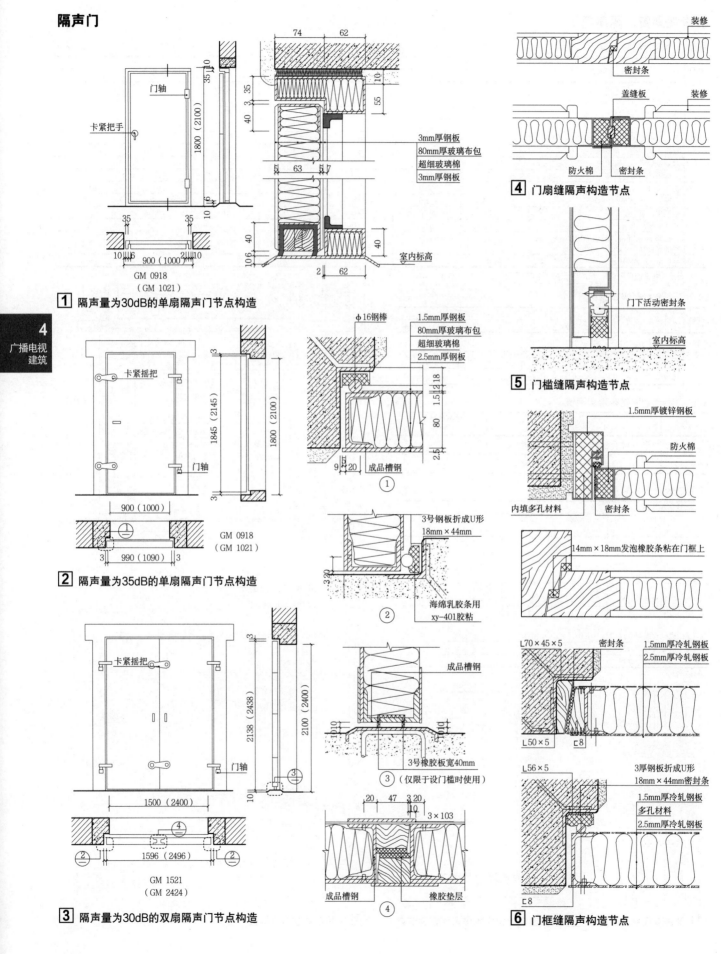

楼地面减振隔声

1. 声学指标要求高的房间，其楼、地面要与主体结构板之间做软连接构造。
2. 噪声源所在房间的楼、地面与其他房间，特别是声学指标要求高的房间之间要做软连接构造。

隔声围护结构常见做法　　　　　　　　　　　　　表1

常见做法	适用范围	做法图示
单层墙 （单层楼板，隔声吊顶，隔声门窗）	外界环境及建筑物内部周围房间均较安静的情况	室外
半浮筑结构 （单层墙双层楼板，楼板浮筑，隔声吊顶，门设声闸）	外界环境较安静，建筑物内部邻室噪声较高的情况，常用于中、小演播厅等	室外
全浮筑结构 （双层墙双层楼板，地面与墙基用弹性材料隔开，隔声吊顶，门设声闸）	外界环境嘈杂，街道车辆及附近工厂和机械产生的振动干扰较严重。这种结构常用于语言录音室等录音室	室外

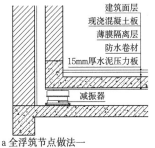

a 全浮筑节点做法一

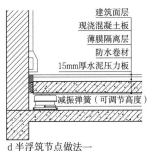

d 半浮筑节点做法一

b 全浮筑节点做法二

e 半浮筑节点做法二

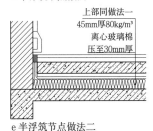

c 全浮筑节点做法三

f 半浮筑节点做法三

1 浮筑结构隔声围护常见节点做法

2 风管吊装隔振做法　　**3** 风管隔声处理做法

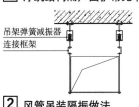

软木块　多层式橡胶垫　毛毡块　剪切形橡胶条　剪切形圆形橡胶体　单倍压缩橡胶体　以2个单倍压缩橡胶体

4 减振吊架构造发展简图

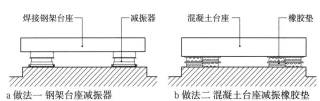

a 做法一 钢架台座减振器　　b 做法二 混凝土台座减振橡胶垫

5 设备基础减振减噪构造

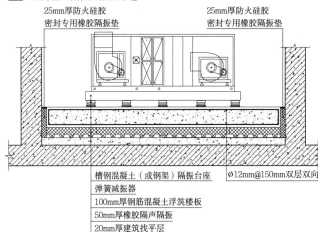

6 和技术用房相邻的空调机组浮筑隔振做法

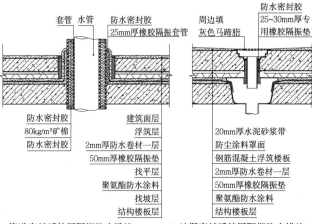

a 管道穿越浮筑层隔振防水措施　　b 地漏穿越浮筑层隔振防水措施

7 管道、地漏穿越浮筑层隔振防水措施

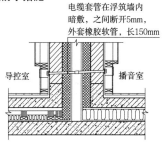

8 穿套房或双层墙沟道　　**9** 穿套房或双层墙管线

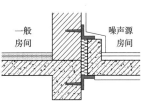

10 其他减振处理

广播电台、电视台 [17] 隔声、吸声构造 / 墙体隔声

墙体隔声

300mm厚钢筋混凝土墙体，隔声量为55dBA。

加气混凝土单层墙隔声数据　表1

类别	构造简图	名称	面密度（kg/m²）	计权隔声量（dB）
加气混凝土单层墙		加气砌块墙t=75（抹灰）	70	38
		加气条板墙t=100（喷浆）	80	39
		加气砌块墙t=150（抹灰）	140	44
		加气条板墙t=200（喷浆）	160	46
		粉煤灰加气块墙t=120（抹灰）	—	40
		粉煤灰加气块墙t=240（抹灰）	—	47

加气混凝土双层墙隔声数据　表2

类别	构造简图	名称	面密度（kg/m²）	计权隔声量（dB）
加气混凝土双层墙		a=100, b=150, 两面抹灰后总厚度380, d=100	125	54
		不同空气层厚度的加气混凝土双层墙，a=b=75		
		空气层厚度d=50	140	49
		空气层厚度d=75	140	54
		空气层厚度d=100	140	55
		空气层厚度d=150	140	55
		空气层厚度d=200	140	58
		空气层厚度d=300	140	60
		空气层厚度d=400	140	62

单层砖墙隔声数据　表3

类别	构造简图	名称	面密度（kg/m²）	计权隔声量（dB）
单层砖墙		砖墙t=60（煤屑粉刷）	160	35
		砖墙t=120（抹灰）	240	47
		砖墙t=240（抹灰）	480	55
		砖墙t=370（抹灰）	700	57
		砖墙t=490（抹灰）	833	62

双层砖墙隔声数据　表4

类别	构造简图	名称	面密度（kg/m²）	计权隔声量（dB）
双层砖墙		a=b=60（粉刷），d=60	258	38
		a=b=120（粉刷），d=20	484	38
		a=b=240，d=150	800	63
		a=b=240（基础分开，抹灰），d=100	960	68
		a=b=370，d=300	1400	73
		a=b=370（基础分开），d=230	1400	85
		a=120，b=240（粉刷），d=300	720	52
		a=240，b=370，d=1000	1180	68
		a=370，b=490，d=200	1660	73
		a=490，b=620（勾缝），d=200	2140	75

硅酸钙板隔墙隔声数据　表5

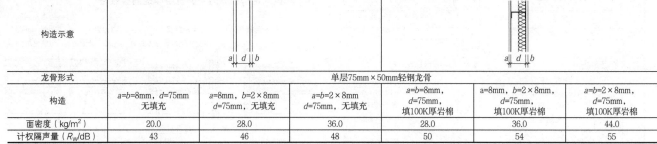

构造示意						
龙骨形式	单层75mm×50mm轻钢龙骨					
构造	a=b=8mm, d=75mm 无填充	a=8mm, b=2×8mm, d=75mm, 无填充	a=b=2×8mm, d=75mm, 无填充	a=8mm, b=2×8mm, d=75mm, 填100K厚岩棉	a=b=2×8mm, d=75mm, 填100K厚岩棉	a=b=2×8mm, d=75mm, 填100K厚岩棉
面密度（kg/m²）	20.0	28.0	36.0	28.0	36.0	44.0
计权隔声量（R_w/dB）	43	46	48	50	54	55

纸面石膏板隔墙隔声数据　表6

构造示意图									
龙骨形式	单层75mm×50mm轻钢龙骨			普通轻钢龙骨	加减振轻钢龙骨	Z型减振轻钢龙骨		单层75mm×45mm轻钢龙骨，加减振	
构造	a=1×12, b=1×12, d=75	a=1×12, b=2×12, d=75	a=2×12, b=2×12, d=75	a=2×12, b=2×12, d=75 填50mm厚岩棉	a=2×12, b=2×12, d=75 填50mm厚岩棉	a=2×12, b=2×12, d=75 填50mm厚岩棉	a=12+9, b=12+9, d=75 填50mm厚岩棉	a=2×12, b=2×12, d=102 双填50mm厚岩棉	a=2×12, b=2×12, d=150 填50mm厚岩棉
面密度（kg/m²）	20.5	29.5	39.4	43.5	44.5	41.6	39.4	46.0	46.0
计权隔声量（R_w/dB）	42	45	48	51	53	52	53	56	58

纤维水泥压力板隔墙隔声数据　表7

构造示意图								
龙骨形式	单层75mm×50mm轻钢龙骨			单层75mm×45mm轻钢龙骨	单层75mm×45mm轻钢龙骨，加减振	单层75mm×45mm轻钢龙骨	单层75mm×45mm轻钢龙骨	单层75mm×45mm轻钢龙骨，加减振
构造	a=b=6mm纤维水泥压力板，d=75mm 填50mm厚岩棉	a=6mm b=2×6mm纤维水泥压力板，d=75mm 填50mm厚岩棉	a=b=2×6mm纤维水泥压力板，d=75mm 填50mm厚岩棉	a=b=10mm无石棉纤维低收缩性水泥加压板，d=75mm 无填充	a=b=10mm无石棉纤维低收缩性水泥加压板，d=75mm 无填充	a=b=10mm无石棉纤维低收缩性水泥加压板，d=75mm 填玻璃棉	a=b=10mm无石棉纤维低收缩性水泥加压板，d=75mm 填玻璃棉	a=10mm b=2×10mm无石棉纤维低收缩性水泥加压板，d=75mm 填玻璃棉
面密度（kg/m²）	29.0	39.0	49.0	38.0	38.0	40.0	40.0	57.0
计权隔声量（R_w/dB）	50	54	56	45	46	50	54	56

注：本页表格数据受限于现场实际施工条件；部分数据摘自：马大猷. 噪声与振动控制工程手册[M]. 北京：机械工业出版社，2002.

墙面吸声

岩棉吸声板吸声系数　　　　　　　　　　　　　　　　　　　　　　　表1

体积密度（kg/m³）	厚度（mm）	空腔厚度（mm）	倍频程混响室法吸声系数						降噪系数
			125	250	500	1000	2000	4000	
100	50	50	0.43	0.79	1.10	1.13	1.06	1.10	1.00
		100	0.63	0.89	1.04	1.11	1.01	1.10	1.00
		200	1.08	0.92	0.94	1.12	1.14	1.11	1.05

软包装饰吸声板吸声系数　　　　　　　　　　　　　　　　　　　　　表2

空腔厚度（mm）	倍频程混响室法吸声系数						降噪系数
	125	250	500	1000	2000	4000	
0	0.14	0.35	0.64	0.94	1.22	1.29	0.75
50	0.28	0.72	0.97	1.08	1.11	1.41	0.95
100	0.36	0.76	1.00	1.03	1.09	1.30	0.95
200	0.52	0.97	1.05	0.87	1.10	1.16	1.00

穿孔水泥压力板吸声系数　　　　　　　　　　　　　　　　　　　　　表3

孔径（mm）	空腔厚度（mm）	穿孔率（%）	填充	倍频程混响室法吸声系数						降噪系数
				125	250	500	1000	2000	4000	
6	50	5	0.5kg/m³ 超细棉	0.07	0.38	0.60	0.41	0.28	0.07	0.40
	100			0.19	0.56	0.57	0.48	0.26	0.07	0.45
	200			0.27	0.50	0.46	0.25	0.33	0.15	0.35

穿孔铝板吸声构造吸声系数　　　　　　　　　　　　　　　　　　　　表4

空腔厚度（mm）	穿孔率（%）	填充	倍频程混响室法吸声系数						降噪系数
			125	250	500	1000	2000	4000	
150	9.0	无纺布一层	0.30	0.40	0.70	0.68	0.74	0.58	0.60
200	13.7	无纺布一层	0.30	0.63	0.79	0.49	0.67	0.69	0.50
200	13.7	50mm厚32kg/m³玻璃纤维棉	0.62	0.75	0.90	0.88	0.98	0.92	0.90
200	16	无纺布一层	0.36	0.56	0.68	0.54	0.53	0.57	0.60
155	16	无纺布一层	0.24	0.33	0.69	0.64	0.69	0.61	0.50

离心玻璃棉板吸声系数　　　　　　　　　　　　　　　　　　　　　　表5

材料名称	材料厚度（mm）	材料密度（kg/m³）	倍频程混响室法吸声系数						降噪系数
			125	250	500	1000	2000	4000	
玻璃棉风管板	25	80	0.08	0.23	0.61	0.90	1.00	1.03	0.65
PB32-50型隔墙保温隔声玻璃棉板	50	32	0.26	0.75	1.12	1.13	1.06	1.08	1.00
玻璃棉毡	50	24	0.30	0.60	0.95	1.10	1.10	1.15	0.90
玻璃棉板	50	48	0.22	0.72	1.12	1.24	1.02	1.12	1.00

a 做法一

b 做法二

c 做法三

d 做法四

e 做法五

f 做法六

1 轻质吸声材料组成的墙面吸声构造做法（墙体吸声需根据声学计算确定其吸声材料密度，面板穿孔率等）

a 做法一 双层砌块墙　　b 做法二 双层砌块墙+玻璃棉　　c 做法三 双层石膏板+砌块墙　　d 做法四 双层轻质隔声墙

2 双层混凝土砌块墙墙面隔声构造做法（墙体材料的厚度及密度等，需根据隔声量要求通过声学计算确定）

a 做法一　　b 做法二　　c 做法三

3 扩散体墙面

广播电台、电视台 [19] 隔声、吸声构造 / 顶棚隔声与吸声

顶棚隔声与吸声

1. 屋顶隔声：钢筋混凝土屋面板（单层或双层）隔声或屋顶上部空间（设备夹层或房间）隔声。
2. 顶棚隔声：吊顶板及其与屋顶板之间的空气层或其中的填充物隔声。
3. 顶棚吸声：根据不同声学用房的声学指标要求，采取不同的吸声顶棚方案。
4. 其他顶棚吸声做法主要有吸声顶角及扩散体顶棚。

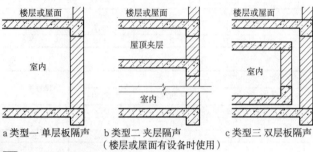

1 楼层或屋面隔声常见做法

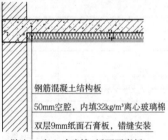 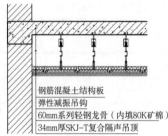

2 顶棚隔声

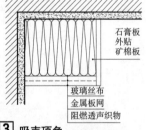

3 吸声顶角

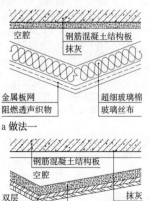

以上做法的外观几何尺寸依据声学要求决定。

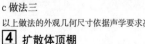

4 扩散体顶棚

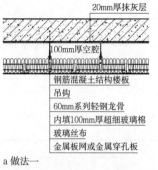 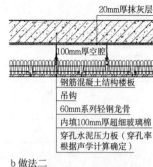

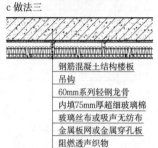

5 顶棚吸声做法一

6 顶棚吸声做法二

实例［20］广播电台、电视台

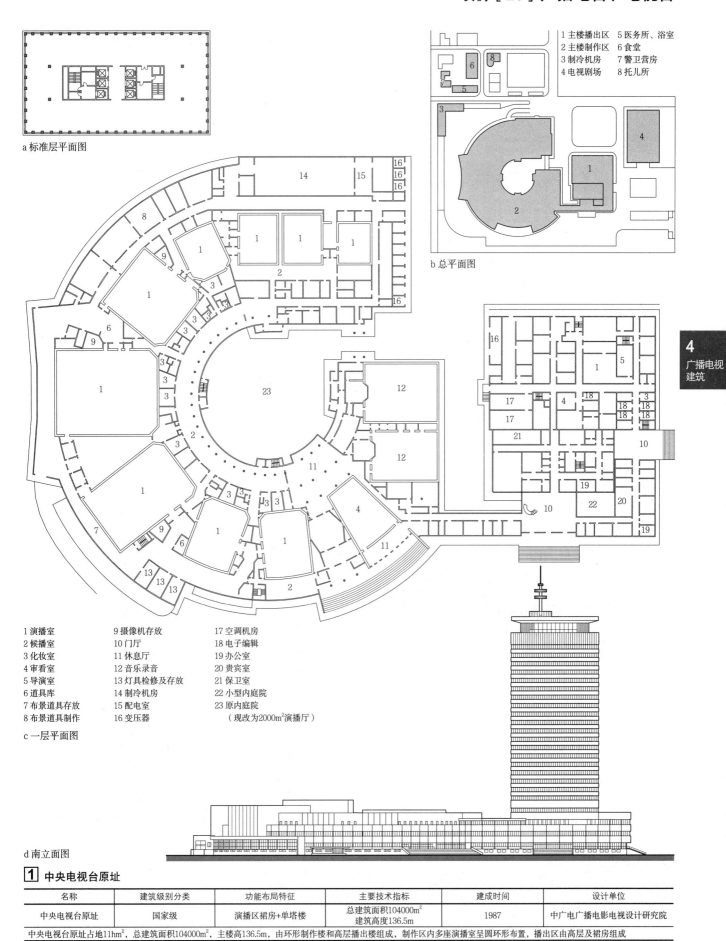

a 标准层平面图

1 主楼播出区　5 医务所、浴室
2 主楼制作区　6 食堂
3 制冷机房　　7 警卫营房
4 电视剧场　　8 托儿所

b 总平面图

1 演播室　　　9 摄像机存放　　17 空调机房
2 候播室　　　10 门厅　　　　 18 电子编辑
3 化妆室　　　11 休息厅　　　 19 办公室
4 审看室　　　12 音乐录音　　 20 贵宾室
5 导演室　　　13 灯具检修及存放 21 保卫室
6 道具库　　　14 制冷机房　　 22 小型内庭院
7 布景道具存放 15 配电室　　　 23 原内庭院
8 布景道具制作 16 变压器　　　（现改为2000m²演播厅）

c 一层平面图

d 南立面图

1 中央电视台原址

名称	建筑级别分类	功能布局特征	主要技术指标	建成时间	设计单位
中央电视台原址	国家级	演播区裙房+单塔楼	总建筑面积104000m² 建筑高度136.5m	1987	中广电广播电影电视设计研究院

中央电视台原址占地11hm²，总建筑面积104000m²，主楼高136.5m，由环形制作楼和高层播出楼组成，制作区内多座演播室呈圆环形布置，播出区由高层及裙房组成

4
广播电视
建筑

广播电台、电视台 [21] 实例

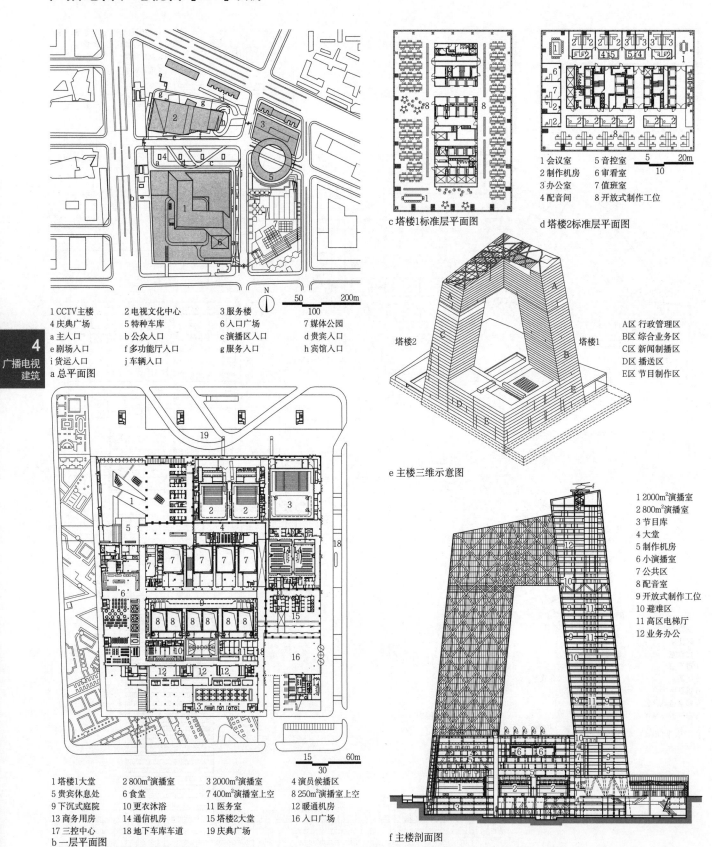

1 CCTV主楼　　2 电视文化中心　　3 服务楼
4 庆典广场　　5 特种车库　　6 入口广场　　7 媒体公园
a 主入口　　b 公众入口　　c 演播区入口　　d 贵宾入口
e 剧场入口　　f 多功能厅入口　　g 服务入口　　h 宾馆入口
i 货运入口　　j 车辆入口
a 总平面图

1 会议室　　5 音控室
2 制作机房　　6 审看室
3 办公室　　7 值班室
4 配音间　　8 开放式制作工位

c 塔楼1标准层平面图　　d 塔楼2标准层平面图

A区 行政管理区
B区 综合业务区
C区 新闻制播区
D区 播送区
E区 节目制作区

e 主楼三维示意图

1 2000m² 演播室
2 800m² 演播室
3 节目库
4 大堂
5 制作机房
6 小演播室
7 公共区
8 配音室
9 开放式制作工位
10 避难区
11 高区电梯厅
12 业务办公

1 塔楼1大堂　　2 800m²演播室　　3 2000m²演播室　　4 演员候播区
5 贵宾休息处　　6 食堂　　7 400m²演播室上空　　8 250m²演播室上空
9 下沉式庭院　　10 更衣沐浴　　11 医务室　　12 暖通机房
13 商务用房　　14 通信机房　　15 塔楼2大堂　　16 入口广场
17 三控中心　　18 地下车库车道　　19 庆典广场
b 一层平面图

f 主楼剖面图

1 中央电视台新台址主楼

名称	建筑级别分类	功能布局特征	主要技术指标	建成时间	设计单位
中央电视台新台址主楼	国家级	垂直向分区	总建筑面积472998m²，建筑高度234.0m	2012	荷兰大都会建筑事务所（OMA）、华东建筑集团股份有限公司华东建筑设计研究总院

中央电视台新台址主楼位于项目用地西南块，将电视制作的所有组成环节——综合办公、新闻制作与播送、节目制作等要素结合在一个内部紧密连接的建筑整体之中。两座塔楼从共同的半地下基座升起并有着自身功能：一座以播放空间为主，另一座以业务办公空间为主。它们在上部会合，构成顶楼的教育、会议以及管理层。演播区集中布置于基座及裙房。

实例［22］广播电台、电视台

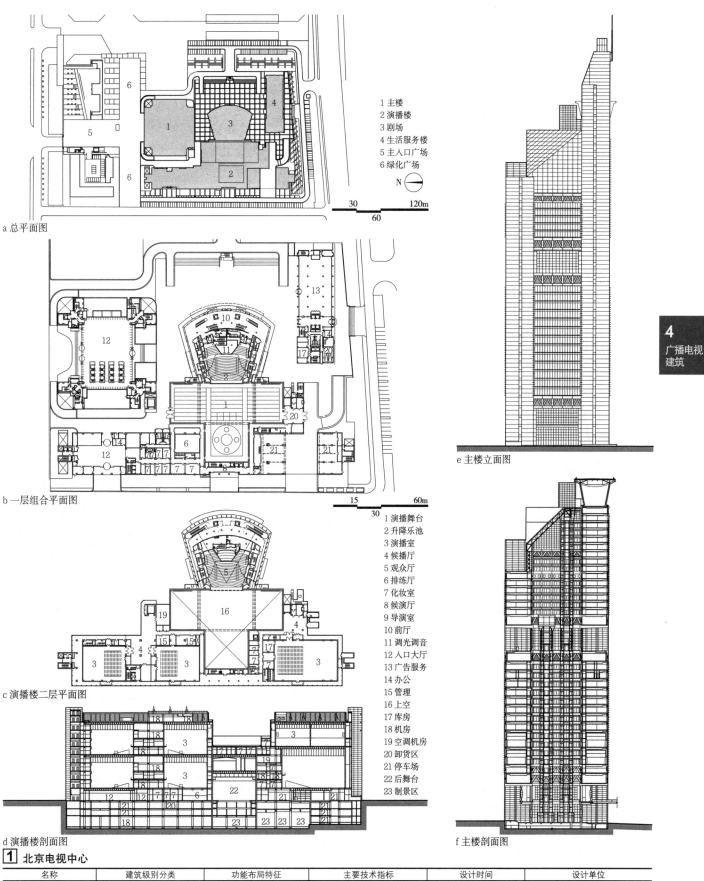

a 总平面图

1 主楼
2 演播楼
3 剧场
4 生活服务楼
5 主入口广场
6 绿化广场

b 一层组合平面图

1 演播舞台
2 升降乐池
3 演播室
4 候播厅
5 观众厅
6 排练厅
7 化妆室
8 候演厅
9 导演室
10 前厅
11 调光调音
12 入口大厅
13 广告服务
14 办公
15 管理
16 上空
17 库房
18 机房
19 空调机房
20 卸货区
21 停车场
22 后舞台
23 制景区

c 演播楼二层平面图

d 演播楼剖面图

e 主楼立面图

f 主楼剖面图

4 广播电视建筑

[1] 北京电视中心

名称	建筑级别分类	功能布局特征	主要技术指标	设计时间	设计单位
北京电视中心	省、自治区、直辖市级	演播区裙房+单塔楼	占地面积44900m^2，总建筑面积198700m^2	2002~2003	日建设计、北京市建筑设计研究院有限公司

北京电视中心主要由综合业务楼、多功能演播楼、生活服务楼、地下室和媒体广场组成。综合业务楼地上41层，为国内首座纯钢结构超高层建筑，包括演播室、节目制作间、信息网络中心、数字编辑室和办公室及附属配套设施等；多功能演播楼地上10层，包括10个演播室和1个可容纳1200名观众的多功能剧场及配套技术用房等

广播电台、电视台 [23] 实例

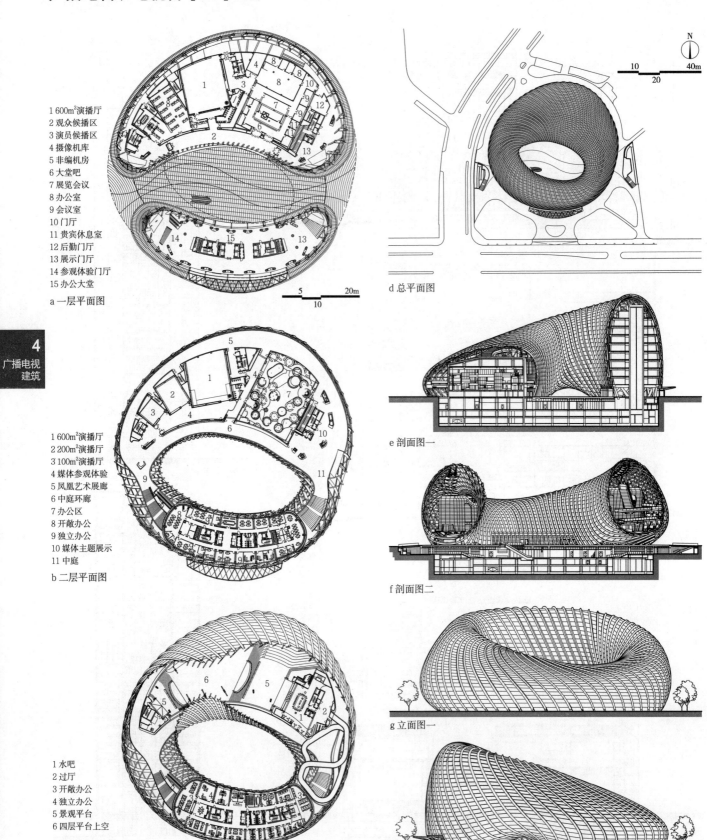

1 600m²演播厅
2 观众候播区
3 演员候播区
4 摄像机库
5 非编机房
6 大堂吧
7 展览会议
8 办公室
9 会议室
10 门厅
11 贵宾休息室
12 后勤门厅
13 展示门厅
14 参观体验门厅
15 办公大堂

a 一层平面图

1 600m²演播厅
2 200m²演播厅
3 100m²演播厅
4 媒体参观体验
5 凤凰艺术展廊
6 中庭环廊
7 办公区
8 开敞办公
9 独立办公
10 媒体主题展示
11 中庭

b 二层平面图

1 水吧
2 过厅
3 开敞办公
4 独立办公
5 景观平台
6 四层平台上空

c 五层平面图

d 总平面图
e 剖面图一
f 剖面图二
g 立面图一
h 立面图二

1 北京凤凰国际传媒中心

名称	建筑级别分类	功能布局特征	主要技术指标	设计时间	设计单位
北京凤凰国际传媒中心	省、自治区、直辖市级	整体水平向分区	用地面积18822m²，总建筑面积75368m²	2007~2011	日建设计、北京市建筑设计研究院有限公司

凤凰国际传媒中心是集电视节目制作、办公、商业等多种功能为一体的综合型建筑。项目借助莫比乌斯圈的图解，将高层办公区和媒体演播室融合起来，在满足全方位提供节目制作场地及其他配套服务设施的同时，形成了一个完整的空间和体量。独特的建筑形态与朝阳公园自然景观有机结合为一体；全方位的开放性，使人们可以在其中体验媒体文化的魅力

实例 [24] 广播电台、电视台

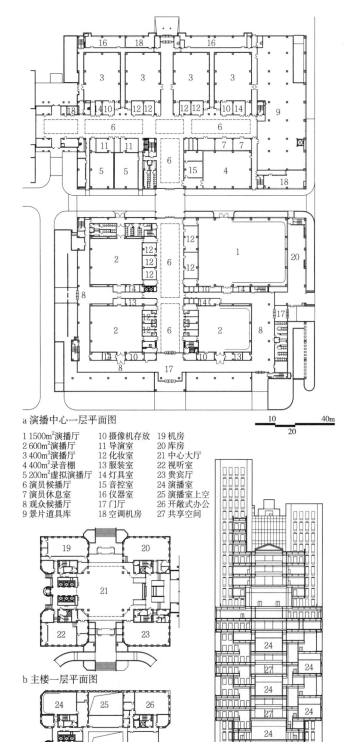

a 演播中心一层平面图

1　1500m² 演播厅
2　600m² 演播厅
3　400m² 演播厅
4　400m² 录音棚
5　200m² 虚拟演播厅
6　演员候播厅
7　演员休息室
8　观众候播厅
9　景片道具库
10　摄像机存放
11　导演室
12　化妆室
13　服装室
14　灯具室
15　音控室
16　仪器室
17　门厅
18　空调机房
19　机房
20　库房
21　中心大厅
22　视听室
23　贵宾厅
24　演播室
25　演播室上空
26　开敞式办公
27　共享空间

b 主楼一层平面图

c 主楼七层平面图

d 主楼典型剖面图

1 天津数字电视大厦

名称	建筑级别分类	功能布局特征	主要技术指标	设计单位
天津数字电视大厦	省、自治区、直辖市级	主楼、演播区、辅助区分散布置	占地面积141亩，总建筑面积22.3万m²	天津市建筑设计院

天津数字电视大厦地上27层，地下2层，建筑高度158m。主要功能为：数字电视大厦、演播中心、综合服务中心、转播中心、奥运新闻中心和多功能剧场及所需的配套建设等

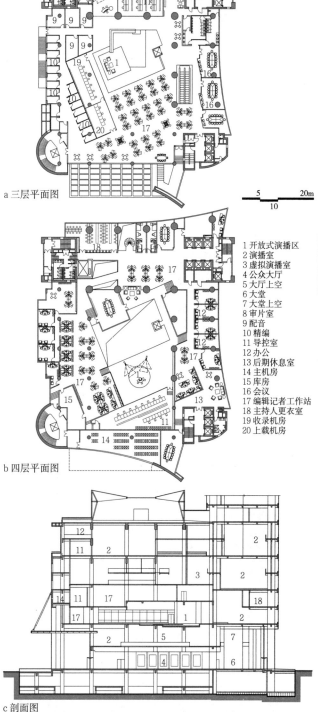

a 三层平面图

1　开放式演播区
2　演播室
3　虚拟演播室
4　公众大厅
5　大厅上空
6　大堂
7　大堂上空
8　审片室
9　配音
10　精编
11　导控室
12　办公
13　后期休息室
14　主机房
15　库房
16　会议
17　编辑记者工作站
18　主持人更衣室
19　收录机房
20　上载机房

b 四层平面图

c 剖面图

2 上海SMG电视新闻中心

名称	建筑级别分类	功能布局特征	主要技术指标	设计时间	建设单位
上海SMG电视新闻中心	省、自治区、直辖市级	演播区裙房+单塔楼	总建筑面积5.2万m²	1995	华东建筑集团股份有限公司华东建筑设计研究总院

上海SMG电视新闻中心演播区以中央错落交叠的挑空中庭空间为核心，将各类型演播室与工作区相互串联。通过在开放式演播区内设置多机位，集中多景区演播、演播导控等功能，满足了新闻、访谈、专题等各类型栏目的演播、制作、播出和大场景景制景的需求，使演播区实现了多景区、多视角、多功能的使用需求

4 广播电视建筑

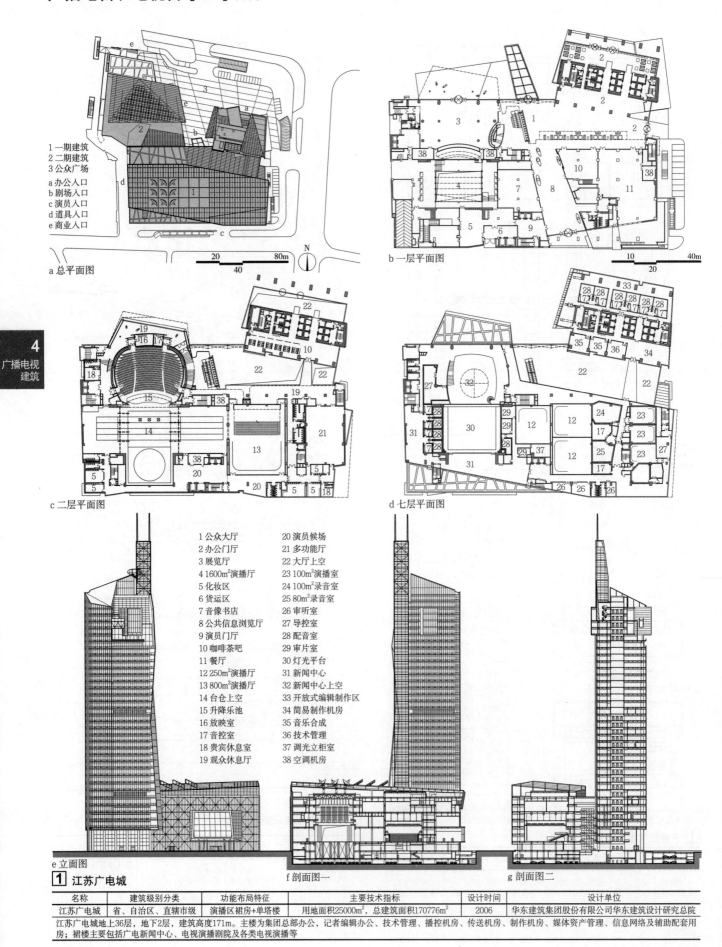

实例 [26] 广播电台、电视台

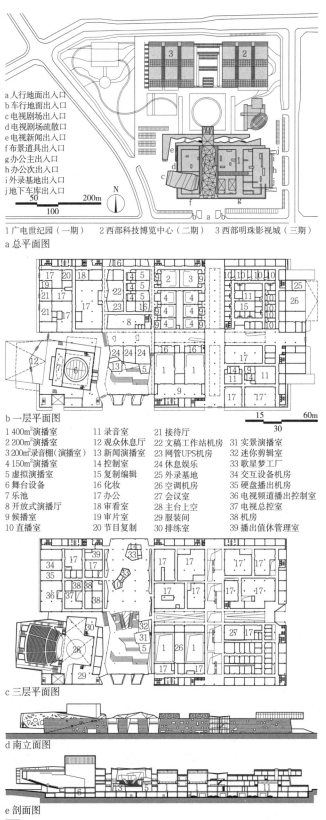
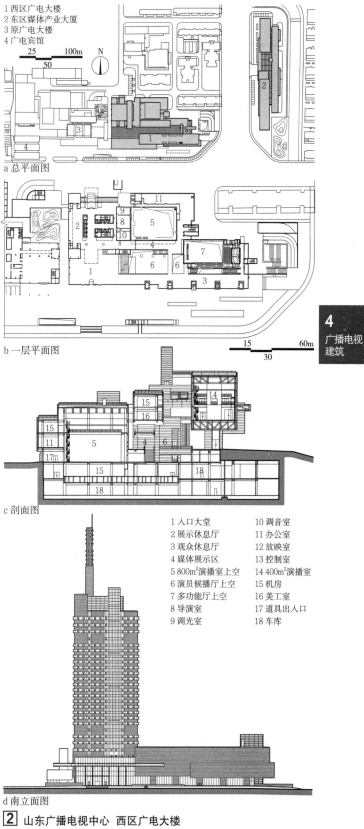

1 西安广播电视中心

名称	建筑级别分类	功能布局特征	主要技术指标	设计时间	设计单位
西安广播电视中心	省、自治区、直辖市级	整体水平向分区	占地面积62854m²，总建筑面积81117m²	2003~2005	马达思班建筑设计事务所

西安广播电视中心以水平方式布局，将剧场、演播室、办公等空间独立布置；设计引入"媒体城"的理念，开放的媒体大厅连接商业、剧场、办公等功能

2 山东广播电视中心 西区广电大楼

名称	建筑级别分类	功能布局特征	主要技术指标	设计时间	设计单位
山东广播电视中心	省、自治区、直辖市级	演播区裙房+单塔楼	占地面积22530m²，总建筑面积105980m²	2004~2005	中国建筑设计院有限公司

山东广播电视中心由西区广电大楼和东区媒体产业大厦组成，西区为广播电视演播、制作、编辑、播出、办公等广电功能，东区为媒体产业的发展及其配套功能

广播电台、电视台 [27] 实例

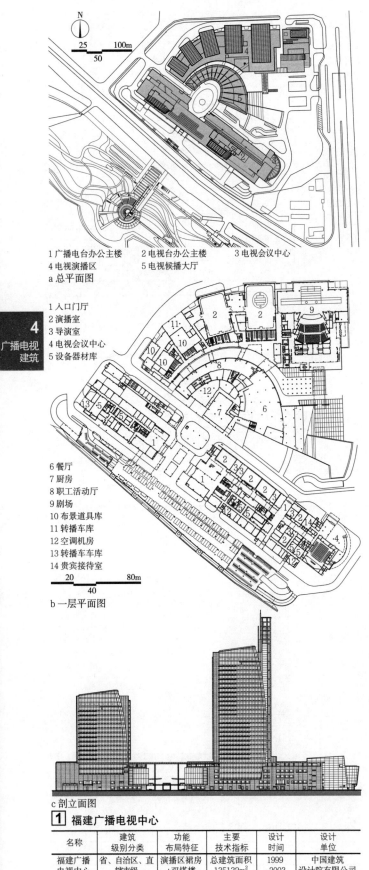

1 广播电台办公主楼　2 电视台办公主楼　3 电视会议中心
4 电视演播区　5 电视候播大厅
a 总平面图

1 入口门厅
2 演播室
3 导演室
4 电视会议中心
5 设备器材库
6 餐厅
7 厨房
8 职工活动厅
9 剧场
10 布景道具库
11 转播车库
12 空调机房
13 转播车车库
14 贵宾接待室
b 一层平面图

c 剖立面图

1 福建广播电视中心

名称	建筑级别分类	功能布局特征	主要技术指标	设计时间	设计单位
福建广播电视中心	省、自治区、直辖市级	演播区裙房+双塔楼	总建筑面积135132m²	1999~2003	中国建筑设计院有限公司

福建广播电视中心的功能主要为广播电台办公主楼、电视台办公主楼、电视演播区、会议中心等。各区域拥有独立出入口和竖向交通体系，各部门技术性用房集中分区、分层设置，电视和广播中心裙房地上分开，地下联通，拥有独立的制作、播出节目和独立办公，同时共享停车库及部分后勤技术和物业管理用房

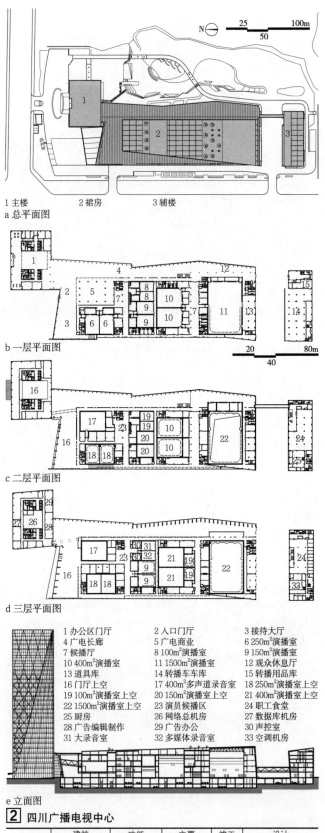

1 主楼　　2 裙房　　3 辅楼
a 总平面图

b 一层平面图

c 二层平面图

d 三层平面图

1 办公区门厅　　2 入口门厅　　3 接待大厅
4 广电长廊　　5 广电商业　　6 250m²演播室
7 候播厅　　8 100m²演播室　　9 150m²演播室
10 400m²演播室　11 1500m²演播室　12 观众休息厅
13 道具库　　14 转播车车库　　15 转播用品库
16 门厅上空　　17 400m²多声道录音室 18 250m²演播室上空
19 100m²演播室上空 20 150m²演播室上空 21 400m²演播室上空
22 1500m²演播室上空 23 演员候播区　　24 职工食堂
25 厨房　　26 网络总机房　　27 数据库机房
28 广告编辑制作　29 广告办公　　30 声控室
31 大录音室　　32 多媒体录音室　33 空调机房

e 立面图

2 四川广播电视中心

名称	建筑级别分类	功能布局特征	主要技术指标	竣工时间	设计单位
四川广播电视中心	省、自治区、直辖市级	演播区裙房+单塔楼	总建筑面积13.5万m²	2011	中国建筑西南设计研究院有限公司

四川广播电视中心主楼56700m²，地上31层，地下2层，高135m；裙楼69500m²，地上5层，地下2层；辅楼8800m²，地上6层，地下1层。主楼主要布置小型演播室、编辑制作用房和办公用房等；裙楼则布置电视演播区、电台录音区等；职工食堂、宿舍和车库等配套功能则分布于辅楼

实例 [28] 广播电台、电视台

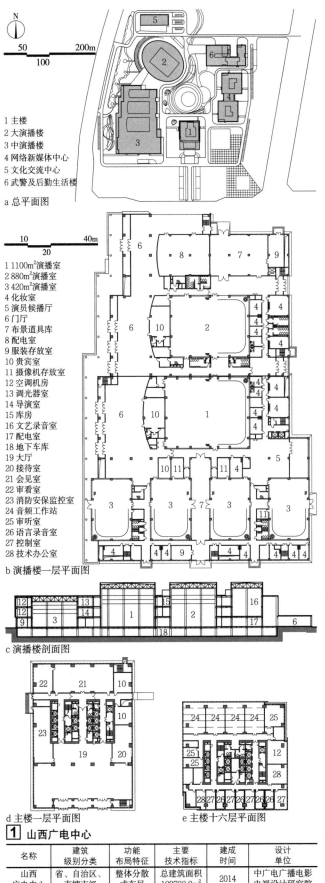

a 总平面图
1 主楼
2 大演播楼
3 中演播楼
4 网络新媒体中心
5 文化交流中心
6 武警及后勤生活楼

b 演播楼一层平面图
1 1100m² 演播室
2 880m² 演播室
3 420m² 演播室
4 化妆室
5 演员候播厅
6 门厅
7 布景道具库
8 配电室
9 服装存放室
10 贵宾室
11 摄像机存放室
12 空调机房
13 调光器室
14 导演室
15 库房
16 文艺录音室
17 配电室
18 地下车库
19 大厅
20 接待室
21 会见室
22 审看室
23 消防安保监控室
24 音频工作站
25 审听室
26 语言录音室
27 控制室
28 技术办公室

c 演播楼剖面图

d 主楼一层平面图
e 主楼十六层平面图

a 一层平面图
1 1500m² 演播室
2 1000m² 演播室
3 600m² 演播室
4 录音棚
5 候播区
6 门厅
7 服装库
8 道具库
9 化妆室
10 摄像机室
11 机房
12 制作中心
13 贵宾区
14 消控中心
15 陈列区
16 效果室
17 管理

b 二层平面图
1 1500m² 演播室上空
2 1000m² 演播室上空
3 600m² 演播室上空
4 录音棚上空
5 卫视频道办公制作
6 灯具库
7 服装库
8 导控室
9 化妆室
10 音控室
11 立柜室
12 机房
13 候播区
14 导演工作室
15 备播室
16 电台制作
17 电台演播控制室
18 值班管理
19 研发中心办公

c 七层平面图
1 播出总控区
2 150m² 新闻演播室
3 候播室
4 新闻总监
5 审片会议
6 办公室
7 导控室
8 立柜室
9 更衣化妆
10 卫星收录
11 磁带库
12 编辑室
13 机房
14 设备维修
15 播控中心备用房
16 新闻中心上空
17 UPS机房

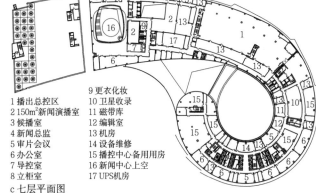

录音室名称	数量	演播室名称	数量	功能
120m²录音室	1	电台剧场	1	演出、大型电视节目
80m²录音室	4	2000m²演播室	1	电视剧
60m²录音室	1	1500m²演播室	1	电视综艺
45m²录音室	5	1000m²演播室	1	电视综艺
40m²录音室	12	1000m²演播室	1	电视广告
30m²录音室	7	600m²演播室	1	电视文艺、专题
290m²广播剧制作中心	1	600m²演播室	1	广播
效果室	4	250m²演播室	8	电视栏目、专题
		摄影棚	1	电视广告
		开放演播室	3	频道
		直播演播室	2	新闻

1 山西广电中心

名称	建筑级别分类	功能布局特征	主要技术指标	建成时间	设计单位
山西广电中心	省、自治区、直辖市级	整体分散式布局	总建筑面积199788.9m²	2014	中广电广播电影电视设计研究院

山西广电中心主要由超高层主楼（高度198m）、大演播楼、中演播楼、武警及后勤生活楼、网络新媒体中心、文化交流中心等功能组成，文化交流中心的地下室单独设置，地下1层，地上10层

2 安徽广电中心主楼

名称	建筑级别分类	功能布局特征	主要技术指标	建成时间	设计单位
安徽广电中心主楼	省、自治区、直辖市级	演播区裙房+单塔楼	总建筑面积35万m²	2013	法国NDA建筑事务所

安徽广电中心分东西两区，地下2层，地上46层，其中东区主体结构高达226.7m。工程拥有各类演播厅、录音棚、直播室近80个，其中西区多功能演播厅舞台面积为3600m²

广播电台、电视台 [29] 实例

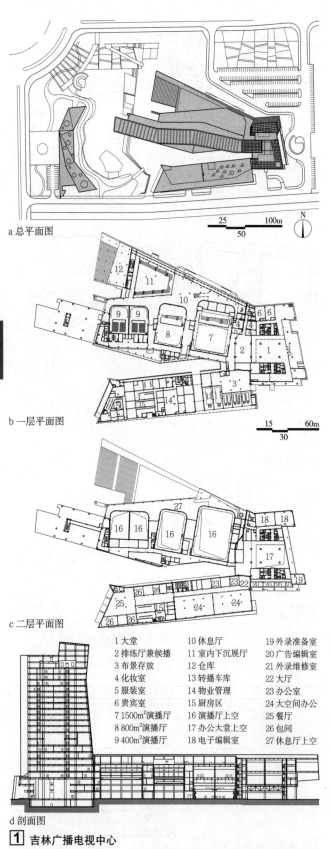

a 总平面图
b 一层平面图
c 二层平面图
d 剖面图

1 大堂
2 排练厅兼候播
3 布景存放
4 化妆室
5 服装室
6 贵宾室
7 1500㎡演播厅
8 800㎡演播厅
9 400㎡演播厅
10 休息厅
11 室内下沉展厅
12 仓库
13 转播车库
14 物业管理
15 厨房区
16 演播厅上空
17 办公大堂上空
18 电子编辑室
19 外录准备室
20 广告编辑室
21 外录维修室
22 大厅
23 办公室
24 大空间办公
25 餐厅
26 包间
27 休息厅上空

1 吉林广播电视中心

名称	建筑级别分类	功能布局特征	主要技术指标	设计时间	设计单位
吉林广播电视中心	省、自治区、直辖市级	演播区裙房+单塔楼	总建筑面积101800㎡	2002~2003	香港华艺设计顾问有限公司、吉林建筑大学设计研究院

广电中心一期工程主要包括演播区、广播节目播出及制作区、新闻中心、办公区、车库、设备及后勤服务区等

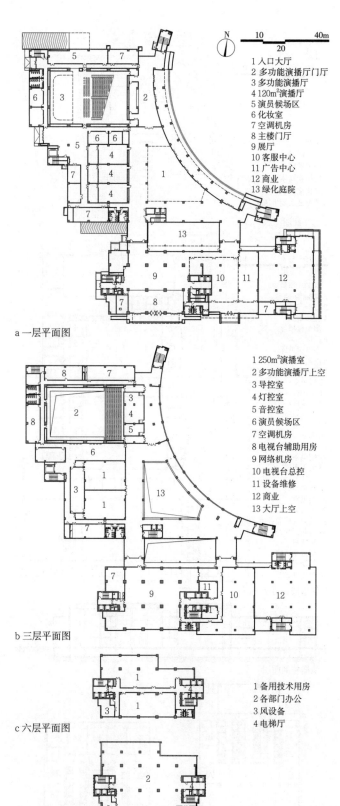

a 一层平面图
b 三层平面图
c 六层平面图
d 十层平面图

1 入口大厅
2 多功能演播厅门厅
3 多功能演播厅
4 120㎡演播厅
5 演员候场区
6 化妆室
7 空调机房
8 主楼门厅
9 展厅
10 客服中心
11 广告中心
12 商业
13 绿化庭院

1 250㎡演播室
2 多功能演播厅上空
3 导控室
4 灯控室
5 音控室
6 演员候场区
7 空调机房
8 电视台辅助用房
9 网络机房
10 电视台总控
11 设备维修
12 商业
13 大厅上空

1 备用技术用房
2 各部门办公
3 风设备
4 电梯厅

2 镇江广播电视中心

名称	建筑级别分类	功能布局特征	主要技术指标	设计时间	设计单位
镇江广播电视中心	省辖市级	演播区裙房+单塔楼	占地面积30亩，总建筑面积59200㎡	2006	华东建筑集团股份有限公司上海建筑设计研究院有限公司

镇江广播电视中心地下1层，主楼21层，高98.5m，主楼顶层钢结构高度158.5m。广播电视工艺技术用房包括：电视演播中心、播控中心、媒资管理中心、编辑制作中心、电台播出制作中心、广播电视安全播出指挥调度中心等

实例 [30] 广播电台、电视台

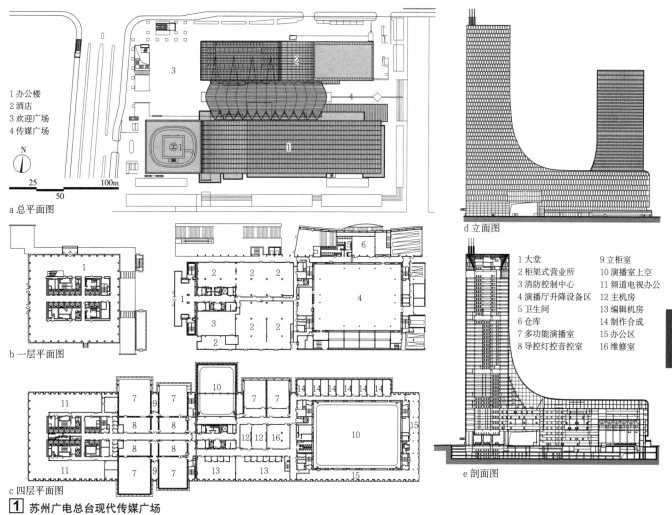

a 总平面图
1 办公楼
2 酒店
3 欢迎广场
4 传媒广场

b 一层平面图
c 四层平面图
d 立面图
e 剖面图

1 大堂
2 柜架式营业所
3 消防控制中心
4 演播厅升降设备区
5 卫生间
6 仓库
7 多功能演播室
8 导控灯控音控室
9 立柜室
10 演播室上空
11 频道电视办公
12 主机房
13 编辑机房
14 制作合成
15 办公区
16 维修室

4 广播电视建筑

1 苏州广电总台现代传媒广场

名称	建筑级别分类	功能布局特征	主要技术指标	设计时间	设计单位
苏州广电总台现代传媒广场	省辖市级	演播区裙房+双塔楼	用地面积37749m², 总建筑面积32.9万m²	2010	日建设计、中衡设计集团股份有限公司
项目由两栋建筑组成，办公广播大楼地上42层（建筑高度196.8m，最高高度214.8m），酒店商业大楼地上38层（建筑高度149.9m，最高高度164.9m）；两栋楼之间设媒体广场					

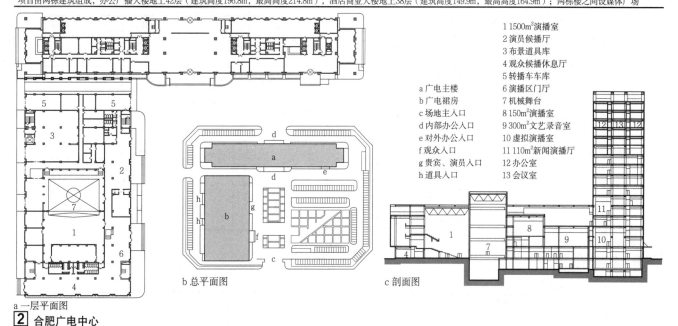

a 广电主楼
b 广电裙房
c 场地主入口
d 内部办公入口
e 对外办公入口
f 观众入口
g 贵宾、演员入口
h 道具入口

1 1500m²演播室
2 演员候播厅
3 布景道具库
4 观众候播休息厅
5 转播车车库
6 演播区门厅
7 机械舞台
8 150m²演播室
9 300m²文艺录音室
10 虚拟演播室
11 110m²新闻演播厅
12 办公室
13 会议室

a 一层平面图
b 总平面图
c 剖面图

2 合肥广电中心

名称	建筑级别分类	功能布局特征	主要技术指标	设计时间	设计单位
合肥广电中心	省辖市级	演播区裙房+单塔楼	占地面积38266.7m², 总建筑面积73130m²	2008	中广电广播电影电视设计研究院
合肥广播电视中心集广播电视节目制作、播出、网络于一体，设有100~800m²的各类演播室8套。总平面布局采用L形，北面布置板式主楼，西南面设置由各类演播室组成的裙楼					

广播电台、电视台 [31] 实例

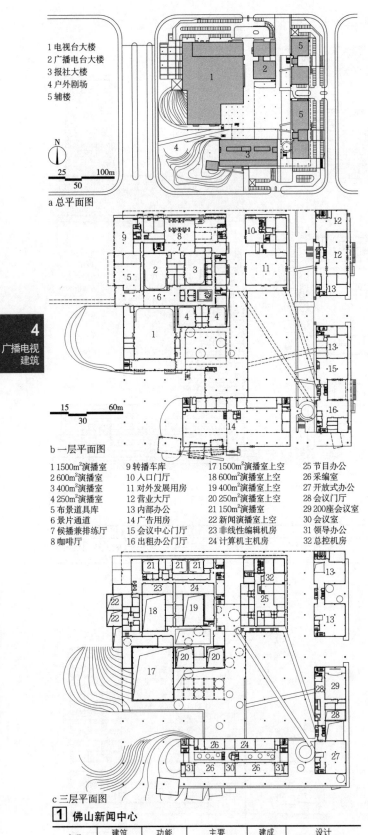

a 总平面图
1 电视台大楼
2 广播电台大楼
3 报社大楼
4 户外剧场
5 辅楼

b 一层平面图
1 1500m² 演播室
2 600m² 演播室
3 400m² 演播室
4 250m² 演播室
5 布景道具库
6 景片通道
7 候播兼排练厅
8 咖啡厅
9 转播车库
10 入口门厅
11 对外发展用房
12 营业大厅
13 内部办公
14 广告用房
15 会议中心门厅
16 出租办公门厅
17 1500m² 演播室上空
18 600m² 演播室上空
19 400m² 演播室上空
20 250m² 演播室
21 150m² 演播室
22 新闻演播室上空
23 非线性编辑机房
24 计算机主机房
25 节目办公
26 采编室
27 开放式办公
28 会议门厅
29 200座会议室
30 会议室
31 领导办公
32 总控机房

c 三层平面图

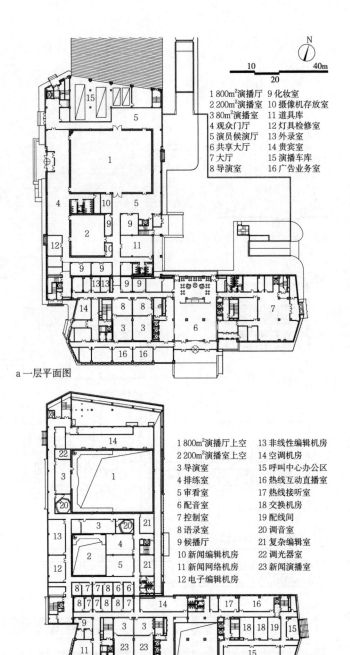

a 一层平面图
1 800m² 演播厅
2 200m² 演播室
3 80m² 演播室
4 观众门厅
5 演员候演厅
6 共享大厅
7 大厅
8 导演室
9 化妆室
10 摄像机存放室
11 道具库
12 灯具检修室
13 外录室
14 贵宾室
15 演播车库
16 广告业务室

b 二层平面图
1 800m² 演播厅上空
2 200m² 演播室上空
3 导演室
4 排练室
5 审看室
6 配音室
7 控制室
8 语录室
9 候播厅
10 新闻编辑机房
11 新闻网络机房
12 电子编辑机房
13 非线性编辑机房
14 空调机房
15 呼叫中心办公区
16 热线互动直播室
17 热线接听室
18 交换机房
19 配线间
20 调音室
21 复杂编辑室
22 调光器室
23 新闻演播室

c 四层平面图
1 大演播厅
2 播音编辑
3 媒体介质库
4 媒体资产中心机房
5 节目查询检索机房
6 计算机数据中心机房

1 佛山新闻中心

名称	建筑级别分类	功能布局特征	主要技术指标	建成时间	设计单位
佛山新闻中心	省辖市级	分散式布局	总用地面积 87150m²，总建筑面积 94437m²	2006	中广电广播电影电视设计研究院

佛山新闻中心由7栋5~12层楼宇组成，设1层地下室，分别为电视台大楼、广播电台大楼、报社大楼、1~4#楼；建筑群通过地下一层、地面广场和架空连廊等相连通。设计主要特点：有序的功能组织、开放及多样的空间布局和景观环境

2 呼伦贝尔新闻中心

名称	建筑级别分类	功能布局特征	主要技术指标	设计时间	设计单位
呼伦贝尔新闻中心	省辖市级	演播区裙房+单塔楼	总用地面积 28008m²，总建筑面积 45226m²	2011	上海博鸷建筑工程设计有限公司

呼伦贝尔新闻中心位于呼伦贝尔中心城新区，是集办公、电台、电视节目录制、节目后期制作、节目播出、网络互动、演播大厅、新闻编辑、新媒体、媒体资产管理、转播、智能化系统及呼伦贝尔日报社编辑、生产和办公为一体的新闻中心

实例 [32] 广播电台、电视台

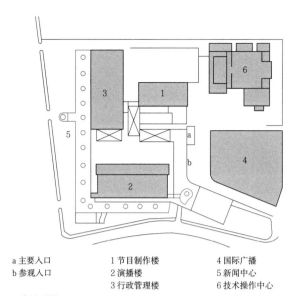

a 主要入口　　1 节目制作楼　　4 国际广播
b 参观入口　　2 演播楼　　　　5 新闻中心
　　　　　　　3 行政管理楼　　6 技术操作中心

a 总平面图

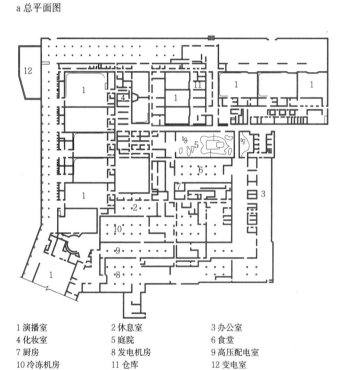

1 演播室　　　2 休息室　　　3 办公室
4 化妆室　　　5 庭院　　　　6 食堂
7 厨房　　　　8 发电机房　　9 高压配电室
10 冷冻机房　 11 仓库　　　 12 变电室

b 一层平面图

1 日本NHK电视中心

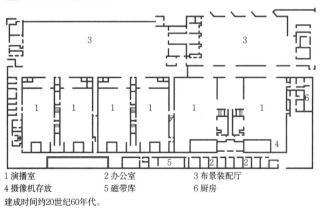

1 演播室　　　2 办公室　　　3 布景装配厅
4 摄像机存放　5 磁带库　　　6 厨房
建成时间约20世纪60年代。

2 荷兰NOS电视中心

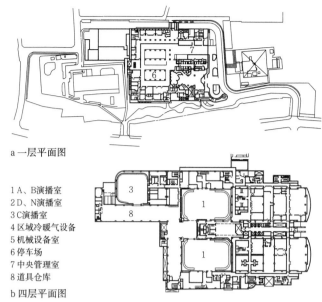

a 一层平面图

1 A、B演播室
2 D、N演播室
3 C演播室
4 区域冷暖气设备
5 机械设备室
6 停车场
7 中央管理室
8 道具仓库

b 四层平面图

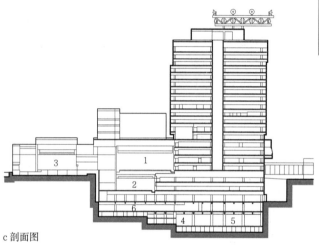

c 剖面图

层数	TBS广播中心主要功能
B2F	紧急备用发电机设备、区域冷暖气设备
B1F	停车场、电气电路交换设备
1F	门厅、休息室、业务车辆停车场、中央管理室
2F	电视演播室、新闻关联室、排演室
3F	电视播出区、线路区、办公室
4F	电视演播室、排演室、美术室、办公室、咖啡厅
5F	参观室、办公室
6F	电视全景演播室、后期制作区、办公室
7F	排演室、办公室
8F	广播播音室、综合资料室、节目企划室、咖啡厅
9F	广播播音室、无线电总控制室、办公室
10F	办公室
11F	排演室、研究室、会议室、值班室、职工俱乐部
12F	会议室、诊疗所、职工食堂
13~20F	办公室

	演播室类型	演播室面积（m²）	演播室天幕高度（m）
TBS广播中心演播区主要配置	A、B演播室	860	10
	A、B副演播室	160	6.4
	C演播室	600	8
	D演播室	600	5.5
	N演播室	600	5.6

3 日本TBS广播中心

名称	主要技术指标	建筑层数	建成时间
日本TBS广播中心	总建筑面积113987m²，占地面积20220m²	地上20层，地下2层	1994

4 广播电视建筑

广播电台、电视台 [33] 实例

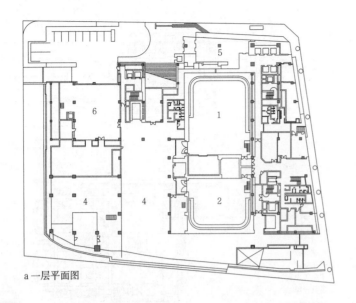

a 一层平面图

4 广播电视建筑

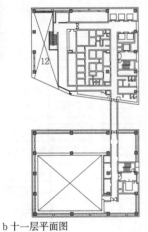

b 十一层平面图　　c 十二层平面图

1 工作室A　　7 ABC大厅
2 工作室B　　8 新闻中心
3 工作室C　　9 大会议室
4 美术仓库　　10 露台
5 入口大堂　　11 办公
6 车库　　　　12 会客室

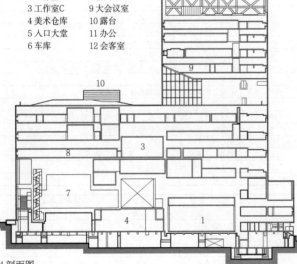

d 剖面图

1 日本朝日广播公司总部

名称	主要技术指标	建成时间	设计单位
日本朝日广播公司总部	用地面积8500m²，总建筑面积43401m²	2008	限研吾建筑都市设计事务所

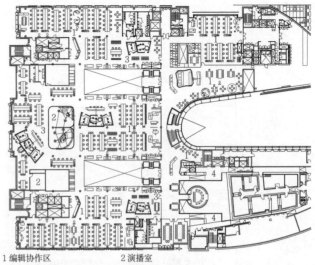

1 编辑协作区　　　2 演播室
3 开放广播录音室　4 与老广播大厦连接

a 标准层平面图

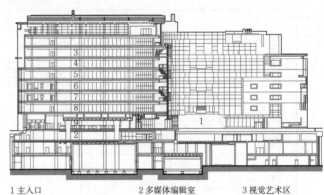

1 主入口　　　　　2 多媒体编辑室　　3 视觉艺术区
4 技术视觉区　　　5 国防时事区　　　6 世界语言区
7 广播电视环球新闻 8 新闻采访　　　　9 国内+全球规划部

b 剖面图

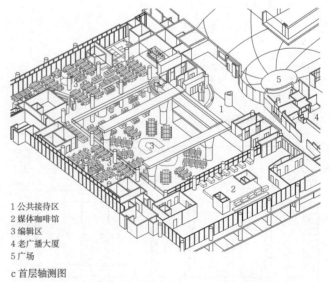

1 公共接待区
2 媒体咖啡馆
3 编辑区
4 老广播大厦
5 广场

c 首层轴测图

2 英国BBC新广播中心

名称	主要技术指标	建成时间	设计单位
BBC新广播中心	总建筑面积45000m²	2012	美国HOK建筑师事务所

实例 [34] 广播电台、电视台

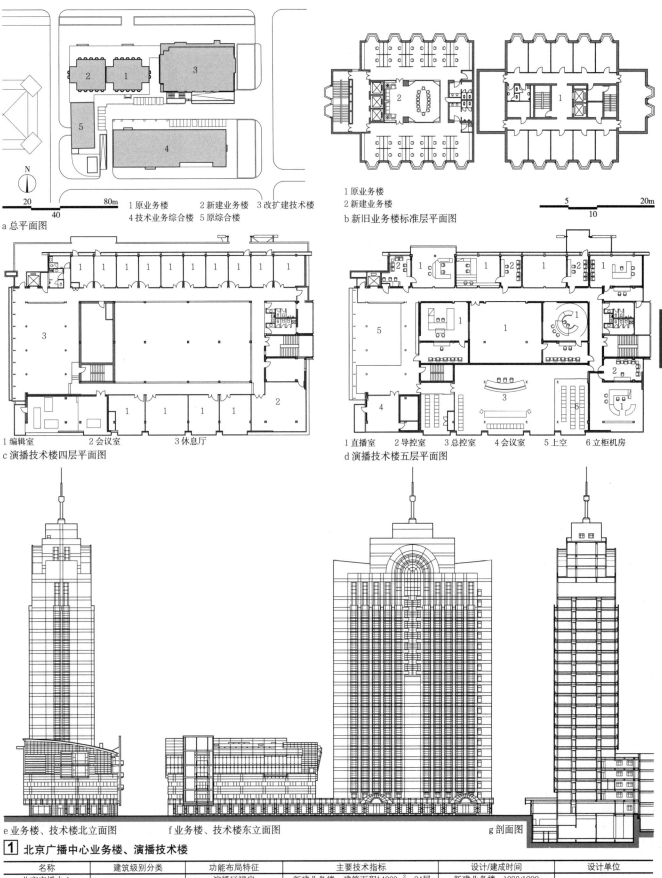

a 总平面图
1 原业务楼　2 新建业务楼　3 改扩建技术楼
4 技术业务综合楼　5 原综合楼

b 新旧业务楼标准层平面图
1 原业务楼　2 新建业务楼

c 演播技术楼四层平面图
1 编辑室　2 会议室　3 休息厅

d 演播技术楼五层平面图
1 直播室　2 导控室　3 总控室　4 会议室　5 上空　6 立柜机房

4 广播电视建筑

e 业务楼、技术楼北立面图　　f 业务楼、技术楼东立面图　　g 剖面图

1 北京广播中心业务楼、演播技术楼

名称	建筑级别分类	功能布局特征	主要技术指标	设计/建成时间	设计单位
北京广播中心业务楼、演播技术楼	省、自治区、直辖市级	演播区裙房+单塔楼	新建业务楼：建筑面积14000m²，24层 演播技术楼：建筑面积3200m²，5层	新建业务楼：1998/1999 演播技术楼：2002/2004	中国建筑设计院有限公司

北京广播中心业务楼及演播技术楼位于长安街东延长线，该项目新建业务楼面积为14000m²；演播技术楼面积为3200m²；改扩建总建筑面积为31500m²。业务楼为24层，檐口高85m，于1999年年底竣工。设计将新、旧楼的衔接变成立面整体构图上的视觉焦点；功能布置上尽量把直播间布置在临街一面，室内外景观得到充分交流

199

广播电台、电视台 [35] 实例

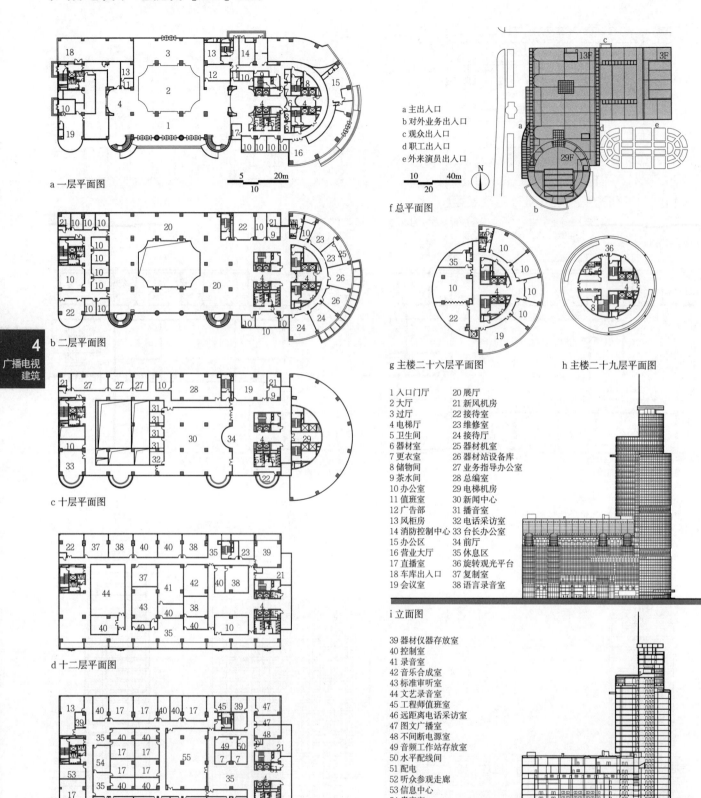

1 广东广播中心

名称	建筑级别分类	功能布局特征	主要技术指标	设计/建成时间	设计单位
广东广播中心	省、自治区、直辖市级	演播区裙房+单塔楼	总用地面积33520m², 总建筑面积67313m², 建筑密度53.2%, 容积率3.6	2001/2010	广东省建筑设计研究院

广东广播中心地下2层,地上29层,总建筑面积67313m²,建筑总高度99.95m,使用功能为广播专业技术用房及辅助设施、办公用房。建筑采用多体量组合的不对称构图方式,避免建筑体型的过分庞大和呆板,同时在设计上注重细部节点和材料的处理,将远期的高层塔楼置于近期主体的南端,使建筑主体形成尺度宜人的城市天际轮廓

实例［36］广播电台、电视台

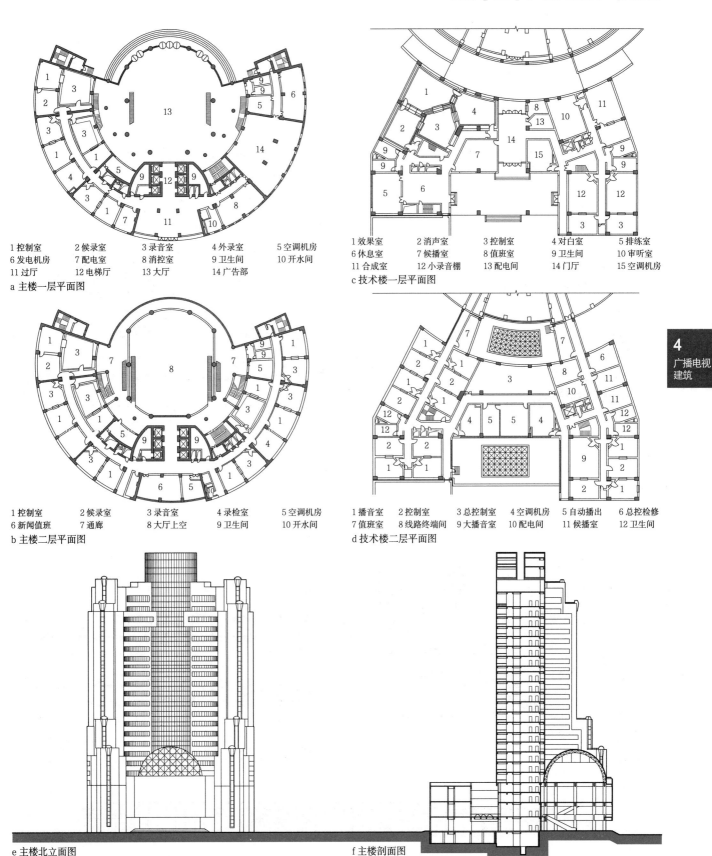

1 控制室　2 候录室　3 录音室　4 外录室　5 空调机房
6 发电机房　7 配电室　8 消控室　9 卫生间　10 开水间
11 过厅　12 电梯厅　13 大厅　14 广告部
a 主楼一层平面图

1 效果室　2 消声室　3 控制室　4 对白室　5 排练室
6 休息室　7 候播室　8 值班室　9 卫生间　10 审听室
11 合成室　12 小录音棚　13 配电间　14 门厅　15 空调机房
c 技术楼一层平面图

1 控制室　2 候录室　3 录音室　4 录检室　5 空调机房
6 新闻值班　7 通廊　8 大厅上空　9 卫生间　10 开水间
b 主楼二层平面图

1 播音室　2 控制室　3 总控制室　4 空调机房　5 自动播出　6 总控检修
7 值班室　8 线路终端间　9 大播音室　10 配电间　11 候播室　12 卫生间
d 技术楼二层平面图

e 主楼北立面图　　　f 主楼剖面图

1 上海广播大厦

名称	主要技术指标	建成时间	设计单位
上海广播大厦	占地面积245007m²，总建筑面积46500m²	1996	华东建筑集团股份有限公司华东建筑设计研究总院

上海广播大厦是集采访与编辑、节目制作与播出传送、业务管理与节目贮存、国际交流与听众联系、动力设备与生活设施于一体的具有先进工艺、设备的综合性业务大楼；项目地上31层，地下1层，裙房3层，主楼高99.3m，微波传送塔最高点150m

4 广播电视建筑

广播电台、电视台 [37] 实例

a 总体一层平面图

b 总平面图
A区 影视工作室、摄影棚等
B区 水体
C区 商业等

1 演播室	9 放映厅	17 会议室	25 商业大厅
2 标准摄影棚	10 餐饮	18 接待	26 商业零售
3 简易摄影棚	11 厨房	19 办公室	27 影视体验区
4 多功能厅	12 布景制作	20 调色工作间	28 电影展览馆
5 门厅	13 开放式办公	21 运动捕捉室	29 混录棚
6 空调机房	14 健身	22 编辑用房	30 动效棚
7 库房	15 配电机房	23 休息区	31 对白棚
8 化妆	16 控制室	24 工作间	32 音乐棚

c A区剖面图一
d A区剖面图二
e A区剖面图三
f A区剖面图四
g A区剖面图五

1 无锡华莱坞电影工业创意产业园

名称	主要技术指标	设计时间	设计单位
无锡华莱坞电影工业创意产业园	占地面积67167m²，总建筑面积152709m²	2010~2012	华东建筑集团股份有限公司华东建筑设计研究总院

本项目原为轧钢厂，厂房均为20世纪80年代建造，现将其改造为华莱坞电影工业创意产业园。河道东侧为A区，西侧为C区。A区为数十栋零散厂房，其沿河部分改造为商业及影视工作室，厂房大空间部分改造为摄影棚，用于影视拍摄。C区为一栋单独大型厂房，利用其空间改造为室内商业街，沿河部分改造为临水休闲商业。

概述 [1] 中短波发射台

选址原则

1. 场地的选择应满足发射功能和技术的需求,同时应符合当地总体规划的要求。

2. 场地宜选在相对独立的区域,并留有发展余地。

3. 场地宜选在工程地质和水文地质有利,市政设施相对完善,交通和通信相对便利的地段。

4. 场地与易燃易爆和产生噪声、尘烟、散发有害气体、强电磁波干扰等污染源的距离,应符合安全、卫生和环境保护有关标准的规定。

5. 场地的确定应符合行业标准《中波、短波发射台场地选择标准》GY 5069 的规定。

6. 发射台建设用地应满足发射台功能、技术和安全保卫需要,其中技术区应符合《广播电视工程项目建设用地指标》(建标[1998]18号)有关规定。

总体设计要求

1. 发射机房应独立设置,并满足发射工艺的要求。

2. 发射台内其他建筑物宜相对独立设置,并符合国家现行规范要求。

交通组织

1. 中短波发射台主用大门应与地方公路连接。

2. 发射台内各个单体建筑应有道路相连。

建筑规模

发射台根据发射总功率和发射机数量,分为三类,见表4。

功能构成

发射台内建、构筑主要包括技术区用房、综合业务用房、生产辅助用房、武警用房、围墙和大门等。

中短波发射台功能构成　　　　　表1

主要功能	功能构成
技术区用房	由发射机房、天线调配室(中波台时)等建筑组成;其中发射机房由技术用房和辅助技术用房两部分组成
综合业务用房	由业务楼、技术培训和会议用房、车库、台区门卫值班室、岗亭等建筑组成
生产辅助用房	由值班员宿舍、职工食堂、台区变电站、器材库、金工间、锅炉房、水泵房、水处理间等建筑组成
武警用房	由警卫营房、警卫食堂等建筑组成

总体布局

中短波发射台总体布局要求　　　　　表2

布局要点	具体要求
场区功能构成	1.中短波发射台场区应包括技术区、综合业务区、生产辅助区、武警营房区(有武警建制时)等 2.发射台内各个区域应相对独立,其中技术区应独立设置并设围墙围护
总平面布置要求	1.总平面布置应满足发射工艺的要求,功能分区明确,节约用地,交通组织顺畅,并应满足当地城市规划行政主管部门的有关规定和指标 2.中短波发射台的防火设计应按现行国家规范《建筑设计防火规范》GB 50016和行业标准《广播电视建筑设计防火规范》GY 5067的规定执行;发射台区内各建、构筑物间距离除满足现行防火规范外还应符合表1的规定 3.场地内应设置机动车和非机动车停放场地(库) 4.发射台内应根据其性质和所在地点进行环境和绿化设计,绿化与建筑物、构筑物、道路和管线之间的距离,应符合有关标准的规定 5.位于台区外的短波天线区、中波地网区必须用围网围护,中波天线底部及调配室必须设围墙围护;其高度一般为2.2~2.5m 6.发射台全台区域、发射机房所在的技术区应设置防护围墙和大门,有条件的地区可设置消防车辆出入的备用大门;大门宜在与地方公路最近处开设。围墙高度宜为2.2~2.5m,在特殊地区可采取特殊的安全防护和保卫措施
各功能区设计要求	1.发射台综合业务用房区、辅助用房区的布置应考虑电磁防护与技术区运行安全的需要,不得设置在技术区内 2.发射机房与短波天线的距离宜控制在500m内;发射机房与中波天线的距离宜控制在1000m内 3.水泵房、台区变电站等有噪声、强电磁干扰的建筑设施,应远离机房建筑、综合业务用房和值班宿舍 4.锅炉房等附属设施应根据气候条件宜布置在台区的下风向 5.健身场地和设施宜布置在生产辅助用房区内 6.武警营房区与其他区域应相对独立,训练操场应远离综合业务区域

发射台区建、构筑物间的最小间距　　表3

序号	建、构筑物名称	最小间距(m)
1	机房与技术区围墙	20
2	机房与油库	50

发射台发射总功率和发射机数量关系分类　表4

发射台类型	总发射功率(kW)	发射机数量
一类	50~100(不含)	≤3部
二类	100~500	3~8部
三类	≥500	≥9部

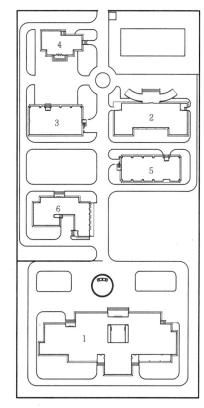

1 发射机房
2 行政办公
3 武警营房
4 武警食堂
5 值班宿舍
6 车库、食堂、招待所

[1] 某发射台总平面图

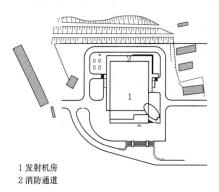

1 发射机房
2 消防通道

[2] 某发射台总平面图

203

中短波发射台 [2] 功能用房

功能用房

1. 发射机房是发射台的核心建筑，安装中、短波发射机的建筑物，由技术用房和辅助技术用房两部分组成。

2. 技术用房是发射机安装、维护等必备的配套用房，包括发射机大厅、发射机室、控制室、发射机附属设备室、弱电设备间、节目交换室、天线交换开关室（短波台）、天线调配室（中波台）、机房变电站、空调室、滤尘室等房间。

3. 发射机大厅、发射机室是安装中、短波发射机，并进行日常运行、维护的房间。

4. 控制室是安装控制台，值班人员工作的房间。

5. 发射机附属设备室是放置发射机的冷凝器、假负载等设备的房间。

6. 弱电设备间是放置机柜的房间。节目交换室是放置节目接收设备的房间。

7. 天线交换开关室（短波台）是安装短波天线交换开关的房间。

8. 天线调配室（中波台）是安装中波天线的房间。

9. 辅助技术用房是指发射机房配套的管理、维护用房，包括仪器室、真空器件库、紧急备件库、维修室、技术办公室、学习室、休息室、机房主任室等房间。

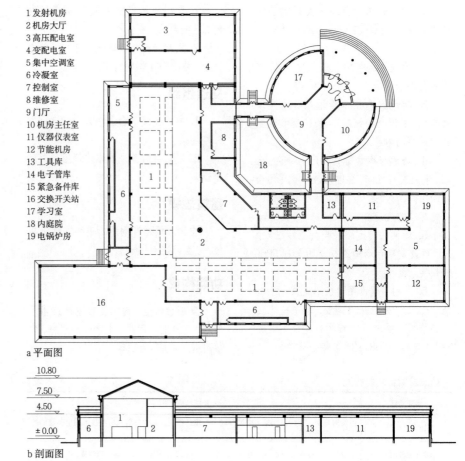

1 发射机房
2 机房大厅
3 高压配电室
4 变配电室
5 集中空调室
6 冷凝室
7 控制室
8 维修室
9 门厅
10 机房主任室
11 仪器仪表室
12 节能机房
13 工具库
14 电子管库
15 紧急备件库
16 交换开关站
17 学习室
18 内庭院
19 电锅炉房

a 平面图

b 剖面图

[1] 某发射机房实例一

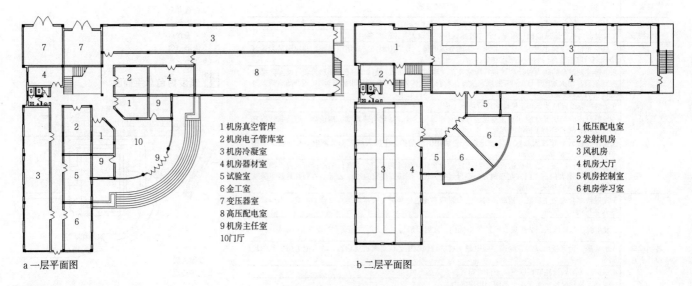

1 机房真空管库
2 机房电子管库室
3 机房冷凝室
4 机房器材室
5 试验室
6 金工室
7 变压器室
8 高压配电室
9 机房主任室
10 门厅

1 低压配电室
2 发射机房
3 风机房
4 机房大厅
5 机房控制室
6 机房学习室

a 一层平面图　　　　　　b 二层平面图

[2] 某发射机房实例二

发射机房 [3] 中短波发射台

设计要点

中短波发射台发射机房设计要点　　　　　　　　　　表1

设计要点	具体要求
总体设计要求	根据工艺要求：发射机房应根据发射工艺要求进行布置，机房区内不应设置其他用房
技术用房功能	1.主要技术用房：发射机房的技术用房主要有发射机大厅、发射机室、控制室、发射机附属设备室、弱电设备间、节目交换室、天线交换开关室（短波台）、天线调配室（中波台）、机房变电站、空调室、滤尘室等 2.技术辅助用房：发射机房的辅助技术用房主要有仪器室、真空器件库、紧急备件库、维修室、技术办公室、学习室、休息室、机房主任室等 3.发射机附属设施：高低压配电室、空调室、真空器件库、紧急备件库应与发射机大厅或发射机室相邻布置，并留有不小于1.5m的通道 4.行政后勤用房：技术办公室、学习室、休息室、机房主任室等宜布置在相对安静的区域
具体设计要求	1.合理确定室内净高：发射机大厅的结构净高为4.5m；发射机室的结构净高应控制在4.5～6.0m；对于单机功率大于等于500kW的发射机，可根据设备安装需要适当增加高度。辅助技术用房根据其使用功能布置，其结构净高应为3.5～4.5m 2.设置维护通道：发射机四周应留有维护通道，维护通道宽度应符合表2的规定 3.设置电磁屏蔽：控制室、弱电设备间、节目交换室应独立设置，并应根据电磁环境设置必要的屏蔽措施 4.设置观察窗与通道：控制室与发射机大厅之间应设置观察窗并留有通道。发射机附属设备室、天线交换开关室、滤尘室等房间应与发射机大厅、发射机室相邻布置，并留有不小于1.5m的通道 5.设置悬墙：发射机大厅与发射机室之间宜在机器上方设置一道至结构板底的悬墙 6.设置设备吊装孔与通道：发射机室应设置设备出入口或吊装孔，其净尺寸应比最大单件设备大1m，并在出入口外设置坡道 7.室内建材选用：发射机房等各类技术用房均应采用便于清扫、不起尘的材料做地面，墙面应用绝燃、防静电并应符合国家相关规定的材料

发射机维护通道的最小宽度　　　表2

序号	维护通道名称	最小宽度（m）
1	发射机大厅墙面与发射机面板（单面布置）	3.0
2	发射机面板与发射机面板（双面布置）	4.5
3	相邻发射机之间	1.8
4	发射机与发射机室后墙	1.8
5	发射机与发射机室侧墙	1.2

主要技术用房温湿度等技术要求　　表3

房间名称	控制室、节目交换室、弱电设备间	发射机房
冬季室内温度 ℃	18～20	≥16
夏季室内温度 ℃	24～26	≤32
室内相对湿度 %	35～70	
室内噪声 dB(A)	<35	<50
清洁度	洁	洁

1 中波机房　　8 维修室　　　15 交换开关站
2 短波机房　　9 门厅　　　　16 学习室
3 机房大厅　　10 机房主任室　17 内庭院
4 空调机房　　11 仪器仪表室　18 技办室
5 配电室　　　12 节能机房　　19 值班室
6 冷凝室　　　13 电子管库
7 控制室　　　14 紧急备件库

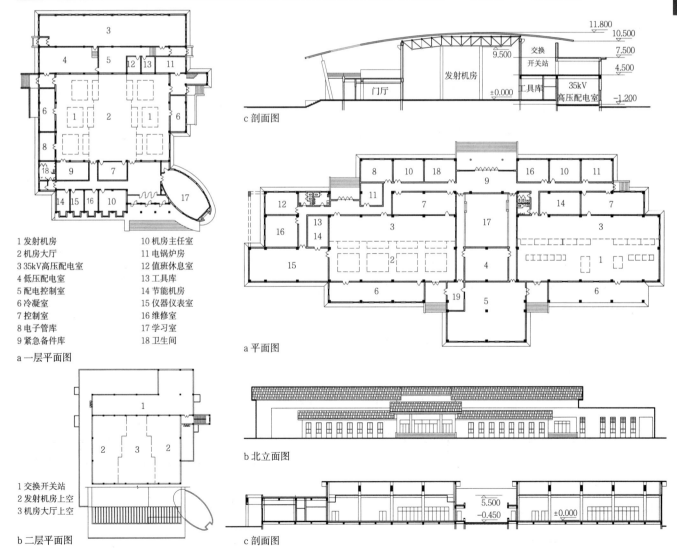

1 发射机房　　　10 机房主任室
2 机房大厅　　　11 电锅炉房
3 35kV高压配电室　12 值班休息室
4 低压配电室　　13 工具库
5 配电控制室　　14 节能机房
6 冷凝室　　　　15 仪器仪表室
7 控制室　　　　16 维修室
8 电子管库　　　17 学习室
9 紧急备件库　　18 卫生间

a 一层平面图

1 交换开关站
2 发射机房上空
3 机房大厅上空

b 二层平面图

1 某发射机房实例三

a 平面图
b 北立面图
c 剖面图

2 某发射机房实例四

电视调频广播发射台 [1] 设计要点

设计要点

1. 台址宜选择在服务范围中心区附近。一定的发射功率要达到一定的服务范围，必须要有一定的发射高度；选择较高的地形或高山，利用其绝对高度，减低塔高或不建高塔，可以达到既满足发射高度和服务范围又节省投资的目的。发射台和差转台均应与其发射塔一起建设。

2. 在考虑发射和节目传送时，不受周围构筑物或高山遮挡的影响。

3. 高山建台时要综合考虑道路、电源和水源等技术条件，场地大小应满足布置发射塔和机房等建筑的要求。

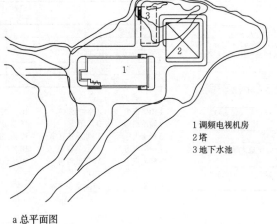

1 调频电视机房
2 塔
3 地下水池

a 总平面图

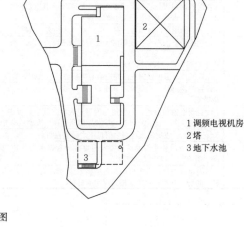

1 调频电视机房
2 塔
3 地下水池

a 总平面图

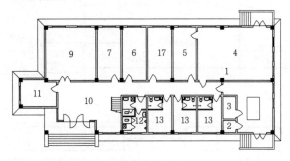

b 一层平面图

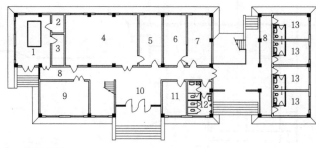

b 一层平面图

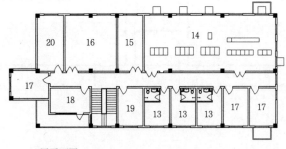

c 二层平面图

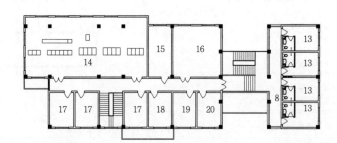

c 二层平面图

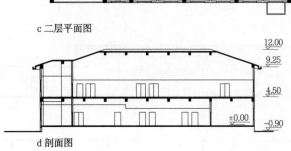

d 剖面图

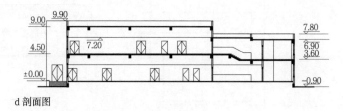

d 剖面图

|1| 电视、调频广播发射台实例一　　　　　　　　　|2| 电视、调频广播发射台实例二

1 柴油发电机房　2 储油库　3 工具间　4 变配电室　5 值班室　6 餐厅　7 备餐　8 走廊　9 学习室　10 门厅
11 传达室　12 厕所　13 值班休息室　14 发射机房　15 弱电设备间　16 控制室　17 办公室　18 主任休息室　19 维修室　20 备件室

分类·塔址选择 [1] 广播电视塔

分类

根据结构形式，广播电视塔可分为钢筋混凝土塔和钢结构塔。钢筋混凝土塔的塔身、塔座为钢筋混凝土结构，塔楼出挑部分有混凝土倒锥壳结构和钢桁架两种，天线及桅杆段通常下部为混凝土结构上部为钢结构。钢结构塔又分为钢结构自立塔及钢结构拉线塔。

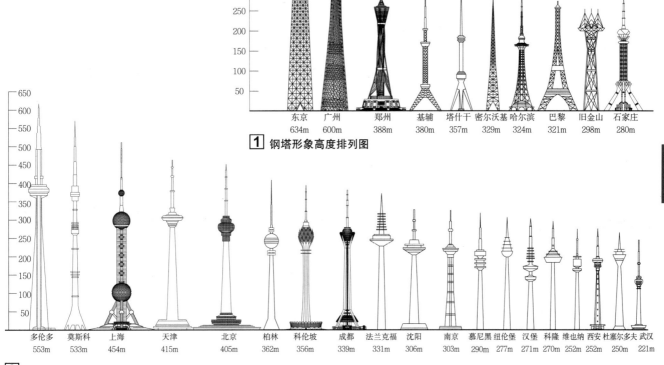

1 钢塔形象高度排列图

2 混凝土塔形象高度排列图

塔址选择

广播电视塔具有发射广播电视节目、开展登塔旅游，并兼有通信、环保、安防、地震监测等多种功能。塔址选择应考虑：

1. 应靠近服务区域的中心地带，有利于广播电视节目的良好覆盖。

2. 尽量选在城市制高点或靠近公园绿化及水面等风景优美、视野开阔地段，以形成城市新的旅游点和景观。

3. 应避开航空港的航道和微波通信枢纽的通路，且不能距大型变电站、重要军事设施和超高层建筑太近。

4. 应有良好的建塔地质条件。不允许选在地震断裂带及地震可能发生滑坡、山崩、地陷等不良地段上。

5. 有较好的市政设施，应能保证两路市政电源供电。

6. 要考虑节目信号传输的方便，尽量靠近广播电视中心。

7. 应位于交通方便、道路通畅、有利于游人前往游览观光的地段，并有足够的游人活动空间和车辆停放场地。

8. 应有利于形成以塔为标志的城市新区域性经济文化活动中心，拉动城市社会经济发展，丰富城市轮廓，提升城市空间形态。

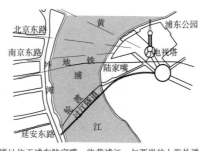

塔址位于浦东陆家嘴，临黄浦江，与西岸的上海外滩相对，并与浦西南京东路等九条大街形成对景，位置十分显要。

3 上海电视塔塔址分析

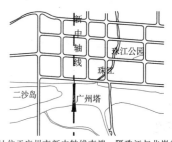

塔址位于广州市新中轴线南端，隔珠江与北岸的东塔、西塔、广州大剧院、广州图书馆隔江相望。

4 广州塔塔址分析

塔址位于武汉三镇的制高点龟山上，地处长江和汉水的交汇处加长江大桥的桥头，与对岸黄鹤楼隔江相望。

5 武汉塔塔址分析

4 广播电视建筑

207

广播电视塔 [2] 总体布局·天线桅杆·塔楼

总体布局

1. 塔的位置应充分考虑与城市干道的关系，能成为城市干道的对景。塔前应留出较大空间和人流集散场地。

2. 塔区应设2个以上出入口，主要出入口面向城市干道。游人与工作人员有各自的进塔出入口。

3. 车流和人流应避免交叉，宜在入口处就分开。当主要出入口面向交通主干道时，需考虑采用立体交通方式以解决人和车进出场地的问题。

4. 应结合场地的环境和地形特点，布置各项旅游设施，创造良好的观光游览条件。

5. 少占绿地，多置绿化。技术辅助用房及停车场尽量设在塔下或地下。

6. 场地内应设置环形消防车道，必要时需考虑消防车通至塔座顶部的车道。

天线桅杆

桅杆长度和截面尺寸由天线发射的广播电视节目套数及其占用的频道来确定。钢筋混凝土塔的桅杆，上部为钢结构，下部为钢筋混凝土结构。

1. 确定桅杆长度时要考虑为广播电视节目的发展留有余地。

2. 各天线段之间应设工作平台，其栏杆高度不低于1.2m。

3. 桅杆顶部和各工作平台上应设航空障碍灯。

4. 桅杆内应设工作楼梯或爬梯，有条件可设简易电梯。

5. 桅杆上开向工作平台的门及各馈线的出口要能防止雨水的浸入。

塔楼

1. 造型要有特色，应结合城市特点使其具有标志性。

2. 塔楼内技术部分与旅游部分应分层设置，并有隔离措施，使游人不能进入技术区内。

3. 交通组织上，游人的路线要清楚，并尽量避免交叉和不必要的往返。电梯和楼梯应符合消防疏散要求且有足够的容量。

4. 房间布置力求紧凑并充分利用各种空间。

5. 塔楼剖面形式的确定应有利于增加旅游的面积和层次，有利于通风和气流组织，并需考虑结构的合理性和有关设备安装的必要空间。

6. 外围护结构要充分考虑当地的自然条件。建筑材料和构造的选择要满足抗风、防雨、密封、保温隔热、防雷、防腐蚀、防水、耐久等要求。

7. 各层平面布置及建材和配件的选用，要满足电视塔有关防火设计规范的要求。钢结构部件要进行防火处理。

8. 需考虑设备更换或检修时的吊装方式并设置相应的设施。

9. 需设置擦窗机，寒冷地区需设置人工、机械扫雪或电融雪装置。

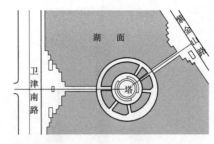

塔位于两条城市干道之间的开阔水面上，形成高塔出平湖和湖光塔影的特殊景观。

1 天津电视塔总平面图

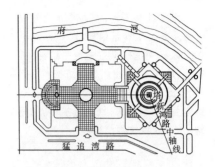

塔定位于场地中心线和新鸿路中轴线的交叉点上，使电视塔成为城市干道新鸿路的端景。

2 四川电视塔总平面图

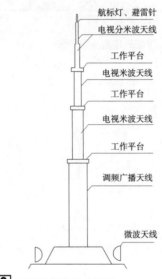

3 天线桅杆分段功能图

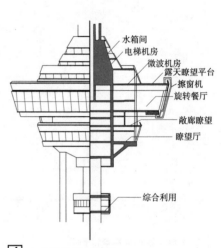

4 南京塔塔楼剖面图

塔楼功能组成　　　　　　　　　　表1

功能组成	房间名称	设计要点
广播电视技术用房	调频广播及电视发射机房、微波机房、控制室等	发射机房、微波机房应采用气体灭火、防静电活动地板并设防火门。发射机房梁下净高应满足设备布置及馈线安装的高度要求，一般不低于4.0m
旅游用房	瞭望厅、旋转餐厅、纪念品商店、餐饮服务用房及其他游乐设施用房等	厨房禁用明火，观光及娱乐用房应有安全防护设施
综合利用	根据需要设置通信、环保、安防、地震监测等	技术要求根据使用部门要求及房间性质确定
技术辅助用房	变配电室、空调机房、电梯机房、通风机房、冷却机房等	冷却机房根据发射机设备冷却要求分为风冷或水冷机房。塔楼的进排风要合理组织，避免因局部正压或负压造成气流组织不畅，必要时可设计均压环

塔身

1. 塔身依材料不同可分为混凝土塔和钢塔。
2. 塔身截面形式和大小应满足结构受力要求、垂直交通布置及设备管线装设的需要。
3. 根据塔高和塔楼容纳人数确定电梯数量、载重量和速度。一般300m以下塔设2~3部旅游用高速电梯和1部工作用高速电梯。应将各电梯都做成消防电梯。疏散楼梯的设置要满足电视塔有关防火设计规范的要求。
4. 塔身内应设置各专业的管线竖井。电梯、楼梯井道及管线竖井，都必须符合防火设计规范的要求。

塔座

1. 技术用房与旅游用房应严格分开，尽量分层设置并有各自的出入口。
2. 上下塔人流应避免交叉。组织垂直交通时应将这两股人流分层错开。
3. 塔座入口处应有宽敞的人流聚散空间。
4. 塔座通向塔身垂直通道的门和孔洞要符合防火设计规范的要求。
5. 从电梯厅到塔座大门口应有通畅的疏散通道。
6. 塔座绕塔身设置时，应尽量利用塔的基础来支承塔座整体结构，并尽量利用结构形成的空间。
7. 应尽量利用塔座屋顶作露天瞭望平台。
8. 对噪声较大的技术辅助用房应进行消声隔声处理。

功能组成

1. 广播电视技术用房：一般350m以下的塔，发射机房设在塔下，并设有广播电视发射机房及其控制室、广播电视总监控室、计算机室、电话机房、有线广播和闭路电视机房、消防控制室等。
2. 技术辅助用房：发射机冷却机房及空调机房、冷冻机房、水泵房、变配电室等。
3. 旅游用房：根据塔的具体情况和要求，设置商贸、餐饮、文化娱乐等用房，内容与规模各异。

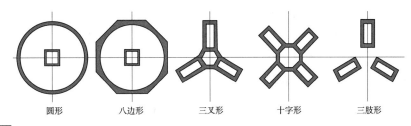

1 钢筋混凝土塔身截面形式

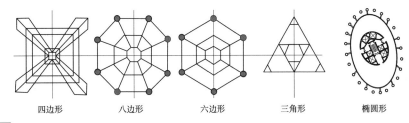

2 钢塔身截面形式

技术用房设计要求

1. 发射传输用房

发射机房应采用气体灭火、防静电活动地板并设防火门。发射机房应靠近天馈线竖井。

2. 附属功能用房

发射机房配套的风冷或水冷机房、配电房、空调机房、气体灭火设备用房等，风冷或水冷机房根据发射机设备冷却要求确定。

安全防范措施设计

设置全塔完备的保安监控系统，包括摄像监视系统，通过设在各部位的摄像机在保安监控室对各部位情况进行监控，同时还应设置门禁系统、保安巡更系统、防盗报警系统，全面加强塔的安保。

在塔的入口处设置安检系统，防止游人将各种状态的爆炸品、易燃品及枪支、刀具等危险物品带入塔内。

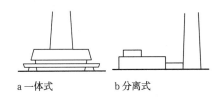

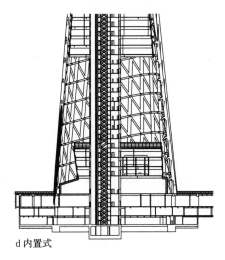

3 塔座形式与分类

广播电视塔 [4] 实例

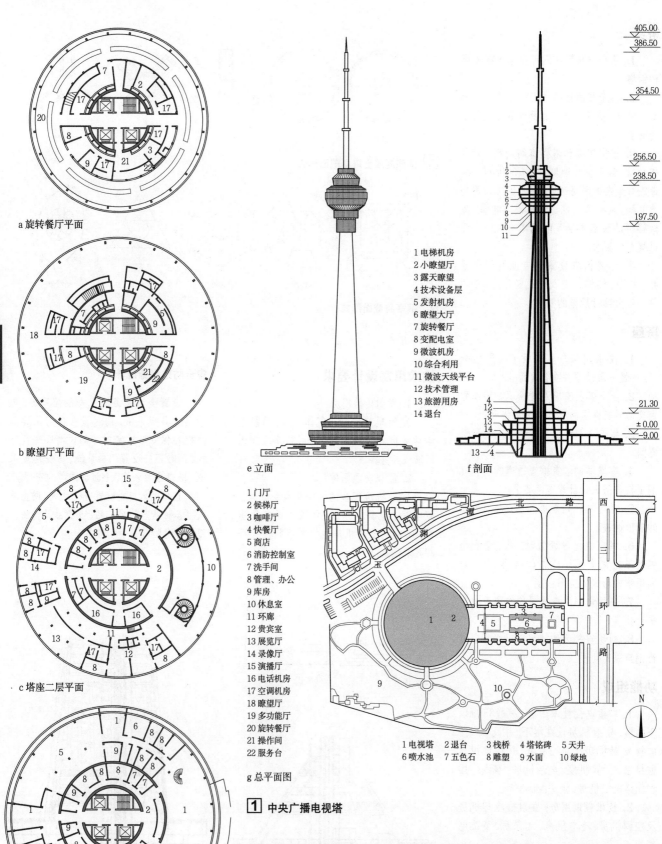

a 旋转餐厅平面
b 瞭望厅平面
c 塔座二层平面
d 塔座一层平面
e 立面
f 剖面
g 总平面图

1 电梯机房
2 小瞭望厅
3 露天瞭望
4 技术设备层
5 发射机房
6 瞭望大厅
7 旋转餐厅
8 变配电室
9 微波机房
10 综合利用
11 微波天线平台
12 技术管理
13 旅游用房
14 退台

1 门厅
2 候梯厅
3 咖啡厅
4 快餐厅
5 商店
6 消防控制室
7 洗手间
8 管理、办公
9 库房
10 休息室
11 环廊
12 贵宾室
13 展览厅
14 录像厅
15 演播厅
16 电话机房
17 空调机房
18 瞭望厅
19 多功能厅
20 旋转餐厅
21 操作间
22 服务台

1 电视塔 2 退台 3 栈桥 4 塔铭碑 5 天井
6 喷水池 7 五色石 8 雕塑 9 水面 10 绿地

1 中央广播电视塔

名称	建筑面积（m²）	高度（m）	结构形式	建成时间	设计单位
中央广播电视塔	58143	386.5	钢筋混凝土塔	1994	中广电广播电影电视设计研究院

中央广播电视塔是集广播电视发射和旅游观光、餐饮娱乐为一体的综合性建筑，是北京现代化的一个重要标志。中央广播电视塔共分20余层。塔的设计充分考虑首都北京的特殊地理环境，以宫灯加天坛的造型力图表现塔的中国属性和北京特色，寓意中央电视塔是首都夜空中的一盏明灯。电视塔一、二层为东大厅登塔出入口、咖啡厅、贵宾厅和环廊；环廊可举办展览。宫灯形的塔楼设有贵宾厅、旋转餐厅和露台（塔身238m的高处），面积6000m²。第二十二层为露天瞭望平台，高238m，可俯瞰首都景色

实例 [5] 广播电视塔

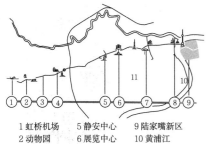

1 虹桥机场　5 静安中心　9 陆家嘴新区
2 动物园　　6 展览中心　10 黄浦江
3 古北新区　7 市政中心　11 上海市区
4 虹桥机场　8 外滩

a 东方明珠塔视觉走廊示意图

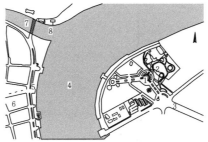

1 东方明珠塔　3 世纪大道　5 外滩　　7 外白渡桥
2 浦东公园　　4 黄浦江　　6 南京东路　8 上海大厦

b 东方明珠塔区域平面图

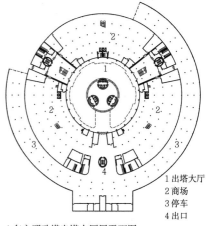

1 出塔大厅
2 商场
3 停车
4 出口

d 东方明珠塔出塔大厅层平面图

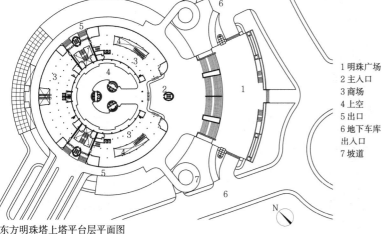

1 明珠广场
2 主入口
3 商场
4 上空
5 出口
6 地下车库出入口
7 坡道

c 东方明珠塔上塔平台层平面图

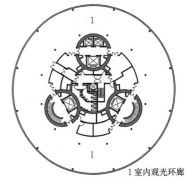

1 东方娱乐城
2 室外观光环廊

e 东方明珠下球观光层平面图（90.30m标高）

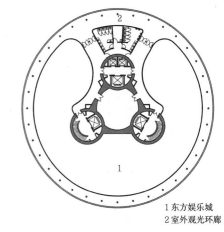

1 室内观光环廊

f 东方明珠塔上球观光层平面图（263.00m标高）

1 上海东方明珠广播电视塔

名称	建成时间	主要技术指标	设计单位
上海东方明珠广播电视塔	1994	高度：主体结构高350m，塔高468m	华东建筑集团股份有限公司华东建筑设计研究总院

东方明珠广播电视塔坐落于中国上海浦东新区陆家嘴，毗邻黄浦江，与外滩隔江相望。东方明珠塔集观光餐饮、购物娱乐、浦江游览、会务会展、历史陈列、旅行代理等服务功能于一身。
东方明珠塔最有特色的是把11个大小不一、高低错落的球体串联在一起，两个大的球体直径分别为下球体50m和上球体45m，连接它们的是3根直径为9m的混凝土筒体立柱，最高处球体直径是14m

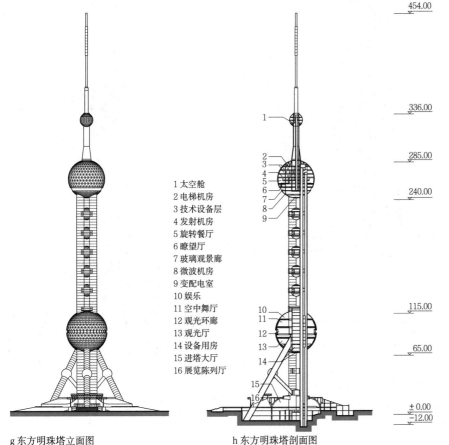

1 太空舱
2 电梯机房
3 技术设备层
4 发射机房
5 旋转餐厅
6 瞭望厅
7 玻璃观景廊
8 微波机房
9 变配电室
10 娱乐
11 空中舞厅
12 观光环廊
13 观光厅
14 设备用房
15 进塔大厅
16 展览陈列厅

g 东方明珠塔立面图　　h 东方明珠塔剖面图

广播电视塔 [6] 实例

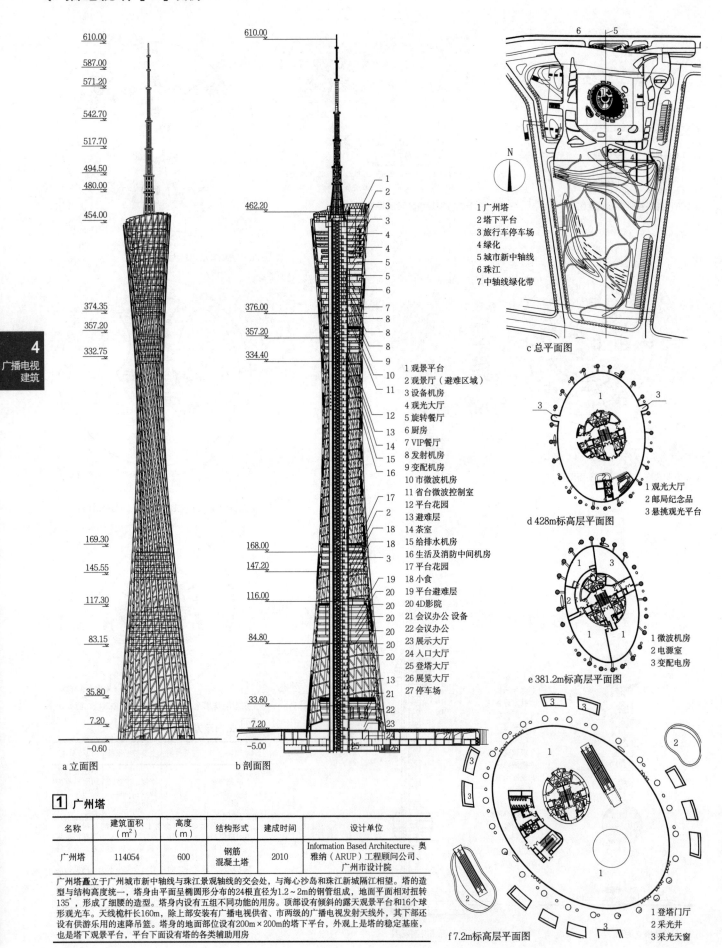

1 广州塔

名称	建筑面积（m²）	高度（m）	结构形式	建成时间	设计单位
广州塔	114054	600	钢筋混凝土塔	2010	Information Based Architecture、奥雅纳（ARUP）工程顾问公司、广州市设计院

广州塔矗立于广州城市新中轴线与珠江景观轴线的交会处，与海心沙岛和珠江新城隔江相望。塔的造型与结构高度统一，塔身由平面呈椭圆形分布的24根直径为1.2～2m的钢管组成，地面平面相对扭转135°，形成了细腰的造型。塔内设有五组不同功能的用房。顶部设有倾斜的露天观景平台和16个球形观光车。天线桅杆长160m，除上部安装有广播电视省、市两级的广播电视发射天线外，其下部还设有供游乐用的速降吊篮。塔身的地面部位设有200m×200m的塔下平台，外观上是塔的稳定基座，也是塔下观景平台，平台下面设有塔的各类辅助用房

实例 [7] 广播电视塔

4 广播电视建筑

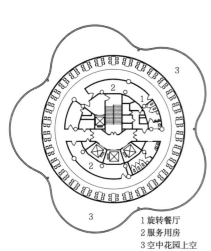

1 旋转餐厅
2 服务用房
3 空中花园上空

a 塔楼旋转餐厅层平面图

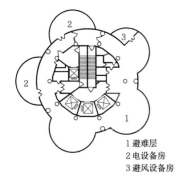

1 避难层
2 电设备房
3 避风设备房

b 塔楼避难层平面图

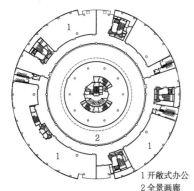

1 开敞式办公
2 全景画廊

c 塔座四层平面图

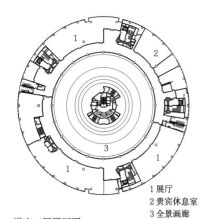

1 展厅
2 贵宾休息室
3 全景画廊

d 塔座三层平面图

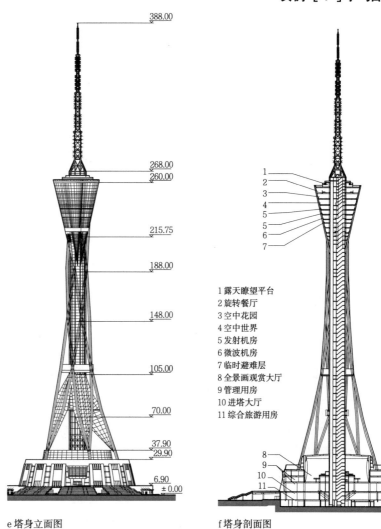

1 露天瞭望平台
2 旋转餐厅
3 空中花园
4 空中世界
5 发射机房
6 微波机房
7 临时避难层
8 全景画观赏大厅
9 管理用房
10 进塔大厅
11 综合旅游用房

e 塔身立面图 f 塔身剖面图

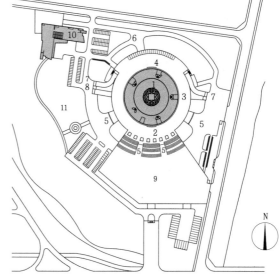

1 电视塔
2 游客主入口
3 游客次入口
4 贵宾入口
5 一层出口
6 后勤出口
7 外来车辆出入口
8 内部车辆出入口
9 塔前步行广场
10 武警办公综合楼
11 草地绿化

g 总平面图

1 河南广播电视塔

名称	建筑面积（m²）	高度（m）	结构形式	建成时间	设计单位
河南广播电视塔	58000	388	钢筋混凝土塔	2011	同济大学建筑设计研究院（集团）有限公司

河南广播电视塔位于郑州市航海东路与机场高速交会处的东北部，集广播电视信号发射、旅游观光、餐饮购物、休闲娱乐、会议庆典等功能于一体。电视塔建成后将发射40余套中央和省广播电视节目，信号覆盖半径120km。电视塔为全钢结构，建设高度388m，外立面呈双曲抛物线状，外观新颖、结构独特。塔座为鼎，寓意为鼎立中原；塔身为古代的乐器组合"编铙齐鸣"，塔楼五瓣盛开的梅花，寓意为梅开五福，花开中原

广播电视塔 [8] 实例

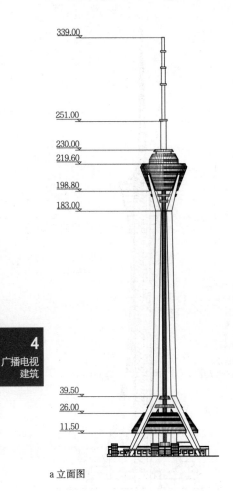

a 立面图

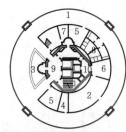

1 发射机房　3 FM控制室　5 急备件库　7 候梯厅
2 FM机房　　4 库房　　　6 仪器室　　8 前室

b 17.20m发射机房层平面图

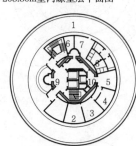

1 旋转餐厅　6 广播
2 操作　　　7 空调机房
3 备餐　　　8 卫生间
4 服务　　　9 候梯厅
5 洗涤　　　10 前室

c 208.80m室内瞭望层平面图

1 瞭望塔　　6 管理
2 多功能厅　7 阀门室
3 综合营业　8 卫生间
4 广播　　　9 候梯厅
5 空调机房　10 前室

d 213.20m旋转餐厅层平面图

1 四川广播电视塔

名称	建筑面积（m²）	高度（m）	结构形式	建成时间	设计单位
四川广播电视塔	22745	339	钢筋混凝土塔	2006	中广电广播电影电视设计研究院

四川广播电视塔及影视文化广场耸立在四川省成都市猛追湾路。川塔造型独特，设计别具匠心。其特色可用"4、2、1"来概括，即四根斜撑、两座塔楼、一部室外观光电梯。塔身的四根斜撑拔地而起，面对该塔四根斜撑的任意一根仰望川塔时，展现在眼前的整座塔体是一个顶天立地的"川"字。两座塔楼：一个上塔楼，一个下塔楼。下塔楼为悬盘式无柱塔楼，属国内仅有。川塔的室外观光电梯可提升至230m，位列中国第一

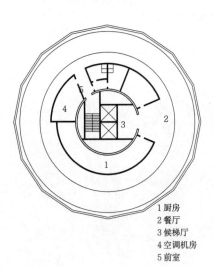

1 厨房
2 餐厅
3 候梯厅
4 空调机房
5 前室

a 190.9m标高旋转餐厅平面图

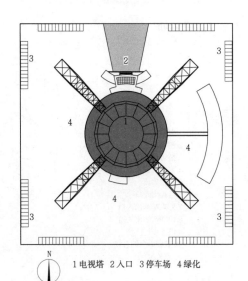

1 电视塔　2 入口　3 停车场　4 绿化

b 总平面图

2 石家庄广播电视塔

名称	建筑面积（m²）	高度（m）	结构形式	建成时间	设计单位
石家庄广播电视塔	6870	280	钢筋混凝土塔	2000	中广电广播电影电视设计研究院

石家庄塔塔身为等截面四柱型钢结构，设有上下两个宝石状塔楼。下塔楼外观上由从地面伸出的4个手臂状钢结构支托，上塔楼由塔柱张开的4个如同宝石支架的结构支撑体。造型简洁有力，独具一格。塔座设有进塔大厅，下塔楼设有发射机房，上塔楼设有旋转餐厅、瞭望厅等旅游设施。石家庄塔塔楼采用"宝石"造型，寓意为石门瑰宝

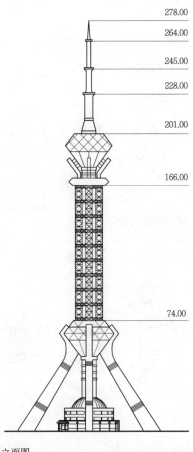

c 立面图

实例 [9] 广播电视塔

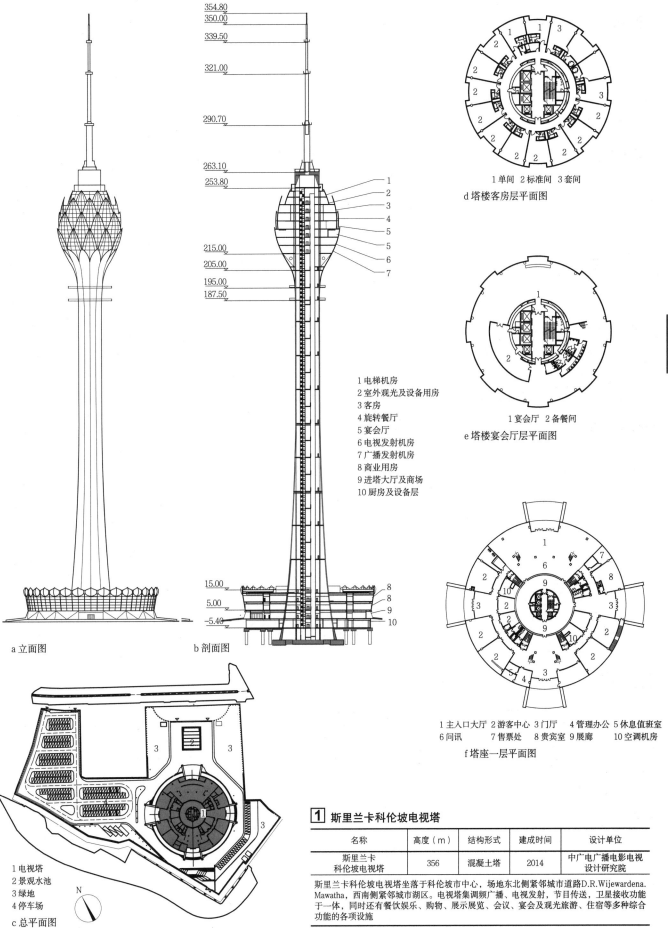

a 立面图

b 剖面图

1 电梯机房
2 室外观光及设备用房
3 客房
4 旋转餐厅
5 宴会厅
6 电视发射机房
7 广播发射机房
8 商业用房
9 进塔大厅及商场
10 厨房及设备层

1 单间 2 标准间 3 套间

d 塔楼客房层平面图

1 宴会厅 2 备餐间

e 塔楼宴会厅层平面图

1 主入口大厅 2 游客中心 3 门厅 4 管理办公 5 休息值班室
6 问讯   7 售票处   8 贵宾室 9 展廊   10 空调机房

f 塔座一层平面图

1 电视塔
2 景观水池
3 绿地
4 停车场

c 总平面图

1 斯里兰卡科伦坡电视塔

名称	高度（m）	结构形式	建成时间	设计单位
斯里兰卡科伦坡电视塔	356	混凝土塔	2014	中广电广播电影电视设计研究院

斯里兰卡科伦坡电视塔坐落于科伦坡市中心，场地东北侧紧邻城市道路D.R.Wijewardena. Mawatha，西南侧紧邻城市湖区。电视塔集调频广播、电视发射、节目传送、卫星接收等多功能于一体，同时还有餐饮娱乐、购物、展示展览、会议、宴会及观光旅游、住宿等多种综合功能的各项设施

215

广播电视卫星地球站 [1] 基本内容

工作原理

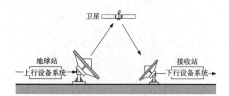

站型及分类

广播电视卫星地球站分C波段和Ku波段两类,规模等级分三级,详见表1和表2。

基准天线口径　　　　　　　　　　表1

序号	工作频段	天线口径(m)
1	C	≥7.3
2	Ku	≥5.5

广播电视卫星地球站规模等级　　　表2

地球站建设规模等级	站内基准天线数量
一级	5副及以上
二级	4副
三级	2副或3副

构成及规模

1. 广播电视卫星地球站由天线场区和房屋建筑两大部分构成。
2. 广播电视卫星地球站天线场区用地规模见表3。
3. 广播电视卫星地球站房屋建筑规模见表4。

天线场区用地　　　　　　　　　　表3

序号	天线场区面积（m²）		
	一级站	二级站	三级站
1	3850	3080	2310

注:对于基准天线数量超出5副的一级站,每增加1副基准天线,天线场区用地增加770m²;

房屋建筑面积　　　　　　　　　　表4

序号	用房类别	建筑面积（m²）		
		一级站	二级站	三级站
1	主要技术用房	1780	1080	790
2	辅助技术用房	1280	880	750
3	附属用房	2650	1990	1670
	小计	5710	3950	3210

注:基准天线超过5副的一级站,每增加1副天线主要技术用房可增加30m²。

选址

1. 广播电视卫星地球站应选在电磁环境良好的地方单独建站,应避开来自地面和空中的干扰。
2. 地球站基准天线前方的近场区内,其近场保护体内不得存在任何障碍物。且其前方可用弧段内的工作仰角与天际线仰角之间的保护角不宜小于10°。
3. 应避开变电站、电气化铁道以及具有电焊设备、X射线设备等其他电气干扰源。
4. 广播电视卫星地球站的天线波束应避免与飞机航线的交叉,广播电视卫星地球站与机场边沿的距离不宜小于2km。
5. 应避开高压输电线,场址红线与35kV及以上高压输电设备的距离不应小于100m。
6. 应远离强噪声源、强振动源。
7. 应避开烟雾源、粉尘源和有害气体源,避开生产或储存具有腐蚀性、易燃、易爆物质的场所。
8. 应避开地震带、洪涝区、地质灾害多发区和强风区域。
9. 应具有附近变(配)电站架设可靠的专用输电线路的便利性。
10. 应具有敷设(或架设)可靠的信号源引接传输线路的便利性。

总平面布局

1. 卫星地球站的天线场区应设置在场地的南侧,房屋建筑应位于天线场地的北侧。
2. 天线场区正前方不宜设置道路和人员活动场地。
3. 卫星地球站场地周围应设置围墙,其顶部距场地外侧地面不宜低于2.2m。
4. 卫星地球站大门连接地方公路的道路应为混凝土或沥青路面,路面宽度为4.5~6.0m;卫星地球站内各个区间道路应为混凝土或沥青路面,其宽度可为4.5~6.0m。
5. 卫星地球站的柴油发电机房宜单独设置,其油库宜设置于地下。
6. 卫星地球站内应设置排水设施,避免站内积水;地球站应具备抵御50年一遇洪涝灾害的能力。
7. 总平面布置图中应有正北(N)标志、真北与建北的夹角和海拔标高。

设计要点

1. 广播电视卫星地球站房屋建筑的设计使用年限不应低于50年,其抗震设防分类标准应符合《建筑工程抗震设防分类标准》GB 50223和《广播电影电视建筑工程抗震设防分类标准》GY 5060的相关规定。
2. 广播电视卫星地球站天线的基础宜建在坚硬的地质构层上。当地基土质较差时,可采用特殊技术措施。应采取加高天线基础等有效的防洪防涝措施。
3. 广播电视卫星地球站如果处在场区的风口处或当地为多风地区,则应在不影响传输性能要求的前提下,给基准天线设置防风设施。
4. 天线基础必须按照生产厂家提供的资料和工艺提出的要求进行设计,并在设计图上标明正北(N)方向和磁偏角。
5. 广播电视卫星地球站的高功放室、小信号室和监控室宜作电磁屏蔽处理,电磁屏蔽的材料和各部位做法要符合所屏蔽信号的频率及屏蔽效能的要求。
6. 广播电视卫星地球站主要技术用房及其设置的要求见表5。

技术用房建筑工艺技术要求　　　　　　　　　　　　　　　　　　　　　　　表5

项目 房间	净空高度(m)	地面荷载(kN/m²)	室内地面、墙面和顶棚面	门洞宽度
高功放室	3.2	10.0	表面平整、坚实、易清洁;不起灰、不易集尘;避免产生眩光;地面应做防静电处理	仪器室和维修室:不小于0.9m;表中其他技术用房:不小于1.5m
小信号室	3.2	10.0		
监控室	3.2	6.0		
UPS室	3.2	14.0		
安防监控室	3.0	6.0		
通信网络设备室	3.0	10.0		
低压配电室	3.5	14.0		
高压配电室	3.5	14.0		
蓄电池室	3.0	14.0	表面平整、坚实、易清洁;不起灰、不易集尘	
柴油发电机室	4.0	14.0		
仪器室	3.0	6.0		
维修室	3.0	6.0		

实例 [2] 广播电视卫星地球站

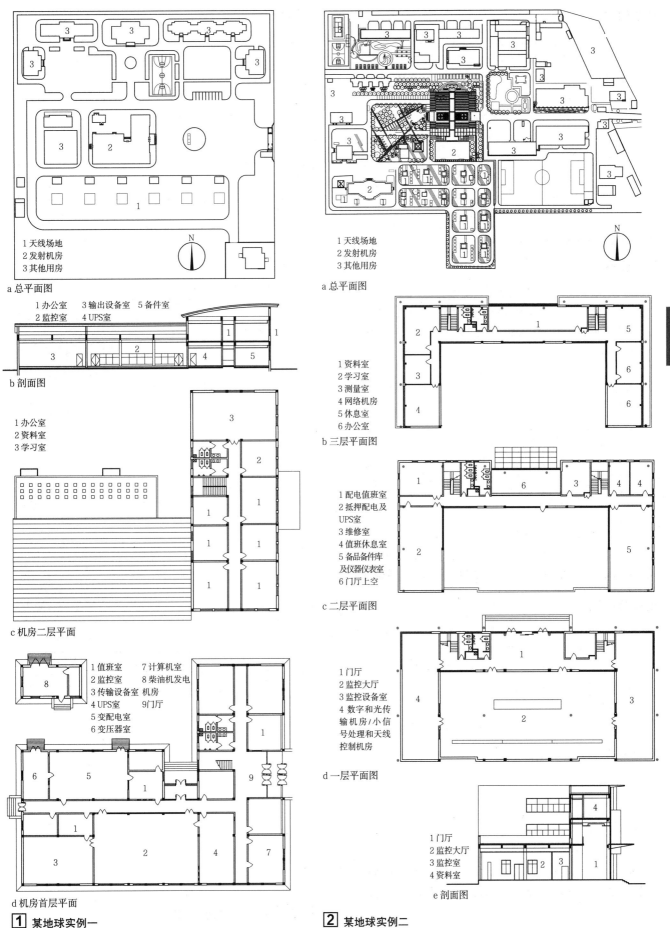

1 某地球实例一

a 总平面图
1 天线场地
2 发射机房
3 其他用房

b 剖面图
1 办公室　3 输出设备室　5 备件室
2 监控室　4 UPS室

c 机房二层平面
1 办公室
2 资料室
3 学习室

d 机房首层平面
1 值班室　7 计算机室
2 监控室　8 柴油机发电机房
3 传输设备室　9 门厅
4 UPS室
5 变配电室
6 变压器室

2 某地球实例二

a 总平面图
1 天线场地
2 发射机房
3 其他用房

b 三层平面图
1 资料室
2 学习室
3 测量室
4 网络机房
5 休息室
6 办公室

c 二层平面图
1 配电值班室
2 抵押配电及UPS室
3 维修室
4 值班休息室
5 备品备件库及仪器仪表室
6 门厅上空

d 一层平面图
1 门厅
2 监控大厅
3 监控设备室
4 数字和光传输机房/小信号处理和天线控制机房

e 剖面图
1 门厅
2 监控大厅
3 监控室
4 资料室

4 广播电视建筑

电力调度建筑 [1] 概述

基本概念

电力调度建筑通常指含有电力调度通信功能的建筑。电力调度通信中心（简称为调度通信中心）作为该类型建筑的核心工艺用房单元，具有明确的工艺设计要求。它通过电信技术进行相关信息的交换与传递，并为电力生产调度和管理所需要的设备提供运行环境及相关人员的办公场所。

调度区是直接用于电网调度指挥的区域或场所，专指电网调度或监控大厅及相关区域。

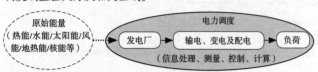

[1] 电力调度在电网中的作用

基本特征

我国目前电网的运行模式是统一调度分级管理。按照电网调度管理条例，电力调度及通信中心共分为五级，每级调度其管辖范围内的发电厂、输变电线路、变电站的运行值班单位，编制下达发电、输电、供电、抢修调度计划。

电力调度通信中心可以单独建造，也可置于有独立管理系统的建筑物内，通常与省市级以上的电力公司总部结合建造，其建设规模与调度通信中心的工艺设计要求有关。

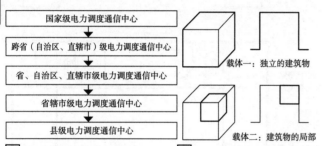

[2] 电力调度机构的分级构成   [3] 电力调度机构的载体构成

选址与布局

1. 电力调度楼应选择在交通便捷，远离产生粉尘、油烟、有害气体，以及生产或贮存具有腐蚀性、易燃、易爆物品的场所。
2. 建筑区域地面标高应高于洪水或内涝水位。
3. 远离强振源和强噪声源。
4. 远离落雷区、地震多发带。
5. 应避开强电磁场干扰或采取有效的电磁屏蔽措施。

设计要点

1. 应满足空间组合的合理性、经济性、安全性、开放灵活性等。
2. 电力调度通信中心作为电力调度建筑的核心单元，其功能构成由工艺设计而定，应满足电力调度生产工艺流程的功能需求。
3. 电力公司总部相关部分可根据实际需求，配置多种类型功能，如展示、生活服务、商业等，具体设计要求与相对应的建筑类型相同。

空间组合

1. 在电力调度建筑的运营管理中，电力调度通信中心应相对独立，宜设置单独使用的垂直交通体系，便于管理，同时需确保能够与其他功能区域相联通。
2. 按照调度通信中心在建筑中所处的不同位置划分，可将电力调度建筑空间组合模式分类如表1。

建筑空间组合模式   表1

类型	图示	应用实例
A 位于主体建筑顶部 适用范围及要求： 主要适用于高层或超高层等主体占地面积小、用地紧张的建筑； 设有独立的垂直交通体系		河南省电力调度中心
B 位于主体建筑裙房内 适用范围及要求： 主要适用于裙房体量较大的高层建筑； 易于设置调度大厅，调度中心相对独立		浙江电力公司电网生产调度楼
C 位于主体建筑一端 适用范围及要求： 主要适用于层数不高且主体建筑占地较大的建筑； 调度中心独立性强		国家电力调度中心
D 独立设置 适用范围及要求： 调度中心独立设置，安全性能高，但建筑占地面积大		上海市电力公司调度控制中心

注：新建的电力调度建筑大多采用以上几种方式，随着建设用地向更加集约的方向发展，采用高层建筑的形式愈发普遍。电力调度通信中心由于工艺用房对层高、面积以及无柱空间的需求，经常设置在高层建筑的顶部。此外，在结合总部办公的电力调度建筑中，也可独立设置。这两者之间的位置关系可按不同建筑形态进行综合考虑。

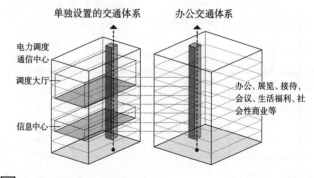

[4] 建筑功能与空间关系示意图

功能构成

电力调度通信中心以通信技术为支撑平台，具有信息化、自动化和互动化的特征，主要包括调度、交易、通信信息、营销及行政管理等区域。

电力调度通信中心的通信机房是将调度、交易、信息、营销四个功能区联系为整体的核心区域，所有信息在此进行汇总，为电力调度系统的运行管理提供数据支持。

伴随着技术不断优化与革新，通信技术对建筑设计的影响与制约日趋缩小。

基本构成 表1

调度	调度大厅	用于电网调度指挥和控制操作网调度大厅、配网调度大厅、集控大厅（地市级）等
	工艺机房	主要用于自动化、通信、保护等专业相关的电子信息处理、存储、交换和传输设备的布置和运行的建筑空间
	辅助用房	用于电子信息设备和软件的安装、调试、维护、运行监控和管理的场所
	支持区	支持并保障完成信息处理过程和必要的技术作业的场所
交易		用于电厂或地区间配电交易
信息		用于电网的管理信息交换
营销		用于居民性的电费交易场所，一般出现在市县以下电力调度建筑
行政管理		用于日常行政管理及运维管理的场所，包括调度人员办公室、值班室、盥洗室、更衣间和运维班组室等

功能关系

各区域之间通过电缆或光缆进行数据交换，在组合方式上分为水平分布和垂直分布两种形式。水平分布的工艺用房通过水平管线相连，垂直分布方式中需设置专用电缆竖井。

在通常情况下，通信机房宜集中设置。各区域的功能配置基本相同，以调度区为例，由调度大厅、工艺机房、支持区（电源室）、辅助用房组成。

在一些受既有条件制约的建筑中，通信机房可分设于各功能区内，单独进行数据采集。

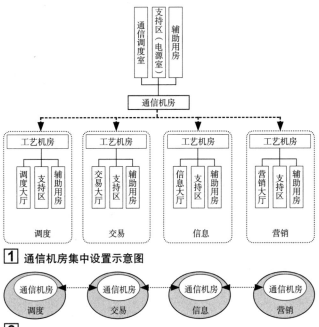

[1] 通信机房集中设置示意图

[2] 通信机房分设示意图

布局模式

布局模式 表2

分布形式	适用范围	图示
水平分布	适用范围：适用于等级低、规模小的电力调度建筑，同时建筑体量或部分体量呈水平分布形态 特点： 工艺机房可相对集中布置	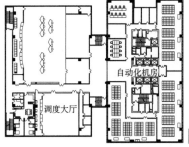
垂直分布	适用范围：适用于等级高、规模大的电力调度建筑，同时建筑体量呈垂直分布形态 特点： 工艺机房与其他用房可独立分区	

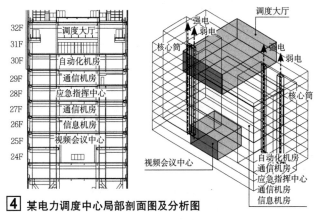

[3] 某调度大楼局部平面图

[4] 某电力调度中心局部剖面图及分析图

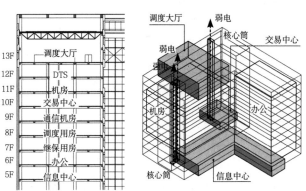

[5] 某电力调度楼局部剖面图及分析图

电力调度建筑 [3] 调度区

设计要求

1. 各类用房宜集中布置,做到功能分区明确、布局合理、联系方便、互不干扰。
2. 设备布置应满足相应电力调度规范要求,兼顾辅助设备、空调、风机等设备散热、安装和维护的要求,产生尘埃及废物的设备应远离对尘埃敏感的设备,并宜布置在隔断的单独区域内。
3. 宜充分考虑电力调度通信中心相关业务未来的发展需求,预留一定的场地及建筑空间。

调度区功能构成及面积配比　　　　　　　　　　　　　　表1

各级电力调度通信中心专业用房面积建议

专业用房类别		专业用房说明	规模(m²)		
			大型	中型	小型
调度大厅		含调度大厅、设备间、调度会商室、观摩区等	≤1500	≤600	≤600
工艺机房	通信主机房	含电力通信专业相关设备及配线存放区	≥800	≥400	≥200
	自动化主机房	含电力自动化专业相关设备及配线存放区	≥600	≥300	≥150
	信息主机房	含电力信息专业相关设备及配线存放区	≥800	≥400	≥200
支持区		含变配电室、柴油发电机房、不间断电源(UPS)室、蓄电池室、空调机房、消防设施用房、消防和安防控制室等	宜为主机房面积的0.3~1倍		
辅助区		含进线间、测试室、调度监控室、网管操作室、保护实验室、整定计算室、培训仿真(DTS室)、开发室、备件库、打印室、资料室、维修室等	宜为主机房面积的0.2~0.5倍		

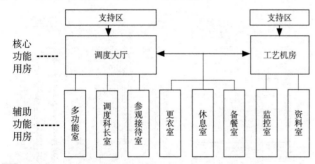

[1] 调度区功能关系

建筑技术要求　　　　　　　　　　　　　　　　　　　　表2

净高	调度大厅应根据调度大屏高度(包括支座或底座及上装饰边框)以及大厅的整体视觉效果确定,净高一般不宜低于4.5m
	工艺机房、不间断电源系统室、通信直流电源室、电池室的净高应根据设备机柜高度、走线桥架布置、空调进出风、顶灯安装方式等要求确定。如果采用"上走线"方式,考虑到操作空间,建议净高不宜低于2.8m,如果采用"下走线"方式,建议净高不宜低于2.6m
	需要设置大尺寸显示屏且面积较大的专业机房(如调度会商室、培训仿真DTS室、视频会议室等),其室内净高应满足显示屏布置的要求,一般不宜低于3.2m
地板	活动地板的高度应根据电缆布线及空调送风要求确定:当活动地板下的空间只作为强电电缆布线使用时,地板高度不宜小于250mm;当作为强、弱电电缆使用,高度应不小于300mm;当作为电缆布线和空调净压箱使用时,活动地板的高度应根据机架的功率密度确定,一般高度不宜小于400mm
	调度大厅和工艺用房宜铺设防静电活动地板,工艺机房最终的地平面标高宜与候梯厅地平面标高一致

功能用房　　　　　　　　　　　　　　　　　　　　　　表3

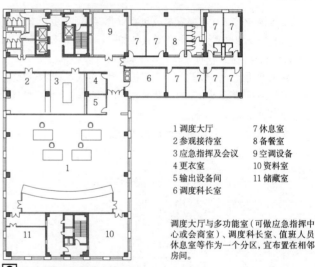

调度大厅	
布置要求	宜布置在所在建筑物主楼顶部,裙房或附楼顶部楼层位置
其他要求	调度场所等房间内有运行人员24小时运行值班,温度要求18~26℃,相对湿度40%~70%。

工艺机房	
布置要求	各类机房宜集中布置,且同专业机房宜集中布置。用于搬运设备的通道净宽不应小于1.5m;成行排列的机柜,其长度超过6m时,两端应设置出口通道;当两个出口通道之间距离超过15m时,在两个出口通道之间还应增加出口通道,出口通道不应小于1m,局部可为0.8m
其他要求	自动化机房等作为24小时工作的电子机房,温度要求21±3℃,相对湿度45%~65%

辅助用房	
主要功能	由通信调度室、DTS室、视频会议室、应急指挥中心、设备室、多功能室、运行监控和管理以及调度员休息室等组成
布置要求	DTS室中学员室和教员室的面积应根据调度生产需求确定,每席位平均占地面积不宜小于15m²,观摩会议室面积宜按8~15人会议室标准配置

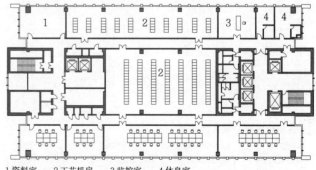

1 调度大厅　　　7 休息室
2 参观接待室　　8 备餐室
3 应急指挥及会议　9 空调设备
4 更衣室　　　　10 资料室
5 输出设备间　　11 储藏室
6 调度科长室

调度大厅与多功能室(可做应急指挥中心或会商室)、调度科长室、值班人员休息室等作为一个分区,宜布置在相邻房间。

[2] 某调度大厅区域平面图

1 资料室　　2 工艺机房　　3 监控室　　4 休息室

工艺机房与值班监控室、资料室、休息室等作为一个分区,宜布置在相邻房间。

[3] 调度中心自动化机房区域平面图

实例［4］电力调度建筑

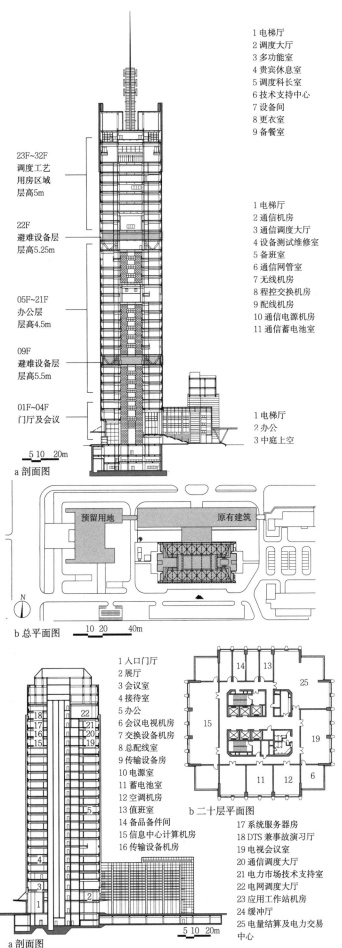
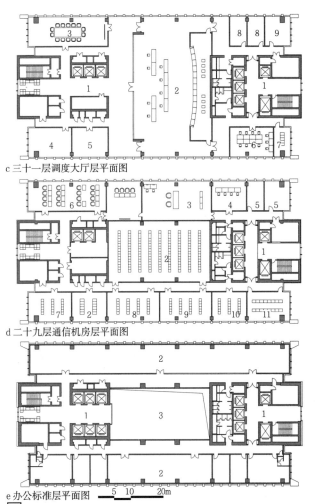

1 河南省电力调度中心

名称	总建筑面积	设计时间	设计单位
河南省电力调度中心	68588m²	2009	华东建筑集团股份有限公司华东建筑设计研究总院

大楼位于河南省郑州市市郊政治文化核心区。建筑主体包括裙房和主楼两部分，地下3层，地上32层。北侧裙房为原有办公建筑，改建为北侧入口大厅，并与主楼相连形成南北向贯通空间。主楼部分为公共区域、办公区域、调度中心区域三大功能区。三个功能区分别通过竖向交通体系得到合理的分配。电力调度位于主楼上部，顶部的微波天线和调度大厅是建筑的重要特征，其设置较好地将功能与形式有机统一，共同组成大楼的完整形象

2 安徽省电力公司电网生产调度楼

名称	总建筑面积	设计时间	设计单位
安徽省电力公司电网生产调度楼	42185m²	2006	华东建筑集团股份有限公司华东建筑设计研究总院

大楼位于合肥市中心南面。正方形平面主楼沿主干道布置，各个角度均有良好的视觉效果，主楼与裙房平面形成了近似"L"形格局，并与主干道上的北广场相互呼应，强调了南北入口的中轴线关系。主楼平面根据使用要求与工艺布置，调度大厅位于主楼二十三层

电力调度建筑 [5] 实例

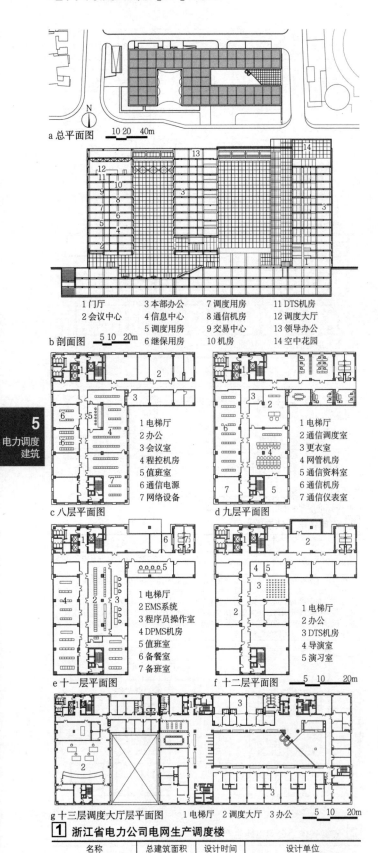

a 总平面图

b 剖面图
1 门厅　　　3 本部办公　　7 调度用房　　11 DTS机房
2 会议中心　4 信息中心　　8 通信机房　　12 调度大厅
　　　　　　5 调度用房　　9 交易中心　　13 领导办公
　　　　　　6 继保用房　　10 机房　　　　14 空中花园

c 八层平面图
1 电梯厅
2 办公
3 会议室
4 程控机房
5 值班室
6 通信电源
7 网络设备

d 九层平面图
1 电梯厅
2 通信调度室
3 更衣室
4 网管机房
5 通信资料室
6 通信机房
7 通信仪表室

e 十一层平面图
1 电梯厅
2 EMS系统
3 程序员操作室
4 DPMS机房
5 值班室
6 备餐室
7 备班室

f 十二层平面图
1 电梯厅
2 办公
3 DTS机房
4 导演室
5 演习室

g 十三层调度大厅层平面图
1 电梯厅　2 调度大厅　3 办公

① 浙江省电力公司电网生产调度楼

名称	总建筑面积	设计时间	设计单位
浙江省电力公司电网生产调度楼	84724m²	2006	浙江大学建筑设计研究院

建筑为浙江省电力生产的调度、通信、信息中心。其长方形的建筑体量通过切割产生不同尺度的空间区域，使之互不干扰。其地下室为汽车库、设备机房、下沉式广场等，地下一至地上四层为公共服务部分，安排会议、多功能厅等用房，五至十四层为办公用房、调度、通信、信息机房等。其中调度大厅位于十三层西侧尽端，相对独立。

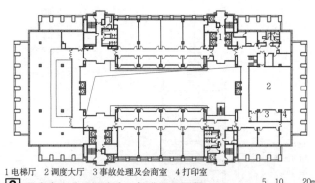

1 电梯厅　2 调度大厅　3 事故处理及会商室　4 打印室
② 国家电力公司调度中心标准层平面图

名称	总建筑面积	设计时间	设计单位
国家电力公司调度中心	74000m²	2000	华东建筑集团股份有限公司华东建筑设计研究总院

建筑的基本形态是由4个垂直的芯筒，自然分成东、西、南、北四大相对独立的区域，并围合成一个约60m×16m东西向的宏大中庭空间。设计中利用大跨度技术以充分提高"区域建筑"的平面利用系数，合理地分布大堂、报告厅、会议区域、办公区域、配套机房及中心调度等区域，使平面布局紧凑合理、灵活性高，并充分满足了使用功能的要求，其中调度大厅位于大楼东侧区域的顶部。

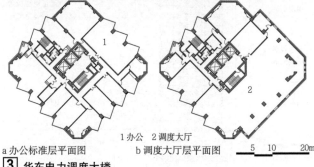

1 办公　　　　　　　　　　　2 调度大厅
a 办公标准层平面图　　　　　b 调度大厅层平面图

③ 华东电力调度大楼

名称	总建筑面积	设计时间	设计单位
华东电力调度大楼	22000m²	1989	华东建筑集团股份有限公司华东建筑设计研究总院

项目的所在区域连接南京东路步行街和外滩，与环境协调成为建筑构思的首要条件。建筑立面造型独特，其设计在满足工艺要求、造价限制的基础上所作的艺术追求是对时代的回应。大楼地下1层，地上24层。十六层以上为调度室、计算机房、微波机房、通信机房等，十五层以下为综合性办公、影厅兼会场、食堂等。大楼结合电力工艺要求将微波天线塔楼与电梯厅、水箱结合置于塔顶，将建筑功能与形式结合。二十一层调度室为满足调度屏展示要求局部悬挑。

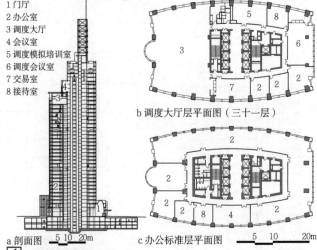

1 门厅
2 办公室
3 调度大厅
4 会议室
5 调度模拟培训室
6 调度会议室
7 交易室
8 接待室

a 剖面图
b 调度大厅层平面图（三十一层）
c 办公标准层平面图

④ 江苏电力调度大楼

名称	总建筑面积	设计时间	设计单位
江苏电力调度大楼	74000m²	2004	华东建筑集团股份有限公司华东建筑设计研究总院

建筑的所处位置属于南京政治文化的中心区域。大楼地下3层，地上主楼35层，屋顶设备层4层，还包括1座40m高的微波塔和35m长的避雷针。其调度中心是江苏省电力公司的电网调度指挥中心。该大楼是集调度中心、公司办公、后勤服务、停车库为一体的国有大型企业总部办公建筑。

实例 [6] 电力调度建筑

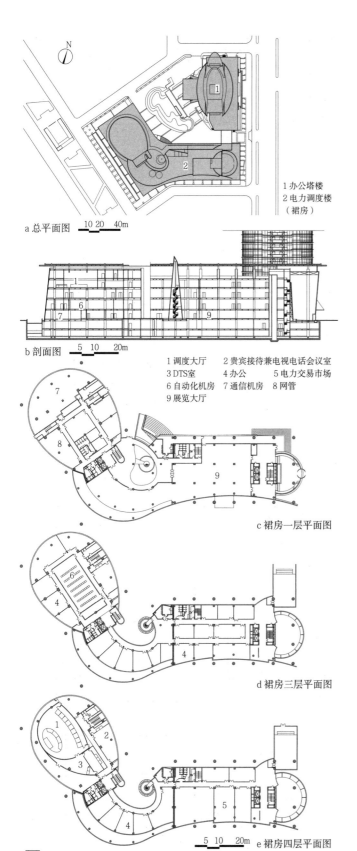

1 办公塔楼
2 电力调度楼（裙房）

a 总平面图　10 20 40m
b 剖面图　5 10 20m

1 调度大厅　2 贵宾接待兼电视电话会议室
3 DTS室　4 办公　5 电力交易市场
6 自动化机房　7 通信机房　8 网管
9 展览大厅

c 裙房一层平面图
d 裙房三层平面图
e 裙房四层平面图

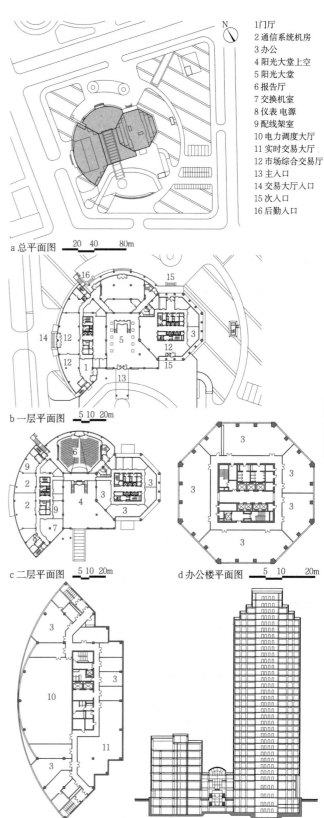

1 门厅
2 通信系统机房
3 办公
4 阳光大堂上空
5 阳光大堂
6 报告厅
7 交换机室
8 仪表电源
9 配线架室
10 电力调度大厅
11 实时交易大厅
12 市场综合交易厅
13 主入口
14 交易大厅入口
15 次入口
16 后勤入口

a 总平面图　20 40 80m
b 一层平面图　5 10 20m
c 二层平面图　5 10 20m
d 办公楼平面图　5 10 20m
e 调度楼平面图　5 10 20m
f 剖面图　5 10 20m

1 上海电力调度大楼

名称	总建筑面积	设计时间	设计单位
上海电力调度大楼	69500m²	2003	上海海波建筑设计事务所

大楼位于浦东世纪大道尽端，为既有建筑的改造项目，由电力管理大楼/调度中心（裙房）和办公大楼（主楼）两栋建筑组成。近似"L"形的裙房为完全新建，与主楼形成半围合的内向型庭院，其中圆形调度大厅为主要功能，其余功能均围绕其展开。大楼一层设置了对公众开放的电力营业厅

2 黑龙江省电力调度信息中心

名称	总建筑面积	设计时间	设计单位
黑龙江省电力调度信息中心	71000m²	2001	北京市建筑设计研究院有限公司　黑龙江省建筑设计研究院

大楼位于哈尔滨经济技术开发区，集生产调度、企业办公、后勤服务于一体。前两者分设两个单体，第三部分安排在地下。调度楼中有调度大厅、微波机房、通信调度机房、市场交易大厅、能量管理机房等

通信建筑 [1] 概念·分类

概念

1. 通信网：利用有线、无线或二者结合的电磁、光电系统，传递文字、声音、数据、图像或其他任何媒体信息的网络。

2. 通信建筑：指专门为安装通信设备的生产性建筑、为通信生产配套的辅助生产性建筑及为通信生产提供支撑服务的支撑服务性建筑。

1 通信系统的基本组成

通信网基本形式　　　　　　　　　　　　　　　　表1

分类	结构示意图	概念	优点	缺点
网状网		在各节点之间建立直达链路，在各点之间业务量很大时宜采用	可靠性高，传递速度快	需要多链路，投资大，利用率低
星状网		设立一个中心局，各节点均与中心局有直达电路，其他各节点之间通信要通过中心局转接	网路结构简单，链路利用率较高，链路较少，投资费用也较少	可靠性差
复合网		由网状网、星状网两种方式构成，根据各节点在网上所处的位置划分不同等级的中心局，在一级中心局间采用网状网，其余各级逐级辐射	—	—

分类

通信建筑按重要性分级　　　　　　　　　　　　　表2

分类方式	分类		使用年限	安全等级
通信建筑重要性分级	特别重要	国际出入口局	100年	一级
		国际无线电台		
		国际卫星通信地球站		
		国际海缆登陆站		
	重要	大区中心、省中心通信枢纽楼	50年	一级
		长途传输一级干线枢纽站		
		国内卫星通信地球站		
		本地网通信枢纽楼		
		客服呼叫中心		
		互联网数据中心		
		应急通信用房		
	一般	本地网其他通信楼	50年	二级
		远端接入局（站）		
		光缆中继站		
		微波中继站		
		移动通信基站		
		营业厅		

通信建筑按信息传输形式分类　　　　　　　　　表3

按信息传输形式分类	有线通信建筑	本地通信建筑	本地网通信楼
			远端接入局（站）
		长途建筑	长途通信枢纽楼
			国际局
		线路建筑	光缆中继站
			海缆登陆站
	无线通信建筑		移动通信基站
			微波中继站
			卫星通信地球站
	其他通信建筑		数据中心
			客服呼叫中心
			网管中心

通信建筑按使用功能分类　　　　　　　　　　　表4

分类方式	分类	具体功能举例
按使用功能分类	生产性用房	通信楼
		营业厅
	辅助生产性用房	变电所（室）
		油机房
		油库
		空调机房（或锅炉房）
	支撑服务性用房	办公后勤
		客服呼叫中心
		营业厅
		车库

2 通信局址功能构成示意图

选址

1. 局、站址选择应满足通信网络规划和通信技术要求，并应结合水文、气象、地理、地形、地质、地震、交通、城市规划、土地利用、名胜古迹、环境保护、投资效益等因素及生活设施综合比较选定。场地建设不应破坏当地文物、自然水系、湿地、基本农田、森林和其他保护区。

2. 局、站址的占地面积应满足业务发展的需要，局址选择时应节约用地。

选址原则　　　　　　　　　　　　　　　　　　　　表1

环境要求	安全	不应选择在生产及储存易燃、易爆、有毒物质的建筑物和堆场附近
		应避开断层、土坡边缘、故河道，有可能塌方、滑坡、泥石流、含氡及有开采价值的地下矿藏或古迹遗址的地段，不利地段应采取可靠措施
		不应选择在易受洪涝水淹灌的地区；无法避开时，可选在场地高程高于计算洪水水位0.5m以上的地方；仍达不到上述要求时，应符合防洪相关规范要求
		应远离火车站、铁路调度站、大桥、发电厂、重要工厂等
		应考虑邻近的高压电缆、高压输电线铁塔、交流电气化铁道、广播电视台、雷达站、无线电发射台及磁悬浮列车输变电系统等干扰源的影响，按相关规范保持安全距离
		选址时应符合通信安全保密、国防、人防、消防要求
	安静	应有安静的环境，不宜选在城市广场、闹市地带、影剧院、汽车停车场、火车站以及发生较大振动和较强噪声的道路或工业企业附近
	卫生	应有较好的卫生环境，不宜选择在生产过程中散发有害气体、较多烟雾、粉尘、有害物质的工业企业附近
工艺要求		应有可靠的电力供应
		宜选择交通便利、传输缆线出入方便的位置
		选址应符合通信网络规范，市内有多个局、站址时，不同局、站址之间应相距一定距离，且分布于城市的不同方向。本地网通信楼的局址，应置于或接近用户线路网的中心
		应注意对周围环境及建筑的影响及防护对策。通过天线发射产生电磁波辐射的通信工程项目选址对周围环境的影响应符合《电磁辐射防护规定》限值的要求和《环境电磁波卫生标准》的要求
		地球站站址选择时应满足其系统间的干扰容限要求。周围的电场强度应执行《工业、科学和医疗(ISM)射频设备电磁骚扰特性限值和测量方法》的规定

总平面布局

通信建筑工程应根据城市规划条件和任务要求，按照建筑与环境关系，对建筑布局、道路、竖向、绿化及工程管线等进行综合性场地设计，并符合下列要求：

1. 在满足生产安全、防火、防噪声、防电磁辐射、卫生、绿化、建筑朝向、采光、日照和施工等条件下，应充分利用地形，减少单体附属建筑，力求功能分区明确、紧凑合理。

2. 宜利用冬季日照并避开冬季主导风向，利用夏季自然通风。建筑的主朝向宜选择本地区最佳朝向或接近最佳朝向。不影响周围居住建筑的日照要求。

3. 进行全面的技术经济比较，合理利用原有建筑及设施，减少初期投资，节约用地，充分保护和利用原有场地上有价值的树木、水塘、水系等，采取措施提高土地生态价值。

4. 建筑间距应符合国家现行相关防火规范的要求。

5. 微波站、移动通信基站、卫星通信地球站的总平面设计图上应有表明指北(N)方向为真北的标志，并注明建北(或磁北)与真北的夹角。

6. 应采取综合措施，防止或减少环境噪声。宜将产生较大噪声的发电机房布置在对周围建筑物影响较小的地方，必要时应采取隔声、消声措施。通信机房室外机位置应远离居民住宅。

7. 建筑物与各种污染源的卫生距离，应符合有关卫生标准的规定。在布置锅炉房、食堂等有烟灰粉尘散发的建筑物时，宜根据当地的常年风向将此类建筑物设在对通信建筑影响较小的位置。

8. 局址内应有畅通的雨水排放系统。

9. 建筑密度宜为25%~35%，最大不宜超过45%；临时性建筑物不列入建筑密度的计算内。

建筑布局要求　　　　　　　　　　　　　　　　　　表2

功能分区要求	生产性房屋与生活用房在同一局址时，应划分为生产区和生活区，并作安全分隔
	生产性房屋不应与行政办公楼合建
	生产性房屋不应与锅炉房、油浸变压器室合建
	锅炉房、油机房、油库、食堂等易产生污染和干扰的辅助用房宜与通信建筑分离，并根据当地的常年风向将此类建筑物设在对通信建筑影响较小的位置
环境要求	根据地域气候特点，防止和抵御寒冷、暑热、疾风、暴雨、积雪和沙尘等灾害侵袭，并应利用自然气流组织好通风，防止不良小气候产生
	采取综合措施，防止或减少环境噪声和振动
	客服中心、运维中心等人员较多的通信建筑宜有良好的自然通风和采光
	通信楼在总体中的位置应使通信电缆管道引入方便。应对基地内的电缆管道、人孔、电力电缆沟、通信设备接地网等多项地下设施的位置、高程予以综合考虑
安防要求	通信专用房屋的微波和超短波通信设备对周围环境产生的电磁辐射应符合《电磁辐射防护规定》GB 8702限值的规定；同时符合《微波和超短波通信设备辐射安全要求》GB 12638的规定
	安保要求：除营业厅外，通信专用房屋不宜临街开门。基地周围宜设置围墙，并设置智能化安防系统
	场地内禁止设置公共停车场

道路交通

1. 交通流线应清晰，内外人流、车流与物流合理分流，防止交叉干扰，利于消防、停车和人员集散；宜有2个不同方向可供车辆和人员通行的与城市道路相连的通路和出口。

2. 人员较多的通信建筑主要出入口附近应留有一定面积的室外平坦空地，以利于人员安全疏散。

3. 营业厅宜结合城市规划要求设置用户停车位。

4. 局址内车行路面的宽度不应小于4.0m，在主要出入口处可适当加宽路面宽度。

5. 人行路面的宽度不应小于1.5m。

6. 路面应选用耐久、不易起灰的材料。

生产性通信建筑停车位指标　　　　　　　　　　　　表3

机动车停车位指标	省会级及以上	0.20车位/100m²
	地市级及以下	0.18车位/100m²
	非机动车	2.0车位/100m²

概念

1. 通信枢纽楼

以安装长途通信设备为主,处于省、市级以上中心枢纽节点的生产楼。

2. 本地通信建筑

本地通信指本地的语音和数据通信,其特点在于用户多、密度大、通信距离较短。用作市内通信的多层或高层主体建筑物称市话楼。本地通信建筑内的工艺房间分为若干个技术单元。为了节省电缆和电能,除注意同层内的平面布局外,还应注意楼层间的对位关系。

3. 长途通信建筑

指安装有线长途通信、微波等长途通信设备的建筑。

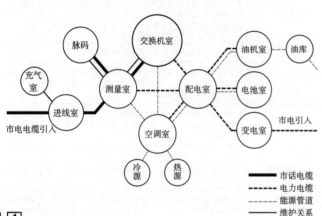

1 市话建筑的组成

平面设计要点

1. 应满足工艺规模容量及新技术发展的要求,充分考虑通信设备安装及维护的方便,并为远期生产房间的扩充与调整创造条件。各层平面应具有通用性、兼容性。

2. 合理控制体形系数,通信机房优先采用矩形平面。在满足消防等要求情况下,应加大标准层面积。通信机房内不宜设置隔断,以提高建筑面积的有效利用率。当近期只安装部分通信设备时,可将未装机部分进行临时性分隔,但应采取措施保证临时分隔在后期改建拆除时不影响设备的正常运转。

3. 安排各类通信机房楼层时,应考虑所安装设备之间的功能关系及合理的工艺流程和走线路由,使其便利、顺畅、便于使用和维护管理。

4. 应合理开发利用地下空间作为设备用房等。通信建筑内的冷冻机房、通风机房、水泵房、电缆充气控制室等一些有较大噪声的房间,宜设于地下室内或在室外单设。上述房间应采取隔振和隔声措施,降低噪声对周围生产房间的干扰,以符合环保要求。

5. 通信机房的室外机平台宜紧临机房设置,不宜设在西向;室外机平台宜开敞。

6. 通信机房及辅助生产用房的上层不应布置易产生积水的房间,不能避免时,上层房间的楼面应采取有效的防水措施。机房内机房专用空调的加湿进水管一侧宜设置挡水设施。

机房层高及净高要求

1. 通信机房的层高应由工艺生产要求的净高、结构层、建筑层、风管(或下送风架空地板)及消防管网等高度构成。

2. 楼层层高宜由主机房的层高来确定。与主机房配套的生产房间和辅助生产房间的层高,不宜另定层高要求。

工艺要求的净高值 表1

机房类别		净高(m)	备注
通信机房		3.2~3.3	按机架高度2.2m,三层走线架考虑;楼层建筑面积大于2000m²,宜取上限,其他取下限
测量室	总配线架高度≤3.0m	3.5	
	总配线架高度>3.0m	4.2	
地下电(光)缆进线室	局内安装有市话设备	≥3.0	
	其他	≥2.6	
柴油发电机房	设备容量<200kW	3.5~4.0	按设备要求定
	设备容量200kW~1000kW	4.0~5.0	
	设备容量>1000kW	≥5.0	
配电室	高压配电室	≥4.0	按进线方式和设备要求定
	低压配电室	4.0	
	变压器室	4.0~5.6	

进线技术单元

1. 通信电(光)缆进线室应设于地下或半地下,与室外电(光)缆人井对应的一侧外墙应预留进线孔,并采取防水措施。

2. 总配线架室因全部通信电缆由进线室引来,为上线方便,减少电缆长度和转弯,要求与进线室邻层相对,总配线架应与进线室上线侧对准。

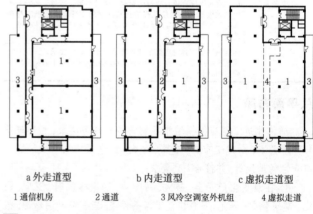

a 外走道型　　b 内走道型　　c 虚拟走道型

1 通信机房　2 通道　3 风冷空调室外机组　4 虚拟走道

2 通信机房标准层平面示意

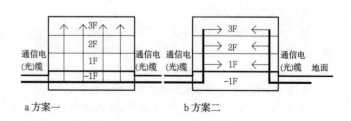

a 方案一　　b 方案二

3 通信机房引入电(光)缆路由布置方案示意

电源技术单元

1. 为通信设备供电的电源机房一般包括：高压配电室、变配电室、低压配电室、发电机房、电力电池室等。

2. 应有可靠的电源保证，根据预测的通信设备终期用电量确定电源容量，并为电源设备预留足够的机房面积及合理的结构荷载。

3. 安排通信电源机房时，应考虑所安装设备之间的功能关系及合理的工艺流程和走线路由；电力、电池室宜设置在动力负荷的中心，节约线缆长度及日常费用。

4. 高压配电室、变配电室、低压配电室、发电机房应设置必要的防护措施，防止雨雪、小动物进入。电源机房设置在地下室底层时，应采取防潮、防水、排水措施。

5. 发电机房围护结构、外门、进排风口、排气管应采取隔声消噪措施，其噪声满足环保要求；发电机基础采取隔振措施。

技术细节

1. 室内外装修要求

（1）通信建筑不宜设置大面积玻璃幕墙；除作为空调回风道使用外，通信机房不应设吊顶。

（2）楼地面、墙面、顶棚面的面层材料，应按室内通信设备的需要，采用光洁、耐磨、耐久、不起尘、防滑、不燃烧、环保的材料，并应满足机房在任何情况下均不得结露的要求。

（3）通信机房楼地面、墙面、顶棚应做防静电设计。

（4）穿过围护结构或楼板的各类孔洞及管井，均应采取相应耐火极限的防火封堵。防火封堵组件应保持本身结构的稳定性，具有密烟效果，同时应满足最大填充率要求。

2. 楼梯、走道设计要求

高层通信建筑内应设置可供运送通信设备的电梯，该梯可与消防电梯或客梯兼用。多层通信建筑内无货梯时，应设1部兼供搬运设备的楼梯，楼梯承重应按规范执行。梯段净宽应≥1.5m，楼梯平台净宽应≥1.8m。

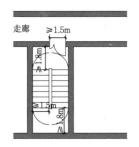
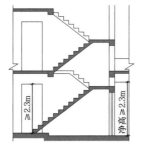

[1] 多层通信建筑无货梯时楼梯及走道应满足的尺寸示意图

通信建筑内走道设计要求　　　　　表1

走道形式	走道宽度	净高
单边	≥1.8m	≥2.3m
双边	≥2.1m	

3. 门、窗设计要求

（1）门窗应采用高效节能玻璃、高效节能门窗框材料、高效节能门窗。门窗的材料、尺寸、功能和质量等应符合使用要求，并具有耐久、节能、密封、隔声、防尘、防水、防火、抗风、隔热、防结露等优良性能。

（2）对常年需要空调且无人值守的通信机房不宜设外窗，必要时可设双层密闭窗、中空玻璃窗。

有人值守的通信设备用房及业务管理用房应有自然采光，外窗可开启面积不小于外窗总面积的30%，建筑幕墙应具有可开启部分或设有通风换气装置。

（3）安装通信设备及通信电源设备的房间门应根据室内最大设备的尺寸确定其门洞宽度及高度；门洞宽度不宜小于1.5m，门洞高度不应小于2.3m，门宜向疏散方向开启。

（4）底层的外门窗宜采取安全措施。

（5）设气体消防设备的房间，门窗应满足气体释放的压力要求。

4. 地下电（光）缆进线室

（1）宜采用全地下室、半地下室两种主要模式；可优先选择半地下室，其地面埋深不小于室外地坪1m。进线室宽度，采用单面铁架时不得小于1.7m，双面铁架时不得小于3m。

（2）局址宜考虑两路及两路以上不同方向电（光）缆进局管道进入不同的电（光）缆进线室。管孔总数应满足终局容量；管道进口底部离进线室地面距离不应小于400mm，顶部距顶棚不宜小于300mm，管道侧面离侧墙不应小于200mm。

电缆、光缆进线室类型　　　　　表2

类型	适用范围	
	局（站）类型	电缆条数
浅槽型	中继站或增音站 小型市话通信建筑	8条以下
深槽型	中继站或增音站 小型市话通信建筑	12条以上
半地下型	半地下转接站 中小型长途通信楼	24条以上
全地下型	中型及大型长途通信楼	按工艺要求定

5. 机房气流组织

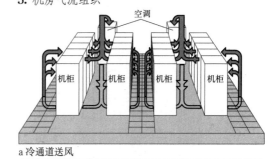

a 冷通道送风

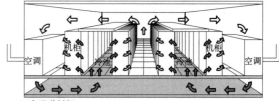

b 冷通道封闭

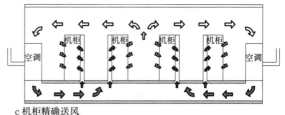

c 机柜精确送风

[2] 典型机房气流组织示意图

通信建筑 [5] 有线通信建筑 / 实例

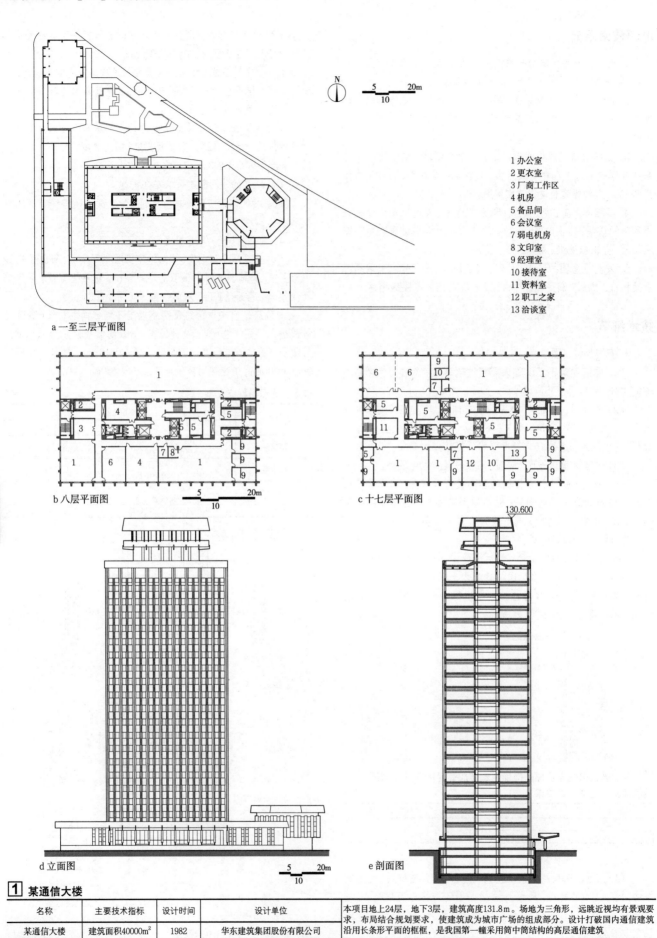

1 办公室
2 更衣室
3 厂商工作区
4 机房
5 备品间
6 会议室
7 弱电机房
8 文印室
9 经理室
10 接待室
11 资料室
12 职工之家
13 洽谈室

a 一至三层平面图
b 八层平面图
c 十七层平面图
d 立面图
e 剖面图

[1] 某通信大楼

名称	主要技术指标	设计时间	设计单位	本项目地上24层，地下3层，建筑高度131.8m。场地为三角形，远眺近视均有景观要求，布局结合规划要求，使建筑成为城市广场的组成部分。设计打破国内通信建筑沿用长条形平面的框框，是我国第一幢采用筒中筒结构的高层通信建筑
某通信大楼	建筑面积40000m²	1982	华东建筑集团股份有限公司	

实例 / 有线通信建筑 [6] 通信建筑

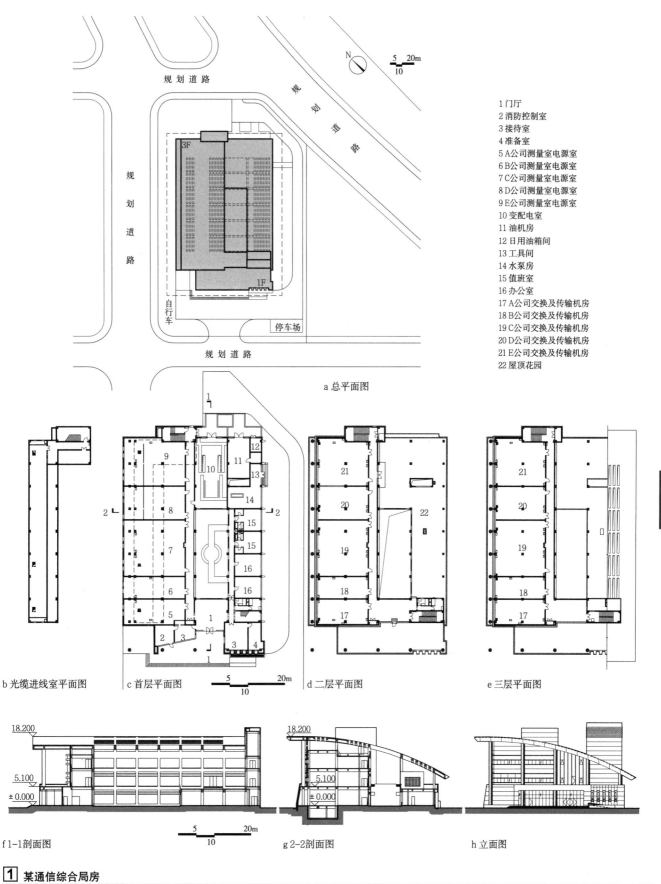

1 门厅
2 消防控制室
3 接待室
4 准备室
5 A公司测量室电源室
6 B公司测量室电源室
7 C公司测量室电源室
8 D公司测量室电源室
9 E公司测量室电源室
10 变配电室
11 油机房
12 日用油箱间
13 工具间
14 水泵房
15 值班室
16 办公室
17 A公司交换及传输机房
18 B公司交换及传输机房
19 C公司交换及传输机房
20 D公司交换及传输机房
21 E公司交换及传输机房
22 屋顶花园

a 总平面图
b 光缆进线室平面图
c 首层平面图
d 二层平面图
e 三层平面图
f 1-1剖面图
g 2-2剖面图
h 立面图

1 某通信综合局房

名称	主要技术指标	设计时间	设计单位	本项目为某通信综合局房，地上4层，地下局部1层，建筑高度18.80m。建筑为多家通信运营商共同投资兴建的集约化通信机房，平面布局为垂直分割，达到资源共享、互不干扰、集约建设的目的
某通信综合局房	建筑面积4352m²	2005	上海邮电设计咨询研究院有限公司	

通信建筑 [7] 有线通信建筑 / 实例

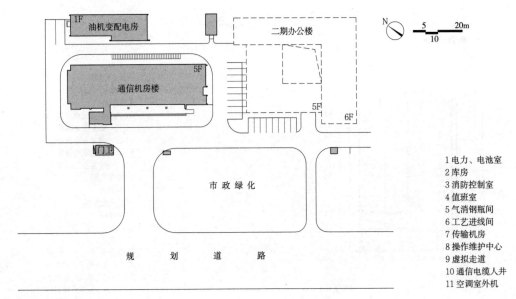

a 总平面图

1 电力、电池室
2 库房
3 消防控制室
4 值班室
5 气消钢瓶间
6 工艺进线间
7 传输机房
8 操作维护中心
9 虚拟走道
10 通信电缆人井
11 空调室外机

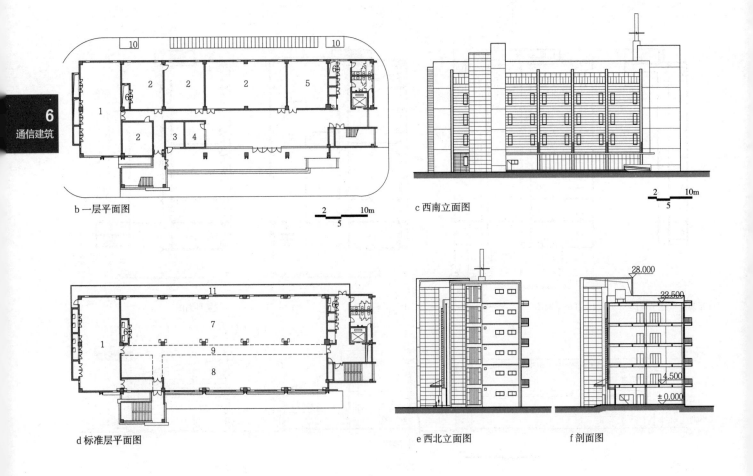

b 一层平面图

c 西南立面图

d 标准层平面图

e 西北立面图

f 剖面图

1 某通信机房楼

名称	主要技术指标	设计时间	设计单位	本项目为华东地区地市级某运营商通信枢纽，地上5层。建设内容包含一幢通信机房楼以及为其服务的生产配套用房
某通信机房楼	建筑面积5748m²	2007	上海邮电设计咨询研究院有限公司	

实例 / 有线通信建筑 [8] 通信建筑

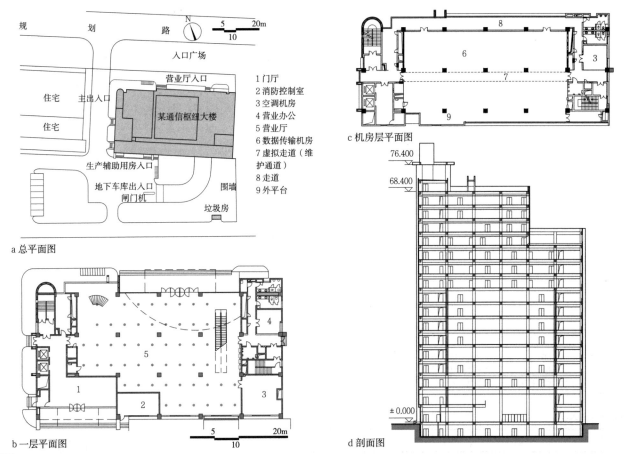

1 某通信枢纽大楼

名称	主要技术指标	设计时间	设计单位	
某通信枢纽大楼	建筑面积28164m²	2000	上海邮电设计咨询研究院有限公司	本项目主体地上12层，局部17层，地下1层，建筑高度70.5m，总建筑面积28164m²。建筑一层、二层为营业大厅，三层为电视电话会议室，三至十二层为生产机房及辅助用房

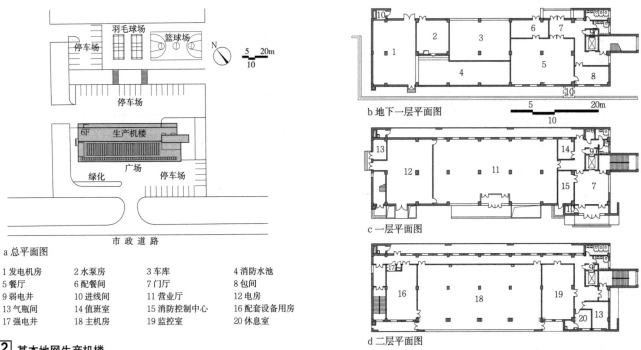

2 某本地网生产机楼

名称	主要技术指标	设计时间	设计单位	
某本地网生产机楼	建筑面积7019m²	2000	广东省电信规划设计院有限公司	地下一层建筑面积871m²，布置有135m²的发电机房、370m²的消防水池及其他；首层建筑面积930m²，布置有400m²的营业厅、148m²的高低压配电室及其他；二至六层主要布置大空间的通信机房、电池电力室及监控室

6 通信建筑

通信建筑 [9] 有线通信建筑 / 实例

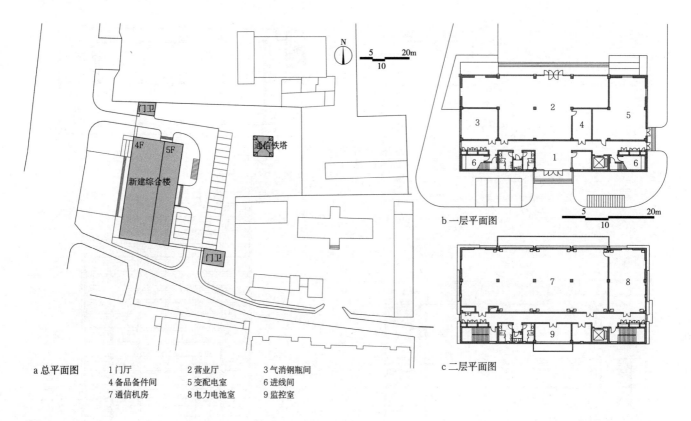

a 总平面图
1 门厅　　　　2 营业厅　　　　3 气消钢瓶间
4 备品备件间　5 变配电室　　　6 进线间
7 通信机房　　8 电力电池室　　9 监控室

1 某通信综合楼

名称	主要技术指标	设计时间	设计单位	
某通信综合楼	建筑面积3500m²	2010	上海邮电设计咨询研究院有限公司	本项目为某通信综合楼，建筑面积3500m²，一层为营业厅，二、三层为通信生产用房，四层为业务管理用房，主要生产功能为本地网传输，兼顾部分数据存储

a 总平面图

1 营业厅　　　2 变配电室　　　3 电力电池室
4 上线井　　　5 室外电缆人井　6 门卫消控室
7 办公室　　　8 钢瓶间　　　　9 机房
10 监控室　　11 办公室　　　　12 会议室

2 某通信公司生产机楼

名称	主要技术指标	设计时间	设计单位	
某通信公司生产机楼	建筑面积5000m²	2010	上海邮电设计咨询研究院有限公司	本项目建筑总高20.1m，一层为营业厅、变配电室、油机房；二层为电力电池室、机房；三、四层近期为办公，远期为发展电力电池室及发展机房

概念

移动通信基站，指在一定的无线通信信号覆盖区中，通过移动通信交换中心，与移动电话终端之间进行信息传递的无线电收发设备的通信站。为满足通信天线和通信设备的安装，一般包括两个必要的组成部分：移动通信机房和移动通信塔。

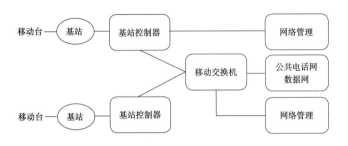

[1] 移动基站原理示意图

规划选址

1. 基本原则

（1）基站设施规划应与城市规划相衔接，应符合多个运营企业集约共建的原则。通过规划，从满足通信功能需求、城市景观、环境保护、社会心理、网络稳定安全及城市整体容灾等方面合理选址布点。

（2）落地站址应选在地形平整、地质良好的地段。站址不应选择在易受雨水淹灌的地区。

2. 市区共建基站优先使用周边地区满足共享原则的基站，按照基站选址优先顺序选址。

3. 当利用已有建筑作为基站设施选址时，从保护城市天际线、建筑结构安全性、节能、防火等方面出发，应优先采用租赁已有建筑，利用屋面设置天线的技术方案。

4. 在住宅小区建站，应先进行合理的规划布局，使建成后的基站设施在满足环保要求的前提下，更以人为本，满足公众的心理、景观等诉求。

5. 特殊站址应合理退让，并采取相应措施。

市区共建基站选址顺序　　　　　　　　　　　表1

优选顺序	选址
1	各通信运营企业拥有物权的建筑，包括通信局房、办公楼等
2	党政机关办公楼等，各类市政设施建筑、公共场地等
3	与通信运营企业相关联的企、事业单位
4	公共商业设施、写字楼、工业企业等
5	其他适宜建站的区域

特殊站址选址要求　　　　　　　　　　　　表2

特殊站址	选址要求
景观敏感区	优先采用隐蔽天线方案，当必须在已有建筑物屋顶上建塔时，需结合景观环境及建筑外观予以景观化、一体化设计处理
易燃、易爆区	选址及间距要求应按防火规范执行。不应选择在生产过程中散发较多粉尘或有腐蚀性排放物的工厂企业附近
飞机场附近	塔的高度应符合机场航空管理净空高度要求
与高压电力线、铁路等相邻	应按相关规定进行合理退让

常见移动通信基站　　　　　　　　　　　　　表3

移动基站组成	建筑形态
通信天线	落地通信塔
	屋面通信塔
	屋面天线抱杆
收发信机架、电源设备	落地机房
	天线塔、机房一体
	屋面搭建轻型机房
	租用楼内机房
	室外型设备（无土建机房）

设计要点

1. 移动通信基站共建共享原则：规划先行；多运营商、多通信系统集约建设，节约国土资源。

2. 随着移动通信需求、运用的增加及技术的发展，站距设置需对应调整，目前不同网络制式的站点整合距离见表4。

3. 当基站机房同时用于传输、汇聚节点等多功能时，此基站机房为综合机房，综合机房的面积另行核定。

4. 基站机房设计需考虑市电、通信光缆的引入，需满足防火、防盗、节能设计要求。

5. 随着设备集成度的提高及对安装环境要求的降低，基站塔下机房需求逐渐减少，并且一塔多用形式也有所发展。

移动通信网基站规划站间距要求　　　　　　表4

覆盖场景 网络制式	中心城区、人口密集区	郊区、乡镇、开发区	农村	城市快速路	高铁、高速
移动公司站点整合距离 含GSM、TD-SCDMA、TD-LTE	200~300m	700m	2000m	1000m	1200m
电信、联通公司站点整合距离 含GSM、CDMA2000、WCDMA、LTE FDD	400~600m	800~1000m	2000m	1000m	1500m

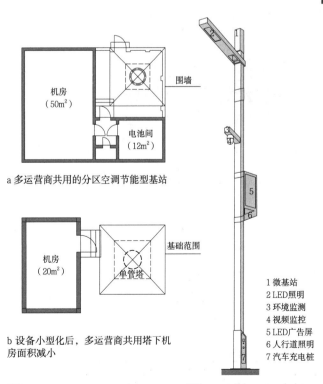

a 多运营商共用的分区空调节能型基站

b 设备小型化后，多运营商共用塔下机房面积减小

1 微基站
2 LED照明
3 环境监测
4 视频监控
5 LED广告屏
6 人行道照明
7 汽车充电桩

[2] 通信基站示意图　　　[3] 多用途集成基站示意图

通信建筑 [11] 无线通信建筑 / 通信塔

通信塔

常见三类通信塔的特点　　　　　　　　　　　表1

	空间桁架塔	单管塔	拉线塔
塔的特点	以空间桁架或空间框架为受力系统的钢构架结构。杆件多采用角钢或钢管；一般钢塔架高度H与根开B之比$H/B=5\sim8$	单根大直径钢管的自立式高耸钢结构。单管塔的塔身管径斜率一般为1.2%~1.7%，塔顶直径为0.5~0.75m，内爬不小于0.6m	拉线塔由纤绳和杆身组成。杆身截面通常为正三角形、正方形空间桁架，或单根钢管。纤绳布局一般为三方或四方均布在杆身四周。一般屋面拉线塔高度不超过30m
优点	角钢塔的优点：连接方便，焊接量很小，材料单价较低；钢管塔的优点：体型好，受风力小；	占地面积小，造型简洁，有利于批量生产	结构用钢量小，经济
缺点	角钢塔缺点：体型不好，迎风面大，材料规格受限制，高度受限；钢管塔的缺点：材料单价高，易结冰凌，易生噪声，观瞻性差，许多国家仅允许建于边远地区	塔身较重，位移较大，运输安装条件较高	占地面积大

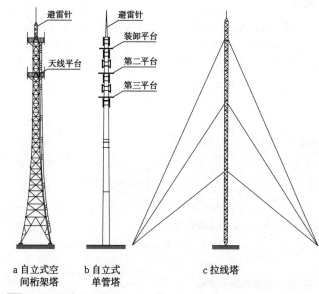

a 自立式空间桁架塔　　b 自立式单管塔　　c 拉线塔

1 通信塔设计示意图

通信塔实例

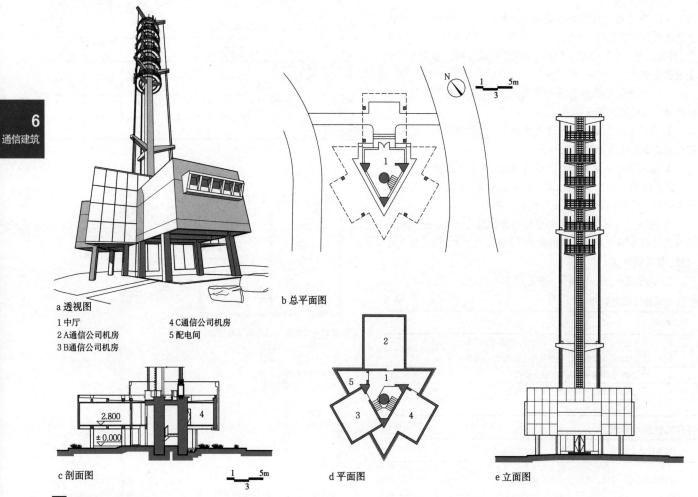

a 透视图
1 中厅
2 A通信公司机房
3 B通信公司机房
4 C通信公司机房
5 配电间

b 总平面图

c 剖面图

d 平面图

e 立面图

2 某节能型通信基站

名称	主要技术指标	设计时间	设计单位	
某节能型通信基站	建筑面积200m²	2009	上海邮电设计咨询研究院有限公司	项目高度45m，塔为三角形，中柱受压，三角上的拉索受拉，建于底部为二层的基站核心筒上。采用的节能措施有：屋面保温、机房门的保温性能同墙体；利用烟囱效应形成自然通风、自动智能通风换热系统；蓄电池采用恒温柜、下送风空调

通信塔 / 无线通信建筑 [12] 通信建筑

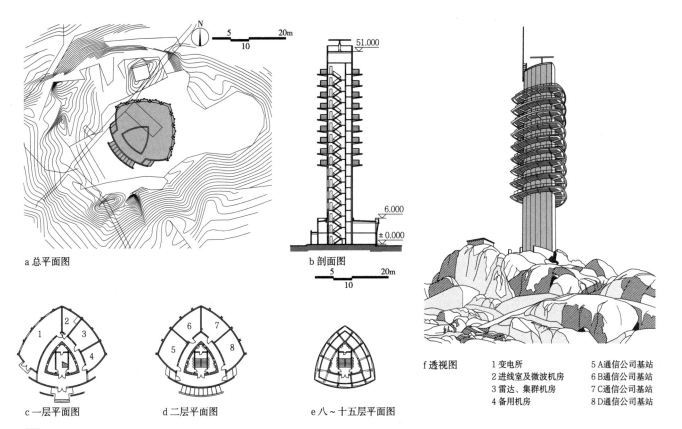

a 总平面图
b 剖面图
c 一层平面图
d 二层平面图
e 八～十五层平面图
f 透视图

1 变电所
2 进线室及微波机房
3 雷达、集群机房
4 备用机房
5 A通信公司基站
6 B通信公司基站
7 C通信公司基站
8 D通信公司基站

1 某通信综合塔及雷达站

名称	主要技术指标	设计时间	设计单位	
某通信综合塔及雷达站	建筑面积1258m²	2004	上海邮电设计咨询研究院有限公司	本项目为某通信综合塔及雷达站。主体结构为17层、52.95m高的钢筋混凝土筒形塔，建筑面积1258m²。设9层微波及无线通信平台，供多运营商使用，塔顶安装海事雷达天线

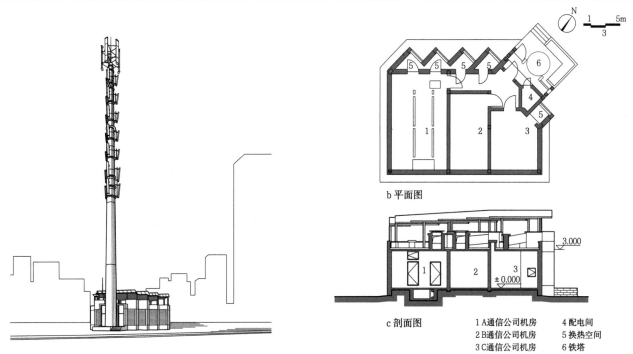

a 透视图
b 平面图
c 剖面图

1 A通信公司机房
2 B通信公司机房
3 C通信公司机房
4 配电间
5 换热空间
6 铁塔

2 某节能型通信基站

名称	主要技术指标	设计时间	设计单位	
某节能型通信基站	建筑面积120m²	2009	上海邮电设计咨询研究院有限公司	本项目是节能型实验通信基站，为3家通信运营商共建共享的集约化基站机房及通信塔。在节能自控平台下采用了光伏发电、垂直风机发电、自然冷源交换利用等技术

通信建筑 [13] 无线通信建筑 / 微波中继站

微波中继站

1. 微波通信一般是指在1~30GHz频率范围内的无线通信。微波在空间中只能作直线传播。为了实现长距离的微波通信，每隔一段距离需设一站。将收到的信号经过变频放大再转发到下一站的建筑物叫微波中继站。主要由通信部分、电源部分、人工环境部分、燃料部分和天线部分组成。

2. 微波站选址需了解岩溶地质现象；土壤需有较好的接地条件，避免滑坡；保证基地用水和良好的交通条件，同时解决防火、防兽问题。

3. 微波站主机房平面设计应使主要设备室有良好的朝向；微波室的轴线约在两通信方向的分角线上，使天线与机房有合理的位置关系；电池室和配电室直接相邻，配电设备和微波机室的安装按工艺进行。

4. 常见的天线塔有铁塔和钢筋混凝土塔。塔高由工艺设计确定。微波信号对方向性要求较严，不但应尽量减少天线的扭转和晃动，还应依据有关规定安装航空标志灯和障碍物色标。

5. 微波站的设计应考虑微波辐射产生的影响，对周围建筑布局应作妥善安排。

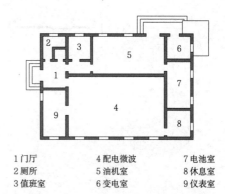

1 门厅　　　4 配电微波　　7 电池室
2 厕所　　　5 油机室　　　8 休息室
3 值班室　　6 变电室　　　9 仪表室

3 集中建造中继站平面示意

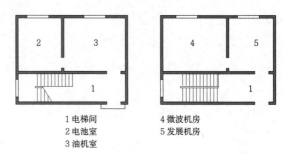

1 电梯间　　4 微波机房
2 电池室　　5 发展机房
3 油机室

4 某无人站平面示意

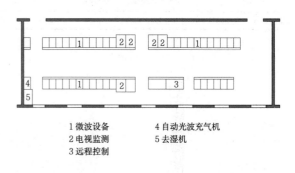

1 微波设备　　4 自动光波充气机
2 电视监测　　5 去湿机
3 远程控制

5 微波机室设备布置示意

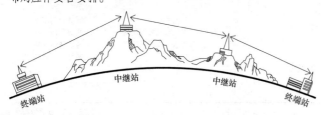

1 微波中继通信示意

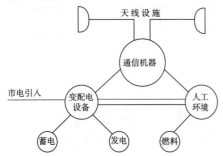

2 单建中继站工艺构成

中继站通信塔形式　　　　　　　　　　　　　　　　　　　　　　　　　　　　表1

铁塔						钢筋混凝土塔			
自立式				拉线式		构架式	筒式		

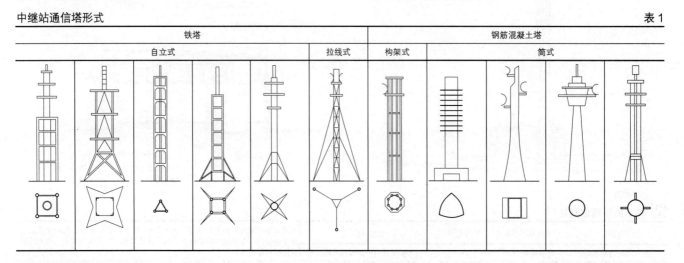

卫星通信地球站

1. 卫星通信地球站概念：卫星通信是利用人造的地球"静止"卫星作为一个中间站，在两个或多个地球站之间进行通信。地球站是指卫星通信系统中设在地面表面的通信站。卫星通信地球站由天线系统、发射系统、接收系统、通信控制系统和电源系统等组成。

2. 卫星通信地球站选址

（1）站址选择应考虑防电磁波干扰且便于把信号送入市内，一般建在距大中城市中心几十公里的地方。

（2）因工艺的要求，站址宜选择具有良好地质条件的平地，能控制天线基础的不均匀沉降。

（3）天线要求障碍物的仰角不超过3°。

（4）站址所在地区应具备良好的气候、充足且质量合标的水源、良好的道路、方便的生活设施并远离军用、民用机场和低航线，远离洪灾地区。

（5）站址前方依据环评要求不应有居民区。

3. 卫星通信地球站总平面设计

（1）布局在满足社会安全、防火、防噪声、防电磁辐射、卫生、绿化、日照和施工维护方便等条件下，力求紧凑合理。

（2）通信生产用房宜布置在靠近天线的北侧，辅助生产用房和值班宿舍宜布置在生产区北侧或不影响天线近场特性及满足电磁辐射环境保护的合适地方。

（3）地球站周围宜设置围墙，高度距外侧地面不宜低于2.2m。地球站油机房与油库之间的相对高度差不宜大于20m。

（4）设置多副天线工作时，各副天线在其工作的可用弧段上应互不影响，互不遮挡，各天线边缘的最小距离不宜小于其中一副天线的直径。总平面设计图上应有真北（N）标志、真北与建北的夹角及海拔高程。

4. 机房设计

（1）地球站机房的设计基准期宜为100年。

（2）一、二类地球站设置的房间分为主要生产用房、辅助生产用房和生活用房。

机房部分功能划分　　　　　　　　　　　　　　　表1

功能	用房
主要生产用房	通信设备机房、油机房、蓄电池房、电力室（UPS室）、变（调）压器室、高低压配电室、仪表室等
辅助生产用房	机修室、材料室、资料室、办公室、会议室、锅炉房、水泵房、车库、油库、值班室等
生活用房	值班宿舍、食堂、传达室等

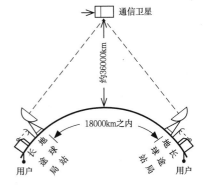

[1] 轮廓式天线与机器

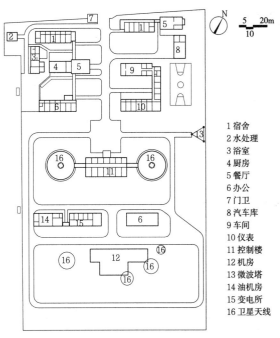

[2] 某卫星地球站平面布置图

1 宿舍
2 水处理
3 浴室
4 厨房
5 餐厅
6 办公
7 门卫
8 汽车库
9 车间
10 仪表
11 控制楼
12 机房
13 微波塔
14 油机房
15 变电所
16 卫星天线

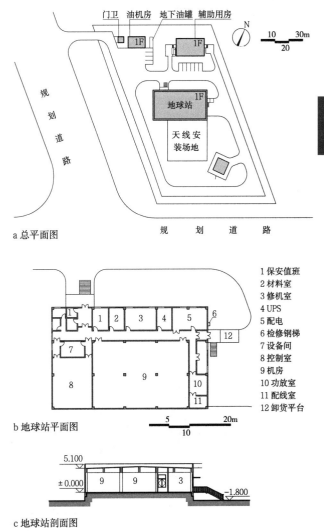

[3] 某卫星地球站

a 总平面图

1 保安值班
2 材料室
3 修理室
4 UPS
5 配电
6 检修钢梯
7 设备间
8 控制室
9 机房
10 功放室
11 配线室
12 卸货平台

b 地球站平面图

c 地球站剖面图

通信建筑 [15] 其他通信建筑 / 互联网数据中心、客服呼叫中心

概念

其他通信建筑包括互联网数据中心、客服呼叫中心、网管中心。其概念如下：

1. 互联网数据中心：为互联网数据中心提供设备安装条件的用房。
2. 客服呼叫中心：以服务于电话接入为主，为用户提供各种电话咨询服务的呼叫响应中心。
3. 网管中心：为实现对通信网的管理而建设的网络操作系统的本地或远程操作终端。

互联网数据中心

互联网数据中心按功能分为客户区、互联网设备区、其他设备区，其中每个功能分区应符合相应的功能、工艺要求。

互联网数据中心用房功能划分及设计要点   表1

功能区	功能划分		设计要点
客户区	客户操作室		1. 客户区和互联网设备区宜相对独立设置 2. 客户区应交通方便，采光通风良好 3. 客户操作室和监控室应紧邻托管机房，便于工作人员对通信设备的管理和实时监控
	监控室		
	测试室		
	客户接待室、休息室		
互联网设备区	核心设备机房		1. 核心机房与托管机房因使用权不同，中间应采用适当措施分隔，便于管理 2. 不同功能分区间应设有门禁系统
	托管机房	普通客户托管区	
		VIP客户托管区	
其他设备区	UPS室		符合工艺要求
	发电机房		
	高低压变配电室		
	冷冻机房		

客服呼叫中心

1. 客服呼叫中心功能划分

特殊站址选址要求   表2

功能区	选址要求
座席区	根据能容纳的座席数及建设标准确定各类用房的面积
支撑管理用房	包括管理用房及相关的培训教室、会议室、库房、阅览室等
生产配套用房	宜包括为交换网络设备提供电源保证的电力电池室、发电机房、高低压变配电室等
生活辅助用房	宜包括员工餐厅和客服工作人员换班宿舍、盥洗间、卫生间等

2. 座席区设计要点

(1) 座席区应根据能容纳的座席数及建设标准确定各类用房的面积。

(2) 座席数应根据业务量预测需求确定规模。大开间座席区应具有良好的朝向，并便于座席区布置和组织的自由分隔、灵活使用。

(3) 座席区外应按照班组大小设置点名室及换班休息室、茶水间。

(4) 座席区外应按照座席数量设置足够的更衣室，可分层或集中设置。

(5) 强弱电间、网络节点机房宜按话务座席区分层设置。

(6) 座席区宜有自然采光，大开间座席区室内墙壁、顶棚宜进行吸声处理，室内的允许噪声不应大于40dB(A)，并应满足相关防火规范的要求。

实例

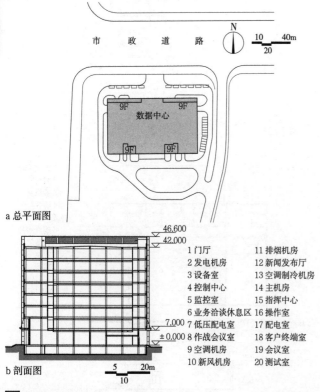

a 总平面图

b 剖面图

1 门厅　　　　　11 排烟机房
2 发电机房　　　12 新闻发布厅
3 设备室　　　　13 空调制冷机房
4 控制中心　　　14 主机房
5 监控室　　　　15 指挥中心
6 业务洽谈休息区　16 操作室
7 低压配电室　　17 配电室
8 作战会议室　　18 客户终端室
9 空调机房　　　19 会议室
10 新风机房　　　20 测试室

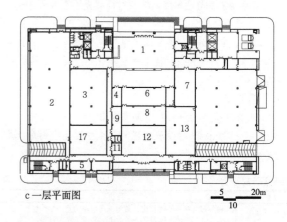

c 一层平面图

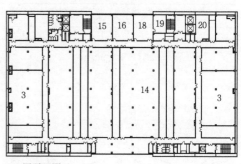

d 二层平面图

 某数据中心

名称	主要技术指标	设计时间	设计单位	
某数据中心	建筑面积44829m²	2000	广东省电信规划设计院有限公司	本项目一层主要布置发电机房、高/低压配电室、监控室、业务洽谈休息区等；标准层每层分别设计4个IDC机房，机房采用南北向矩形平面置于建筑物中心位置，电池电力、空调等附属功能用房围绕数据机房布置

实例 / 其他通信建筑 [16] 通信建筑

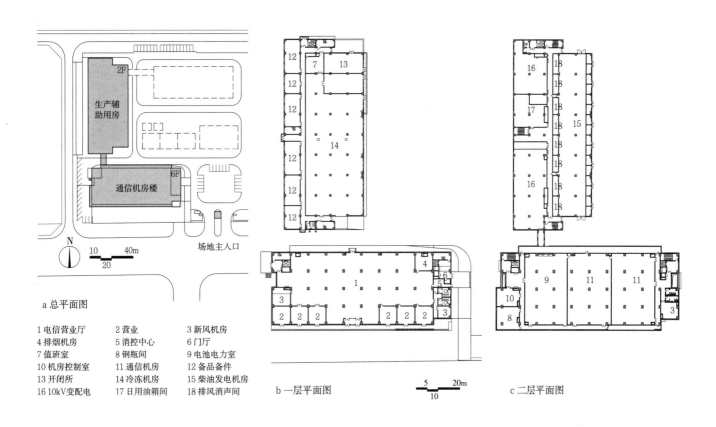

a 总平面图

1 电信营业厅　2 营业　3 新风机房
4 排烟机房　5 消控中心　6 门厅
7 值班室　8 钢瓶间　9 电池电力室
10 机房控制室　11 通信机房　12 备品备件
13 开闭所　14 冷冻机房　15 柴油发电机房
16 10kV 变配电　17 日用油箱间　18 排风消声间

b 一层平面图　　c 二层平面图

1 某数据中心楼

名称	主要技术指标	设计时间	设计单位	
某数据中心楼	建筑面积27000m²	2014	上海邮电设计咨询研究院有限公司	本项目为某通信运营商通信枢纽楼，总规模27000m²。主要功能为互联网数据存储，建设内容包括一幢6层的通信枢纽楼及一幢2层的动力机房

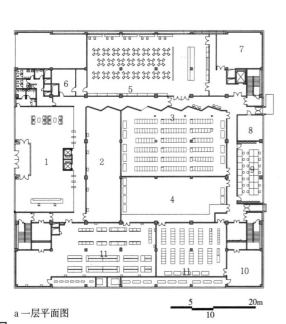

a 一层平面图

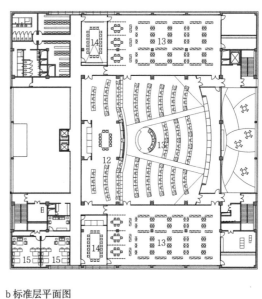

b 标准层平面图

1 门厅
2 电力机房
3 网管主机房
4 网管发展机房
5 餐厅
6 储藏室
7 无线机房
8 消防中心
9 研发室
10 备件室
11 网络机房
12 紧急调度中心
13 控制中心
14 会议室
15 休息室

2 某园区网管楼

名称	主要技术指标	设计时间	设计单位	
某园区网管楼	建筑面积14972m²	2007	华东建筑集团有限公司上海建筑设计研究院有限公司	本项目单体建筑投影线为60m×60m，地上建筑面积14972m²。建筑设置地下层，供安装电力设备、消防设备、光缆进线等使用

通信建筑 [17] 其他通信建筑 / 实例

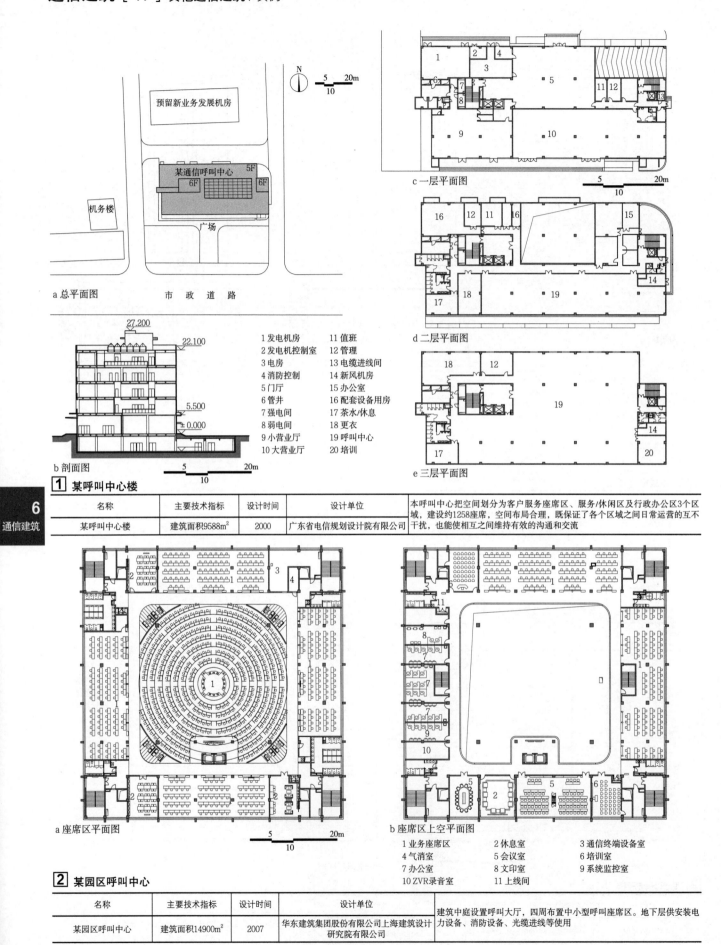

a 总平面图

b 剖面图

1 发电机房　　11 值班
2 发电机控制室　12 管理
3 电房　　　　13 电缆进线间
4 消防控制　　14 新风机房
5 门厅　　　　15 办公室
6 管井　　　　16 配套设备用房
7 强电间　　　17 茶水/休息
8 弱电间　　　18 更衣
9 小营业厅　　19 呼叫中心
10 大营业厅　　20 培训

c 一层平面图

d 二层平面图

e 三层平面图

1 某呼叫中心楼

名称	主要技术指标	设计时间	设计单位	
某呼叫中心楼	建筑面积9588m²	2000	广东省电信规划设计院有限公司	本呼叫中心把空间划分为客户服务座席区、服务/休闲区及行政办公区3个区域，建设约1258座席，空间布局合理，既保证了各个区域之间日常运营的互不干扰，也能使相互之间维持有效的沟通和交流

a 座席区平面图

b 座席区上空平面图

1 业务座席区　　2 休息室　　　3 通信终端设备室
4 气消室　　　　5 会议室　　　6 培训室
7 办公室　　　　8 文印室　　　9 系统监控室
10 ZVR录音室　　11 上线间

2 某园区呼叫中心

名称	主要技术指标	设计时间	设计单位	
某园区呼叫中心	建筑面积14900m²	2007	华东建筑集团股份有限公司上海建筑设计研究院有限公司	建筑中庭设置呼叫大厅，四周布置中小型呼叫座席区。地下层供安装电力设备、消防设备、光缆进线等使用

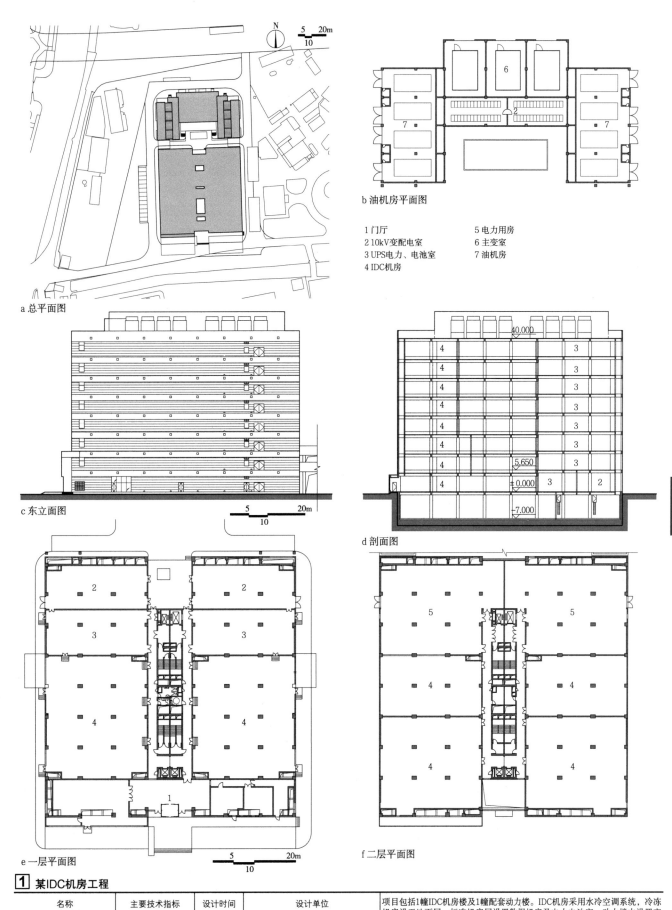

1 某IDC机房工程

名称	主要技术指标	设计时间	设计单位	
某IDC机房工程	地上面积33425m²	2014	上海邮电设计咨询研究院有限公司	项目包括1幢IDC机房楼及1幢配套动力楼。IDC机房采用水冷空调系统，冷冻机房设于地下层，标准机房层设置数据机房及电力电池室，动力楼内设置变电站及柴油发电机房

通信建筑 [19] 其他通信建筑 / 实例

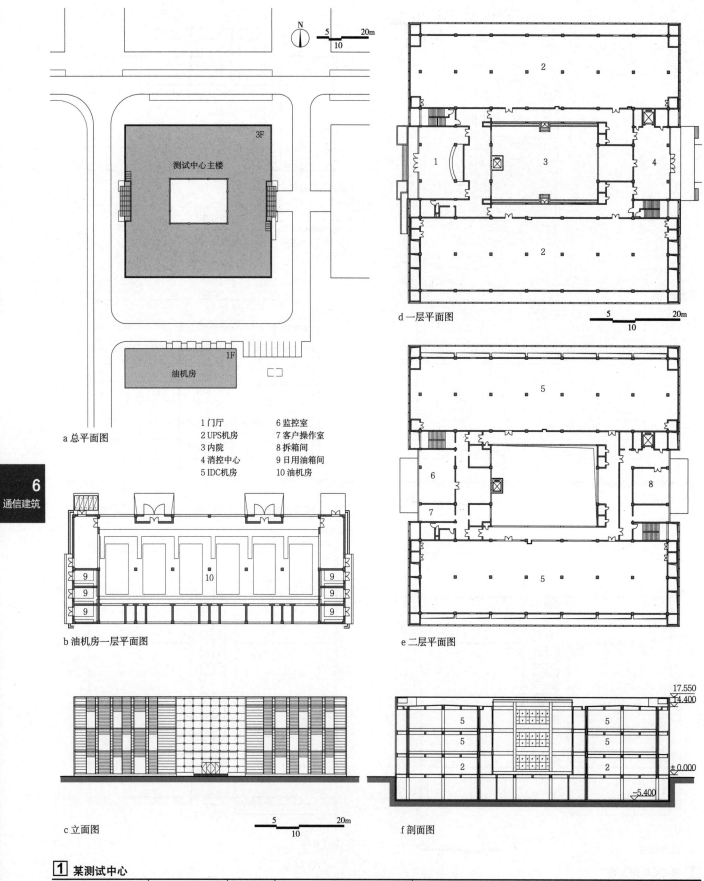

a 总平面图
b 油机房一层平面图
c 立面图
d 一层平面图
e 二层平面图
f 剖面图

1 门厅　　6 监控室
2 UPS机房　7 客户操作室
3 内院　　8 拆箱间
4 消控中心　9 日用油箱间
5 IDC机房　10 油机房

1 某测试中心

名称	主要技术指标	设计时间	设计单位	
某测试中心	建筑面积14166m²	2007	上海邮电设计咨询研究院有限公司	负一层为变配电室、冷冻机房等；一层为UPS电力电池室；二、三层为IDC机房。辅助动力机房地上1层，层高5.5m，建筑面积616m²，主要布置柴油发电机及日用油箱间

实例 / 其他通信建筑 [20] **通信建筑**

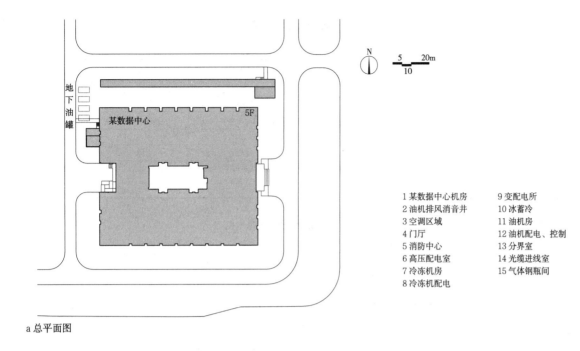

1 某数据中心机房　9 变配电所
2 油机排风消音井　10 冰蓄冷
3 空调区域　11 油机房
4 门厅　12 油机配电、控制
5 消防中心　13 分界室
6 高压配电室　14 光缆进线室
7 冷冻机房　15 气体钢瓶间
8 冷冻机配电

a 总平面图

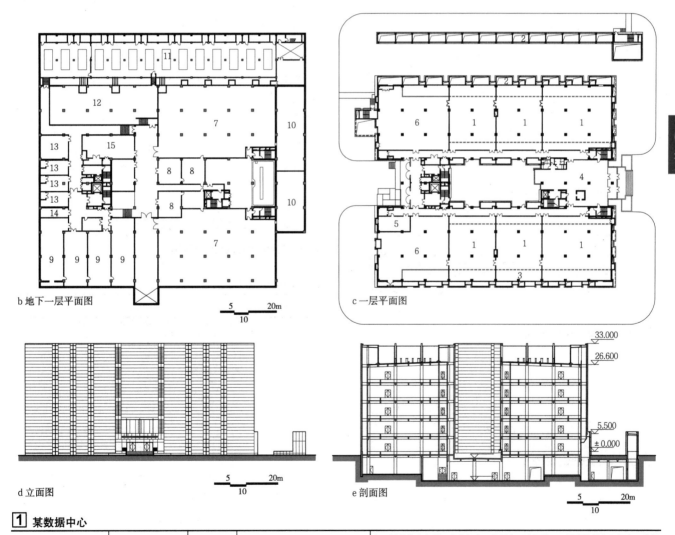

b 地下一层平面图

c 一层平面图

d 立面图

e 剖面图

1 某数据中心

名称	主要技术指标	设计时间	设计单位	负一层为变配电所、冷冻机房、水泵房、油机等；一层为数据中心机房、高低压配电室、电力电池室、门厅、消控安保等；二~五层为数据中心机房、电力电池室等
某数据中心	地上面积38164m²	2014	上海邮电设计咨询研究院有限公司	

邮政建筑 [1] 概述

基本概念

1. 邮政是对信件、印刷品、包裹的寄递以及邮政汇兑提供邮政普遍服务的通信部门，具有通政、通商、通民的特点。

2. 邮政设施是指用于提供邮政服务的邮政营业场所、邮件处理场所、邮筒（箱）、邮政报刊亭、信报箱等设施。

3. 邮政建筑是承担邮政业务、服务与管理的建构筑物。

邮政服务网

邮政服务网　　　　　　　　　　　　　　　　　　　表1

网络分类	业务内容	邮路
实物网	传递各类邮件、货物的营业窗口，分拣处理设备、运输网路、投递段道	航空、铁路、汽车运输等
信息网	电子化邮政业务、报刊发行系统、集邮系统、速递跟踪查询系统、邮区中心局作业系统、邮运指挥调度系统、国际业务系统、机要业务系统等	邮政综合计算机网络
资金网	邮政电子汇兑系统	邮政金融计算机网络等

邮政服务基本流程

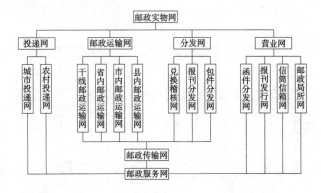

[1] 邮政实物网基本流程示意图

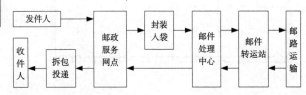

[2] 邮件处理典型流程示意图

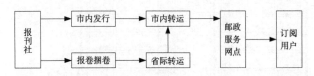

[3] 报刊发行典型流程示意图

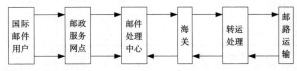

[4] 国际邮件处理典型流程示意图

邮政建筑分类

邮政服务网　　　　　　　　　　　　　　　　　　　表2

业务内容	建筑名称	邮路	建筑规模分类
邮件处理	普通邮件处理中心	航空、铁路、汽车等	日平均邮件（万件）处理量
	速递邮件处理中心	航空	
邮件转运	航空邮件转运站	航空	日平均总包（万袋）交换量
	铁路邮件转运站	铁路	
	汽车邮件转运站	公路	
邮政服务网点	邮政支局/邮政投递支局	汽车、非机动车	一至三等局
	邮政所/邮政服务处	汽车、非机动车	一至三等所

规划布局要点

1. 邮政设施布局和建设应满足保障邮政普遍服务的需求。

2. 建设城市新区、独立工矿区、开发区、住宅区，或对旧城区进行改建时，应当同时建设配套的邮政普遍服务设施。

3. 较大的车站、机场、港口、高等院校和宾馆应当设置提供邮政普遍服务的邮政营业场所。

4. 机关、企业事业单位应当设置接收邮件的场所。农村地区应当逐步设置村邮站或者其他接收邮件的场所。

5. 在城市主要对外交通枢纽，应建设布置与之相适应的邮件处理中心。一般在机场建设速递、国际邮件处理中心；在火车站、汽车站建设信函、包裹、印刷品、报刊邮件转运站处。

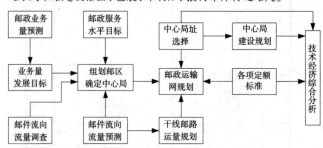

[5] 邮政通信网建设规划流程图

邮政建筑选址要点分类表　　　　　　　　　　　　　表3

建筑分类	选址要点
普通邮件处理中心	1.宜选在某一主要邮件依赖的交通运输中心附近； 2.方便大吨位汽车进出； 3.接收、发运邮件的邮运通道便捷； 4.应根据邮件接发的便捷性、运维经济性等，进行多方案的对比，择优选址
速递邮件处理中心	1.速递主要特征为小件和快速，采用门到门的收递形式； 2.一般可视为航空货运的延续，故宜靠近机场这类快速运输中心，以保障运输速度； 3.选址时，必须了解预测对象、货物作业量以及配送时间等，计算确定服务半径
邮件转运站	1.火车转运站应建在火车客运一侧，尽量靠近火车站台，并设有利于接发火车邮件的通道及便于出入转运站的汽车通道； 2.汽车转运站应避开闹市，临近城市交通干道，尽量靠近邮件处理中心； 3.航空邮件转运站宜建在民航机场区域内，并设有便于接发航空邮件的通道和出入转运站的汽车通道
邮政服务网点	1.邮局网点应纳入市政规划，根据服务人口与服务半径建设邮政基础设施配套； 2.注重城郊接合部邮政网点建设，保证城市周边通邮能力； 3.郊区、农村设村邮站投交； 4.市区1~2km服务半径或3~5万人口，设置一个邮政局所； 5.每个乡（镇），或农村地区主要人口聚居区平均2~5km服务半径，设置1个邮政局所

工艺流程与功能流线

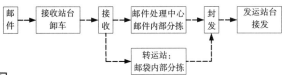

[1] 基本工艺流程

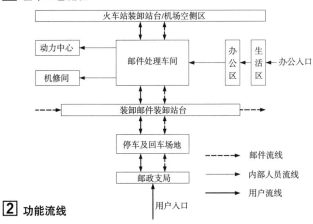

[2] 功能流线

建设内容与面积标准

邮件处理中心　　　　　　　　　　　　　　　　　　　　表1

功能名称	主要工艺方式	面积标准
生产用房	转运、包裹、印刷品、信函、快件、速递、报刊、国际邮件处理场地	生产类用房面积一般按月日平均量万袋（件），根据工艺和使用管理需求确定。国际邮件：函件100件/m²，包裹5件/m²。邮袋分类修补车间：约150条/m²
	邮政营业厅、包裹库、邮件的封发和投递准备工作场地	
辅助生产用房	生产调度室、电视监控室、计算机室、车间控制室	
	空袋分类处理修补堆放车间、材料供应室、业务档案室	
	广播室、电话总机、消防安保室、动力能源机电用房等	
	车库、油库、维修间、空压房、柴油发电机房等	
生产管理用房	生产管理科室、车间办公室、生产会议室、技术交流培训室等	10~15m²/人
生活用房	更衣淋浴、盥洗、食堂、休息、夜班休息、押运员休息等	15~20m²/人

注：根据《邮件处理中心工程设计规范》YD 5013-95自制。

邮件转运站　　　　　　　　　　　　　　　　　　　　表2

功能名称	主要工艺方式	面积标准
生产用房	总包、邮袋转运车间；接收与发运场地应分隔开；设置一定储存场地	根据工艺需要确定
调度管理用房	生产管理科室、车间办公室、生产会议室、技术交流培训室等	
生活用房	更衣淋浴、盥洗、食堂、休息、夜班休息、押运员休息等	8~10m²/人

注：根据《邮件转运站工程设计规范》YD 5008-95自制。

站内工艺对比与配置要求

站内工艺对比与配置要求　　　　　　　　　　　　　　表3

建筑类型	工作内容	场地规模	处理邮件种类	设备配置
邮件处理中心	对邮件进行开包、分拣、暂存、封装、发运处理	>5000m²	国内、国际的函件、印刷品、报刊和包裹以及总包（邮袋）处理	信函分拣机、印刷品分拣机、包裹分拣机、总包分拣机等各类分拣设备，及相配套的各类输送设备，如皮带机、滚柱机、滑槽等
转运站	接收总包邮件、暂存、分拣，按计划组织发运	≤5000m²	总包（邮袋）处理为主，可根据需要安排少量包裹处理	根据规模大小，配置总包分拣机、交叉带式分拣机、速递扁平件分拣机等各类分拣设备，及相配套的各类输送设备，如皮带机、推挂输送机、滑槽等。根据需求，设置数据处理系统

总平面布置

1. 总平面布置

生产、辅助生产及办公和生活用房宜按功能分区布置。生活区应与生产区分离，合理布局，并妥善利用原有房屋及设施。预留分期建设用地，应有合理的依据。

2. 生产用房宜为南北朝向，利于自然采光，防止过度日晒

3. 生产用房与场地、局内道路

不宜紧邻城市主干道。生产用房四周宜设环行车道，便于在建筑两侧设置装卸站台，方便邮件装卸和内部输送合理布局。道路最小宽度4m，汽车最大纵坡11%，电瓶车最大纵坡4%。

4. 生产用房装卸回车场地

汽车装卸站台或汽车、牵引拖车混合装卸站台时，其楼前应有不小于22m宽的装卸回车场地；牵引拖车装卸站台楼前应有不小于12m宽的装卸回车场地。

5. 局内道路与停车

通行小客车、吉普牵引及拖车和轻型邮政汽车的道路转弯半径为6m；通行载重量为5~8t的中型邮政汽车的道路转弯半径为9m；通行三轴载重汽车和重型集装箱载重汽车的道路转弯半径为12m。

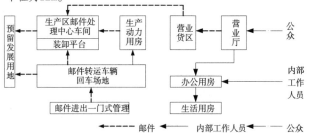

[3] 邮件处理中心总平面流线组织示例

基地停车面积配置表　　　　　　　　　　　　　　表4

数量	停车场面积（m²）
车辆数量	5辆汽车以下250；6辆以上每辆增加45；11辆以上每辆增加40
车辆类型	牵引车或小汽车：22/辆；3t以下叉车：12/辆；邮政拖车：6/辆

注：有集装箱车辆时应适当放大场地面积。

火车站邮运地道基本要求　　　　　　　　　　　　表5

地道相关项目	基本要求
净宽与净高	单车道不小于3.5m；双车道不小于5.5m；净高不低于2.8~3.0m
最大纵坡	不宜大于8%，坡道距主干道距离不小于5.5m
转弯处墙角	弧形处理，最小半径不小于2.5m
地道顶板距道轨距离	距铁路道轨顶面的最小高度不大于1.3m并征询道轨设计同意

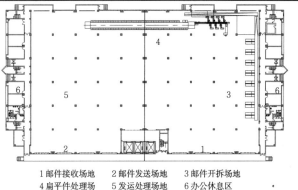

1 邮件接收场地　　2 邮件发送场地　　3 邮件开拆场地
4 扁平件处理场　　5 发运处理场地　　6 办公休息区

[4] 邮件处理中心平面示意

邮政建筑 [3] 邮件处理中心和转运站

邮件输送方式

1. 底层邮件进出输送宜采用板式或带式输送机,设备可安装在地沟内。
2. 邮件由上向下输送,宜采用滑槽或其他重力输送设备,并结合缓冲储藏一并考虑;信盒、硬质包装、较硬质固定外形邮件宜采用无动力辊子输送机。
3. 转运接收可采用悬挂输送或其他连续升运设备,如分层功能的斗式提升机、双带升运机、容器升运机等。

建筑设计要点

1. 工艺需求与平面设计:基于邮件处理的机械化、自动化、高效率需求,在征地条件许可的条件下,邮件处理与转运车间平面应尽可能大,以方便工艺设备布局,减少邮件上下层之间处理或分拣中的驳运等操作。
2. 工艺需求与建筑柱网:中大型邮件处理中心应选8.4m或9m以上柱网。单层邮件处理中心的柱网可不受此限,可尽量做大,方便工艺布局。
3. 室内净高要求:生产用房梁下及防护网下等部位净高需满足工艺需求与平面功能。

邮件运输方式与主要设备表   表1

运输方式	主要运输设备	土建配合要点
垂直运输	电梯、双带升运机、斗式提升机、兰ская升运机、容器升运机、集装箱升运机等	电梯厅等门前空间适当放大,留有邮件临时堆放场地
水平/倾斜运输	带式输送机、板式输送机、驱动辊子输送机等	预留沟槽、楼板开孔,洞口四周防护栏杆高度不小于1050mm
悬挂运输	提式悬挂输送机、推式悬挂输送机、单轨电动葫芦等	吊具荷载1.0~2.5 kN/m²;悬挂设备在人车通道上方应设置防护网或夹层
重力运输	各种滑槽、倾斜的无动力辊子输送机	滑槽宽1m;下方设缓冲区
车辆运输	手推车、托盘车、车站挂(拖)车、手动电动液压搬运车、电瓶搬运车、叉车等	通道宽度设计应满足运输车辆转弯半径需要

柱网尺寸   表2

开间方向柱距(mm)	—	7200	7800	8400	9000	—	—
进深方向柱距	7200	7800	8400	9000	9600	10800	12000

生产用房的梁下净高   表3

车间名称	主要工艺方式	梁下净高(m)
转运	邮袋总包悬挂输送机分拣;邮袋(捆)总包分拣机分拣	5.7
	其他作业方式	5.0
包裹印刷品分拣	邮袋总包由推挂滑轨贮存、开拆,邮件机器分拣	5.5
	邮袋总包由推盘车贮存、推挂滑轨开拆,邮件机器分拣	5.0
	邮袋总包由托盘车贮存、单机设备开拆,包、刷散件由集装箱贮存、翻倒供件,邮件机器分拣	4.5
信函件分拣	邮袋总包、报刊、信盒由托盘车或集装箱输送贮存,机器分拣或手工分拣	设置空调 4.0
		不设空调 3.6

机械设备防护网或夹层梁下高度要求   表4

机械设备形式	防护网下或夹层梁下的高度(m)
沿悬挂输送机行走方向	防护网下净高不宜小于2.2
推挂滑轨存储分拣区	防护网最低净高不宜小于2.0
推挂滑轨作为邮袋分拣贮存	防护网下净高不宜小于3.3;斜最低净处净高不宜小于2.6
推挂的防护网采用结构夹层楼板	梁下净高不宜小于3.5

生产用房承重要求   表5

内容	承重要求(kN/m²)
包装/印刷品及期刊车间	8~20
函件车间	5~8
转运/商函车间	8~12
推式悬挂运输机滑槽存储系统	梁下2.5
带式运输机出袋系统	梁下2.0
提式(即普式)悬挂运输机	梁下1.0

建筑设计一般要求   表6

项目	内容	基本要求
消防	耐火等级	依据《建筑设计防火规范》GB 50016对于规模、面积与高度等确定
	防火分区安全疏散	生产用房属丙类工业厂房;管理、生活用房属民用建筑,与生产车间之间采用防火墙隔离,分别疏散
防水	屋面排水	防水等级应为一级,外排水
防潮	地面防潮	地面宜采用钢筋混凝土配筋防潮,地沟、管沟防水、防潮
室内装饰防水	楼地面	坚硬密实、耐磨、不起尘、易清洁
	墙面	光洁、无眩光、防潮、不起尘
	阳角防护	4mm钢板护角,转运车间保护高度1600mm,其余车间1100mm
防鼠安全防护		底层设置防盗栏,管线进出洞口应有防鼠算子隔离 机械设备出墙洞口应设安全门锁闭
卫生	含尘量	生产车间含尘量应控制在10mg/m³以内,在邮件开拆、作业点或其他扬尘大的区域设置除尘设备

照度要求   表7

部门名称	照明方式	计算点高度(m)	最低照度(lx)	备注
生产车间	一般照明	地面	50	1.各分拣席位及抄登、制签、做单办公桌面; 2.在防护网上识读袋牌进行勾挑
	混合照明(1)	0.8	150	
	混合照明(2)	距防护网1.4	100	
业务档案室	混合照明	0.8	150	
计算机室	一般照明	0.8	200	
调度室、控制室、电话交换机室、各办公室	混合照明	0.8	100	
维修室	混合照明	0.8	200	
变压器室、油机室	一般照明	1.4	75	
水泵房、风机房、锅炉房	一般照明	1.4	50	

门洞尺寸要求   表8

大门位置	ULD装卸门	牵引车进出门	汽车通行过街楼门洞	装卸站台向车间门	装卸站台通车间门	辅助生产用房门	办公室生活间门
门宽(mm)	≥3000	≥3600	≥5400	≥2400	1500~1800	≥900	900
门高(mm)	≥2700	≥3500	≥4500	≥2700	2100	2100	2100

注:车辆进出门下不宜设置沟槽或门槛。

装卸站台及雨棚尺度要求   表9

部位名称	尺度要求	其他要求
装卸站台	离地高度	600~1200mm,多为1100mm	可考虑液压升降接驳台;站台边沿宜预埋角钢或其他形式防护装置
	站台深度	人行≥1.5m;手推车≥2.0m;车行≥3~4m	站台地面需防滑不起尘,当使用叉车叉运起落盘时,地面可满焊4mm厚网纹钢板
站台雨棚	离地高度	棚底距地面净高不小于3.8m,距站台净高不小于3m	棚顶应根据悬挂升降滑槽或其他工艺设备需要的预埋钢板铁件
	出挑角度	60°	

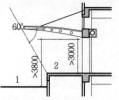 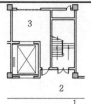

1 室外地面 2 站台地面(防滑) 3 货运电梯厅

1 装卸平台平、剖面示意图

建设内容

1. 邮政服务网点的布局与城市人口密度、规模及邮政业务量有着密切的关系。根据邮政业务量的大小，分为邮政支局、邮政所、邮政投递支局、居民住宅小区邮政服务处等。
2. 邮政服务网点一般包含邮政信件、包裹业务，邮政报刊、集邮发行业务，邮政储蓄业务，公用事业费代收业务以及配套的邮政管理办公辅助用房和邮政库房等。

邮政服务网点主要建筑需求及业务功能　　　　表1

邮政建筑	邮政信件包裹业务	邮政报刊	集邮发行	邮政储蓄	公用事业费代收业务	养老金发放业务	管理办公邮政库房
邮政支局	有	有	有	有	有	有	有
邮政所	有	有	有	有	有	有	少量
邮政投递支局	有	有	无	无	无	无	少量
邮政服务所	有	无	无	无	无	无	无

邮政服务网点面积指标　　　　表2

邮政建筑	等级	建筑面积（m²）	邮政生产用房建筑面积（m²）	生产生活辅助用房建筑面积（m²）
邮政支局	一等	2013~2153	1041~1181	972
	二等	1699	936	763
	三等	1431	739	592
邮政所	一等	254~278	125~145	91含50m²宿舍
	二等	215~239	95~115	91含50m²宿舍
	三等	144~165	50~70	70含50m²宿舍

注：本表摘自《邮电支局所工程暂行技术规定》YDJ 61-1990。

选址要求

1. 交通便利，便于邮政操作，远离敏感目标，尽量不扰民。
2. 宜靠近公共活动中心或商业服务中心，便于群众用邮。
3. 适宜的停车卸货场地和车辆回转、停放场地。
4. 综合设置的邮政支局宜结合公共建筑设置，邮政支局服务范围以外的地区，可补充设置邮政所。
5. 城市邮政所一般作为小区公共服务配套设施设置，应设于建筑首层，建筑面积可按100~300m²预留。

邮政局所服务半径和服务人口参考控制性指标　　　　表3

区域位置	服务半径（km）	服务人口（万人）
直辖市、省会城市	1~1.5	3~5
一般城市	1.5~2	1.5~3
县级城市	2~5	2
农村地区	5~10	1~2

注：本表摘自《邮政普遍服务标准》YZ/T 0129-2009。

邮政局所规划用地面积、建筑面积　　　　表4

区域位置	用地面积（m²）	建筑面积（m²）
邮政支局	1000~2000	800~2000
合建邮政支局	—	300~1200

注：本表摘自《城市通信工程规划规范》GB/T 50853-2013。

设计要点

1. 考虑无障碍设施：营业厅入口、大门、室内垂直与水平交通、服务区等均应设置无障碍专用通道等设施。
2. 风雨雨棚满足邮政车辆停靠，净高一般不低于4m。
3. 邮包进出通道不同层应设置不低于1600kg电梯；一般遇高差处采用不大于1:10坡道过渡。
4. 储蓄业务应独立成区，其安全防控参见银行营业厅。
5. 邮政服务处为更小型的服务网点，一般与办公大楼、居民住宅小区商业网点相结合。
6. 配置电脑机房，数据统一联网。

流线与平面布置

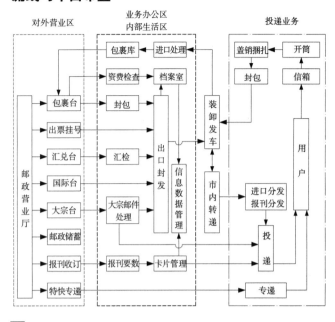

1 功能构成与流线关系图

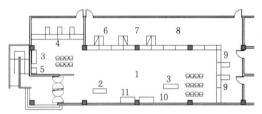

1 营业厅　2 咨询　3 填写　4 邮政储蓄　5 ATM　6 代费
7 集邮　8 信包邮寄　9 信包领取　10 打包　11 邮筒

2 邮政支局营业厅平面示意

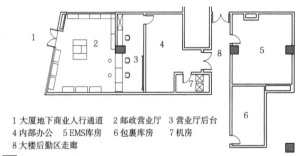

1 大厦地下商业人行通道　2 邮政营业厅　3 营业厅后台
4 内部办公　5 EMS库房　6 包裹库房　7 机房
8 大楼后勤区走廊

3 某办公楼邮政服务所平面示例

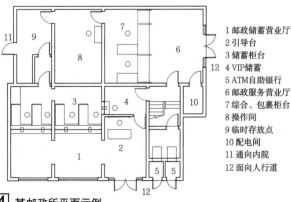

1 邮政储蓄营业厅
2 引导台
3 储蓄柜台
4 VIP储蓄
5 ATM自助银行
6 邮政营业厅
7 综合、包裹柜台
8 操作间
9 临时存放点
10 配电间
11 通向内院
12 面向人行道

4 某邮政所平面示例

邮政建筑 [5] 实例

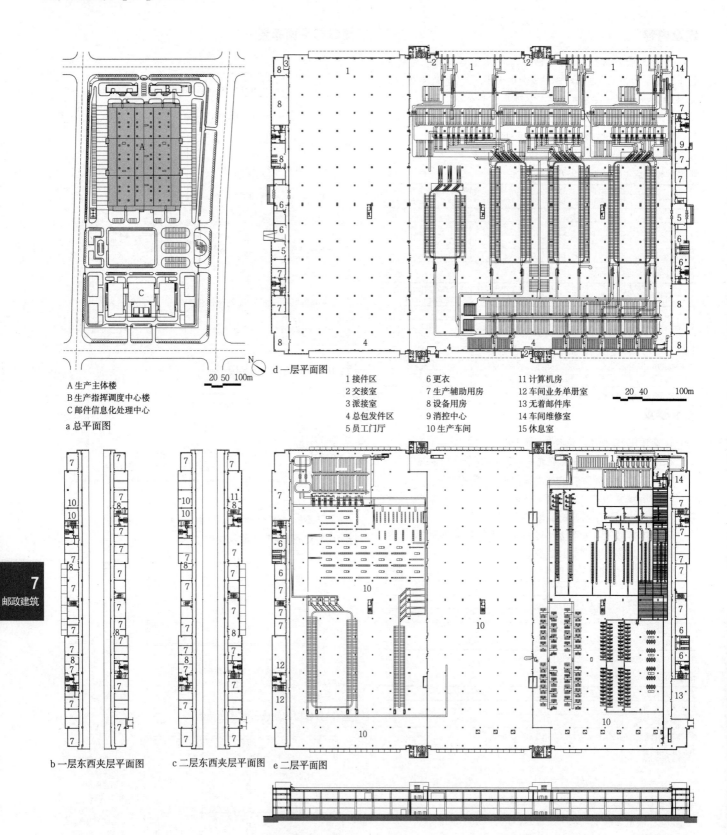

A 生产主体楼
B 生产指挥调度中心楼
C 邮件信息化处理中心
a 总平面图

b 一层东西夹层平面图
c 二层东西夹层平面图
d 一层平面图
e 二层平面图
f 剖面图

1 接件区　　6 更衣　　　　11 计算机房
2 交接室　　7 生产辅助用房　12 车间业务单册室
3 派接室　　8 设备用房　　　13 无着邮件库
4 总包发件区 9 消控中心　　　14 车间维修室
5 员工门厅　10 生产车间　　　15 休息室

1 北京邮件综合处理中心生产主体楼

名称	主要技术指标	设计时间	设计单位	
北京邮件综合处理中心生产主体楼	建筑面积123036m², 地上2层，局部4层，建筑高度19.40m	2009	北京世纪安泰建筑工程设计有限公司	生产主体楼长度约290m，宽度近200m，地上2层（局部有夹层），采用12m×12m柱网。首层层高10.5m，呈高大空间，供大型邮件分拣设备布置及各种包件转运集装容器处理场地使用。二层层高6m，为信函、扁平件、国际邮件场地，东西两侧及夹层空间设置辅助办公用房。屋顶设多个天窗，保证二层有良好的采光通风

实例 [6] 邮政建筑

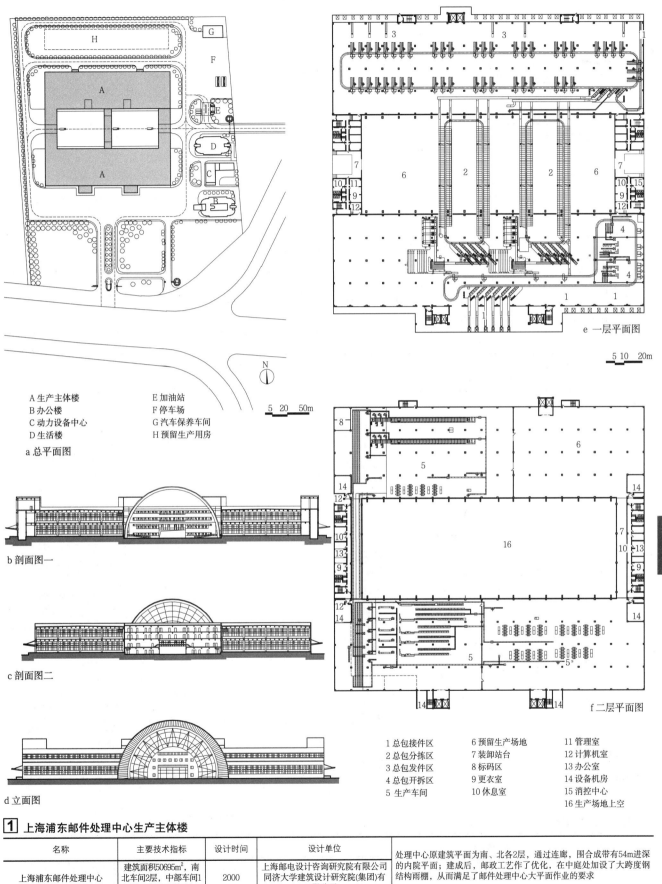

A 生产主体楼　　E 加油站
B 办公楼　　　　F 停车场
C 动力设备中心　G 汽车保养车间
D 生活楼　　　　H 预留生产用房
a 总平面图

b 剖面图一
c 剖面图二
d 立面图

1 总包接件区　　6 预留生产场地　11 管理室
2 总包分拣区　　7 装卸站台　　　12 计算机室
3 总包发件区　　8 标码区　　　　13 办公室
4 总包开拆区　　9 更衣室　　　　14 设备机房
5 生产车间　　　10 休息室　　　　15 消控中心
　　　　　　　　　　　　　　　　　16 生产场地上空

e 一层平面图
f 二层平面图

1 上海浦东邮件处理中心生产主体楼

名称	主要技术指标	设计时间	设计单位	
上海浦东邮件处理中心	建筑面积50695m², 南北车间2层, 中部车间1层, 东西两翼4层	2000	上海邮电设计咨询研究院有限公司 同济大学建筑设计研究院(集团)有限公司	处理中心原建筑平面为南、北各2层, 通过连廊, 围合成带有54m进深的内院平面; 建成后, 邮政工艺作了优化, 在中庭处加设了大跨度钢结构雨棚, 从而满足了邮件处理中心大平面作业的要求

邮政建筑 [7] 实例

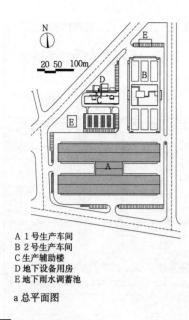

A 1号生产车间
B 2号生产车间
C 生产辅助楼
D 地下设备用房
E 地下雨水调蓄池

a 总平面图

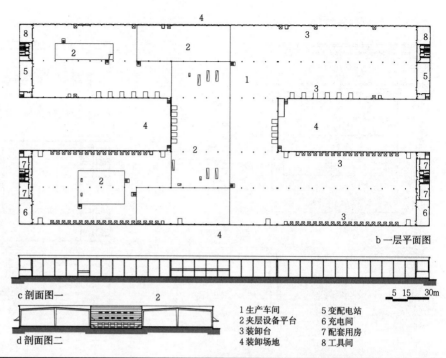

b 一层平面图
c 剖面图一
d 剖面图二

1 生产车间　　5 变配电站
2 夹层设备平台　6 充电间
3 装卸台　　　7 配套用房
4 装卸场地　　8 工具间

1 北京邮件速递处理中心一号生产车间

名称	主要技术指标	设计时间	设计单位	
北京邮件速递处理中心一号生产车间	建筑面积30093m²，地上1层，建筑高度15m	2013	北京世纪安泰建筑工程设计有限公司	基地临近首都机场，生产车间地上1层，层高11m，采用24m门式钢架结构。生产区设有手工处理区、机械处理区、转运处理区、机械分拣区等，车间中央及两翼根据工艺流线，局部设置设备夹层。车间外墙和车间中部屋顶布置电控排烟天窗及屋顶无动力风帽，解决日常通风换气

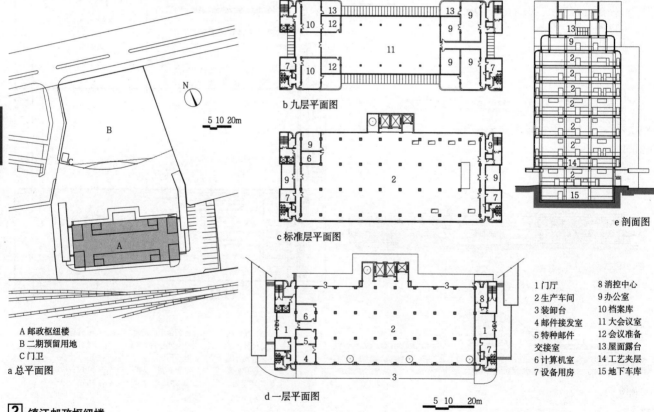

A 邮政枢纽楼
B 二期预留用地
C 门卫

a 总平面图
b 九层平面图
c 标准层平面图
d 一层平面图
e 剖面图

1 门厅　　　　8 消控中心
2 生产车间　　9 办公室
3 装卸台　　　10 档案库
4 邮件接发室　11 大会议室
5 特种邮件交接室　12 会议准备
6 计算机室　　13 屋面露台
7 设备用房　　14 工艺夹层
　　　　　　　15 地下车库

2 镇江邮政枢纽楼

名称	主要技术指标	设计时间	设计单位	
镇江邮政枢纽楼	建筑面积24750m²，地上9层，地下1层，建筑高度为59.2m	1994	上海邮电设计咨询研究院有限公司	基地位于镇江市火车站，用地较为狭小，为高层邮政枢纽楼。分拣功能为竖向布局，在底层及二层之间设置了工艺夹层

实例 [8] 邮政建筑

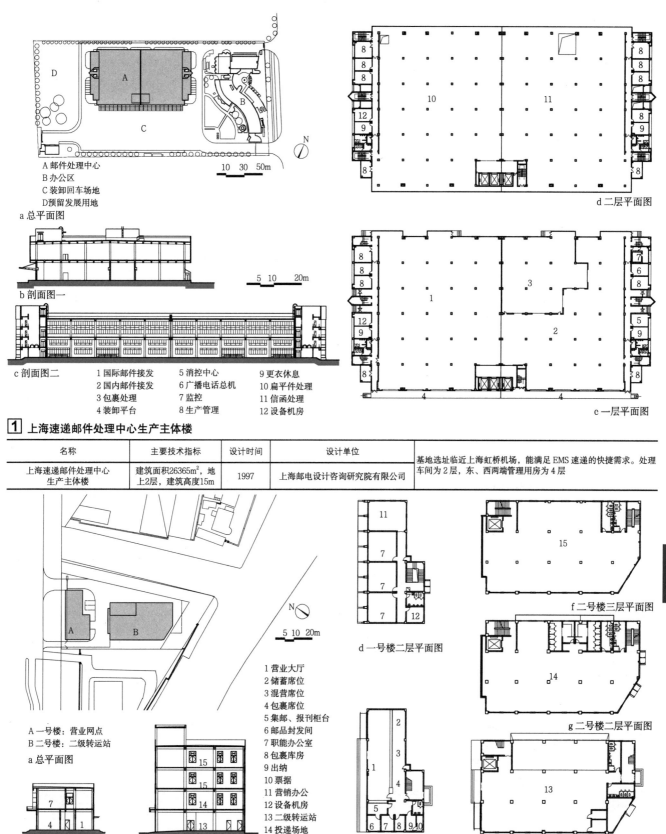

1 上海速递邮件处理中心生产主体楼

名称	主要技术指标	设计时间	设计单位	
上海速递邮件处理中心生产主体楼	建筑面积26365m², 地上2层, 建筑高度15m	1997	上海邮电设计咨询研究院有限公司	基地选址临近上海虹桥机场，能满足EMS速递的快捷需求。处理车间为2层，东、西两端管理用房为4层

2 上海淞沪邮政支局业务用房

名称	主要技术指标	设计时间	设计单位	
上海松沪邮政支局业务用房	建筑面积3350m², 地上4层, 建筑高度19.8m	2011	上海同建强华建筑设计有限公司	沿街一号楼地上2层，一层为营业用房，二层为管理办公。二号楼地上4层，为二级转运站，层高4.5m。内院设置邮政装卸场地

邮政建筑 [9] 实例

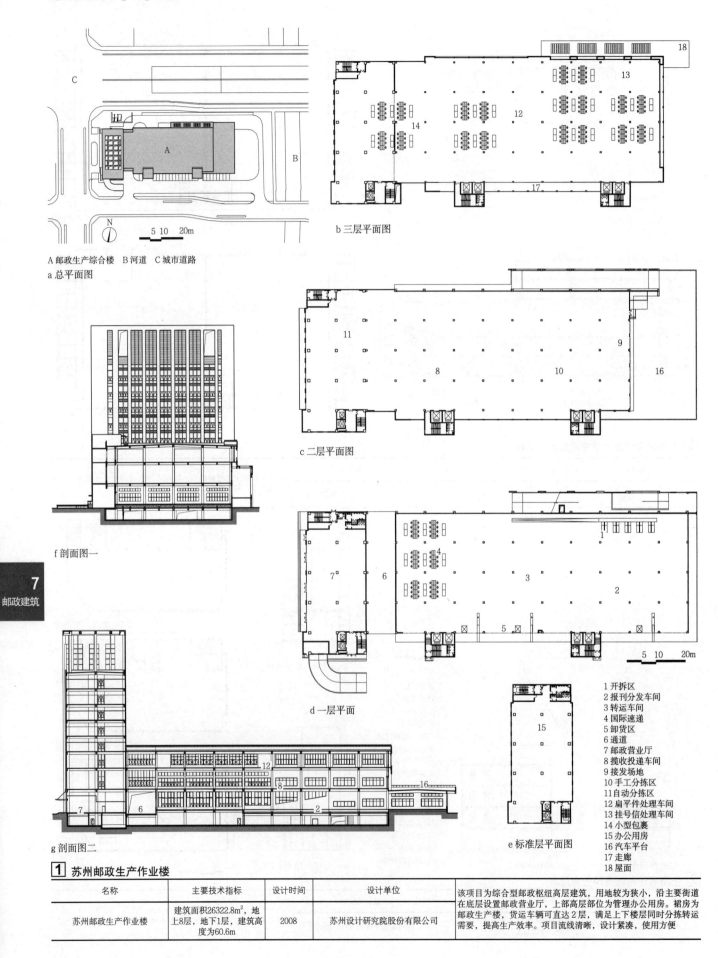

1 苏州邮政生产作业楼

名称	主要技术指标	设计时间	设计单位	
苏州邮政生产作业楼	建筑面积26322.8m²，地上8层，地下1层，建筑高度为60.6m	2008	苏州设计研究院股份有限公司	该项目为综合型邮政枢纽高层建筑，用地较为狭小，沿主要街道在底层设置邮政营业厅，上部高层部位为管理办公用房。裙房为邮政生产楼，货运车辆可直达2层，满足上下楼层同时分拣转运需要，提高生产效率。项目流线清晰，设计紧凑，使用方便

实例 [10] 邮政建筑

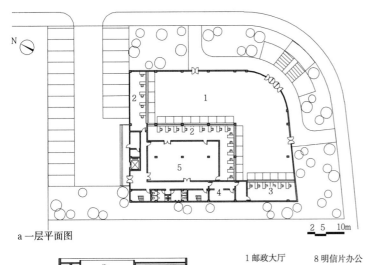

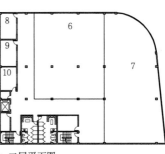

c 二层平面图

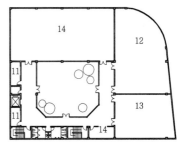

d 三层平面图

a 一层平面图

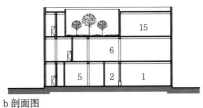

b 剖面图

1 邮政大厅	8 明信片办公
2 业务受理	9 报刊征订办公
3 邮政储蓄	10 快递办公
4 票据	11 管理办公
5 邮件分发	12 商函营销办公
6 报班投递	13 集邮邮品库房
7 信班投递	14 会议室
	15

1 上海周家渡邮政支局

名称	主要技术指标	设计时间	设计单位	
上海周家渡邮政支局	建筑面积2936m²，地上3层，建筑高度17.85m	2008	华东建筑集团股份有限公司华东都市建筑设计研究总院	总体用地面积不大，沿街一层设营业厅，二层设支局投递分拣，三层布置了屋顶花园。内院为邮政车辆装卸场地

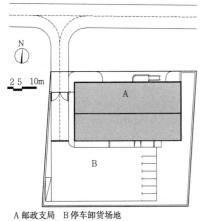

A 邮政支局　B 停车卸货场地
a 总平面图

b 一层平面图　　　d 二层平面

c 三层平面图

e 剖面图

1 营业厅	12 支局投递
2 储蓄席位	13 更衣
3 储蓄后台	14 商函处理
4 窗投、报刊集邮	15 特快揽投
5 混营及包裹席位	16 休息室
6 邮件封发区	17 库房
7 包裹库房	18 辅助用房
8 值班室	19 综合
9 出纳票据间	20 营销
10 消防水泵房	21 配电间
11 消防控制室	22 业务档案室

2 上海陈坊桥邮政支局

名称	主要技术指标	设计时间	设计单位	
上海陈坊桥邮政支局	建筑面积2169m²，地上3层，建筑高度16.9m	2009	上海电子工程设计研究院有限公司	该项目为旧址迁建工程。沿街一层设营业厅，二层设支局投递分拣，内院设置邮政车辆装卸场地

超高层城市办公综合体 [1] 概述

基本概念

1. 超高层城市办公综合体以办公功能为主，融商业、酒店、公寓、公共设施等多项功能为一体，一般由超高层的塔楼和多层裙房所组成。它以多种功能竖向叠层式综合开发建设的方式为主要特征，突出超高尺度的塔楼建筑对城市的标志性意义。其建筑高度一般在250m以上。（注：按国内现行规范，100m以上即为超高层建筑，但考虑到城市办公综合体发展的实际状况和国际对高层建筑的划分惯例，本资料集主要研究建筑单体高度在250m以上的超高层城市办公综合体。）

2. 超高层城市办公综合体的建设一般选择在国际大都市，但随着经济发展，超高层城市办公综合体已经向省会城市发展，个别副省级城市和地级市也在规划建设。其建筑高度愈来愈高，整体规模亦愈来愈大。随着技术的进步和人们对竖向高度挑战的渴望，超高层城市办公综合体的高度记录不断地被打破。

3. 超高层城市办公综合体功能的综合性日趋多样化。娱乐、文化设施等内容开始进入，与零售商业的体验式消费形成一体，进一步强化了现代都市生活的多样性和活力。

主要功能设计特点　　　　　　　　　　　　　　　　表2

办公	1.办公区域一般位于主体塔楼的中下部，标准为甲级办公楼，标准层面积较大，办公空间进深较普通办公楼深，其防火疏散和平面布局使用率与经济性是设计重点； 2.办公应单独设置出入口和广场，保证其人车集散的要求且不受干扰； 3.垂直交通分区域设置电梯组群，核心筒设计非常复杂
酒店	1.酒店一般为中等规模高端商务酒店； 2.酒店主要部分（如大堂、客房、餐饮、健身）通常位于主体塔楼上部，以充分利用超高层建筑景观高度的优势； 3.酒店入口及广场与其他功能分开，酒店门厅和酒店大堂垂直分离，由穿梭电梯上下联系； 4.酒店附属的高端商业设施不独立设置，一般借用裙房的零售商业，酒店的宴会厅、多功能厅一般也与商业设施结合在一起
商业	1.商业以高端零售为主要业态，由一线品牌主力店组成； 2.商业既为办公和酒店等功能的配套，也面向城市服务，是综合体与城市和社会交融的重要媒介； 3.作为城市活力的体现，娱乐、文化等新功能的加入，并与商业融合在一起，成为新的发展趋势
公寓	1.以酒店式公寓或高级公寓为主要形式，追求套内的景观要求，对朝向要求不高；一般布置在主体塔楼的上部； 2.与普通住宅的区别：套内空间要求更加完整，动静分区明确，厨房、卫生间可采用人工照明和机械排风； 3.停车和入口与其他部分截然分开，强调自身的私密和安静

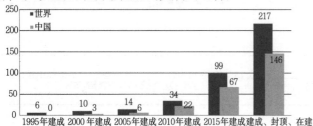

1 近20年超高层城市办公综合体建设情况（据2016年数据统计）

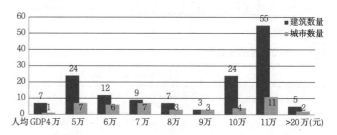

2 超高层城市办公综合体与经济发展水平关系（据2015年数据统计）

设计前期工作要点　　　　　　　　　　　　　　　　表1

1	超高层城市办公综合体设计应从城市的角度，运用城市设计的手段，研究建筑与周边环境的关系；研究建筑高度与体形对城市轮廓线的影响；研究总平面与周边道路和公共交通的关系
2	超高层城市办公综合体设计宜从商业策划开始，在城市规划的指导下对办公的定位、商业业态、酒店规模、公寓标准等重要功能问题进行调研策划。建筑师需与规划师、社会学家、经济学家、城市运营方、物业开发商、商业运营者以及咨询顾问共同商讨，充分评估其社会和经济方面的影响，并对环境影响予以必要的重视，采取合适的设计策略
3	超高层城市办公综合体各主要功能之间的关系不是简单的叠加混合。布局中既要考虑分区明确，使用上不相互干扰，又要做到各功能之间相互联系，互为依托，形成有机的组合。同时，在功能的具体内容设置和规模搭配上，各功能之间应有良好的应对，使用上也有效地整合为一体
4	集约、高效是超高层城市办公综合体的核心需求。在高效利用土地资源的同时，其内部运作的基础设施应做到集中设置、分块、分层计量，既发挥设备的整体效用，又方便不同使用者的运行成本核算

3 超高层城市办公综合体与城市类型关系（据2016年数据统计）

超高层城市办公综合体特征　　　　　　　　　　　　表3

特征一	特征二
1.超高层城市办公综合体一般坐落于城市核心区，有良好的道路交通和公共交通（包括地铁）支撑； 2.建筑具有超高的建筑形象，超大的尺度，成为城市形象和活力的标志； 3.超高层城市办公综合体一般具有很好的城市开放空间，与城市的主要广场、步行街、公园等公共活动场所融为一体	1.超高层城市办公综合体垂直交通系统庞大而复杂，一般以树型交通形态解决上下交通的需求； 2.鉴于建筑高度、规模和功能的复杂性，需进行专项论证和性能化分析，成为高新科技的集中体现。并且在高标准、高性能的建设要求下，也能成为新颖建材和设备的重点应用场所

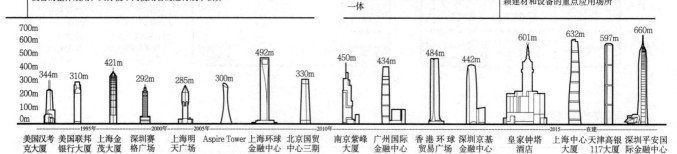

4 各阶段具有代表性的超高层城市办公综合体立面缩图

周边条件

1. 交通条件：位于城市核心区或新城市中心区，交通便利，周边道路发达，具有便捷公共交通网络。基地毗邻2条或以上城市主要市政道路，以及轨道交通站点、公交系统站点、出租车停靠站等。

2. 市政基础设施：基地周边具有城市给排水、电信网络、燃气、变电站、有线电视、垃圾站等完善的市政基础设施。

3. 其他设施：基地周边配套的城市广场、城市公园、酒店、居住区、学校、医院、文体活动中心、体育中心、商业等设施，有助于形成良好的城市环境，同时促进城市的平衡发展。

城市定位

1. 城市空间：一般位于城市核心商务区，通过建设超高层综合体提高城市建设密度，提高土地资源的价值。与其他建筑组成城市空间，统领城市空间形态。

2. 城市界面：设计应通过城市广场、绿化景观等公共空间在城市界面上形成良好公共空间。

3. 城市天际线：作为城市天际线的重要组成部分，一般作为天际线的高潮部分出现，对城市天际线的轮廓有着决定性作用。

场地设计

1. 建筑体量根据城市规划用地要求、现行规范要求以及使用功能要求进行确定。

2. 具有良好的场地内的景观，如广场景观、水景，并与周边景观资源相结合。

3. 基地一般设有两个以上主要出入口与市政道路衔接，并考虑不同人流、车流、物流流线的相对独立性，形成人车分流的内部交通流线。

4. 建筑布局应考虑周边建筑和自身的日照要求，满足现行规范。

类型

超高层城市综合体的类型包括：独幢、塔楼+裙房（裙楼）、几幢塔楼+裙房（裙楼）。

交通条件

表1

交通条件＼项目	广州F2-4高德置地广场	广州国际金融中心	广州东塔	上海环球金融中心	香港国际金融中心	上海金茂大厦	北京中国国际贸易中心	南京紫峰大厦
主要市政道路	●	●	●	●	●	●	●	●
轨道交通站点	●	●	●	●	●	●	●	●
公交系统中间站	●	●	●	●	●	●	●	●
出租车停靠站	●	●	●	●	●	●	●	●

注：1. ●为具备条件。
2. 周边约500m范围内。

其他服务设施

表2

其他服务设施＼项目	广州F2-4高德置地广场	广州国际金融中心	广州东塔	上海环球金融中心	香港国际金融中心	上海金茂大厦	北京中国国际贸易中心	南京紫峰大厦
幼儿园	○	○	○	○	●	○	●	●
学校	●	●	●	○	●	○	●	●
医院	○	○	●	●	●	●	●	●
市场	○	○	●	●	●	●	●	○
文体活动中心	●	●	●	●	●	●	●	●
体育中心	○	○	●	●	○	●	●	●
广场	●	●	●	●	○	●	●	●
酒店	●	●	●	●	●	●	●	●
住宅	●	●	●	●	●	●	●	●
商业	●	●	●	●	●	●	●	●
会议中心	○	●	●	●	●	●	●	●

注：1. ●为配套，○为未配套。
2. 周边约500m范围内。

人行交通

结合城市规划，合理利用地下空间、地面、空中城市步行系统，并与之衔接，形成地下地上步行交通体系，联系周边建筑，达到全天候人行交通流线。

能源综合利用

合理利用区域集中供热、集中供冷、区域热水、区域直饮水、区域中水、区域真空垃圾收集等系统，既可以节能减排，又可以减少设备用房，达到提高建筑实用率的效果。

城市空间

表3

整体布局要素＼项目	广州F2-4高德置地广场	广州国际金融中心	广州东塔	上海环球金融中心	香港国际金融中心	上海金茂大厦	北京中国国际贸易中心	南京紫峰大厦
位于城市核心商务区	●	●	●	●	●	●	●	●
城市高密度开发区	●	●	●	●	●	●	●	●
多种交通服务可达性	●	●	●	●	●	●	●	●
统领城市空间形态	○	●	●	●	●	●	●	●
与城市广场结合	●	●	●	●	●	●	●	○
与城市地下空间结合	●	●	●	○	●	○	●	○

香港　　　　　　　　　　　　　　北京

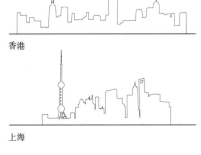

上海　　　　　　　　　　　　　　广州

深圳

1 城市天际线

独幢　　　塔楼+裙房（裙楼）　　几幢塔楼+裙房（裙楼）

2 类型

超高层城市办公综合体 [3] 总体布局 / 总平面

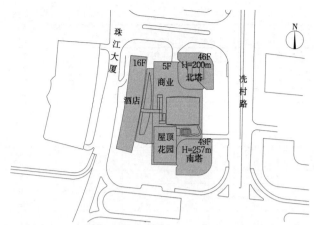

位于广州天河区珠江新城CBD新城市中轴线上，与城市其他高层建筑形成城市空间，周边道路交通便利：东起冼村路，西至珠江东路，南临花城大道，毗邻地铁5号线，北接兴盛路。

[1] 广州F2-4高德置地广场总平面图

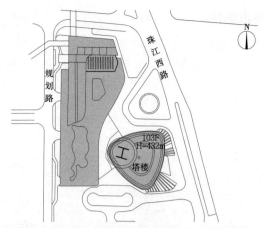

位于珠江新城西南部核心金融商务区，东临珠江大道，西靠华厦路，南接华就路，北望花城大道，处于新城市中心的中轴线上、城市中心广场周边，与城市其他高层建筑形成城市空间，地理位置优越，周边商贸发达、文化繁荣，新城市中心的自然、人文景观尽皆汇聚于此，成为广州城市新形象核心。

[2] 广州国际金融中心总平面图

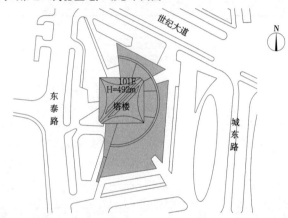

位于上海浦东新区陆家嘴金融贸易区，有独立的广场空间并与城市其他建筑形成城市空间，周边道路交通便捷：东临陆家嘴环路，西至东泰路，北接世纪大道，毗邻金茂大厦，已成为上海新的城市名片。

[3] 上海环球金融中心总平面图

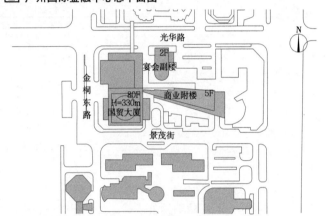

地处城市中心密集区域——北京商务中心区核心区，位于东三环与建国门外大街立交桥的西北角，与其他建筑围合形成城市广场，统领区域城市空间，周边道路交通便捷：东起东三环，西至机械局综合楼，南起国贸大厦2座，北至光华路。

[4] 北京中国国际贸易中心总平面图

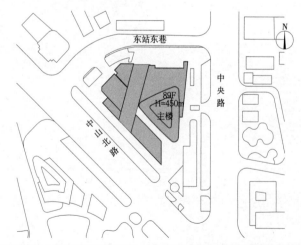

位于旧城区中心道路交叉口处鼓楼广场，与周边建筑形成城市空间，统筹城市空间形态，周边道路交通便捷：东至中央路，西至北京西路，周边区域有玄武湖、北极阁、鼓楼、明城墙等历史文物古迹；该地段是南京主城区的中心点及城市的制高点，周边远景尽收眼底：东可眺望紫金山、西可望长江、南有雨花台、北有幕府山。

[5] 南京紫峰大厦总平面图

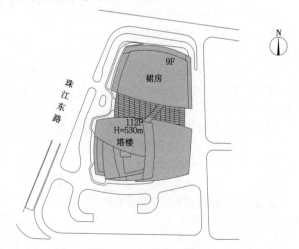

位于城市中心广场周边，广州天河区珠江新城CBD中心地段，与城市其他高层建筑形成城市空间，周边道路交通便捷：东起冼村路，西至珠江东路，南临广州市图书馆，北接花城大道，与广州西塔一起构成广州新中轴线上的制高点。

[6] 广州东塔总平面图

交通组织 / 总体布局 [4] 超高层城市办公综合体

区域交通组织

1. 区域交通类型包括：步行交通、非机动车交通、轨道交通、机动车交通（公交车、出租车、团体大巴、货运车辆、私家车及其他社会车辆）等。

2. 超高层城市办公综合体通常位于城市核心商务区，其巨大的开发容量为周边区域带来了相应的交通压力，轨道交通、公交车等大容量公共交通应成为首选的出行方式。

3. 区域规划路网建议采用"小街廓，密路网"的结构，营造适于步行和以公共交通为导向的可持续城市交通环境。同时为地块机动车交通的可达性提供较多的选择，减少主干道的压力。

4. 超高层城市办公综合体的机动车交通除了由周边地面市政道路承担以外，建议在更大的区域规划内设置地下市政车行输配环道，优化区域车行组织。从而使公共地下停车库、各项目地块停车库及货运服务形成有效的连接，同时也可集约化地设置地下与地面联系的车行坡道。

5. 规划区域范围内应设置高效的步行系统，可根据规划的具体条件采取地下、地面或架空的方式，解决区域内的楼宇互通、公共空间联系、公共交通换乘以及商业服务等功能需求。

区域交通组织示例

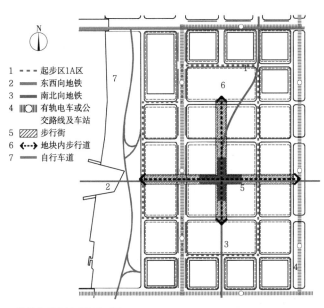

1 ---- 起步区1A区
2 ── 东西向地铁
3 ── 南北向地铁
4 ▥▥▥ 有轨电车或公交路线及车站
5 ▨▨▨ 步行街
6 ◄--► 地块内步行道
7 ── 自行车道

a 公共交通步行系统平面图

1 商业　　5 地下商业街
2 办公　　6 地铁站厅层
3 花园　　7 地铁站台层
4 采光井

b 商业街剖面图

[1] 天津于家堡金融起步区交通规划分析

名称	设计时间	设计单位
于家堡金融起步区城市设计导则	2009	SOM建筑设计事务所

天津于家堡金融起步区城市设计导则中的交通规划，设置了5条地铁线路、多条有轨电车线路、自行车专用道、商业步行街（地上、地下）、公共地下停车库和各级地面道路，构建了项目完善的交通体系

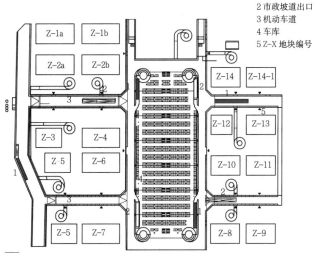

1 市政坡道进口
2 市政坡道出口
3 机动车道
4 车库
5 Z-X 地块编号

[2] 北京CBD核心区基础设施项目交通分析

名称	设计时间	设计单位
CBD核心区基础设施	2011	北京市建筑设计研究院有限公司、北京市政工程设计研究总院

北京CBD核心区用地29.72hm²，规划18座楼宇，建筑高度150~500m。基础设施位于核心区中央公共绿地及道路下方，南北长约400m，东西宽约200m，地下共5层，建筑面积约60万m²。地下一层为人行层，联系CBD各楼宇、地铁出入口和商业设施；地下二层设市政车行输配环道，连接各楼宇车库和货物配送中心，并集约化设置车库出入坡道，与城市外部交通直接联系

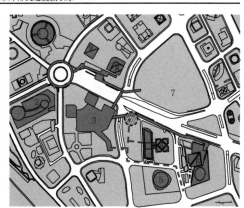

1 东方明珠
2 正大广场
3 国金中心
4 金茂大厦
5 上海中心
6 环球金融中心
7 陆家嘴中心绿地
8 中银大厦
9 平安金融大厦
A ── 天桥步行交通系统
B ┄┄┄ 地下步行交通系统
C ▨ 立体交通连接点

[3] 上海陆家嘴金融贸易区架空步行系统分析

名称	设计时间	设计单位
陆家嘴中心区二层步行连廊工程	2009	上海市隧道工程轨道交通设计研究院

为改善上海陆家嘴金融贸易区的步行交通组织，目前已开始实施该区域内的架空步行系统，连接各楼宇、城市轨道交通站点、公共开放空间和商业服务设施

超高层城市办公综合体 [5] 总体布局 / 交通组织

交通流线

超高层城市办公综合体用地范围内的交通流线类型,见表1。

交通流线类型 表1

分类依据	交通流线类型
功能区域	办公流线、酒店流线、公寓流线、商业流线、员工流线、货运流线等
交通方式	人行交通、车行交通、非机动车交通
立体分层	地下交通、地面交通、高架交通

设计要点及案例分析

1. 超高层城市办公综合体基地内的机动车交通组织应与不同功能入口相对应,由于该类项目往往功能业态组合复杂,需要争取较多的与城市道路的接驳口,以及较长的上下客车道边。

2. 首层主要功能区入口空间设计应指向清晰,具备识别性较强的方位感。各功能入口落客区与地库出入坡道顺畅连接,保证消防车道环通并设置消防登高作业场地。

3. 可按超高层城市办公综合体业态组成进行主要功能区入口分布:办公、公寓、酒店、观光、商业、会所等功能一般应单独设置入口空间,酒店通常还附设宴会专用入口及出租车蓄车道,酒店与观光设施宜设置大巴的停靠泊位。

4. 超高层城市办公综合体中酒店功能的货运服务装卸区一般单独设置,其他功能的装卸区根据条件也可合并设置。装卸泊位按各功能面积指标计算确定,与地面联系的大中型货车坡道可合并设置。

5. 超高层城市办公综合体的非机动车车库,通常设于地下一层或夹层,便于存取,出入库坡道设置应避免非机动车流线与机动车流线交叉。后勤员工入口一般单独设于首层,条件允许也可与非机动车出入口结合设于地下相应楼层。

6. 超高层城市办公综合体主要功能的步行导入空间组织方式,由其业态组成决定。如业态组成较简单,通常采用首层的平面分流组织方式。如业态组成复杂,首层面积与核心筒电梯厅面积不足,可采取立体组织的方式:公寓门厅、电梯厅可一、二层组合设置;观光门厅、电梯厅可结合下沉广场设于地下层,或结合架空连廊设于二层,两者与首层均有自动扶梯联系。

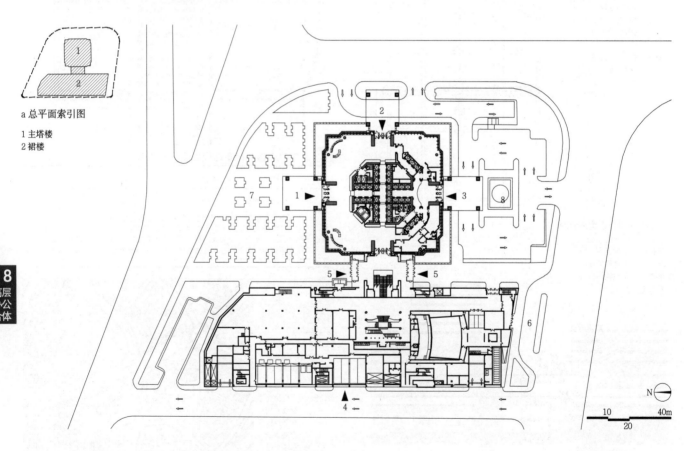

a 总平面索引图
1 主塔楼
2 裙楼

b 总平面图
1 人行入口
2 办公车行入口
3 酒店车行入口
4 后勤入口
5 零售购物观光入口
6 宴会厅入口
7 北广场(步行广场)
8 南广场(车行广场)

[1] 金茂大厦交通分析

项目名称	设计时间	设计单位
金茂大厦	1994	SOM建筑设计事务所

金茂大厦塔楼位于基地东侧,裙楼位于西侧,其留出的空间形成了四个区域:北侧为人行入口区,东侧为办公车行入口及地下车库出入口,南侧为酒店车行入口环道,西侧为服务及后勤物流区

交通组织 / 总体布局 [6] 超高层城市办公综合体

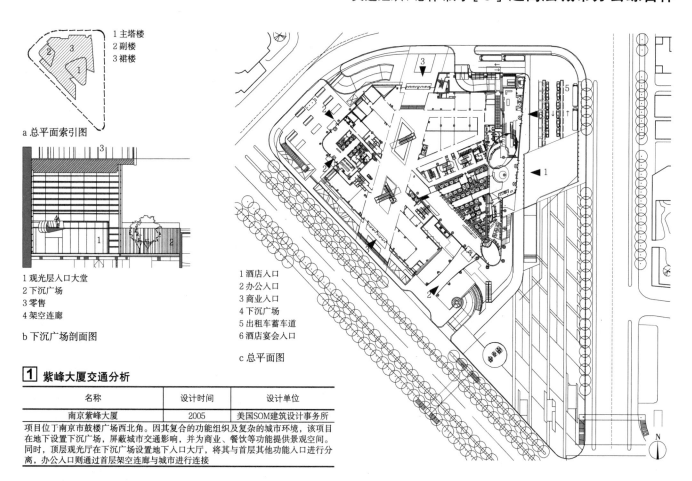

1 主塔楼
2 副楼
3 裙楼

a 总平面索引图

1 观光层入口大堂
2 下沉广场
3 零售
4 架空连廊

b 下沉广场剖面图

1 酒店入口
2 办公入口
3 商业入口
4 下沉广场
5 出租车蓄车道
6 酒店宴会入口

c 总平面图

1 紫峰大厦交通分析

名称	设计时间	设计单位
南京紫峰大厦	2005	美国SOM建筑设计事务所

项目位于南京市鼓楼广场西北角。因其复合的功能组织及复杂的城市环境，该项目在地下设置下沉广场，屏蔽城市交通影响，并为商业、餐饮等功能提供景观空间。同时，顶层观光厅在下沉广场设置地下入口大厅，将其与首层其他功能入口进行分离，办公入口则通过首层架空连廊与城市进行连接

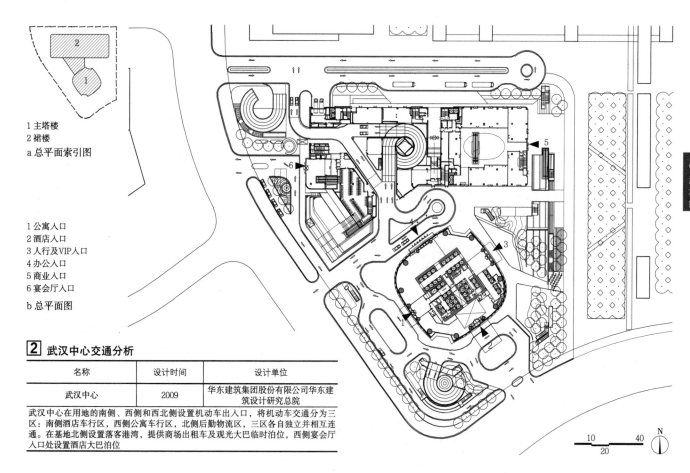

1 主塔楼
2 裙楼

a 总平面索引图

1 公寓入口
2 酒店入口
3 人行及VIP入口
4 办公入口
5 商业入口
6 宴会厅入口

b 总平面图

2 武汉中心交通分析

名称	设计时间	设计单位
武汉中心	2009	华东建筑集团股份有限公司华东建筑设计研究总院

武汉中心在用地的南侧、西侧和西北侧设置机动车出入口，将机动车交通分为三区：南侧酒店车行区，西侧公寓车行区，北侧后勤物流区，三区各自独立并相互连通。在基地北侧设置落客港湾，提供商场出租车及观光大巴临时泊位，西侧宴会厅入口处设置酒店大巴泊位

超高层城市办公综合体 [7] 功能构成与组合方式 / 业态组合

业态组合

超高层城市办公综合体具有功能复合化的特征。根据综合体的不同开发策略，办公、商业、酒店、公寓不同类型的功能相互结合，从而构成了不同组合类型的超高层城市办公综合体。

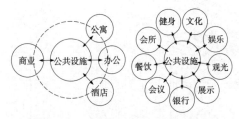

[1] 主要组合构成分析　　[2] 公共设施构成分析

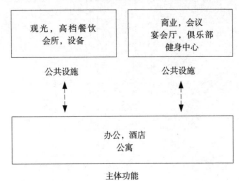

[3] 竖向分区分析

业态组合类型　　表1

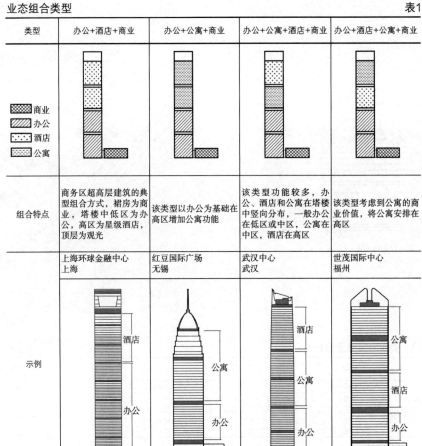

类型	办公+酒店+商业	办公+公寓+商业	办公+公寓+酒店+商业	办公+酒店+公寓+商业
组合特点	商务区超高层建筑的典型组合方式，裙房为商业，塔楼中低区为办公，高区为星级酒店，顶层为观光	该类型以办公为基础在高区增加公寓功能	该类型功能较多，办公、酒店和公寓在塔楼中竖向分布，一般办公在低区或中区，公寓在中区，酒店在高区	该类型考虑到公寓的商业价值，将公寓安排在高区
示例	上海环球金融中心 上海	红豆国际广场 无锡	武汉中心 武汉	世茂国际中心 福州

业态组合特征　　表2

商业	会议	办公	酒店	公寓	会所、高档餐厅、银行、俱乐部、健身、展示等	观光层
所需建筑面积较大，外来人流量大，位于综合体的裙房和底部，便于直接对外经营，以发挥其最大的价值	可对内对外灵活经营，短时间人流量很大，需较大的建筑面积，同时又需要有无柱的高大空间，所以一般会位于综合体的裙房顶层或地下一层，也便于提高其大量的后勤服务的效率，减少后勤服务的运输距离	超高层综合体的主要构成业态，需要有一定进深的楼层面积，人数较多，需要设置大量的电梯进行人员竖向运输，所以一般会位于超高层综合体的低区和中区部位，这样便于在高区释放出电梯所占的核心筒的面积，提高大楼的有效使用率和运行效率	所需楼层的进深较小，但需要有较好的视野，人员密度不高，所需电梯的数量少于人员密度较大的办公楼层，所以一般均位于超高层综合体的高区部位，小进深而视野开阔，是高星级酒店的首选区位	公寓的要求跟酒店基本相同，也同样不需要大进深而位于建筑综合体的高区位置，其位置可以在酒店的上部，也有在酒店的下部，根据市场的需求不同会有所不同。由于公寓大都会用于出售，所以一般会根据当地市场的情况将塔楼高区的最佳位置留给公寓层。也有一些公寓属于酒店式公寓，归属酒店统一管理，则跟酒店的客房楼层联系会更紧密	这是超高层建筑综合体主要基本业态的一些衍生功能场所，服务于整个大楼，用于提升大楼自身的品质和标准。这些功能区可以在大厦的低区（如银行、公共活动健身中心、餐饮）、也可以在大厦的转换层和顶层（会所、餐饮、俱乐部）	超高层综合体自身的特征，往往让它成为某一地区或城市的地标或制高点，所以从城市观光旅游的角度出发会在大厦的顶层设观光层，以满足人们登高远望、俯瞰城市的愿望，也是接待来宾、介绍城市风貌的最佳地点

竖向分区

超高层城市办公综合体基于其特有的垂直分布特性,可将其分成三大主要部分:塔顶、塔身和塔底。塔顶位于超高层最上部,其特殊位置使其需要承载超高层特定的观光功能及造型意义;塔底与城市相联结,主要为建筑对外的公共及接待功能;塔身是超高层的主要组成部分,建筑的主要使用功能都集中于此区段。

同时,由于超高层建筑有着其他建筑所不具备的高度和层数,受限于电梯效率、消防疏散要求及现有的建造及设备技术,超高层建筑的交通系统、消防系统、结构系统和机电系统都需要在特定的区段进行相应集中的变化与加强,简称区间转换段。通常结构加强层、交通转换层及设备层结合避难层一起设置。

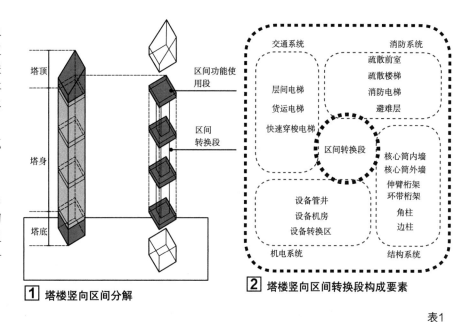

[1] 塔楼竖向区间分解
[2] 塔楼竖向区间转换段构成要素

塔楼竖向分区实例　　　　表1

项目名称	上海环球金融中心	上海中心	武汉中心	天津周大福
塔楼分区数	9(492m)	9(632m)	7(438m)	7(530m)
区段楼层数	5/11/11/11/11/11/11/15/1	5/12/13/13/14/14/15/15/4	4/12/12/15/15/23/1	5/12/11/11/3/21/20

核心筒外墙　是核心筒筒体结构的主要承重部分,厚度厚于核心筒内墙,亦会随所在楼层位置的提高而逐步减少其厚度

核心筒内墙　与核心筒外墙一起构成筒体结构,随所在楼层位置的提高,其厚度一般会在满足结构需求的前提下随之减少

伸臂桁架　位于超高层结构加强层的外框柱与核心筒之间,用以减少结构侧移,常与避难层、设备转换层等共同设置

环带桁架　位于超高层结构加强层中连接角柱与边柱,以增加巨型柱框架体系的结构稳定性

高速穿梭电梯　用于将人员快速直接传输到高区段转换大堂,然后在区段内通过层间电梯进行传输

层间电梯　层间电梯在竖向交通系统中,用于进行特定区段内的人流垂直运输,高区段与穿梭电梯相结合

货运电梯　用于超高层建筑各区段的货流传输,部分高区段货运电梯会与避难区结合,通过穿梭电梯进行转换

设备转换区　一般设置于区间转换段内,为特定区段提供设备支持并进行转换,常与避难区结合设计

边柱　边柱是指超高层建筑中三边有拉结梁的柱子,随着建筑高度的增加,其截面也会发生变化

角柱　位于超高层建筑角部、与柱的正交的两个方向各有一根框架梁与之相连接的框架柱

设备管井　用于超高层建筑各区段的设备传输,可设置于核心筒内,也可集中设置于核心筒外围

设备机房　包括空调机房,电气机房等,各层设备机房与设备总体机房相联系,以满足各层使用需求

疏散前室　楼梯间及其前室或合用前室是火灾时人员临时避难、疏散的场所,是消防队员进入高层建筑灭火的主要通道

疏散楼梯　是超高层人员垂直疏散的主要途径,按照消防规范要求,其经过避难区需要进行转换

消防电梯　建筑物发生火灾时供消防人员进行灭火与救援使用且具有一定功能的电梯,对防火要求较高

避难区　超高层中专门设置供使用者疏散避难的楼层,两个避难层之间距离不宜超过50m

[3] 塔楼典型区间转换段构成要素图解

超高层城市办公综合体 [9] 功能构成与组合方式 / 竖向分区与区间转换

塔楼区间转换

1. 功能业态：作为一种集约式的实现多种功能业态的竖向体系，为使其每一功能区间段的功能都能得到有效的空间利用，需要在其竖向布置上进行恰当的功能分区，以保证每一功能区间段所涉及的竖向服务系统能形成相对高效与独立的系统。

2. 垂直交通：基于现有技术条件下的电梯运能效率及经济性的考虑，并结合不同功能业态的规模与分区，平衡每一功能区段直达转换梯与区段内层间梯的配比，也是确定垂直分段及每段层数的主要因素之一。

3. 消防疏散：现有消防设计规范中关于避难层设计的有关规定，也大致限定了垂直高度上关于消防疏散的区段划分。一般而言，超高层建筑两个避难层（间）之间的高度不宜大于50m。同时消防疏散楼梯在避难层间需要强制转换的规定也提供了该楼梯在不同功能区间段布置的灵活性。

4. 结构系统：为满足结构的侧向刚度要求，需在核心筒和外框柱之间设置水平伸臂构件，形成伸臂加强层。必要时，加强层也可在外框建筑平面外缘同时设置周边水平环带构件。伸臂加强层及水平环带构件通常结合建筑的避难层、设备层等区间转换段空间，以减小伸臂构件对建筑功能的影响。

5. 机电转换系统：由于超高层建筑层数多，受限于机电设备的承压能力，为降低机电设备的造价，需在超高层区段中设置机电转换系统，以使其有效地为各区段分别服务，实现资源集约。机电转换系统常与结构、疏散转换系统相结合，形成区间转换段。

塔楼竖向分区的完整性与竖向集约   表1

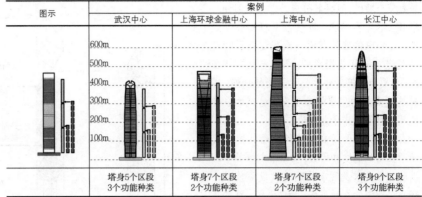

图示	案例			
	武汉中心	上海环球金融中心	上海中心	长江中心
	塔身5个区段 3个功能种类	塔身7个区段 2个功能种类	塔身7个区段 2个功能种类	塔身9个区段 3个功能种类

塔楼结构加强层类型   表2

加强层类型	图例	特点	典型工程实例
伸臂加强层		一般布置在设备层，需要1~2层高；外柱与芯筒变形协调直接，结构效率高；对设备层建筑功能布置有影响；内筒与外柱压缩变形差异产生附加内力；伸臂桁架贯穿芯筒，对施工进度影响较大；楼盖构造适当加强	上海金茂大厦 武汉中心大厦
环带桁架加强层		一般布置在设备层建筑外墙处；外柱与芯筒变形通过楼盖协调，结构效率相对低；对设备层建筑功能布置无影响；内筒与外柱压缩变形差异不产生附加内力；对施工进度影响较小；加强层楼盖刚度有要求；建筑立面不连续	昆明南亚之门 厦门海峡大厦

塔楼机电系统转换要点   表3

	给排水	暖通	电气
图示	串联系统　串并联结合系统	冷水系统换热器设置示意	电气设计示意
设计要点	一般在避难层均可设置中间高位水箱。串联供水系统减少了竖向立管，可节约管井及机房的面积需求；并联供水系统的水泵一般集中在地下室，但需要在塔楼区域设置转输水箱和水泵。所以建议采用串联和并联结合的方式	1.在高区可以设置冷却塔、冷水机组的情况下，独立的使用区域设置独立的冷源系统。 2.在高区无法设置冷却塔、冷水机组的情况下，需考虑冷源集中设置。 3.超高层建筑应特别重视垂直高度增大面带来的空调水系统承压问题，合理的断压设置可减少换热次数以减少换热损失、输送能耗、换热设备等投资；在高区可以设置冷却塔、冷水机组的情况下，也可以考虑为该区域设置独立的冷源系统	1.为高区服务的变压器可结合塔楼设备层位置设置，这是目前最经济和可靠的供配电方式。 2.应急电源需结合供电半径及容量确定其采用高压或低压。通常低压供电半径不超过250m，低压主开关不大于6300A时可采用低压发电机，否则应采用高压发动机。 3.每个防火分区或楼层应有自己的电气竖井兼作配电间，最好为上下对齐

设备转换层的设置要求   表4

位置要求	设备层一般与避难层结合设置，由于每项工程的具体情况不同，所以设备层中所设置的各类设备也会有所不同。其位置应设置在各功能分区段之间
层高要求	应综合各专业的管线高度要求，合理地确定设备层的层高，避免管底净高不满足规范的现象
通风百叶面积要求	设备层应根据各专业的需要设置必要的通风百叶，百叶窗一般应采用防雨型。北方开敞式设备转换层还应做好设备和管线防冻保温的措施
消防要求	除水泵房、供水管道外，其他管道、设备不应直接敷设在避难层
消声隔振要求	采取良好的减振隔声措施，避免风机、水泵等振动及噪音对上下楼层的影响。具体做法可参见《建筑隔声与吸声构造》08J931

竖向分区与区间转换／功能构成与组合方式 [10] 超高层城市办公综合体

塔楼区间转换段　　表1

设计要点	区间转换段包括人流转换和设备、结构加强。人流乘穿梭电梯至空中转换大堂，换乘层间电梯向上或向下，到达区间功能段，实现人流转换。电梯基坑、电梯冲顶、避难区及设备区也集中布置于区间转换段，进行设备、结构转换，并根据上下区电梯是否同井道分为两种类型		
类型	上下区电梯非同井道转换	上下区电梯同井道转换	
剖面示意	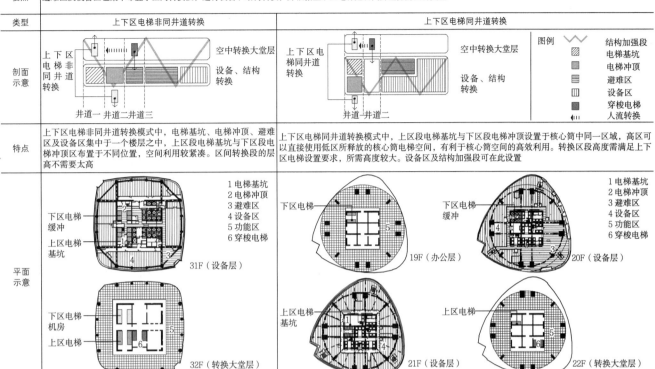		
特点	上下区电梯非同井道转换模式中，电梯基坑、电梯冲顶、避难区及设备区集中于一个楼层之中，下区段电梯基坑与上区段电梯冲顶区布置于不同位置，空间利用较紧凑。区间转换段的层高不需要太高	上下区电梯同井道转换模式中，上区段电梯基坑与下区段电梯冲顶设置于核心筒同一区域，高区可直接使用低区所释放的核心筒电梯空间，有利于核心筒空间的高效利用。转换区段高度需满足上下区电梯设置要求，所需高度较大。设备区及结构加强段可在此设置	
平面示意			
实例	武汉中心	上海中心	

交通转换设计要点　　　　　　　　　　　　　　　　　　　　　　　　　　　　　　　　　　　　　　　表2

分类方式	转换起因		水平转换模式		垂直转换模式	
	功能转换	电梯效率	芯筒内转换	芯筒外转换	向上转换	向下转换
图示						
特点	由于建筑垂直向功能发生改变而产生的转换	为实现电梯高效率使用而产生的转换	在核心筒内部进行的人流转换	在核心筒外部进行的人流转换	到达高区大堂层后人流向上进行转换	到达高区大堂层后人流向下进行转换
示意			公寓层间转换	酒店大堂层转换		
实例	武汉中心	上海环球金融中心	武汉中心	武汉中心	上海环球金融中心	长江中心
设计要点	1.对于区间功能发生变化而引起的客梯系统转换，需要在功能发生改变的转换大堂进行客梯转换。2.对于同功能楼层数过多而引起的客梯系统转换，则需要通过对电梯效率和核心筒空间利用的共同考虑来确定其转换位置。3.对于客梯系统转换层的设置，若按照10~12层/区进行分区，根据数据统计及理论验算，当电梯分区数量≥5个分区的情况下，就应采用穿梭电梯+空中大堂的转换方式组织竖向交通		1.对于功能性转换，如办公功能不同分区的使用人流在各转换大堂进行的人流转移等，设计时尽量使穿梭电梯与层间电梯的位置靠近，以便于转换时的人流能够得到快速转移。2.对展示接待型的人流转换，如星级酒店的公共大堂人流转换，可以将大堂各种功能，如接待、大堂吧、观景平台等功能串联于人流转换途径之中，通过核心筒外部流线进行组织，充分利用超高层建筑固有的高度和景观优势		1.对于超高层建筑中不同分区的功能区段而言，转换层多设置于功能区段的底层位置并向上转换，以节约核心筒空间并提高电梯效率。2.对于有着良好城市景观并需要对外进行展示的功能区段，如星级酒店区段、高档会所等功能，作为转换的大堂区域可设置于建筑高区，以利用超高层建筑独有的高度优势，对城市景观资源进行充分的利用	

超高层城市办公综合体 [11] 功能构成与组合方式 / 竖向分区与区间转换

塔楼竖向分区案例

塔身竖向分区案例系统分析表　　　　　　　　　　　　　　　　　　　　　　　　　　　　　　　　　　表1

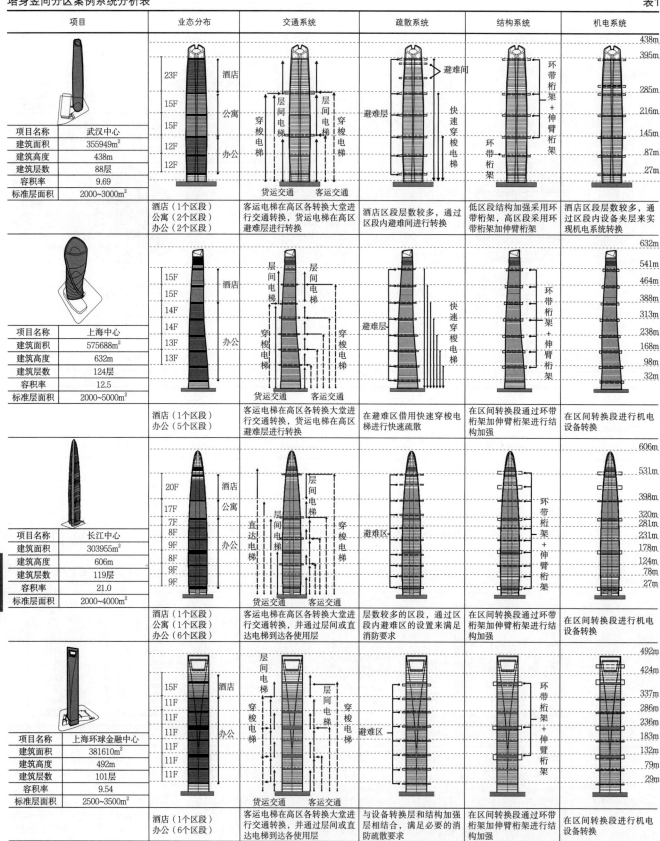

公共空间及相关配套设施

超高层建筑具有多种复合功能及相应配套设施,具有垂直城市和主体街区的特点。除了超高层塔楼的办公、酒店和公寓住宅功能之外,一般有以下公共空间及其他相关设施:底部各类入口空间、中部结合交通转换厅设置的空中大堂及庭院、顶部观光平台、空中会所等。其他设施有会议、展示、餐饮、娱乐、观光会所、商业中心和文化设施等公共配套空间,此外还有停车场、轨道交通站点、停机坪、汽车站等。

在综合体建筑中公共空间的分类及特点　　　　　　　　　　表1

部位	功能	特点
塔顶	观光平台 餐厅及会所	充分利用超高层建筑高空的景观优势,一般在顶部均设有观光平台和餐饮酒吧会所等功能,也有与酒店大堂结合形成的酒店公共部分。观景平台也有结合建筑造型设置在建筑中部的情况
塔身	交通转换厅 中庭、边庭 酒店大堂	在超高层建筑的中部常结合交通转换厅设置各类中庭和边庭,这些空间改善和提高了内部环境质量,加强了城市与建筑的内部视觉联系,为用户提供交流场所,同时也是各区域的社交与配套服务中心
塔底 裙房	各类入口大堂 公共配套设施	超高层建筑的底部是综合体各类交通的枢纽,也是各类公共配套设施的集中区域,设计中应妥善解决各类流线以满足安全疏散
地下	商业空间 停车场	超高层地下主要功能为商业空间、交通转换空间、停车场及各类机房等(地下室能有效地联系城市各类功能,形成高效的步行和交通网络)

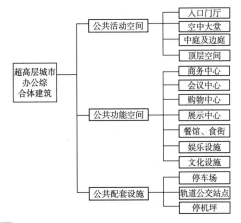

[1] 超高层城市办公综合体公共空间功能构成

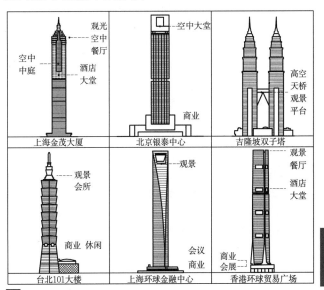

[2] 香港环球贸易中心剖面图

[3] 世界著名超高层综合体公共空间分布示意图

典型超高层城市办公综合体建筑功能构成及分析　　　　　　　　　　表2

项目名称	香港环球贸易中心		天津津塔大厦		北京国贸三期		上海环球金融中心		广州国际金融中心	
顶部	餐厅	L117~L118	设备层	L72~L75	设备层	L72~L75	观光/设备	L94~L101	设备层	L72~L75
			餐厅/厨房	L70~L71	餐厅/厨房	L70~L71	餐厅/宴会/酒吧	L91~L93	餐厅/休闲/泳池	L99~L100
高区	酒店	L102~L116	办公	L6~L69	SPA/健身	L69~L70	套房/酒店大堂	L88/L87	酒店客房	L71~L98
					套房	L56~L66	会议/泳池	L86/L85	酒店大堂	L70
					酒店大堂	L55	酒店客房	L79~L84		
中/低区	办公	L10~L99			办公	L7~L54	办公	L7~L77	办公	L3~L66
裙房	零售商场	L3~L9	金融营业厅	L3~L5	多功能厅/餐厅	L4~L5	会议设施	L3~L5	办公大堂/酒店大堂	L1~L3
	办公大堂	L1~L2	办公大堂	L1~L2	餐饮/商业	L2~L3	餐饮/商业	L2~L3		
					办公大堂	L1~L2	办公大堂/酒店大堂	L1~L2		
地下	地下车库/设备	B1~B4	餐厅/零售	B1	商业/多功能厅/后勤	B1~B2	地下车库/设备	B1~B3	餐饮/零售/后勤/地铁换乘站	B1
			地下车库/设备	B2~B4	地下车库/设备	B1~B4			地下车库/设备	B2~B4

注:本表参考郑方,冯琪.浅议超高层办公建筑的功能与设施.城市建筑,2010(8):28.

公共空间设计要点

1. 综合体建筑外部空间

超高层城市办公综合体不仅是城市重要的地标性建筑,也是城市中最为重要的开放空间。高层建筑的聚集性与城市的集约化、立体化发展使超高层城市办公综合体成为城市一个重要的节点空间。其外部空间既是建筑的过渡空间,也是城市的开放空间。

现代超高层城市办公综合体底部公共空间设计是城市与建筑重要的过渡区域,是城市中的"空间节点"和各类"交通枢纽",其公共空间设计应充分考虑人的空间感受,并充分考虑底部空间的城市化和公共性,应采取开放式的公共活动空间与城市无缝对接,通过立体的交通流线处理手法与周围建筑及城市功能形成步行交通网络,避免其成为"城市孤岛"。

2. 底部各类入口空间

入口大堂是进入建筑的第一印象,一定程度上代表了整个建筑的品质,它是城市空间进入建筑空间的过渡,又是各种人流再分流的交通集散的节点,还要提供商务、休憩等各类服务功能,在设计中应充分考虑以下几点:

(1)各种流线的合理分流。一般办公、公寓、酒店、观光应有独立的出入口,采用不同方向和立体分层入口的方式来解决,观光入口由于人流集中,等候排队时间较长,一般应避开主楼主要出入口,进出人流应分开设置。

(2)入口空间应结合建筑规模适当提高,常为2~3层通高,为了缓解人流过分集中常采用多层入口的方式分流。

(3)为了超高层建筑的安全,办公入口核心筒外一般设有门禁系统,入口应注意避免与核心筒电梯正对,并留有适当的缓冲空间。

3. 空中大堂及中庭

随着城市办公综合体建筑功能的转变及生态化、人性化意识的增强,为了提高超高层建筑的环境质量,提供自然化、景观化的公共休息、交往空间,在建筑中部设计一个与建筑紧密结合、相互贯通的中庭或边庭已成为普遍的手法。这类中庭也常常与酒店的入口大堂合并成为公共的空中大堂。

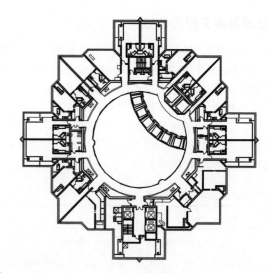

2 金茂大厦空中大堂平面

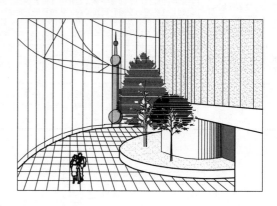

3 上海中心边庭

4. 功能空间设计要点

配套公共空间的分类及设计要点　　　　　　表1

功能空间	设计要点
会议、展示	商务会议是超高层综合体必备的功能,一般设于超高层的裙房。会议中心常分为大(500座)、中(200座)、小(40~50座)会议厅若干,并设有接待、会见、洽谈等功能。会议中心应具有国际会议的标准和功能。展示应满足举办高规格展示、产品发布会和酒会等功能,要求空间高大开敞,常和多功能厅合为一体
餐饮、娱乐	餐饮、娱乐等配套功能应方便使用,流线分明,避免对其他功能形成干扰
体育、健身	体育健身活动场所应布置在相对外向的公共区域,在功能与流线方面注重与餐饮娱乐区的联系以及避免对其他区域的干扰
商业	商业不仅服务于在此工作的人群,还应考虑为周边群体服务。应合理分析所在区位特点,结合城市规划科学确定规模,商业规模一般为综合体的10%~20%,合理设计商业的人、车、物流,避免相互交叉,商业空间内部应有明确的导向和疏散方向
观光、会所	观光会所应有独立垂直交通,合理组织参观人流,注重内外空间结合,发挥高度优势
文化设施	为了提高超高层办公综合体的社会效益,有些综合体内还设有博物馆、美术馆、甚至宗教场所等文化设施,此类设施的设置应突出社会效益和地域特色

5. 地下停车空间

超高层建筑应根据所在城市的区位、周边公共交通的情况以及本身建筑的功能构成,开展专项交通评估。交通流线应尽可能简洁流畅,应留有足够的车道边与停靠空间,并避免对城市交通系统的冲击。应考虑各种物流的空间高度和流线。

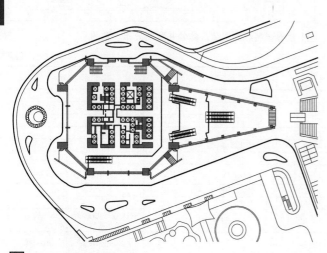

1 香港环球中心首层平面

功能用房组成

办公功能设置包括以满足基本办公需求为主的基础功能和以完善服务及物业增值为主的配套功能。服务配套功能及公共设施应充分考虑与其他主要功能单元的互补性。公共设施宜与公共空间资源共享。

功能用房组成 表1

类别		主要内容
办公用房	普通办公室	单间式办公室、开放式办公室、半开放式办公室等
	特殊办公室	单元式办公室、公寓式办公室、酒店式办公室等
	专用办公室	设计绘图室、研究工作室等
公共设施		会议室、休息室、接待室、陈列展示室、门厅大堂、空中景观庭院、健身设施用房等
服务用房	一般用房	卫生间、档案资料室、图书阅览室、文秘收发室、机动车库、非机动车库等
	技术用房	电脑网络室、电话总机房、打印复印室、晒图室等
	后勤保障用房	员工餐厅、厨房及配套用房、管理用房、垃圾收集间、仓储用房、医务室等
交通用房		屋顶停机坪、空中转换层、避难层、电梯厅、走道通廊、楼梯、电梯、扶梯等
设备用房		给排水机房、电力电信机房、空调暖通机房、电梯机房、消防设备控制室、防灾监控室、各种烟道及井道等

布局及流线组织

1. 竖向布局及流线

（1）竖向功能流线集中于核心筒内，输送距离长，转换复杂，应注意合理分组及分区。

（2）布置于超高层中低区的办公功能空间，可通过分区交通系统直达。

（3）布置于超高层中高区的办公功能空间，可通过分区交通系统直达，或者通过空中大堂等公共空间进行转换。

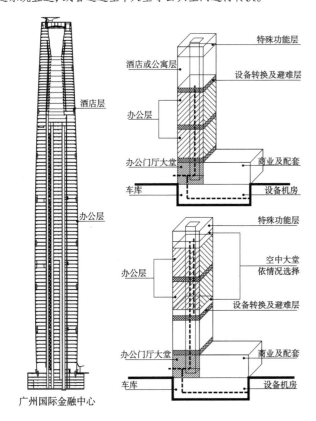

1 竖向功能布局及流线示意

2. 平面布局及流线

（1）平面功能空间受标准层规模限制，流线应便捷高效。

（2）办公空间布局受核心筒布局影响，一般位于结构核心筒外围，服务用房、交通用房及设备用房一般集中布置于核心筒内。

（3）由于平面空间延展受限，办公用房应注重分隔与家具布置的合理性与高效性。

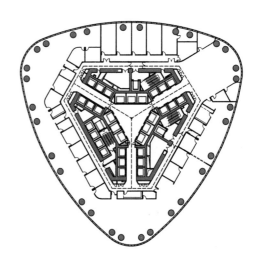

2 平面功能布局及流线示意（广州国际金融中心办公层平面图）

空间尺度

1. 标准层面积

超高层的标准层面积受诸多条件影响，如建筑高度、结构选型、防火分区及使用要求等，宜控制其有效使用系数，并兼顾综合体其他功能。

一般参考数据 表2

建筑高度	标准层面积
250m以上	2000~3000m²

2. 开间及进深

办公的开间及进深以结构经济适用为宜，并且考虑其他相关因素，如家具布置、房间净高等，宜以模数控制。

一般参考数据 表3

进深	开间
宜控制在9~15m	4.5~12m

3. 层高及净高

办公的层高宜控制在3.9~4.8m，净高根据办公楼等级标准确定。

一般参考数据 表4

等级分类	净高
一类办公建筑	不低于2.7m
二类办公建筑	不低于2.6m
三类办公建筑	不低于2.5m

实例 表5

项目名称		上海金茂大厦	广州国际金融中心	南京紫峰大厦	温州世贸中心
标准层面积(m²)	办公部分	3000	2700~3600	2500	2200
进深(m)		12~13	15	10.5	11
跨度(m)		9/11/13	斜柱不等跨	10.8	4.2
层高(m)		4.2	4.5	4.2	3.7
净高(m)		3.0	3.3	3.0	2.7

超高层城市办公综合体 [15] 建筑设计 / 酒店部分

功能用房组成

酒店功能设置于超高层城市办公综合体中，一般作为重要配套功能。应重视其完善的公共配套资源在综合体建筑中的共享利用。酒店的公共设施应结合其他公共空间统筹设置。大面积的服务用房一般位于地下室部分。

功能用房组成　　　　　　　　　　　　　　　表1

类别		主要内容
客房（配置独立卫生间）	普通客房	单人标准房、双人标准房、双人大床房、多床房、套房等
	特殊客房	公寓式套房、跃层式套房等
	专用客房	无障碍客房、总统套房等
公共设施	门厅大堂	总服务台、休息区、行李寄存用房、商务中心等
	餐饮用房	中餐厅、西餐厅、特色餐厅、咖啡吧、酒吧、茶水吧等
	宴会用房	宴会厅、多功能厅、会议厅、展览厅等
	娱乐健身休闲用房	会所、健身房、洗浴健疗室、游泳池、游艺室、棋牌室、体育设施、空中景观庭院等
	商业配套用房	服饰店、书店、花店、礼品店、美容美发店、小卖部等
服务用房	一般用房	卫生间、机动车库、非机动车库等
	技术用房	电脑网络室、电话总机房等
	后勤保障用房	厨房及配套用房、卫生管理设施用房、备品室、库房、洗衣房、垃圾收集间、仓储用房、医务室、楼层服务间、员工餐厅、洗衣房、更衣室等
交通用房		屋顶停机坪、空中转换层、避难层、电梯厅、走道通廊、楼梯、客梯、货梯、餐梯、扶梯等
设备用房		给排水机房、电力电信机房、空调暖通机房、电梯机房、消防设备控制室、防灾监控室、各种烟道及井道等

布局及流线组织

1. 竖向布局及流线

（1）当酒店功能空间置于超高层中区时，通过分区交通系统直达。

（2）当酒店功能空间置于超高层高区时，通过空中大堂等公共空间进行转换。

（3）酒店功能空间一般置于中高区。公共设施的布局应考虑其交通的便捷性。

2. 平面布局及流线

（1）酒店客房一般围绕结构核心筒布置，或沿塔楼平面外轮廓线布置；标准层的服务用房、交通用房及设备用房集中布置于核心筒内。

（2）客人流线应加强引导性，减少彼此干扰及影响。

（3）服务及后勤流线设计应隐蔽、便捷和高效。

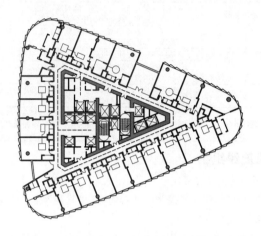

2 平面功能布局及流线示意（南京紫峰大厦酒店层平面图）

空间尺度

1. 标准层面积

酒店的标准层面积与区域位置和等级标准有关，设计应尽量提高使用效率。

一般参考数据　　　　表2

建筑高度	标准层面积
250m以上	2000m²以上

2. 开间及进深

酒店的开间和进深以结构经济性为宜，结合酒店等级标准及客房布置方式确定。

一般参考数据　　　　表3

进深	开间
9~15m（含卫生间）	3.9~5.4m

3. 层高及净高

酒店的层高宜控制在3.6~4.2m，房间净高以满足功能需求和使用舒适为前提，按酒店等级标准确定。

一般参考数据　　　　表4

使用空间	净高
客房主要空间	不低于2.6m
卫生间及走道	不低于2.2m

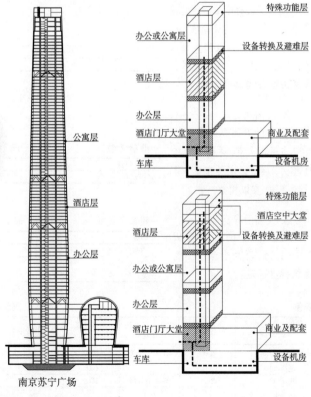

南京苏宁广场

1 竖向功能布局及流线示意

实例　　　　　　　　　　　　　　　　表5

项目名称		上海金茂大厦	广州国际金融中心	南京紫峰大厦	温州世贸中心
标准层面积(m²)	酒店部分	1800	2400	1900	1900
进深(m)		15/8	15	10.5	11
跨度(m)		4.65/6	斜柱不等跨	10.8	4.2
层高(m)		3.7	3.4	3.8	3.3
客房净高(m)		2.8	2.7	2.8	2.65

功能用房组成

综合体中的公寓为办公及酒店提供较完善的居住配套和良好的商务服务。当公寓与酒店综合设置时,可综合利用酒店的公共设施;当与办公综合设置时,应配置相应的公共服务功能。公寓的公共设施宜综合利用办公及酒店的公共空间合理设置。

功能用房组成　　　　　　　　　　　　　　　　　表1

类别		主要内容
居住用房	基本功能	起居室、餐厅、卧室、书房、卫生间、厨房、衣帽间、储藏间等
	特殊功能	工作室、会客室、随从室、私人游泳池、娱乐室、影音室等
公共用房		门厅大堂、休息室、接待室、健身娱乐设施用房、咖啡茶室、早餐间、空中景观庭院等
服务用房	一般用房	卫生间、机动车库、非机动车库等
	技术用房	电脑网络室、电话总机房等
	后勤保障用房	厨房及配套用房、管理设施用房、垃圾收集间、服务间、仓储用房、医务室、管理办公用房等
交通用房		屋顶停机坪、空中转换层、避难层、电梯厅、走道通廊、楼梯、电梯、扶梯等
设备用房		监控室、给排水机房、电力电信机房、空调暖通机房、电梯机房、消防控制室、防灾监控室、各种烟道及井道等

布局及流线组织

1. 竖向布局及流线

(1) 公寓可按其类型、特点布置在超高层综合体的不同分区;综合体中公寓的竖向交通宜单独组织,公寓设置在中高区时,宜采用空中大堂转换。

(2) 酒店式公寓一般位于中高区。

(3) SOHO公寓具有办公性质,要求有不同面积的单元选择和组合,布局位置较灵活。

(4) 总裁、行政公寓一般位于超高层的高区。

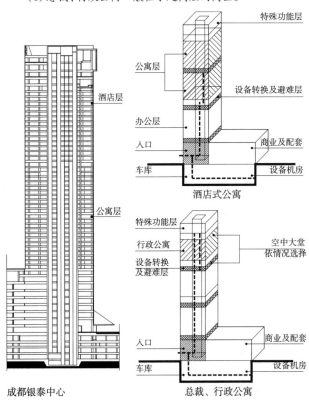

1 竖向功能布局及流线示意

2. 平面布局及流线

公寓用房一般围绕结构核心筒布局,根据不同的套型面积需求和户型配比进行组合,应注意流线便捷高效。

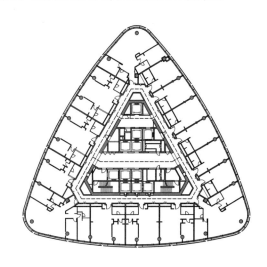

2 平面功能布局及流线示意(成都银泰中心公寓层平面图)

空间尺度

1. 标准层面积

公寓的标准层面积应结合考虑超高层综合体中的办公或酒店等其他功能的要求,以及结构的经济性。

一般参考数据　　　　　表2

建筑高度	标准层面积
250m以上	1800~2500m²

2. 开间及进深

公寓的使用功能主要围绕核心筒展开布置。其开间及进深尺寸应满足居住功能的需求,结合家具布置确定,以舒适性为宜。

一般参考数据　　　　　表3

进深	开间
5~15m	3.6~5.4m

3. 层高及净高

公寓的层高宜控制在3.3~4.2m之间,应综合考虑公共空间和公寓单元的空间高度需求,提高居住品质与控制经济性相结合。

一般参考数据　　　　　表4

使用空间	净高
起居空间	不低于2.7m
卫生间及走道	不低于2.2m

实例　　　　　　　　　表5

项目名称		美国汉考克大厦	南京苏宁广场	成都仁恒置地广场	成都银泰中心
公寓部分	标准层面积(m²)	4000	2400	2000	1800~2000
	进深(m)	12	12	9.6	10~12
	跨度(m)	12	9.5	9	6
	层高(m)	3.4	3.75	3.5	3.5

超高层城市办公综合体 [17] 建筑设计 / 顶部空间

塔楼顶部空间

塔楼顶部空间位于整栋高层主楼的制高点,反映塔楼整体形象中最受大众关注的形态,从而成为整栋高层建筑最具有空间使用价值和商业价值的部分。

塔顶顶部空间组成

不同的形态架构将直接影响塔楼顶部空间的功能用房设置,在设计时应综合考量塔楼顶部空间的形态、功能以及在整个超高层建筑的结构、设备系统中的作用。

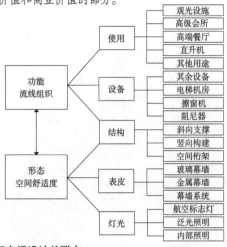

1 顶部空间设计关联点

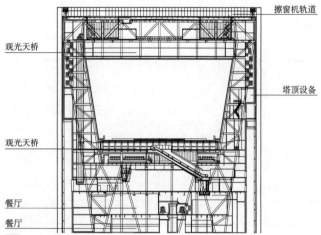

2 环球金融中心顶部剖面图

塔顶功能

塔顶的高度是其价值核心所在,利用这一特点,超高层建筑塔顶通常用作观光大堂、会所、餐厅、酒店等功能。

减振装置

减振装置将机械振动学(质量阻尼器原理)应用于建筑上,包括主动及被动等各种方式,使建筑物经受强风时的加速度降低40%左右,大大提高顶部空间在使用时的舒适度。

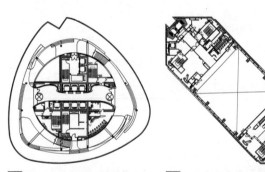

3 上海中心观光大堂层　　4 环球金融中心观光大堂层

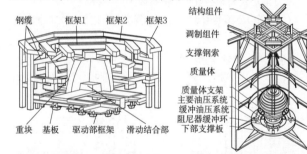

5 环球金融中心阻尼器概要图　　6 台北101大厦阻尼器

实例
表1

项目名称	苏州中南中心	上海中心	台北101大厦	上海环球金融中心
可到达高度	598m	580m	438m	474m
顶部空间功能	广播传送	观光大堂	观光大厅	观光(展示)大厅
占用层数	约20m	118~121F	89~91F	90F
离地高度	约623m	约547m	约382m	约394m
阻尼器设置	被动式单摆调制质量阻尼器	被动式单摆调制质量阻尼器	被动式单摆调制质量阻尼器	两台双方向三级式摆动主动调整型阻尼器

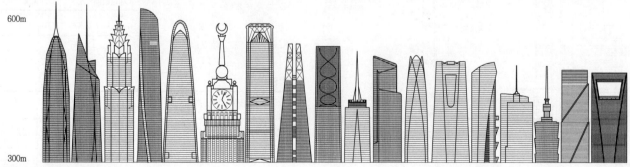

7 全球超高层顶部形态设计

建筑最大适用高度

1. 建筑最大适用高度主要与结构类型、结构体系以及抗震设防烈度相关。超高层结构房屋最大适用高度见表1。
2. 超高层建筑应设地下室,且地下室应满足必要的埋置深度要求,以保证建筑的整体稳定性。采用天然地基的高层建筑基础埋置深度可取房屋高度的1/15。采用桩基础(不计桩长),可取房屋高度的1/18。

超高层建筑的最大适用高度(单位:m) 表1

结构体系		非抗震设计	抗震设防烈度			
			6度	7度	8度	
					0.20g	0.30g
钢筋混凝土或钢-混凝土混合结构	框架—核心筒	220	210	180	140	120
	筒中筒、巨型结构	300	280	230	170	150
钢结构	框架—支撑	260	240	240	200	180
	筒体(框筒、支撑筒筒中筒等)	360	300	300	260	240

注:结构设计有可靠依据时,表中建筑最大适用高度可适当增加。

建筑高宽比

超高层建筑高宽比宜满足表2的要求。核心筒包围面积约占楼面面积的20%~30%。核心筒高宽比不宜大于15。当外框结构设置角筒或剪力墙时,核心筒高宽比要求可适当放松。

建筑适用的最大高宽比 表2

结构体系	非抗震设计	抗震设防烈度		
		6度、7度	8度	9度
框架—筒体	8	7	6	4
筒中筒	8	8	7	5

抗风体型

1. 对称平面

采用对称平面可减小风荷载作用下结构扭转效应。常用的对称平面如1所示。

2. 流线型平面

超高层建筑的楼层平面采用流线型平面形状,可显著减小高楼的风荷载效应。流线型平面的风压体形系数要比带棱角平面的系数小得多。不同体型顺风向体型系数如2所示。

3. 减少横风向荷载措施

4. 通过建筑物平面朝向优化,使大楼气动响应的最不利风向远离当地主要的强风风向,从而使抵抗风荷载的效果达到最佳。

1 双轴对称平面

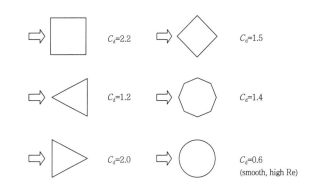

2 常用平面体型系数(与圆形平面体型系数相对比值)

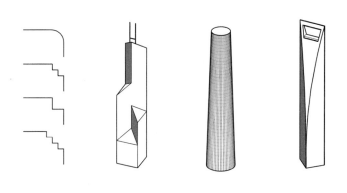

a 建筑角部钝化 b 沿高度逐步退台或上小下大呈锥形 c 立面开洞

3 减小横风向效应措施

抗震体型竖向设计要点

位于地震区的超高层建筑,其竖向体型宜规则、均匀,避免过大的外挑和收进。

上部楼层收进后的水平尺寸$B1$不宜小于下部楼层水平尺寸B的0.75倍(4a、4b);当上部结构楼层相对于下部楼层外挑时,下部楼层的水平尺寸B不宜小于上部楼层水平尺寸$B1$的0.9倍(4c、4d)。

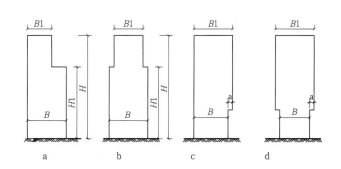

4 立面收进及悬挑示意

超高层城市办公综合体 [19] 技术要点 / 建筑高度、体型与结构选型

抗震体型平面设计要点

抗震设计的超高层建筑，其平面宜简单、规则、对称，减少偏心。平面长度不宜过长，平面尺寸及突出部位尺寸宜符合表1的要求。

平面尺寸及突出部位尺寸的比值限值　　　　　　　　　　　表1

设防烈度	L/B	l/B_{max}	l/b
6、7度	≤6.0	≤0.35	≤2.0
8、9度	≤5.0	≤0.30	≤1.5

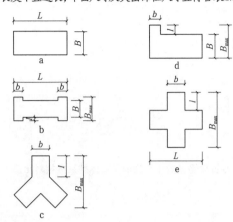

1 建筑平面

结构选型

1. 结构材料分类

超高层建筑按结构材料分类可分为钢结构、混凝土结构、钢—混凝土混合结构。

钢—混凝土混合结构结合了钢结构和混凝土的优势，成为目前超高层建筑最常用的结构形式。

2. 结构受力特点分类

超高层建筑结构体系主要有框架—核心筒（包括：框架+核心筒+伸臂桁架）、筒中筒（外周框筒+内筒、外周支撑筒+内筒、外周交叉网格筒+内筒）、巨型结构等。

结构体系与选型　　　　　　　　　　　　　　　　　　　　　　　　　　　　　　　　　　　　　　表2

结构体系	框架—核心筒	框架核心筒+伸臂桁架	筒中筒			巨型结构
			外周框筒+内筒	外周支撑筒+内筒	外周斜交网格筒+内筒	
典型平面						
典型剖面						
结构特点	外框柱距6m及以上；核心筒受力为主；平面布置较灵活；内筒也可采用框架支撑	外框柱距6m及以上；外柱参与整体抗倾覆；核心筒抵抗主要剪力；伸臂桁架宜布置在设备层；外框柱与核心筒存在竖向压缩变形；内筒也可采用框架支撑	以外筒受力为主；周边密柱深梁；外筒抗侧力效率高；外框柱距4m以下；外框梁高1m以上；不利于底层立面大开洞；平面宜为正方形或圆形；立面宜连续，避免台阶	内外筒共同受力；外筒抗侧力效率高；外筒支撑跨层布置；外筒柱距较大；将竖向荷载尽量传递至角柱以平衡上拔力；立面宜连续，避免台阶	斜交网格筒是承重和抗侧结构结合体；外筒刚度大；网格角度在60°~70°；内筒刚度可较小，布置自由立面可连续，避免台阶；结构冗余度高	外筒布置主、次框架；巨柱设置在角部效率较高；立面柱网布置较自由；立面可收进，变化自由；将竖向荷载尽量传递至巨柱以平衡上拔力
典型工程	苏州财富中心 黄金置地广场	苏州国际金融中心 武汉中心大厦	北京国贸三期 深圳国贸中心	天津117大厦 上海环球金融中心	广州西塔 伦敦再保险大厦	上海中心大厦 金茂大厦

机电设备设计原则

超高层城市办公综合体所具有的业态多样性,导致了机电设计的复杂性和多样性。设计需根据项目的业态布局、市场定位和运行管理模式,并综合考虑各系统的安全性、可靠性、经济性和节能效果等因素来确定设计方案。

给排水系统

裙房、塔楼分别设置生活排水管和雨水管,便于产权划分、运营和管理,有利于排水系统安全运行。

不同给水方式和特点 表1

给水方式	系统说明	特点
裙房、塔楼分别设置给水系统	裙房、塔楼分别在地下室机房设水池、水泵和楼层水箱等	便于产权划分、运营和管理,可按使用功能设总水表,用水计量准确。水池、水箱和水泵多
裙房、塔楼合用给水系统	裙房、塔楼合用给水系统。在地下室机房设合用水池、水泵和楼层水箱等	水池、水箱和水泵少,节省投资。不方便产权划分
塔楼按功能设置给水系统	按办公、酒店和公寓等分别设置地下水池、水泵和水箱	便于产权划分、运营和管理,可按使用功能设总水表,用水计量准确。水池、水箱和水泵多
塔楼合用给水系统	办公、酒店和公寓等合用地下水池、水泵和水箱	给水系统简单,水池、水箱和水泵少,节省投资。不方便产权划分

给排水系统机房种类和布局

给水排水系统机房种类和布局见表2,表中机房面积仅供参考,根据实际情况确定机房面积,布置原则如下。

1. 利用地下室、避难层和屋顶作为给排水机房;利用避难层或设备层作为给水排水系统设备的转换机房。

2. 给水、热水机房与中水处理机房、雨水处理机房应分开设置,用墙体分隔,中水处理机房应远离给水、热水机房。

3. 给水、热水机房上层的房间不应有厕所、浴室、盥洗室、厨房等有排水管道的房间。

4. 给水加压等设备不得设置在居住空间的上层、下层和毗邻的房间内。

机房的种类和布局 表2

建筑功能	设施名称	设置位置	机房面积(m²)	备注
办公	给水水池、水泵	地下室	200	包括裙房给水机房
	给水水箱、水泵	避难层/设备层	100	
	热交换器机房	避难层/设备层	50	可与给水机房合用
	中水处理机房	避难层/设备层	250	根据工程需要
	雨水处理机房	避难层/设备层	250	根据工程需要
酒店	给水水池、水泵	地下室	250	
	给水水箱、水泵	避难层/设备层	100	
	热交换器机房	避难层/设备层	80	可与给水机房合用
	中水处理机房	避难层/设备层	250	根据工程需要
	雨水处理机房	避难层/设备层	250	根据工程需要
酒店式公寓	给水水池、水泵	地下室	150	
	给水水箱、水泵	避难层/设备层	100	
	热交换器机房	避难层/设备层	80	
	中水处理机房	避难层/设备层	250	根据工程需要
	雨水处理机房	避难层/设备层	250	根据工程需要

注:给水排水系统机房位置及管道井示意见275页"设备空间位置示意图"。

供配电系统

根据建筑物的规模及使用功能确定供电容量、供电电压等级(其电压等级则取决于当地的电网条件)和自备发电机组的电压等级,而不同的电压等级及供电容量决定了变电所及发电机房的净高与面积,见表3。

电压等级与供配电机房的对应关系 表3

机房名称	机房净高(m)	机房面积(m²)	土建要求
10kV变电所	4	每台变压器约120m²	1.可设在地下室(不宜设在最底层) 2.防水、防潮、散热措施 3.每15~25层分设变电所,通常与避难层、转换层结合
35kV变电所	7	每台35kV变压器约350m²	
110kV变电所	10	每台110kV变压器约1000m²	
0.4kV发电机房	5	每台发电机约50m²	1.可设在地下室(不宜设在最底层) 2.通风和散热条件 3.排烟通道 4.有防水、防潮措施
10kV发电机房	6	每台发电机约50m²	

智能化系统(弱电系统)

智能化系统(弱电系统)机房设置原则 表4

系统名称	主机房位置	主机房净高(m)	主机房面积(m²)	土建要求
建筑设备监控系统(BAS)	监控中心(可与其他系统合用),通常位于首层或地下一层	3.5	30~80,取决于设备规模	1.消防监控中心宜有相对独立的空间,且有直接对外的门或通道; 2.宜设防静电架空地板
火灾自动报警系统(FAS)	消防监控中心	3.5		
安全技术防范系统(SAS,包括其子系统)	监控中心(可与其他系统合用)位于首层或地下一层	3.5		
通信系统(包括电话通信、综合布线、无线网络)	1.通信接入机房,通常位于地下一层; 2.电话交换机房,通常位于二层及以上; 3.网络机房	3	取决于设备规模	电话交换机房、网络机房宜设置防静电地板
有线电视系统	前端机房,通常位于地下一层	3	4~8	
卫星电视系统	前端机房,通常位于裙楼顶部	3	4~8	
广播系统(包括应急广播)	广播机房(通常与消防监控中心合用)	3		通常与消防监控中心合用机房

变电所、配电间、电信间及管道井

1. 可在设备层设置变电所,房间净高不宜低于3.5m,当设两台变压器时,变电所面积约100~120m²。

2. 设备层应考虑强弱电系统管道转换所需空间。

3. 在核心筒及其他需要的部位设置配电间、电信间及管道井,用来布置强弱电设备与管线。

4. 配电间、电信间应设电源插座。电信间设备较多时,可设专用配电箱。

5. 配电间、电信间通常采用防火门,管道井应在穿越楼层处进行防火封堵。

6. 变电所、配电间及电信间等设备用房的地坪宜抬高不少于100mm,以防设备浸水。

超高层城市办公综合体 [21] 技术要点 / 机电设备

空调方式及冷热源系统

常用的空调方式　　　　　　　　　　　　　　　　　　表1

使用功能＼空调形式	集中式空调系统	空气源多联式空调（热泵）机组	分区设置空气源热泵冷热水机组
办公	√	√	√
酒店	√		
公寓	√	√	

注："√"表示适合采用的系统。

空调冷热源机房布置要求　　　　　　　　　　　　　表2

冷热源	设备名称	可布置的位置	备注
空调热源	蒸气锅炉、热水锅炉、真空热水机组、直燃式溴化锂机组	地下一层、一层	严禁设置在人员密集场所和重要部门的上一层、下一层、贴邻位置以及主要通道、疏散口的两旁，并应设置在首层或地下一层靠建筑物外墙部位。机房应设置机房占地面积10%的泄爆口和两个疏散口，其中一个应直通室外
	空气源多联式空调（热泵）机组室外机	楼层靠外墙设有通风百叶的机房，或设在设备层	多联机在超高层建筑中的应用，关键在于室外机的设置环境和冷媒管接管的长度要满足机组的设置要求和规范的要求
	城市热网	一般设在地下室	需按热力公司要求设置计量表房
	空气源热泵冷热水机组	裙房或主楼屋面、塔楼设备层	注意噪声和振动对建筑物的影响
	锅炉、发电机烟囱		燃油（轻柴油）、燃气锅炉烟囱高度应按批准的环境影响报告书（表）要求确定，但不得低于8m，并满足地方标准的要求。烟囱高度不宜设置过高，以免烟囱抽力过大，影响锅炉正常燃烧。烟囱抽力过大时应设置抽风控制器
空调冷源	离心式冷水机组、螺杆式冷水机组、直燃式溴化锂机组	地下室、塔楼中设备层、裙房顶层	直燃式溴化锂机组的机房设置要求同锅炉房
	冷却塔		冷却塔与冷冻机的高差应考虑冷冻机等设备的承压
	蓄冰槽	因重量问题，一般在地下室最底层	根据蓄冰容量和蓄冰形式而定
	风冷冷水机组	裙房或主楼屋面、塔楼设备层（较少）	应考虑振动和噪声对建筑物的影响

通风系统

通风系统的设置要求　　　　　　　　　　　　　　　表3

关注点	内容
风管竖向分区要求	新风、排风系统应按使用功能分区，不同功能区的风管不应合用
风管长度要求	新风立管和排风立管不宜太长，一般竖向不宜超过50m
风机房要求	各系统的风机房可设置在设备层或屋面；平时使用的风机应做好消声隔振
厨房排风处理要求	厨房排风应设置油烟过滤处理装置，油烟经处理达标后才能排放

空调水系统

空调水系统划分要点　　　　　　　　　　　　　　　表4

水系统划分的关注点	设置要点
系统划分要求	空调水系统应根据各功能区域使用时间、使用功能及使用者经营方式进行水系统的划分，即不同的功能区域宜划分成不同的水系统
系统高度要求	空调水系统的最高工作压力不宜超过2.0MPa。即一般一个水系统的高差控制在140~150m，若高差超过此范围，应结合功能分区在适当的楼层设置设备层，并通过设置板式换热器来降低水系统的压力
其他降低系统水压力的手段	可将冷冻机房设置在设备层，或高区采用空气源热泵冷热水机组，机组设置于主楼屋面。但需做好相应的隔振降噪措施。也可利用蒸气压力将蒸气输送到设备层，通过气水换热设备提供空调热水
满足特殊要求的空调系统	对于办公建筑，应考虑其部分租客将来有特殊温湿度要求的房间，一般采用的手段有：1.设置用户冷却水系统，为租户提供空调设备的冷却水；2.设置室外设备平台，以便租户放置多联机或风冷恒温恒湿机系统的室外机

空调末端系统常用的形式　　　　　　　　　　　　　表5

使用功能	多联机空调（热泵）系统（空气源、水环）	风机盘管机组加新风系统	全空气VAV变风量系统（包括地板送风系统）	全空气定风量送风系统	水环热泵系统（使用较少）
办公	√	√	√		√
公寓	√	√			
酒店客房		√			
其他公共区域			√	√	

注："√"表示适合采用的系统。

设备转换层暖通空调专业设备设置的种类及机房要求　表6

类别	新风机组及可能设置的热回收装置	各类板式换热器及循环水泵	各类普通排风机及送风机	消防排烟风机	楼梯间正压送风机	消防电梯前室正压送风机	避难区正压送风机	空调室外机组
办公建筑	√	√	√	√	√	√	√	√
酒店、公寓	√	√	√	√	√	√	√	√
消声隔振要求	√	√	√				√	√
机房要求	机房墙体耐火极限不低于2.0h，楼板不低于1.5h，甲级防火门			专用机房（正压风机不可与排烟风机合用机房）或屋面。机房墙体耐火极限不低于2.0h，楼板不低于1.5h，甲级防火门				屋面或设备层靠外墙百叶处

注："√"表示可能需要设置的系统。

燃气立管

立管宜明设，当设在便于安装和检修的管道竖井内时，从建筑专业上应符合表7要求。

燃气立管设置要求　　　　　　　　　　　　　　　　表7

关注点	内容
1	燃气立管竖井应独立设置；竖井的墙体应为耐火极限不低于1.0h的不燃烧体，井壁上的检修门应采用丙级防火门
2	竖井应每层采用相当于楼板耐火极限的不燃烧体进行防火隔断，在燃气管竖井旁设置通风竖井，并设置平时及事故排风系统，排风立管道用支管与燃气管井的每个防火隔断区间相连，在每个防火隔断区间的下部设置带防火阀的通风百叶。通风机设在设备层
3	燃气管竖井内的每个防火隔断区间中设置燃气报警器
4	燃气管道不应和电线、电缆等易燃、助燃管道设在同一管井内
5	公寓生活用燃具应设置在通风良好的厨房内，并宜设置排风扇和燃气泄漏报警器

机电设备 / 技术要点 [22] 超高层城市办公综合体

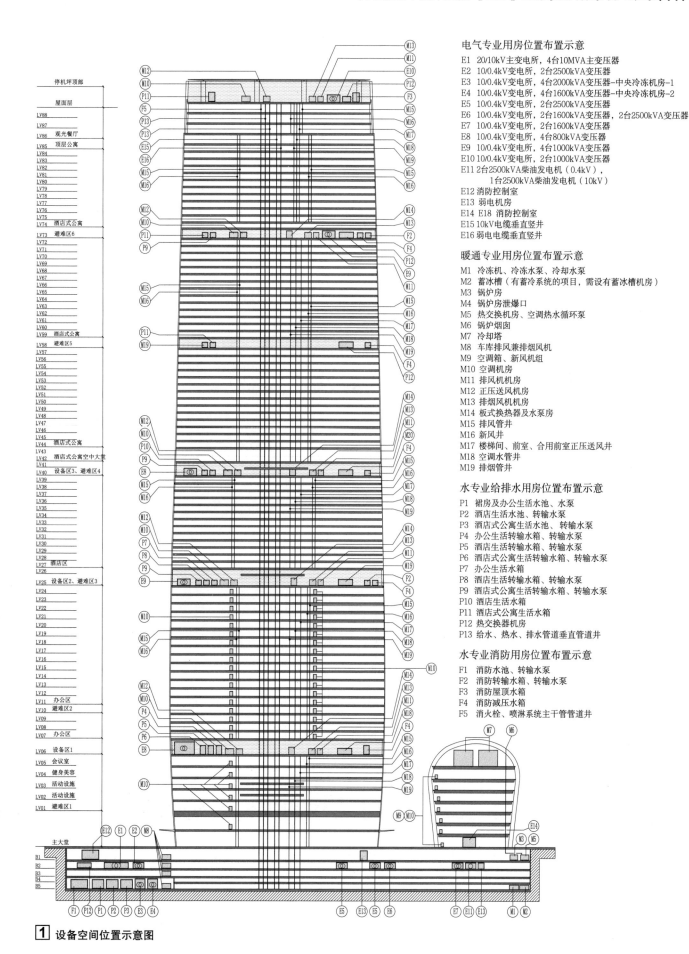

电气专业用房位置布置示意

E1　20/10kV主变电所，4台10MVA主变压器
E2　10/0.4kV变电所，2台2500kVA变压器
E3　10/0.4kV变电所，4台2000kVA变压器-中央冷冻机房-1
E4　10/0.4kV变电所，4台1600kVA变压器-中央冷冻机房-2
E5　10/0.4kV变电所，2台2500kVA变压器
E6　10/0.4kV变电所，2台1600kVA变压器，2台2500kVA变压器
E7　10/0.4kV变电所，2台1600kVA变压器
E8　10/0.4kV变电所，4台800kVA变压器
E9　10/0.4kV变电所，4台1000kVA变压器
E10 10/0.4kV变电所，2台1000kVA变压器
E11 2台2500kVA柴油发电机（0.4kV），
　　1台2500kVA柴油发电机（10kV）
E12 消防控制室
E13 弱电机房
E14 E18 消防控制室
E15 10kV电缆垂直竖井
E16 弱电电缆垂直竖井

暖通专业用房位置布置示意

M1　冷冻机、冷冻水泵、冷却水泵
M2　蓄冰槽（有蓄冷系统的项目，需设有蓄冰槽机房）
M3　锅炉房
M4　锅炉房泄爆口
M5　热交换机房、空调热水循环泵
M6　锅炉烟囱
M7　冷却塔
M8　车库排风兼排烟风机
M9　空调箱、新风机组
M10 空调机房
M11 排风机机房
M12 正压送风机房
M13 排烟风机机房
M14 板式换热器及水泵房
M15 排风管井
M16 新风井
M17 楼梯间、前室、合用前室正压送风井
M18 空调水管井
M19 排烟管井

水专业给排水用房位置布置示意

P1　裙房及办公生活水池、水泵
P2　酒店生活水池、转输水泵
P3　酒店式公寓生活水池、转输水泵
P4　办公生活转输水箱、转输水泵
P5　酒店生活转输水箱、转输水泵
P6　酒店式公寓生活转输水箱、转输水泵
P7　办公生活水箱
P8　酒店生活转输水箱、转输水泵
P9　酒店式公寓生活转输水箱、转输水泵
P10 酒店生活水箱
P11 酒店式公寓生活水箱
P12 热交换器机房
P13 给水、热水、排水管道垂直管道井

水专业消防用房位置布置示意

F1　消防水池、转输水泵
F2　消防转输水箱、转输水泵
F3　消防屋顶水箱
F4　消防减压水箱
F5　消火栓、喷淋系统主干管管道井

1 设备空间位置示意图

超高层城市办公综合体 [23] 技术要点 / 塔楼核心筒

核心筒定义

核心筒一般位于建筑塔楼的中央部分，由电梯井道、楼梯、通风井、电缆井、公共卫生间、部分设备间围护形成中央核心筒，与外围框架形成一个外框内筒结构，常以钢筋混凝土浇筑。这种结构不仅有利于结构受力，还可争取宽敞的使用空间，使辅助性空间向平面中央集中，使主要功能空间占据最佳采光位置，并达到视线良好、内部交通便捷的效果。

核心筒主要功能

超高层城市办公综合体塔楼核心筒功能包括以下几部分。
1. 结构功能：承受荷载、抗震等功能；
2. 垂直交通组织功能：如电梯系统、楼梯系统等；
3. 主要机电管井及房间设置：如强弱电机房、水管井、厨房烟道、发电机烟道、卫生间排风井、走廊排烟井等；
4. 后勤辅助区域：如卫生间、茶水间、储藏室等区域。

核心筒分类 表1

按核心筒集中程度分类			
核心筒类型	特征	备注	实例
集中式	核心筒集中位于建筑物中央位置	功能空间、结构体系较好	国贸三期、广州国际金融中心
分散式	建筑核心筒分散布置在建筑物周边区域	有利于形成内部大空间	香港汇丰银行

按核心筒位置分类			
核心筒类型	特征	备注	实例
偏置式	楼面面积较大时，必须在核心筒以外设安全疏散设施、设备管道等	一般在标准层面积不太大时使用	广晟大厦
中心式	$W=10\sim15m$ 是常用的进深尺寸 $W=20\sim25m$，适用于需要大空间的情况	楼面面积较大时，多使用这种结构体系	上海金茂大厦

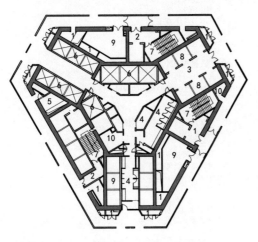

1 设备管井 2 前室 3 电梯大厅 4 卫生间 5 配电间
6 井道 7 楼梯间 8 电梯间 9 风柜间 10 储藏间

1 广州国际金融中心核心筒功能示意

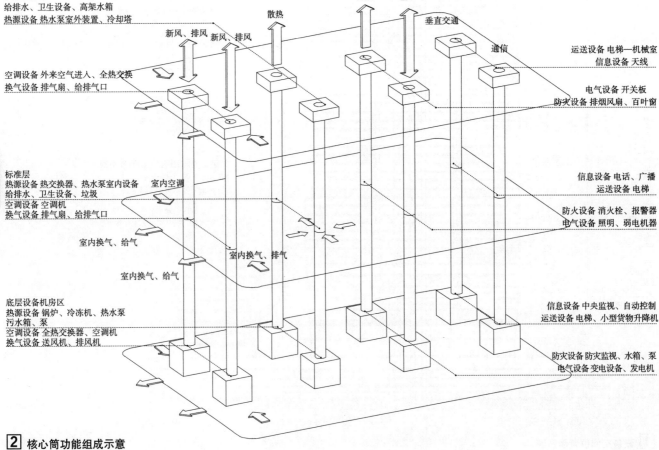

2 核心筒功能组成示意

核心筒竖向转换

建筑竖向转换、收分类型分类表　　　　　　　　　　　表1

分类	形式	简图	特点	示例	
等截面式	填充式	其他功能／核心筒使用部分	1.核心筒外轮廓随高度变化不作较大的调整。其内部空间随高度增加、功能改变，井道、设备等部分空间取消后，填充以其他附属功能。2.整体结构上下对位，连续性与整体性较好	南京河西CBD（奥体）苏宁广场　低区核心筒平面图　高区核心筒平面图	
等截面式	中空式	共享空间／核心筒使用部分	1.核心筒外轮廓随高度变化有突变性调整。其内部空间随高度增加、功能改变，井道、设备等部分空间取消或转换、重新整合，建筑核心筒原有区域形成较大的共享空间。2.结构、设备、井道等需要大量转换	郑州绿地中心　低区核心筒平面图　高区核心筒平面图	
收缩式	向心收缩式	核心筒／使用部分	1.核心筒外轮廓随建筑高度增加、功能改变或造型需要，井道、设备等部分空间取消后，平面轮廓逐渐向中心收缩。2.核心筒结构内部连续，外壁逐渐向内收缩，连续性、稳定性较好。3.设备、井道等转换相对较少	上海环球金融中心　低区核心筒平面图　高区核心筒平面图	
收缩式	偏心收缩式	核心筒／使用部分	1.建筑下部区段核心筒位于标准层中央，在某一高度楼层转换后，分散成几个小核心筒分布于标准层的其他区域，轮廓与位置与下部核心筒不连续、不对位。2.结构需要进行整体转换。3.设备、井道等需要进行大量转换	南京紫峰大厦　低区核心筒平面图　高区核心筒平面图	
转换式	从集中到分散式	核心筒／共享／使用部分	1.建筑下部区段核心筒位于标准层中央，在某一高度楼层转换后，分散成几个小核心筒分布于标准层的其他区域，轮廓与位置与下部核心筒不连续、不对位。2.结构需要进行整体转换。3.设备、井道等需要进行大量转换	广州国际金融中心　低区核心筒平面图　高区核心筒平面图	

超高层城市办公综合体核心筒竖向布局、收分类型与下列因素有关：

1. 楼层使用功能、设备及其辅助空间的具体需求；
2. 垂直电梯交通的布置方式；
3. 随高度增加、井道需求减少而出现的可利用空间设计；
4. 建筑造型竖向变化的需要。

辅助空间组成

根据主要空间的使用功能，核心筒内需配置相应的辅助空间，主要由卫生间、茶水间、布草间、垃圾暂存空间等组成。其配置和设计要点见表2。

辅助空间组成　　　　　　　　　　表2

辅助空间	办公	酒店	公寓	商业	观光	设计要点
卫生间	●	●	×	●	●	1.洁具的设置应根据楼层设计人数，按照《城市公共厕所设计规范》CJJ14中相关要求进行估算；2.应设置无障碍卫生间或无障碍厕位；可根据需要独立设置VIP卫生间及更衣室；3.卫生间应设置前室过渡空间，并设置排气换气管井
清洁间	○	○	○	○	○	1.清洁间宜与卫生间相邻设置；2.提供储藏清洁工具的空间，布置拖把池
茶水间	○	×	×	×	×	1.应设置饮水机、盥洗槽（带隔茶渣装置）、工作台、储藏柜等设施；2.茶水间可以设计为独立的房间，也可以因地制宜地设计为开放式布局
复印间	○	×	×	×	×	应设置独立的复印间排风井
布草间	×	●	○	×	×	1.客房服务的核心空间与服务电梯相邻；2.需为服务人员提供卫生间
制冰间	×	●	×	×	×	可设置在电梯厅附近，也可与布草间统一设置，形成服务核心
污衣槽	×	●	×	×	×	多与布草间统一设置，形成服务核心
垃圾暂存空间	●	●	●	●	●	1.靠近货物电梯处设置；2.需采取有效的防火和防气味措施；3.垃圾需分类暂存，以便回收利用
垃圾投放井	○	○	○	○	×	1.应设置前室；2.在经过消防审批后，可采用真空垃圾道

注：●应设置；○建议设置；×不必设置。

超高层城市办公综合体 [25] 技术要点 / 塔楼核心筒

电梯分类

电梯类型根据不同分类方法有不同的种类形式，一般按照四种分类方式：按照使用功能分类、按照运行方式分类、按照轿厢数量分类和按控制方式分类。

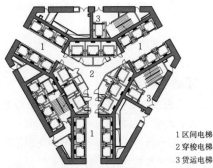

1 区间电梯
2 穿梭电梯
3 货运电梯

1 塔楼核心筒电梯分类示意图

电梯配置

1. 电梯数量的估算

一般情况下，办公楼的电梯数量按照表2标准估算；酒店电梯一般按每台梯服务50~80间客房估算；公寓电梯一般按每台梯服务80~100户估算。

2. 电梯数量的计算

电梯数量=高峰期乘梯总人数/每台梯5分钟运输能力

即： $N=P/p$

$p=300r/T$

式中：P为全部电梯5分钟的运客量=建筑物内总人数×5分钟处理能力；

p——每台电梯5分钟运客量；

r——底层大厅预计进入每台电梯的人数=电梯额定载人数×0.8；

T——平均行程时间=平均间隔时间+停站时间（平均间隔时间为相邻两台电梯到达的间隔时间，可以根据表2取值；停站时间取决于停站的次数）=50~90s。

电梯分类表　　　　　　　　　　　　　　　　　表1

分类方式	电梯种类	备注
按使用功能	客乘电梯	
	货运电梯	
	消防电梯	消防电梯平时可兼作货梯
	观光电梯	
	专用餐梯	
	汽车专用电梯	一般速度较慢，载重量大
按运行方式	区间电梯	
	穿梭电梯	用于层数较多，需分段设置点电梯组的建筑
	直达电梯	
按轿厢组合方式	单轿厢电梯	
	单井道双层轿厢电梯	轿厢为双层结构，常用于穿梭电梯或人员数量较大而核心筒无法提供足够空间的建筑
	单井道双子电梯	两个单层轿厢上下分开布置，共用一个井道
按电梯控制方式	单控电梯	一般用于档次较低的建筑或服务于特定楼层的电梯
	群控电梯	多台电梯集中排列，共用厅外召唤按钮，按规定程序集中调度和控制的电梯
	目的楼层电梯	仅服务特定少数楼层的电梯

办公电梯数量配置表（不包括消防电梯和服务电梯数量）　　表2

建筑类别	标准	常用级	舒适级	豪华级	常用载重量 (kg)	常用速度 (m/s)
办公	按建筑面积	5000m²/台	4000m²/台	<4000m²/台	1150	2.50
	按办公有效使用面积	2500m²/台	2000m²/台	<2000m²/台	1350	3.00
					1600	4.00
	按人数	300人/台	250人/台	<250人/台	1800	5.00

办公电梯配置标准表　　　　　　　　　　　　　　表3

建筑类型		5分钟处理能力		平均间隔时间
办公楼	单一用户	20%~25%	一般取靠近下限（20%），当靠近火车站时取接近上限（25%）	期望≤30秒
	半行政用途/政府办公建筑	16%~20%	一般取靠近下限（16%），当靠近火车站时取接近上限（20%）	
	出租写字楼	11%~15%	如果分单元出租取接近下限（11%），如果整层出租取接近上限（15%）	

酒店电梯配置标准表　　　　　　　　　　　　　　表4

标准	5分钟处理能力(%)	平均间隔时间（s）	备注
日本	8~10	≤40	大型酒店取上限，中小型宾馆取下限
欧美	10~15	30~50	
中国	5~12.5	30~60	

公寓电梯配置标准表　　　　　　　　　　　　　　表5

标准	5分钟处理能力(%)	平均间隔时间（s）	备注
日本	3.5~5	80~120	高级公寓取上限，普通公寓取下限
欧美	6~8	45~70	
中国	5~12.5	40~100	

常用电梯参数表　　　　　　　　　　　　　　　　表6

载重		速度	轿厢 BK×TK	门 BT×HT	井道 BS×TS	顶层净高 HSK	底坑深度 HSG
kg	人数	(m/s)	(mm)	(mm)	(mm)	(mm)	(mm)
1350	16	2.5~3.5	2000×1550	1100×2400	2500×2350	HK+2400	2800
		4	2000×1550	1100×2400	2500×2400	HK+2900	3700
		6	2000×1550	1100×2400	2500×2400	HK+3100	3900
1600	18	2.5~3.5	2050×1750	1200×2400	2700×2550	HK+2400	2900
		4	2050×1750	1200×2400	2700×2600	HK+2800	3600
		6	2050×1750	1200×2400	2700×2600	HK+3100	3900
1800	24	2.5~3.5	2150×1800	1200×2400	2700×2600	HK+2500	3000
		4	2150×1800	1200×2400	2700×2650	HK+2800	3600
		6	2150×1800	1200×2400	2700×2650	HK+3100	3900
2000	25	2.5~3.5	2300×1600	1100×2400	2800×2400	HK+2500	3000
		4	2300×1600	1100×2400	2800×2450	HK+2800	3800
		6	2300×1600	1100×2400	2800×2450	HK+3100	4000

注：轿厢高度与轿厢门高度可根据建筑档次要求作出增加。

电梯厅平面尺寸

大部分超高层办公综合体建筑的电梯厅净宽约为3.0~3.2m。国际甲级写字楼标准认为：电梯厅净宽应大于3m，电梯厅土建完成面宽度最好取3.2m，扣除装饰面后约为3.0m净宽，空间较为舒适。酒店和公寓电梯厅根据项目定位作适当增减。

电梯排列方式

电梯组的排列方式决定了核心筒的交通组织，以及核心筒的骨架结构，是一个影响总体布局的因素，因此核心筒按照电梯组的排列方式的不同可分为以下几种类型：一字型、并列型、十字型、L型、T型和Y型。

超高层办公综合体电梯厅数据   表1

建筑名称	建筑高度（m）	建筑层数	建成时间	标准层面积（m²）	电梯厅净宽
太平金融大厦	588.0	115	2013	2861~3266	3.0
深圳京基100大厦	441.8	111	2011	2400~2700	3.0
广州国际金融中心	441.7	103	2010	2832~3047	3.0
广州珠江城	309.6	71	2011	1830~2635	3.1
广州财富广场	309.4	68	2013	2400~2800	3.3

电梯排列方式   表2

排列方式	概述特征	核心筒平面案例	案例主要数据	
一字型	电梯组一字排开，分为上下两排，各组群的候梯空间串联起来，形成建筑的内走道，核心筒的各组成部分就沿着走道布置。一字型电梯间布置简单、清晰、舒适，适用于建筑层数不多、高度不太高的建筑。单边电梯布置台数不宜超过4台		项目名称	伦敦夏德大厦
			建筑面积	110000m²
			建筑高度	304.1m
			建筑层数	95
			标准层面积	750~2100m²
			电梯排列方式	10部客乘电梯，分两组平行布置
并列型	四组电梯分为上下左右多行多列布置，核心筒形成"鱼骨"状的交通流线，核心筒各组成部分就依附这个骨架布置。交通布置简单清晰，多用于标准层平面为长矩形的超高层建筑		项目名称	深圳京基100大厦
			建筑面积	602401.7m²
			建筑高度	441.8m
			建筑层数	100层
			标准层面积	2000m²
			电梯排列方式	方形核心筒里布置24台电梯分四组平行布置
十字型	电梯组呈十字形布置，核心筒内部形成十字的走道。平面中心对称，利于交通组织、设备布置以及结构布置。十字型布局适用于较为规整的建筑平面中，高度在200~350m之间采用较多。十字型电梯布置分组明确，交通联系方便，易与主要功能空间结合形成环状交通组织流线		项目名称	广州利通大厦
			建筑面积	159400m²
			建筑高度	274.4m
			建筑层数	62层
			标准层面积	2138m²
			电梯排列方式	4组区间电梯，呈十字交叉布置
L型	电梯组呈L形布置，两组电梯互相垂直，由此形成核心筒的基本架构。平面布置紧凑，多用于高度不超过200m的高层建筑		项目名称	广东国际大厦
			建筑面积	184000m²
			建筑高度	200m
			建筑层数	63层
			标准层面积	1451m²
			电梯排列方式	核心筒里布置2组电梯，呈L形布置
T型	电梯组呈T形布置，相当于两个L形的组合。平面左右对称，利于交通组织、设备布置以及结构布置。适用于平面标准层尺寸不太大的超高层建筑，有十字型电梯布置的部分优点，但由于电梯组不多，适合功能不太复杂、高度低于300m的高层建筑		项目名称	郑州绿地中央广场
			建筑面积	450000m²
			建筑高度	285m
			建筑层数	71层
			标准层面积	2000m²
			电梯排列方式	核心筒布置3组电梯，呈T形布置
Y型	核心筒中部为三角形空间，而电梯组群垂直于三角形的三边，每边2组电梯，形成Y形布置。适用于建筑平面较为规整的超高层建筑，与十字型电梯布置有相似特点，可用于层数较多的超高层建筑		项目名称	广州国际金融中心
			建筑面积	248742m²
			建筑高度	432m
			建筑层数	103层
			标准层面积	2300~2800m²
			电梯排列方式	3组区间电梯呈Y字形布置，8个双轿厢穿梭电梯位于核心筒中部

超高层城市办公综合体 [27] 技术要点 / 塔楼核心筒

竖向分区布置

电梯分区系统按照设置穿梭电梯与否可分为分区直达电梯系统和穿梭电梯与区间电梯组合系统。

采用何种竖向系统应根据标准层的面积大小以及建筑层数来确定，表1反映了适宜采用穿梭电梯系统的情况。

适宜采用穿梭电梯的条件 表1

标准层面积（m²）	电梯数量	塔楼建筑面积（m²）	建筑层数	建筑高度(m)
2000	29~33	145000~165000	73~83	307~349
2500	39~43	195000~215000	78~86	328~361
3000	49~54	245000~270000	82~90	344~378

注：本表的办公楼电梯配置标准为5000m²/台，建筑层高4.2m。

电梯竖向系统 表2

电梯系统			备注		核心筒平面案例	电梯竖向系统案例	特征
分区直达电梯系统		高中低三区	项目名称	深圳绿景纪元大厦	深圳绿景纪元大厦		1.分区直达电梯交通组织清晰、便捷，多用于高度不太高的超高层建筑；分区直达电梯系统电梯井道较多，对底层核心筒占用面积较大，为满足电梯相关指标要求，对高区电梯数量要求高，等候及乘坐时间较长；2.有效提高电梯运输效率；3.相对不分区电梯组而言，在一定程度上影响电梯等候时间；4.通过电梯合理布置，有效解放电梯井道上部空间
			建筑面积	128800m²			
			建筑高度	273m			
			建筑层数	62			
			电梯系统	高区 中区 低区			
		多区	项目名称	广西国际金融中心	广西国际金融中心		
			建筑面积	210000m²			
			建筑高度	310m			
			建筑层数	75			
			电梯系统	高区 中高区 中低区 低区			
穿梭电梯系统		单轿厢穿梭电梯+单轿厢区间电梯	项目名称	北京国贸三期	北京国贸三期		1.多用于层数较多，或多种功能组成，或对垂直交通系统有较严格区分要求的超高层建筑；2.应有1~2组穿梭电梯与2组以上区间电梯组合使用，能尽可能减少井道占用核心筒的面积；3.穿梭电梯系统能缩短每段电梯运行时间，缩短使用者等待时间，但交通总运输时间加长
			建筑面积	540000m²			
			建筑高度	330m			
			建筑层数	80			
			电梯系统	办公高区 办公低区 酒店区			
		双轿厢穿梭电梯+单轿厢区间电梯	项目名称	广州国际金融中心	广州国际金融中心		
			建筑面积	249000m²			
			建筑高度	432m			
			建筑层数	105			
			电梯系统	1~66层办公区 67~103层酒店区			
		双轿厢穿梭电梯+双轿厢区间电梯	项目名称	上海环球金融中心	上海环球金融中心		1.包括单双层组合型区间电梯的所有特点；2.运输量大，有利于快速疏导人流、节约井道空间，提高标准层实用率；3.在转换大堂需设双层大堂，对土建要求较高；4.节能效率稍差；5.对机房高度、上部缓冲空间高度有更高要求
			建筑面积	324300m²			
			建筑高度	492m			
			建筑层数	100			
			电梯系统	7~27层办公低区 28~51层办公中区 52~78层办公高区 79~93层酒店区			

核心筒内给排水系统

1. 每层核心筒内需设置2~3个总给排水或消防水管井，每个管井面积约3m²。管井内设置分区给水立管、热媒立管、热水立管、回水立管、污水总立管、废水总立管、通气管、消火栓立管及喷淋立管等。这些管井位置宜从上到下各层对位贯通，管线进出管井方便。管井需设置检修门，并宜设置地漏，方便管道检修。

2. 核心筒中的每个卫生间内至少设置1个给排水管井，管井尺寸一般为1500mm×700mm，管井应设置检修门。

3. 塔楼标准层消火栓布置应保证同层任何部位有两个消火栓的充实水柱同时到达。为方便每层按使用需要灵活布局，消火栓箱宜尽量设置在核心筒内或紧贴核心筒一侧。每个消防电梯前室应设置一个消火栓箱。

4. 屋面雨水立管一般设置在给排水及消防管井内，或与核心筒内消火栓立管一起包砌。

5. 超高层办公综合体核心筒每层宜设置茶水间，面积约4m²，可贴近卫生间布置。

6. 管井宜大致分布于核心筒的四边，以方便避难层管道的转换。管井最短边不宜小于0.8m，以保证管道井的检修空间。每个管井应有一长边可供管道进出。

7. 给排水管道不得设置于排烟井、排风井、新风井内。各建筑功能的给水排水管井可合用，也可与消防给水系统的管井合用。

核心筒内空调、通风系统

1. 空调系统

（1）全空气定风量空调系统

需预留2个以上空调机房，管井包括新风井、排风井、冷冻（热水）水管井。

（2）风机盘管加新风空调系统

需预留1个以上新风空调机房，管井包括新风井、冷冻（热水）水管井。

（3）全空气VAV变风量空调系统（包括地板送风系统）

需预留2个以上空调机房，管井包括新风井、排风井、冷冻（热水）水管井。

（4）多联机空调（热泵）系统（空气源、水源）

需预留1个以上新风空调机房，管井包括新风井，水源热泵系统还包括冷却水管井。

（5）水环热泵空调系统

需预留1个以上新风空调机房，管井包括新风井、冷却水管井。

2. 通风系统

除空调系统排风外，核心筒尚需布置复印机排风井、事故排风井、卫生间排风井等。

3. 防排烟系统

核心筒需布置消防排烟管井：包括楼梯间及前室加压送风管井、消防排烟管井以及排烟补风管井等。

核心筒内空调机房形式、数量与面积关系　　　表1

空调系统形式	空调机房类型	空调机房总面积(m²)	机房个数（个）
全空气定风量空调系统	组合式空调机房	约36	1~2*
风机盘管加新风空调系统	新风空调机房	约15	2*
全空气VAV变风量空调系统（包括地板送风系统）	组合式空调机房	约36	2*

注：*代表建议值。

空调末端系统常用形式与核心筒内机房及管井的关系　　　表2

使用功能	办公	公寓	酒店	其他公共区域	空调机房和新风竖井要求
多联机空调（热泵）系统（空气源、水环）	√	√			核心筒设新风竖井，从设备层引入新风。每层设新风机房或在设备层集中设新风机组，将处理过的新风通过竖井送至各楼层
风机盘管加新风空调系统	√	√	√	√	核心筒设新风竖井，从设备层引入新风。每层设新风机房或在设备层集中设新风机组，将处理过的新风通过竖井送至各楼层
全空气VAV变风量空调系统（地板送风系统）	√		√		楼层设置空调机房。靠近空调机房设置新风竖井，在设备层集中设置新风机组，将处理过的新风通过竖井送至各楼层空调箱
全空气定风量空调系统				√	楼层设置空调机房，靠近空调机房设置新风竖井，在设备层集中设置新风机组，将处理过的新风通过竖井送至各楼层空调箱
水环热泵空调系统（使用较少）	√				核心筒设新风竖井，从设备层引入新风。每层设新风机房或在设备层集中设新风机组，将处理过的新风通过竖井送至各楼层

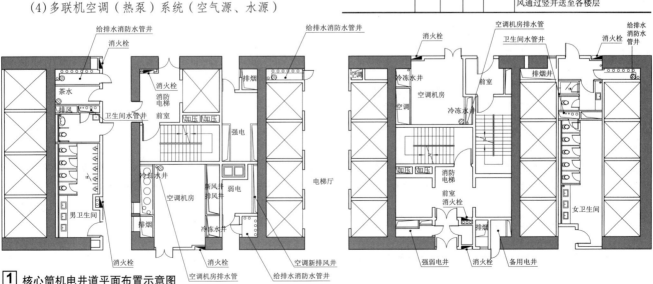

[1] 核心筒机电井道平面布置示意图

超高层城市办公综合体 [29] 技术要点/塔楼核心筒

强电设计

1. 核心筒强电间的基本类型与大小

（1）独立的电气管井

管井只考虑各种母线、电缆桥架、插接箱及T接箱的安装空间，不考虑楼层配电箱的安装（配电箱另放别处）。该管井一般布置成长条状，长度根据母线、桥架的大小、多少确定。宽度根据母线槽的厚度加上插接箱的厚度及一定的安装空间来定，一般宽度为600~800mm。仅有电缆桥架的管井，宽度可为400~600mm，见 1 。电井的门一般根据电井的长度通长来开，以方便维护检修。门前操作距离为800mm。可以采用核心筒外挂电缆井的形式，利用走道作为操作空间（此方案还需另设楼层配电间）。

（2）电井与楼层配电间合用

电气管井与楼层配电间合用，强电间面积根据实际需要确定，一般为本层工作面积的5‰左右。利用强电间四面墙安装母线、桥架、各种配电箱等。箱体前操作距离大于800mm，见 2 。

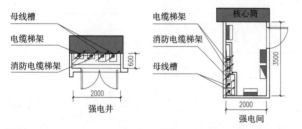

1 核心筒内独立的电气管井　　**2** 电井与楼层配电间合用的形式

强电间分类及特点、尺寸　　　　　　　　　　　　　　　表1

形式	特点	长度	宽度
独立的电气管井	只考虑垂直方向走线，不考虑楼层配电箱的安装	按照实际需要定	400~600mm（只有桥架）600~800mm（有母线）
与楼层配电间合用的电气管井	同时考虑垂直方向走线和楼层配电箱的安装	按照实际需要定	配电箱宽度+800mm（可利用门外走道作为操作空间）

2. 强电间（管井）的设置原则

（1）强电间的设置数量

强电间数量应按所服务的范围考虑，每层的强电间供电半径宜控制在50m以内，否则需要增设强电间。

（2）强电间的设置要求

强电管井的位置宜从下到上各层对位贯通，管线进出核心筒方便。不宜与其他房间形成套间，不应与水、暖、气等管道共用井道，不应有无关的管道穿过，不应与烟道、热力管道、煤气等管道贴邻。宜靠近核心筒外墙，并预留进、出线孔。要充分考虑消防设备桥架、普通设备桥架、照明母线、动力母线、空调母线、发电机应急母线等的安装位置，并预留一定的空间，以备将来使用时增加设备或其他变化。

（3）电缆井壁的耐火极限不应低于1.00h，井壁上的检查门宜采用乙级防火门。

（4）如建筑需要敷设中压电缆，应设置独立的中压电缆井，不能与强电井合用。

弱电设计

1. 核心筒弱电间的基本尺寸与要求

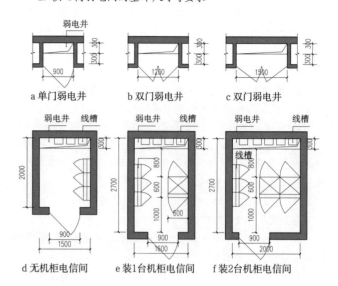

3 电信间（弱电间）基本尺寸

2. 电信间（弱电间）基本空间

用于对外出租用途的高层或超高层办公楼的电信间可以分为三种类型：

（1）仅用于布设线槽；
（2）布设综合布线机柜、线槽以及其他弱电设备的电信间；
（3）不设有综合布线机柜的电信间。

只用于布设垂直线槽的弱电间又可称为弱电井，一般仅供租户独立使用。例如：高层建筑上部为星级酒店、下部为出租办公的情形，则一般酒店要求独立管井，在出租办公楼层区需设酒店弱电井和办公区电信间（弱电间）；反之亦然。

当设有综合布线机柜时，电信间面积不应少于5m²，宽度不宜少于2.0m，深度不宜少于2.5m；无综合布线机柜时，可采用壁挂式电信间，面积不应少于1.5m（宽）×0.8m（深），此时，电信间开门宜采用双门对外开启。

3. 电信间的设置要求

电信间的数目应按所服务的楼层范围来考虑。如果配线电缆长度都在90m范围以内，宜设置1个电信间。超出这一范围时，宜设2个或多个电信间。在每层的信息点数较少、配线电缆长度不大于90m的情况下，宜几个楼层合设1个电信间。当系统信息点数超过200点，每超过200点应增加1台机柜，面积应增加1.5m²。

电信间位置宜上下层对位。

电信间用于安放垂直线槽、挂墙机箱和落地机柜，内部应设置弱电井，井的深度一般为0.3~0.4m，宽度一般为电信间短边通长，安装线槽之后按规范要求做防火封堵。同时，电信间的开门净宽度不宜少于800mm。

电信间对环境的要求，根据不同类型有所差异。一般对仅设线槽的弱电井、仅设挂墙机箱的电信间宜保证通风；对设置综合布线机柜的电信间，宜设置空调。

综合防灾／技术要点［30］超高层城市办公综合体

消防总体设计要点

超高层城市办公综合体建筑在总体布局上应结合环境景观设计布置一定面积的广场，供集散之用，以保障应对应急事件。

和城市相连的公共交通包括地铁、公交等均应设置缓冲空间，避免突发事件的相互影响。

超高层城市办公综合体建筑和相连其他建筑的疏散体系应分别独立设置，不得相互借用，两者之间应采取防火墙、防火卷帘、甲级防火门进行分隔。

超高层建筑周边不宜布置火灾荷载较大的建筑；建筑物结构构件应满足耐火时间的要求，防止建筑物因火灾导致结构破坏而倒塌；室内建筑用材尽量采用A级材料，减少火灾荷载。

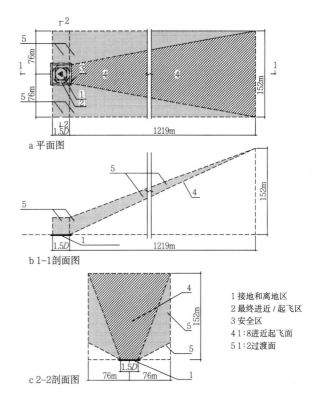

a 平面图

b 1-1剖面图

c 2-2剖面图

1 接地和离地区
2 最终进近／起飞区
3 安全区
4 1:8进近起飞面
5 1:2过渡面

1 停机坪的要求

消防救援

消防救援形式　　　　　　　　　　　　　　　　　　　　表1

救援方式	要求	备注
消防车道	建筑周边应设消防车道和登高场地	结合登高场地在建筑立面上（100m以下）布置消防救援窗（一般控制数量应2处以上，间距小于20m，宽×高大于1.20m×1.00m）
消防电梯	消防电梯应直达各楼层，不宜转换位置（如必须转换则必须通过避难空间）	1.消防电梯的具体要求应按消防规范执行； 2.对高区人员特殊集中的地方，经特别设计，可以考虑供疏散之用
	在首层应方便消防人员进入（离安全出口的距离小于30m）	
直升机停机坪	高出停机坪屋顶的建筑和天线等障碍物不应设在进近／起飞面方向；非进近／起飞方向应满足规定的要求，具体可见 停机坪的大小（最终进近／起飞区）应为直升机的全长／全宽中较大者的1.5倍 停机坪必须能承受预计使用该机场的直升机的作用。直升机的动载可按其最大起飞全重的1.5倍计，并显示最大允许质量标志 停机坪（最终进近／起飞区）的周边应预留大于3m/0.25D宽中较大者作为安全区 停机坪应设置边灯：圆形时周边设灯不少于8个；方形的每边不少于5个，灯的间距小于3m 标灯（起落导航灯）：每个方向不少于5个，间距在0.6~4m，布置在停机坪内外均可，见 停机坪（最终进近／起飞区）内应按规定的要求设置识别标志，见 停机坪应设置泛光照明灯、障碍灯、风向标等 通向停机坪的安全出口不少于2个 在适当的地方设消火栓等消防救援设备 停机坪应设有应急广播和应急照明，其供电时间不应小于1.50h，照度不应低于1.00 lx 停机坪周边设安全的护栏或围杆 停机坪内宜设一定数量的安全吊钩 地面表面应考虑防水坡度，且考虑防滑措施	1.超高层建筑在条件允许下宜设置直升飞机停机坪； 2.直升机空中航道应进行专门的规划设计； 3.D为直升机机翼直径或全长； 4.直升机的荷载除考虑直升机荷载外，应附加货载、雪载等其他荷载； 5.直升机停机坪既是救援的场所，同时又是开敞的避难空间

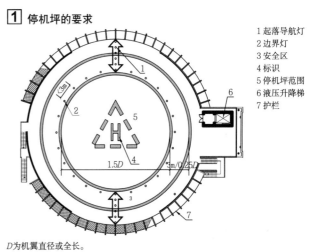

1 起落导航灯
2 边界灯
3 安全区
4 标识
5 停机坪范围
6 液压升降梯
7 护栏

D为机翼直径或全长。

2 停机坪示意

部分直升机的有关参数　　　　　　　　　　　表2

国名	直升机名称	承载人数	外形尺寸（m）			总重（kg）
			旋翼直径	全长	全高	
中国	直-5	11	21.00	16.8	4.40	4300
	直-9	12	11.93	11.44	3.21	4100
苏联	米8	28	21.29	25.33	5.54	11570
法国	SA365N3	14	11.93	13.68	3.52	4250
	S-61	26	18.90	22.15	4.72	9750
美国	黑鹰S70	12	16.36	19.76	5.13	10000

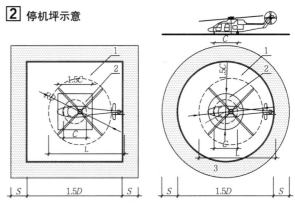

1 接地和离地区　2 最终进近／起飞区　3 安全区　4 RD机翼直径
5 C起落架外距　6 L机全长
D为机翼DR直径或L机全长取大值；S为3m或25D取大值。

3 停机坪和直升机的关系

超高层城市办公综合体 [31] 技术要点 / 综合防灾

避难空间概述

为保证人员疏散的安全，超高层建筑除应满足规范要求的疏散距离、疏散宽度、灭火喷淋、防烟系统、应急照明、消防报警、消防指示外，在竖向每隔50m应设避难层或避难间，作为暂时疏散过渡。

避难空间有开敞式、半开敞式和封闭式三种形式（表1）。

避难空间的形式　　　　　　　　　　　　　　　表1

名称	要求	备注
开敞式	塔楼屋顶（包括直升机停机坪）、裙房屋面（包括其他楼层屋面）	利用裙房屋面作避难空间时，面向裙房屋面一侧外墙不应设置玻璃幕墙，如为玻璃幕墙一侧设出入口，应考虑足够坚固的雨篷
半开敞式	通常是2边以上开敞（开敞边可设铝合金百叶窗）	应考虑上下空间的节能、防水和防火设计
封闭式	封闭式避难空间应加压送风	—

避难空间设计要点

1. 避难层、避难间的上下楼板、隔墙应满足规范要求的耐火极限时间。
2. 避难层应设消防电梯出口。
3. 避难空间净高应大于2m。
4. 避难空间应设置直接对外的可开启外窗，外窗应采用乙级防火窗，或设置独立的机械防排烟设施。
5. 避难层应设消防专线电话和应急广播，并应设消火栓和消防卷盘。
6. 避难层应设应急广播和应急照明，其供电时间不应小于2.0h，照度不应低于3.00lx，且有明显的疏散指示标志。
7. 避难空间不应设其他管井的检修门。
8. 避难空间的净面积应能满足设计避难人员避难的要求，可按5.00人/m²计算。
9. 防烟楼梯在避难层被分隔，分隔的形式分为同层错位或上下层断开，具体形式见表2。

疏散楼梯强迫进避难空间的形式　　　　　　　表2

名称		内容	备注
楼梯原位	水平	利用避难空间两个方向进出①	也可和原位垂直组合
	垂直	在避难空间内合适的位置另增设一楼梯或踏步②	—
楼梯异位		按需要重新布置楼梯③	—

控制火灾蔓延

防火分隔的形式　　　　　　　　　　　　　　表3

名称	内容	备注
横向	结合平面功能布局进行防火分区，在防火分区内划分若干个防烟分区	紧靠防火墙的门窗，包括天窗洞口之间的距离应满足规范的要求
竖向	垂直井道应层层封堵	封堵材料不应低于楼板耐火极限时间
	提高楼板耐火极限时间	楼板耐火极限时间大于2h
	外围护部分每层设一定高度的防火墙裙和防火挑檐	避难层的防火墙裙不应小于普通楼层

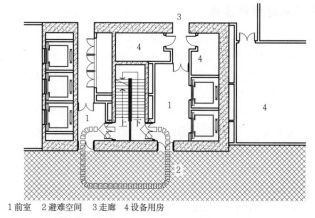

1 前室　2 避难空间　3 走廊　4 设备用房

1 原位水平形式

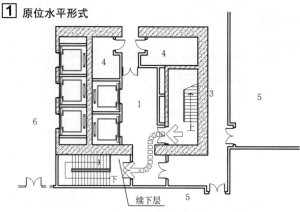

a 避难层（上层）平面

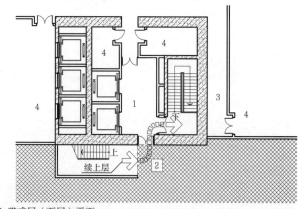

b 避难层（下层）平面
1 前室　2 避难空间　3 走廊　4 设备用房　5 其他使用空间　6 电梯厅

2 原位垂直形式

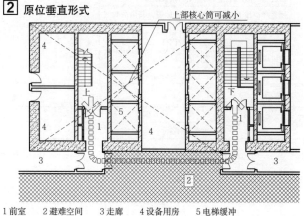

1 前室　2 避难空间　3 走廊　4 设备用房　5 电梯缓冲

3 异位水平形式

消防给水和灭火设备

超高层建筑应设消火栓系统，除游泳池和不宜用水扑救的部位外，均应设自动喷水灭火系统。不宜用水扑救的部位应采用气体灭火系统，如电气变配电间。

1. 消防给水系统要点

（1）消防给水系统分区要点

消防给水系统应进行竖向分区，串联供水。分区原则同一般高层建筑。消火栓系统各分区最低消火栓栓口的静水压力不应大于1.00MPa（100m水柱）；自动喷水灭火系统各分区的工作压力不应大于1.20MPa（120m水柱）。

（2）消防给水系统类型

消防给水系统一般有下列几种类型，见表1。

2. 消防给水机房位置

消防水池、消防水泵设于地下室消防泵房内，机房面积一般不宜小于450m²；中间消防水箱、消防泵设置于塔楼设备层内，机房面积一般为50~150m²（根据工程具体情况确定）；高位消防水箱、消防泵设置于屋顶层设备机房内，机房面积一般为50~200m²（根据工程具体情况确定）。

3. 气体灭火系统、机房位置

变、配电室等房间应设气体灭火系统。气体灭火系统的钢瓶间应靠近被保护区域。

消防给水系统类型　　　　　　　　　　　　　　　表1

供水方式	系统说明	特点	适用范围
临高压输送串联供水系统	地下室设消防水池、消防泵和转输水箱，设备层设转输水箱、转输水泵和高区消防泵、屋顶层设消防水箱	逐级串联转输。转输水箱容积不小于60m³，需设专用的转输水泵。屋顶层消防水箱有效容积不小于100m³	所有超高层建筑
高压给水系统	地下室设消防水池、消防泵和转输水箱，设备层设转输水箱、转输水泵和高区消防泵、屋顶层设消防水箱	逐级串联转输。转输水箱容积不小于60m³，需设专用的转输水泵。屋顶层消防水箱有效容积不小于一起火灭火的用水量。灭火时全部由高位水箱给水	所有超高层建筑

电气消防

1. 火灾自动报警及消防联动控制系统

应在首层或地下一层设置消防监控中心，并设火灾自动报警系统，对超高层综合体进行全面监控。除了面积小于5m²的卫生间外，都应设火灾探测器，以便对建筑物内的烟雾、高温或异常温升进行实时探测。

2. 电气火灾探测报警系统

在歌舞厅、商场（尤其是家用电器柜台等电器较集中的区域）宜设置电气火灾探测报警系统，以防止发生电气火灾。

防雷

超高层城市办公综合体的建筑防雷类别为二类，其主楼屋面接闪网的网格应不大于10m×10m或12m×8m。

超高层城市办公综合体的供配电系统和电子信息系统应采取防雷措施。

防排烟

防排烟系统的设置位置及要求　　　　　　　　　　表2

房间名称	防烟系统	排烟系统
疏散楼梯间	应设置	—
前室	应设置，独立前室可采用疏散楼梯间送风，前室不送风的方式	—
合用前室	应设置	—
避难层（间）避难走廊	应设置	—
建筑内长度大于20m的疏散走廊	—	应设置
中庭，建筑面积大于300m²且可燃物较多的地上房间	—	应设置
大于100m²且经常有人停留的房间	—	应设置，不具备外窗排烟条件的房间采用机械排烟
地下或半地下室、地上建筑内无窗房间，当建筑面积大于200m²或一个房间建筑面积大于50m²，且经常有人停留或可燃物较多时	—	应设置
风机房位置及要求	设置风机房或将正压送风风机安装在室外屋面。风机房应耐火极限不低于2.0h的隔墙和1.5h的楼板及甲级防火门与其他部位隔开	系统最高处的专用风机房或室外屋面。风机房应采用耐火极限不低于2.0h的隔墙和甲级防火门与其他部位隔开。不能与正压送风机房合用
正压送风竖井及排烟竖井要求	风管竖井井壁应为耐火极限不低于1.0h的不燃烧体	风管竖井井壁应为耐火极限不低于1.0h的不燃烧体
系统高度规定	建筑高度超过100m的高层建筑，其送风系统应分段设置	按规范分段设置
地上、地下部分的楼梯间正压送风要求	地上和地下部分楼梯间的正压送风系统宜分别独立设置。当不具备独立设置正压风系统时，可合并设置加压系统，但送风量应按两个楼梯间计算	

防恐

1. 总体设计中，公共车道避免设在重要承重结构附近，阻止车辆靠近。

2. 当冲击力作用于局部结构构件时，选择在逃生段时间内具有不会发生建筑整体倒塌或连续倒塌的结构。

3. 公共场所宜安装视频监控设备，为保障大楼的安全，可在首层大堂设置安全检查门及包裹扫描检查设备。

4. 可在地下车库入口及其他需要的部位设置埋地式遥控栅栏，用来阻止车辆强行闯入。

5. 可在地下车库入口设置X光车辆检测装置。

6. 重要用房如消防控制室、柴油发电机房、消防水泵房等布置在不易受攻击的地方。

7. 重要场所的建筑玻璃采用夹膜玻璃，避免因爆炸而产生的玻璃碎片的伤害。

航空障碍警示标志

应设置航空障碍警示标志，在夜间及雾天显示建筑物的位置及轮廓。

超高层城市办公综合体 [33] 技术要点／物业维护

维护管理的目标及内容

设计阶段应充分考虑建筑部件及设备的清洁、本地检修、外运更换的方式，使之在设计使用年限内尽可能达到最佳的使用状态，有效地延长使用寿命。从而保证整个建筑体系的运行、管理顺畅，减少资源的额外损耗，提高经济效益。

建筑设计阶段，对于建筑物、设备的维护和管理，应主要考虑大型设备更换和运输，以及外围护结构维护。

大型设备更换及运输

运营过程中，故障设备（部件）拆壳后，经设备层水平路径，到达竖向承载系统（竖向承载系统一般利用核心筒内货梯，可与消防电梯结合设置）。更换的设备部件垂直下至地下室后，经水平货运通道外运，进行异地维修。

设备更换、维修流线一般与后勤流线结合，水平运输通道、垂直运输通道的三维尺寸及结构承载力均应满足大型设备（部件）的运输要求。

超高层建筑城市办公综合体塔楼的结构形式相对复杂。某些情况下，避难层/机电层设置有伸臂桁架。此时，塔楼设备运输的水平路径还需考虑其与桁架杆件的空间关系。

塔楼内主要大型机电设备包括板式换热器、制冷机组、水泵、变压器。根据设备不可拆卸部件的三维尺寸、单体重量以及维护方式等主要因素，设计设备的外运路径，以满足上述的运输要求。

根据工程经验，考虑市政接入条件及电压降因素，千米以下塔楼内变电所的一般设备选型及属性见表1。

10kV和20kV级SCB10系列干式变压器拆壳后外形尺寸及重量 表1

类型	宽（mm）	深（mm）	高（mm）	重量（kg）
10kV级SCB10系列干式变压器≤1250kVA	<1600	<950	<1900	<3000
20kV级SCB10系列干式变压器≤1000kVA	<1700	<950	<2000	<3800

货梯

结合不同项目的功能配置，超高层建筑城市办公综合体塔楼核心筒内应至少有1部货梯，在考虑日常运营的同时，应满足设备运输的要求。其主要考量因素为井道、轿厢尺寸、开门大小及荷载等方面（常见货梯规格见表2、表3）。

日立NF系列货梯井道及轿厢相关参数 表2

电梯型号	额定载重量（kg）	井道尺寸（mm）宽度	井道尺寸（mm）深度	轿厢尺寸（mm）宽度	轿厢尺寸（mm）深度	层门洞尺寸（mm）宽度	层门洞尺寸（mm）高度
NF-2000-2S45/60（单开门）	2000	2700	3200	1700	2500	1700	2200
NF-2000-2S45/60（双开门）	2000	2700	3240	1700	2500	1700	2200
NF-3000-2S45（单开门）	3000	3150	3400	2100	2700	2000	2200
NF-3000-2S45（双开门）	3000	3300	3510	2100	2700	2000	2200

三菱SG-VF(A)系列双折中分门货梯井道及轿厢相关参数 表3

电梯型号	额定载重量（kg）	井道尺寸（mm）宽度	井道尺寸（mm）深度	轿厢尺寸（mm）宽度	轿厢尺寸（mm）深度	层门洞尺寸（mm）宽度	层门洞尺寸（mm）高度
SG-VF(A)-2000	2000	3450	2860	2440	2351	2000	2270
SG-VF(A)-3000	3000	3580	2870	2440	2400	2000	2270
SG-VF(A)-5000	5000	3660	4120	2440	3650	2000	2470

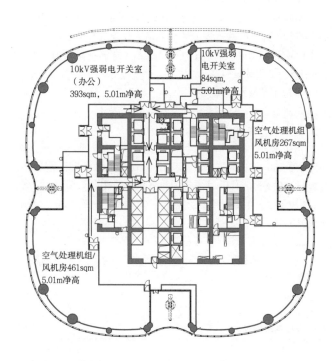

[1] 某工程机电层设备运输水平及垂直运输路径示意

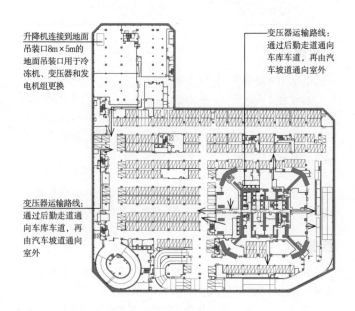

[2] 某工程地下室设备更换运输路径示意

擦窗机概述

1. 超高层城市办公综合体幕墙面积大，离地高度大，其大面积幕墙必须用擦窗机来进行清洁、幕墙板块更换、装饰物体加固。

2. 擦窗机通常由主机和吊篮组成。主机与建筑物间应有足够的连接强度，其作用于建筑物的最大荷载不应超过建筑物受力的允许值。

3. 擦窗机一般设置在建筑物顶部，当建筑物高度较大时，可以在中间结合避难层分段设置。竖向工作范围控制在30层左右较为合理。

4. 擦窗机产品种类繁多，应结合建筑的高度、立面及楼顶结构、空间情况，选择适合的设备形式。根据不同的分类条件，擦窗机大致有如下几种类型可供选择（表1）。

擦窗机分类与适用条件　　　　　　　　　　　　表1

分类条件	擦窗机类型	适用条件
与建筑物的结合方式	屋面支撑式	目前较常用
	女儿墙附着式	
按照擦窗机到幕墙的距离和吊篮控制方式	俯仰臂式	臂长＜8m
	固定悬臂式	臂长3~21m
	伸缩臂式	最大臂长可达35m
建筑物有内倾斜面或者较大的悬挑部分时	折臂式	总臂长3~20m
	伸展吊篮	伸展吊篮长度0~7m
玻璃采光屋顶、球形结构、天桥连廊	平面天幕滑梯式擦窗机	清洗条形等平面天幕
	球形天幕滑梯式擦窗机	清洗球形等平面天幕

俯仰臂式擦窗机

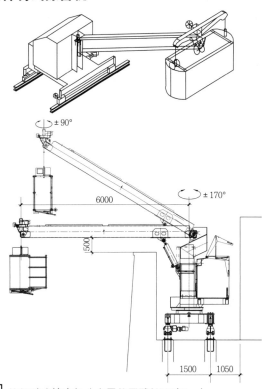

[2] 俯仰臂式擦窗机（水平位置臂长可达8m）

固定悬臂式擦窗机

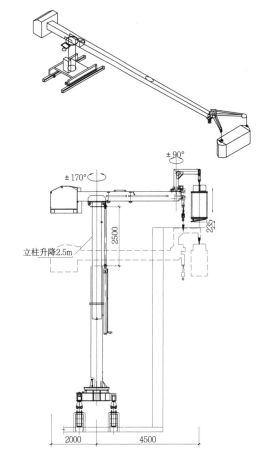

[3] 固定悬臂式擦窗机（最大臂长为3~21m）

行走式擦窗机

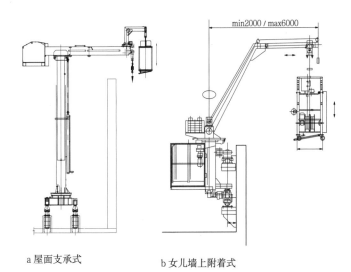

a 屋面支承式　　　b 女儿墙上附着式

[1] 行走式擦窗机

伸缩臂式擦窗机

折臂式、伸展吊篮擦窗机

如建筑物本身造型比较复杂，有内倾斜面或者较大的悬挑部分，可以选用折臂式（总臂长3~20m）或者伸展吊篮（吊篮伸展长度可达7m）系列的擦窗机 3 。凹凸变化较大的幕墙在矩形吊篮使用比较困难时，可以考虑选用带有局部伸缩功能的吊篮。

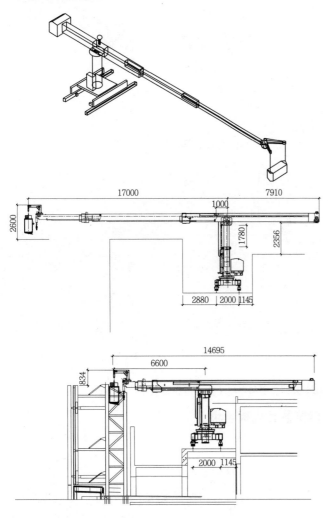

1 伸缩臂式擦窗机（最大臂长可达35m）

滑梯式擦窗机

玻璃采光屋顶、球形结构、天桥连廊等建筑物的内外墙清洗和维护作业可以选用滑梯式擦窗机。用于清洗条形天幕的擦窗机则在天幕两侧各装一条轨道，行走时擦窗机沿着轨道往复运动 2 ；清洗球形天幕的一般在天幕顶端安装一个旋转轴，底端安装一圈环形轨道，行走时擦窗机便沿着轨道做圆周运动。

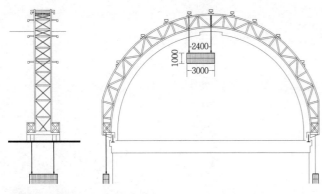

2 滑梯式擦窗机（用于清洗拱形天幕）

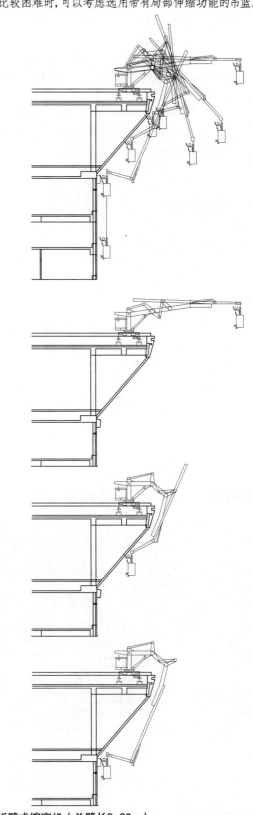

3 折臂式擦窗机（总臂长3~20m）

伸展吊篮擦窗机

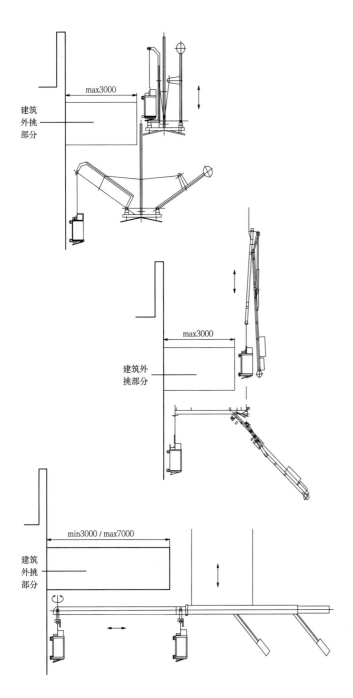

[1] 伸展吊篮擦窗机（吊篮伸展长度可达7m）

擦窗机与建筑物的结合

女儿墙附着式擦窗机是将轨道沿女儿墙内侧上下布置，垂直轨道距离为800~1600mm，擦窗机悬臂外挑的距离为2~6m。此种擦窗机要求女儿墙墙体结构必须具有足够的高度、厚度和强度，并为设备行走留出足够高度。设计应充分考虑建筑物装饰占用的空间，以防止设备行走时下部碰到屋面或悬吊平台收回屋面时与建筑物碰撞[2]。

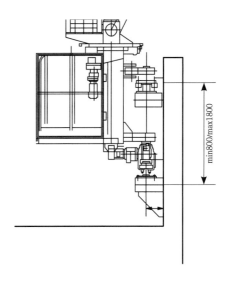

[2] 女儿墙附着式支撑式擦窗机轨道详图

目前超高层建筑城市办公综合体塔楼最为常用的是将擦窗机轨道水平铺置在屋面上的屋面支撑式擦窗机。屋顶上预留连续的擦窗机行走工作的区域。屋面支撑式擦窗机广泛使用于屋面结构较为规矩、楼顶屋面有足够的空间通道且楼顶屋面有一定的承载能力的建筑物。轨道距离一般为0.8~4.0m，在屋面工程结束前浇筑擦窗机基座，基座高度应高于屋面面层80mm以上。基座每隔1500~2500mm设1个，见[3]。

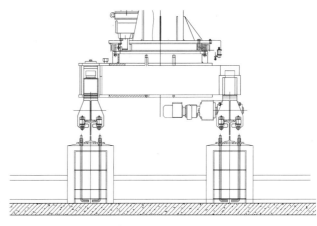

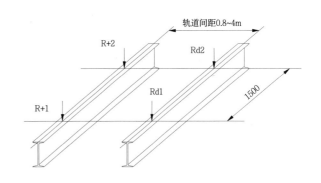

[3] 屋面支撑式擦窗机轨道详图

超高层城市办公综合体 [37] 技术要点／物业维护

防风销

为保证吊篮在工作时平稳，吊篮应临时固定在墙面某一位置，固定方式有轨道式、吸附式或防风销[1]。

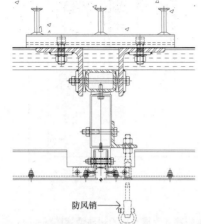

[1] 防风销

擦窗机在避难层中的设置

擦窗机设置在避难层中能够提高工作效率和安全性，造价会有所提高，对室内平面布置会有一定的影响，擦窗机工作区域应预留足够的荷载和3.0m左右宽度供擦窗机轨道和工作人员使用[2]。

擦窗机与超高层建筑顶部造型的结合

超高层顶部造型往往是设计的重点部位。顶部擦窗机的设置需要根据实际情况，结合结构、造型和幕墙进行设计，做到合理、隐蔽[3]。

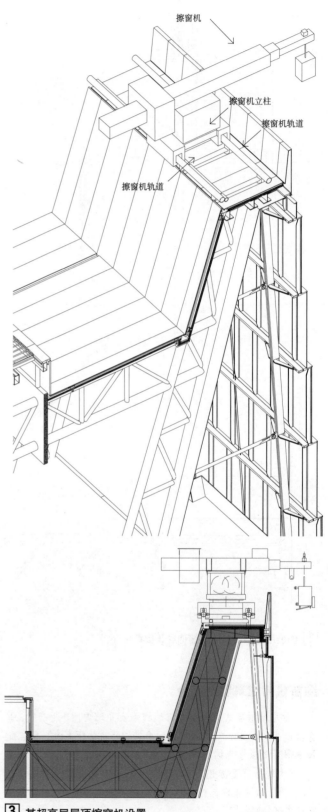

[3] 某超高层屋顶擦窗机设置

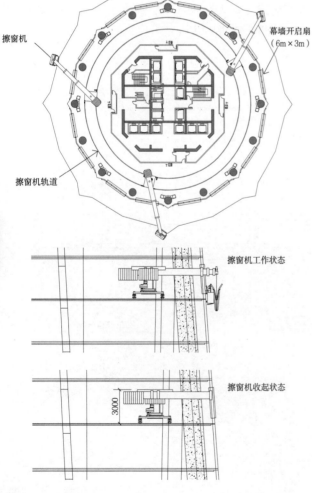

[2] 某工程避难层擦窗机设置

外墙设计概述 / 建筑材料与构造 [38] 超高层城市办公综合体

本节仅涉及超高层城市办公综合体建筑塔楼标准层外墙的有关内容。对于超高层建筑裙房及塔楼特殊部分的外墙不展开讨论。标准层外墙均为幕墙系统。

超高层外墙材料举要

影响外墙的设计因素 表1

建筑美学	建筑形体
	立面构图
	立面颜色
	立面肌理
建筑结构	结构与外墙的关系
	结构形式
建筑功能	室内空间的具体用途
城市环境	公共空间的形态、尺度
	周边建筑的形态、尺度
社会文化	生活方式
	文化传统
可行性	技术上的可行性
	造价

外墙自身的功能属性 表2

围护作用	光学性能与遮阳
	通风
	隔声
	保温
	水密性
	气密性
安全性 耐久性	抗震
	耐撞击与平面内变形性能
	防火
	防雷
	承重
	抗风
	养护
可持续性	原材料属性
	加工生产工艺

超高层建筑外墙主要材料类型 表3

玻璃	普通平板玻璃及深加工产品
	异形玻璃
	玻璃砖
金属	钢板（不锈钢板、涂层钢板、锈蚀钢板）
	铝板（单层铝板、蜂窝铝板、铝塑复合板）
	铜板（铜合金板）
	钛锌板（钛合金板、锌合金板）
混凝土	现浇混凝土
	预制件
	混凝土砌块
	纤维混凝土
黏土	人工砌块
	陶瓷墙砖

注：科技的进步使更多的材料有可能用于超高层外墙，而玻璃幕墙、金属幕墙由于其可靠的安全性和稳定的物理性能，是超高层建筑中最主流的外墙材料。

建筑师关注的超高层幕墙问题 表4

超高层幕墙问题	幕墙的材料类型
	幕墙与主体结构的连接
	避难层外墙设计
	幕墙的主要技术问题

玻璃幕墙 表5

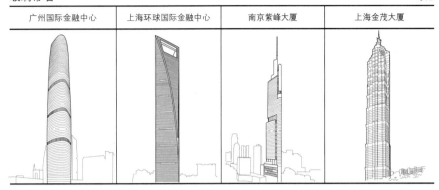

| 广州国际金融中心 | 上海环球国际金融中心 | 南京紫峰大厦 | 上海金茂大厦 |

金属幕墙 表6

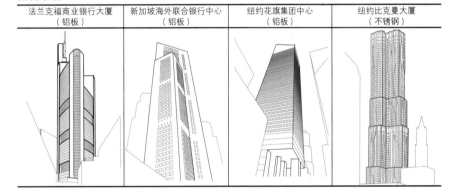

| 法兰克福商业银行大厦（铝板） | 新加坡海外联合银行中心（铝板） | 纽约花旗集团中心（铝板） | 纽约比克曼大厦（不锈钢） |

双层玻璃幕墙 表7

| 上海中心 | 广州珠江城 | 法兰克福商业银行大厦 | 香港环球贸易广场 |

其他 表8

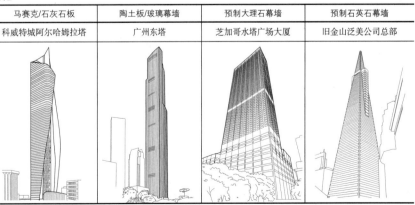

| 马赛克/石灰石板 | 陶土板/玻璃幕墙 | 预制大理石幕墙 | 预制石英石幕墙 |
| 科威特城阿尔哈姆拉塔 | 广州东塔 | 芝加哥水塔广场大厦 | 旧金山泛美公司总部 |

超高层城市办公综合体 [39] 建筑材料与构造 / 材料类型与连接方式

超高层建筑外墙材料类型

超高层建筑外墙材料有金属、玻璃、预制混凝土板、陶板、石材等类型，其中玻璃具有无可替代的通透性，而金属板材轻质，易于加工，因此玻璃和金属成为超高层建筑外墙的主流材料。石材由于其物理属性带来的安全问题，不宜在超高层建筑外墙大量使用。

超高层建筑外墙材料类型 表1

玻璃	特点	玻璃原片美观、透光性好，深加工产品多，技术成熟，可选择范围宽。但保温节能较实体墙差，安全性较金属材料差。玻璃原片主要采用浮法玻璃。较其他成型方法，其优点是玻璃表面平整、光滑、纯净、透明度好、厚度均匀，光学畸变小。玻璃结构紧凑，易切割，不易破损
	适用性	在建筑幕墙中经过深加工的玻璃类型主要有：钢化玻璃、中空玻璃、夹层玻璃、镀膜玻璃
	常用材料	钢化玻璃
金属板	特点	质量轻，安装构造可靠，安全性高；材质、加工方法及色彩多样，可以组合加工成不同的外观形状；具有较高的性价比，易于维护，使用寿命长
	适用性	金属板材的类型多，在超高层选材时要特别注意材料的整体性和强度
	常用材料	铝合金单板、不锈钢单板、复合板
预制混凝土板	特点	具有很强的造型能力，板材饰面类型多，工业化水平高，现场工作量少，保温隔声性能好
	适用性	自重大，单元之间的连接复杂，目前在国内较少使用
陶板	特点	色泽均匀，工业化水平高，强度高，耐久性好
	适用性	材料本身自重大，运输困难，安全性不易保证。不宜在超高层建筑中大量使用

超高层建筑外墙与主体结构连接方式

幕墙的构造方式多样，普遍接受的分类方法是将幕墙分为构件式、单元式、组合式。目前单元式幕墙是超高层建筑外墙的主要构造方式。

我国超高层建筑实例中外墙与主体结构的连接方式 表2

工程名称	高度(m)	竣工时间	建筑主体外墙材料	外墙与主体结构的连接方式
上海金茂大厦	421	1998	玻璃	单元式
上海环球金融中心	492	2008	玻璃	单元式
上海世贸国际广场	333	2006	玻璃	单元式
南京紫峰大厦	450	2009	玻璃	单元式
深圳京基100	442	2011	玻璃	单元式
广州国际金融中心	440	2010	玻璃	单元式（隐框）
广州珠江城	309	2012	玻璃	单元式（双层内循环）
北京国际贸易中心三期	330	2008	玻璃	单元式
北京银泰中心	249	2008	玻璃/石材	单元式
深圳京基金融中心	441	2011	玻璃	单元式
天津环球金融中心	337	2010	玻璃	单元式

超高层建筑外墙连接方式 表3

构件式	定义	现场在主体结构上安装立柱、横梁及各种面板的建筑幕墙（《建筑幕墙》GB/T 21086）
	特点	1.适用于多种形式的幕墙，对主体结构要求低；2.材料运输、储存、保管方便；3.安装精度低，现场工作量大，施工时间长，质量不易控制
	适用范围	构件式幕墙通常不用于超高层建筑的主体塔楼外墙，仅用于裙房或局部特殊部位
单元式	定义	将面板和金属框架（横梁、立柱）在工厂组装为幕墙单元，以幕墙单元形式在现场完成安装施工的框支承玻璃幕墙（《玻璃幕墙工程技术规范》JGJ 102）
	特点	1.加工精度高，质量可靠；2.现场施工简便，工期短；3.成品不易运输，对存储要求高；4.对主体结构施工精度要求高
	适用范围	超高层建筑通常采用单元式幕墙
组合式	定义	基本幕墙单元与其他功能叠加，组合成多功能的幕墙单元
	特点	1.能发挥各单层的特性，综合改善幕墙的通风、隔声、保温、遮阳等物理性能，提高室内空间的舒适度；2.多层次的组合丰富了立面造型，增加了外墙的表现力；3.造价高，对节点设计的安全性要求高，操作及维修困难
	适用范围	应用于少量的超高层建筑或特殊部位的幕墙

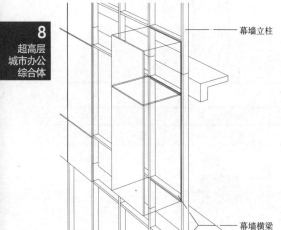

[1] 构件式连接图示

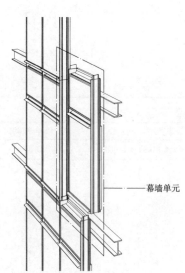

[2] 单元式连接图示

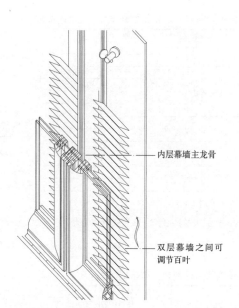

[3] 组合式连接图示

避难层 / 设备层外墙设计 / 建筑材料与构造 [40] 超高层城市办公综合体

避难层/设备层外墙设计

根据超高层建筑塔楼的形象特点，避难层/设备层或隐含于建筑主体，突出建筑形象的简洁、纯净；或强化虚实变化，与超高层建筑的造型变化相结合。

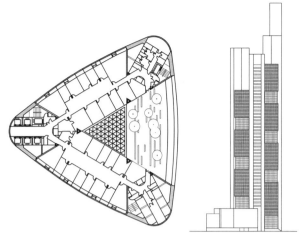

a 法兰克福商业银行三十一层平面　　b 法兰克福商业银行立面

法兰克福商业银行平面呈三角形，从七层开始每隔4层设置一个室外花园，花园位置沿三角形的三条边螺旋上升，为人们提供了避难空间。设备用房集中在三角形平面的角部，与公共区分离，为建筑空间的塑造提供了更大的可能。

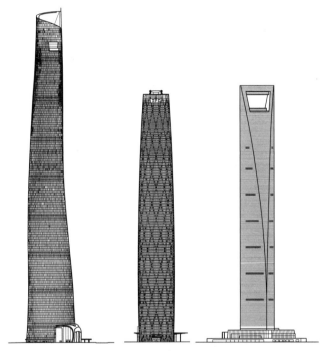

a 上海中心　　b 广州国际金融中心　　c 上海环球金融中心

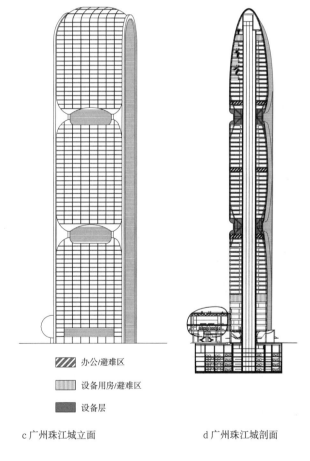

办公/避难区
设备用房/避难区
设备层

c 广州珠江城立面　　d 广州珠江城剖面

广州珠江城的主体在体型上有明显的收缩，沿建筑高度形成两个大的"风洞"，风洞处为设备层。除两处设备机房和避难区组合在一起，布置在其他楼层以外，其余的避难区和办公空间设置在同一楼层。

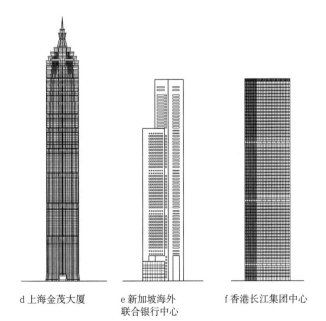

d 上海金茂大厦　　e 新加坡海外联合银行中心　　f 香港长江集团中心

1 避难层/设备层隐含在建筑主体中（强调建筑整体感）　　**2** 避难层/设备层与建筑造型的变化相结合（呈现明显的虚实关系）

超高层城市办公综合体 [41] 建筑材料与构造 / 通风和遮阳

通风

自然通风：超高层建筑由于风速及风压大，不能用普通的开启扇进行通风。通常在幕墙系统中采用增加通风设施的方法实现部分自然通风，如通风窗、通风口。

1. 通风窗
直接在幕墙上设可开启窗。

2. 通风口
与幕墙设计结合，通过特殊的构造在室内外建立起气流的通道，室外空气可以直接进入室内或者参与空调系统的进、排风。

通风口分为水平风口和垂直风口，水平风口通常结合层间的特殊构造设置，垂直风口结合壁柱、侧墙等竖向构件设置。

遮阳

玻璃幕墙增强了空间的通透性，同时也增加了建筑室内空间的热负荷。遮阳可以有效地反射太阳直射光，减少进入室内的热量。建筑遮阳设计应综合考虑建筑所处地域的纬度和气候特点，结合建筑造型和平面功能采用适合的遮阳方式。根据遮阳装置与建筑主体外幕墙的位置关系可分为外遮阳、中间遮阳及内遮阳。

1. **外遮阳**：遮阳效率最高；但对安全性、耐候性、操控性要求高。构造复杂，易产生风啸噪声。
2. **内遮阳**：遮阳效率低，但构造简单，易于维护和更换。
3. **中间遮阳**：广泛使用于双层幕墙中，遮阳效率较高，损坏率低，控制和操作较复杂，维护和更换成本较高。

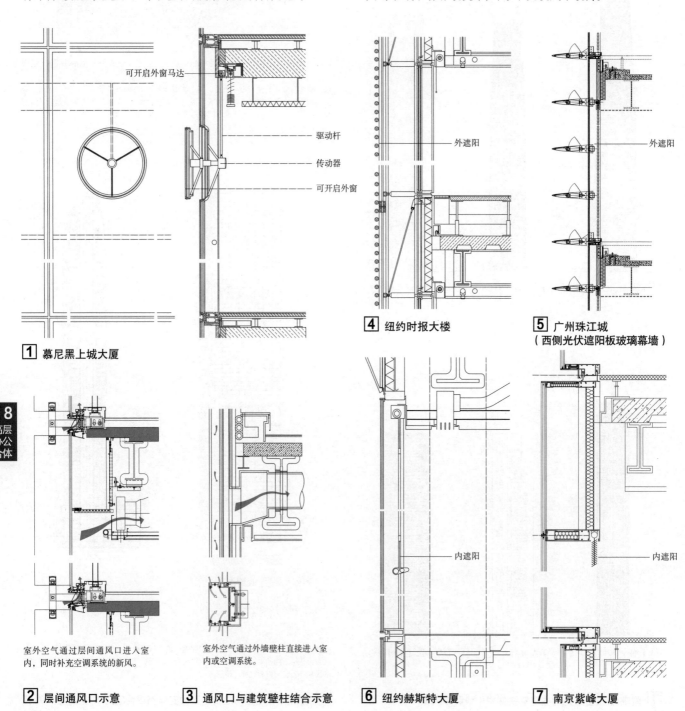

[1] 慕尼黑上城大厦
[2] 层间通风口示意
[3] 通风口与建筑壁柱结合示意
[4] 纽约时报大楼
[5] 广州珠江城（西侧光伏遮阳板玻璃幕墙）
[6] 纽约赫斯特大厦
[7] 南京紫峰大厦

双层幕墙

双层幕墙由内、外两层幕墙构成,幕墙之间形成空腔。空气在空腔内处于流动的状态,与内层幕墙的外表面不断进行热交换。

双层幕墙根据空气流动的不同方式分为双层外循环和双层内循环。

1. 外循环双层幕墙

内层幕墙封闭,外层幕墙与室外有进气口和出气口联通,使得双层幕墙通道内的空气可与室外空气进行循环。

气流的组织可以在幕墙单元内或单元之间进行,也可以在各楼层之间或多楼层之间进行。

2. 内循环双层幕墙

外层幕墙封闭,内层幕墙与室内有进气口和出气口联通,依靠机械通风装置使双层幕墙通道内的空气可与室内空气进行循环。内循环双层幕墙热工性能优良,隔声性能好,防结露,易清洁。

采用双层幕墙的超高层建筑实例(250m以上)　表1

工程名称	高度(m)	竣工时间	地点	幕墙类型
上海中心	632	2014	上海	内循环双层幕墙
珠江城	309	2012	广州	内循环双层幕墙
香港环球贸易广场	484	2010	香港	内循环双层幕墙
法兰克福商业银行	299	1997	法兰克福	外循环双层幕墙

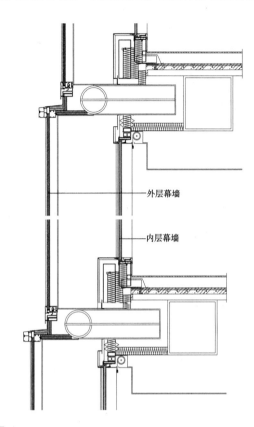

[2] 上海中心幕墙详图

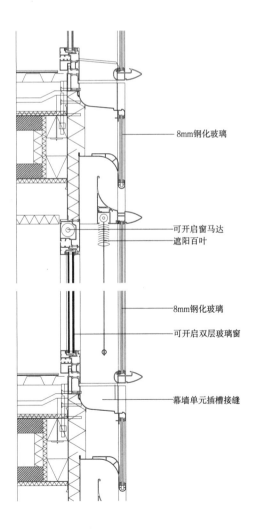

[1] 法兰克福商业银行幕墙详图

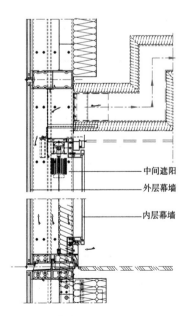

[3] 广州珠江城幕墙详图

超高层城市办公综合体 [43] 建筑材料与构造 / 减振和降噪

建筑减振和降噪

超高层建筑中会有大量设备机房设置在地面以上的各设备层。这些设备机房由于与上下的功能用房贴邻,其噪声和振动对这些功能用房的影响,相比将机房设在地下室,要更为直接和严重,必须进行有效隔振、降噪处理。另外,超高层建筑一般都由多个不同的功能业态在竖向上进行组合,包括商业、办公、酒店和公寓。各种业态对环境的噪声污染和振动影响的要求各不相同,必须事先充分考虑各功能之间的相互影响。

减振和降噪的标准

1. 室内允许噪声级

我国现行规范中使用等效连续A声级。超高层建筑的使用功能主要包括办公、酒店、公寓和商业,具体规范参见《民用建筑设计隔声规范》GB 50118(4 住宅建筑;7 旅馆建筑;8 办公建筑;9 商业建筑)。按照规范,旅馆建筑中特级客房昼间噪声≤35dB(A),夜间≤30dB(A);办公建筑中高要求标准的单人办公室和电话会议室内噪声≤35dB(A),多人办公室和普通会议室内噪声≤40dB(A);商业建筑中高要求标准的商场、商店、购物中心、会展中心内噪声≤50dB(A)。

2. 隔声标准

隔声分为空气声隔声和撞击声隔声。建筑物的外墙、内墙、楼板要满足空气声隔声标准,在选材上应满足R_w+C(计权隔声量+粉红噪声频谱修正量)或者R_w+C_{tr}(计权隔声量+交通噪声频谱修正量)的要求。建筑物的楼板还要满足撞击声隔声标准,在选材上应满足$L'_{nT,w}$(计权标准化撞击声压级)的要求。

旅馆室内允许噪声级 表1

房间名称	允许噪声级(A声级,dB)		
	特级	一级	二级
客房(昼间)	≤35	≤40	≤45
客房(夜间)	≤30	≤35	≤40
办公室、会议室	≤40	≤45	≤45
多用途厅	≤40	≤45	≤50
餐厅、宴会厅	≤45	≤50	≤55

注:本表摘自《民用建筑设计隔声规范》GB 50118-2010,P21表7.1.1。

客房墙、楼板的空气声隔声标准 表2

构件名称	空气声隔声单值评价量+频谱修正量	特级(dB)	一级(dB)	二级(dB)
客房之间的隔墙、楼板	R_w+C	>50	>45	>40
客房与走廊之间的隔墙	R_w+C	>45	>45	>40
客房外墙(含窗)	R_w+C_{tr}	>40	>35	>30

注:本表摘自《民用建筑设计隔声规范》GB 50118-2010,P21表7.2.1。

客房外窗与客房门的空气声隔声标准 表3

构件名称	空气声隔声单值评价量+频谱修正量	特级(dB)	一级(dB)	二级(dB)
客房外窗	R_w+C_{tr}	≥35	≥30	≥25
客房门	R_w+C	≥30	≥25	≥20

注:本表摘自《民用建筑设计隔声规范》GB 50118-2010,P22表7.2.3。

客房楼板撞击声隔声标准 表4

楼板部位	撞击声隔声单值评价量	特级(dB)	一级(dB)	二级(dB)
客房与上层房间之间的楼板	计权规范化撞击声压级$L_{n,w}$(实验室测量)	<55	<65	<75
	计权标准化撞击声压级$L'_{nT,w}$(现场测量)	≤55	≤65	≤75

注:本表摘自《民用建筑设计隔声规范》GB 50118-2010,P22表7.2.4。

声学指标等级与旅馆建筑星级的对应关系 表5

声学指标的等级	旅馆建筑的等级
特级	五星级以上旅游饭店及同档次旅馆建筑
一级	三、四星级旅游饭店及同档次旅馆建筑
二级	其他档次的旅馆建筑

注:本表摘自《民用建筑设计隔声规范》GB 50118-2010,P23表7.2.6。

石膏板墙的隔声性能($R_w+C≥45dB$石膏板隔墙) 表6

编号	构造简图(mm)	构造	R_w+C/R_w+C_{tr}
隔墙18	75/123	75系列轻钢龙骨;双面双层12厚防火纸面石膏板;墙内填50厚玻璃棉	47/40
隔墙19	75/147	75系列轻钢龙骨;双面三层12厚标准纸面石膏板	48/42
隔墙20	100/148	100系列轻钢龙骨;双面双层12厚标准纸面石膏板;墙内填50厚玻璃棉	47/41
隔墙21	100/172	100系列轻钢龙骨;双面三层12厚标准纸面石膏板	45/39
隔墙22	75/111	75系列轻钢龙骨;双面+单层12厚标准纸面石膏板;墙内填50厚玻璃棉	47/41
隔墙23	100/148	100系列轻钢龙骨;双面双层12厚防火纸面石膏板	49/43
隔墙24	120/168	双排50系列轻钢龙骨;双面双层12厚标准纸面石膏板	48/42

注:本表摘自《建筑隔声与吸声构造》08J 931-2008,P16、P17表。

木地板和地毯的隔声(可达到≤65dB的标准) 表7

构造简图(mm)	面密度(kg/m³)	计权标准化撞击声压级$L'_{nT,w}$
1 地毯 2 20厚水泥砂浆 3 100厚钢筋混凝土楼板	270	52
1 16厚柞木木地板 2 20厚水泥砂浆 3 100厚钢筋混凝土楼板	275	63

注:本表摘自《建筑隔声与吸声构造》08J 931-2008,P28表。

常见噪声源和振动源

1. 需要做减振的部位

超高层建筑中需要做减振的部位包括冷冻机房、水泵房、锅炉房、柴油发电机房、洗衣房、变电所,以及与对噪声和振动较为敏感的功能用房相邻的设备机房、厨房等。

2. 需要做降噪的部位

超高层建筑中需要做降噪的部位所有的冷冻机房、发电机房、锅炉房必须进行吸声处理;所有噪声敏感区附近的设备用房,且其设备噪声大于72dB(A)的房间,均需做吸声处理,吸声处理的面积不小于该房间面积的50%。吸声处理后的标准应满足《民用建筑设计通则》GB 50352中有关室内环境的隔声要求。

减振和降噪方法

1. 减振设计方法

对冷冻机房、空调机房、风机房的门内的设备可采用弹簧或橡胶垫进行减振;对振动较为严重的设备可增设浮动底座进行减振;对于在敏感区域楼层上部的设备机房,可采用增设隔振地台的方式进行减振 1~6。

2. 降噪设计方法

建筑降噪处理一般均采用吸声墙面和顶棚,以及隔声门和隔声窗的方式。适当选用上文减振做法,可有效降低机电房间的背景噪声,使得冷冻机房、冷冻机房控制室、柴油发电机房和锅炉房的背景噪声<75dB(A),其他机电房间的背景噪声<65dB(A) 7~9。

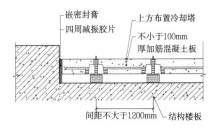

2 冷却塔浮动底座(用于室外)做法示意

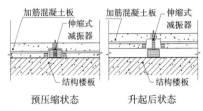

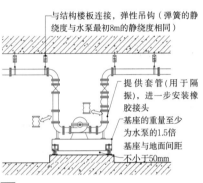

3 水平箱体可拆分水泵的浮动底座

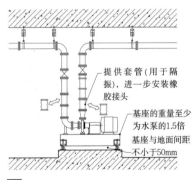

4 吸入式离心水泵的浮动底座

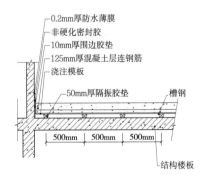

1 浮动底座(用于室内)做法示意

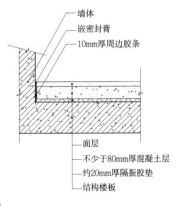

5 隔振地台做法示意

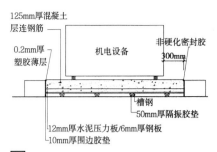

6 一般浮动底座(用于室外)做法示意

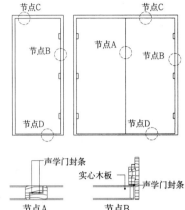

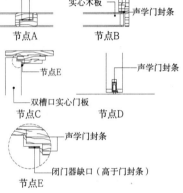

7 隔声门做法示意一(实心门+声学门封条)

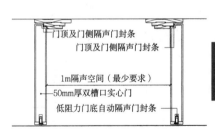

8 隔声门做法示意二(双重门+隔声空间)

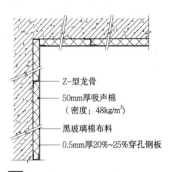

9 机房内降噪做法示意

超高层城市办公综合体 [45] 实例

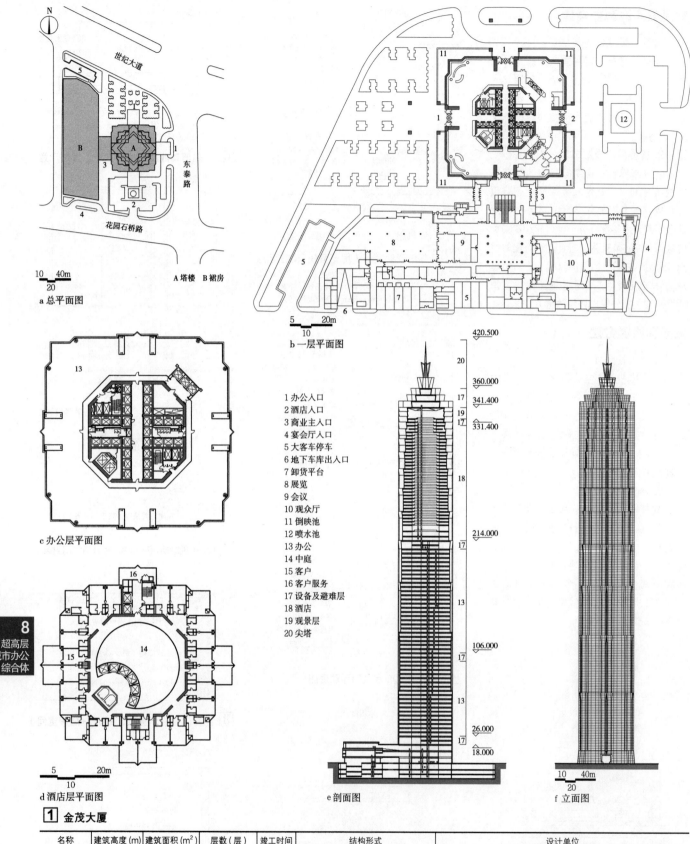

a 总平面图
b 一层平面图
c 办公层平面图
d 酒店层平面图
e 剖面图
f 立面图

1 办公入口
2 酒店入口
3 商业主入口
4 宴会厅入口
5 大客车停车
6 地下车库出入口
7 卸货平台
8 展览
9 会议
10 观众厅
11 倒映池
12 喷水池
13 办公
14 中庭
15 客户
16 客户服务
17 设备及避难层
18 酒店
19 观景层
20 尖塔

1 金茂大厦

名称	建筑高度(m)	建筑面积(m²)	层数(层)	竣工时间	结构形式	设计单位
金茂大厦	420.500	289500	地上88，层地下3层	1999	钢筋混凝土核心筒—钢结构伸臂桁架	美国SOM建筑设计事务所、华东建筑集团股份有限公司上海建筑设计研究院有限公司

金茂大厦位于上海浦东陆家嘴金融贸易开发区的中心区，平面采用双轴对称的形式，受力均衡。位于主楼3~50层的办公区，全部为无柱空间，位于主楼56层酒店空中门厅至塔尖基座部分设置高153m，直径26.3m的中庭，为所有酒店客房的共享空间。建筑形体通过其平面方正与切角的转换、立面收边、节奏韵律的变化，以及幕墙表面精致的不锈钢构件的装饰，蕴涵了中国塔造型的寓意，并真实反映出大楼空间组合特点和经济可靠的超高层结构体系。核心筒为主要抗侧力结构，外墙设有8根钢筋混凝土巨型柱和8根钢柱，整个大楼还设三道外伸臂桁架，有效提高结构抗侧向荷载的能力。

注：本实例改绘自张关林，石礼文．金茂大厦——决策・设计・施工．北京：中国建筑工业出版社，2000．

实例 [46] 超高层城市办公综合体

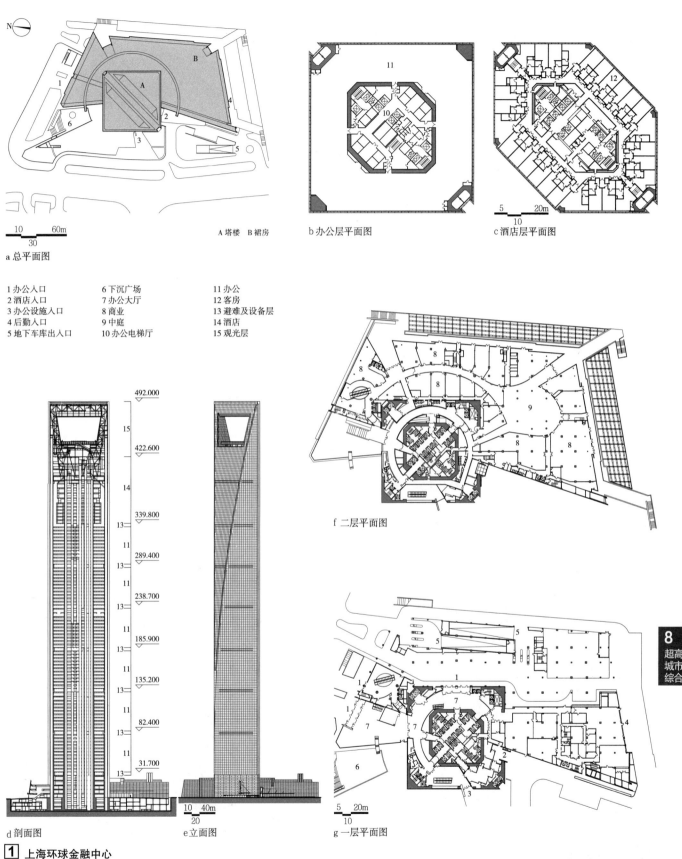

a 总平面图
b 办公层平面图
c 酒店层平面图

1 办公入口　　6 下沉广场　　11 办公
2 酒店入口　　7 办公大厅　　12 客房
3 办公设施入口　8 商业　　　13 避难及设备层
4 后勤入口　　9 中庭　　　　14 酒店
5 地下车库出入口　10 办公电梯厅　15 观光层

d 剖面图
e 立面图
f 二层平面图
g 一层平面图

1 上海环球金融中心

名称	建筑高度(m)	建筑面积(m²)	层数(层)	竣工时间	结构形式	设计单位
上海环球金融中心	492.000	381610	地上101层,地下3层	2008	巨型支撑框架+混凝土核心筒+外伸臂桁架	华东建筑集团股份有限公司华东建筑设计研究总院、美国KPF建筑师事务所、株式会社入江三宅设计事务所、赖思里·罗伯逊联合股份有限公司、株式会社建筑设备设计研究所

上海环球金融中心位于浦东新区陆家嘴国际金融贸易中心区内，建筑的主体是一个正方形柱体，由两个巨型拱形斜面逐渐向上缩窄于顶端交会而成。为减轻风阻，建筑物的顶端设有一个巨型的倒梯形风洞开口。观光设施位于第94至100层，97层如同浮在空中的天桥，94层以城市全景为背景，提供可举行各种活动的交流空间

超高层城市办公综合体 [47] 实例

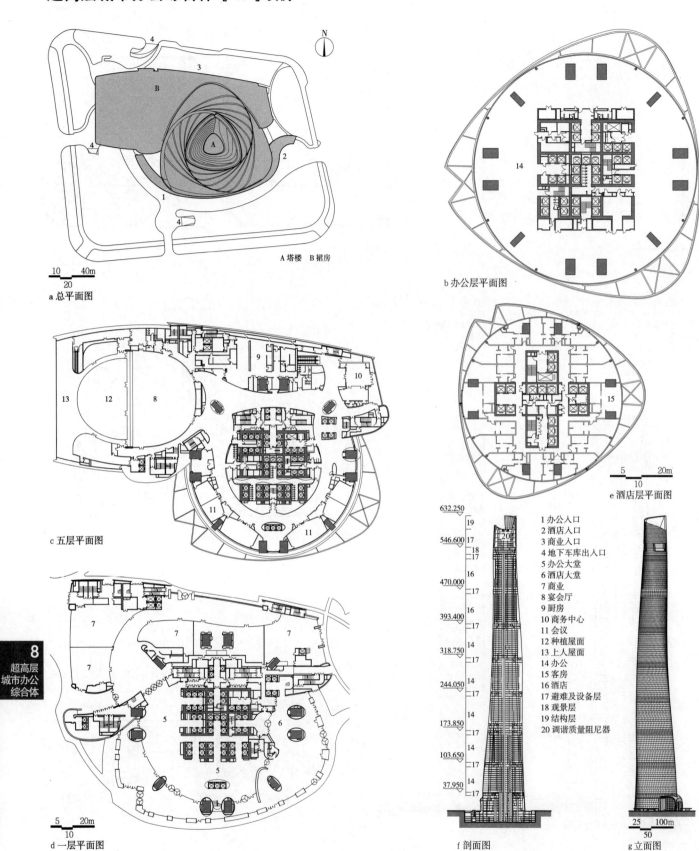

a 总平面图　　A 塔楼　B 裙房
b 办公层平面图
c 五层平面图
d 一层平面图
e 酒店层平面图
f 剖面图
g 立面图

1 办公入口
2 酒店入口
3 商业入口
4 地下车库出入口
5 办公大堂
6 酒店大堂
7 商业
8 宴会厅
9 厨房
10 商务中心
11 会议
12 种植屋面
13 上人屋面
14 办公
15 客房
16 酒店
17 避难及设备层
18 观景层
19 结构层
20 调谐质量阻尼器

1 上海中心大厦

名称	建筑高度(m)	建筑面积(m²)	层数（层）	竣工时间	结构形式	设计单位
上海中心大厦	632.250	574058	地上131层，地下5层	2013	钢筋混凝土核心筒-外框架结构	同济大学建筑设计研究院（集团）有限公司、美国Gensler建筑设计事务所

上海中心大厦位于浦东新区陆家嘴国际金融贸易中心区，外观呈螺旋式上升，建筑双层幕墙由底部旋转贯穿至顶部。大厦有两个玻璃立面，一内一外，主体形状为内圆外三角。两个玻璃幕墙之间的空间进深在0.9~10m之间，为空中大厅提供空间，同时充当隔热层，降低整座大楼的供暖和冷气需求。从顶部看，上海中心大厦的外形好似一个吉他拨片，随着高度的升高，每层扭曲近1°，能够有效延缓风流。

实例 [48] 超高层城市办公综合体

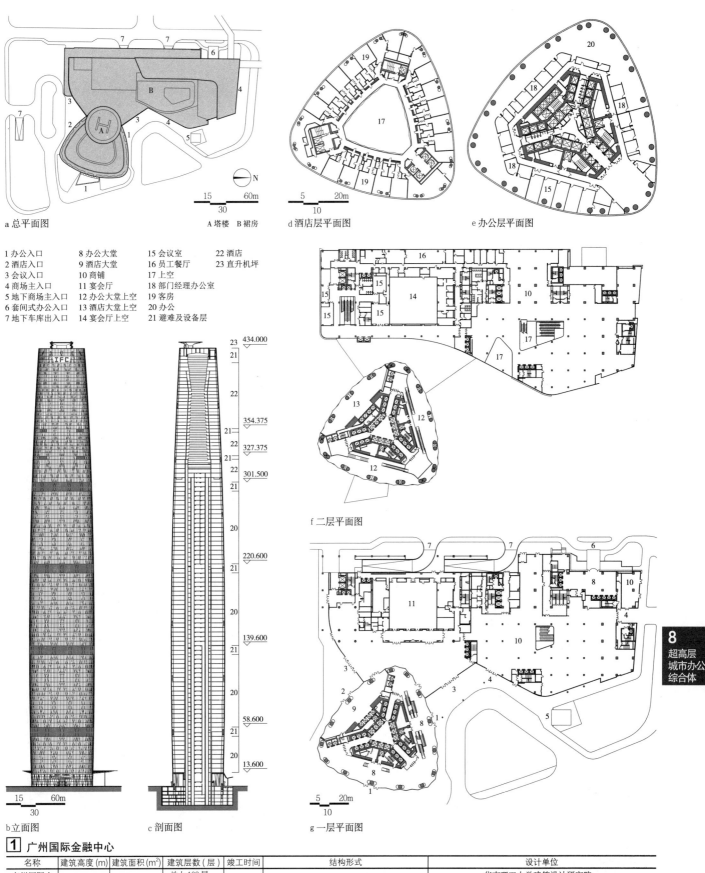

a 总平面图　　A 塔楼　B 裙房　　d 酒店层平面图　　e 办公层平面图

1 办公入口　　8 办公大堂　　15 会议室　　22 酒店
2 酒店入口　　9 酒店大堂　　16 员工餐厅　23 直升机坪
3 会议入口　　10 商铺　　　 17 上空
4 商场主入口　11 宴会厅　　 18 部门经理办公室
5 地下商场主入口　12 办公大堂上空　19 客房
6 套间式办公入口　13 酒店大堂上空　20 办公
7 地下车库出入口　14 宴会厅上空　　21 避难及设备层

b 立面图　　c 剖面图　　f 二层平面图　　g 一层平面图

1 广州国际金融中心

名称	建筑高度(m)	建筑面积(m²)	建筑层数(层)	竣工时间	结构形式	设计单位
广州国际金融中心	434.000	453865	地上103层，地下4层	2012	巨型斜交网格外筒+钢筋混凝土剪力墙内筒	华南理工大学建筑设计研究院、威尔金森艾尔建筑设计(上海)有限公司

广州国际金融中心主塔楼标准层平面采用三角形，最大限度保证使用者享受珠江及中轴线绿化区景观，以独特的曲线形状及透明光滑的建筑立面，通过渐变宽度形成优美的纺锤外形。外立面为全层高的全玻璃幕墙设计。27m 一段的斜网格结构支撑体系的尺度及几何形状在建筑空间表达中起主导作用，并和楼板的分割及幕墙体系产生强烈的视觉对照。通过结构的高位转换，使高区核心筒的取消成为可能。建筑应用了钢管混凝土巨型斜交网格筒中筒结构体系，具有足够的抗侧刚度和优异的抗震性能。玻璃采用了双银 LOW-E 玻璃，在一定程度上减少了建筑的空调损耗

超高层城市办公综合体 [49] 实例

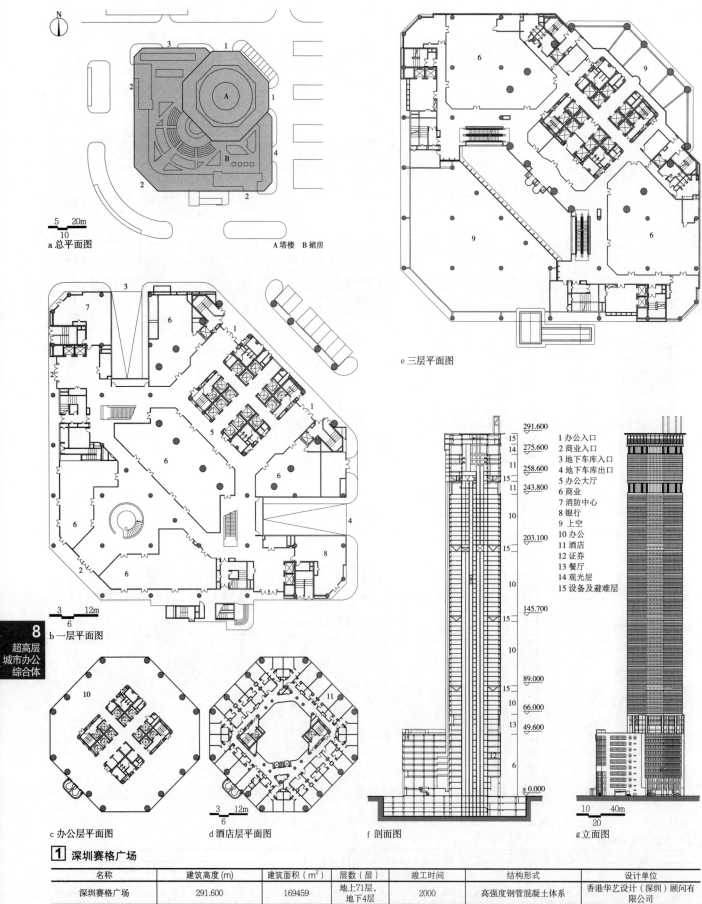

a 总平面图
A 塔楼 B 裙房
b 一层平面图
c 办公层平面图
d 酒店层平面图
e 三层平面图
f 剖面图
g 立面图

1 办公入口
2 商业入口
3 地下车库入口
4 地下车库出口
5 办公大厅
6 商业
7 消防中心
8 银行
9 上空
10 办公
11 酒店
12 证券
13 餐厅
14 观光层
15 设备及避难层

1 深圳赛格广场

名称	建筑高度(m)	建筑面积(m²)	层数（层）	竣工时间	结构形式	设计单位
深圳赛格广场	291.600	169459	地上71层，地下4层	2000	高强度钢管混凝土体系	香港华艺设计（深圳）顾问有限公司

深圳赛格广场位于深圳市中心地带，主体是现代化多功能智能型写字楼，裙房为商场，是以电子高科技为主，兼会展、办公、商贸、信息、证券、娱乐为一体的综合性建筑。塔楼为八边形平面，结构采用高强度钢管混凝土体系。外立面主要是灰色玻璃幕墙，水平方向上以金色铝板线条装饰。塔楼侧面安装景观电梯，顶部设置一个圆形直升机平台

实例 [50] 超高层城市办公综合体

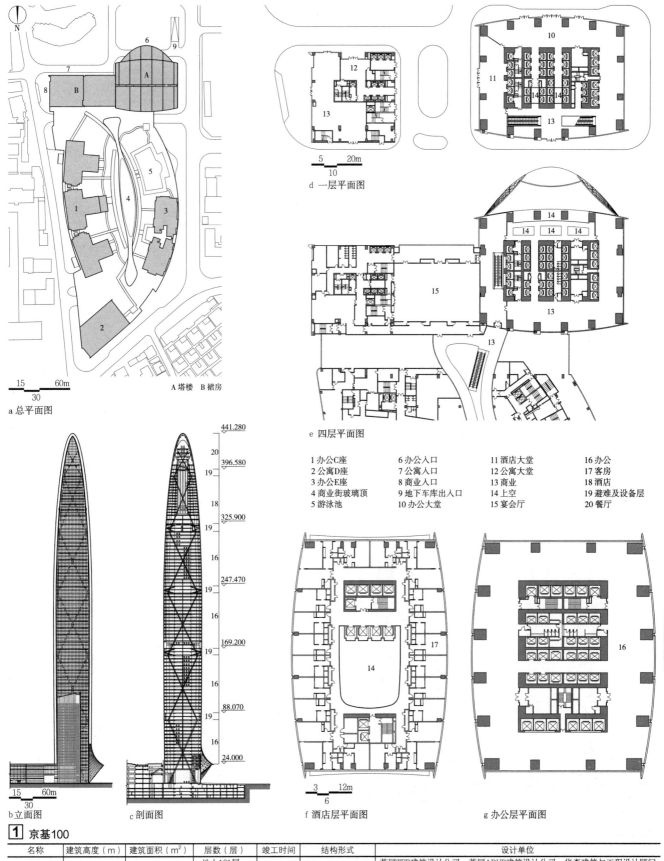

1 办公C座　6 办公入口　11 酒店大堂　16 办公
2 公寓D座　7 公寓入口　12 公寓大堂　17 客房
3 办公E座　8 商业入口　13 商业　18 酒店
4 商业街玻璃顶　9 地下车库出入口　14 上空　19 避难及设备层
5 游泳池　10 办公大堂　15 宴会厅　20 餐厅

a 总平面图　b 立面图　c 剖面图　d 一层平面图　e 四层平面图　f 酒店层平面图　g 办公层平面图

1 京基100

名称	建筑高度（m）	建筑面积（m²）	层数（层）	竣工时间	结构形式	设计单位
京基100	441.280	602401	地上101层，地下4层	2008	核心筒和桁架结构	英国TFP建筑设计公司、英国ARUP建筑设计公司、华森建筑与工程设计顾问有限公司

京基100位于深圳罗湖区蔡屋围金融中心区，是集商业、甲级办公、六星级酒店等多功能为一体的综合性建筑。采用核心筒和桁架结构。办公区周边柱网布置给每层都提供了无障碍的办公环境和极好的视野。酒店区设有中庭，14层的客房环绕中庭布置，位于94层的酒店大堂是一座由玻璃覆盖的高达40m的空中大厅。5层高的商店中庭采用曲线造型，空间流畅丰富。建筑共设64部高速电梯，分高、低、中区同时运行，并配备双轿厢转换电梯，形成周详而灵活的垂直交通系统。主塔楼外墙采用夹层双银LOW-E中空玻璃全玻璃幕墙，具有高透光、低透热、隔绝紫外线的优异性能

超高层城市办公综合体 [51] 实例

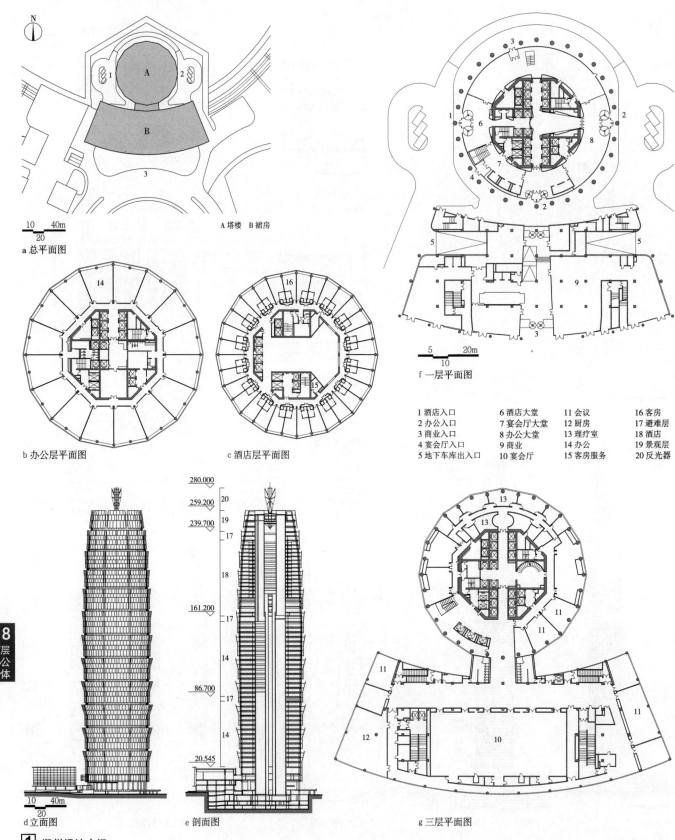

A 塔楼　B 裙房

a 总平面图
b 办公层平面图
c 酒店层平面图
d 立面图
e 剖面图
f 一层平面图
g 三层平面图

1 酒店入口　6 酒店大堂　11 会议　16 客房
2 办公入口　7 宴会厅大堂　12 厨房　17 避难层
3 商业入口　8 办公大堂　13 理疗室　18 酒店
4 宴会厅入口　9 商业　14 办公　19 景观层
5 地下车库出入口　10 宴会厅　15 客房服务　20 反光器

1 郑州绿地广场

名称	建筑高度(m)	建筑面积(m²)	层数(层)	竣工时间	结构形式	设计单位
郑州绿地广场	280.000	253000	地上60层，地下4层	2015	框架核心筒混合结构	华东建筑集团股份有限公司华东建筑设计研究总院、美国SOM建筑设计事务所

郑州绿地广场位于郑东新区CBD核心区的中央轴线上，建筑造型将中国塔概念与现代高层功能有机结合，是集商业、办公、五星级酒店、观光旅游等多功能为一体的综合性建筑。上部酒店部分，利用原有核心筒体系，转换内部交通，创造内部中庭效果。顶部利用反光板，将天然光线反射进90m高的酒店中庭。建筑采用框架核心筒混合结构。建筑围护结构由楼面至楼面的组合幕墙系统组成，利用遮阳百叶并结合立面外形，创造良好的室内遮阳效果。

实例［52］超高层城市办公综合体

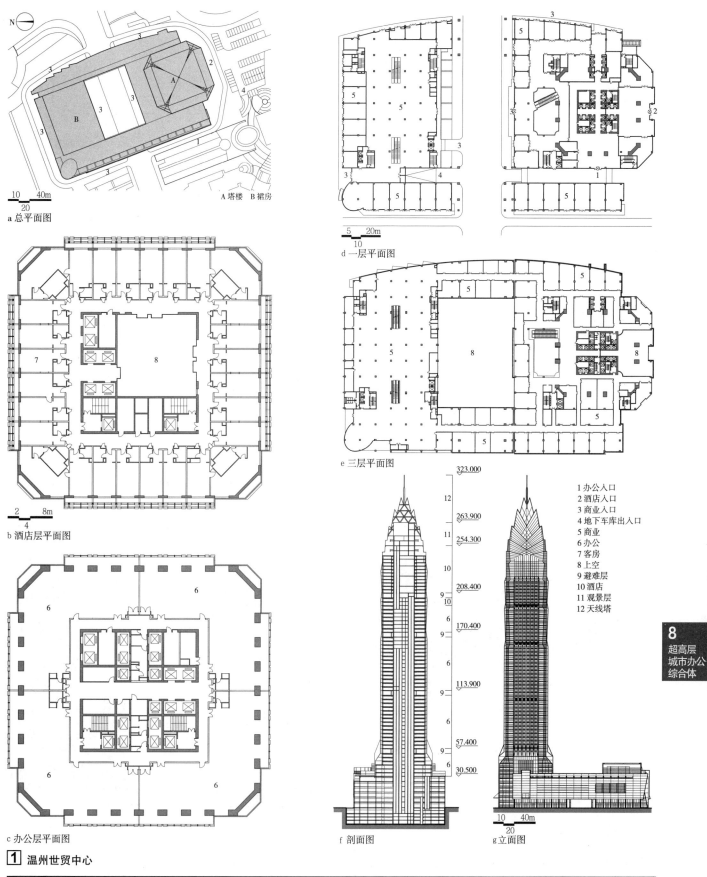

a 总平面图
b 酒店层平面图
c 办公层平面图
d 一层平面图
e 三层平面图
f 剖面图
g 立面图

1 办公入口
2 酒店入口
3 商业入口
4 地下车库出入口
5 商业
6 办公
7 客房
8 上空
9 避难层
10 酒店
11 观景层
12 天线塔

1 温州世贸中心

名称	建筑高度（m）	建筑面积（m²）	层数（层）	竣工时间	结构形式	设计单位
温州世贸中心	323.000	226757	地上68层，地下4层	2013	筒中筒结构	华东建筑集团股份有限公司上海建筑设计研究院有限公司

温州世贸中心大厦位于温州市区解放南路街区，是一座集商业、办公、观光、娱乐、餐饮、会议等功能为一体的综合性商贸办公大厦。立面简洁明快，石材、玻璃和铝合金相组合，体现时代的特色。大厦顶部造型采用四边对称处理，玻璃面分段逐渐倾斜收进，并伴随着金属分割线条的逐渐发散，呈现出自然生长发展的姿态。

超高层城市办公综合体 [53] 实例

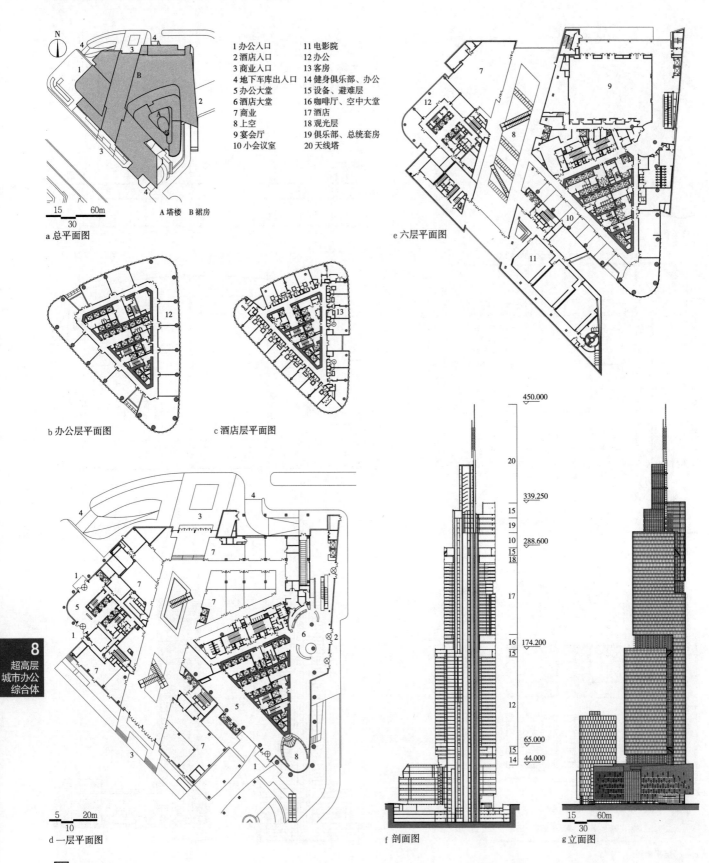

1 办公入口
2 酒店入口
3 商业入口
4 地下车库出入口
5 办公大堂
6 酒店大堂
7 商业
8 上空
9 宴会厅
10 小会议室
11 电影院
12 办公
13 客房
14 健身俱乐部、办公
15 设备、避难层
16 咖啡厅、空中大堂
17 酒店
18 观光层
19 俱乐部、总统套房
20 天线塔

A 塔楼　B 裙房

a 总平面图
b 办公层平面图
c 酒店层平面图
d 一层平面图
e 六层平面图
f 剖面图
g 立面图

1 南京紫峰大厦

名称	建筑高度(m)	建筑面积(m²)	建筑层数(层)	竣工时间	结构形式	设计单位
南京紫峰大厦	450.000	261057	地上66层，地下4层	2010	带加强层的框架—核心筒结构	华东建筑集团股份有限公司华东建筑设计研究总院、美国SOM建筑设计事务所

南京紫峰大厦位于南京市鼓楼广场西北角，基地内设一高一低两栋塔楼（主楼和副楼），和商业裙房形成一个整体建筑群。大厦形体挺拔，通过旋转上升的边庭表达蟠龙的意象，建筑表皮采用锯齿形单元幕墙，上下错位半个单元形成龙鳞的效果，从不同的视角观察，大厦具有微妙的动感。锯齿形幕墙短边为穿孔金属板，夜间内透灯光，赋予大厦丰富的表情

实例 [54] 超高层城市办公综合体

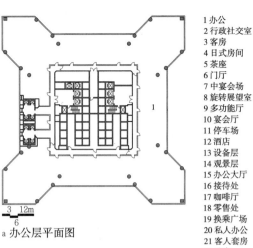

1 办公
2 行政社交室
3 客房
4 日式房间
5 茶座
6 门厅
7 中宴会场
8 旋转展望室
9 多功能厅
10 宴会厅
11 停车场
12 酒店
13 设备层
14 观景层
15 办公大厅
16 接待处
17 咖啡厅
18 零售处
19 换乘广场
20 私人办公
21 客人套房
22 公寓
23 天线塔

a 办公层平面图

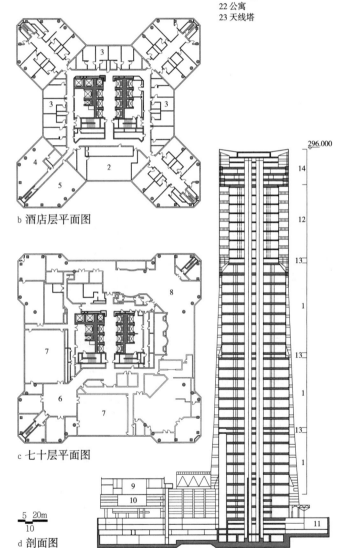

b 酒店层平面图

c 七十层平面图

d 剖面图

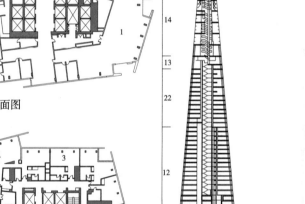

a 一层平面图

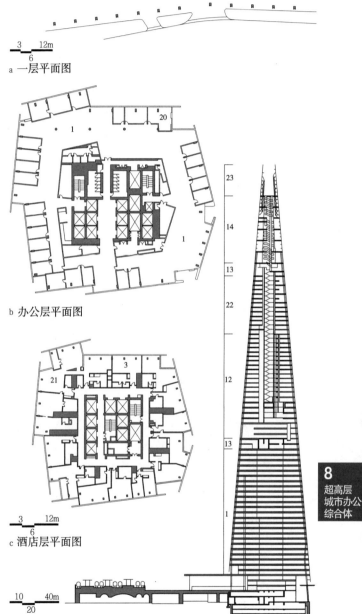

b 办公层平面图

c 酒店层平面图

d 剖面图

1 横滨标志塔

名称	建筑高度(m)	建筑面积(m²)	层数(层)	竣工时间	结构形式
横滨标志塔	296.000	391791	地上70层，地下1层	1993	双重筒体结构
设计单位	Taisei Construction Co. Ltd.、The Stubbins Associates, Inc.、Mitsubishi Real Estate					

横滨标志塔地处日本横滨的 Mirato Mirai 21 地区，塔楼的造型别出新意，裙房设长达 200m 的线型中庭空间。主体塔楼的平面上大下小，50层以下为方形，上面变化成"X"形。塔身分作三段，从下至上逐渐缩小，功能也随之变化。塔楼的结构采用筒中筒形式。横滨标志塔的建设还采用了很多新技术，如节能式的空调设计、中水处理及智能化设计、高性能的减振装置等

注：本实例改绘自日本建筑学会. 建筑设计资料集成（地域·都市篇Ⅰ）. 天津：天津大学出版社，2007.

2 夏德大厦

名称	建筑高度(m)	建筑面积(m²)	层数(层)	竣工时间	结构形式
夏德大厦	308.500	110000	地上95层	2012	钢筋混凝土核心筒—外框架结构
设计单位	Renzo Piano 建筑设计事务所				

夏德大厦位于英国伦敦市萨瑟克区，大厦由无数块玻璃面构成，但顶部没有封闭，而是向天空敞开，传递了让建筑自然呼吸的设计理念。夏德大厦包含高档写字楼、五星级酒店、豪华公寓房、餐厅、公众观景廊、温泉浴场和部分商业空间。每层办公楼层都有两个空中花园，用来改善室内空气质量，促进工作区的空气流通；建筑主要采用自然通风。将公共观景廊设在塔顶，尖顶和观景台也是夏德大厦的一大标志性特征

注：本实例改绘自宋纯智，《建筑实录》编辑组. 建筑实录. 沈阳：辽阳科学技术出版社，2012.

附录一 第3分册编写分工

编委会主任：沈　迪、吴长福
副　主　任：汪孝安、张洛先、杨联萍、章　明

办公室主任：高文艳
副　主　任：俞蕴洁
成　　　员：戴　单、王　华、金　晔、尤　嘉

项目		编写单位	编写人员
1 办公建筑	主编单位	同济大学建筑设计研究院（集团）有限公司、同济大学建筑与城市规划学院	主编：张洛先、吴长福 副主编：谢振宇、徐维平、赵颖、高崧
	联合主编单位	华东建筑集团股份有限公司	
	参编单位	东南大学建筑设计研究院有限公司	
概述	主编单位	同济大学建筑设计研究院（集团）有限公司、同济大学建筑与城市规划学院	主编：吴长福、张洛先
设计原则		同济大学建筑设计研究院（集团）有限公司	张洛先、陈大明
总体设计		同济大学建筑设计研究院（集团）有限公司	陈大明
办公室		同济大学建筑与城市规划学院	谢振宇、胡军锋
会议室			
办公家具			
垂直交通		同济大学建筑设计研究院（集团）有限公司	赵颖、潘朝辉
技术要点			
标准层			
标准层实例		同济大学建筑与城市规划学院	谢振宇、胡军锋
商务办公	主编单位	同济大学建筑与城市规划学院	主编：谢振宇
设计要点		同济大学建筑与城市规划学院	吴长福、谢振宇
实例		同济大学建筑与城市规划学院	谢振宇、胡军锋
总部办公	主编单位	华东建筑集团股份有限公司华东建筑设计研究总院	主编：徐维平
特征、选址及空间组合		华东建筑集团股份有限公司华东建筑设计研究总院	徐维平、何嘉
功能构成			
功能构成·企业文化表述			
实例		华东建筑集团股份有限公司华东建筑设计研究总院	何嘉、柯国新
政务办公	主编单位	同济大学建筑设计研究院（集团）有限公司	主编：赵颖
设计要点		同济大学建筑设计研究院（集团）有限公司	张洛先、陈大明
总体设计		同济大学建筑设计研究院（集团）有限公司	陈大明
功能用房		同济大学建筑设计研究院（集团）有限公司	赵颖、潘朝辉
公众服务			
实例		同济大学建筑设计研究院（集团）有限公司	潘朝辉、韩羽嘉
公寓式办公	主编单位	东南大学建筑设计研究院有限公司	主编：高崧、袁玮
基本概念		东南大学建筑设计研究院有限公司	高崧、袁玮
设计要点			
单元设计		东南大学建筑设计研究院有限公司	袁玮
实例		东南大学建筑设计研究院有限公司	袁玮、孙瑞、祝彦彦、张一波
2 金融建筑	主编单位	华东建筑集团股份有限公司	主编：袁建平 副主编：李军、曾群
	联合主编单位	同济大学建筑设计研究院（集团）有限公司	

项目		编写单位	编写人员
概述	主编单位	华东建筑集团股份有限公司上海建筑设计研究院有限公司	主编：袁建平 编写：苏昶、沈逸斐
银行	主编单位	华东建筑集团股份有限公司上海建筑设计研究院有限公司	主编： 袁建平、苏昶
概述		华东建筑集团股份有限公司上海建筑设计研究院有限公司	苏昶
营业厅		华东建筑集团股份有限公司上海建筑设计研究院有限公司	苏昶、沈逸斐
24小时自助银行		华东建筑集团股份有限公司上海建筑设计研究院有限公司	沈逸斐
现金区·非现金区		华东建筑集团股份有限公司上海建筑设计研究院有限公司	苏昶、沈逸斐
办公室及其他		华东建筑集团股份有限公司上海建筑设计研究院有限公司	谭春晖
库房		华东建筑集团股份有限公司上海建筑设计研究院有限公司	沈逸斐
实例1~7			
实例8~10		华东建筑集团股份有限公司上海建筑设计研究院有限公司	沈逸斐、金欢
非银行类金融建筑	主编单位	华东建筑集团股份有限公司华东都市建筑设计研究总院	主编：李军、金鹏
概述			
交易所·营业部		华东建筑集团股份有限公司华东都市建筑设计研究总院	李军、金鹏、 万程、李丹
交易所交易大厅·营业部营业厅			
实例			
金融业务支持类建筑	主编单位	同济大学建筑设计研究院（集团）有限公司	主编：曾群、王英
概述		同济大学建筑设计研究院（集团）有限公司	曾群、王英
业务处理中心			
客户服务中心		同济大学建筑设计研究院（集团）有限公司	曾群、王英、王越
数据处理中心			
3 司法建筑	主编单位	同济大学建筑与城市规划学院、 同济大学建筑设计研究院（集团）有限公司	主编：章明 副主编： 戎武杰、曾群、邱德华
	参编单位	华东建筑集团股份有限公司、 苏州科技大学建筑与城市规划学院	
司法建筑概述	主编单位	同济大学建筑与城市规划学院、 同济大学建筑设计研究院（集团）有限公司	主编：章明 编写：张姿、丁纯
法院	主编单位	同济大学建筑与城市规划学院、 同济大学建筑设计研究院（集团）有限公司	主编：章明
概述			
总体设计			
功能流线组织			
法庭用房			
法庭布局		同济大学建筑设计研究院（集团）有限公司	章明、张姿、丁纯
法庭配套用房			
羁押所			
专用设备系统			
实例			
检察院	主编单位	华东建筑集团股份有限公司华东都市建筑设计研究总院	主编：戎武杰
概述			
总体设计			
功能流线组织			
建设规模			
对外服务区域·信访接待用房		华东建筑集团股份有限公司华东都市建筑设计研究总院	戎武杰、刘缨、 陆婷婷、赵艳、 朱昇凡、夏彦茗
询问室·讯问室·保管室			
查办与预防职务犯罪用房·新闻发布厅·模拟法庭			
专业技术用房			
实例			

项目		编写单位	编写人员
公安机关	主编单位	同济大学建筑设计研究院（集团）有限公司	主编：曾群
概述		同济大学建筑设计研究院（集团）有限公司	曾群、孙晔
总体布局		同济大学建筑设计研究院（集团）有限公司	曾群、孙晔、伍弦智
交通流线			
指挥中心用房			
窗口用房・信访用房			
出入境服务用房			
车管用房			
办案用房			
信息通信用房			
技侦、网侦、机要、保管用房			
刑事技术用房		同济大学建筑设计研究院（集团）有限公司	曾群、孙晔、伍弦智
法医实验室・法医DNA实验室		同济大学建筑设计研究院（集团）有限公司	曾群、孙晔、方尔清
法医DNA实验室			
痕迹、指纹、文检实验室			
毒化、毒理、理化实验室			
影像、测谎实验室及物证保管用房			
警务技能训练用房		同济大学建筑设计研究院（集团）有限公司	曾群、孙晔、方尔清
公安派出所		同济大学建筑设计研究院（集团）有限公司	曾群、伍弦智
实例		同济大学建筑设计研究院（集团）有限公司	曾群、伍弦智、方尔清
监狱建筑		苏州科技大学建筑与城市规划学院	主编：邱德华
基本概念・总体布局		苏州科技大学建筑与城市规划学院	邱德华
总体布局			
罪犯用房			
武警用房・附属用房・安全警戒设施・场地及配套设施			
警察用房・实例			
实例			
看守所		苏州科技大学建筑与城市规划学院	主编：邱德华
概述・选址与总体布局		苏州科技大学建筑与城市规划学院	邱德华
功能构成・监区设计			
监区围墙设计			
其他用房设计・设备配置			
4 广播电视建筑	主编单位	华东建筑集团股份有限公司	主编：汪孝安 副主编：马家骏、石亮光
	联合主编单位	中广电广播电影电视设计研究院	
	参编单位	戴文工程设计（上海）有限公司、同济大学建筑设计研究院（集团）有限公司	
广播电视建筑总论	主编单位	华东建筑集团股份有限公司华东建筑设计研究总院、中广电广播电影电视设计研究院	主编：汪孝安、马家骏 编写：汪孝安、马家骏、盛夏
广播电台・电视台	主编单位	华东建筑集团股份有限公司华东建筑设计研究总院	主编：汪孝安
选址原则・总体布局・交通组织・流线组织		华东建筑集团股份有限公司华东建筑设计研究总院、中广电广播电影电视设计研究院、戴文工程设计（上海）有限公司	汪孝安、石亮光、蒋培铭、盛夏、劳蓉霞
设计要求・建筑规模・功能构成			
工艺技术用房			

项目			编写单位	编写人员
隔声、吸声构造			华东建筑集团股份有限公司华东建筑设计研究总院、华东建筑集团股份有限公司华东都市建筑设计研究总院	汪孝安、章奎生、杨志刚、宋拥民、王静波、傅晨丽、张晓岚、盛夏
实例			华东建筑集团股份有限公司华东建筑设计研究总院、中广电广播电影电视设计研究院、戴文工程设计（上海）有限公司	汪孝安、马家骏、石亮光、黄淑明、杨志刚、蒋培铭、盛夏
中短波发射台		主编单位	中广电广播电影电视设计研究院	主编：马家骏、杨志刚
概述			中广电广播电影电视设计研究院	马家骏、杨志刚
功能用房				
发射机房				
电视调频广播发射台		主编单位	中广电广播电影电视设计研究院	主编：马家骏、杨志刚
广播电视塔		主编单位	中广电广播电影电视设计研究院	主编：马家骏、黄淑明
分类・塔址选择			中广电广播电影电视设计研究院、华东建筑集团股份有限公司华东建筑设计研究总院	马家骏、黄淑明、夏大桥、盛夏
总体布局・天线桅杆・塔楼				
塔身、塔座及其他				
实例1~3,5~6			中广电广播电影电视设计研究院、华东建筑集团股份有限公司华东建筑设计研究总院	马家骏、黄淑明、夏大桥、盛夏
实例4			同济大学建筑设计研究院（集团）有限公司、华东建筑集团股份有限公司华东建筑设计研究总院	马人乐、盛夏
广播电视卫星地球站		主编单位	中广电广播电影电视设计研究院	主编：杨志刚
基本内容			中广电广播电影电视设计研究院	杨志刚、马家骏
实例				
5 电力调度建筑		主编单位	华东建筑集团股份有限公司	主编：徐维平 副主编：巢琼
		联合主编单位	华东电力设计院	
概述			华东建筑集团股份有限公司华东建筑设计研究总院、华东电力设计院	徐维平、巢琼、李克白、何嘉、秦笛
电力调度及通信中心				
调度区				
实例			华东建筑集团股份有限公司华东建筑设计研究总院	何嘉、韦栋安、丁铭
6 通信建筑		主编单位	华东建筑集团股份有限公司	主编：李定、石磊
		联合主编单位	上海邮电设计咨询研究院有限公司	
概念・分类			华东建筑集团股份有限公司上海建筑设计研究院有限公司、上海邮电设计咨询研究院有限公司	李定、石磊、姚昕怡、杨晨
选址・总平面布局・道路交通				
有线通信建筑			华东建筑集团股份有限公司上海建筑设计研究院有限公司、上海邮电设计咨询研究院有限公司	石磊、李定、姚昕怡、杨晨、张路西
无线通信建筑	概念・规划选址・设计要点		华东建筑集团股份有限公司上海建筑设计研究院有限公司、上海邮电设计咨询研究院有限公司	石磊、朱成龙、于送洋、朱海英、李定、姚昕怡、杨晨
	通信塔		华东建筑集团股份有限公司上海建筑设计研究院有限公司、上海邮电设计咨询研究院有限公司	石磊、于送洋、朱海英、李定、姚昕怡、杨晨、王雪
	微波中继站		华东建筑集团股份有限公司上海建筑设计研究院有限公司、上海邮电设计咨询研究院有限公司	石磊、李定、姚昕怡、杨晨、张路西
	卫星通信地球站			

项目		编写单位	编写人员
其他通信建筑		华东建筑集团股份有限公司上海建筑设计研究院有限公司、上海邮电设计咨询研究院有限公司	石磊、李定、姚昕怡、杨晨、张路西
7 邮政建筑	主编单位	上海邮电设计咨询研究院有限公司、同济大学建筑与城市规划学院	主编：石磊 副主编：孙晖、孙浩
	联合主编单位	同济大学建筑设计研究院（集团）有限公司、上海邮政工程设计研究院	
概述	主编单位	上海邮电设计咨询研究院有限公司、上海邮政工程设计研究院	主编：石磊、孙浩 编写：石磊、孙浩、姚志宏、陈晓亮
邮件处理中心和转运站	主编单位	上海邮电设计咨询研究院有限公司、上海邮政工程设计研究院、同济大学建筑与城市规划学院、同济大学建筑设计研究院（集团）有限公司	主编： 石磊、孙晖、孙浩
工艺要求		上海邮电设计咨询研究院有限公司、同济大学建筑与城市规划学院、同济大学建筑设计研究院（集团）有限公司、上海邮政工程设计研究院	石磊、孙浩、姚志宏、陈晓亮、朱成龙
建筑设计要点			石磊、孙晖、孙浩、姚志宏、朱成龙、陈晓亮、李海旭
邮政服务网点	主编单位	上海邮电设计咨询研究院有限公司、同济大学建筑与城市规划学院、同济大学建筑设计研究院（集团）有限公司	主编： 孙晖、石磊、孙浩
建设内容·选址要求·设计要点·流线与平面布置		上海邮电设计咨询研究院有限公司、同济大学建筑与城市规划学院、同济大学建筑设计研究院（集团）有限公司、上海邮政工程设计研究院	孙晖、石磊、孙浩、姚志宏、凌颖
实例1			石磊、孙晖、李海旭
实例2			朱成龙、石磊、孙晖、孙浩、姚志宏、陈晓亮、李海旭
实例3			石磊、孙晖、朱成龙、孙浩、王斌、姚志宏、陈晓亮、凌颖
实例4			朱成龙、石磊、孙晖、孙浩、姚志宏、陈晓亮、凌颖
实例5~6			孙晖、石磊、凌颖
8 超高层城市办公综合体	主编单位	华东建筑集团股份有限公司	主编：沈迪 副主编：倪阳、徐维平、赵元超、胡越、高文艳
	联合主编单位	北京市建筑设计研究院有限公司、华南理工大学建筑学院	
	参编单位	广东省建筑设计研究院、中国建筑西北设计研究院有限公司、中国建筑西南设计研究院有限公司	
概述	主编单位	华东建筑集团股份有限公司	主编：沈迪
总体布局	主编单位	华南理工大学建筑学院	主编：倪阳
基本内容		广东省建筑设计研究院	洪卫、廖雄
总平面			
交通组织		华东建筑集团股份有限公司华东建筑设计研究总院	陈雷
功能构成与组合方式	主编单位	华东建筑集团股份有限公司华东建筑设计研究总院	主编：徐维平

项目		编写单位	编写人员
业态组合		华东建筑集团股份有限公司华东建筑设计研究总院	徐维平、党杰、吴亮彦、张晔
竖向分区与区间转换		华东建筑集团股份有限公司华东建筑设计研究总院	徐维平、郑凌鸿、孟丽姣、曾哲
建筑设计	主编单位	中国建筑西北设计研究院有限公司	主编：赵元超
公共空间及相关配套设施		中国建筑西北设计研究院有限公司	赵元超、王泓博
办公部分		中国建筑西南设计研究院有限公司	秦盛民、张帆
酒店部分			
公寓部分			
顶部空间		华东建筑集团股份有限公司华东建筑设计研究总院	郑颖、孟丽姣
技术要点	主编单位	华东建筑集团股份有限公司	主编：沈迪
建筑高度、体型与结构选型		华东建筑集团股份有限公司华东建筑设计研究总院	周建龙、包联进
机电设备		华东建筑集团股份有限公司上海建筑设计研究院有限公司	陈众励（电）、徐凤（水）
		华东建筑集团股份有限公司上海建筑设计研究院有限公司	何焰（风）
		华东建筑集团股份有限公司上海建筑设计研究院有限公司	陈众励、徐凤、何焰、张帆（电）
塔楼核心筒	概述	华南理工大学建筑学院	倪阳、邓孟仁、杨晓琳
	竖向转换	华南理工大学建筑学院	倪阳、邓孟仁、林毅、杨卓斯
	电梯交通系统	华南理工大学建筑学院	倪阳、邓孟仁、孔祥勇
	设备综述	华南理工大学建筑学院	陈欣燕（水）、陈祖铭（空调）、过世佳（电）
综合防灾1、2		华东建筑集团股份有限公司上海建筑设计研究院有限公司	包子翰
综合防灾3		华东建筑集团股份有限公司上海建筑设计研究院有限公司	陈众励、徐凤、何焰、蔡兹红、李亚明、包子翰
物业维护		华东建筑集团股份有限公司华东建筑设计研究总院	牛斌、张翌、刘彬
建筑材料与构造	主编单位	北京市建筑设计研究院有限公司	主编：胡越
外墙设计概述		北京市建筑设计研究院有限公司	胡越、于春辉、王宏睿
材料类型与连接方式			
避难层/设备层外墙设计			
通风和遮阳			
双层幕墙			
减振和降噪		华东建筑集团股份有限公司华东建筑设计研究总院	党杰、张晔
实例	主编单位	华东建筑集团股份有限公司	主编：高文艳
实例1~5		华东建筑集团股份有限公司	金晔、邹建国
实例6、7		华东建筑集团股份有限公司	戴单、邹建国
实例8~10		华东建筑集团股份有限公司	金晔、邹建国

附录二 第3分册审稿专家及实例初审专家

审稿专家（以姓氏笔画为序）

办公建筑
大 纲 审 稿 专 家：赵秀恒　胡　越
第一轮审稿专家：方子晋　罗　劲　赵秀恒　胡　越
第二轮审稿专家：方子晋　赵秀恒　胡　越

金融建筑
大 纲 审 稿 专 家：邢同和　周建峰
第一、二轮审稿专家：邢同和　周建峰

司法建筑
大 纲 审 稿 专 家：车学娅　方　健　顾　均
第一轮审稿专家：车学娅　王晓山　方　健　顾　均　梁海岫
第二轮审稿专家：车学娅　方　健　顾　均　梁海岫

广播电视建筑
大 纲 审 稿 专 家：张秀林　金孟申
第一、二轮审稿专家：张秀林　金孟申

电力调度建筑
大 纲 审 稿 专 家：郑路华　蔡镇钰
第一、二轮审稿专家：郑路华　蔡镇钰

通信建筑
大 纲 审 稿 专 家：耿秉能　蔡镇钰
第一、二轮审稿专家：耿秉能　蔡镇钰

邮政建筑
大 纲 审 稿 专 家：朱玉麟　霍丽芙
第一、二轮审稿专家：朱玉麟　霍丽芙

超高层城市办公综合体
大 纲 审 稿 专 家：刘绍周　寿炜炜　汪　恒　汪大绥
第一轮审稿专家：孙礼军　寿炜炜　汪　恒　汪大绥
第二轮审稿专家：孙礼军　寿炜炜　汪　恒

实例初审专家（以姓氏笔画为序）

石　磊　李　定　吴长福　沈　迪　章　明　巢　琼　谢振宇

附录三 《建筑设计资料集》（第三版）实例提供核心单位[1]

（以首字笔画为序）

gad浙江绿城建筑设计有限公司
大连万达集团股份有限公司
大连市建筑设计研究院有限公司
大连理工大学建筑与艺术学院
大舍建筑设计事务所
万科地产
上海市园林设计院有限公司
上海复旦规划建筑设计研究院有限公司
上海联创建筑设计有限公司
山东同圆设计集团有限公司
山东建大建筑规划设计研究院
山东建筑大学建筑城规学院
山东省建筑设计研究院
山西省建筑设计研究院
广东省建筑设计研究院
马建国际建筑设计顾问有限公司
天津大学建筑设计规划研究总院
天津大学建筑学院
天津市天友建筑设计股份有限公司
天津市建筑设计院
天津华汇工程建筑设计有限公司
云南省设计院集团
中国中元国际工程有限公司
中国市政工程西北设计研究院有限公司
中国建筑上海设计研究院有限公司
中国建筑东北设计研究院有限公司
中国建筑西北设计研究院有限公司
中国建筑西南设计研究院有限公司
中国建筑设计院有限公司
中国建筑技术集团有限公司
中国建筑标准设计研究院有限公司
中南建筑设计院股份有限公司
中科院建筑设计研究院有限公司
中联筑境建筑设计有限公司
中衡设计集团股份有限公司
龙湖地产
东南大学建筑设计研究院有限公司
东南大学建筑学院
北京中联环建文建筑设计有限公司
北京世纪安泰建筑工程设计有限公司
北京艾迪尔建筑装饰工程股份有限公司
北京东方华太建筑设计工程有限责任公司
北京市建筑设计研究院有限公司
北京清华同衡规划设计研究院有限公司
北京墨臣建筑设计事务所

四川省建筑设计研究院
吉林建筑大学设计研究院
西安建筑科技大学建筑设计研究院
西安建筑科技大学建筑学院
同济大学建筑与城市规划学院
同济大学建筑设计研究院（集团）有限公司
华中科技大学建筑与城市规划设计研究院
华中科技大学建筑与城市规划学院
华东建筑集团股份有限公司
华东建筑集团股份有限公司上海建筑设计研究院有限公司
华东建筑集团股份有限公司华东建筑设计研究总院
华东建筑集团股份有限公司华东都市建筑设计研究总院
华南理工大学建筑设计研究院
华南理工大学建筑学院
安徽省建筑设计研究院有限责任公司
苏州设计研究院股份有限公司
苏州科大城市规划设计研究院有限公司
苏州科技大学建筑与城市规划学院
建设综合勘察研究设计院有限公司
陕西省建筑设计研究院有限责任公司
南京大学建筑与城市规划学院
南京大学建筑规划设计研究院有限公司
南京长江都市建筑设计股份有限公司
哈尔滨工业大学建筑设计研究院
哈尔滨工业大学建筑学院
香港华艺设计顾问（深圳）有限公司
重庆大学建筑设计研究院有限公司
重庆大学建筑城规学院
重庆市设计院
总装备部工程设计研究总院
铁道第三勘察设计院集团有限公司
浙江大学建筑设计研究院有限公司
浙江中设工程设计有限公司
浙江现代建筑设计研究院有限公司
悉地国际设计顾问有限公司
清华大学建筑设计研究院有限公司
清华大学建筑学院
深圳市欧博工程设计顾问有限公司
深圳市建筑设计研究总院有限公司
深圳市建筑科学研究院股份有限公司
筑博设计（集团）股份有限公司
湖南大学设计研究院有限公司
湖南大学建筑学院
湖南省建筑设计院
福建省建筑设计研究院

[1] 名单包括总编委会发函邀请的参加2012年8月24日《建筑设计资料集》(第三版)实例提供核心单位会议并提交资料的单位，以及总编委会定向发函征集实例的单位。

后 记

《建筑设计资料集》是20世纪两代建筑师创造的经典和传奇。第一版第1、2册编写于1960～1964年国民经济调整时期，原建筑工程部北京工业建筑设计院的建筑师们当时设计项目少，像做设计一样潜心于编书，以令人惊叹的手迹，为后世创造了"天书"这一经典品牌。第二版诞生于改革开放之初，在原建设部的领导下，由原建设部设计局和中国建筑工业出版社牵头，组织国内五六十家著名高校、设计院编写而成，为指引我国的设计实践作出了重要贡献。

第二版资料集出版发行一二十年，由于内容缺失、资料陈旧、数据过时，已经无法满足行业发展需要和广大读者的需求，急需重新组织编写。

重编经典，无疑是巨大的挑战。在过去的半个世纪里，"天书"伴随着几代建筑人的工作和成长，成为他们职业生涯记忆的一部分。他们对这部经典著作怀有很深的情感，并寄托了很高的期许。惟有超越经典，才是对经典最好的致敬。

与前两版资料相对匮乏相比，重编第三版正处于信息爆炸的年代。如何在数字化变革、资料越来越广泛的时代背景下，使新版资料集焕发出新的生命力，是第三版编写成败的关键。

为此，新版资料集进行了全新的定位：既是一部建筑行业大型工具书，又是一部"百科全书"；不仅编得全，还要编得好，达到大型工具书"资料全，方便查，查得到"的要求；内容不仅系统权威，还要检索方便，使读者翻开就能找到答案。

第三版编写工作启动于2010年，那时正处于建筑行业快速发展的阶段，各编写单位和编写专家工作任务都很繁忙，无法全身心投入编写工作。在资料集编写任务重、要求高、各单位人手紧的情况下，总编委会和各主编单位进行了最广泛的行业发动，组建了两百余家单位、三千余名专家的编写队伍。人海战术的优点是编写任务容易完成，不至于因个别单位或专家掉队而使编写任务中途夭折。即使个别单位和个人无法胜任，也能很快找到其他单位和专家接手。人海战术的缺点是由于组织能力不足，容易出现进度拖拖拉拉、水平参差不齐的情况，而多位不同单位专家同时从事一个专题的编写，体例和内容也容易出现不一致或衔接不上的情况。

几千人的编写组织工作，难度巨大，工作量也呈几何数增加。总编委会为此专门制定了详细的编写组织方案，明确了编写目标、组织架构和工作计划，并通过"分册主编—专题主编—章节主编"三级责任制度，使编写组织工作落实到每一页、每一个人。

总编委会为统一编写思想、编写体例，几乎用尽了一切办法，先后开发和建立了网络编写服务平台、短信群发平台、电话会议平台、微信交流平台，以解决编写组织工作中的信息和文件发布问题，以及同一章节里不同城市和单位的编写专家之间的交流沟通问题。

2012年8月，总编委会办公室编写了《建筑设计资料集（第三版）编写手册》，在书中详细介绍了新版资料集的编写方针和目标、工具书的特性和写法、大纲编写定位和编写原则、制版和绘图要求、样张实例，以指导广大参编专家编写新版资料集。2016年5月，出版了《建筑设计资料集（第三版）绘图标准及编写名单》，通过平、立、剖等不同图纸的画法和线型线宽等细致规定，以及版面中字体字号、图表关系等要求，统一了全书的绘图和版面标准，彻底解决了如何从前两版的手工制图排版向第三版的计算机制图排版转换，以及如何统一不同编写专家绘图和排版风格的问题。

总编委会还多次组织总编委会、大纲研讨会、催稿会、审稿会和结题会，通过与各主要编写专家面对面的交流，及时解决编写中的困难，督促落实书稿编写进度，统一编写思想和编写要求。

为确保书稿质量、体例形式、绘图版面都达到"天书"的标准，总编委会一方面组织几百名审稿专家对各章节的专业问题进行审查，另一方面由总编委会办公室对各章节编写体例、编写方法、文字表述、版面表达、绘图质量等进行审核，并组织各章节编写专家进行修改完善。

为使新版资料集入选实例具有典型性、广泛性和先进性，总编委会还在行业组织优秀实例征集和初审，确保了资料集入选实例的高质量和高水准。

新版资料集作为重要的行业工具书，在组织过程中得到了全行业的响应，如果没有全行业的共同奋斗，没有全国同行们的支持和奉献，如此浩大的工程根本无法完成，这部巨著也将无法面世。

感谢住房和城乡建设部、国家新闻出版广电总局对新版资料集编写工作的重视和支持。住房和城乡建设部将以新版资料集出版为研究成果的"建筑设计基础研究"列入部科学技术项目计划，国家新闻出版广电总局批准《建筑设计资料集》（第三版）为国家重点图书出版规划项目，增值服务平台"建筑设计资料库"为"新闻出版改革发展项目库"入库项目。

感谢在2010年新版资料集编写组织工作启动时，中国建筑学会时任理事长宋春华先生、秘书长周畅先生的组织发起，感谢中国建筑工业出版社时任社长王珮云先生、总编辑沈元勤先生的倡导动议；感谢中国建筑设计院有限公司等6家国内知名设计单位和清华大学建筑学院等8所知名高校时任的主要领导，投入大量人力、物力和财力，切实承担起各分册主编单位的职责。

感谢所有专题、章节主编和编写专家多年来的艰辛付出和不懈努力，他们对书稿的反复修改和一再打磨，使新版资料集最终成型；感谢所有审稿专家对大纲和内容一丝不苟的审查，他们使新版资料集避免了很多结构性的错漏和原则性的谬误。

感谢所有参编单位和实例提供单位的积极参与和大力支持，以及为新版资料集所作的贡献。

感谢衡阳市人民政府、衡阳市城乡规划局、衡阳市规划设计院为2013年10月底衡阳审稿会议所作的贡献。这次会议是整套书编写过程中非常重要的时间节点，不仅会前全部初稿收齐，而且200多名编写专家和审稿专家进行了两天封闭式审稿，为后续修改完善工作奠定了基础。

感谢北京市建筑设计研究院有限公司副总建筑师刘杰女士承接并组织绘图标准的编制任务，感谢北京市建筑设计研究院有限公司王哲、李树栋、刘晓征、方志萍、杨翊楠、任广璨、黄墨制定总绘图标准，感谢华南理工大学建筑设计研究院丘建发、刘骁制定规划总平面图绘图标准。

感谢中国建筑工业出版社王伯扬、李根华编审出版前对全套图书的最终审核和把关。

在此过程中，需要感谢的人还有很多。他们在联系编写单位、编写专家和审稿专家，或收集实例、修改图纸、制版印刷等方面，都给予了新版资料集极大的支持，在此一并表示感谢。

鉴于内容体系过于庞杂，以及编者的水平、经验有限，新版资料集难免有疏漏和错误之处，敬请读者谅解，并恳请提出宝贵意见，以便今后补充和修订。

《建筑设计资料集》（第三版）总编委会办公室

2017年5月23日